"十二五"普通高等教育本科国家级规划教材

材料力学

第 4 版

主　编　王永廉　方建士
副主编　马景槐　汪云祥　顾建平
参　编　穆春燕　赵盛琳　张小朋
主　审　邓宗白

机械工业出版社

本书是为 应用型本科院校 以及 其他院校工科各专业 精心编写的《材料力学》教材，具有理论简明、应用翔实、结构严谨、层次分明、语言精练、通俗易懂的特点。本版在保持前三版风格特点的基础之上，有机融入了思政元素，以提升育人效果；适当增补了例题和习题，以满足读者深入学习的需要。

本书共十四章，包括绪论、轴向拉伸与压缩、剪切与挤压、扭转、弯曲内力、弯曲应力、弯曲变形、应力状态分析与强度理论、组合变形、压杆稳定、动载荷、能量法、超静定结构与力法、电测法简介。除第一章外，每章都配有大量的例题、复习思考题与习题。常用材料的力学性能和型钢表，作为附录列于书后。在本书的最后，给出了习题参考答案。

本书配有可供教师使用的 多媒体课件、教学设计（教案）、备课笔记、教师手册、教学及考核大纲、期中及期末试卷、动画视频 等丰富的教学资源，拟将本书作为授课教材的教师请填写书后所附《教学支持申请表》获取。

本书适合作为应用型本科院校工科各专业的材料力学课程以及工程力学课程中材料力学部分的教材，也可作为其他院校工科专业相应课程的教材或参考书，并可供有关工程技术人员参考。

图书在版编目（CIP）数据

材料力学/王永廉，方建士主编. —4 版. —北京：机械工业出版社，2023.6
（2025.1重印）
"十二五"普通高等教育本科国家级规划教材
ISBN 978-7-111-72346-2

Ⅰ.①材… Ⅱ.①王…②方… Ⅲ.①材料力学-高等学校-教材 Ⅳ.①TB301

中国国家版本馆 CIP 数据核字（2023）第 010718 号

机械工业出版社（北京市百万庄大街22号　邮政编码100037）
策划编辑：张金奎　　　　　责任编辑：张金奎
责任校对：潘　蕊　陈　越　封面设计：张　静
责任印制：郜　敏
三河市国英印务有限公司印刷
2025 年 1 月第 4 版第 5 次印刷
169mm×239mm・26 印张・490 千字
标准书号：ISBN 978-7-111-72346-2
定价：69.80 元

电话服务　　　　　　　　　网络服务
客服电话：010-88361066　　机 工 官 网：www.cmpbook.com
　　　　　010-88379833　　机 工 官 博：weibo.com/cmp1952
　　　　　010-68326294　　金　书　网：www.golden-book.com
封底无防伪标均为盗版　机工教育服务网：www.cmpedu.com

第4版前言

本书是为应用型本科院校以及其他院校工科各专业精心编写的《材料力学》教材，具有理论简明、应用翔实、结构严谨、层次分明、语言精练、通俗易懂的特点。自2008年第1版出版发行以来，受到了有关师生的普遍欢迎。2011年，被评为江苏省高等学校精品教材。2014年，被遴选为"十二五"普通高等教育本科国家级规划教材。

本版在前三版的基础之上，做出了如下修订：

（1）为更好地用党的二十大精神指导教学，在适当章节，自然有机地融入了思政元素，以提升育人效果。

（2）对各章的例题和习题做了适当增补，以拓展读者视野，满足读者深入学习的需要。

（3）订正了第3版中的个别错误。

参加本次修订工作的有南京工程学院的王永廉、方建士、顾建平、赵盛琳和张小朋。其中，王永廉负责统稿定稿。

本书配有制作精美的多媒体电子教案，读者可在机械工业出版社教育服务网（www.cmpedu.com）上注册下载。同时，与本书配套的教学与学习指导书——《材料力学学习指导与题解》也已由机械工业出版社出版发行。

本书的姊妹教材——《理论力学》与《工程力学（静力学与材料力学）》，已与本书同时由机械工业出版社出版发行，可分别供应用型本科院校以及其他院校工科各专业的理论力学课程与工程力学课程的教学选用。

本书虽经数次修订，但疏漏与欠妥之处仍在所难免，欢迎读者批评指正。有建议者请与南京工程学院力学教研室王永廉联系（E-mail：ylwang0606@163.net）。

编　者

2022年10月

典型题及重难点讲解

（扫描封底正版验证码免费学习）

第3版前言

本书是为应用型本科院校以及其他院校工科各专业精心编写的《材料力学》教材，具有理论简明、应用翔实、结构严谨、层次分明、语言精练、通俗易懂的特点。自2008年第1版出版发行以来，受到了有关师生的普遍欢迎。2011年，被评为江苏省高等学校精品教材。2014年，被遴选为"十二五"普通高等教育本科国家级规划教材。

本版在保持前两版风格特点的基础之上，做出了如下修订：

(1) 对各章的例题和习题做了适当调整和增补，使题型更加广泛和均衡。

(2) 在第三章的第四节"连接件的强度计算"中，增加了搭接焊缝的强度计算。

(3) 在第六章的第五节"弯曲切应力及其强度计算"中，补充了矩形截面梁弯曲切应力计算公式的推导过程。

(4) 将泊松比的符号"μ"改为"ν"，以区别压杆长度因数的符号。

(5) 对全书的文、图进一步润色和提炼。

(6) 将插图改为3D图，使教材生动逼真。

本次的修订工作由南京工程学院的王永廉负责完成。

本书的3D图由常州工学院王晓军团队制作，谨致谢意。

本书的姊妹教材——《理论力学》与《工程力学（静力学与材料力学）》，已与本书同时由机械工业出版社出版发行，可分别供应用型本科院校以及其他院校工科各专业的理论力学课程与工程力学课程的教学选用。

本书虽经2次修订，但疏漏与欠妥之处仍在所难免，欢迎读者继续批评指正。有建议者请与南京工程学院材料工程系王永廉联系（E-mail：ylwang0606@sina.com）。

编　者
2017年6月

第 2 版前言

这本适用于应用型本科院校及其他院校工科各专业的《材料力学》教材自 2008 年 7 月出版发行以来，受到有关师生的普遍欢迎。为了使之更臻完善，在保持教材的定位、体系、风格与特点不变的基础之上，编者对第 1 版做了精心修订。

主要修订工作有：

(1) 对各章的例题和习题做了适当的增减和调整。

(2) 将第六章的第三节"弯曲正应力及其强度计算"拆为"弯曲正应力"和"弯曲正应力强度计算"两节，以方便教学安排。

(3) 在第五章"弯曲内力"中，增加了"用叠加法作弯矩图"一节；在第十章"压杆稳定"中，增加了"压杆的稳定计算·折减系数法"一节，以满足土建类专业的教学要求。

(4) 为了满足多课时材料力学课程的教学要求以及部分学生的竞赛考研需要，在第四章"扭转"的第六节中，增加了"开口薄壁杆件和闭口薄壁杆件的自由扭转"；在第六章"弯曲应力"的第二节中，增加了"惯性积、转轴公式、主惯性轴与主惯性矩"；在第十二章"能量法"中，增加了"互等定理"和"图乘法"两节；将"超静定结构与力法"从第十二章"能量法"中分出，独立成章，并增加了"对称性问题与反对称性问题的简化计算"。

(5) 对全书的文字和插图进一步润色和提炼。

本次的修订工作由南京工程学院的王永廉负责完成。

本书的姊妹教材——《理论力学》与《工程力学（静力学与材料力学）》，已与本书同时由机械工业出版社出版发行，可分别供应用型本科院校以及其他院校工科各专业的理论力学课程与工程力学课程的教学选用。

本书虽经修订，但疏漏与欠妥之处在所难免，欢迎读者继续批评指正。有建议者请与南京工程学院材料工程系王永廉联系（E-mail：ylwang0606@sina.com）。

编　者
2011 年 1 月

第1版前言

本书是为国内应用型本科院校编写的《材料力学》教材，主要适合于这些院校工科各专业的材料力学课程以及工程力学课程中材料力学部分的教学，也可作为其他院校工科专业相应课程的教材或参考书。

本书涵盖了材料力学的主要内容，包括材料力学绪论、轴向拉伸与压缩、剪切与挤压、扭转、弯曲内力、弯曲应力、弯曲变形、应力状态与强度理论、组合变形、压杆稳定、动载荷与交变应力、能量法、电测法简介等共十三章，具有较大的专业覆盖面，可以满足不同专业、不同学时课程的需要。

本书借鉴近年来国内应用型本科院校力学课程的教学经验，考虑到培养应用型人才的定位，本着以必需、够用为度，以实际应用为重的原则，对内容进行了适当取舍，并简化理论推导，加大例题、思考题与习题的分量，着重于培养学生的实际应用能力。

本书对基本理论、基本概念的阐述简洁明了，对工程应用、解题方法的介绍翔实清楚，尽力做到结构严谨、层次分明、语言精练、通俗易懂。

参与本书编写工作的有南京工程学院的王永廉、汪云祥、穆春燕，江苏技术师范学院的马景槐。其中，王永廉任主编，马景槐、汪云祥任副主编；王永廉负责全书的统稿定稿工作。

本书承蒙南京航空航天大学邓宗白教授悉心审阅，谨在此表示衷心感谢。

本书配有制作精美的多媒体电子教案，读者可在机械工业出版社教育服务网（www.cmpedu.com）上注册后免费下载。同时，与本书配套的教学与学习指导书——《材料力学学习指导与题解》也已由机械工业出版社出版发行。

本书的姊妹教材——《理论力学》，与本书同时由机械工业出版社出版发行，可供应用型本科院校以及其他院校工科各专业的理论力学课程以及工程力学课程中理论力学部分的教学选用。

编者期望这套教材能够使这个层面上的师生满意。但由于编者能力有限，难免会存在不足之处，衷心希望读者批评指正。有建议者请与南京工程学院材料工程系王永廉联系（E-mail：ylwang0606@sina.com）。

编　者

2008 年 5 月

目 录

第4版前言
第3版前言
第2版前言
第1版前言

第一章 绪 论

第一节 材料力学的基本任务 …………… 1
第二节 材料力学的基本假设 …………… 1
第三节 材料力学的研究对象 …………… 2
第四节 杆件的基本变形 …………………… 3
复习思考题 ………………………………… 4

第二章 轴向拉伸与压缩

第一节 引言 ……………………………… 5
第二节 轴力与轴力图 …………………… 7
第三节 拉（压）杆的应力 ……………… 11
第四节 拉（压）杆的变形 ……………… 16
第五节 材料在拉伸时的力学
性能 …………………………… 21
第六节 材料在压缩时的力学
性能 …………………………… 27
第七节 拉（压）杆的强度计算 ………… 28
第八节 应力集中概念 …………………… 33
第九节 拉伸（压缩）超静定问题 ……… 34
复习思考题 ……………………………… 40
习题 ……………………………………… 41

第三章 剪切与挤压

第一节 引言 ……………………………… 52
第二节 剪切的实用计算 ………………… 54
第三节 挤压的实用计算 ………………… 55
第四节 连接件的强度计算 ……………… 56

复习思考题 ……………………………… 64
习题 ……………………………………… 64

第四章 扭 转

第一节 引言 ……………………………… 71
第二节 外力偶矩的计算·扭矩与
扭矩图 ………………………… 72
第三节 扭转圆轴横截面上的应力 ……… 75
第四节 扭转圆轴的强度计算 …………… 80
第五节 扭转圆轴的变形与刚度
计算 …………………………… 82
第六节 非圆截面杆扭转简介 …………… 86
复习思考题 ……………………………… 91
习题 ……………………………………… 91

第五章 弯曲内力

第一节 引言 ……………………………… 97
第二节 梁的支座反力 …………………… 100
第三节 剪力和弯矩 ……………………… 102
第四节 剪力方程和弯矩方程·剪力图
和弯矩图 ……………………… 109
第五节 剪力、弯矩与载荷集度间的
关系 …………………………… 113
第六节 用叠加法作弯矩图 ……………… 120
复习思考题 ……………………………… 121
习题 ……………………………………… 122

第六章 弯曲应力

第一节 引言 ……………………………… 127
第二节 截面的几何性质 ………………… 127
第三节 弯曲正应力 ……………………… 134
第四节 弯曲正应力强度计算 …………… 140
第五节 弯曲切应力及其强度计算 …… 145

第六节	梁的合理强度设计	154
复习思考题		158
习题		159

第七章 弯曲变形

第一节	引言	167
第二节	挠曲线近似微分方程	168
第三节	计算弯曲变形的积分法	169
第四节	计算弯曲变形的叠加法	174
第五节	梁的刚度计算	181
第六节	简单超静定梁	183
复习思考题		188
习题		188

第八章 应力状态分析与强度理论

第一节	应力状态概念	194
第二节	复杂应力状态的工程实例	196
第三节	二向应力状态分析的解析法	198
第四节	二向应力状态分析的图解法	203
第五节	三向应力状态简介	207
第六节	广义胡克定律	209
第七节	强度理论	212
复习思考题		218
习题		219

第九章 组合变形

第一节	引言	228
第二节	斜弯曲	229
第三节	弯曲与拉伸（压缩）的组合	234
第四节	弯曲与扭转的组合	242
复习思考题		249
习题		250

第十章 压杆稳定

第一节	引言	259
第二节	临界力的欧拉公式	261
第三节	临界应力的欧拉公式	266
第四节	临界应力的经验公式	267
第五节	压杆的稳定计算·安全因数法	273
第六节	压杆的稳定计算·折减系数法	278
第七节	提高压杆稳定性的措施	281
复习思考题		283
习题		284

第十一章 动载荷

第一节	引言	292
第二节	杆件做加速运动时的应力与变形计算	293
第三节	杆件受冲击时的应力与变形计算	298
第四节	交变应力与疲劳破坏	306
第五节	构件的疲劳强度计算	309
复习思考题		315
习题		315

第十二章 能量法

第一节	引言	322
第二节	外力功与应变能的计算	322
第三节	卡氏定理	326
第四节	互等定理	330
第五节	单位载荷法	333
第六节	图乘法	338
复习思考题		342
习题		342

第十三章 超静定结构与力法

第一节	引言	348
第二节	用力法求解超静定结构	348
第三节	对称性问题与反对称性问题的简化计算	358
复习思考题		363
习题		364

第十四章　电测法简介

第一节　引言 …………………… 368
第二节　电测法的基本原理 …… 368
第三节　电测法的简单应用 …… 370
复习思考题 ……………………… 374
习题 ……………………………… 374

附　　录

附录 A　常用材料的力学性能 ………… 377
附录 B　型钢表 ………………………… 378
附录 C　习题参考答案 ………………… 392

参 考 文 献

第一章
绪　　论

第一节　材料力学的基本任务

当工程结构或机械工作时，组成结构或机械的构件将会受到外力的作用。构件通常由固体制成。在外力作用下，任何固体均会变形；当外力达到一定限度，构件就会被破坏。因此，为了保证工程结构或机械的正常可靠工作，对构件的设计有下述三个方面的基本要求：

(1) 构件应具备足够的**强度**，即足够的抵抗破坏的能力。
(2) 构件应具备足够的**刚度**，即足够的抵抗变形的能力。
(3) 构件应具备足够的**稳定性**，即足够的保持原有平衡形态的能力。

材料力学的基本任务就是研究材料在外力作用下的变形和破坏规律，为合理设计构件提供强度、刚度和稳定性方面的基本理论和计算方法。

第二节　材料力学的基本假设

一、对变形固体的基本假设

为研究问题的方便，材料力学对变形固体做出下列假设：

1. 连续性假设

假设组成固体的物质毫无空隙地充满了固体所占有的整个几何空间。这样，在材料力学中，就可以将力学参量表示为固体上点的坐标的连续函数，并可以采用数学分析中的微积分方法。

2. 均匀性假设

假设固体的力学性能在固体内处处相同。这样，从构件的任何部位截取的任意大小的部分，都具有完全相同的力学性能。

3. 各向同性假设

假设固体在各个方向上的力学性能完全相同。

即在材料力学中，将制作构件的材料视为连续、均匀、各向同性的可变形固体。

二、对构件变形的基本假设

在材料力学中，假设构件受力产生的变形量远小于构件的原始尺寸。该假设称为**小变形假设**。小变形假设可以简化材料力学中的分析计算。

例如，在图 1-1 中，直梁在力 F 的作用下弯曲变形，引起梁的形状、尺寸与外力位置发生变化。但由于变形量 δ 远小于梁的原始长度 l，故在计算梁的支座反力和内力时，可以忽略 δ 的影响，依然采用梁变形前的原始几何尺寸和位置，从而使得计算过程大大简化。

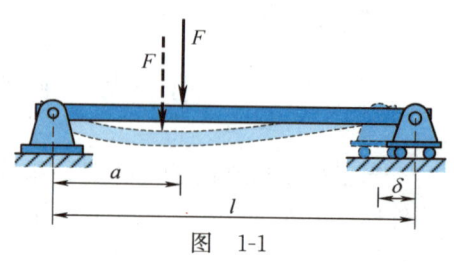

图 1-1

第三节 材料力学的研究对象

在工程结构或机械中，构件的形状各不相同，其中最常见、最基本的承载构件是杆件。

凡是纵向尺寸远大于横向尺寸的构件均称为**杆件**。

横截面和轴线是杆件的两个几何要素（见图 1-2）。**横截面**是指杆件的横向截面。**轴线**是指杆件横截面形心的连线，它是杆件的纵向几何中心线。

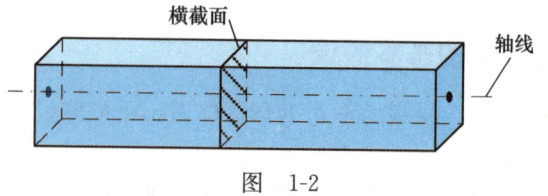

图 1-2

横截面尺寸相同的杆称为等截面杆；横截面尺寸不同的杆称为变截面杆。

轴线为直线的杆称为直杆；轴线为曲线的杆称为曲杆。

材料力学的主要研究对象是等截面直杆。

第四节　杆件的基本变形

杆件的受力情况不同，变形情况也就不同。杆件的变形可分为下列四种基本形式：

1. 轴向拉伸与压缩

在图 1-3 所示的三角支架中，杆 AC 所受的变形为轴向拉伸，杆 BC 所受的变形为轴向压缩。

2. 剪切

在图 1-4 所示的连接件中，铆钉所受的变形为剪切变形。

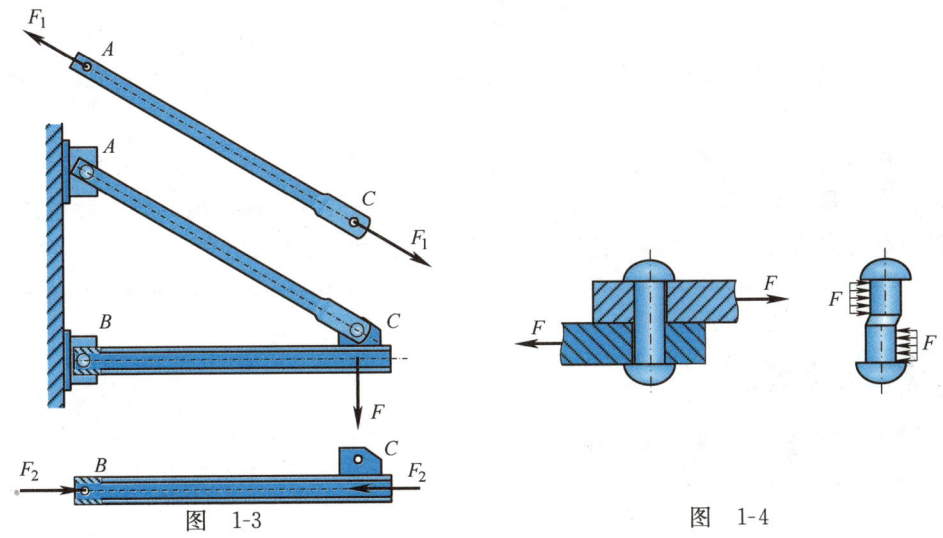

图 1-3　　　　　　　图 1-4

3. 扭转

在图 1-5 所示的机动车转向装置中，轴 AB 所受的变形为扭转变形。

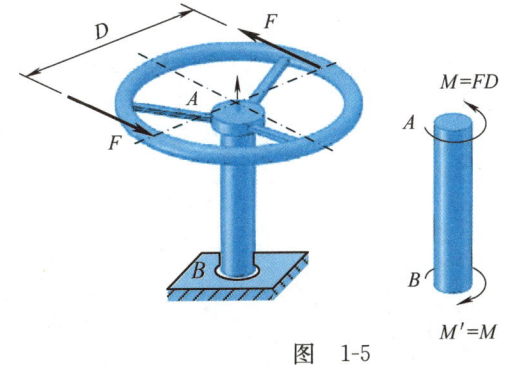

图 1-5

4. 弯曲

在图 1-6 所示的火车轮轴中，轴 AB 所受的变形为弯曲变形。

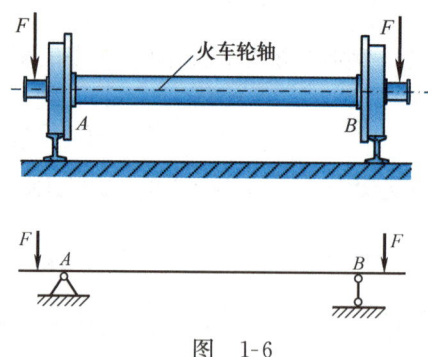

图 1-6

在工程实际中，有一些杆件会同时发生两种或两种以上的基本变形，这种情况称为**组合变形**。

在本书中，将首先讨论杆件的上述四种基本变形，以及三种常见组合变形的强度问题和刚度问题，然后依次研究压杆稳定性问题、动载荷问题、能量法、超静定结构与力法，最后对实验应力分析中的电测法做简要介绍。

复习思考题

1-1 何谓构件的强度、刚度和稳定性？材料力学的主要任务是什么？
1-2 强度与刚度有何区别？
1-3 材料力学中关于变形固体有何基本假设？
1-4 均匀性假设与各向同性假设有何区别？能否说"材料是均匀的就一定是各向同性的"？试举例说明。
1-5 什么是小变形假设？小变形假设有何意义？
1-6 哪一类构件称为杆件？
1-7 杆件有哪几个几何要素？杆件的轴线与横截面之间有何关系？
1-8 杆件有哪几种基本变形？

第二章
轴向拉伸与压缩

第一节 引　言

• 思政导读 •

斜拉钢索桥能够满足现代交通的要求，在全球应用广泛。在斜拉钢索桥中，钢索受拉，钢筋混凝土立柱受压，充分发挥了材料的性能优势，降低了成本。全球十大斜拉钢索桥中，中国有多达 8 座大桥上榜，并包揽了前三名。第一为位于江苏省的苏通大桥，连接南通和苏州，主跨达 1088 m，同样位于江苏省的南京长江三桥和南京长江二桥（见图 2-1）则分别排在第六位和第七位。

图　2-1

轴向拉伸与压缩是工程中一种常见的杆件的基本变形。例如，图 2-2a 所示起吊装置中的吊杆 AB 承受轴向拉伸；图 2-3a 所示液压装置中的活塞杆承受轴向压缩；图 1-3 所示三角支架中的杆 AC、杆 BC 分别承受轴向拉伸、轴向压缩。

轴向拉伸（压缩）的受力特点是：杆件所受外力或外力合力的作用线与杆的轴线重合，如图 2-2b、图 2-3b 所示。

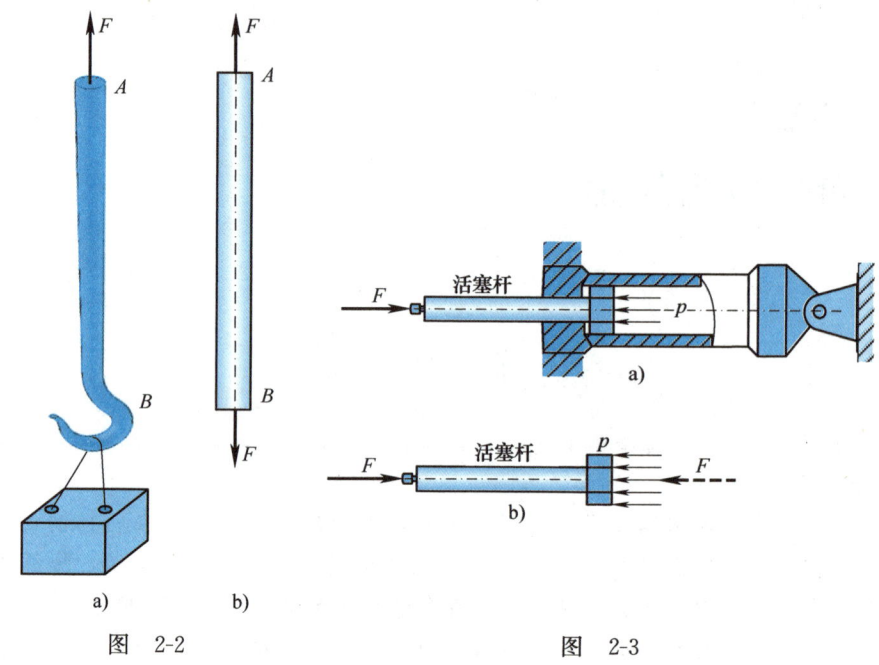

图 2-2　　　　　　　　　　　图 2-3

轴向拉伸（压缩）的变形特点是：杆件沿着轴线方向伸长（缩短），如图 2-4 所示。

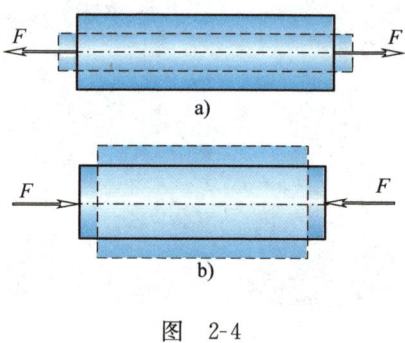

图 2-4

主要承受轴向拉伸（压缩）的杆件称为**拉（压）杆**。

本章主要研究拉（压）杆的强度问题与刚度问题，同时还将介绍材料在拉伸与压缩时的力学性能、应力集中概念，以及简单拉伸（压缩）超静定问题的求解方法等相关问题。

第二节 轴力与轴力图

一、内力与截面法

内力是指由外力引起的构件内部相连部分之间的相互作用力。

构件的强度、刚度和稳定性，都与构件的内力密切相关。内力分析是解决强度问题、刚度问题和稳定性问题的基础。

截面法是材料力学中分析构件内力的基本方法。如图 2-5a 所示，杆件在外力系 F_i 的作用下平衡，为了分析 m—m 横截面上的内力，假想沿该截面将杆件截开，研究其中任一部分。为了维持平衡，在被截开的截面上，一定存在着相连部分之间的相互作用力，即内力。根据材料的连续性假设，截面上的每一点都应受到内力的作用，即内力实际上是作用于整个截面上的连续分布力（见图 2-5b）。通常，内力被用来特指截面上的分布内力的合力或合力偶矩，或向截面形心简化所得到的主矢和主矩。根据被截开的构件任一部分的平衡条件，即可确定内力的大小和方向。

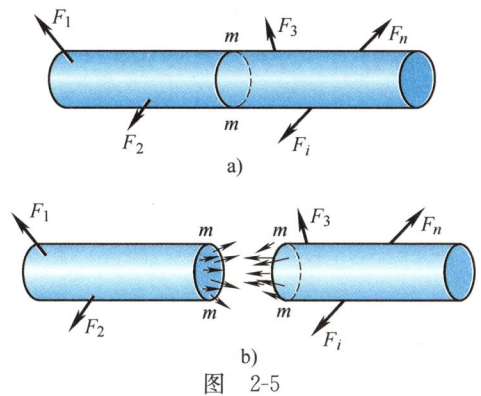

图 2-5

例如，为了确定图 2-6a 所示直角折杆在外力 F 作用下 m—m 横截面上的内力，首先，假想沿该截面将杆截开，分成两部分，并取其中下半部分为研究对象；然后，对所取部分进行受力分析，根据平衡原理可以确定，m—m 横截面上的内力为一个过截面形心 C、与 F 反向的轴向力 F_N 和一个逆时针转向的力偶矩 M（见图 2-6b）；最后，再根据平衡方程

$$\sum F_y = 0, \quad -F + F_N = 0$$

$$\sum M_C = 0, \quad -Fl + M = 0$$

得内力 F_N 和 M 的大小分别为

$$F_N = F, \quad M = Fl$$

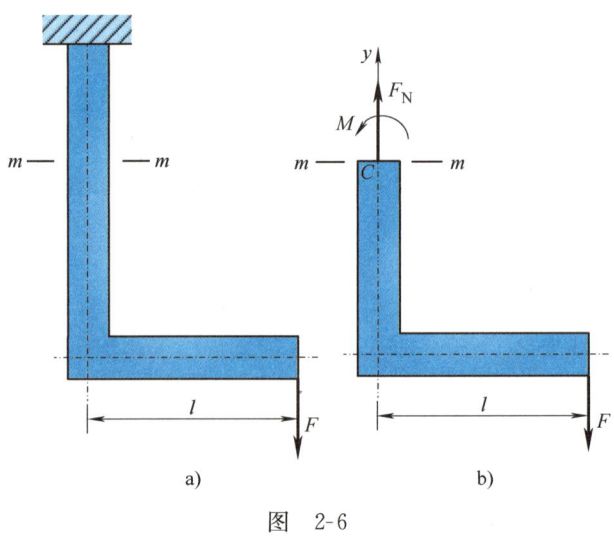

图 2-6

由上述过程可知，截面法的实质是设法将构件的内力暴露出来，使之转化为外力，从而能够运用静力学的平衡理论求解。其具体步骤可归纳如下：

(1) 沿待求内力的截面，假想地将构件截开，选取其中任一部分为研究对象。

(2) 对所选取的部分进行受力分析，根据平衡原理确定在暴露出来的截面上有哪些内力。

(3) 建立平衡方程，求出未知内力。

二、轴力与轴力图

下面，以图 2-7a 所示拉杆为例，用截面法来确定拉（压）杆横截面上的内力。

假想沿横截面 $m—m$ 将杆件截成两段，取左段或右段为研究对象（见图 2-7b 或图 2-7c），并对其进行受力分析，根据二力平衡原理可知，拉（压）杆横截面上内力的作用线一

▶ 轴向拉压之
轴力与轴力图

定与杆的轴线重合，故称为**轴力**，并记作 F_N。同时规定，**背向截面使杆件受拉伸的轴力为正**（见图 2-8a）；**指向截面使杆件受压缩的轴力为负**（见图 2-8b）。

第二章 轴向拉伸与压缩

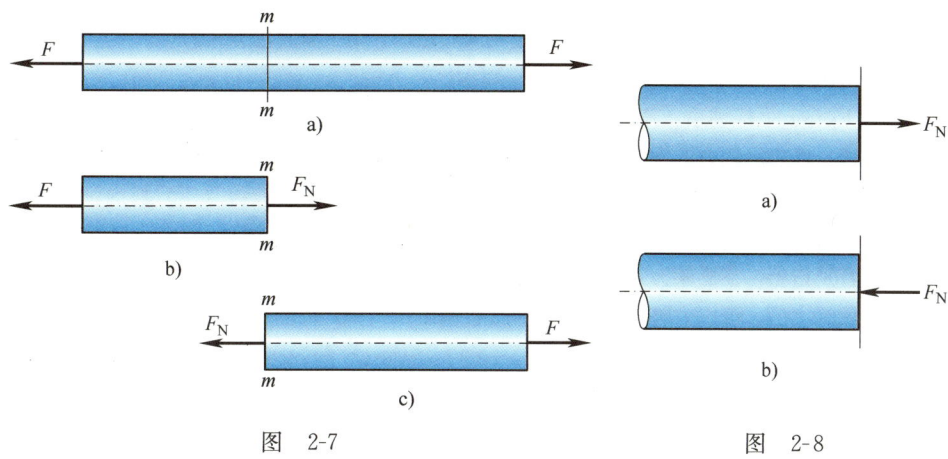

图 2-7　　　　　　　　　　　图 2-8

若作用于杆件上的轴向外力多于两个，如图 2-9a 所示，则杆件各部分横截面上的轴力也将有所不同。为了能直观地表达出轴力随横截面位置的变化情况，经常需要作出拉（压）杆的**轴力图**，即轴力随横截面位置变化的图线，现举例说明如下：

【例 2-1】　试作出图 2-9a 所示拉（压）杆的轴力图。

解：（1）分段计算轴力

根据外力的作用点位置将杆分为 AB 和 BC 两段，用截面法分别计算两段轴力。

在 AB 段内的任一截面处假想将杆截开，取其左段为研究对象（见图 2-9b），由平衡条件易知，该段轴力

$$F_{N1} = 4 \text{ kN}$$

为拉力，取正号。

在 BC 段内的任一截面处假想将杆截开，依然取其左段为研究对象（见图 2-9c）。由于此时左段杆上作用了多个轴向外力，难以立刻看出该截面上的轴力是拉力还是压力，因此可以先假设其是拉力，如图 2-9c 所示，然后根据平衡方程

$$\sum F_x = 0, \quad -4 \text{ kN} + 6 \text{ kN} + F_{N2} = 0$$

即得

$$F_{N2} = -2 \text{ kN}$$

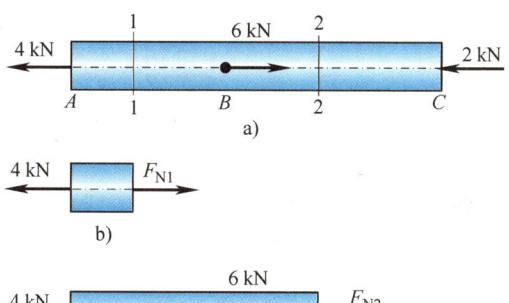

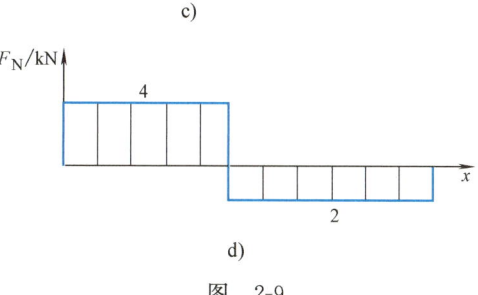

图 2-9

结果是负值，说明该段轴力实际上是压力。

若取右段为研究对象，则可以获得完全相同的结果，请读者自己分析。

(2) 绘制轴力图

建立 $F_N - x$ 坐标轴系，其中，x 轴平行于杆的轴线，以表示横截面的位置；F_N 轴垂直于杆的轴线，以表示轴力的大小和正负，并规定正值轴力（拉力）绘制在 x 轴的上方，负值轴力（压力）绘制在 x 轴的下方。根据上述计算结果，即可作出该拉（压）杆的轴力图如图 2-9d 所示。

需要特别指出，**在画轴力图时，一定要使轴力图的位置与拉（压）杆的位置相对应。**

读者熟练之后，可以省略计算过程，直接绘制出拉（压）杆的轴力图。

【例 2-2】 立柱受力如图 2-10a 所示，已知 $F = 50$ kN，不计立柱自重，试作出其轴力图。

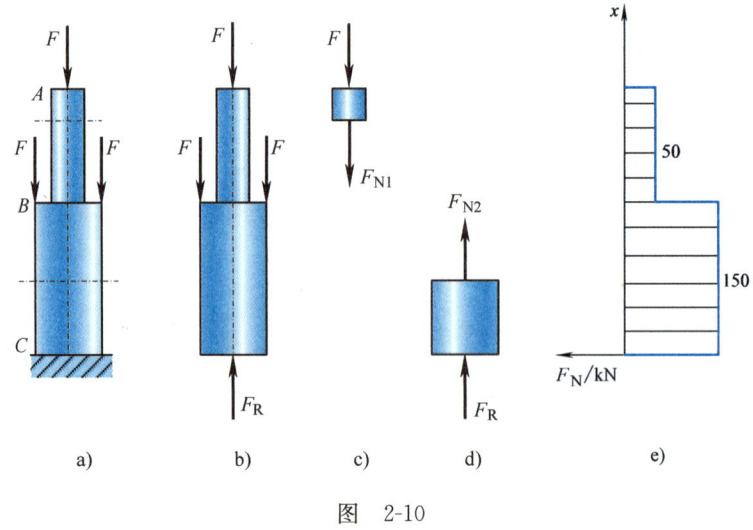

图 2-10

解：(1) 求约束力

为了方便计算轴力，首先求出立柱下端的约束力，如图 2-10b 所示，由平衡方程易得
$$F_R = 3F = 150 \text{ kN}$$

(2) 分段计算轴力

由截面法（见图 2-10c、d），得上下两段立柱的轴力分别为
$$F_{N1} = -F = -50 \text{ kN（压力）}$$
$$F_{N2} = -F_R = -150 \text{ kN（压力）}$$

(3) 作轴力图

根据上述计算结果，作出其轴力图如图 2-10e 所示。

【例 2-3】 试作如图 2-11a 所示拉（压）杆的轴力图。

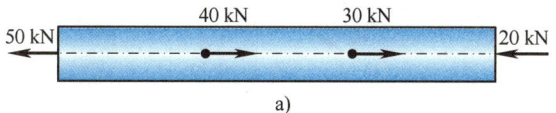

a)

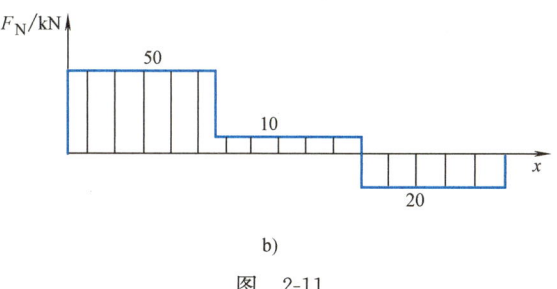

b)

图 2-11

解：省略计算过程，直接作出其轴力图如图 2-11b 所示。

第三节 拉（压）杆的应力

一、应力的概念

用截面法所求出的内力实际上是截面上的分布内力的合成或简化结果。为了能够真实反映截面上的分布内力在每一点处的强弱程度，需要引入应力的概念。

应力是指截面上分布内力的集度。如图 2-12a 所示，在某受力构件的 $m\text{—}m$ 截面上，围绕 k 点取一微小面积 ΔA，设作用于 ΔA 上的内力为 ΔF，则

$$p_\mathrm{m} = \frac{\Delta F}{\Delta A}$$

代表了 ΔA 上的分布内力的平均集度，称为平均应力；当 ΔA 趋于零时，平均应力 p_m 的极限

$$p = \lim_{\Delta A \to 0} \frac{\Delta F}{\Delta A}$$

则代表了分布内力在 k 点的集度，称为 k 点的应力。

通常，将应力 p 分解为沿截面法向和切向的两个分量（见图 2-12b），其中法向应力分量称为**正应力**，记作 σ；切向应力分量称为**切应力**，记作 τ。

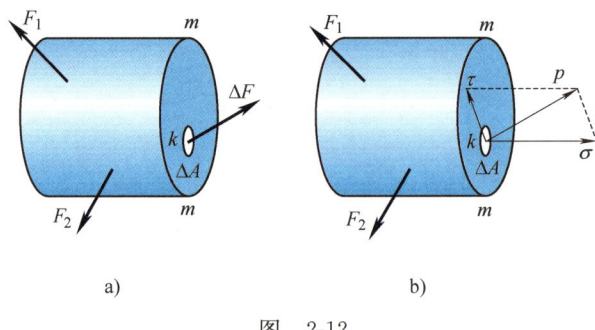

图 2-12

在国际单位制中,应力的单位为 Pa(帕),$1\,\mathrm{Pa} = 1\mathrm{N/m}^2$。由于 Pa 这个单位太小,故常用 MPa(兆帕),$1\,\mathrm{MPa} = 10^6\,\mathrm{Pa}$;有时还采用 GPa(吉帕),$1\,\mathrm{GPa} = 10^9\,\mathrm{Pa}$。

二、拉(压)杆横截面上的应力

现在来研究拉(压)杆横截面上的应力。

首先观察拉(压)杆的变形。如图 2-13 所示,变形前,在杆的侧面画两条垂直于杆轴线的横向线 ab 和 cd。拉伸变形后,发现 ab 和 cd 仍然保持为垂直于杆轴线的直线,但其间距增大,分别平移至 $a'b'$ 和 $c'd'$ 的位置。

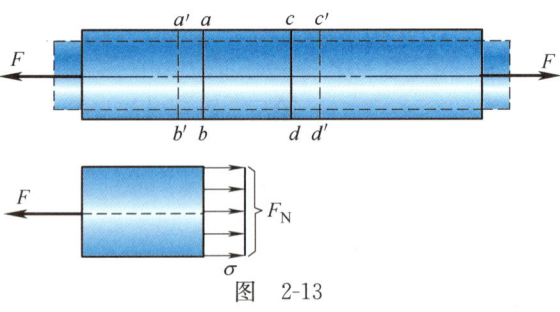

图 2-13

据此,可以假设,拉(压)杆变形时,横截面保持为垂直于杆轴线的平面,沿着杆轴线方向做相对平移。该假设称为拉(压)杆的**平面假设**。

设想杆件是由无数根纵向"纤维"叠合而成,由平面假设易知,拉(压)杆任意两个横截面间的所有纵向"纤维"均受到完全相同的拉伸(压缩)变形。再根据材料的均匀性假设,变形相同,受力也相同,即可推断:拉(压)杆横截面上存在着均匀分布的正应力,于是得到拉(压)杆横截面上正应力的计算公式

$$\sigma = \frac{F_\mathrm{N}}{A} \tag{2-1}$$

式中,F_N 为横截面上的轴力,由截面法确定;A 为横截面的面积。

正应力 σ 的正负号规定与轴力 F_N 保持一致,**即拉应力为正,压应力为负**。

应该指出,受作用于杆端的轴向外力作用方式的影响,在杆端附近的截面

上，应力实际上并非是平均分布的。但**圣维南原理**指出，作用于杆端的外力的分布方式，只会影响杆端局部区域的应力分布，影响区至杆端的距离大致等于杆的横向尺寸。该原理已被大量实验所证实。例如，两端承受集中力作用的拉杆的横向尺寸为 h（见图 2-14a），在距杆端分别为 $h/4$、$h/2$ 的横截面 1—1、2—2 上，应力是非均匀分布的（见图 2-14b、c），但在距杆端为 h 的横截面 3—3 上，应力分布已趋向均匀（见图 2-14d）。因此，工程中都用式（2-1）来计算拉（压）杆横截面上的应力。

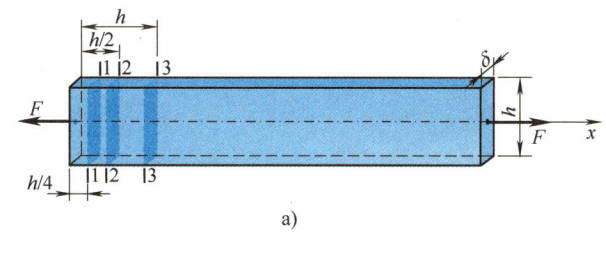

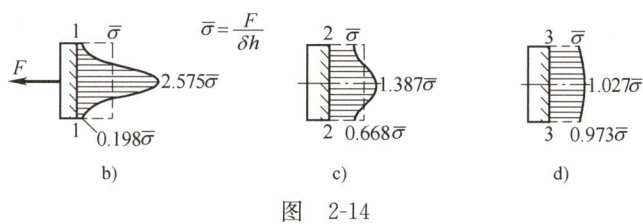

图 2-14

【**例 2-4**】 圆截面阶梯杆如图 2-15a 所示，已知轴向载荷 $F_1 = 20\text{ kN}$、$F_2 = 50\text{ kN}$，AB 段的直径 $d_1 = 20\text{ mm}$，BC 段的直径 $d_2 = 30\text{ mm}$。试计算该阶梯杆横截面上的最大正应力。

解：(1) 作轴力图

首先，作出该杆的轴力图如图 2-15b 所示。

(2) 计算正应力

注意到，尽管 AB 段的轴力较小，但其横截面也较小；而 BC 段虽然轴力较大，但其横截面也较大，因此，需要计算后才能确定哪一段杆的横截面上的正应力最大。

根据式（2-1），AB 段杆横截面上的正应力为

$$\sigma_1 = \frac{F_{N1}}{\dfrac{\pi d_1^2}{4}} = \frac{4 \times 20 \times 10^3 \text{ N}}{\pi \times 20^2 \times 10^{-6} \text{ m}^2} = 63.7 \times 10^6 \text{ Pa} = 63.7 \text{ MPa}（拉应力）$$

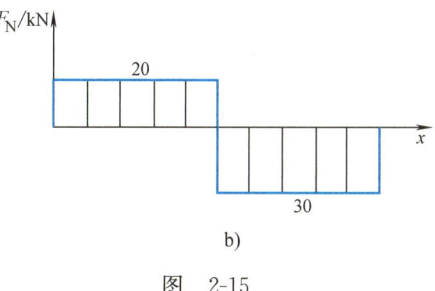

图 2-15

BC 段杆横截面上的正应力为

$$\sigma_2 = \frac{F_{N2}}{\dfrac{\pi d_2^2}{4}} = \frac{4 \times (-30 \times 10^3)\,\text{N}}{\pi \times 30^2 \times 10^{-6}\,\text{m}^2} = -42.4 \times 10^6\,\text{Pa} = -42.4\,\text{MPa}\quad(\text{压应力})$$

所以，该阶梯杆横截面上的最大正应力为

$$\sigma_{\max} = \sigma_1 = 63.7\,\text{MPa}\quad(\text{拉应力})$$

【例 2-5】 三角支架如图 2-16a 所示，已知 AB 为直径 $d = 15\,\text{mm}$ 的圆截面杆，AC 为边长 $a = 20\,\text{mm}$ 的正方形截面杆，载荷 $F = 10\,\text{kN}$，试计算两杆横截面上的应力。

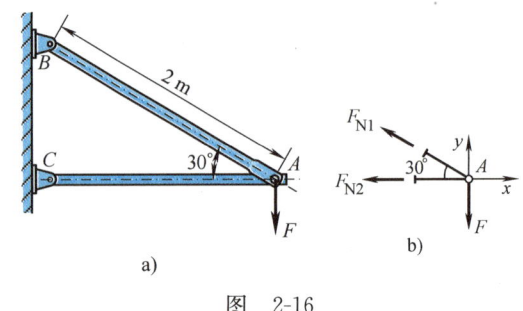

图 2-16

解：（1）计算两杆轴力

利用截面法，截取节点 A 为研究对象并作受力图（见图 2-16b），假设两杆均受拉力，由平衡方程

$$\sum F_x = 0,\quad -F_{N1}\cos 30° - F_{N2} = 0$$
$$\sum F_y = 0,\quad F_{N1}\sin 30° - F = 0$$

解得

$$F_{N1} = 20\,\text{kN}\quad(\text{拉力})$$
$$F_{N2} = -17.3\,\text{kN}\quad(\text{压力})$$

（2）计算两杆应力

根据式（2-1），得杆 AB 横截面上的应力

$$\sigma_1 = \frac{F_{N1}}{\dfrac{\pi d^2}{4}} = \frac{4 \times 20 \times 10^3\,\text{N}}{\pi \times 15^2 \times 10^{-6}\,\text{m}^2} = 113.2 \times 10^6\,\text{Pa} = 113.2\,\text{MPa}\quad(\text{拉应力})$$

杆 AC 横截面上的应力

$$\sigma_2 = \frac{F_{N2}}{a^2} = \frac{-17.3 \times 10^3\,\text{N}}{20^2 \times 10^{-6}\,\text{m}^2} = -43.3 \times 10^6\,\text{Pa} = -43.3\,\text{MPa}\quad(\text{压应力})$$

三、拉（压）杆斜截面上的应力

为了更加全面地了解拉（压）杆内的应力状态，现在进一步研究其斜截面上的应力。

以图 2-17a 所示拉杆为例，采用截面法，沿任一斜截面 m—m 将其截开。该斜截面的方位可用其外法线 n 与 x 轴之间的夹角 α 来表示（见图 2-17b），并规定，以 x 轴为始边，逆时针转向的 α 角为正，反之为负。

由确定横截面上应力类似的方法可知，拉（压）杆斜截面上的应力 p_α 也是平均分布的，如图 2-17c 所示，于是有

$$p_\alpha = \frac{F_\alpha}{A_\alpha} = \frac{F\cos\alpha}{A} = \sigma\cos\alpha$$

式中，F_α 为 α 斜截面上的内力；$A_\alpha = A/\cos\alpha$，为 α 斜截面的面积；A 为横截面的面积；σ 为横截面上的正应力。

再将 p_α 沿斜截面的法向和切向进行分解（见图 2-17d），即得 α 斜截面上的正应力 σ_α 和切应力 τ_α 分别为

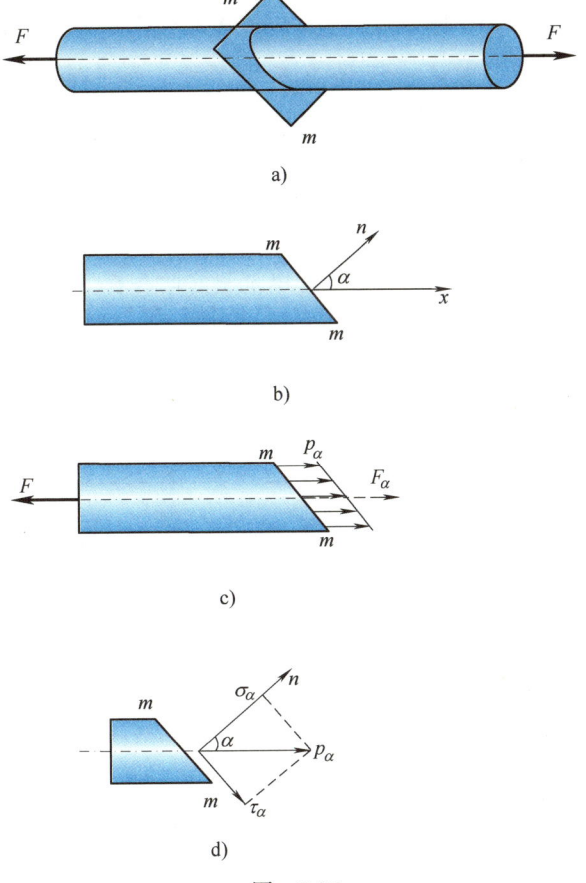

图 2-17

$$\sigma_\alpha = \sigma\cos^2\alpha = \frac{1}{2}\sigma + \frac{1}{2}\sigma\cos2\alpha \tag{2-2}$$

$$\tau_\alpha = \sigma\cos\alpha\sin\alpha = \frac{\sigma}{2}\sin2\alpha \tag{2-3}$$

对切应力的正负号做如下规定：**围绕所取分离体顺时针转向的切应力为正，反之为负**。按此规定，图 2-17d 中的切应力 τ_α 为正。

由式（2-2）和式（2-3）可得下列结论：

(1) 拉（压）杆在横截面上（$\alpha = 0°$），正应力最大，$\sigma_{\max} = \sigma$；

(2) 拉（压）杆在 45° 斜截面上，切应力最大，$\tau_{\max} = \dfrac{\sigma}{2}$；

(3) 拉（压）杆在平行于轴线的纵截面上没有任何应力。

(4) $\tau_{\alpha+90°} = -\tau_\alpha$，即在任意两个相互垂直的截面上，切应力大小相等、转向相反，如图 2-18 所示（截面上的正应力在图中没有画出）。切应力之间的这种关系称为**切应力互等定理**。应该指出，尽管切应力互等定理是在拉（压）杆的特定场合得到的，但其具有普遍意义。在其他场合，也都可以证明它的存在。

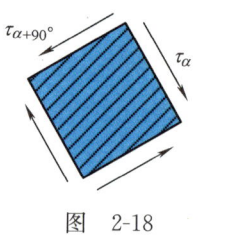

图 2-18

【例 2-6】 压杆如图 2-19a 所示，已知轴向载荷 $F = 25$ kN，横截面面积 $A = 200$ mm²，试求 $m—m$ 斜截面上的正应力与切应力。

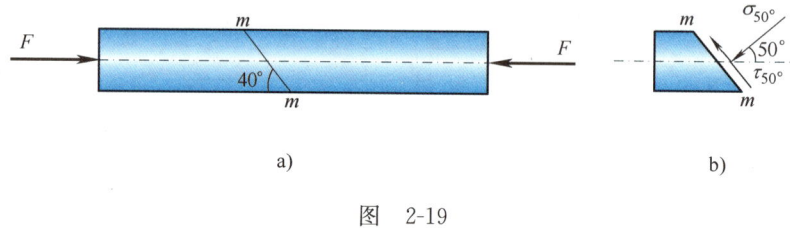

图 2-19

解：横截面上的正应力

$$\sigma = \frac{F_N}{A} = \frac{-25 \times 10^3 \text{ N}}{200 \times 10^{-6} \text{ m}^2} = -125 \times 10^6 \text{ Pa} = -125 \text{ MPa}$$

注意到，$m—m$ 斜截面的方位角 $\alpha = 50°$（见图 2-19b），由式（2-2）和式（2-3）可得该斜截面上的正应力与切应力分别为

$$\sigma_{50°} = \sigma \cos^2\alpha = -125 \text{ MPa} \times \cos^2 50° = -51.6 \text{ MPa}$$

$$\tau_{50°} = \frac{\sigma}{2}\sin 2\alpha = \frac{-125 \text{ MPa}}{2} \times \sin 100° = -61.6 \text{ MPa}$$

其方向如图 2-19b 所示。

第四节 拉（压）杆的变形

一、拉（压）杆的轴向变形与胡克定律

如图 2-20 所示，设杆件的原长为 l，在轴向外力 F 的作用下受轴向拉伸（压缩），长度变为 l_1，定义

$$\Delta l = l_1 - l$$

为拉（压）杆的**轴向变形**。

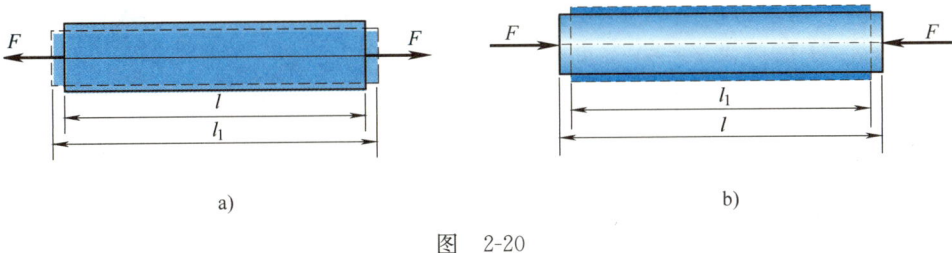

图 2-20

轴向变形 Δl 是拉（压）杆总的轴向变形量，与其原始长度 l 有关，故无法用来表征杆件的变形程度。为此，引入**线应变**的定义

$$\varepsilon = \frac{\Delta l}{l} \tag{2-4}$$

显然，线应变 ε 反映了拉（压）杆的变形程度，具有可比性。当杆件伸长时，线应变 ε 为正值；当杆件缩短时，线应变 ε 为负值。反之亦真。

试验表明，对于工程中的多数材料，当杆内应力不大于材料的比例极限 σ_p（详见下节）时，拉（压）杆的轴向线应变 ε 与其横截面上的正应力 σ 成正比，即有

$$\varepsilon = \frac{\sigma}{E} \tag{2-5}$$

式中，E 为材料常数，称为弹性模量。弹性模量与应力具有同样的量纲，因其数值较大，一般采用 GPa 为单位。弹性模量 E 由试验测定。常用材料的 E 值可参见附录 A 中的表 A-1。对于钢材，其弹性模量 E 约为 200 GPa。

式 (2-5) 又称为**胡克定律**。胡克定律建立了材料受力与变形之间的关系，在固体力学中具有十分重要的地位。

将式 (2-4) 和式 (2-1) 代入式 (2-5)，整理可得等截面常轴力拉（压）杆的轴向变形 Δl 的计算公式

$$\Delta l = \frac{F_N l}{EA} \tag{2-6}$$

注意到，式 (2-6) 中的乘积 EA 越大，杆件的轴向变形就越小，故称 EA 为杆件的**抗拉（压）刚度**。轴向变形 Δl 与轴力 F_N 具有相同的正负号，即伸长为正，缩短为负。

若拉（压）杆的轴力、横截面面积或弹性模量沿杆的轴线为分段常数，则可分段应用式 (2-6)，然后叠加，得此时拉（压）杆总的轴向变形为

$$\Delta l = \sum_{i=1}^{n} \Delta l_i = \sum_{i=1}^{n} \left(\frac{F_N l}{EA}\right)_i \quad (2\text{-}7)$$

若拉（压）杆的轴力与横截面面积沿杆的轴线均为连续函数，则可根据微积分中的元素法，化变为常，先在微段 dx 上应用式（2-6）（见图 2-21），然后积分，得此时拉（压）杆总的轴向变形为

$$\Delta l = \int_l d\Delta l = \int_l \frac{F_N(x)}{EA(x)} dx \quad (2\text{-}8)$$

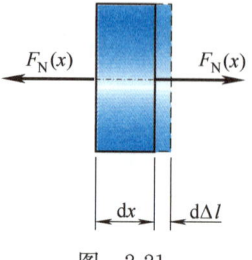

图 2-21

【例 2-7】 钢制阶梯杆如图 2-22a 所示，已知轴向载荷 $F_1 = 20\text{ kN}$，$F_2 = 50\text{ kN}$，AB 段横截面面积 $A_1 = 300\text{ mm}^2$，BC 段和 CD 段横截面面积 $A_2 = A_3 = 600\text{ mm}^2$，三段杆的长度 $l_1 = l_2 = l_3 = 100\text{ mm}$，材料的弹性模量 $E = 200\text{ GPa}$，试求该阶梯杆的轴向变形。

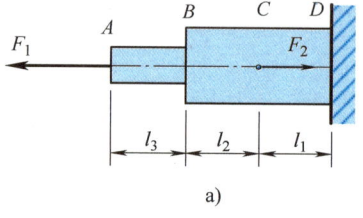

解：(1) 作轴力图

首先，作出轴力图如图 2-22b 所示。

(2) 计算轴向变形

杆的轴力、横截面面积为分段常数，综合考虑应分三段计算，根据式（2-7），该阶梯杆总的轴向变形为

$$\Delta l = \sum_{i=1}^{3} \Delta l_i = \sum_{i=1}^{3} \left(\frac{F_N l}{EA}\right)_i$$

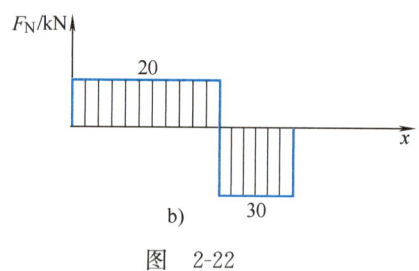

图 2-22

其中，各段杆的轴向变形分别为

$$\Delta l_1 = \frac{F_{N1} l_1}{EA_1} = \frac{(20\times 10^3\text{ N})\times(100\times 10^{-3}\text{ m})}{(200\times 10^9\text{ Pa})\times(300\times 10^{-6}\text{ m}^2)} = 0.033\times 10^{-3}\text{ m}$$

$$\Delta l_2 = \frac{F_{N2} l_2}{EA_2} = \frac{(20\times 10^3\text{ N})\times(100\times 10^{-3}\text{ m})}{(200\times 10^9\text{ Pa})\times(600\times 10^{-6}\text{ m}^2)} = 0.017\times 10^{-3}\text{ m}$$

$$\Delta l_3 = \frac{F_{N3} l_3}{EA_3} = \frac{(-30\times 10^3\text{ N})\times(100\times 10^{-3}\text{ m})}{(200\times 10^9\text{ Pa})\times(600\times 10^{-6}\text{ m}^2)} = -0.025\times 10^{-3}\text{ m}$$

所以，该阶梯杆总的轴向变形为

$$\Delta l = \sum_{i=1}^{3} \Delta l_i = 0.033\text{ mm} + 0.017\text{ mm} - 0.025\text{ mm} = 0.025\text{ mm（伸长）}$$

【例 2-8】 试求图 2-23a 所示等直杆因自重引起的伸长。已知杆的原长为 l，横截面面积为 A，材料的弹性模量为 E，质量密度为 ρ。

解：杆的重力可视为沿杆轴均匀分布，其分布集度

$$q = \rho g A$$

由截面法，易得 x 横截面上的轴力（见图 2-23b）

$$F_N = qx = \rho g A x$$

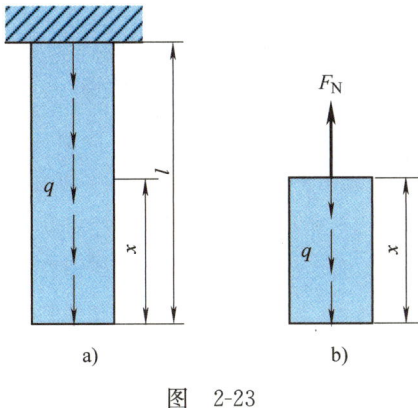

图 2-23

F_N 沿杆轴为连续函数,根据式(2-8)求得杆因自重引起的伸长

$$\Delta l = \int_l \frac{F_N(x)}{EA} dx = \int_l \frac{\rho g A x}{EA} dx = \frac{\rho g l^2}{2E}$$

请读者自行作出此时杆的轴力图。

【例 2-9】 三角支架如图 2-24a 所示,已知杆 1 用钢制成,弹性模量 $E_1 = 200\,\mathrm{GPa}$,长度 $l_1 = 1\,\mathrm{m}$,横截面面积 $A_1 = 100\,\mathrm{mm}^2$;杆 2 用硬铝制成,弹性模量 $E_2 = 70\,\mathrm{GPa}$,长度 $l_2 = 0.707\,\mathrm{m}$,横截面面积 $A_2 = 250\,\mathrm{mm}^2$。若载荷 $F = 10\,\mathrm{kN}$,试求节点 B 的位移。

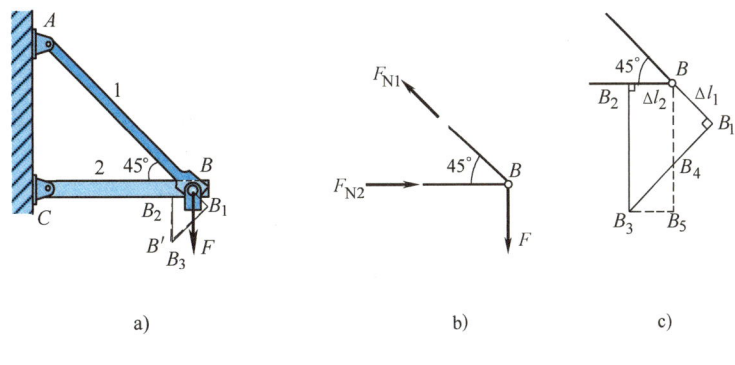

图 2-24

解:(1) 计算杆的轴力

用截面法,截取节点 B 为研究对象(见图 2-24b),作出受力图,由平衡方程得两杆轴力

$$F_{N1} = \sqrt{2}F = \sqrt{2} \times 10 \times 10^3\,\mathrm{N} = 14.14\,\mathrm{kN} \quad (拉伸)$$

$$F_{N2} = F = 10\,\mathrm{kN} \quad (压缩)$$

(2) 计算杆的轴向变形

由胡克定律得两杆轴向变形

$$\Delta l_1 = \frac{F_{N1} l_1}{E_1 A_1} = \frac{(14.14 \times 10^3 \text{ N}) \times (1 \text{ m})}{(200 \times 10^9 \text{ Pa}) \times (100 \times 10^{-6} \text{ m}^2)} = 0.707 \times 10^{-3} \text{ m} \quad (伸长)$$

$$|\Delta l_2| = \left| \frac{F_{N2} l_2}{E_2 A_2} \right| = \frac{(10 \times 10^3 \text{ N}) \times (0.707 \text{ m})}{(70 \times 10^9 \text{ Pa}) \times (250 \times 10^{-6} \text{ m}^2)} = 0.404 \times 10^{-3} \text{ m} \quad (缩短)$$

(3) 计算节点 B 的位移

为了求节点 B 的位移，可设想将两杆在 B 点处拆开，并在原位置上分别伸长 $\overline{BB_1} = \Delta l_1$ 和缩短 $\overline{BB_2} = |\Delta l_2|$，如图 2-24a 所示。由于变形后两杆在 B 点处仍应铰接在一起，故分别以 A、C 为圆心，以 $\overline{AB_1}$、$\overline{CB_2}$ 为半径作圆弧，其交点 B' 即为变形后节点 B 的新位置。

在小变形的情况下，弧线 $\widehat{B_1 B'}$ 与 $\widehat{B_2 B'}$ 可分别用其切线替代。于是，过 B_1、B_2 分别作 AB_1、CB_2 的垂线，其交点 B_3 即可替代 B'，作为变形后节点 B 的新位置。

由图 2-24c 易得，节点 B 的水平、铅垂位移分别为

$$\Delta_{BH} = \overline{BB_2} = |\Delta l_2| = 0.404 \text{ mm}(\leftarrow)$$

$$\Delta_{BV} = \overline{BB_4} + \overline{B_4 B_5} = \frac{\Delta l_1}{\sin 45°} + \frac{|\Delta l_2|}{\tan 45°} = 1.404 \text{ mm}(\downarrow)$$

在小变形的条件下，在确定支座反力和内力时，一般可忽略杆件变形，按照结构的原始尺寸和位置来进行计算；在确定位移时，则可采用上述"**以切线代弧线**""**以直代曲**"的方法。这样，可使问题的分析计算大大简化且不会产生明显误差。

二、拉（压）杆的横向变形与泊松比

拉（压）杆在发生轴向变形的同时，还伴随着横向变形（见图 2-20）。设杆件变形前、后的横向尺寸分别为 b、b_1，如图 2-25 所示，则拉（压）杆的横向线应变为

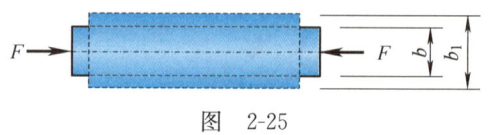

图 2-25

$$\varepsilon' = \frac{\Delta b}{b} = \frac{b_1 - b}{b}$$

试验表明，当杆内应力不大于材料的比例极限 σ_p（详见下节）时，横向线应变 ε' 与轴向线应变 ε 之比的绝对值

$$\nu = \left| \frac{\varepsilon'}{\varepsilon} \right| \tag{2-9}$$

是一个材料常数，称为**横向变形因数**或**泊松比**。泊松比 ν 的量纲为一。常用材料的 ν 值参见附录 A 中的表 A-1。

由于杆件轴向伸长则横向变短，反之，轴向缩短则横向变长（见图 2-20），即横向线应变 ε' 与轴向线应变 ε 的正负号始终相反，因此，式（2-9）可改写为

$$\varepsilon' = -\nu\varepsilon \tag{2-10}$$

式（2-10）建立了拉（压）杆的横向线应变 ε' 与轴向线应变 ε 之间的关系。

【例 2-10】 钢制螺栓如图 2-26 所示，已知螺栓内径 $d = 10.1\,\text{mm}$，拧紧后测得螺栓在长度 $l = 60\,\text{mm}$ 内的伸长 $\Delta l = 0.03\,\text{mm}$，钢材的弹性模量 $E = 200\,\text{GPa}$，泊松比 $\nu = 0.3$。试求螺栓的预紧力与螺栓的横向变形。

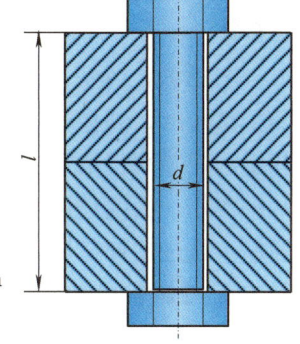

图 2-26

解：拧紧后螺栓的轴向线应变

$$\varepsilon = \frac{\Delta l}{l} = \frac{0.03\,\text{mm}}{60\,\text{mm}} = 5\times 10^{-4}$$

根据胡克定律，螺栓横截面上的正应力

$\sigma = E\varepsilon = (200\times 10^9\,\text{Pa})\times(5\times 10^{-4}) = 100\times 10^6\,\text{Pa} = 100\,\text{MPa}$

所以，螺栓的预紧力

$$F = \sigma A = (100\times 10^6\,\text{Pa})\times\left(\frac{\pi}{4}\times 10.1^2\times 10^{-6}\,\text{m}^2\right) = 8012\,\text{N}$$

根据式（2-10），螺栓的横向应变

$$\varepsilon' = -\nu\varepsilon = -0.3\times 5\times 10^{-4} = -1.5\times 10^{-4}$$

所以，螺栓的横向变形

$$\Delta d = \varepsilon' d = -1.5\times 10^{-4}\times 10.1\,\text{mm} = -1.515\times 10^{-3}\,\text{mm}\quad（缩短）$$

第五节　材料在拉伸时的力学性能

影响构件的强度、刚度与稳定性的主要因素，除了构件的形状、尺寸与所受外力之外，还有材料的力学性能。材料的力学性能又称机械性能，是指材料在外力作用下所表现出的变形、破坏等方面的特性。材料的力学性能需要通过试验测定。本节主要介绍材料在常温、静载（缓慢平稳加载）下拉伸时的力学性能。

一、拉伸试验与 σ-ε 曲线

为了保证试验结果的可比性，国家标准○对拉伸试验中的试验设备、试验环境、加载方式和试验方法等都有统一要求。对于拉伸试验中所采用的试样，也有专门的国家标准做出了明确规定。

标准拉伸试样如图 2-27 所示，试样中间的 CB 段作为试验段，其原始长度 l 称为**标距**。对于试验段直径为 d 的圆截面试样（见图 2-27a），规定标距

○　GB/T 228.1—2021《金属材料 拉伸试验 第 1 部分：室温试验方法》。

$l = 10d$ 或 $l = 5d$

对于试验段横截面面积为 A 的矩形截面试样（见图 2-27b），规定标距

$l = 11.3\sqrt{A}$ 或 $l = 5.65\sqrt{A}$

试验时，装在试验机上的试样受到缓慢平稳增加的轴向拉力 F 的作用，长度逐渐伸长，直至拉断。通过拉伸试验得到的轴向拉力 F 与试验段轴向变形 Δl 之间的关系曲线称为**拉伸图**或 **F-Δl 曲线**，如图 2-28 所示。

由于 F-Δl 曲线还与试样尺寸有关，不能表征材料固有的力学性能。因此，将拉伸图中的纵坐标 F 除以试验段横截面的原始面积 A，再将其横坐标 Δl 除以标距 l，得到试验段横截面上的正应力 σ 与试验段轴向线应变 ε 之间的关系曲线（见图 2-29），该曲线图称为**应力-应变图**或 **σ-ε 曲线**。σ-ε 曲线是确定材料力学性能的主要依据。

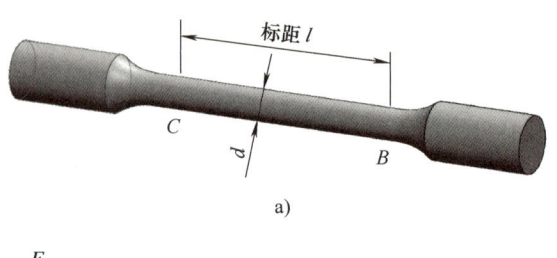
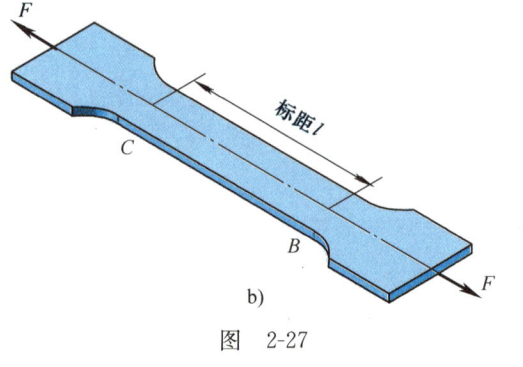

图 2-27

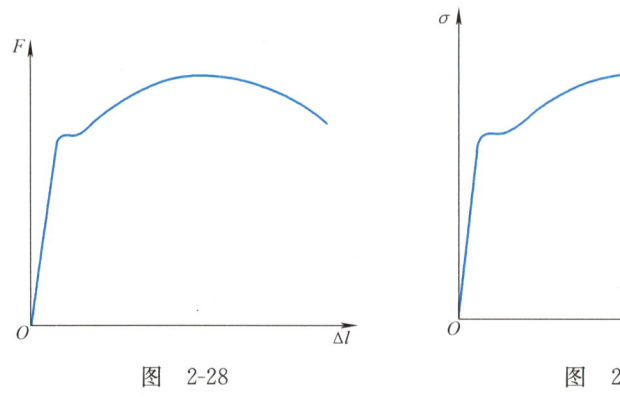

图 2-28　　　　　图 2-29

二、低碳钢拉伸时的力学性能

低碳钢是指碳的质量分数不大于 0.25% 的碳素钢。这类材料在工程中应用广泛，其拉伸 σ-ε 曲线如图 2-30 所示，具有典型意义。现以该曲线图为基础，

并结合在试验过程中观察到的现象,介绍低碳钢拉伸时的力学性能。

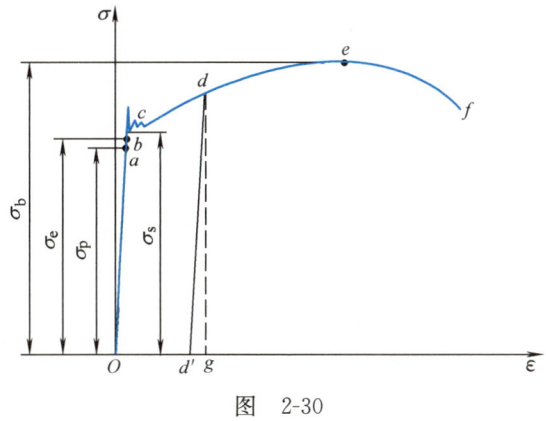

图 2-30

1. 线弹性阶段

σ-ε 曲线的初始段 Oa 为直线,说明在此阶段应力 σ 和应变 ε 成正比,即有

$$\sigma = E\varepsilon$$

这正是前面所介绍过的胡克定律。显然,弹性模量 E 就等于直线段 Oa 的斜率。直线段最高点 a 对应的应力是一材料常数,称为**比例极限**,记作 σ_p。由此可见,胡克定律的适用范围为 $\sigma \leqslant \sigma_p$。

试验表明,在这一阶段,卸载后变形将会完全消失,这种变形称为**弹性变形**。因此,这一阶段称为**线弹性阶段**。

接着是 ab 段,这是一段很短的微弯曲线,意味着此时应力 σ 和应变 ε 不再满足线性关系,但试验发现,这一阶段发生的变形依然是弹性的,其最高点 b 对应的应力称为**弹性极限**,记作 σ_e。由于弹性极限 σ_e 与比例极限 σ_p 相差很小,故工程中对两者一般不做严格区分。

当应力超过弹性极限后再卸载,所产生的变形中有一部分将随之消失,这就是上述的弹性变形,但其中还是有一部分变形不会消失,将永久地残留下来,这种卸载后不会消失的变形称为**塑性变形**或**残余变形**。

> **• 思政导读 •**
>
> 多数工程结构的零构件在正常工作载荷下发生的变形主要是弹性变形。早在东汉时期,我国经学家和教育家郑玄在《考工记·弓人》中为"量其力,有三钧"一句做注解时写到,"假令弓力胜三石,引之中三尺,弛其弦,以绳缓擿之,每加物一石,则张一尺。"揭示了弓的弹力与弓的弹性形变量成正比。这被认为是关于弹性定律的最早表述。而在 1500 多年后的公元 1678 年,

> 英国学者胡克才在其论文《弹簧》中发表了关于弹性定律的表述。但由于当时信息交流不足，我国郑玄的表述较少为人知晓，导致在科学史上弹性定律往往被称为胡克定律。

2. 屈服阶段

超过 b 点后，σ-ε 曲线图上出现的是一段接近于水平线的小锯齿形线段，说明在该阶段，应力基本维持不变，而应变却在显著增加，好像材料暂时丧失了变形抗力，这种现象称为**屈服**。这一阶段也因此称为**屈服阶段**。

试验表明，屈服阶段中排除初始瞬时效应[⊖]后的最低点（称为**下屈服点**）所对应的应力值比较稳定，能够反映材料特性，故称之为**屈服极限**，并记作 σ_s。由于屈服阶段会产生明显的塑性变形，这将影响构件的正常工作，因此，屈服极限 σ_s 是衡量这类材料强度的最为重要的指标。

若将试件表面抛光，此时可见到一些与轴线大约成 45°夹角的条纹（见图 2-31），这是由于材料在屈服时其内部晶格沿最大切应力面发生相对滑移而产生的，故称为**滑移线**。

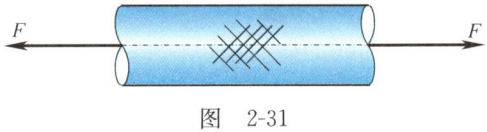

图 2-31

3. 强化阶段

过了屈服阶段，σ-ε 曲线又开始向上攀升，直至最高点 e。这表明，在屈服阶段之后，材料又恢复了变形抗力，要使其继续变形必须增加载荷，这种现象称为**强化**。这一阶段因此称为**强化阶段**。强化阶段的最高点 e 所对应的应力是材料拉断前所能承受的最大应力，称为**强度极限**或**抗拉强度**，记作 σ_b。

强化阶段发生的变形是**弹塑性变形**，其中弹性变形占较小部分，大部分是塑性变形。

4. 缩颈阶段

在前面三个阶段，试样的变形是均匀的。当过了最高点 e 之后，试样的变形突然集中至某一局部，使该处的横向尺寸急剧变小，出现图 2-32 所示的**缩颈**现象，从而导致试样的变形抗力急剧下降，对应的 σ-ε 曲线呈现快速下降趋势，直至在缩颈处断裂。这一阶段也因此被称为**缩颈阶段**。

图 2-32

⊖ GB/T 228.1—2021《金属材料 拉伸试验 第 1 部分：室温试验方法》。

5. 卸载规律与冷作硬化现象

将试样拉至超过线弹性阶段后的某点,例如强化阶段的 d 点(见图 2-30),然后缓慢平稳卸载,则卸载过程中的应力-应变关系图线为图 2-30 中的直线段 dd',该直线段近似平行于初始加载直线段 Oa。这表明,卸载时应力与应变之间始终保持着线性关系。显然,图中的 $d'g$ 代表了卸载后消失的弹性变形,Od' 则代表了卸载后残留下来的塑性变形。

如果卸载后再重新加载,发现应力、应变大致沿卸载直线段 $d'd$ 变化,直到卸载点 d 后,再沿原加载曲线 def 变化。这意味着,对材料预加塑性变形后,可以提高其比例极限或弹性极限,降低塑性变形。这种现象称为**冷作硬化**。在工程中,常利用冷作硬化现象来提高某些构件(例如弹簧、链条等)在弹性范围内的承载能力。

6. 塑性指标

材料产生塑性变形的能力各不相同。通过拉伸试验,可以引入下列两个指标来度量材料的塑性性能:

(1) 伸长率

试样在被拉断后,由于塑性变形,其试验段的长度由原来的 l 增大为 l_1,定义以百分数表示的比值

$$\delta = \frac{l_1 - l}{l} \times 100\% \tag{2-11}$$

为材料的**伸长率**。显然,材料的伸长率越大,所能产生的塑性变形量也就越大。

工程中,通常按照伸长率的大小将材料分为两类,伸长率 $\delta > 5\%$ 的材料称为**塑性材料**;伸长率 $\delta < 5\%$ 的材料则称为**脆性材料**。低碳钢的伸长率一般可达 20%~30%,是典型的塑性材料。

(2) 断面收缩率

试样在被拉断后,由于塑性变形,其试验段原来的横截面面积 A 缩小为断口处的最小横截面面积 A_1,定义以百分数表示的比值

$$\psi = \frac{A - A_1}{A} \times 100\% \tag{2-12}$$

为材料的**断面收缩率**。断面收缩率 ψ 同样可以度量材料的塑性性能。

三、其他塑性材料拉伸时的力学性能

塑性材料的种类很多,如中碳钢、合金钢、铜合金、铝合金等。图 2-33 给出了另外三种塑性材料的拉伸 σ-ε 曲线,其中有些塑性材料没有明显的屈服阶段。

对于不存在明显屈服阶段的塑性材料,工程中通常以产生 0.2% 的塑性应变时所对应的应力作为其屈服强度指标,称为**名义屈服极限**或**条件屈服极限**,记

作 $\sigma_{0.2}$（见图 2-34）。

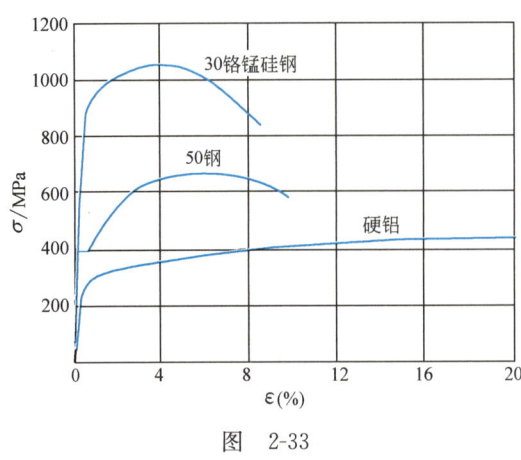

图　2-33

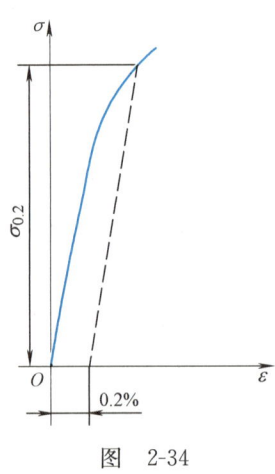

图　2-34

四、铸铁拉伸时的力学性能

灰铸铁的拉伸 σ-ε 曲线如图 2-35 所示，它是一段连续的微弯曲线，没有直线段，也不存在屈服阶段与缩颈阶段。灰铸铁在较低的拉应力作用下就会断裂，拉断前的变形很小，属于典型的脆性材料。

由于铸铁的 σ-ε 曲线没有明显的直线段，因此，通常以 σ-ε 曲线开始部分的割线的斜率作为其弹性模量（见图 2-36），称为**割线弹性模量**。这意味着，对于铸铁这类脆性材料，胡克定律是近似成立的。

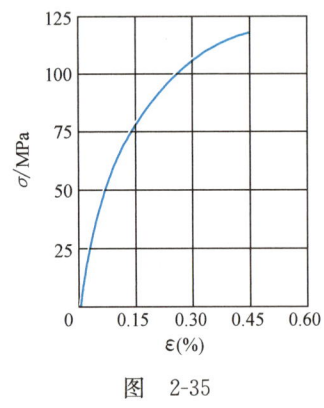

图　2-35

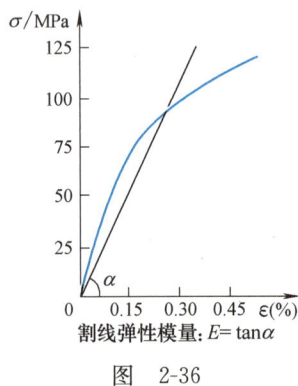

图　2-36

由于铸铁不存在屈服现象，而且变形很小，强度极限 σ_b 就成为衡量其强度的唯一指标。因其抗拉强度很低，所以铸铁这类脆性材料不适合用来制作承拉构件。

第六节 材料在压缩时的力学性能

材料在压缩时的力学性能同样需要根据有关国家标准⊖通过压缩试验确定。为了避免压弯,金属材料的压缩试样通常采用短圆柱体,圆柱体的高度一般为直径的 2.5~3.5 倍。混凝土、石料等建筑材料的压缩试验通常则是采用立方体试块。

低碳钢压缩时的 σ-ε 曲线如图 2-37 所示,为方便比较,图中还给出了低碳钢拉伸时的 σ-ε 曲线。到屈服阶段为止,低碳钢的压缩曲线与拉伸曲线基本重合。这表明,低碳钢压缩时与拉伸时的比例极限 σ_p、屈服极限 σ_s 和弹性模量 E 大致相同。但在屈服阶段之后,低碳钢试样只会越压越扁,而不会压断,即低碳钢不存在压缩强度极限。

灰铸铁压缩时的 σ-ε 曲线如图 2-38 所示。由图可见,铸铁的压缩 σ-ε 曲线与拉伸 σ-ε 曲线的形状相似,但其压缩强度极限 σ_{bc} 要明显高于拉伸强度极限 σ_b(约为 3~4 倍)。其他脆性材料的抗压强度也都远高于抗拉强度。因此,脆性材料适宜制作承压构件。

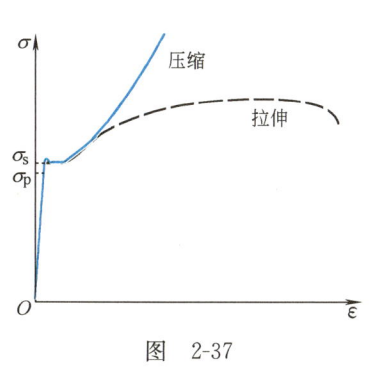

图 2-37

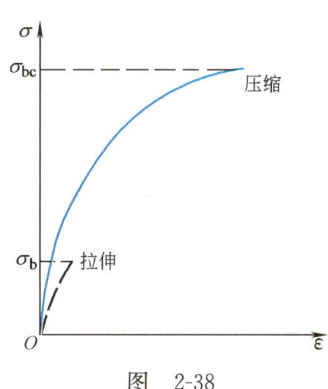

图 2-38

灰铸铁压缩破坏断口的方位角大致为 45°~55°(见图 2-39)。由于该斜截面上的切应力较大,从而表明,铸铁的压缩破坏主要是由切应力引起的。

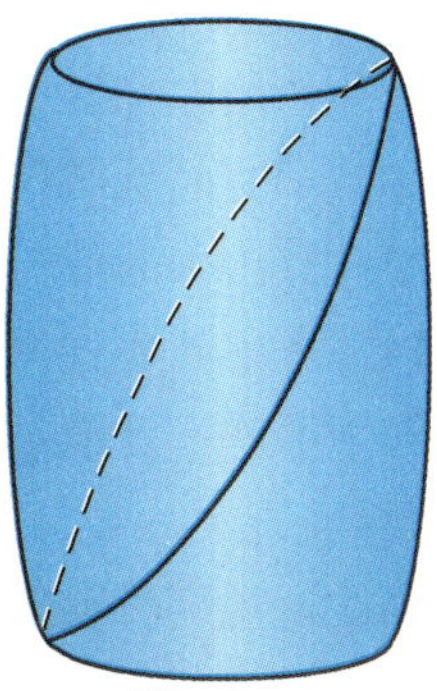

综上所述,在常温静载条件下,材料的力学性能指标有比例极限 σ_p、弹性极限 σ_e、屈服极限 σ_s(名义屈服极限 $\sigma_{0.2}$)、强度极限 σ_b(σ_{bc})、弹性模量 E、伸长率 δ 和断面收缩率 ψ 等。附录 A 中给出了

图 2-39

⊖ GB/T 7314—2017《金属材料 室温压缩试验方法》。

部分常用材料的 σ_s、σ_b、δ 与 E 等主要力学性能指标的约值，供读者参考。

第七节 拉（压）杆的强度计算

▶ 轴向拉压之强度计算

一、极限应力、许用应力与安全因数

材料力学的主要任务之一是保证构件具备足够的强度，即足够的抵抗破坏的能力，从而能够安全可靠地工作。为了解决强度问题，首先需要引入下面几个重要术语：

1. 极限应力

材料强度失效时所对应的应力称为材料的**极限应力**，记作 σ_u。

对于塑性材料，当其工作应力达到屈服极限 σ_s 或名义屈服极限 $\sigma_{0.2}$ 时，将发生屈服或出现显著塑性变形，从而导致构件不能安全可靠地工作，即塑性材料的强度失效形式为**塑性屈服**。因此，取屈服极限 σ_s 或名义屈服极限 $\sigma_{0.2}$ 作为塑性材料的极限应力 σ_u。

对于脆性材料，因其变形很小，**脆性断裂**是其唯一的强度失效形式。因此，取强度极限 σ_b（拉伸）或 σ_{bc}（压缩）作为脆性材料的极限应力 σ_u。

2. 许用应力与安全因数

材料安全工作所容许承受的最大应力称为材料的**许用应力**，记作 $[\sigma]$。

从理论上讲，只要构件的工作应力低于材料的极限应力 σ_u，就是安全的。但实际上，这不可能。主要原因有：

（1）实际材料的成分、品质等难免存在差异，不能保证构件材料与试样材料具有完全相同的力学性能，即使构件材料与试样材料完全相同，通过试验测得的力学性能本身也会带有一定的分散性，特别是对于脆性材料。

（2）作用在构件上的外力一般不可能估计得十分精确。

（3）从实际承载构件到理想力学模型往往需要经过一些简化，因此根据力学模型计算出来的应力通常带有一定的近似性。

（4）考虑到各种因素，为了确保安全，构件必须具备适当的强度储备，特别是对于那些一旦遭到破坏就将导致灾难性后果的重要构件，强度储备更需要足够充分。

因此，规定材料的许用应力

$$[\sigma] = \frac{\sigma_u}{n} \tag{2-13}$$

式中，n 为大于 1 的因数，称为**安全因数**。对于塑性材料，安全因数记作 n_s；对于脆性材料，安全因数则记作 n_b。

如上所述，安全因数的确定取决于多种因素，不同材料在不同工作条件下的安全因数可从有关设计规范中查到。在一般条件下的静强度设计中，塑性材料的安全因数 n_s 通常取为 1.4～2.2；脆性材料的安全因数 n_b 通常取为 2.5～5.0。

应该强调指出，对于塑性材料，拉伸与压缩时的极限应力或许用应力是基本相同的，可以不做区分；对于脆性材料，拉伸与压缩时的极限应力或许用应力则差异很大，必须严格区分。脆性材料的拉伸许用应力记作 $[\sigma_t]$，压缩许用应力记作 $[\sigma_c]$。

二、拉（压）杆的强度条件

保证构件安全可靠工作、不发生强度失效的条件称为**强度条件**。

根据以上讨论，拉（压）杆的强度条件应为

$$\sigma = \frac{F_N}{A} \leqslant [\sigma] \tag{2-14}$$

式中，F_N 为拉（压）杆的轴力；A 为拉（压）杆横截面面积；σ 为拉（压）杆横截面上的应力，若拉（压）杆各个横截面上的应力不等，则应取其中的最大值。

根据强度条件，可以解决以下三类强度问题：

1. 校核强度

已知构件所受外力、横截面面积和材料的许用应力，检验强度条件是否满足，从而确定在给定的外力作用下构件是否安全。

2. 截面设计

已知构件所受外力和材料的许用应力，根据强度条件确定构件横截面尺寸。

3. 确定许可载荷

已知杆件横截面面积和材料的许用应力，根据强度条件确定杆件容许承受的载荷。

工程中规定，在强度计算中，如果构件的实际工作应力 σ 超出了材料的许用应力 $[\sigma]$，但只要超出量 $(\sigma-[\sigma])$ 不大于许用应力 $[\sigma]$ 的 5%，仍然是容许的。

【例 2-11】 起重吊环如图 2-40a 所示，已知最大吊重 $F = 1000 \text{ kN}$，两侧对称斜拉杆为圆截面钢杆，材料的许用应力 $[\sigma] = 120 \text{ MPa}$，$\alpha$ 角为 $20°$，试确定斜拉杆横截面的直径 d。

解：（1）计算斜拉杆轴力

用截面法，截取吊环的上半部分为研究对象（见图 2-40b），由于对称，两侧斜拉杆的轴力相等，由平衡方程

$$\sum F_y = 0, \quad F - 2F_N \cos\alpha = 0$$

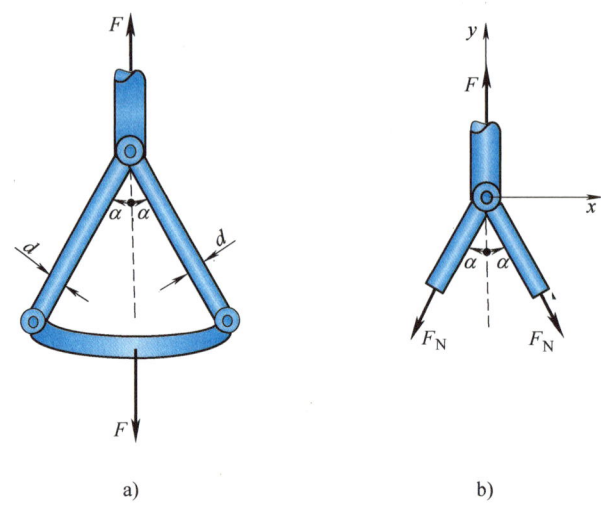

图 2-40

得斜拉杆轴力

$$F_N = 532 \text{ kN}$$

(2) 截面设计

根据拉(压)杆的强度条件

$$\sigma = \frac{F_N}{A} = \frac{4 \times 532 \times 10^3 \text{ N}}{\pi d^2} \leqslant [\sigma] = 120 \times 10^6 \text{ Pa}$$

解得

$$d \geqslant \sqrt{\frac{4 \times 532 \times 10^3 \text{ N}}{\pi \times 120 \times 10^6 \text{ Pa}}} = 0.075 \text{ m} = 75 \text{ mm}$$

所以,取斜拉杆横截面的直径

$$d = 75 \text{ mm}$$

【例 2-12】 某平面构架如图 2-41a 所示,已知架高 $h = 28$ m,均布载荷 $q = 3$ kN/m;杆 AB 的长度 $l = 5$ m,横截面面积 $A = 80$ cm²,倾角 $\alpha = 40°$,许用应力 $[\sigma] = 80$ MPa。若不计构架自重,试校核杆 AB 的强度。

解: (1) 计算杆 AB 的轴力

如图 2-41b 所示,截取部分构架为研究对象,作出受力图。由平衡方程

$$\sum M_D = 0, \quad -qh \times \frac{h}{2} + F_N \times l\sin\alpha\cos\alpha = 0$$

得杆 AB 的轴力

$$F_N = 477.7 \text{ kN}$$

(2) 校核杆 AB 的强度

杆 AB 承受轴向拉伸,根据拉(压)杆的强度条件,有

第二章 轴向拉伸与压缩

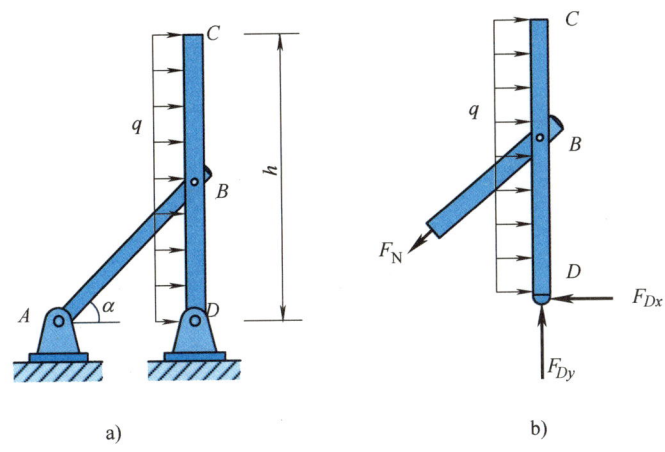

图 2-41

$$\sigma = \frac{F_N}{A} = \frac{477.7 \times 10^3 \text{ N}}{80 \times 10^{-4} \text{ m}^2} = 59.7 \times 10^6 \text{ Pa} = 59.7 \text{ MPa} < [\sigma] = 80 \text{ MPa}$$

所以，杆 AB 的强度符合要求。

【例 2-13】 三角支架如图 2-42a 所示，其中斜杆 AB 由两根 80 mm×80 mm×7 mm 的等边角钢构成，横杆 AC 由两根 No.10 槽钢构成，材料均为 Q235 钢，许用应力 $[\sigma] = 120$ MPa。试确定该三角支架的许可载荷 $[F]$（暂不考虑横杆 AC 的稳定性问题）。

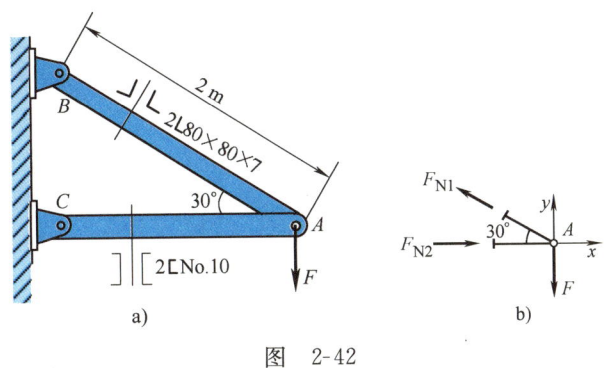

图 2-42

解：（1）计算两杆轴力
用截面法，截取节点 A 为研究对象，作出受力图如图 2-42b 所示。由平衡方程

$$\sum F_x = 0, \quad -F_{N1} \cos 30° + F_{N2} = 0$$

$$\sum F_y = 0, \quad F_{N1} \sin 30° - F = 0$$

解得两杆轴力分别为

$$F_{N1} = 2F \text{（拉力）}, \quad F_{N2} = 1.732F \text{（压力）}$$

(2) 确定许可载荷

查型钢表（见附录 B），得斜杆 AB 的横截面面积 $A_1 = 10.86 \text{ cm}^2 \times 2 = 21.72 \text{ cm}^2$，横杆 AC 的横截面面积 $A_2 = 12.74 \text{ cm}^2 \times 2 = 25.48 \text{ cm}^2$。

根据斜杆 AB 的强度条件

$$\sigma_1 = \frac{F_{N1}}{A_1} = \frac{2F}{21.72 \times 10^{-4} \text{ m}^2} \leqslant [\sigma] = 120 \times 10^6 \text{ Pa}$$

得

$$F \leqslant 130320 \text{ N} = 130.3 \text{ kN}$$

根据横杆 AC 的强度条件

$$\sigma_2 = \frac{F_{N2}}{A_2} = \frac{1.732F}{25.48 \times 10^{-4} \text{ m}^2} \leqslant [\sigma] = 120 \times 10^6 \text{ Pa}$$

得

$$F \leqslant 176536 \text{ N} = 176.5 \text{ kN}$$

所以，该三角支架的许可载荷为

$$[F] = 130.3 \text{ kN}$$

【例 2-14】 一组合屋架如图 2-43a 所示，已知屋架的跨度 $l = 8.4 \text{ m}$，高度 $h = 1.4 \text{ m}$，所受均布载荷 $q = 10 \text{ kN/m}$，圆截面钢拉杆 AB 的直径 $d = 22 \text{ mm}$，许用应力 $[\sigma] = 160 \text{ MPa}$。试校核钢拉杆 AB 的强度。

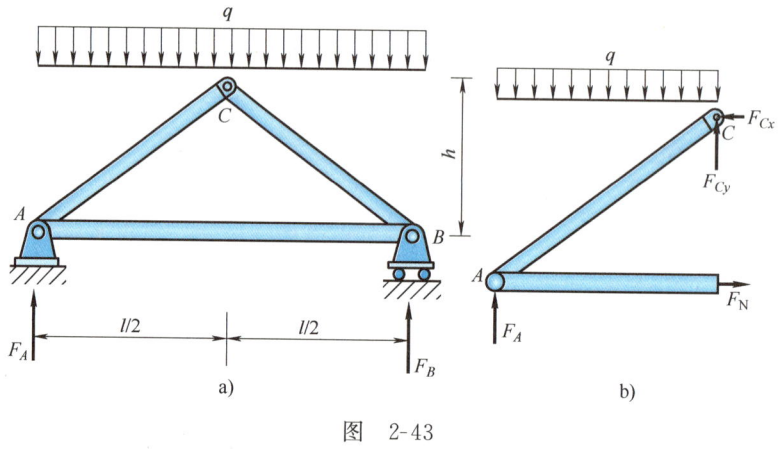

图 2-43

解：(1) 计算屋架的支座反力

由对称性得屋架的支座反力

$$F_A = F_B = \frac{1}{2}ql = \frac{1}{2} \times 10 \text{ kN/m} \times 8.4 \text{ m} = 42 \text{ kN}$$

(2) 计算钢拉杆 AB 的轴力

如图 2-43b 所示，截取左半个屋架为研究对象，作出受力图。由平衡方程

$$\sum M_C = 0, \quad -F_A \times \frac{l}{2} + q \times \frac{l}{2} \times \frac{l}{4} + F_N \times h = 0$$

得钢拉杆 AB 的轴力

$$F_N = 63 \text{ kN}$$

(3) 校核钢拉杆 AB 的强度

钢拉杆 AB 横截面上的正应力

$$\sigma = \frac{F_N}{A} = \frac{63 \times 10^3 \text{ N}}{\frac{\pi}{4} \times 22^2 \times 10^{-6} \text{ m}^2} = 165.7 \times 10^6 \text{ Pa} = 165.7 \text{ MPa} > [\sigma] = 160 \text{ MPa}$$

但由于

$$\frac{\sigma - [\sigma]}{[\sigma]} = \frac{165.7 \text{ MPa} - 160 \text{ MPa}}{160 \text{ MPa}} = 3.6\% < 5\%$$

故钢拉杆 AB 的强度仍然符合要求。

第八节 应力集中概念

一、应力集中现象

如前所述，等截面直杆在承受轴向拉伸或压缩时，横截面上的应力是均匀分布的。但出于实际需要，许多构件都会带有沟槽、孔洞、轴肩等，致使这些部位上的截面尺寸发生突然变化。理论分析和实验结果均表明，在尺寸发生突变的截面上，应力不再均匀分布，在邻近沟槽、孔洞或轴肩的局部区域，应力会急剧增大，如图 2-44 所示。

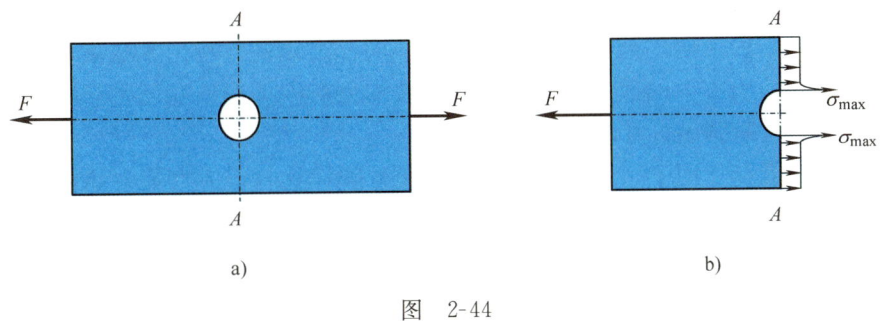

图 2-44

这种由于构件截面形状或尺寸突然变化而引起的局部应力急剧增大的现象称为**应力集中**。

二、理论应力集中因数

应力集中的程度一般用**理论应力集中因数** K 来表征。设应力集中处的最大

应力为 σ_{max}，同一截面上的名义平均应力为 σ，理论应力集中因数 K 定义为

$$K = \frac{\sigma_{max}}{\sigma} \qquad (2\text{-}15)$$

显然，理论应力集中因数越大，构件的应力集中程度就越大。某些带有沟槽、孔洞或轴肩的构件的理论应力集中因数可以从有关手册中查到。

研究还发现，构件的角越尖，孔越小，截面形状或尺寸改变得越急剧，应力集中的程度就越大。因此，在设计和制造构件时，应尽量避免带尖角的沟槽和孔洞，在阶梯轴的轴肩处要用圆弧过渡，倒角也要做成圆弧形的，以减缓应力集中。

三、应力集中对构件强度的影响

在静载荷作用下，应力集中对构件强度的影响与材料有关。

对于塑性材料制成的构件，在静强度计算时，可以不考虑应力集中的影响。因为塑性材料有屈服现象，当应力集中处的最大应力 σ_{max} 达到屈服极限 σ_s 时，应力就不再增大，继续增加的载荷将由截面上尚未屈服的部分来承担，以致屈服区域逐渐扩大，应力分布趋于均匀（见图 2-45）。

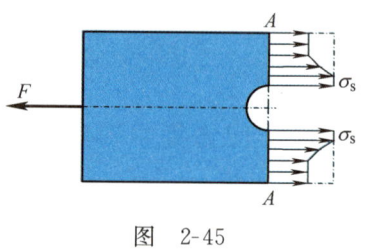

图 2-45

对于脆性材料制成的构件，在静强度计算时，一般需要考虑应力集中的影响。因为脆性材料不存在屈服现象，应力集中处的最大应力 σ_{max} 将持续增加，当其达到强度极限 σ_b 时，即在该处首先产生裂纹，进而导致构件断裂。但灰铸铁却是个例外，因为构件截面尺寸的变化与其内部组织的不均匀和缺陷相比，反而成了产生应力集中的次要因素。所以铸铁构件对因外形改变而引起的应力集中不敏感，在静强度计算时可以不予考虑。

在交变载荷作用下，无论是塑性材料还是脆性材料，应力集中都将成为构件破坏的根源，因此，都必须考虑应力集中对构件强度的影响。这将在第十一章中详细讨论。

第九节 拉伸（压缩）超静定问题

在解决杆件的强度问题和刚度问题时，一般首先要根据静力平衡方程计算出杆件内力。但对于图 2-46 所示的超静定结构，由静力学可知，仅仅通过平衡

第二章 轴向拉伸与压缩

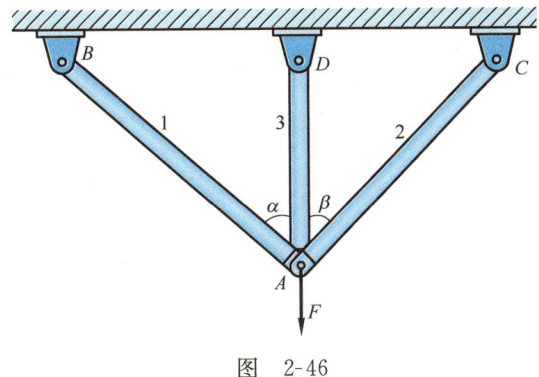

图 2-46

方程是不可能求出杆件内力的。本节将通过实例,介绍如何利用**变形比较法**来求解这类简单的拉伸(压缩)超静定问题。

【例 2-15】 如图 2-47a 所示,等截面直杆 AB 两端固定,在 C 截面处受一轴向外力 F 的作用,其抗拉(压)刚度为 EA。试作出杆 AB 的轴力图。

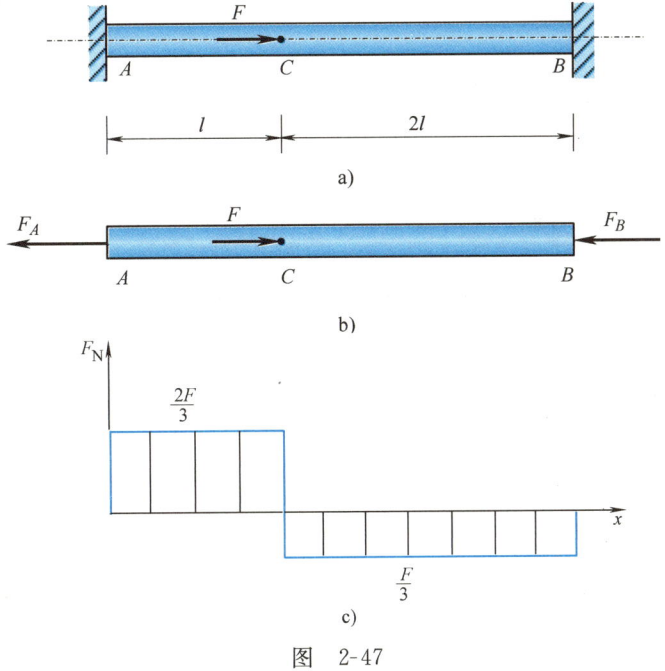

图 2-47

解:(1)建立平衡方程

解除杆 AB 两端约束,作出受力图如图 2-47b 所示,两端的支座反力 F_A、F_B 与轴向外力 F 构成一共线力系,其有效平衡方程只有一个,为

$$F - F_A - F_B = 0 \tag{a}$$

显然，这是一次超静定问题，需要有一个补充方程才能获解。

(2) 建立变形协调方程

在超静定结构中，由于受到多余约束的限制，杆件变形必须相互协调，满足一定的关系。表示超静定结构中杆件变形之间关系的方程称为**变形协调方程**。由变形协调方程即可得到求解超静定问题的补充方程。

在本例中，尽管各段杆受力后均要变形（伸长或缩短），但因两端固定约束的限制，杆件的总长将保持不变，由此得其变形协调方程

$$\Delta l = \Delta l_{AC} + \Delta l_{CB} = 0 \tag{b}$$

式中，Δl_{AC}、Δl_{CB} 分别为杆的 AC 段、CB 段的轴向变形。

(3) 建立补充方程

根据胡克定律，有

$$\Delta l_{AC} = \frac{F_{N1} l}{EA}, \quad \Delta l_{CB} = \frac{F_{N2}(2l)}{EA}$$

式中，F_{N1}、F_{N2} 分别为杆的 AC 段、CB 段的轴力，由截面法易得

$$F_{N1} = F_A, \quad F_{N2} = -F_B$$

将上述四式依次代入式（b），整理即得补充方程

$$F_A - 2F_B = 0 \tag{c}$$

(4) 解方程，计算支座反力

联立求解方程（a）和方程（c），即得两端支座反力

$$F_A = \frac{2F}{3}, \quad F_B = \frac{F}{3}$$

(5) 作轴力图

作出杆 AB 的轴力图如图 2-47c 所示。

由上例可见，用变形比较法来求解超静定问题，需要从平衡关系、变形协调关系、力与变形间的物理关系等三个方面来综合考虑。其中，变形协调关系是求解超静定问题的重点和难点。

【**例 2-16**】 在图 2-48a 所示结构中，已知杆 EC、HD 的抗拉（压）刚度分别为 E_1A_1、E_2A_2，横梁 AB 是刚性的，试求载荷 F 引起的 EC、HD 两杆的轴力。

解：(1) 建立平衡方程

取横梁 AB 为研究对象，作出其受力图如图 2-48b 所示，EC、HD 两杆的轴力分别记作 F_{N1}、F_{N2}，求解 F_{N1}、F_{N2} 的有效平衡方程只有一个，为

$$\sum M_A = 0, \quad F_{N1} \times \frac{l}{3} + F_{N2} \times \frac{2l}{3} - Fl = 0 \tag{a}$$

这是一次超静定问题。

(2) 建立变形协调方程

作出结构的变形图，如图 2-48a 中的双点画线所示。设 EC、HD 两杆的伸长分别为 Δl_1、Δl_2，则有 $\Delta l_1 = CC'$、$\Delta l_2 = DD'$，根据变形图中的几何关系，易得变形协调方程

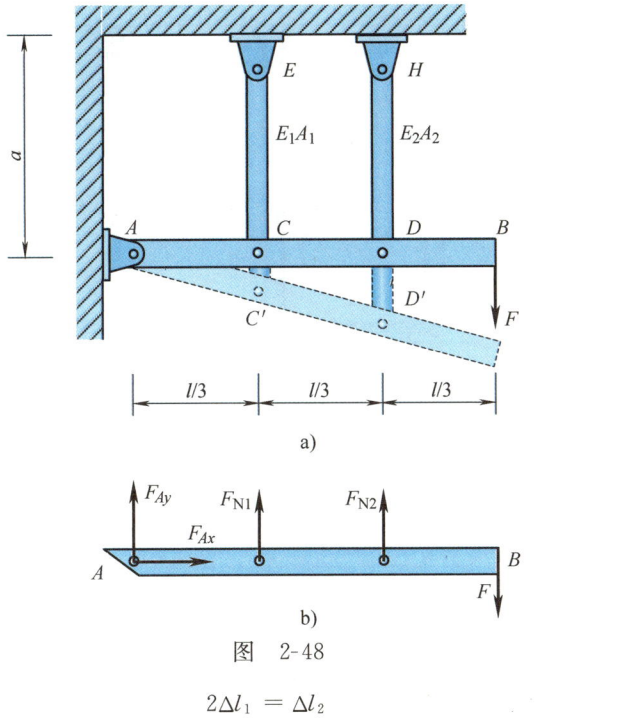

图 2-48

$$2\Delta l_1 = \Delta l_2 \tag{b}$$

（3）建立补充方程

利用胡克定律，由式（b）即得补充方程

$$2\frac{F_{N1}}{E_1 A_1} = \frac{F_{N2}}{E_2 A_2} \tag{c}$$

（4）解方程，计算轴力

联立求解方程（a）和方程（c），即得两杆轴力

$$F_{N1} = \frac{3E_1 A_1}{E_1 A_1 + 4E_2 A_2} F$$

$$F_{N2} = \frac{6E_2 A_2}{E_1 A_1 + 4E_2 A_2} F$$

结果显示，各杆内力的大小除了与外力有关外，还与各杆的刚度有关，杆的刚度越大，其内力就越大。这个结论对于超静定结构具有普遍意义。

【例 2-17】 如图 2-49a 所示，水平刚性横梁 AC 用三根完全相同的弹性杆悬挂在天花板上。已知三杆的横截面面积 $A = 10\text{ mm}^2$，弹性模量 $E = 200\text{ GPa}$，线胀系数 $\alpha = 12 \times 10^{-6}\text{ °C}^{-1}$。试求当杆 3 的温度升高 80 °C 时各杆的应力。

解：（1）列平衡方程

截取横梁 AC 为研究对象，假设三杆均受拉伸，作出受力图如图 2-49b 所示。这是平面平行力系，列平衡方程

$$\sum F_y = 0, \quad F_{N1} + F_{N2} + F_{N3} = 0 \tag{a}$$

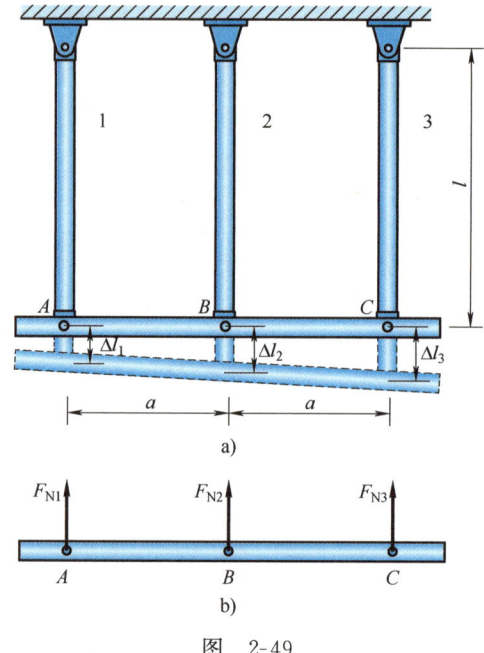

图 2-49

$$\sum M_B = 0, \quad -F_{N1}a + F_{N3}a = 0 \qquad (b)$$

显然，此为一次超静定问题。

(2) 建立变形协调方程

横梁 AC 是刚性的，其轴线保持为直线，据此作出变形图如图 2-49a 所示，其变形协调方程为

$$\Delta l_1 + \Delta l_3 = 2\Delta l_2$$

(3) 建立补充方程

杆 1、杆 2、杆 3 的伸长量分别为

$$\Delta l_1 = \frac{F_{N1}l}{EA}, \quad \Delta l_2 = \frac{F_{N2}l}{EA}, \quad \Delta l_3 = \frac{F_{N3}l}{EA} + \alpha l \Delta T$$

代入变形协调方程整理即得补充方程

$$F_{N1} + F_{N3} + \alpha \Delta T EA = 2F_{N2} \qquad (c)$$

(4) 计算轴力和应力

联立方程 (a)～方程 (c)，并代入数据，解得三杆的轴力

$$F_{N1} = F_{N3} = -320 \text{ N} （压力），\quad F_{N2} = 640 \text{ N} （拉力）$$

从而得到杆 1、杆 2、杆 3 的应力分别为

$$\sigma_1 = \frac{F_{N1}}{A} = -\frac{320 \text{ N}}{10 \times 10^{-6} \text{ m}^2} = -32 \text{ MPa} \quad （压力）$$

$$\sigma_2 = \frac{F_{N2}}{A} = \frac{640 \text{ N}}{10 \times 10^{-6} \text{ m}^2} = 64 \text{ MPa} \quad （拉力）$$

$$\sigma_3 = \sigma_1 = -32 \text{ MPa} \quad （压力）$$

对于超静定结构，由于多余约束的存在，当温度变化时，杆件不能自由伸缩，将在杆内引起应力。这种因温度变化而产生的应力称为**温度应力**。由上例可知，当温度变化比较大时，温度应力的数值便会相当大。为了避免出现过大的温度应力，工程中必须采取相应措施。例如，在铺设钢轨时要在各段钢轨间留有空隙，在热力管道中要加设伸缩节（见图 2-50）等。

图 2-50

【**例 2-18**】 图 2-51a 所示结构，已知杆 1、杆 2 的抗拉（压）刚度同为 E_1A_1，杆 3 的抗拉（压）刚度为 E_3A_3。若因加工误差，杆 3 的实际长度比设计长度 l 短了 $\delta(\delta \ll l)$，试求将其强行装配后各杆内产生的应力。

解：（1）建立平衡方程

强行装配后，截取节点 A 为研究对象，作出受力图如图 2-51b 所示，杆 1、杆 2、杆 3 的轴力依次记作 F_{N1}、F_{N2}、F_{N3}，其平衡方程为

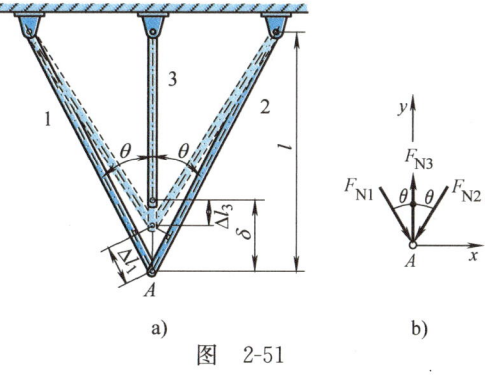

图 2-51

$$\sum F_x = 0, \quad F_{N1}\sin\theta - F_{N2}\sin\theta = 0 \tag{a}$$

$$\sum F_y = 0, \quad -F_{N1}\cos\theta - F_{N2}\cos\theta + F_{N3} = 0 \tag{b}$$

这是一次超静定问题。

（2）建立变形协调方程

作出结构变形图，如图 2-51a 中双点画线所示。根据变形图中的几何关系，并注意到小变形假设，即可得其变形协调方程

$$\Delta l_3 + \frac{|\Delta l_1|}{\cos\theta} = \delta \tag{c}$$

式中，Δl_1、Δl_3 分别为杆 1、杆 3 的轴向变形。

（3）建立补充方程

利用胡克定律，由变形协调方程得补充方程为

$$\frac{F_{N3}l}{E_3A_3} + \frac{F_{N1}l}{E_1A_1\cos^2\theta} = \delta \tag{d}$$

（4）解方程，计算轴力与应力

联立求解方程（a）、方程（b）和方程（d），得各杆轴力

$$F_{N1} = F_{N2} = \frac{\delta}{l} \frac{E_1A_1\cos^2\theta}{1 + \dfrac{2E_1A_1}{E_3A_3}\cos^3\theta} \quad （压力）$$

$$F_{N3} = \frac{\delta}{l} \frac{2E_1A_1\cos^3\theta}{1 + \dfrac{2E_1A_1}{E_3A_3}\cos^3\theta} \quad （拉力）$$

再将轴力除以横截面面积,即得各杆应力。假设三杆的抗拉(压)刚度均相同,材料的弹性模量 $E = 200\,\text{GPa}$,$\theta = 30°$,$\delta/l = 1/1000$,计算出各杆横截面上的应力分别为

$$\sigma_1 = \sigma_2 = 65.3\,\text{MPa} \quad (压应力)$$
$$\sigma_3 = 112.9\,\text{MPa} \quad (拉应力)$$

这种因构件尺寸误差强行装配而产生的应力称为**装配应力**。由上例可见,虽然构件的尺寸误差很小,但所引起的装配应力仍然相当大。因此,制造构件时需要保证足够的加工精度,以尽量避免产生装配应力。但有时在工程中,人们又要利用装配应力来达到某种目的。例如,机械零件中的紧配合、钢筋混凝土结构中的预应力件等,都是利用装配应力的典型实例。

复习思考题

2-1 轴向拉伸(压缩)的受力特点、变形特点是什么?

2-2 在思考题 2-2 图中,哪些杆件属于轴向拉伸(压缩)?

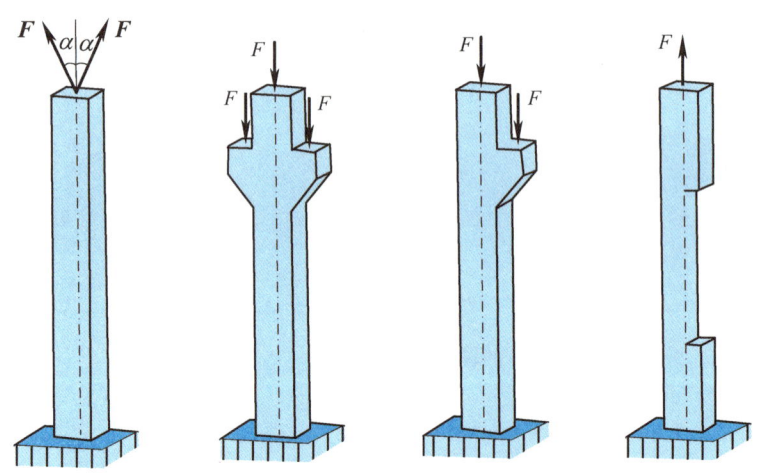

思考题 2-2 图

2-3 什么是内力?计算内力的方法是什么?

2-4 什么是轴力?如何确定轴力的正负?

2-5 什么是轴力图?如何绘制轴力图?

2-6 在对构件进行强度、刚度计算时,力的可传性原理是否仍可以运用?

2-7 何谓应力?何谓正应力与切应力?如何确定正应力与切应力的正负号?

2-8 应力的量纲是什么?常用单位是什么?

2-9　应力与内力之间的关系是什么？
2-10　何谓拉（压）杆的平面假设？平面假设对确定拉（压）杆横截面上的正应力有何意义？
2-11　如何确定斜截面的方位？如何确定斜截面方位角 α 的正负号？
2-12　拉（压）杆内的最大正应力在哪个截面上取得？如何计算？
2-13　拉（压）杆内的最大切应力在哪个截面上取得？如何计算？
2-14　何谓线应变？它有何意义？它的量纲是什么？如何确定它的正负号？
2-15　什么是弹性变形？什么是塑性变形？
2-16　何谓胡克定律？它有何意义？它的适用范围是什么？
2-17　弹性模量的意义是什么？量纲是什么？
2-18　什么是泊松比？如何计算拉（压）杆的横向变形？
2-19　低碳钢的拉伸 σ-ε 曲线可分为几个阶段？各个阶段有何主要特点？
2-20　何谓材料的比例极限、屈服极限、名义屈服极限与强度极限？
2-21　何谓材料的伸长率与断面收缩率？
2-22　工程中是如何划分塑性材料和脆性材料的？
2-23　塑性材料与脆性材料的主要力学性能特点是什么？它们之间有何主要差异？
2-24　何谓材料的极限应力？如何确定材料的极限应力？
2-25　何谓材料的许用应力？如何确定材料的许用应力？
2-26　何谓强度条件？利用强度条件可以解决哪几类强度问题？
2-27　何谓应力集中现象？应力集中对构件强度有何影响？
2-28　运用变形比较法求解超静定问题时应从哪几个方面考虑？其基本步骤是什么？
2-29　静定结构会不会产生温度应力与装配应力？为什么？

习题

2-1　试绘制习题 2-1 图所示各杆的轴力图。

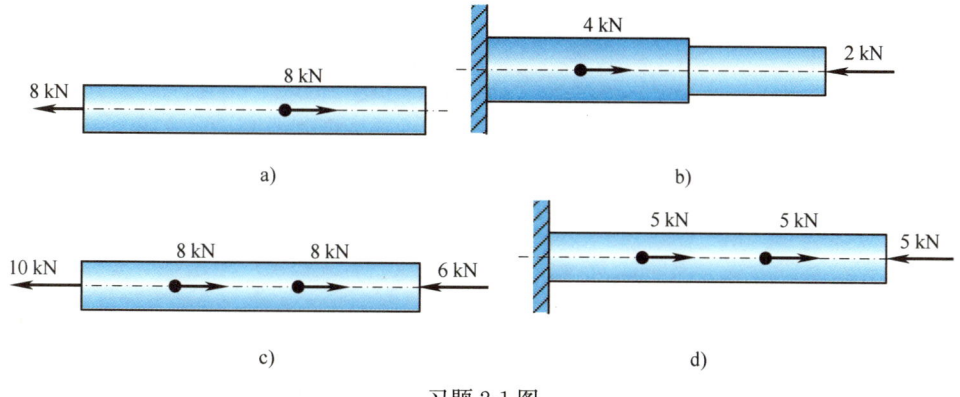

习题 2-1 图

2-2　试计算习题 2-2 图示结构中杆 BC 的轴力。

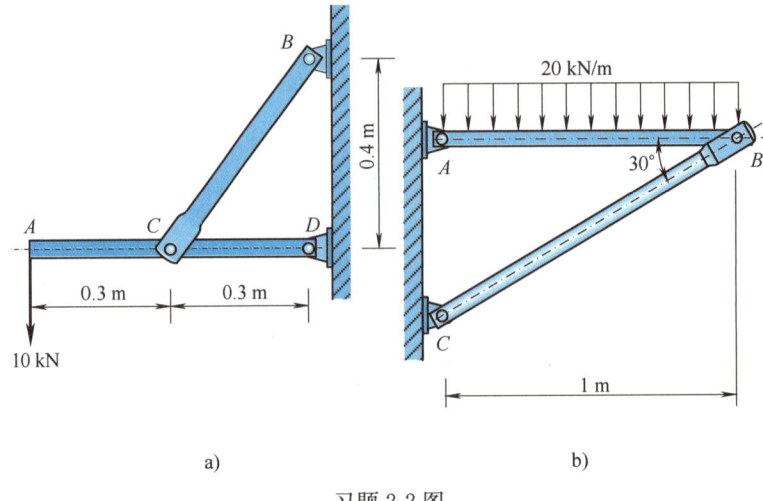

习题 2-2 图

2-3 在习题 2-2 图 a 中，若杆 BC 为直径 $d = 16$ mm 的圆截面杆，试计算杆 BC 横截面上的正应力。

2-4 在习题 2-2 图 b 中，若杆 BC 由两根 20 mm×20 mm×4 mm 的等边角钢构成，试计算杆 BC 横截面上的正应力。

2-5 如习题 2-5 图所示，钢板受到 14 kN 的轴向拉力，板上有三个对称分布的铆钉圆孔，钢板的厚度为 10 mm、宽度为 200 mm，铆钉孔的直径为 20 mm。试求钢板危险横截面上的应力（不考虑铆钉孔引起的应力集中）。

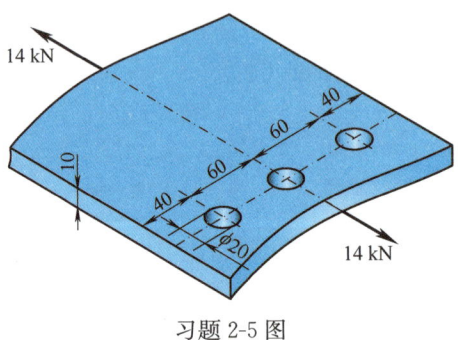

习题 2-5 图

2-6 如习题 2-6 图所示，木杆由两段粘接而成。已知杆的横截面面积 $A = 1000$ mm², 粘接面的方位角 $\theta = 45°$, 杆所承受的轴向拉力 $F = 10$ kN。试计算粘接面上的正应力与切应力，并作图表示出应力的方向。

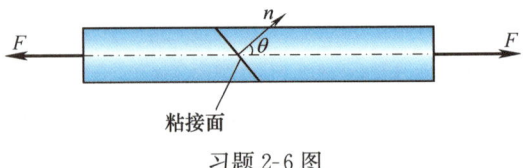

习题 2-6 图

2-7 如习题 2-6 图所示木杆，若欲使粘接面上的正应力为切应力的 2 倍，则粘接面的方位角 θ 应为何值？

2-8 如习题 2-8 图所示，等直杆的横截面面积 $A = 40 \text{ mm}^2$，弹性模量 $E = 200 \text{ GPa}$，所受轴向载荷 $F_1 = 1 \text{ kN}$、$F_2 = 3 \text{ kN}$。试计算杆内的最大正应力与杆的轴向变形。

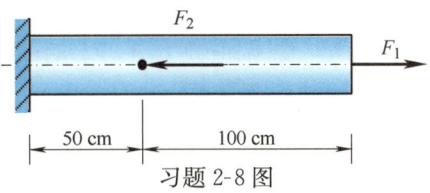

习题 2-8 图

2-9 如习题 2-9 图所示阶梯钢杆，已知 AC 段的横截面面积 $A_1 = 1000 \text{ mm}^2$，CB 段的横截面面积 $A_2 = 500 \text{ mm}^2$，材料的弹性模量 $E = 200 \text{ GPa}$。试计算该阶梯钢杆的轴向变形。

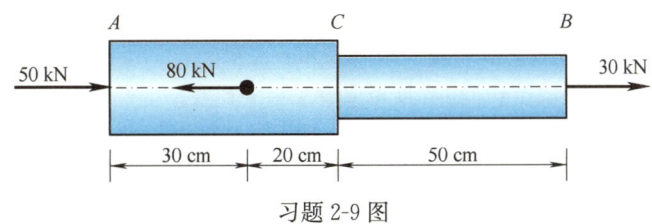

习题 2-9 图

2-10 一钢杆和一混凝土杆分别受轴向压力的作用，已知钢的弹性模量 $E_s = 200 \text{ GPa}$，混凝土的弹性模量 $E_c = 28 \text{ GPa}$。假设两杆的变形均在线弹性范围内，试问：(1) 当两杆应力相等时，混凝土杆的应变 ε_c 是钢杆的应变 ε_s 的多少倍？(2) 当两杆应变相等时，钢杆的应力 σ_s 是混凝土杆的应力 σ_c 的多少倍？(3) 当 $\varepsilon_s = \varepsilon_c = -0.0005$ 时，两杆的应力各等于多少？

2-11 如习题 2-11 图所示，刚性梁 AB 用两根弹性杆 AC 和 BD 悬挂在天花板上。已知 F、l、a、$E_1 A_1$ 和 $E_2 A_2$。欲使刚性梁 AB 保持在水平位置，试确定力 F 的作用位置 x。

2-12 矩形截面的铝合金拉伸试样如习题 2-12 图所示，已知 $l = 70 \text{ mm}$、$b = 20 \text{ mm}$、$\delta = 2 \text{ mm}$，在轴向拉力 $F = 6 \text{ kN}$ 的作用下试样处于线弹性阶段，若测得此时试验段 mn 的轴向伸长 $\Delta l = 0.15 \text{ mm}$、横向缩短 $\Delta b = 0.014 \text{ mm}$，试确定铝合金材料的弹性模量 E 和泊松比 ν。

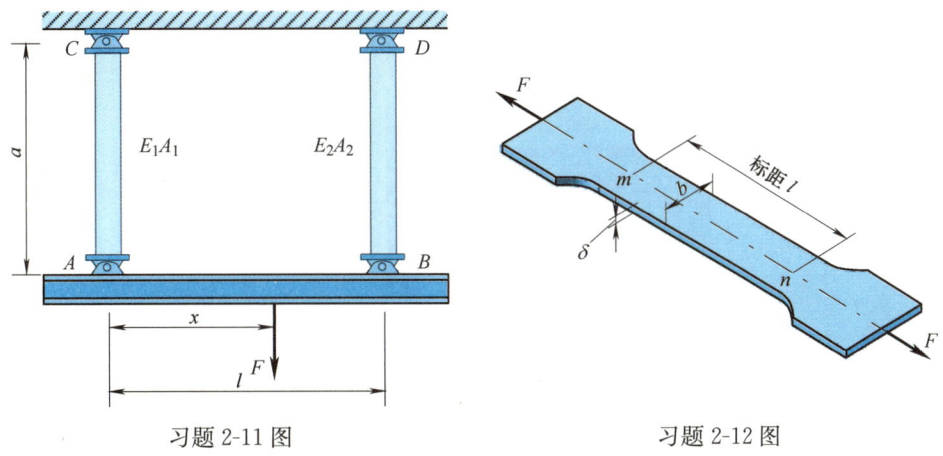

习题 2-11 图　　　　　　　　　　习题 2-12 图

2-13 一外径 $D = 60\,\text{mm}$、内径 $d = 20\,\text{mm}$ 的空心圆截面杆,受到 $F = 200\,\text{kN}$ 的轴向拉力的作用,已知材料的弹性模量 $E = 80\,\text{GPa}$,泊松比 $\nu = 0.3$。试求该杆外径的改变量 ΔD。

2-14 一圆截面拉伸试样,已知其试验段的原始直径 $d = 10\,\text{mm}$,标距 $l = 50\,\text{mm}$,拉断后试验段的长度变为 $l_1 = 63.2\,\text{mm}$,断口处的最小直径 $d_1 = 5.9\,\text{mm}$。试确定材料的伸长率和断面收缩率,并判断其属于塑性材料还是脆性材料。

2-15 用 Q235 钢制作一圆截面杆,已知该杆承受 $F = 100\,\text{kN}$ 的轴向拉力,材料的比例极限 $\sigma_p = 200\,\text{MPa}$、屈服极限 $\sigma_s = 235\,\text{MPa}$、强度极限 $\sigma_b = 400\,\text{MPa}$,并取安全因数 $n = 2$。(1) 欲拉断圆杆,则其直径 d 最大可达多少?(2) 欲使该杆能够安全工作,则其直径 d 最小应取多少?(3) 欲使胡克定律适用,则其直径 d 最小应取多少?

2-16 正方形截面阶梯杆如习题 2-16 图所示,已知 AB 段为钢制,其边长 $a = 10\,\text{mm}$,许用应力 $[\sigma_{St}] = 140\,\text{MPa}$;$BC$ 段为铝制,其边长 $b = 20\,\text{mm}$,许用应力 $[\sigma_{Al}] = 80\,\text{MPa}$。试确定其许可轴向载荷 $[F]$。

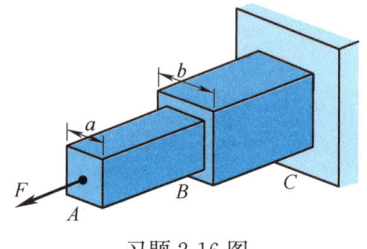

习题 2-16 图

2-17 圆截面阶梯杆如习题 2-17 图所示,已知杆的直径 $d_1 = 14.5\,\text{mm}$、$d_2 = 20\,\text{mm}$,所受轴向载荷 $F_1 = 20\,\text{kN}$、$F_2 = 50\,\text{kN}$,材料的屈服极限 $\sigma_s = 235\,\text{MPa}$。若取安全因数 $n_s = 1.8$,试校核该阶梯杆的强度。

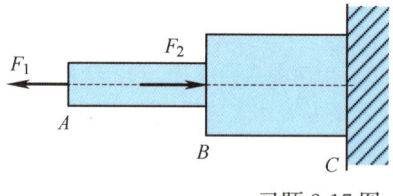 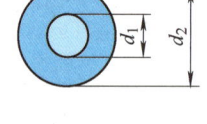

习题 2-17 图

2-18 习题 2-18 图为一液压装置的油缸。已知油缸内径 $D = 560\,\text{mm}$,油压 $p = 2.5\,\text{MPa}$,活塞杆由合金钢制作,许用应力 $[\sigma] = 300\,\text{MPa}$。试确定该活塞杆的直径。

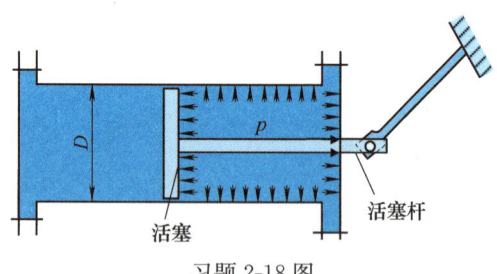

习题 2-18 图

2-19 一正方形截面的粗短阶梯形混凝土立柱如习题 2-19 图所示。已知混凝土的质量密度 $\rho = 2.04 \times 10^3\,\text{kg/m}^3$,压缩许用应力 $[\sigma_c] = 2\,\text{MPa}$,载荷 $F = 100\,\text{kN}$。试确定截面尺寸 a 与 b。

2-20 如习题 2-20 图所示，用绳索匀速起吊重物。已知绳索的横截面面积 $A = 15\ \text{cm}^2$，许用应力 $[\sigma] = 10\ \text{MPa}$。试确定绳索强度所容许的最大吊重 $[P]$。

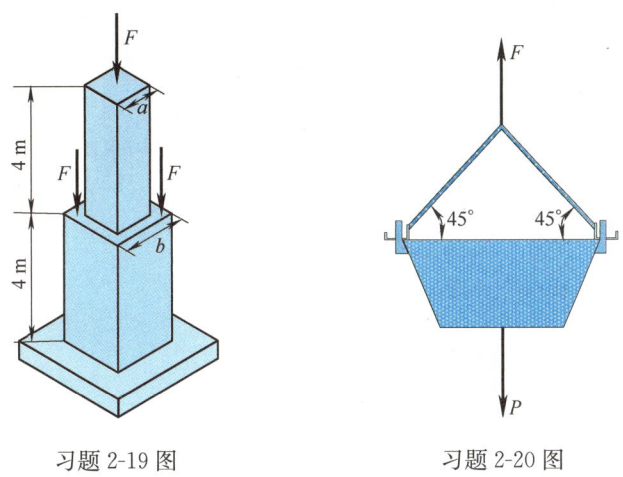

习题 2-19 图　　　　　习题 2-20 图

2-21 习题 2-21 图为某矿井提升系统的简图，已知吊重 $P = 45\ \text{kN}$，钢丝绳的自重 $p = 23.8\ \text{N/m}$，横截面面积 $A = 251\ \text{mm}^2$，许用应力 $[\sigma] = 210\ \text{MPa}$。试校核钢丝绳的强度。

2-22 平面桁架如习题 2-22 图所示，已知载荷 $F = 20\ \text{kN}$，各杆的横截面面积均为 $200\ \text{mm}^2$，各杆材料均采用 Q235 钢，许用应力 $[\sigma] = 160\ \text{MPa}$。试校核其中拉杆 AD 和 CD 的强度。

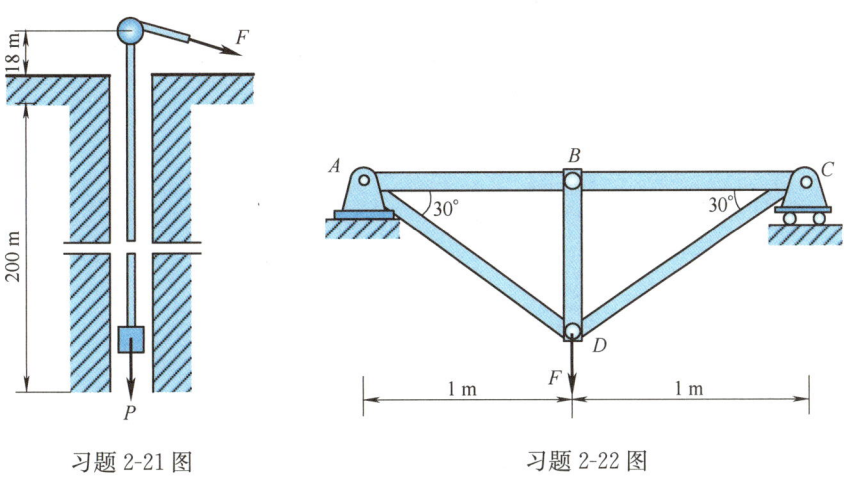

习题 2-21 图　　　　　习题 2-22 图

2-23 某液压装置的油缸如习题 2-23 图所示，已知缸盖与缸体用 6 个对称分布的螺栓连接，油压 $p = 1\ \text{MPa}$，油缸内径 $D = 350\ \text{mm}$，螺栓材料的许用应力 $[\sigma] = 40\ \text{MPa}$。试设计螺栓直径 d。

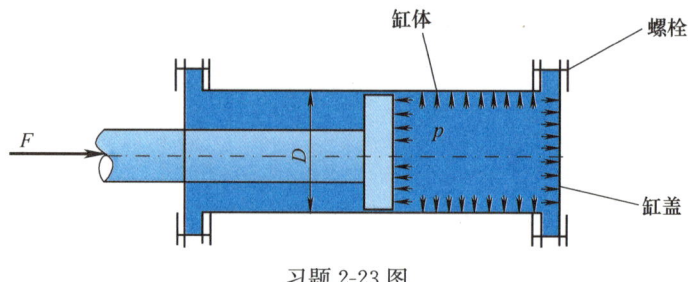

习题 2-23 图

2-24 汽车离合器踏板如习题 2-24 图所示，已知 $F_1 = 400\,\mathrm{N}$，$L = 330\,\mathrm{mm}$，$l = 56\,\mathrm{mm}$，圆截面拉杆 AB 的直径 $d = 9\,\mathrm{mm}$，许用应力 $[\sigma] = 50\,\mathrm{MPa}$。试校核拉杆 AB 的强度。

2-25 习题 2-25 图为某井架的力学模型，已知井架高 $h = 28\,\mathrm{m}$，风载 $q = 3\,\mathrm{kN/m}$，拉杆 AB 的长度 $l = 5\,\mathrm{m}$，横截面面积 $A = 80\,\mathrm{cm}^2$，倾角 $\alpha = 40°$，材料的许用应力 $[\sigma] = 80\,\mathrm{MPa}$，试校核拉杆 AB 的强度。

2-26 悬臂吊车如习题 2-26 图所示，已知最大起吊重量 $P = 25\,\mathrm{kN}$，斜拉杆 BC 用两根等边角钢制成，其许用应力 $[\sigma] = 140\,\mathrm{MPa}$。试确定等边角钢的型号。

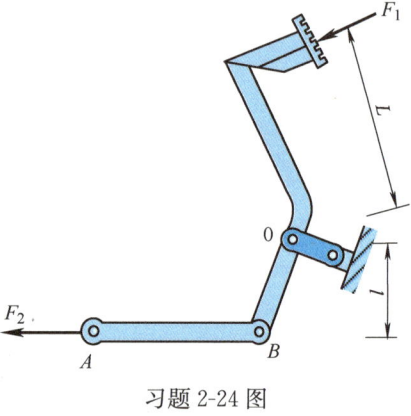

习题 2-24 图

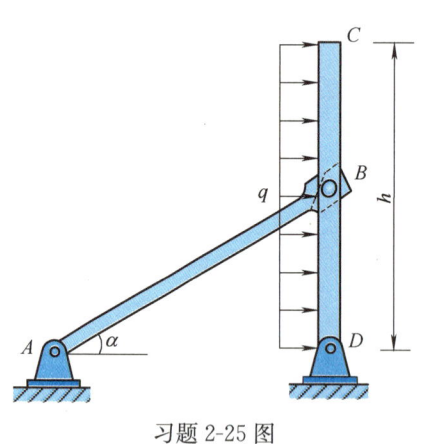

习题 2-25 图

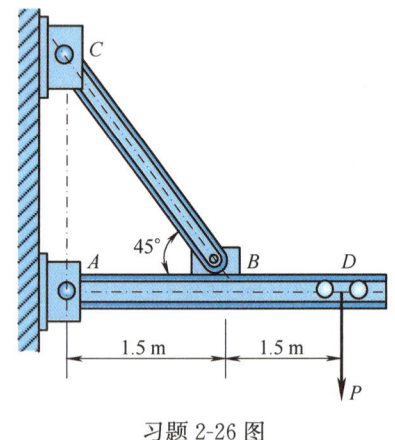

习题 2-26 图

2-27 如习题 2-27 图所示三角支架，已知钢杆 AB 的横截面面积 $A = 600\,\mathrm{mm}^2$，许用应力 $[\sigma] = 140\,\mathrm{MPa}$。若杆 AC 足够坚固，试根据钢杆 AB 的强度确定许可载荷 $[F]$。

2-28 三角支架如习题 2-28 图所示，已知两杆的横截面面积均为 2 cm²，杆 AC 的许用应力 $[\sigma_{AC}]$ = 100 MPa，杆 BC 的许用应力 $[\sigma_{BC}]$ = 160 MPa。试确定该支架的许可载荷 $[P]$。

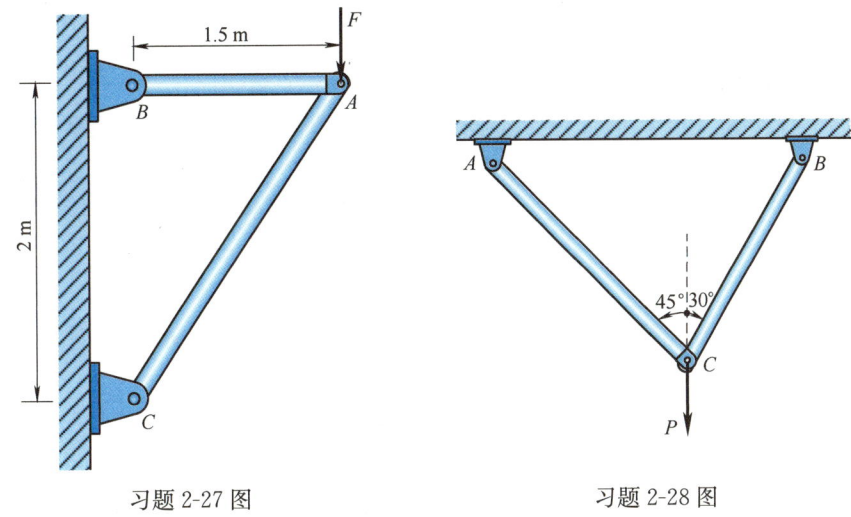

习题 2-27 图　　　　　　习题 2-28 图

2-29 习题 2-29 图为电杆上的横担结构，滑车 O 可在杆 AC 上滑动。已知滑车上作用的集中载荷 P = 15 kN，拉杆 AB 是圆截面钢杆，其许用应力 $[\sigma]$ = 170 MPa。若忽略滑车与杆件自重，试确定拉杆 AB 的直径。

2-30 如习题 2-30 图所示结构，拉杆 AB 和 AD 均由两根等边角钢构成，已知材料的许用应力 $[\sigma]$ = 170 MPa。试选择拉杆 AB 和 AD 的角钢型号。

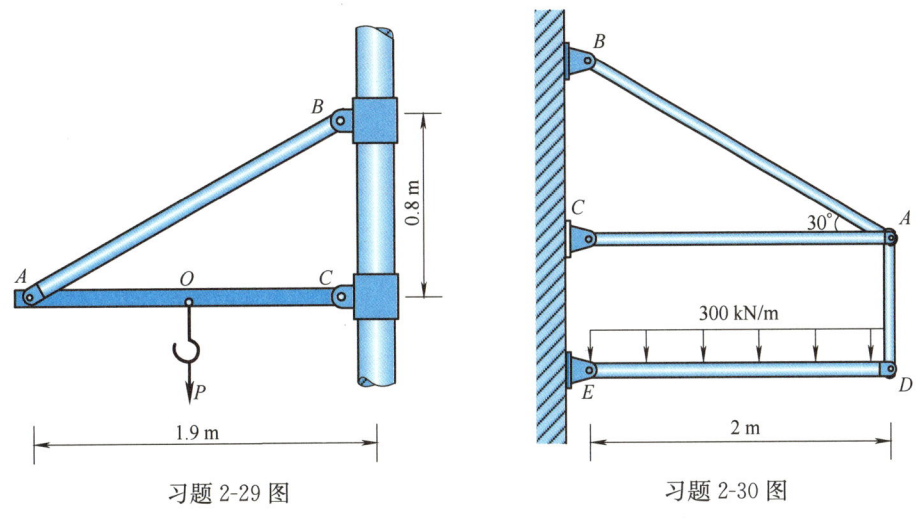

习题 2-29 图　　　　　　习题 2-30 图

2-31 如习题 2-31 图所示，对称结构受载荷 F 作用，已知材料的许用应力为 $[\sigma]$。欲使结构的重量最轻，试确定 θ 角的最佳值。

2-32 如习题 2-32 图所示，抗拉（压）刚度为 EA 的等截面直杆两端固定，承受轴向载荷 $F = 30$ kN 的作用。试作出其轴力图。

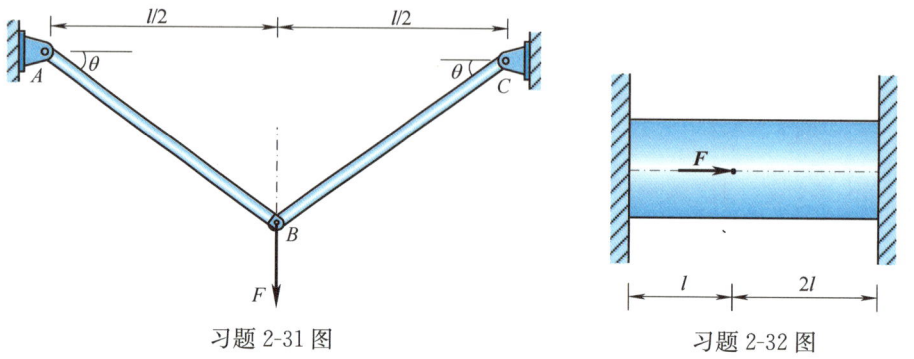

习题 2-31 图　　　　　　　习题 2-32 图

2-33 两端固定的阶梯杆如习题 2-33 图所示，已知粗、细两段杆的横截面面积分别为 400 mm^2、200 mm^2，材料的弹性模量 $E = 200$ GPa。试作出轴力图并计算杆内的最大正应力。

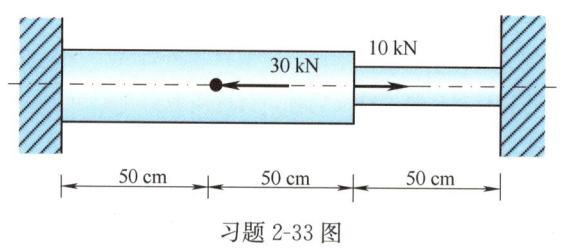

习题 2-33 图

2-34 如习题 2-34 图所示，铝合金杆芯与钢质套管构成一复合杆，承受轴向压力 F 的作用。铝合金杆芯与钢质套管的抗拉（压）刚度分别为 E_1A_1 与 E_2A_2。试计算铝合金杆芯与钢质套管横截面上的正应力。

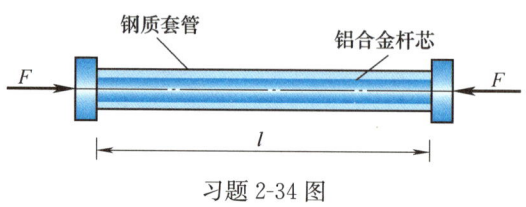

习题 2-34 图

2-35 在习题 2-35 图所示的结构中，假设横梁 BD 是刚性的，两根弹性拉杆 1 与 2 完全相同。已知杆 1、杆 2 的长度为 l，弹性模量为 E，横截面面积 $A = 300$ mm^2，许用应力 $[\sigma] = 160$ MPa。若所受载荷 $F = 50$ kN，试校核两杆强度。

2-36 如习题 2-36 图所示，一块刚性平板搁在三根等截面、等长的直杆上，其中央受到竖直载荷 F 的作用。试求在下列两种情况下各杆的内力：(1) 各杆材料相同；(2) 杆 2 的弹性模量是杆 1、杆 3 的两倍，即 $E_2 = 2E_1 = 2E_3$。

2-37 在习题 2-37 图所示的结构中，杆 1、2、3 的长度、横截面面积、材料均相同。若横梁 AC 是刚性的，试求三杆的轴力。

2-38 在习题 2-38 图所示的结构中，杆 1、2 的横截面面积、材料均相同，l、a、α 为已知。若横梁 AB 是刚性的，试求在载荷 F 作用下两杆的轴力。

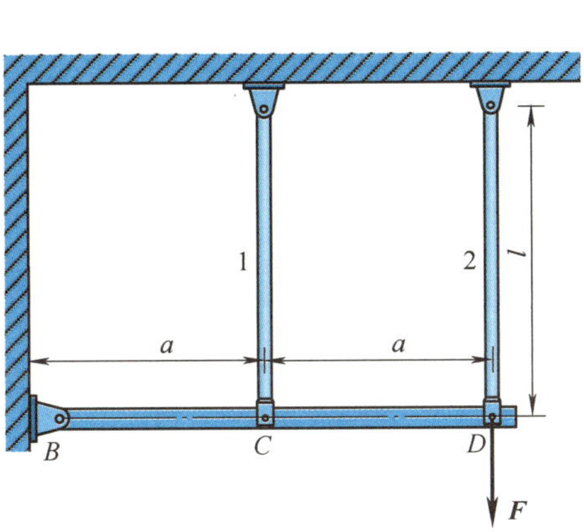

习题 2-35 图

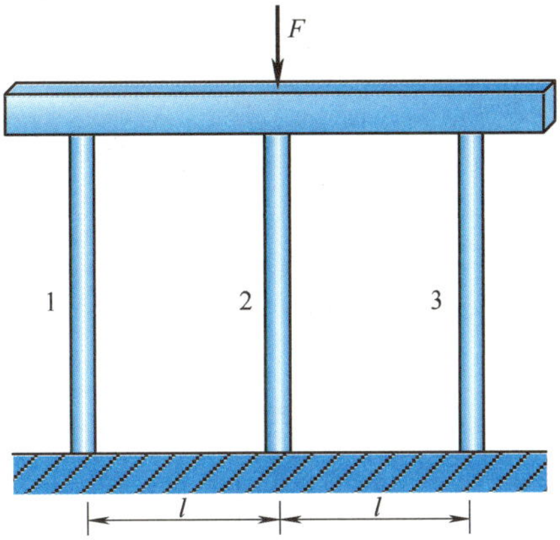

习题 2-36 图

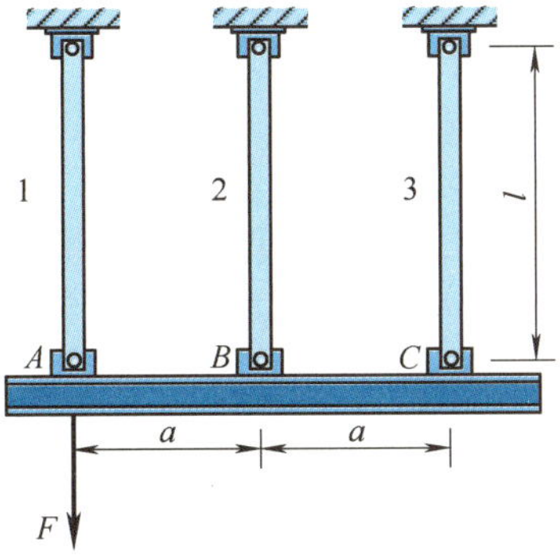

习题 2-37 图

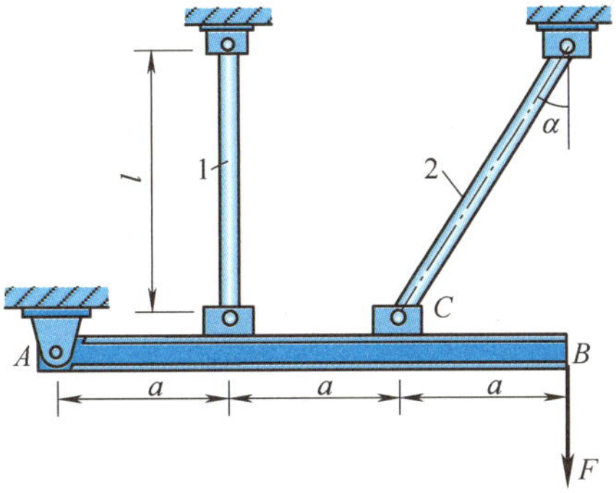

习题 2-38 图

2-39 习题 2-39 图所示阶梯钢杆，在温度 $T_1 = 5\ ℃$ 时固定于两刚性平面之间。已知粗、细两段杆的横截面面积分别为 $1000\ mm^2$、$500\ mm^2$，钢材的弹性模量 $E = 200\ GPa$，线胀系数 $\alpha = 1.2 \times 10^{-5}\ ℃^{-1}$。试求当温度升高至 $T_2 = 25\ ℃$ 时，杆内的最大正应力。

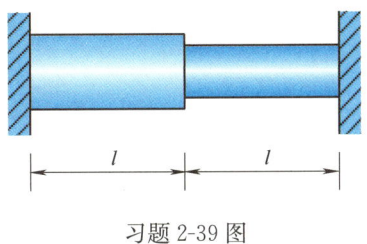

习题 2-39 图

2-40 如习题 2-40 图所示，等截面直杆在 A 端固定，另一端 B 离刚性平面有 $\delta = 1\ mm$ 的空隙。已知 $a = 1.5\ m$、$b = 1\ m$，杆件的横截面面积 $A = 200\ mm^2$，材料的弹性模量 $E = 100\ GPa$。试求当杆件在 C 截面处受到 $F = 50\ kN$ 的轴向载荷作用时，杆的轴力。

2-41 习题 2-41 图所示结构，已知横梁 AB 是刚性的，杆 1 与杆 2 的长度、横截面面积、材料均相同，其抗拉（压）刚度为 EA，线胀系数为 α。试求当杆 1 温度升高 ΔT 时，杆 1 与杆 2 的轴力。

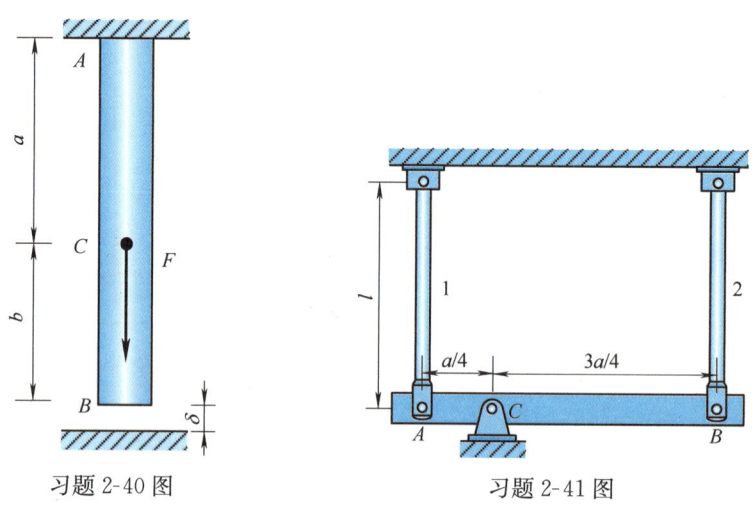

习题 2-40 图   习题 2-41 图

2-42 如习题 2-42 图所示，一刚性横梁放在三根混凝土支柱上，中间支柱与梁之间有 $\delta = 1.5\,\mathrm{mm}$ 的间隙。已知三根支柱的横截面面积 $A = 0.04\,\mathrm{m}^2$，长度 $l = 3.5\,\mathrm{m}$，弹性模量 $E = 14\,\mathrm{GPa}$。若在横梁的正中央作用一集中载荷 $F = 720\,\mathrm{kN}$，试计算三根支柱横截面上的正应力。

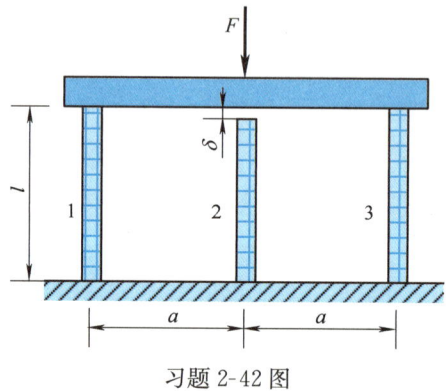

习题 2-42 图

2-43 如习题 2-43 图所示，已知钢杆 1、2、3 的长度 $l = 1\,\mathrm{m}$，横截面面积 $A = 2\,\mathrm{cm}^2$，弹性模量 $E = 200\,\mathrm{GPa}$。若因制造误差，杆 3 短了 $\delta = 0.8\,\mathrm{mm}$，试计算强行安装后三根钢杆的轴力（假设横梁是刚性的）。

2-44 如习题 2-44 图所示，等截面直杆 AD 的原长为 l，在 A 端固定，由于加工误差，导致杆长不足，另一端 D 无法接触到 B 平面。杆件在 C 处受到 $F=18\,\mathrm{kN}$ 的轴向载荷。已知

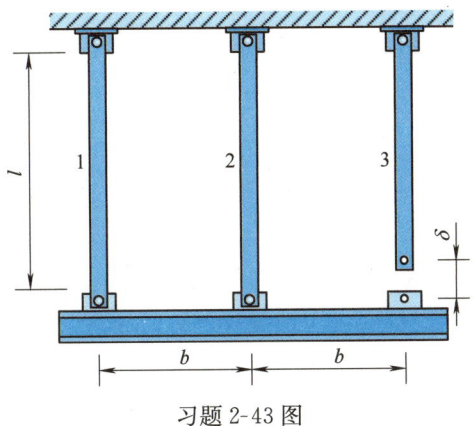

习题 2-43 图

尺寸 $a=2$ m，$b=3$ m，杆件的横截面积 $A=4$ cm^2，材料的弹性模量 $E=150$ GPa，许用应力 $[\sigma]=100$ MPa。现强行将 D 端拉伸至 B 平面并与 B 平面固焊在一起，试求使 AD 杆不发生强度失效的杆长 l 的最小值。

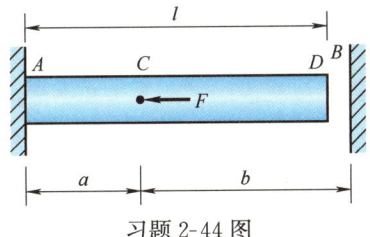

习题 2-44 图

第三章
剪切与挤压

第一节　引　　言

• 思政导读 •

南京长江大桥（见图3-1）是长江上第一座由中国自行设计和建造的双层式公路、铁路两用桥梁，1960年以"世界最长的公铁两用桥"被载入《吉尼斯世界纪录大全》，在中国桥梁史和世界桥梁史上具有重要意义。南京长江大桥是新中国技术成就与现代化的象征，其建造过程充分展现了中国工程技术人员的工匠精神。南京长江大桥的主体结构是钢桁梁，当年的建造技术要靠铆钉将所有的钢构件连接牢固。整座大桥的铆钉数超过150万颗，而每1颗铆钉的铆接都需要5个人的默契配合才能完成，可见整座大桥的建成凝聚了大量工程技术人员的智慧和汗水。2016—2018年，在对长期处于负荷状态的南京长江大桥进行的大规模的升级维修中，人们惊奇地发现，时隔将近半个世纪，钢桁梁上的绝大多数铆钉依然完好无损，每1000颗铆钉只有4颗需要更换。

图　3-1

铆钉是一种典型的连接件。在工程结构或机械中，构件之间通常通过铆钉（见图 3-2a）、销钉（见图 3-3a）、键（见图 3-4a）、螺栓（见图 3-5a）等连接件相连接。这类连接件的主要变形形式是**剪切**与**挤压**。

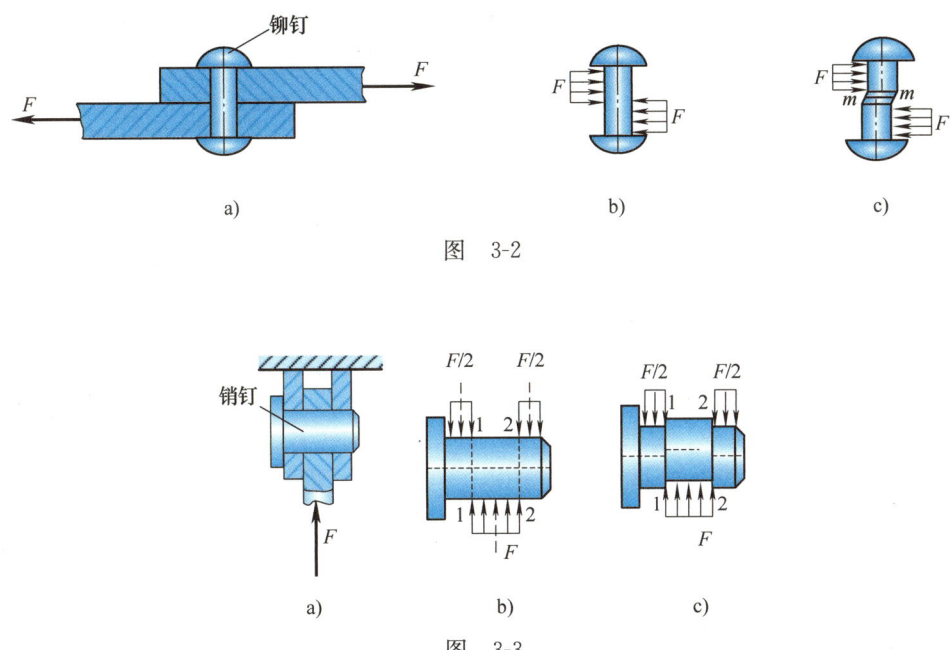

图 3-2

图 3-3

剪切的受力特点是：构件在两侧面受到大小相等、方向相反、作用线相距很近的外力（外力合力）的作用，如图 3-2b、图 3-3b、图 3-4b 和图 3-5b 所示。

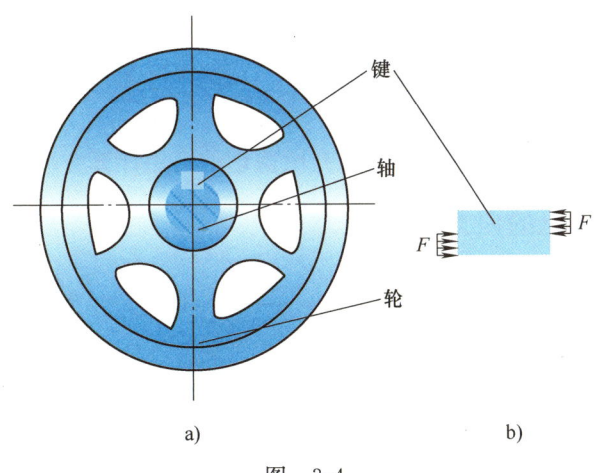

图 3-4

剪切的变形特点是：构件沿位于两侧外力之间的截面发生相对错动，如图 3-2c 所示。发生错动的截面称为**剪切面**，如图 3-2c 中的 $m-m$ 截面。当外力到达一定限度时，构件将沿剪切面被剪断。

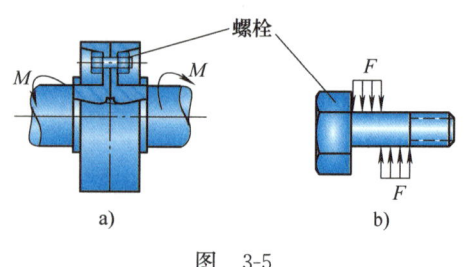

图 3-5

图 3-3 中的销钉同时有两个剪切面 1—1 和 2—2，这种情况称为**双剪**。

构件在产生剪切变形的同时，往往还要伴随挤压变形。在外力作用下，连接件与被连接件之间在侧面互相压紧、传递压力。由于一般接触面较小而传递的压力较大，就有可能在接触面局部被压溃或发生塑性变形，如图 3-6 所示。这种变形破坏形式就称为**挤压**。传递压力的接触面称为**挤压面**。

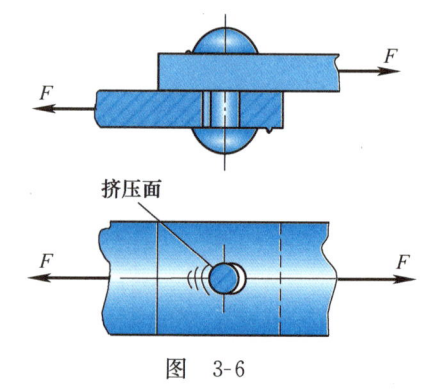

图 3-6

本章主要介绍剪切与挤压的强度计算。由于剪切与挤压只发生在构件的局部区域，其受力与变形比较复杂，难以精确计算。因此，工程中均采用简化的实用计算方法。实践表明，这些简化的实用计算方法是可靠的，可以满足工程需要。

第二节　剪切的实用计算

下面以图 3-2a 所示的铆钉为例，介绍剪切的实用计算方法。

一、剪切面上的内力

首先，确定铆钉剪切面上的内力：利用截面法，沿剪切面 $m-m$ 将铆钉假想截断，取其下部为研究对象（见图 3-7a）。由平衡条件易知，剪切面上的内力为一个切向内力，称为**剪力**，记作 F_S。显然，该

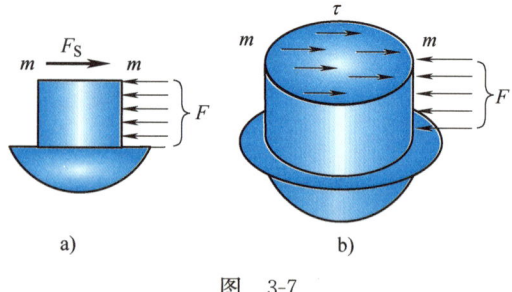

图 3-7

铆钉剪切面上的剪力

$$F_\mathrm{S} = F$$

二、剪切面上的应力

剪力 F_S 是以切应力 τ 的形式分布在剪切面上的，如图 3-7b 所示。在工程实用计算中，假设切应力 τ 在剪切面上均匀分布，即有计算公式

$$\tau = \frac{F_\mathrm{S}}{A_\mathrm{S}} \tag{3-1}$$

式中，F_S 为剪切面上的剪力，用截面法由平衡方程确定；A_S 为剪切面的面积。

三、剪切强度条件

于是，剪切强度条件为

$$\tau = \frac{F_\mathrm{S}}{A_\mathrm{S}} \leqslant [\tau] \tag{3-2}$$

式中，$[\tau]$ 为材料的许用切应力，其值等于材料的剪切强度极限 τ_b 除以安全因数 n。剪切强度极限 τ_b 则需通过剪切实验测出剪切破坏载荷并按式（3-1）确定。常用材料的许用切应力可从有关设计手册中查到。

第三节　挤压的实用计算

一、挤压应力的实用计算

挤压面上传递的压力称为**挤压力**，记作 F_bs（见图 3-8a）。挤压力 F_bs 实际上是以法向应力的形式分布在挤压面上的，这种法向应力称为**挤压应力**，记作 σ_bs。挤压应力 σ_bs 的实际分布情况如图 3-8b 所示，较为复杂。在工程实用中，采用简化公式

$$\sigma_\mathrm{bs} = \frac{F_\mathrm{bs}}{A_\mathrm{bs}} \tag{3-3}$$

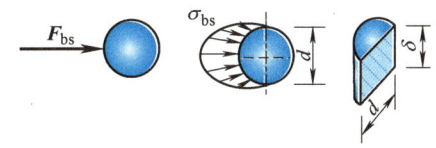

图 3-8

来计算挤压应力 σ_bs。式中，F_bs 为挤压面传递的挤压力，由平衡方程确定；A_bs 为挤压面的计算面积，取实际挤压面在垂直于挤压力的平面上投影的面积。

若挤压面为半圆柱面，如图 3-8 中的铆钉，A_bs 应取其直径平面面积（图 3-8c 中的阴影线面积），即挤压面的计算面积

$$A_{bs} = d\delta$$

若挤压面为平面,如图 3-9a 中的键,A_{bs} 就取该平面的面积(见图 3-9b),即挤压面的计算面积

$$A_{bs} = \frac{1}{2}hl$$

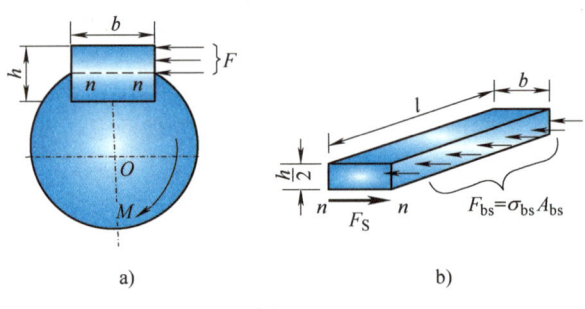

图 3-9

二、挤压强度条件

于是,挤压强度条件为

$$\sigma_{bs} = \frac{F_{bs}}{A_{bs}} \leqslant [\sigma_{bs}] \tag{3-4}$$

式中,$[\sigma_{bs}]$ 为材料的许用挤压应力,其值等于通过实验按式(3-3)确定的材料的挤压强度极限除以安全因数。常用材料的许用挤压应力可从有关设计手册中查到。

第四节 连接件的强度计算

连接件的主要变形形式是剪切与挤压,根据式(3-2)和式(3-4)即可进行连接件的强度计算,现举例说明如下:

【例 3-1】 某铆接件如图 3-10a 所示,已知铆钉直径 $d = 10$ mm,板的厚度 $\delta = 4$ mm、宽度 $b = 30$ mm,铆钉与板的材料相同,其许用切应力 $[\tau] = 80$ MPa、许用挤压应力 $[\sigma_{bs}] = 250$ MPa、许用拉应力 $[\sigma] = 130$ MPa。若所受轴向载荷 $F = 6$ kN,试校核该铆接件的强度。

解:(1)校核铆钉与板的挤压强度

由上(下)板的受力图(见图 3-10b)可见,铆钉与上(下)板孔壁之间的挤压力

$$F_{bs} = F = 6 \text{ kN}$$

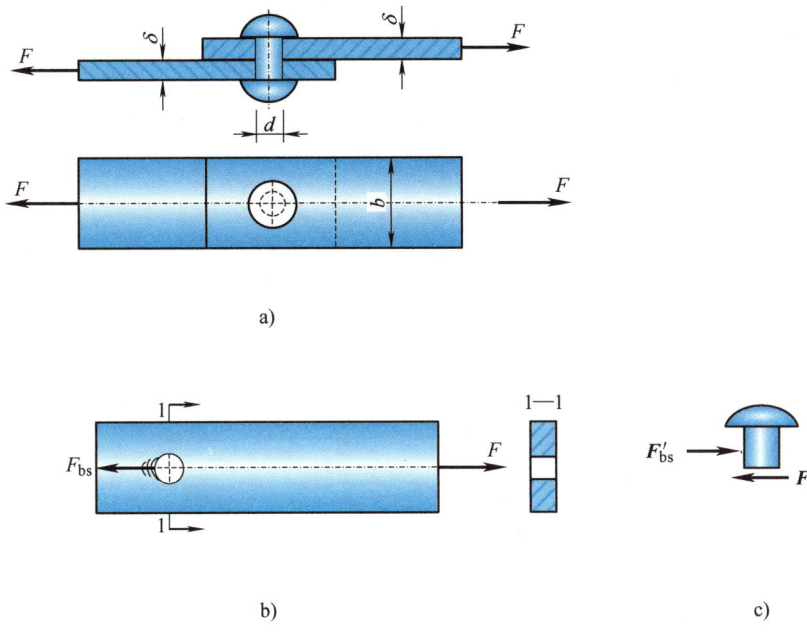

图 3-10

根据式(3-4)，有

$$\sigma_{bs} = \frac{F_{bs}}{A_{bs}} = \frac{F_{bs}}{d\delta} = \frac{6000 \text{ N}}{(10 \times 4 \times 10^{-6}) \text{ m}^2} = 150 \times 10^6 \text{ Pa} = 150 \text{ MPa} < [\sigma_{bs}]$$

铆钉与板的挤压强度满足要求。

(2) 校核铆钉的剪切强度

截取上（下）半段铆钉为研究对象（见图 3-10c），得铆钉剪切面上的剪力

$$F_S = F'_{bs} = F_{bs} = 6 \text{ kN}$$

根据式(3-2)，有

$$\tau = \frac{F_S}{A_S} = \frac{4F_S}{\pi d^2} = \frac{4 \times 6000 \text{ N}}{\pi \times 10^2 \times 10^{-6} \text{ m}^2} = 76.4 \times 10^6 \text{ Pa} = 76.4 \text{ MPa} < [\tau]$$

铆钉的剪切强度满足要求。

(3) 校核板的拉伸强度

如图 3-10b 所示，板受到轴向拉伸，其最大拉应力位于铆钉孔所在的 1—1 截面上。
根据拉伸强度条件，有

$$\sigma_{max} = \frac{F_N}{A_{min}} = \frac{F}{(b-d)\delta} = \frac{6000 \text{ N}}{(30-10) \times 4 \times 10^{-6} \text{ m}^2} = 75 \times 10^6 \text{ Pa} = 75 \text{ MPa} < [\sigma]$$

板的拉伸强度满足要求。

综上所述，该铆接件的强度足够。

【例 3-2】 某挂钩装置如图 3-11a 所示，已知所受拉力 $F = 20 \text{ kN}$，挂钩厚度 $t_1 = 8 \text{ mm}$、

$t_2 = 5$ mm，销钉材料的许用切应力 $[\tau] = 60$ MPa、许用挤压应力 $[\sigma_{bs}] = 190$ MPa。试确定销钉直径 d。

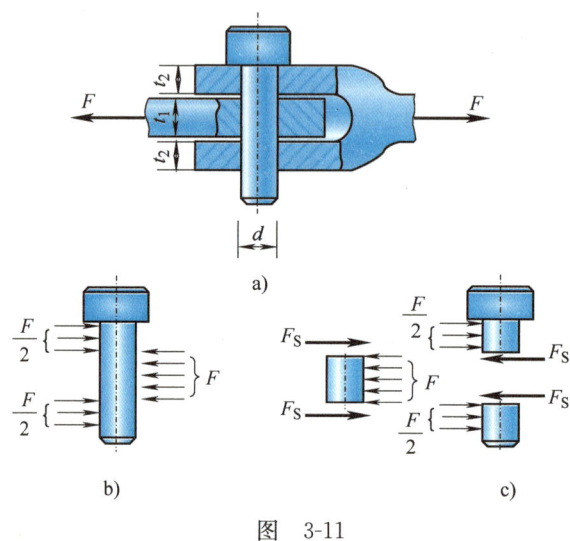

图 3-11

解：(1) 根据剪切强度确定销钉直径

销钉承受双剪，由截面法，可得任一剪切面上的剪力（见图 3-11c）

$$F_S = \frac{F}{2} = 10 \text{ kN}$$

根据剪切强度条件

$$\tau = \frac{F_S}{A_S} = \frac{10 \times 10^3 \text{ N}}{\frac{\pi}{4} d^2} \leqslant [\tau] = 60 \times 10^6 \text{ Pa}$$

得销钉直径

$$d \geqslant 0.0146 \text{ m} = 14.6 \text{ mm}$$

(2) 根据挤压强度确定销钉直径

由于 $t_1 < 2t_2$，故知最大挤压应力位于销钉的中间段，如图 3-11b 所示。

根据挤压强度条件

$$\sigma_{bs\,max} = \left(\frac{F_{bs}}{A_{bs}}\right)_{max} = \frac{F}{dt_1} = \frac{20 \times 10^3 \text{ N}}{d \times 8 \times 10^{-3} \text{ m}} \leqslant [\sigma_{bs}] = 190 \times 10^6 \text{ Pa}$$

得销钉直径

$$d \geqslant 0.0132 \text{ m} = 13.2 \text{ mm}$$

综合上述计算结果，可选取销钉直径 $d = 15$ mm。

【例 3-3】 如图 3-12 所示，带轮通过键与轴连接。已知带轮传递的力偶矩 $M = 600$ N·m，轴的直径 $d = 40$ mm，键的尺寸 $b \times h \times l = 12$ mm$\times 8$ mm$\times 55$ mm，键材料的许用切应力

$[\tau] = 60 \text{ MPa}$、许用挤压应力 $[\sigma_{bs}] = 180 \text{ MPa}$,试校核键的强度。

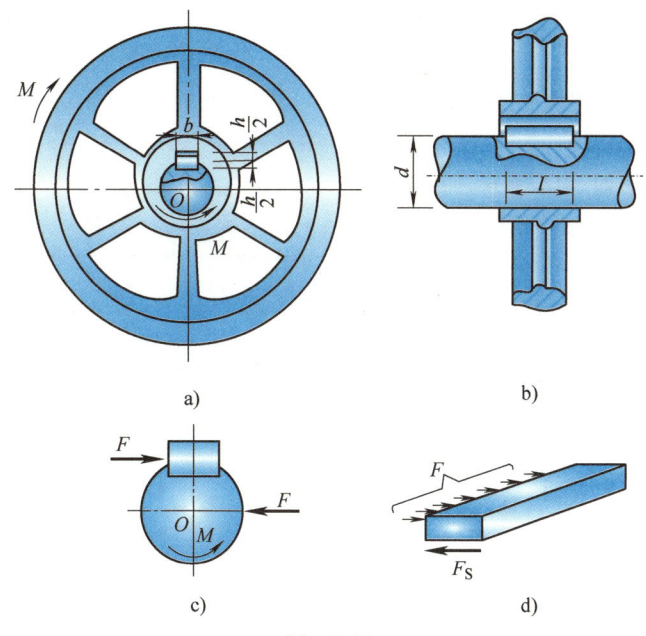

图 3-12

解:(1)计算键的受力

选取键和轴为研究对象,作出其受力图(见图 3-12c),由

$$\sum M_O(F) = 0, \quad M - F \times \frac{d}{2} = 0$$

得

$$F = \frac{2M}{d} = \frac{2 \times 600 \text{ N} \cdot \text{m}}{40 \times 10^{-3} \text{ m}} = 30 \times 10^3 \text{ N}$$

(2)校核键的剪切强度

由截面法(见图 3-12d),得剪力

$$F_S = F = 30 \times 10^3 \text{ N}$$

根据式(3-2),有

$$\tau = \frac{F_S}{lb} = \frac{30 \times 10^3 \text{ N}}{(55 \times 12 \times 10^{-6}) \text{ m}^2} = 45.5 \times 10^6 \text{ Pa} = 45.5 \text{ MPa} < [\tau]$$

键的剪切强度符合要求。

(3)校核键的挤压强度

显然,键的挤压力

$$F_{bs} = F = 30 \times 10^3 \text{ N}$$

根据式(3-4),有

$$\sigma_{bs} = \frac{F_{bs}}{l \times \frac{h}{2}} = \frac{2 \times 30 \times 10^3 \text{ N}}{(55 \times 8 \times 10^{-6}) \text{ m}^2} = 136.4 \times 10^6 \text{ Pa} = 136.4 \text{ MPa} < [\sigma_{bs}]$$

键的挤压强度符合要求。

综上所述,键的强度符合要求。

【例 3-4】 如图 3-13a 所示,一螺栓刚好穿过圆孔,搁置在刚性平台上。已知端帽直径 $D = 40$ mm、厚度 $h = 12$ mm,螺杆直径 $d = 28$ mm,螺栓材料的许用拉应力 $[\sigma] = 100$ MPa、许用切应力 $[\tau] = 70$ MPa、许用挤压应力 $[\sigma_{bs}] = 180$ MPa。若螺杆所受轴向载荷 $F = 60$ kN,试校核该螺栓的强度。

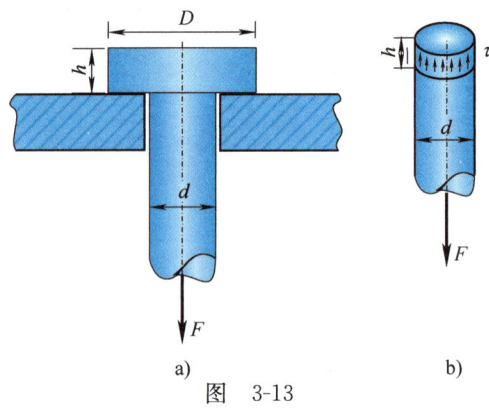

图 3-13

解:(1) 校核螺杆的拉伸强度

显然,螺杆任一截面的轴力 $F_N = F = 60$ kN。根据拉伸强度条件

$$\sigma = \frac{F_N}{A} = \frac{F}{\frac{\pi d^2}{4}} = \frac{4 \times 60 \times 10^3 \text{ N}}{\pi \times 28^2 \times 10^{-6} \text{ m}^2} = 97.4 \text{ MPa} < [\sigma]$$

可知,螺杆的拉伸强度符合要求。

(2) 校核端帽的剪切强度

螺栓端帽的剪切面是直径为 d、厚度为 h 的圆柱侧表面(见图 3-13b)。根据剪切强度条件

$$\tau = \frac{F_S}{A_S} = \frac{F}{\pi d h} = \frac{60 \times 10^3 \text{ N}}{\pi \times (28 \times 12 \times 10^{-6}) \text{ m}^2} = 56.8 \text{ MPa} < [\tau]$$

可知,端帽的剪切强度符合要求。

(3) 校核端帽的挤压强度

螺栓端帽的挤压面是内径为 d、外径为 D 的圆环形平面。根据挤压强度条件

$$\sigma_{bs} = \frac{F_{bs}}{A_{bs}} = \frac{F}{\frac{\pi(D^2 - d^2)}{4}} = \frac{4 \times 60 \times 10^3 \text{ N}}{\pi \times (40^2 - 28^2) \times 10^{-6} \text{ m}^2} = 93.6 \text{ MPa} < [\sigma_{bs}]$$

可知,端帽的挤压强度符合要求。

综上所述,该螺栓的强度符合要求。

【例 3-5】 图 3-14a 所示连接件由两块钢板用 4 个铆钉对称铆接而成。已知板宽 $b = 80$ mm,板厚 $\delta = 10$ mm,铆钉直径 $d = 16$ mm,铆钉的许用切应力 $[\tau] = 100$ MPa,铆钉与钢板的许用挤压应力 $[\sigma_{bs}] = 280$ MPa,钢板的许用拉应力 $[\sigma] = 160$ MPa。试确定该连接件所允许承

受的轴向载荷 F。

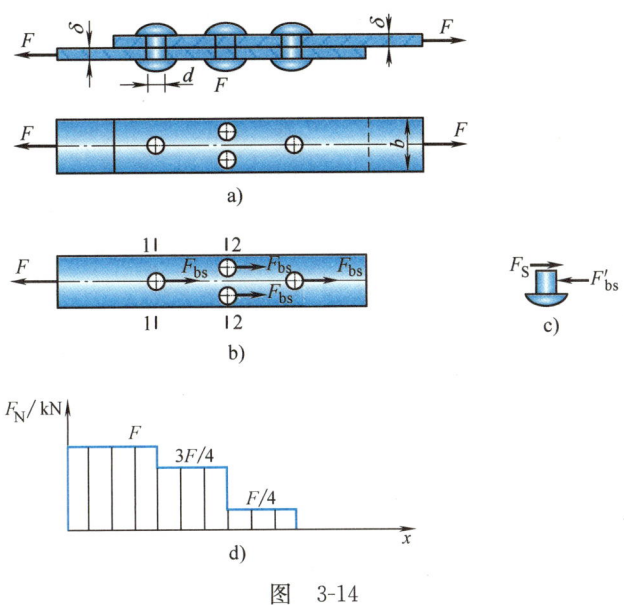

图 3-14

解：(1) 根据铆钉和钢板的挤压强度确定许可载荷

由于这是对称性问题，故可假设各铆钉受力相同。据此，作出下（上）板受力图如图 3-14b 所示。可见，铆钉与钢板孔壁之间的挤压力

$$F_{bs} = \frac{F}{4}$$

由挤压强度条件

$$\sigma_{bs} = \frac{F_{bs}}{A_{bs}} = \frac{\frac{F}{4}}{d\delta} = \frac{F}{4 \times 16 \times 10 \times 10^{-6} \text{ m}^2} \leqslant [\sigma_{bs}] = 280 \times 10^6 \text{ Pa}$$

得

$$F \leqslant 179.2 \times 10^3 \text{ N} = 179.2 \text{ kN}$$

(2) 根据铆钉的剪切强度确定许可载荷

截取任一铆钉的下（上）半段为研究对象（见图 3-14c），即得各铆钉剪切面上的剪力

$$F_S = F'_{bs} = F_{bs} = \frac{F}{4}$$

由剪切强度条件

$$\tau = \frac{F_S}{A_S} = \frac{\frac{F}{4}}{\frac{\pi}{4}d^2} = \frac{F}{\pi \times 16^2 \times 10^{-6} \text{ m}^2} \leqslant [\tau] = 100 \times 10^6 \text{ Pa}$$

得

$$F \leqslant 80.4 \times 10^3 \text{ N} = 80.4 \text{ kN}$$

(3) **根据钢板的拉伸强度确定许可载荷**

钢板的受力图、轴力图分别如图 3-14b、d 所示，可见 1—1 截面与 2—2 截面为可能的危险截面，应分别对其进行拉伸强度计算。

1—1 截面：由

$$\sigma_{1-1} = \frac{F_{N1-1}}{A_{1-1}} = \frac{F}{(b-d)\delta} = \frac{F}{(80-16) \times 10 \times 10^{-6} \text{ m}^2} \leqslant [\sigma] = 160 \times 10^6 \text{ Pa}$$

得

$$F \leqslant 102.4 \times 10^3 \text{ N} = 102.4 \text{ kN}$$

2—2 截面：由

$$\sigma_{2-2} = \frac{F_{N2-2}}{A_{2-2}} = \frac{3F}{4(b-2d)\delta} = \frac{3F}{4 \times (80-2 \times 16) \times 10 \times 10^{-6} \text{ m}^2} \leqslant [\sigma] = 160 \times 10^6 \text{ Pa}$$

得

$$F \leqslant 102.4 \times 10^3 \text{ N} = 102.4 \text{ kN}$$

综上所述，该连接件所允许承受的轴向载荷

$$[F] = 80.4 \text{ kN}$$

【例 3-6】 如图 3-15a 所示，两块宽度不同的钢板用两条侧边贴角焊缝搭接在一起。已知焊缝的厚度 $t = 10$ mm、许用切应力 $[\tau] = 110$ MPa。若钢板所受轴向载荷 $F = 150$ kN，试确定焊缝长度 l。

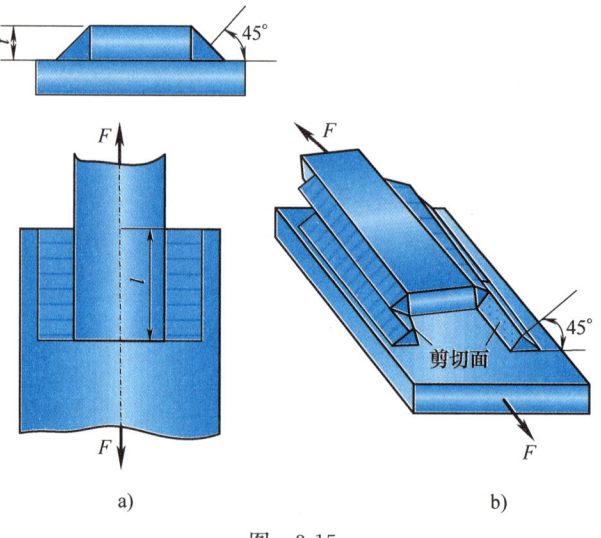

图 3-15

解：经验表明，侧边贴角焊缝一般沿与焊缝底面成 45°角的最窄截面（见图 3-15b）因剪切而破坏。每条焊缝的剪切面面积

$$A_S = t\cos45°l = 0.7tl$$

根据焊缝的剪切强度条件

$$\tau = \frac{F_S}{A_S} = \frac{\frac{F}{2}}{0.7tl} \leqslant [\tau]$$

得

$$l \geqslant \frac{F}{2 \times 0.7t \times [\tau]} = \frac{150 \times 10^3 \text{ N}}{2 \times 0.7 \times 10 \times 10^{-3} \text{ m} \times 110 \times 10^6 \text{ Pa}} = 0.097 \text{ m} = 97 \text{ mm}$$

工程中，由于考虑到焊缝两端的质量不够好，故通常取焊缝的实际长度为上述计算长度再加上 2 倍的焊缝厚度。故该焊缝的实际长度应为

$$l = 97 \text{ mm} + 2t = 97 \text{ mm} + 2 \times 10 \text{ mm} = 117 \text{ mm}$$

【例 3-7】 如图 3-16a 所示，两块矩形截面的构件嵌接在一起，已知 $b = 20 \text{ cm}$，$h = 15 \text{ cm}$，$l = 10 \text{ cm}$，$t = 5 \text{ cm}$，所受轴向拉力 $F = 45 \text{ kN}$，材料的许用挤压应力 $[\sigma_{bs}] = 10 \text{ MPa}$，许用切应力 $[\tau] = 3 \text{ MPa}$。试校核该结构件的连接强度。

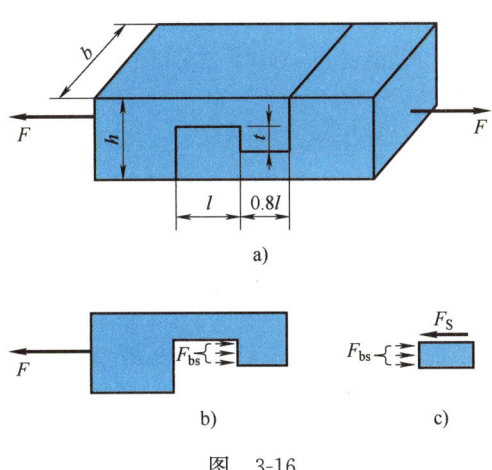

图 3-16

解：（1）校核结构件的挤压强度
作上（下）构件的受力图如图 3-16b 所示。由图可知，上（下）构件之间的挤压力为

$$F_{bs} = F = 45 \text{ kN}$$

根据挤压强度条件

$$\sigma_{bs} = \frac{F_{bs}}{A_{bs}} = \frac{F}{bt} = \frac{45 \times 10^3 \text{ N}}{0.2 \times 0.05 \text{ m}^2} = 4.5 \times 10^6 \text{ Pa} = 4.5 \text{ MPa} < [\sigma_{bs}]$$

该结构件的挤压强度符合要求。

（2）校核结构件的剪切强度
如图 3-16c 所示，由截面法，沿剪切面截开上（下）构件，可得上（下）构件剪切面上的剪力为

$$F_S = F_{bs} = 45 \text{ kN}$$

易知，上构件的剪切面面积小于下构件的剪切面面积，故上构件的剪切面是该结构的危险剪切面。

根据剪切强度条件

$$\tau_{max} = \frac{F_S}{A_S} = \frac{F_S}{0.8lb} = \frac{45 \times 10^3 \text{ N}}{0.8 \times 0.1 \times 0.2 \text{ m}^2} = 2.8 \times 10^6 \text{ Pa} = 2.8 \text{ MPa} < [\tau]$$

该结构件的剪切强度符合要求。

综上所述，该结构件的连接强度满足要求。

复习思考题

3-1 剪切的受力特点与变形特点是什么？

3-2 何谓挤压？挤压与轴向压缩有何区别？

3-3 根据式（3-3）计算挤压应力时，若挤压面为半圆柱面，为什么 A_{bs} 应取其直径平面面积，而不能取半圆柱面的面积？

3-4 在进行连接件的强度计算时，应如何确定剪切面和挤压面？

3-5 挤压应力与轴向压应力有何区别？

3-6 思考题 3-6 图所示的拉杆与木板之间放置了一个金属垫圈，试解释垫圈的作用。

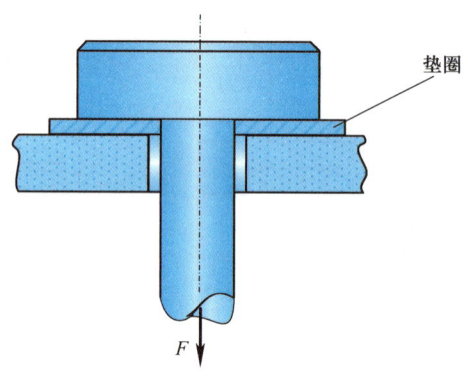

思考题 3-6 图

习题

3-1 木榫接头如习题 3-1 图所示，已知 $a = 10$ cm，$b = 12$ cm，$c = 4.5$ cm，$l = 35$ cm，$F = 40$ kN。试计算接头的切应力和挤压应力。

3-2 如习题 3-2 图所示，两块板用两个铆钉连接，承受载荷 $F = 20$ kN。已知铆钉直径 $d = 12$ mm，钢板厚度 $t = 20$ mm，铆钉的许用切应力 $[\tau] = 80$ MPa、许用挤压应力 $[\sigma_{bs}] = 200$ MPa。试校核铆钉的强度。

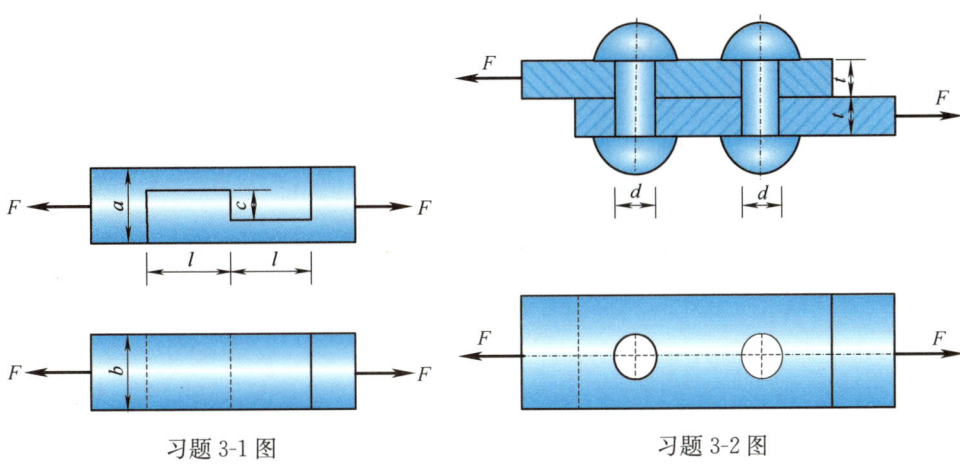

习题 3-1 图　　　　　　　习题 3-2 图

3-3　如习题 3-3 图所示，用冲床将钢板冲出直径 $d = 20$ mm 的圆孔。已知冲床的最大冲剪力为 100 kN，钢板的剪切强度极限 $\tau_b = 200$ MPa。试确定所能冲剪的钢板的最大厚度。

3-4　如习题 3-4 图所示，用一个螺栓将一根拉杆与两块相同的盖板相连接，承受载荷 $F = 120$ kN。已知拉杆厚度 $t = 15$ mm，盖板厚度 $\delta = 8$ mm，螺栓的许用切应力 $[\tau] = 60$ MPa、许用挤压应力 $[\sigma_{bs}] = 160$ MPa，拉杆的许用拉应力 $[\sigma] = 80$ MPa。试确定拉杆宽度 b 和螺栓直径 d。

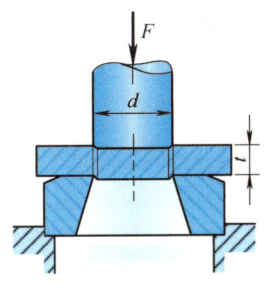

习题 3-3 图

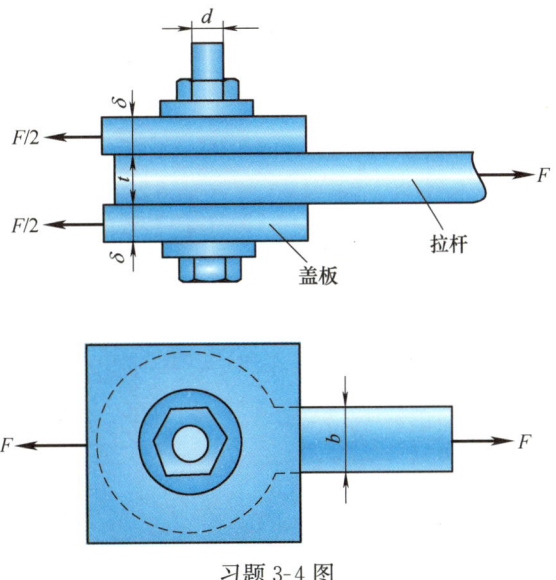

习题 3-4 图

3-5 如习题 3-5 图所示，两块厚度 $t = 6\,\text{mm}$ 的相同钢板用三个铆钉铆接。已知铆钉的许用切应力 $[\tau] = 100\,\text{MPa}$、许用挤压应力 $[\sigma_{bs}] = 280\,\text{MPa}$。若载荷 $F = 50\,\text{kN}$，试确定铆钉直径 d。

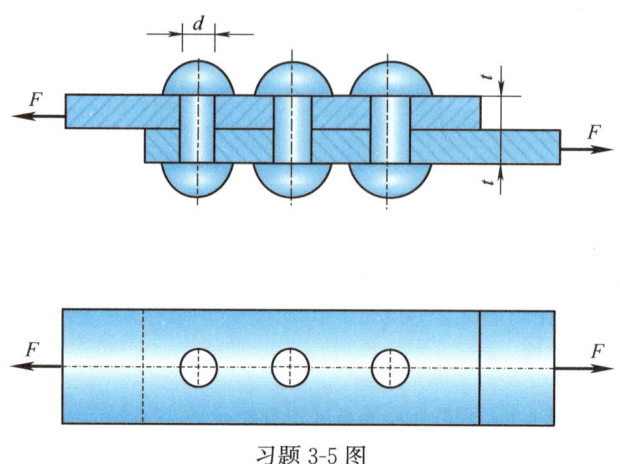

习题 3-5 图

3-6 如习题 3-6 图所示，已知圆杆直径 $d = 40\,\text{mm}$，销板尺寸 $\delta = 10\,\text{mm}$、$t = 30\,\text{mm}$、$b = 50\,\text{mm}$，杆的许用拉应力 $[\sigma] = 120\,\text{MPa}$，销板的许用切应力 $[\tau] = 90\,\text{MPa}$，销板和杆的许用挤压应力 $[\sigma_{bs}] = 240\,\text{MPa}$。试确定许可载荷 F。

3-7 如习题 3-7 图所示，一螺栓刚好穿过刚性平台的圆孔，受到轴向载荷 $F = 11\,\text{kN}$ 的作用。已知材料的许用切应力 $[\tau] = 90\,\text{MPa}$、许用挤压应力 $[\sigma_{bs}] = 200\,\text{MPa}$、许用拉应力 $[\sigma] = 120\,\text{MPa}$。试确定螺杆的直径 d、端帽的直径 D 与厚度 h。

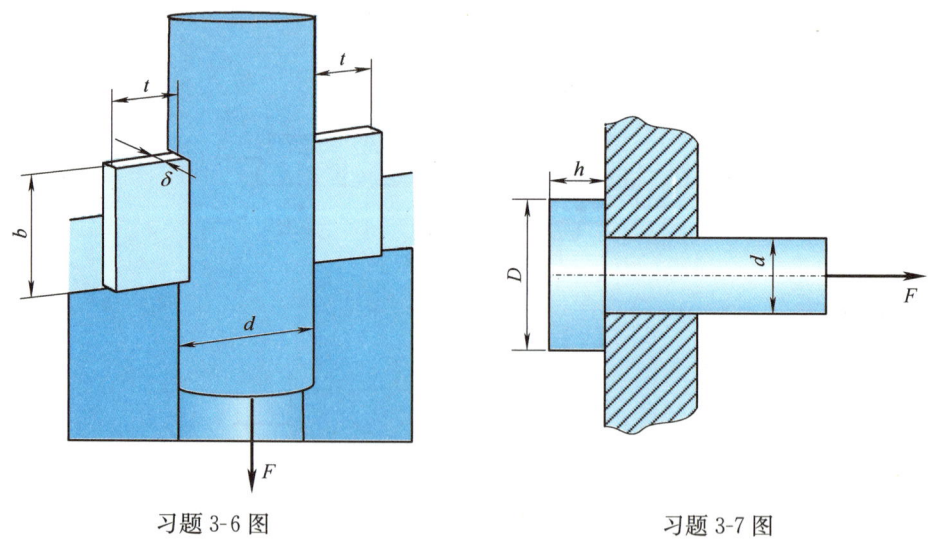

习题 3-6 图　　　　　　　　习题 3-7 图

3-8 如习题 3-8 图所示，拉杆用四个铆钉固定在格板上。已知所受轴向载荷 $F =$

80 kN，铆钉直径 $d = 16$ mm，拉杆宽度 $b = 80$ mm、厚度 $\delta = 10$ mm，拉杆的许用拉应力 $[\sigma] = 160$ MPa，铆钉的许用切应力 $[\tau] = 100$ MPa，铆钉与拉杆的许用挤压应力 $[\sigma_{bs}] = 300$ MPa。试校核铆钉与拉杆的强度。

3-9　如习题 3-9 图所示，两根矩形截面木杆用两块钢板相连接。已知轴向载荷 $F = 45$ kN，木杆宽度 $b = 250$ mm，木杆的许用切应力 $[\tau] = 1$ MPa、许用挤压应力 $[\sigma_{bs}] = 10$ MPa、许用拉应力 $[\sigma] = 6$ MPa。试确定木杆截面高度 h，以及钢板尺寸 δ 与 l。

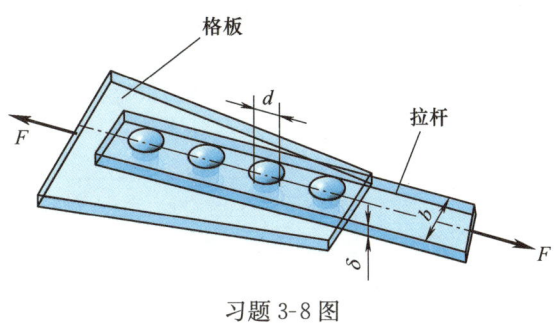

习题 3-8 图

3-10　带肩杆件如习题 3-10 图所示，已知材料的许用切应力 $[\tau] = 100$ MPa、许用挤压应力 $[\sigma_{bs}] = 320$ MPa、许用拉应力 $[\sigma] = 160$ MPa。试确定许可载荷 F。

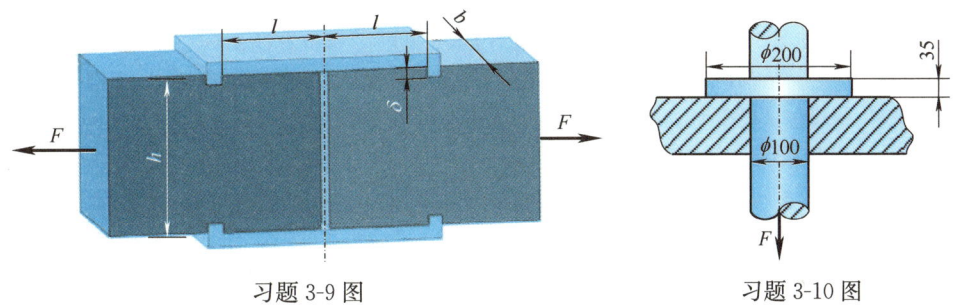

习题 3-9 图　　　　　　　　习题 3-10 图

3-11　如习题 3-11 图所示，已知轴的直径 $d = 80$ mm，键的尺寸 $b = 24$ mm、$h = 14$ mm，键的许用切应力 $[\tau] = 40$ MPa、许用挤压应力 $[\sigma_{bs}] = 90$ MPa，由轴通过键传递的转矩 $M = 3$ kN·m。试确定键的长度 l。

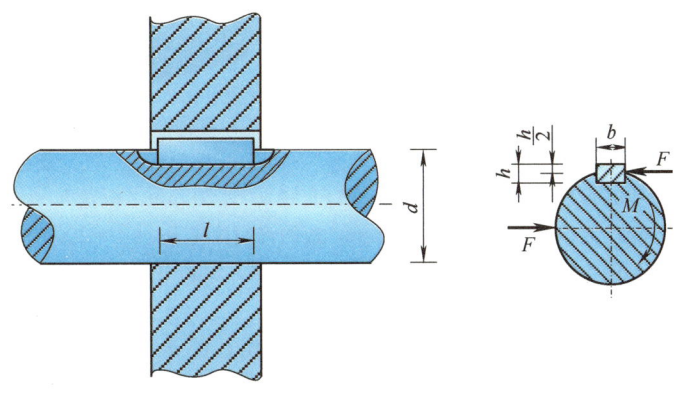

习题 3-11 图

3-12 铆接件如习题 3-12 图所示，已知铆钉直径 $d = 25$ mm，板厚 $\delta = 12$ mm，板宽 $b = 150$ mm，板的许用拉应力 $[\sigma] = 100$ MPa，铆钉的许用切应力 $[\tau] = 60$ MPa，铆钉与板的许用挤压应力 $[\sigma_{bs}] = 160$ MPa。试确定许可载荷 F。

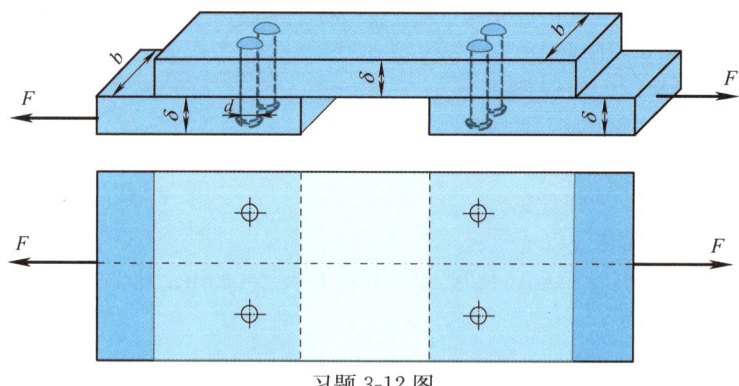

习题 3-12 图

3-13 如习题 3-13 图所示，用两个铆钉将 140 mm×140 mm×12 mm 的等边角钢铆接在立柱上，构成托架。已知托架中央承受的压力 $F = 20$ kN，铆钉直径 $d = 20$ mm，铆钉的许用切应力 $[\tau] = 40$ MPa、许用挤压应力 $[\sigma_{bs}] = 120$ MPa。试校核铆钉强度。

3-14 习题 3-14 图所示联轴器用四个螺栓连接，螺栓对称地分布在直径 $D = 480$ mm 的圆周上。已知联轴器传递的转矩 $M = 24$ kN·m，螺栓的许用切应力 $[\tau] = 80$ MPa。试根据螺栓的剪切强度确定螺栓的直径 d。

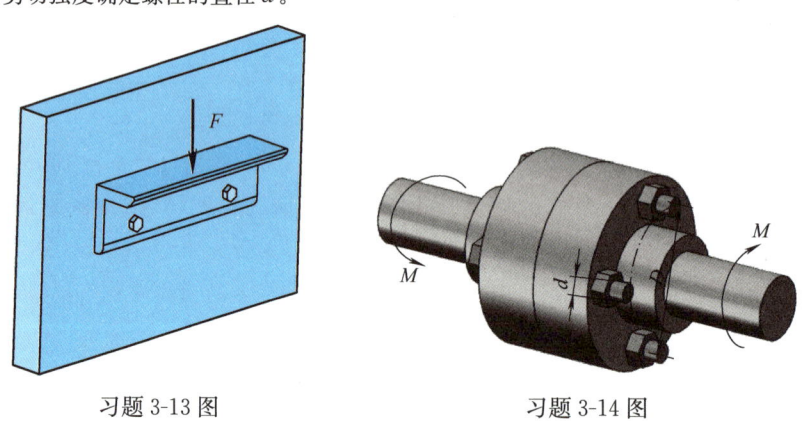

习题 3-13 图　　　　　　习题 3-14 图

3-15 连接件如习题 3-15 图所示，已知铆钉直径 $d = 20$ mm，板宽 $b = 100$ mm，中央主板厚 $\delta = 15$ mm，上、下盖板厚 $t = 10$ mm，板的许用拉应力 $[\sigma] = 100$ MPa，铆钉的许用切应力 $[\tau] = 80$ MPa，板和铆钉的许用挤压应力 $[\sigma_{bs}] = 220$ MPa。若所受载荷 $F = 80$ kN，试校核该连接件的强度。

3-16 钢螺栓接头如习题 3-16 图所示，已知螺栓直径 $d = 18$ mm，钢板宽度 $b = 200$ mm、厚度 $\delta = 6$ mm，材料的许用切应力 $[\tau] = 100$ MPa、许用挤压应力 $[\sigma_{bs}] = 240$ MPa、许用拉应力 $[\sigma] = 160$ MPa。试确定该连接件的许可载荷 F。

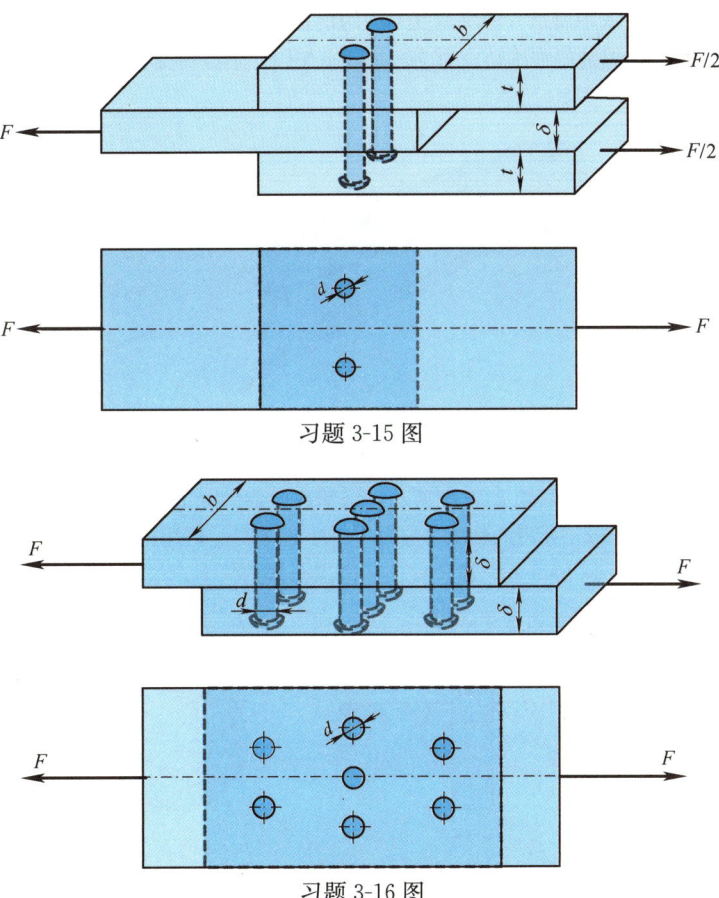

习题 3-15 图

习题 3-16 图

3-17 如习题 3-17 图所示，正方形截面的混凝土立柱被浇筑在正方形混凝土基板上。已知立柱的截面边长 $a = 0.2\,\text{m}$，基板的边长 $b = 1\,\text{m}$，立柱承受的轴向载荷 $F = 100\,\text{kN}$，混凝土基板的许用切应力 $[\tau] = 1.5\,\text{MPa}$。假设地基对基板的支座反力均匀分布，试求混凝土基板的最小厚度 t。

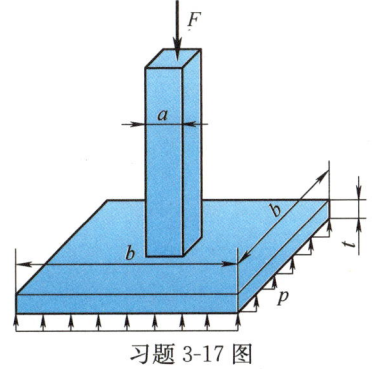

习题 3-17 图

3-18　如习题 3-18 图所示，两块宽度不同的钢板用两条侧边贴角焊缝搭接在一起。已知焊缝厚度为 10 mm，焊缝的许用切应力 $[\tau]=100$ MPa，钢板所受轴向载荷 $F=240$ kN。试确定焊缝长度 l。

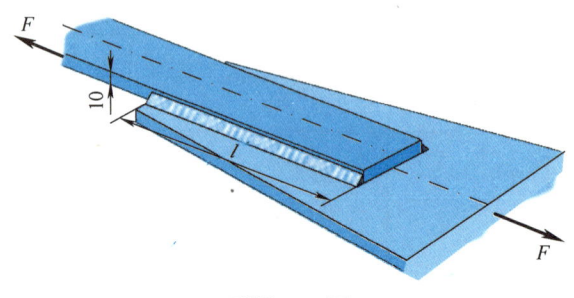

习题 3-18 图

3-19　某牙嵌离合器如习题 3-19 图所示，已知离合器外径 $D=200$ mm，牙齿厚度 $b=20$ mm、长度 $h=10$ mm，牙齿的许用切应力 $[\tau]=80$ MPa，许用挤压应力 $[\sigma_{bs}]=200$ MPa。若其传递的转矩 $M_e=16$ kN·m，试校核该牙嵌离合器的强度。

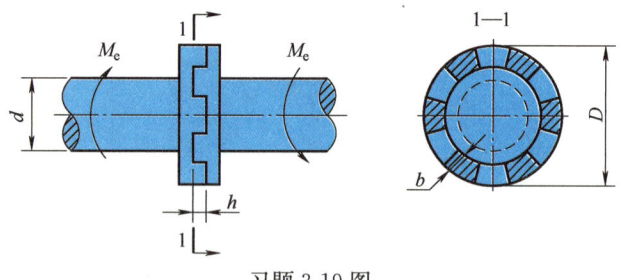

习题 3-19 图

第四章 扭 转

▶ 扭转之扭矩
与扭矩图

第一节 引 言

在工程实际中,有很多承受扭转变形的构件。例如,图 4-1 所示的汽车转向轴,当汽车转向时,驾驶员通过方向盘在转向轴的上端作用一力偶 (F,F'),转向轴的下端受到来自于转向器的阻力偶的作用;图 4-2 所示的攻丝丝锥,当钳工攻螺纹时,通过手柄在锥杆的上端作用一力偶 (F,F'),锥杆的下端受到工件的反力偶的作用。在上述力偶的作用下,汽车转向轴、攻丝锥杆都将发生扭转变形,其力学模型如图 4-3 所示。可以看出,**扭转变形**的受力特点是:杆件受到作用面与其轴线垂直的外力偶的作用;变形特点是:杆件各横截面绕其轴线发生相对转动。主要承受扭转变形的杆件称为**轴**。

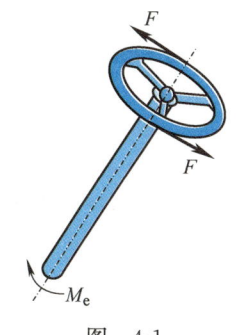

图 4-1

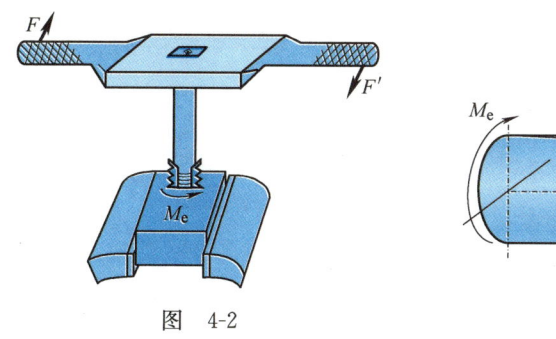

图 4-2

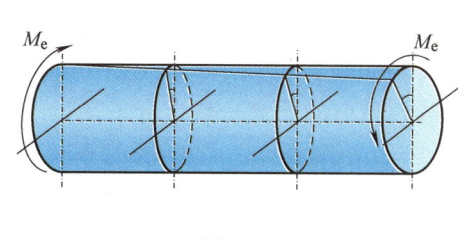

图 4-3

本章主要研究等截面圆轴的扭转问题,并对非圆截面杆的扭转做了简要介绍。

第二节 外力偶矩的计算·扭矩与扭矩图

一、外力偶矩的计算

研究圆轴扭转的强度和刚度问题,首先需要知道作用在轴上的外力偶矩的大小。但对于工程中广泛使用的传动轴,作用在轴上的外力偶矩往往并不直接给出,通常是已知传动轴的转速和所传递的功率。此时,需要根据功率和转速来求出作用于轴上的外力偶矩。

设传动轴所传递的功率为 P,转速为 n。根据动力学知识,作用于轴上的力偶的功率 P 等于该力偶的矩 M_e 与传动轴角速度 ω 的乘积,即

$$P = M_e \omega \tag{a}$$

若轴所传递功率 P 的单位为 kW,转速 n 的单位为 r/min,则式(a)成为

$$P \times 10^3 = M_e \times 2\pi \times \frac{n}{60} \tag{b}$$

由式(b)整理即得外力偶矩与功率、转速之间的换算关系式

$$\{M_e\}_{\text{N·m}} = 9549 \frac{\{P\}_{\text{kW}}}{\{n\}_{\text{r/min}}} \tag{4-1}$$

由式(4-1)可知,轴所承受的外力偶矩与所传递的功率成正比,与转速成反比。这意味着,在传递同样的功率时,低速轴所受的外力偶矩要比高速轴大。因此在传动系统中,低速轴都要比高速轴粗一些。

二、扭矩

在求出外力偶矩后,即可用截面法来确定轴横截面上的内力。以图 4-4a 所示圆轴为例,假想在轴的任一截面 n—n 处将轴截开,分成两段,并取其中任一段(如左段)为研究对象,如图 4-4b 所示。因为整个轴是平衡的,所以截取的任意一段也应平衡。由平衡原理易知,在截面 n—n 上必然存在一个内力偶,这个内力偶的矩称为**扭矩**,用符号 T 表示。由平衡方程 $\sum M_x = 0$,即得扭矩

$$T = M_e$$

如取右段为研究对象(见图 4-4c),则求得的扭矩与上述从左段求得的扭矩大小相

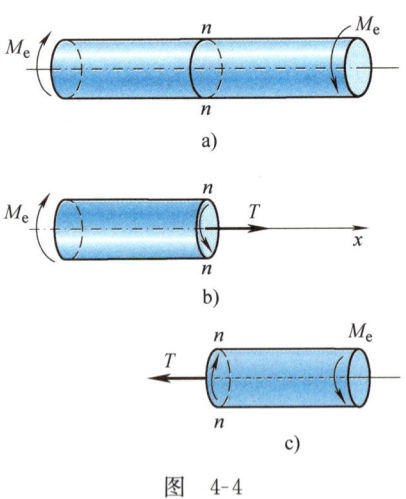

图 4-4

等，转向相反，它们之间是作用与反作用的关系。为了使分别从左、右两段求得的同一截面上的扭矩的正负号也相同，对扭矩的正负号做如下规定：**按右手螺旋法则将扭矩用矢量表示，若矢量方向与截面的外法线方向一致，则扭矩为正；反之为负**。亦即，以右手四指握向表示扭矩转向，若大拇指指向与截面的外法线方向一致，则扭矩为正；反之为负。按此规则，图 4-4 中 n—n 截面上的扭矩，不论取哪一部分来研究，都为正值。

三、扭矩图

当圆轴上同时受几个外力偶作用时，各段轴横截面上的扭矩将不相同。为了表明扭矩随截面位置的变化情况，确定最大扭矩及其所在截面的位置，通常需要绘制**扭矩图**。扭矩图的画法与轴力图类似，即以平行于轴的轴线方向取坐标 x 表示横截面的位置，以垂直于轴的轴线方向取坐标 T 表示相应截面上的扭矩，并将正值扭矩图线画在 x 轴的上方。

【**例 4-1**】 某传动轴如图 4-5a 所示，已知主动轮 A 的输入功率 $P_A = 10 \text{ kW}$，从动轮 B 与 C 的输出功率分别为 $P_B = 4 \text{ kW}$ 与 $P_C = 6 \text{ kW}$，传动轴的转速 $n = 500 \text{ r/min}$。试计算轴的扭矩，并画出扭矩图。

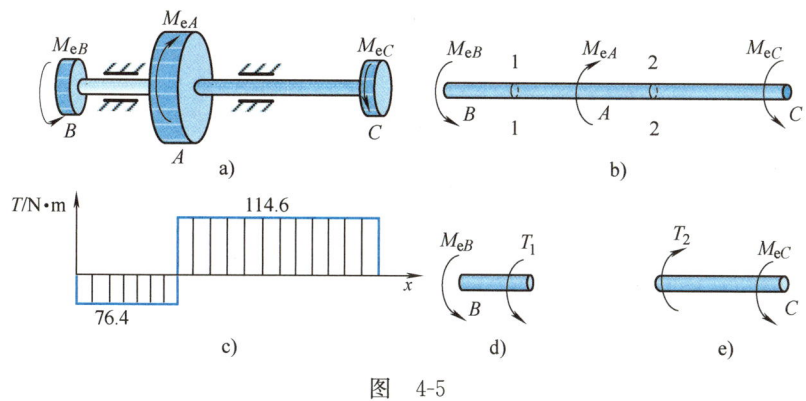

图 4-5

解：（1）计算外力偶矩

根据式（4-1），作用在轮 A、B、C 上的外力偶矩分别为

$$M_{eA} = 9549 \frac{P_A}{n} = 9549 \times \frac{10}{500} \text{ N} \cdot \text{m} = 191.0 \text{ N} \cdot \text{m}$$

$$M_{eB} = 9549 \frac{P_B}{n} = 9549 \times \frac{4}{500} \text{ N} \cdot \text{m} = 76.4 \text{ N} \cdot \text{m}$$

$$M_{eC} = 9549 \frac{P_C}{n} = 9549 \times \frac{6}{500} \text{ N} \cdot \text{m} = 114.6 \text{ N} \cdot \text{m}$$

传动轴的计算简图如图 4-5b 所示。

(2) 计算扭矩

由轴上的外力偶情况可知，AB 段与 AC 段的扭矩是不同的，应分段用截面法计算。假设 AB 段的扭矩 T_1、AC 段的扭矩 T_2 均为正值（分别见图 4-5d、e），由平衡方程

$$T_1 + M_{eB} = 0$$
$$-T_2 + M_{eC} = 0$$

求得

$$T_1 = -M_{eB} = -76.4 \text{ N} \cdot \text{m}$$
$$T_2 = M_{eC} = 114.6 \text{ N} \cdot \text{m}$$

T_1 的计算结果为负，表明 AB 段扭矩的实际转向与图中假设转向相反，即为负值扭矩；T_2 的计算结果为正，则表明 AC 段扭矩的实际转向与图中假设转向相同，即为正值扭矩。

(3) 画扭矩图

根据上述计算结果，按照作图规则，作出该传动轴的扭矩图如图 4-5c 所示。由图可见，最大扭矩发生在 AC 段，为

$$T_{\max} = 114.6 \text{ N} \cdot \text{m}$$

【例 4-2】 如图 4-6a 所示，已知钻探机的输入功率 $P = 12 \text{ kW}$，转速 $n = 180 \text{ r/min}$，钻杆钻入土层的深度 $l = 50 \text{ m}$。如果土壤对钻杆的阻力可看成是沿杆轴均布的力偶，试作钻杆的扭矩图。

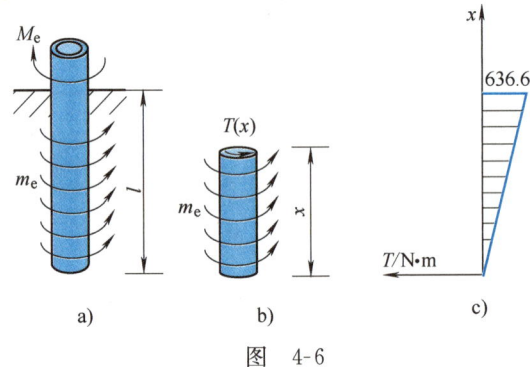

图 4-6

解：(1) 计算外力偶矩

根据式 (4-1)，钻杆顶部作用的外力偶矩

$$M_e = 9549 \frac{P}{n} = 9549 \times \frac{12}{180} \text{ N} \cdot \text{m} = 636.6 \text{ N} \cdot \text{m}$$

(2) 计算分布力偶矩集度

因为土壤对钻杆的阻力偶沿着杆轴均匀分布，故分布力偶矩集度（单位长度上的力偶矩）

$$m_e = \frac{M_e}{l} = \frac{636.6}{50} \text{ N} \cdot \text{m/m} = 12.7 \text{ N} \cdot \text{m/m}$$

(3) 作扭矩图

由截面法，易得距钻杆底端 x 处截面上的扭矩（见图 4-6b）

$$T(x) = -m_e x$$

即扭矩 T 与 x 为线性关系。由此，即可作出钻杆的扭矩图如图 4-6c 所示。由图知，扭矩的最大值为

$$|T|_{\max} = 636.6 \, \text{N} \cdot \text{m}$$

第三节　扭转圆轴横截面上的应力

一、薄壁圆管的扭转切应力

首先，研究一种较为简单的情况：薄壁圆管扭转时横截面上的应力。薄壁圆管系指壁厚 t 与平均半径 R 的比值 $t/R \leqslant 1/10$ 的空心圆轴（见图 4-7a）。

图 4-7a 所示为等厚薄壁圆管，为了观察其扭转变形情况，首先在其表面画上纵向线和圆周线，然后在圆管两端施加一对大小相等、转向相反的矩为 M_e 的外力偶，使其产生扭转变形。观察发现：变形后，各圆周线保持形状不变，绕轴线做相对转动；各纵向线均倾斜一微小角度 γ，使得原先由纵向线和圆周线组成的矩形变成了平行四边形（见图 4-7b）；圆管沿轴线的长度不变。这表明，当薄壁圆管扭转时，其横截面上没有正应力 σ，而只有切应力 τ。因管壁的厚度 t 很小，可以假设切应力 τ 沿壁厚不变，又因在同一圆周上各点情况完全相同，故横截面上各点的切应力 τ 均相等。显然，横截面上切应力 τ 的合成结果应等于该截面上的扭矩 T（见图 4-7c），即有

$$2\pi R t \cdot \tau \cdot R = T$$

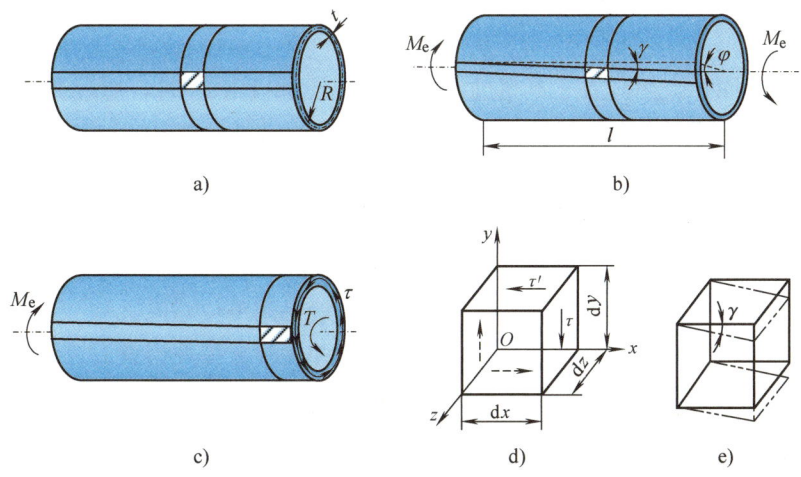

图 4-7

从而得到薄壁圆管横截面上各点的扭转切应力为

$$\tau = \frac{T}{2\pi R^2 t} \tag{4-2}$$

二、切应力互等定理

从薄壁圆管上取出一微小的立方体（称为**单元体**），其中 x、y、z 轴分别沿其轴向、周向、径向，如图 4-7d 所示。当薄壁圆管扭转时，此单元体的左、右两侧面上的切应力 τ 的合力 $\tau \mathrm{d}y\mathrm{d}z$ 的大小相等、方向相反，组成一个力偶，其力偶矩为 $(\tau \mathrm{d}y\mathrm{d}z)\mathrm{d}x$。为了平衡这一力偶，此单元体的上、下面上也必然存在着切应力 τ'，组成一个转向相反、矩为 $(\tau' \mathrm{d}z\mathrm{d}x)\mathrm{d}y$ 的力偶。由平衡方程

$$\sum M_z = 0, \quad -(\tau \mathrm{d}y\mathrm{d}z)\mathrm{d}x + (\tau' \mathrm{d}z\mathrm{d}x)\mathrm{d}y = 0$$

可知，τ' 与 τ 的大小相等。

于是，有结论：**在单元体两个互相垂直的平面上，切应力必然成对出现，其大小相等；方向垂直于两平面的交线，指向相对或相悖。**这就是在第二章中曾介绍过的**切应力互等定理**。

三、切应变与剪切胡克定律

如图 4-7e 所示，在切应力作用下，单元体的相对两侧面发生微小的相对错动，使原来互相垂直的两个平面的夹角改变了一个微量 γ，这个直角的改变量 γ 称为**切应变**或**角应变**，它可以表征切应力引起的变形。由图 4-7b 可见，若 φ 为圆管两端面的相对扭转角，l 为圆筒的长度，则切应变 γ 为

$$\gamma = \frac{R\varphi}{l} \tag{4-3}$$

试验表明，当切应力 τ 不超过材料的剪切比例极限 τ_p 时，切应变 γ 与切应力 τ 成正比，即有

$$\gamma = \frac{\tau}{G} \tag{4-4}$$

该式称为**剪切胡克定律**。式中，比例因数 G 为材料常数，称为**切变模量**。切变模量与应力具有同样量纲，因其数值较大，一般采用单位 GPa。

理论分析和试验结果都表明，材料的三个弹性常数弹性模量 E、泊松比 ν 和切变模量 G 之间存在着下列关系式：

$$G = \frac{E}{2(1+\nu)} \tag{4-5}$$

四、圆轴扭转时的应力

下面讨论一般圆轴扭转变形时横截面上的应力。如图 4-8a 所示,当一般圆轴发生扭转变形时,可以观察到与薄壁圆管扭转变形时相似的情况,即

(1) 各圆周线绕轴线相对转动一个角度,但大小、形状及相互间距不变;

(2) 各纵向线都倾斜同一角度 γ,使得原来的矩形变成平行四边形。

根据上述现象,对扭转圆轴的变形做出如下假设:圆轴扭转变形时,横截面仍保持为平面,形状、大小与间距均不变,各横截面如同刚性圆盘一样,绕轴线做相对转动。这称为圆轴扭转时的**平面假设**。

为了进一步了解圆轴扭转时截面上各点的变形情况,用相距为 $\mathrm{d}x$ 的两个横截面,以及夹角无限小的两个纵向截面,从轴内切取一楔形体(见图 4-8b)。根据平面假设,楔形体的变形如图中虚线所示,轴表面的矩形 $ABCD$ 变为平行四边形 $ABC'D'$,距轴线 ρ 处的任一矩形 $abcd$ 变为平行四边形 $abc'd'$,即均在垂直于半径的平面内产生剪切变形。

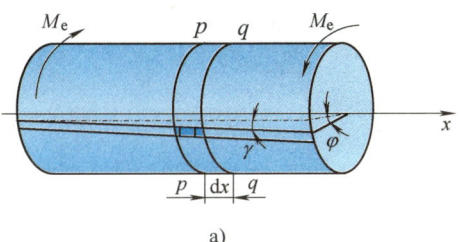

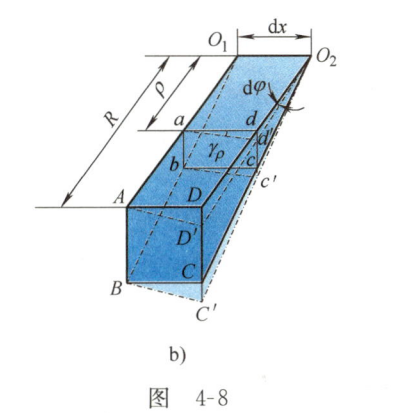

图 4-8

设上述楔形体左、右两横截面间的相对扭转角为 $\mathrm{d}\varphi$,矩形 $abcd$ 的切应变为 γ_ρ,由几何关系得切应变

$$\gamma_\rho = \tan\gamma_\rho = \frac{dd'}{ad} = \frac{\rho\mathrm{d}\varphi}{\mathrm{d}x} = \frac{\mathrm{d}\varphi}{\mathrm{d}x}\rho \tag{a}$$

在线弹性范围内,根据剪切胡克定律,即得横截面上相应点的切应力

$$\tau_\rho = G\gamma_\rho = G\frac{\mathrm{d}\varphi}{\mathrm{d}x}\rho \tag{b}$$

式中,ρ 为该点到圆心的距离。对于给定的截面,$G\dfrac{\mathrm{d}\varphi}{\mathrm{d}x}$ 为常量,故有结论:**扭转圆轴横截面上各点的切应力与点到圆心的距离成正比,方向垂直于该点的半径**(见图 4-9)。实心轴与空心轴的扭转切应力分布情况分别如图 4-10a、b 所示,在截面边缘处,扭转切应力取得最大值。

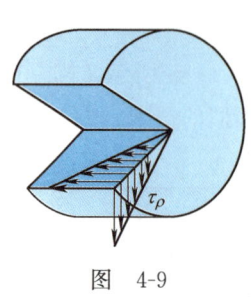
图 4-9

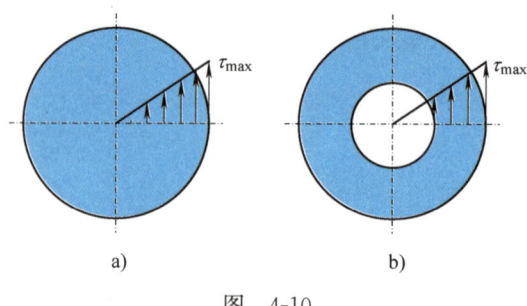
图 4-10

式（b）给出了扭转圆轴横截面上的切应力分布规律，但还无法用于实际计算，因为圆轴的**单位长度扭转角** $\dfrac{d\varphi}{dx}$ 尚不知道。要解决此问题，还需从静力学方面加以分析。如图 4-11 所示，在距圆心 ρ 处的微面积 dA 上，作用有微剪力 $\tau_\rho dA$，其对圆心 O 的矩为 $\rho\tau_\rho dA$。整个横截面上所有微剪力对圆心 O 的矩的总和应等于该截面上的扭矩 T，即有

$$T = \int_A \rho\tau_\rho dA \qquad (c)$$

图 4-11

将式（b）代入上式，有

$$T = \int_A G\frac{d\varphi}{dx}\rho^2 dA = G\frac{d\varphi}{dx}\int_A \rho^2 dA \qquad (d)$$

令 $I_p = \int_A \rho^2 dA$，则有

$$T = GI_p \frac{d\varphi}{dx} \qquad (e)$$

由此，得扭转圆轴的单位长度扭转角

$$\frac{d\varphi}{dx} = \frac{T}{GI_p} \qquad \textbf{(4-6)}$$

式中，I_p 称为圆截面对圆心 O 的**极惯性矩**，在国际单位制中，其单位为 m^4。式（4-6）可用来计算扭转圆轴的变形，将在下一节中详细讨论。

将式（4-6）代入式（b），最后得到一般圆轴扭转时横截面上切应力的计算公式

$$\tau = \frac{T}{I_p}\rho \qquad \textbf{(4-7)}$$

在式（4-7）中，取 $\rho = D/2$，即得扭转切应力的最大值

$$\tau_{\max} = \frac{T}{W_{\mathrm{t}}} \tag{4-8}$$

式中,

$$W_{\mathrm{t}} = \frac{I_{\mathrm{p}}}{D/2} \tag{4-9}$$

称为**抗扭截面系数**,它在国际单位制中的单位为 m^3。

经验表明,扭转时的平面假设对于圆轴才成立。因此,式 (4-6)～式 (4-8) 只适合于扭转圆轴,且材料服从于胡克定律的情况。

五、极惯性矩和抗扭截面系数的计算

极惯性矩 I_{p} 和抗扭截面系数 W_{t} 都是截面图形的几何性质,它们取决于截面的形状和大小。

对于实心圆轴,如图 4-12a 所示,取微面积 $\mathrm{d}A = 2\pi\rho\mathrm{d}\rho$,代入极惯性矩的定义式 $I_{\mathrm{p}} = \int_A \rho^2 \mathrm{d}A$ 并积分,得其极惯性矩为

$$I_{\mathrm{p}} = \int_0^{D/2} \rho^2 (2\pi\rho\mathrm{d}\rho) = \frac{\pi D^4}{32} \tag{4-10}$$

抗扭截面系数为

$$W_{\mathrm{t}} = \frac{I_{\mathrm{p}}}{D/2} = \frac{\pi D^3}{16} \tag{4-11}$$

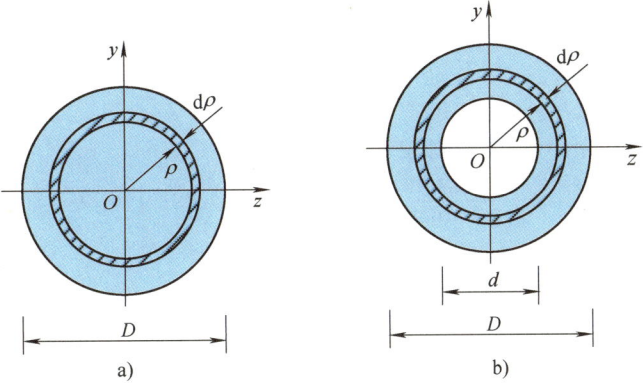

图 4-12

对于内径为 d、外径为 D 的空心圆轴(见图 4-12b),同理得其极惯性矩为

$$I_{\mathrm{p}} = \int_{d/2}^{D/2} \rho^2 (2\pi\rho\mathrm{d}\rho) = \frac{\pi(D^4 - d^4)}{32} = \frac{\pi D^4}{32}(1 - \alpha^4) \tag{4-12}$$

抗扭截面系数为

$$W_{t} = \frac{I_{p}}{D/2} = \frac{\pi D^{3}}{16}(1-\alpha^{4}) \tag{4-13}$$

式中，$\alpha = d/D$，为空心圆轴的内外径比值。

【例 4-3】 如图 4-13 所示，圆轴 AB 的 AC 段为空心，CB 段为实心。已知 $D = 30$ mm，$d = 20$ mm，圆轴传递的功率 $P = 7.5$ kW，转速 $n = 360$ r/min。试分别求出 AC 段、CB 段的最大与最小切应力。

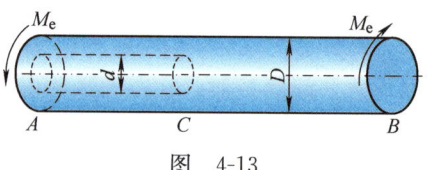

图 4-13

解：（1）计算扭矩

由式（4-1），轴所受的外力偶矩为

$$M_{e} = 9549\frac{P}{n} = 9549 \times \frac{7.5}{360} \text{ N·m} = 198.9 \text{ N·m}$$

显然，任一截面扭矩

$$T = M_{e} = 198.9 \text{ N·m}$$

（2）计算极惯性矩

AC 段的极惯性矩

$$I_{p1} = \frac{\pi}{32}(D^{4}-d^{4}) = \frac{\pi}{32} \times (30^{4}-20^{4}) \times 10^{-12} \text{ m}^{4} = 6.38 \times 10^{-8} \text{ m}^{4}$$

CB 段的极惯性矩

$$I_{p2} = \frac{\pi}{32}D^{4} = \frac{\pi}{32} \times 30^{4} \times 10^{-12} \text{ m}^{4} = 7.95 \times 10^{-8} \text{ m}^{4}$$

（3）计算切应力

AC 段的最大与最小应力分别为

$$\tau_{\max}^{AC} = \frac{T}{I_{p1}}\frac{D}{2} = \left(\frac{198.9}{6.38 \times 10^{-8}} \times \frac{30 \times 10^{-3}}{2}\right) \text{Pa} = 46.8 \times 10^{6} \text{ Pa} = 46.8 \text{ MPa}$$

$$\tau_{\min}^{AC} = \frac{T}{I_{p1}}\frac{d}{2} = \left(\frac{198.9}{6.38 \times 10^{-8}} \times \frac{20 \times 10^{-3}}{2}\right) \text{Pa} = 31.2 \times 10^{6} \text{ Pa} = 31.2 \text{ MPa}$$

CB 段的最大与最小应力分别为

$$\tau_{\max}^{CB} = \frac{T}{I_{p2}}\frac{D}{2} = \left(\frac{198.9}{7.95 \times 10^{-8}} \times \frac{30 \times 10^{-3}}{2}\right) \text{Pa} = 37.5 \times 10^{6} \text{ Pa} = 37.5 \text{ MPa}$$

$$\tau_{\min}^{CB} = 0$$

第四节　扭转圆轴的强度计算

圆轴扭转时，为保证安全，轴内产生的最大扭转切应力 $\tau_{\max}$ 不能大于材料的许用扭转切应力 $[\tau]$，故扭转圆轴的强度条件为

$$\tau_{\max} = \frac{|T|_{\max}}{W_{t}} \leqslant [\tau] \tag{4-14}$$

利用上述强度条件，即可解决工程中扭转圆轴的强度计算问题。举例说明如下：

【例 4-4】 如图 4-14a 所示，已知阶梯轴 AB 段的直径 $d_1 = 80$ mm，BC 段的直径 $d_2 = 56$ mm，外力偶矩 $M_1 = 5$ kN·m，$M_2 = 3.2$ kN·m，$M_3 = 1.8$ kN·m，材料的许用扭转切应力 $[\tau] = 60$ MPa。试校核该轴的强度。

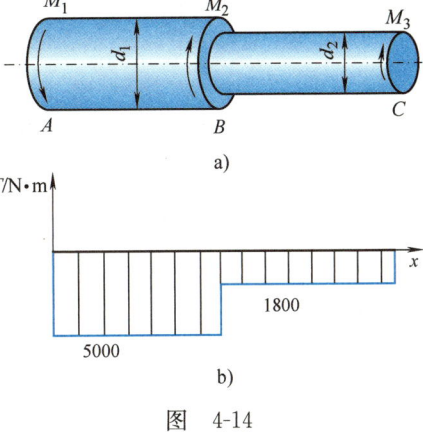

图 4-14

解：（1）作扭矩图

由截面法求得 AB 段、BC 段的扭矩分别为

$T_1 = -M_1 = -5000$ N·m，$T_2 = -M_3 = -1800$ N·m

作出扭矩图如图 4-14b 所示。

（2）校核强度

因两段轴的扭矩、直径均不相同，故需要分别进行强度校核。

AB 段：$\tau_{max}^{AB} = \dfrac{|T_1|}{W_{t1}} = \dfrac{5 \times 10^3}{\dfrac{\pi}{16} \times 0.08^3}$ Pa $= 49.7 \times 10^6$ Pa $= 49.7$ MPa $< [\tau]$

BC 段：$\tau_{max}^{BC} = \dfrac{|T_2|}{W_{t2}} = \dfrac{1.8 \times 10^3}{\dfrac{\pi}{16} \times 0.056^3}$ Pa $= 52.2 \times 10^6$ Pa $= 52.2$ MPa $< [\tau]$

所以，该轴的强度满足要求。

【例 4-5】 某汽车传动主轴采用无缝钢管制作。已知该轴传递的最大转矩 $M_e = 1.5$ kN·m，钢管的许用扭转切应力 $[\tau] = 60$ MPa。若规定钢管的内外径比 $\alpha = 0.9$，试确定钢管的外径 D 以及壁厚 t。

解：（1）计算扭矩

轴任意横截面上的扭矩均为

$$T = M_e = 1.5 \text{ kN·m}$$

（2）强度设计

根据扭转圆轴强度条件

$$\tau_{max} = \dfrac{|T|_{max}}{W_t} = \dfrac{T}{W_t} = \dfrac{16 \times 1500 \text{ N·m}}{\pi D^3 \times (1 - 0.9^4)} \leqslant [\tau] = 60 \times 10^6 \text{ Pa}$$

得钢管外径

$$D \geqslant 71.8 \text{ mm}$$

故取钢管的外径 $D = 72$ mm，壁厚 $t = \dfrac{1}{2}D(1-\alpha) = 3.6$ mm。

【例 4-6】 如把上例中的传动轴改为实心轴，并要求它与原来的空心轴强度相同，试确定其直径，并比较实心轴和空心轴的重量。

解：（1）确定实心轴直径

由于扭矩 T 和许用扭转切应力 $[\tau]$ 不变，故要求实心轴与空心轴强度相同，只需其抗扭截面系数 W_t 相等即可。设实心轴直径为 D_1，即有

$$\frac{\pi}{16}D_1^3 = \frac{\pi}{16}D^3(1-\alpha^4) = \frac{\pi}{16} \times 72^3 \times (1-0.9^4) \text{ mm}^3$$

由此解得

$$D_1 = 50.4 \text{ mm}$$

（2）比较实心轴与空心轴的重量

实心轴横截面面积为

$$A_1 = \frac{\pi}{4}D_1^2 = \frac{\pi}{4} \times 50.4^2 \text{ mm}^2 = 1995.0 \text{ mm}^2$$

空心轴横截面面积为

$$A = \frac{\pi}{4}D^2(1-\alpha^2) = \frac{\pi}{4} \times 72^2 \times (1-0.9^2) \text{ mm}^2 = 773.6 \text{ m}^2$$

在两轴长度相等、材料相同的情况下，两轴重量之比就等于横截面面积之比，得

$$\frac{A}{A_1} = \frac{773.6 \text{ mm}^2}{1995.0 \text{ mm}^2} = 0.388 = 38.8\%$$

> 计算结果显示，在强度相同的情况下，空心轴的重量仅为实心轴的 38.8%，其减轻重量、节约材料的效果非常明显。这是因为扭转圆轴横截面上的切应力沿半径呈线性分布，轴心附近的切应力很小，如采用实心轴，则不能充分发挥材料的强度效能。改为空心轴后，相当于把实心轴轴心附近的材料向边缘转移，从而增大了截面的 I_p 和 W_t，提高了轴的抗扭强度。因此，一些大型轴或对于减轻重量有较高要求的轴，通常做成空心的。但需注意，空心轴的壁厚也不能过薄，否则会因发生局部皱折而降低其承载能力。

第五节　扭转圆轴的变形与刚度计算

一、扭转角

扭转圆轴的变形可用横截面绕轴线相对转动的角度即**扭转角** φ 来描述。由式（4-6）知，圆轴扭转时的单位长度扭转角

$$\varphi' = \frac{\mathrm{d}\varphi}{\mathrm{d}x} = \frac{T}{GI_p}$$

由此得相距为 $\mathrm{d}x$ 的两截面间的相对扭转角

$$\mathrm{d}\varphi = \frac{T}{GI_p}\mathrm{d}x$$

对上式积分，即得相距为 l 的两截面间的相对扭转角

$$\varphi = \int_l \mathrm{d}\varphi = \int_l \frac{T}{GI_\mathrm{p}} \mathrm{d}x \tag{4-15}$$

对于扭矩 T 为常量的等截面圆轴，由上式积分得相距为 l 的两截面间的相对扭转角为

$$\varphi = \frac{Tl}{GI_\mathrm{p}} \tag{4-16}$$

上式表明，扭转角 φ 与 GI_p 成反比，GI_p 越大，扭转角 φ 就越小。GI_p 反映了杆对扭转变形的抗力，故称为杆的**抗扭刚度**。

在国际单位制中，扭转角 φ 的单位为弧度（rad），其正负号规定与扭矩 T 的正负号规定保持一致。

在计算扭转角时，如果扭矩或轴的直径或材料分段不同，则应根据式(4-16)分段计算各段的扭转角，然后再求其代数和，即有

$$\varphi = \sum_{i=1}^{n} \varphi_i = \sum_{i=1}^{n} \left(\frac{Tl}{GI_\mathrm{p}}\right)_i \tag{4-17}$$

【例 4-7】 如图 4-15 所示，已知圆轴 AC 的半长 $l = 2\,\mathrm{m}$，极惯性矩 $I_\mathrm{p} = 3.0 \times 10^5\,\mathrm{mm}^4$，切变模量 $G = 80\,\mathrm{GPa}$，所受外力偶矩 $M_{eA} = 180\,\mathrm{N \cdot m}$，$M_{eB} = 320\,\mathrm{N \cdot m}$，$M_{eC} = 140\,\mathrm{N \cdot m}$。试计算其 C 截面相对于 A 截面的扭转角 φ_{AC}。

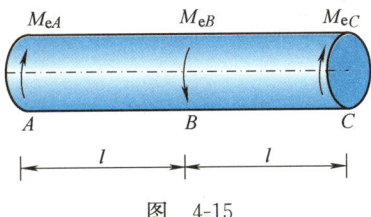

图 4-15

解：（1）计算扭矩

由截面法，得 AB 段与 BC 段的扭矩分别为

$$T_{AB} = 180\,\mathrm{N \cdot m}, \quad T_{BC} = -140\,\mathrm{N \cdot m}$$

（2）计算扭转角

由式（4-16），得 AB 段与 BC 段的扭转角分别为

$$\varphi_{AB} = \frac{T_{AB}l}{GI_\mathrm{p}} = \frac{180 \times 2}{80 \times 10^9 \times 3.0 \times 10^5 \times 10^{-12}}\,\mathrm{rad} = 1.50 \times 10^{-2}\,\mathrm{rad}$$

$$\varphi_{BC} = \frac{T_{BC}l}{GI_\mathrm{p}} = \frac{-140 \times 2}{80 \times 10^9 \times 3.0 \times 10^5 \times 10^{-12}}\,\mathrm{rad} = -1.17 \times 10^{-2}\,\mathrm{rad}$$

所以，该轴 C 截面相对于 A 截面的扭转角为

$$\varphi_{AC} = \varphi_{AB} + \varphi_{BC} = (1.50 \times 10^{-2} - 1.17 \times 10^{-2})\,\mathrm{rad} = 0.33 \times 10^{-2}\,\mathrm{rad} = 0.189°$$

【例 4-8】 如图 4-16a 所示，圆轴 AB 承受均布外力偶作用，其力偶矩集度 $m_\mathrm{e} = 20\,\mathrm{N \cdot m/m}$。已知轴的直径 $d = 20\,\mathrm{mm}$，长度 $l = 2\,\mathrm{m}$，切变模量 $G = 80\,\mathrm{GPa}$。试画出此轴的扭矩图，并计算其自由端面 B 相对于固定端面 A 的扭转角。

解：（1）作扭矩图

用截面法，在距 A 端 x 处将轴截开，如图 4-16b 所示，根据右段的平衡条件，得 x 截面上的扭矩为

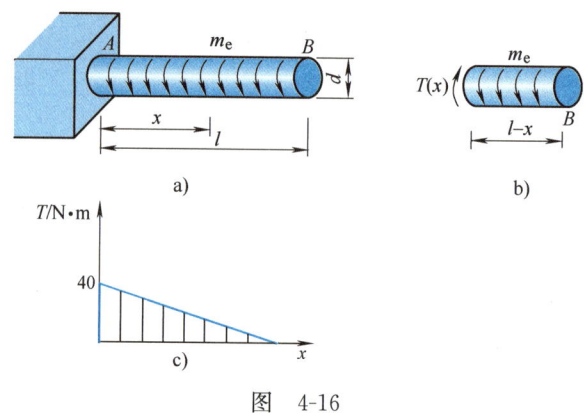

图 4-16

$$T = m_e(l-x) = 20 \times (2-x) \text{ N·m}$$

可见，扭矩 T 是 x 的线性函数，由此作出轴的扭矩图如图 4-16c 所示，固定端面 A 处的扭矩值最大，为 40 N·m。

(2) 计算扭转角

由于扭矩 T 随 x 连续变化，故由积分形式的计算公式，即式 (4-15)，得自由端面 B 相对于固定端面 A 的扭转角

$$\varphi_{AB} = \int_0^l \frac{T}{GI_p} dx = \int_0^l \frac{m_e(l-x)}{GI_p} dx = \frac{m_e l^2}{2GI_p} = 3.18 \times 10^{-2} \text{ rad} = 1.82°$$

二、扭转圆轴的刚度条件

有的轴类零件在工作中如果扭转变形过大，会影响机器的加工精度或产生扭转振动。因此，为了保证正常工作，对此类轴除了有强度方面的要求，还有刚度方面的要求，即要对轴的扭转变形加以限制。工程上通常规定，这类轴的最大单位长度扭转角 $|\varphi'|_{max}$ 不应超过某个规定的许用值 $[\varphi']$，即扭转圆轴的刚度条件为

$$|\varphi'|_{max} = \frac{|T|_{max}}{GI_p} \leqslant [\varphi'] \tag{4-18}$$

式中，$[\varphi']$ 为轴的许用单位长度扭转角。各种轴类零件的许用单位长度扭转角 $[\varphi']$ 可从有关设计规范中查到。

工程中，$[\varphi']$ 的单位习惯采用 °/m（度/米）；而在国际单位制中，单位长度扭转角 φ' 的单位为 rad/m（弧度/米）。因此，在应用式 (4-18) 进行扭转圆轴的刚度计算时，必须统一单位，即有

$$|\varphi'|_{max} = \frac{|T|_{max}}{GI_p} \times \frac{180°}{\pi} \leqslant [\varphi'] (°/m) \tag{4-19}$$

【例 4-9】 某传动轴如图 4-17a 所示，已知主动轮输入功率 $P_C = 30 \text{ kW}$，从动轮输出功率 $P_A = 5 \text{ kW}$、$P_B = 10 \text{ kW}$、$P_D = 15 \text{ kW}$，轴的额定转速 $n = 300 \text{ r/min}$，切变模量 $G =$

80 GPa，许用扭转切应力 $[\tau]=40$ MPa，许用单位长度扭转角 $[\varphi']=1°$/m。试按强度条件及刚度条件设计此轴直径。

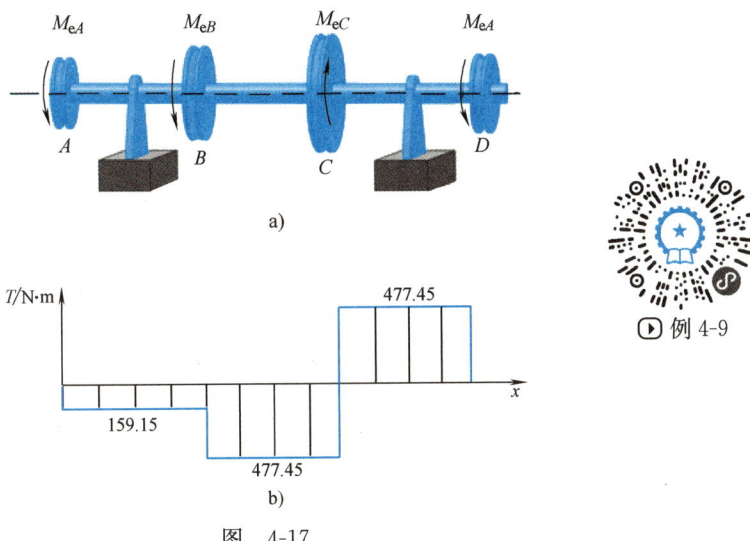

图 4-17

解：(1) 计算外力偶矩
由式（4-1），得外力偶矩

$$M_{eA} = 9549 \times \frac{5}{300} \text{ N·m} = 159.15 \text{ N·m}$$

$$M_{eB} = 9549 \times \frac{10}{300} \text{ N·m} = 318.3 \text{ N·m}$$

$$M_{eC} = 9549 \times \frac{30}{300} \text{ N·m} = 954.9 \text{ N·m}$$

$$M_{eD} = 9549 \times \frac{15}{300} \text{ N·m} = 477.45 \text{ N·m}$$

(2) 作扭矩图

用截面法，求得各段轴的扭矩，并作出扭矩图如图 4-17b 所示。由图可知，最大扭矩发生在 BC 段和 CD 段，大小 $|T|_{max} = 477.45$ N·m。

(3) 按强度条件设计轴的直径

根据扭转圆轴的强度条件

$$\tau_{max} = \frac{|T|_{max}}{W_t} = \frac{16|T|_{max}}{\pi d^3} \leqslant [\tau]$$

得轴的直径

$$d \geqslant \sqrt[3]{\frac{16|T|_{max}}{\pi [\tau]}} = \sqrt[3]{\frac{16 \times 477.5}{\pi \times 40 \times 10^6}} \text{ m} = 39.3 \times 10^{-3} \text{ m} = 39.3 \text{ mm}$$

(4) 按刚度条件设计轴的直径

根据扭转圆轴的刚度条件

$$|\varphi'|_{max} = \frac{|T|_{max}}{GI_p} \times \frac{180°}{\pi} = \frac{32|T|_{max}}{G\pi d^4} \times \frac{180°}{\pi} \leqslant [\varphi'](°/m)$$

得轴的直径

$$d \geqslant \sqrt[4]{\frac{32|T|_{max} \times 180°}{\pi^2 G[\varphi']}} = \sqrt[4]{\frac{32 \times 477.5 \times 180°}{\pi^2 \times 80 \times 10^9 \times 1°}} \text{ m} = 43.2 \times 10^{-3} \text{ m} = 43.2 \text{ mm}$$

综上所述，应取此轴直径 $d = 44$ mm。

第六节　非圆截面杆扭转简介

受扭转的杆件除常见的圆轴外，工程上有时也会遇到非圆截面杆的扭转问题。

试验表明，非圆截面杆件扭转后，横截面不再保持为平面，而是变为曲面（见图 4-18）。这一现象称为翘曲，它是非圆截面杆扭转的一个重要特征。对于非圆截面杆的扭转，平面假设已不再成立。因此，前面利用平面假设导出的扭转圆轴的应力、变形公式，对非圆截面杆均不再适用。

非圆截面杆的扭转可分为自由扭转和约束扭转。扭转时，若杆件两端不受约束，横截面的翘曲不受任何限制，即为**自由扭转**。此时，杆各横截面的翘曲程度相同，纵向纤维长度无变化，故横截面上没有正应力，只有切应力。图 4-19a 所示为工字钢的自由扭转。若扭转杆件受到约束，横截面的翘曲受到限制，则为**约束扭转**。约束扭转的特点是杆件各横截面的翘曲程度不同，纵向纤维的长度发生改变，导致横截面上不但有切应力，还有正应力。图 4-19b 所示为工字钢的约束扭转。经验表明，对于实心截面杆件，约束扭转产生的正应力一般很小，可略去不计，故仍可按自由扭转处理；但对薄壁截面杆件（如工字钢），因约束扭转引起的正应力较大，不可忽略，故必须按约束扭转处理。

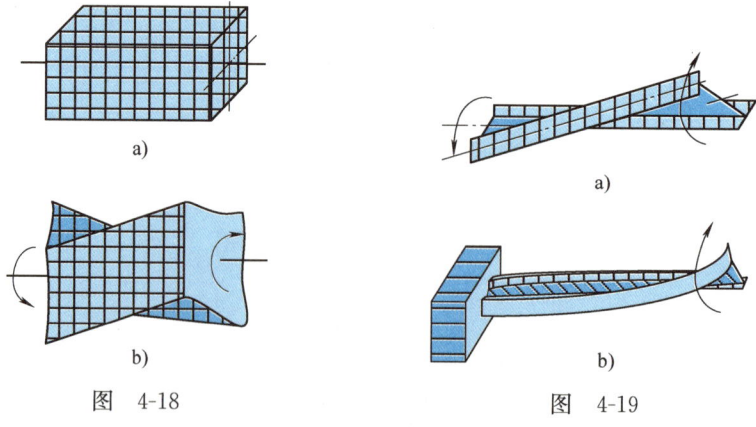

图 4-18　　　　　　　　　图 4-19

一、矩形截面杆件的自由扭转

弹性力学理论分析表明：矩形截面杆自由扭转时，横截面上的切应力分布有以下特点（见图 4-20）：

（1）横截面边缘各点处的切应力平行于截面周边，切应力形成与边界相切的"环流"。

（2）截面四个角点处的切应力等于零。

（3）截面内最大切应力 τ_{max} 发生在截面长边的中点处，其计算公式为

$$\tau_{max} = \frac{T}{\alpha h b^2} \qquad (4\text{-}20)$$

（4）截面短边上的最大切应力 τ'_{max} 发生在短边中点处，其计算公式为

$$\tau'_{max} = \kappa \tau_{max} \qquad (4\text{-}21)$$

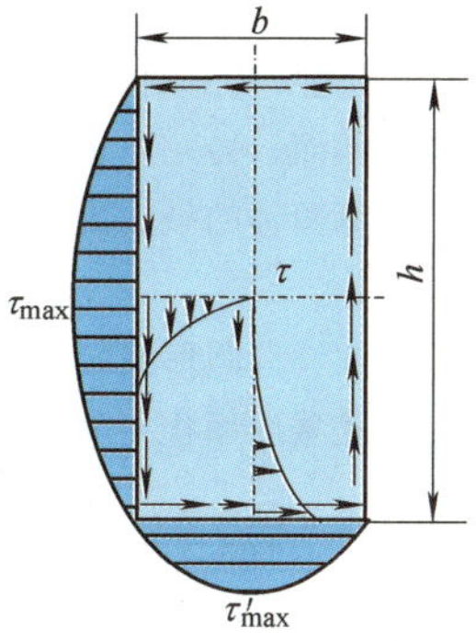

图 4-20

上面两式中，h、b 分别为矩形截面长边、短边的长度；α、κ 为与比值 h/b 有关的常数，可从表 4-1 中查到。

运用弹性力学理论，还可以得到矩形截面杆自由扭转时，杆两端面之间的相对扭转角的计算公式

$$\varphi = \frac{Tl}{G\beta h b^3} \qquad (4\text{-}22)$$

单位长度扭转角的计算公式

$$\varphi' = \frac{T}{G\beta h b^3} \qquad (4\text{-}23)$$

式中，β 也是与比值 h/b 有关的常数，一并在表 4-1 中列出。

表 4-1 矩形截面杆自由扭转时的参数 α、β 与 κ

h/b	1.0	1.2	1.5	2.0	2.5	3.0	4.0	6.0	8.0	10.0	∞
α	0.208	0.219	0.231	0.246	0.258	0.267	0.282	0.299	0.307	0.313	0.333
β	0.141	0.166	0.196	0.229	0.249	0.263	0.281	0.299	0.307	0.313	0.333
κ	1.000	0.930	0.858	0.796	0.767	0.753	0.745	0.743	0.743	0.743	0.743

当 $h/b > 10$ 时，截面成为狭长矩形，此时 $\alpha = \beta \approx 1/3$（见表 4-1）。若以 t 表示狭长矩形的短边长度，则式（4-20）和式（4-22）成为

$$\tau_{max} = \frac{T}{W_t} \qquad (4\text{-}24)$$

$$\varphi = \frac{Tl}{GI_t} \qquad (4\text{-}25)$$

式中，$W_t = \frac{1}{3}ht^2$；$I_t = \frac{1}{3}ht^3$。在狭长矩形截面上，扭转切应力的变化规律如图 4-21 所示。此时，长边上切应力变化不大，趋于均匀，在靠近短边处迅速减小直至为零。

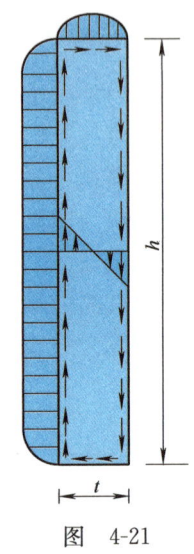

图 4-21

【例 4-10】 材料、横截面面积与长度均相同的两根轴，一为圆形截面，另一为正方形截面。若两轴受到相等扭矩 T 的作用，试计算两轴的最大扭转切应力与两端面间的相对扭转角，并比较其大小。

解： 设圆形截面的直径为 d，正方形截面的边长为 a，由于两轴的横截面面积相等，故有

$$\frac{\pi d^2}{4} = a^2$$

于是得

$$a = \frac{\sqrt{\pi}d}{2}$$

圆轴的最大扭转切应力与扭转角分别为

$$\tau_{1\max} = \frac{T}{W_t} = \frac{16 M_e}{\pi d^3}$$

$$\varphi_1 = \frac{Tl}{GI_p} = \frac{32 M_e l}{G \pi d^4}$$

对于正方形截面轴，查表 4-1 有，$\alpha = 0.208$、$\beta = 0.141$。由式（4-20）与式（4-22），得其最大扭转切应力与扭转角分别为

$$\tau_{2\max} = \frac{T}{\alpha a^3} = \frac{M_e}{0.208 a^3}$$

$$\varphi_2 = \frac{Tl}{G\beta a^4} = \frac{M_e l}{0.141 G a^4}$$

从而得

$$\frac{\tau_{1\max}}{\tau_{2\max}} = \frac{16 \times 0.208}{\pi} \times \left(\frac{\sqrt{\pi}}{2}\right)^3 = 0.737$$

$$\frac{\varphi_1}{\varphi_2} = \frac{32 \times 0.141}{\pi} \left(\frac{\sqrt{\pi}}{2}\right)^4 = 0.886$$

可见，无论是扭转强度还是扭转刚度，圆形截面轴均要优于正方形截面轴。

二、开口薄壁杆件的自由扭转

开口薄壁杆件自由扭转时，横截面上的切应力分布规律与狭长矩形截面杆件相似，切应力沿截面周边形成"环流"，如图 4-22 所示。

开口薄壁杆件的横截面可以看成是由若干个狭长矩形所组成。分析表明，其中任一狭长矩形长边上各点的扭转切应力大致相同，计算公式为

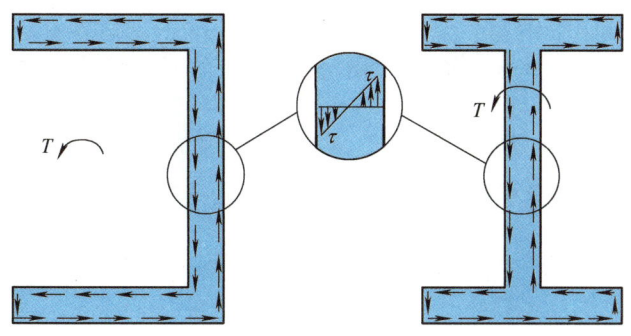

图 4-22

$$\tau = \frac{Tt_i}{I_t} \tag{4-26}$$

其中,

$$I_t = \sum \frac{1}{3} h_i t_i^3 \tag{4-27}$$

h_i、t_i 分别为任一狭长矩形的长边长度、短边长度。由式 (4-26) 可知,开口薄壁杆件扭转切应力的最大值发生在宽度最大的狭长矩形的长边上,为

$$\tau_{max} = \frac{Tt_{max}}{I_t} \tag{4-28}$$

开口薄壁杆件自由扭转时的扭转角计算,依然可以采用式 (4-25),但其中的 I_t 应由式 (4-27) 确定。

在计算槽钢、工字钢等开口薄壁杆件的 I_t 时,需对式 (4-27) 略加修正。这是因为在这些型钢截面上,各狭长矩形的连接处有圆角过渡,从而增加了抗扭刚度。修正公式为

$$I_t = \eta \sum \frac{1}{3} h_i t_i^3 \tag{4-29}$$

式中,η 为修正因数。对于角钢,$\eta = 1.00$;对于槽钢,$\eta = 1.12$;对于工字钢,$\eta = 1.20$。

对于截面中线(壁厚平分线)为曲线的开口薄壁杆件(见图 4-23),计算时可将截面拉直,作为狭长矩形截面来处理。

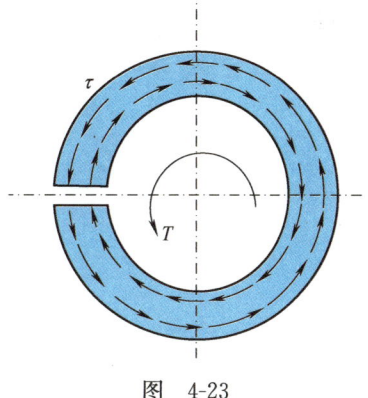

图 4-23

三、闭口薄壁杆件的自由扭转

闭口薄壁杆件自由扭转时,横截面上的切应力分布规律与薄壁圆管相似,切应力沿壁厚平均分布,顺着杆壁的周向形成"剪流",如图 4-24 所示。

分析表明，闭口薄壁杆件横截面上任一点的扭转切应力 τ 与该处壁厚 t 的乘积为常数，即有

$$\tau t = 常数 \quad (4\text{-}30)$$

由静力学关系易得，此时扭转切应力 τ 的计算公式为

$$\tau = \frac{T}{2A_0 t} \quad (4\text{-}31)$$

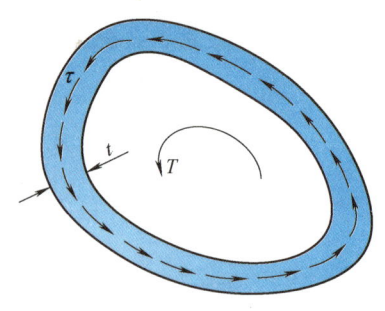

图 4-24

式中，A_0 为截面中线所围成的面积（见图 4-25）。对于平均半径为 R 的薄壁圆管，$A_0 = \pi R^2$，式（4-31）即成为式（4-2）。

由式（4-31）可知，闭口薄壁杆件扭转切应力的最大值发生在杆壁最薄处，为

$$\tau_{\max} = \frac{T}{2A_0 t_{\min}} \quad (4\text{-}32)$$

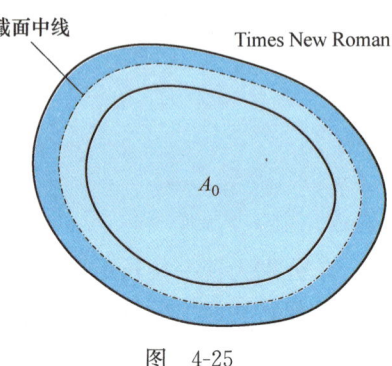

图 4-25

【例 4-11】 截面为圆环形的开口和闭口薄壁杆件分别如图 4-26a、b 所示，设两杆截面的平均半径 R 与壁厚 t 均相同，试比较两者的抗扭强度和抗扭刚度。

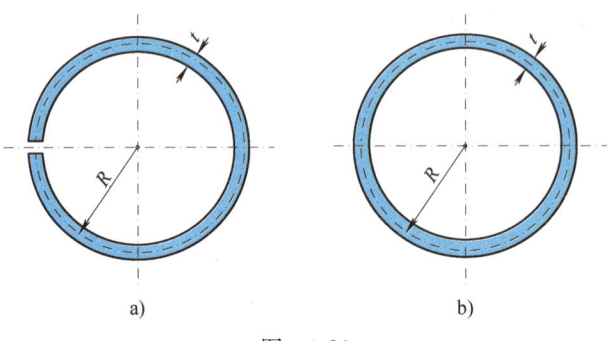

图 4-26

解：(1) 计算圆环形开口薄壁杆件的扭转切应力和扭转角

将圆环形开口薄壁截面拉直，作为狭长矩形截面来处理。此时，狭长矩形的长边长度 $h = 2\pi R$，短边长度为 t。由式（4-24）、式（4-25），即得其最大扭转切应力和扭转角分别为

$$\tau_1 = \frac{3T}{2\pi R t^2}, \quad \varphi_1 = \frac{3Tl}{2G\pi R t^3}$$

(2) 计算圆环形闭口薄壁杆件的扭转切应力和扭转角

由式（4-2），得圆环形闭口薄壁截面杆件的扭转切应力为

$$\tau_2 = \frac{T}{2\pi R^2 t}$$

将圆环形闭口薄壁杆件视为空心圆轴，利用式（4-16）来计算其扭转角。此时，$I_\mathrm{p} \approx 2\pi R^3 t$，扭转角为

$$\varphi_2 = \frac{Tl}{2G\pi R^3 t}$$

（3）比较两者的抗扭强度和抗扭刚度

根据上述计算结果可知，在扭矩 T 和杆长 l 相同的情况下，两者的扭转切应力之比

$$\frac{\tau_1}{\tau_2} = 3\frac{R}{t}$$

扭转角之比

$$\frac{\varphi_1}{\varphi_2} = 3\left(\frac{R}{t}\right)^2$$

由于 $R \gg t$，所以开口薄壁杆件的抗扭强度和抗扭刚度均远低于同样情况下的闭口薄壁杆件。

4-1　轴的转速、传递的功率与外力偶矩之间有何关系？在该关系式中，各个量的单位分别是什么？

4-2　解释为什么在减速箱中，一般高速轴的直径较小，而低速轴的直径较大？

4-3　何谓扭矩？如何计算扭矩？扭矩的正负号如何确定？

4-4　何谓扭矩图？如何绘制扭矩图？

4-5　薄壁圆管扭转切应力公式是如何建立的？应用条件是什么？当切应力超过剪切比例极限时，该公式是否仍成立？

4-6　什么是切应力互等定理？当单元体的四个侧面上同时存在正应力时，该定理是否仍成立？

4-7　建立圆轴扭转切应力公式的基本假设是什么？它们在建立公式时起何作用？当切应力超过剪切比例极限时，该公式是否仍成立？

4-8　圆轴扭转时，横截面上的切应力是如何分布的？

4-9　何谓扭转角？如何计算扭转角？

4-10　什么是扭转圆轴的刚度条件？应用该条件时应注意什么？

4-11　已知一根内径为 d、外径为 D 的空心圆轴，试判断下列表达式是否正确：

(1) $I_\mathrm{p} = \dfrac{\pi D^4}{32} - \dfrac{\pi d^4}{32}$

(2) $W_\mathrm{t} = \dfrac{\pi D^3}{16} - \dfrac{\pi d^3}{16}$

4-12　试从力学角度分析，为什么空心圆轴比实心圆轴合理？

4-1　试作习题 4-1 图所示各轴的扭矩图，并确定最大扭矩。

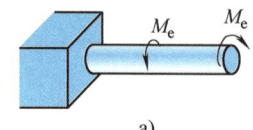
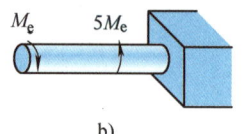

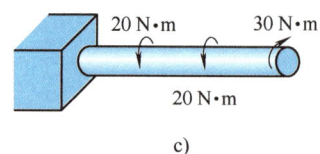
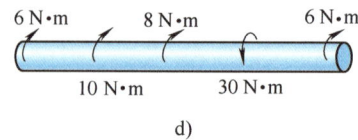

习题 4-1 图

4-2 如习题 4-2 图所示，已知某传动轴的额定转速 $n = 200 \text{ r/min}$，主动轮 B 的输入功率为 60 kW，从动轮 A、C、D、E 的输出功率依次为 18 kW、12 kW、22 kW、8 kW。试作出该传动轴的扭矩图，并确定最大扭矩。

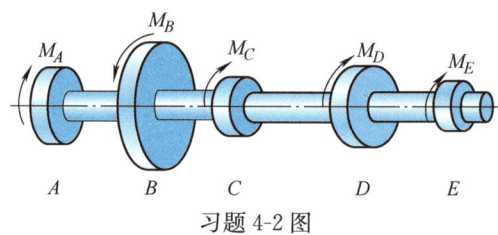

习题 4-2 图

4-3 某薄壁圆管，外径 $D = 44 \text{ mm}$，内径 $d = 40 \text{ mm}$，所受扭矩 $T = 750 \text{ N} \cdot \text{m}$，试计算其横截面上的最大扭转切应力。

4-4 直径 $d = 5 \text{ cm}$ 的实心圆轴，受到扭矩 $T = 2.15 \text{ kN} \cdot \text{m}$ 的作用，试求横截面上距轴心 1 cm 处的扭转切应力以及最大扭转切应力。

4-5 某传动轴的直径 $d = 50 \text{ mm}$，转速 $n = 120 \text{ r/min}$，若测得其最大扭转切应力 $\tau_{\max} = 60 \text{ MPa}$，试求该轴所传递的功率。

4-6 如习题 4-6 图所示，空心圆轴的外径 $D = 40 \text{ mm}$、内径 $d = 20 \text{ mm}$、所受扭矩 $T = 1 \text{ kN} \cdot \text{m}$，试计算横截面上 $\rho_A = 15 \text{ mm}$ 的点 A 处的扭转切应力 τ_A，以及最大与最小扭转切应力。

4-7 某变速齿轮轴如习题 4-7 图所示，已知其传递的功率 $P = 5.5 \text{ kW}$，额定转速 $n = 200 \text{ r/min}$，许用扭转切应力 $[\tau] = 40 \text{ MPa}$。试确定此轴直径 d。

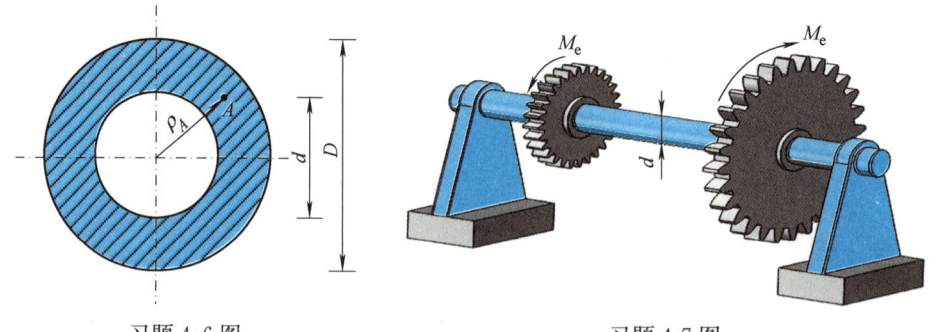

习题 4-6 图　　　　　　　　　习题 4-7 图

4-8 某空心圆轴，已知所传递的扭矩 $T = 5$ kN·m，材料的许用扭转切应力 $[\tau] = 80$ MPa。若轴的外径 $D = 100$ mm，试确定其内径 d。

4-9 如习题 4-9 图所示，阶梯圆轴由两段平均半径同为 50 mm 的薄壁圆管焊接而成，受到沿轴长度均匀分布的外力偶作用，已知外力偶矩的分布集度 $m_e = 3500$ N·m/m，轴的长度 $l = 1$ m，左段管的壁厚 $t_1 = 5$ mm，右段管的壁厚 $t_2 = 4$ mm，材料的许用扭转切应力 $[\tau] = 50$ MPa。试校核该轴的强度。

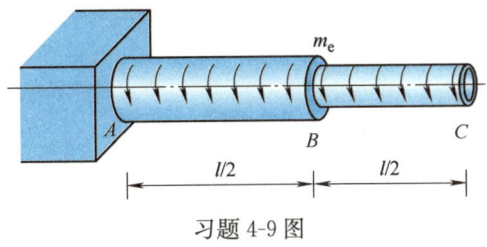

习题 4-9 图

4-10 现欲以一内外径比 $\alpha = 0.6$ 的空心圆轴来代替一直径为 400 mm 的实心圆轴，使之具有相同的强度，试确定空心圆轴的内、外径，并计算两轴的重量比。

4-11 如习题 4-11 图所示，已知阶梯轴的 AB 段直径 $d_1 = 120$ mm、BC 段直径 $d_2 = 100$ mm，所受转矩 $M_{eA} = 22$ kN·m，$M_{eB} = 36$ kN·m，$M_{eC} = 14$ kN·m，许用扭转切应力 $[\tau] = 80$ MPa。试校核该轴的强度。

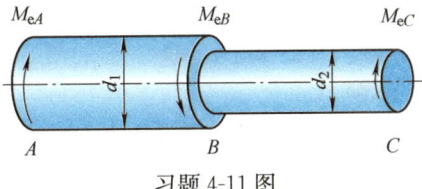

习题 4-11 图

4-12 某传动轴如习题 4-12 图所示，已知额定转速 $n = 300$ r/min，主动轮 A 的输入功率 $P_A = 36$ kW，从动轮 B、C、D 的输出功率分别为 $P_B = P_C = 11$ kW、$P_D = 14$ kW。(1) 作出轴的扭矩图，并确定轴的最大扭矩；(2) 若材料的许用扭转切应力 $[\tau] = 80$ MPa，试确定轴的直径；(3) 若将轮 A 与轮 D 的位置对调，试问是否合理？为什么？

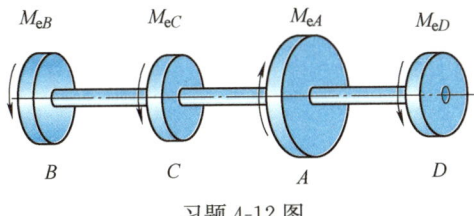

习题 4-12 图

4-13 如习题 4-13 图所示，已知传动轴的转速 $n = 500$ r/min，主动轮 A 的输入功率 $P_A = 367.8$ kW，从动轮 B、C 的输出功率分别为 $P_B = 147.15$ kW，$P_C = 220.65$ kW，轴的许用扭转切应力 $[\tau] = 70$ MPa。(1) 作扭矩图；(2) 确定该传动轴的直径；(3) 试问主动轮和从动轮应如何安排才合理？为什么？

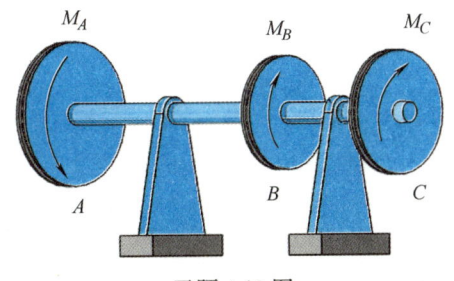

习题 4-13 图

4-14 如习题 4-14 图所示，已知圆轴的直径 $d = 150$ mm，半长 $l = 500$ mm，扭转外力偶矩

$M_{eB} = 10$ kN·m、$M_{eC} = 8$ kN·m，材料的切变模量 $G = 80$ GPa。试计算 C 截面相对于 A 截面的扭转角 φ_{AC}。

4-15 如习题 4-15 图所示，实心轴和空心轴通过牙嵌离合器连接。已知轴的转速 $n = 120$ r/min，传递功率 $P = 8.5$ kW，材料的许用扭转切应力 $[\tau] = 45$ MPa。试确定实心轴的直径 D_1 和内外径比 $\alpha = 0.5$ 的空心轴的外径 D_2。

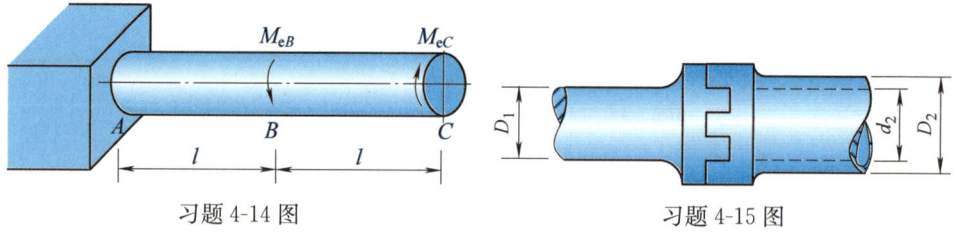

习题 4-14 图   习题 4-15 图

4-16 一圆截面扭转试样，直径 $d = 20$ mm，当作用于试样两端的扭转外力偶矩 $M_e = 230$ N·m 时，测得在标距 $l = 100$ mm 范围内轴的扭转角 $\varphi = 0.0174$ rad。试确定材料的切变模量 G。

4-17 传动轴如习题 4-17 图所示，已知主动轮 A 的输入功率 $P_A = 32$ kW，从动轮 B、C 的输出功率分别为 $P_B = 18$ kW，$P_C = 14$ kW，轴的额定转速 $n = 300$ r/min，直径 $d = 40$ mm，材料的许用扭转切应力 $[\tau] = 60$ MPa，切变模量 $G = 80$ GPa。（1）作轴的扭矩图；（2）校核轴的强度；（3）求轮 C 相对于轮 B 的扭转角。

▶ 习题 4-17

4-18 空心圆轴所受扭转外力偶矩如习题 4-18 图所示，已知轴的许用扭转切应力 $[\tau] = 40$ MPa，切变模量 $G = 80$ GPa，许用单位长度扭转角 $[\varphi'] = 0.3°$/m。若规定此轴的内外径比 $\alpha = 0.5$，试确定其内、外径。

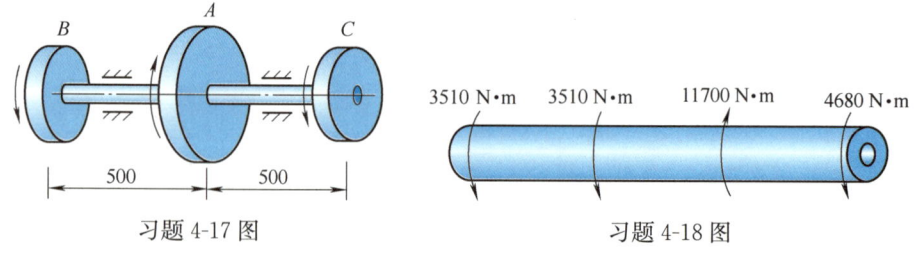

习题 4-17 图   习题 4-18 图

4-19 已知空心圆轴的外径 $D = 100$ mm、内径 $d = 50$ mm，切变模量 $G = 80$ GPa。若测得间距 $l = 2.7$ m 的两截面间的相对扭转角 $\varphi = 1.8°$，试求：（1）轴内的最大扭转切应力；（2）当轴以 $n = 80$ r/min 的转速转动时所传递的功率。

4-20 传动轴如习题 4-20 图所示，已知外力偶矩 $M_A = 1.5$ kN·m、$M_B = 3$ kN·m、$M_C = 9$ kN·m、$M_D = 4.5$ kN·m，轴的许用扭转切应力 $[\tau] = 80$ MPa，切变模量 $G = 80$ GPa，许用单位长度扭转角 $[\varphi'] = 0.3°$/m。试作扭矩图，并根据强度条件和刚度条件确定轴的直径。

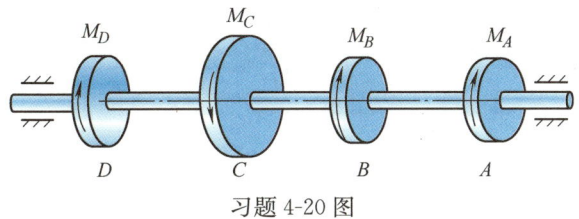

习题 4-20 图

4-21 习题 4-21 图所示传动轴的直径为 50 mm，额定转速为 300 r/min。电动机通过轮 A 输入 100 kW 的功率，由轮 B、C 和 D 分别输出 45 kW、25 kW 和 30 kW 的功率以带动其他部件。轴的许用扭转切应力 $[\tau] = 80$ MPa，切变模量 $G = 80$ GPa，许用单位长度扭转角 $[\varphi'] = 1°/\text{m}$。试校核该传动轴的强度和刚度。

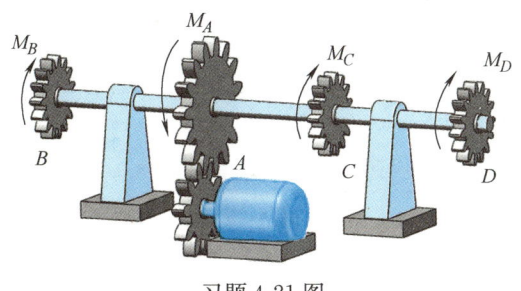

习题 4-21 图

4-22 某传动轴受习题 4-22 图所示扭转外力偶矩作用。已知轴的许用扭转切应力 $[\tau] = 60$ MPa，切变模量 $G = 80$ GPa，许用单位长度扭转角 $[\varphi'] = 1°/\text{m}$。试设计轴的直径，并计算 D 截面相对于 A 截面的扭转角 φ_{AD}。

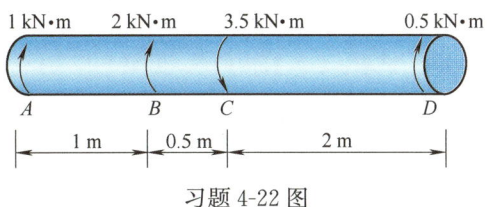

习题 4-22 图

4-23 直径 $d = 25$ mm 的钢制圆杆，受轴向拉力 60 kN 作用时，在标距为 200 mm 的长度内伸长了 0.113 mm；受矩为 0.2 kN·m 的扭转外力偶作用时，在标距为 200 mm 的长度内相对转过了 0.732°。试确定钢材的弹性模量 E、切变模量 G 和泊松比 ν。

4-24 阶梯圆轴如习题 4-24 图所示，已知 AB 段为空心，BC 段与 CE 段为实心，直径 $D = 140$ mm，$d = 100$ mm，扭转外力偶矩 $M_{eA} = 18$ kN·m、$M_{eC} = 32$ kN·m、$M_{eE} = 14$ kN·m，轴的许用扭转切应力 $[\tau] = 80$ MPa，切变模量 $G = 80$ GPa，许用单位长度扭转角 $[\varphi'] = 1.2°/\text{m}$。试校核该轴的强度和刚度。

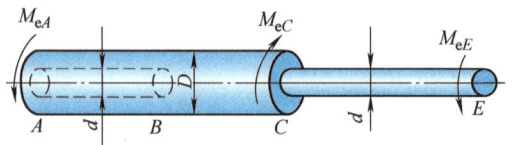

习题 4-24 图

4-25 如习题 4-25 图所示，阶梯形圆轴上装有三个带轮。已知各段轴的直径分别为 $d_1 = 38$ mm、$d_2 = 75$ mm，主动轮 B 的输入功率 $P_B = 32$ kW，从动轮 A、C 的输出功率分别为 $P_A = 14$ kW、$P_C = 18$ kW，轴的额定转速 $n = 240$ r/min，许用扭转切应力 $[\tau] = 60$ MPa，切变模量 $G = 80$ GPa，许用单位长度扭转角 $[\varphi'] = 1.8°$/m。试校核该轴的强度和刚度。

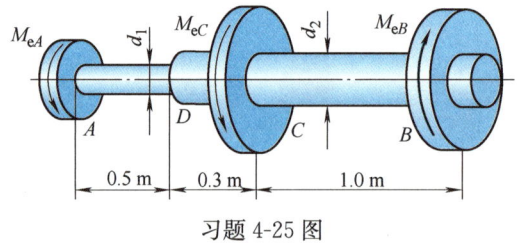

习题 4-25 图

4-26 一矩形截面杆，截面尺寸 $h \times b = 90$ mm $\times 60$ mm，承受的扭矩为 3.5 kN·m。试计算杆内的最大扭转切应力。如改用截面面积相等的圆截面杆，再计算杆内的最大扭转切应力，并比较两者的大小。

4-27 一矩形截面等直杆，截面尺寸 $h \times b = 100$ mm $\times 50$ mm，长度 $l = 2$ m，在杆的两端受到一对矩为 4 kN·m 的扭转外力偶的作用。已知杆的许用扭转切应力 $[\tau] = 100$ MPa，切变模量 $G = 80$ GPa，许用单位长度扭转角 $[\varphi'] = 1°$/m。试校核该杆的强度和刚度。

4-28 习题 4-28 图所示矩形截面钢杆受到矩 $M_e = 3$ kN·m 的扭转外力偶的作用。已知材料的切变模量 $G = 80$ GPa，试求：(1) 杆内的最大扭转切应力；(2) 横截面短边中点处的扭转切应力；(3) 杆的单位长度扭转角。

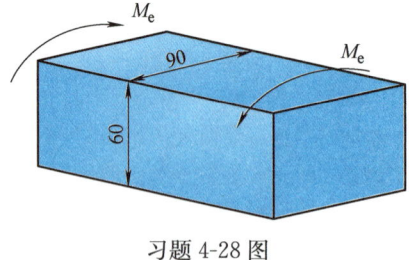

习题 4-28 图

第五章
弯 曲 内 力

第一节 引 言

一、弯曲概念与工程实例

工程中存在大量的承弯构件，例如图 5-1a 所示房屋建筑中的楼面梁、图 5-2a 所示房屋建筑中的阳台挑梁、图 5-3a 所示桥式吊车的主梁以及图 5-4a 所示火车轮轴等。它们的共同特点是：所受外力垂直于杆轴线或外力偶作用在杆轴线所在平面内；变形时杆轴线由直线弯成曲线。杆件的这种变形形式称为**弯曲**。以弯曲为主要变形的杆件称为**梁**。

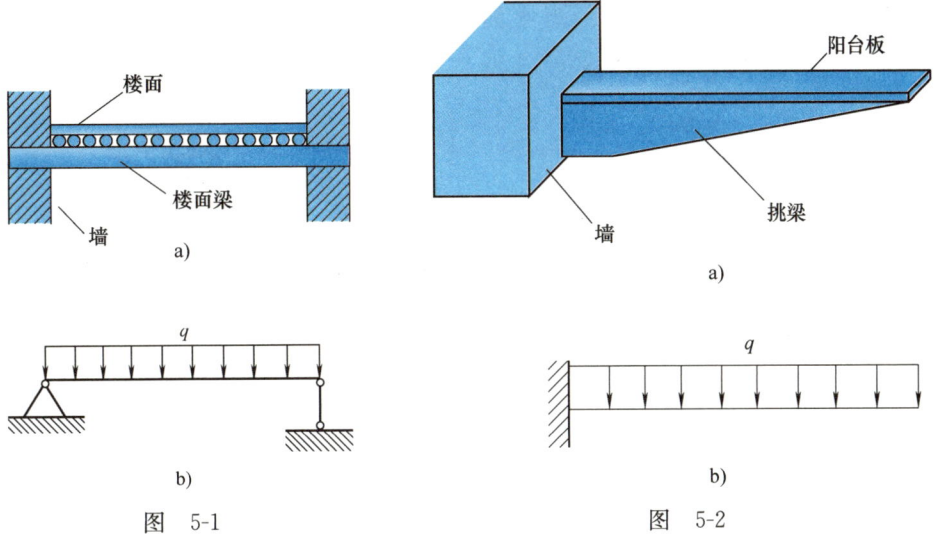

图 5-1

图 5-2

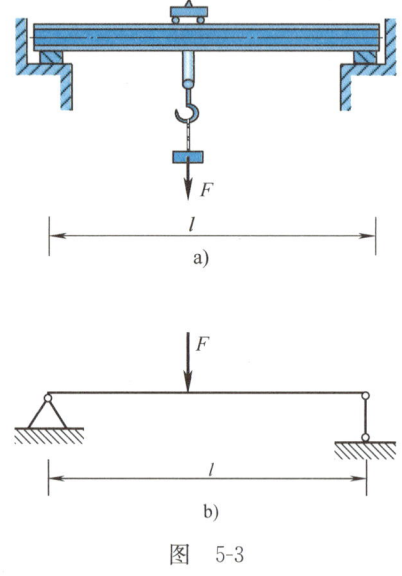

图 5-3

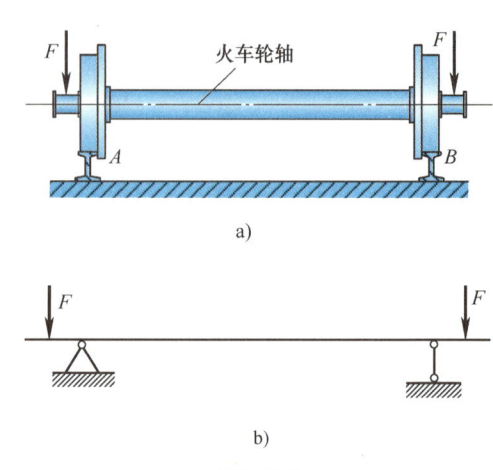

图 5-4

工程中梁的横截面一般具有一竖向对称轴（见图 5-5），该对称轴与梁的轴线一起构成梁的**纵向对称面**。当梁上所有的外力均作用在同一纵向对称面内时，变形后梁的轴线将弯成一条位于该纵向对称面内的平面曲线。这种弯曲变形称为**对称弯曲**或者**平面弯曲**。本章以及随后两章主要研究梁的对称弯曲。

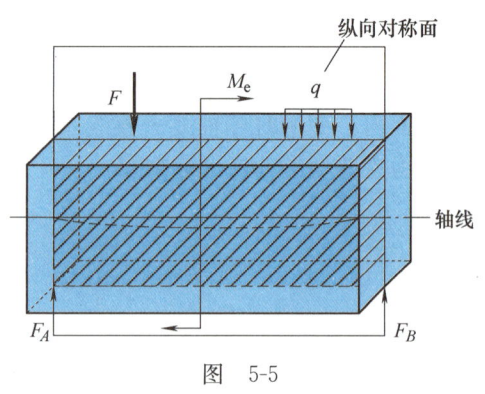

图 5-5

二、梁的计算简图

工程实际中，梁所受的外力及支座情况一般比较复杂。为便于计算，在分析计算梁的内力、应力以及变形时，应首先对梁进行合理的简化，得到梁的计算简图。在简化时，通常用梁的轴线来代表梁，并对作用于梁上的载荷和梁的支座做如下简化。

1. 载荷的基本类型

作用在梁上的实际载荷，通常可以简化为以下三种基本类型：

（1）集中力

当载荷作用于梁上的区域很小时，可简化为**集中力**。例如，图 5-3 所示桥式吊车主梁所受的力、图 5-4 所示火车车厢通过轴承作用在轮轴上的力，都可以简化为集中力。集中力通常用 F 表示。在国际单位制中,力的单位为 N(牛)。

(2) 分布载荷

连续作用在梁的一段或整个长度上的载荷应简化为**分布载荷**(见图 5-1 和图 5-2)。工程中建筑结构所承受的风压、水压与梁的自重就是常见的分布载荷。分布载荷的强弱通常用**载荷集度** q,即单位长度上的载荷大小来度量。在国际单位制中,载荷集度的单位为 N/m(牛/米)。载荷集度 q 为常数的分布载荷称为**均布载荷**。

(3) 集中力偶

工程中的某些梁有时会受到大小相等、方向相反但不在同一直线上的一对外力的作用,如图 5-5 所示。这一对外力就构成了作用在梁纵向对称面内的外力偶。由于该外力偶作用在承力构件与梁连接处的很小区域上,故可简化为**集中力偶**。集中力偶通常用其矩 M_e 来表示。在国际单位制中,力偶矩的单位为 N·m(牛·米)。

2. 支座的基本类型

梁的支座一般简化为下列三种基本类型:

(1) 固定铰支座

图 5-6a 是**固定铰支座** A 的简图。该支座限制梁在载荷平面内沿各个方向的移动。其约束力一般用一对正交分力来表达,即沿支承面的力 F_{Ax} 和垂直于支承面的力 F_{Ay}。

(2) 活动铰支座

图 5-6b 是**活动铰支座** A 的简图。该支座只能限制梁在载荷平面内沿垂直于支承面方向的移动。因此,活动铰支座 A 的约束力 F_A 一定垂直于支承面。桥梁的滚轴支承、传动轴的向心轴承等,一般均可简化为活动铰支座。

(3) 固定端支座

图 5-6c 是**固定端支座** A 的简图。该支座限制梁在载荷平面内沿各个方向的移动,也限制梁在载荷平面内的转动。固定端支座 A 的约束力包括沿支承面的约束力 F_{Ax}、垂直于支承面的约束力 F_{Ay} 和约束力偶 M_A。

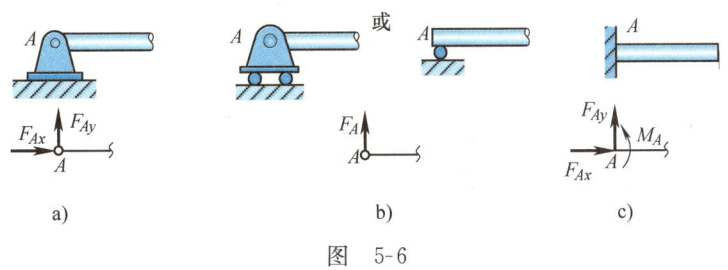

图 5-6

三、静定梁的基本形式

在对梁的载荷和支座进行简化以后，即可得到梁的计算简图。根据梁的支座简化情况，可将工程中的梁分为下列三种基本形式：

（1）简支梁

如图 5-7a 所示，梁的一端是固定铰支座，另一端是活动铰支座，这种梁称为**简支梁**。

（2）外伸梁

梁的支承约束情况与简支梁类似，但其具有外伸部分，如图 5-7b 所示，这种梁称为**外伸梁**。

（3）悬臂梁

如图 5-7c 所示，梁的一端固定，一端自由，这种梁称为**悬臂梁**。

以上三种梁，支座的约束力均可通过静力平衡方程求出，故称为**静定梁**。

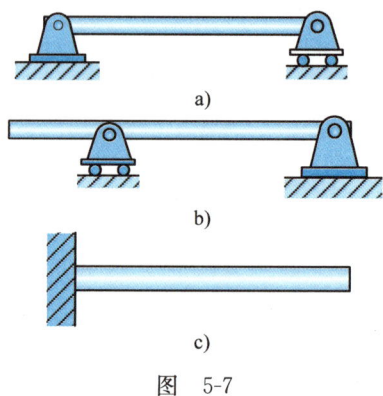

图 5-7

本章主要研究梁弯曲变形时横截面上的内力，其强度问题和刚度问题将在随后的两章中依次讨论。

第二节　梁的支座反力

一般情况下，要计算弯曲内力，首先需要根据静力平衡方程求出梁的支座反力。本节通过下面两个例子，来简要说明静定梁支座反力的计算过程。

【**例 5-1**】　试求图 5-8a 所示外伸梁 AC 的支座反力。

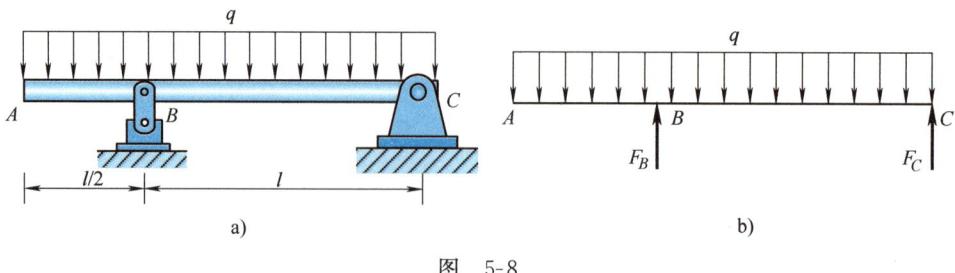

图 5-8

解：选取外伸梁 AC 为研究对象，其受力如图 5-8b 所示，其中固定铰支座 C 处的水平约束力显然为零，故在受力图中没有画出。由平衡方程

$$\sum F_y = 0, \quad F_B + F_C - \frac{3}{2}ql = 0$$

$$\sum M_C = 0, \quad \frac{3}{2}ql \times \frac{3}{4}l - F_B l = 0$$

解得外伸梁 AC 的支座反力

$$F_B = \frac{9}{8}ql, \quad F_C = \frac{3}{8}ql$$

【例 5-2】 试求图 5-9a 所示组合梁 AC 的支座反力。

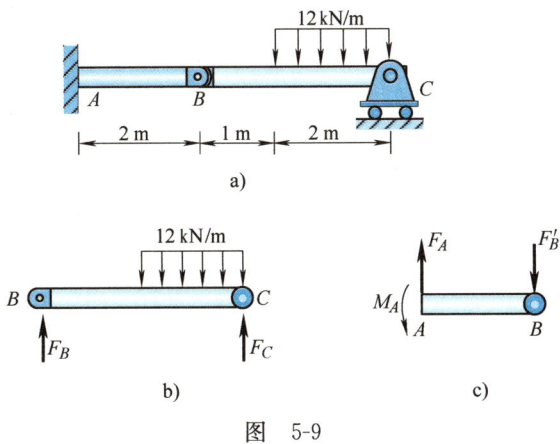

图 5-9

解：如图 5-9a 所示，组合梁 AC 由 AB 和 BC 两根梁用铰链 B 连接而成。其中，AB 梁可以独立承载，称为组合梁的基本部分；而 BC 梁则必须依赖于基本部分 AB 梁才能够承受载荷，称为组合梁的附属部分。在计算这类组合梁的支座反力时，应将其从连接铰链处拆开，按照"先附属，后基本"的顺序，依次求出各个支座反力。现计算如下：

(1) 首先选取附属部分，即 BC 梁为研究对象，其受力如图 5-9b 所示。由平衡方程

$$\sum M_B = 0, \quad F_C \times 3\,\mathrm{m} - 12\,\mathrm{kN/m} \times 2\,\mathrm{m} \times 2\,\mathrm{m} = 0$$

$$\sum F_y = 0, \quad F_B + F_C - 12\,\mathrm{kN/m} \times 2\,\mathrm{m} = 0$$

解得

$$F_C = 16\,\mathrm{kN}, \quad F_B = 8\,\mathrm{kN}$$

(2) 再选取基本部分，即 AB 梁为研究对象，其受力如图 5-9c 所示。列平衡方程

$$\sum M_A = 0, \quad -F'_B \times 2\,\mathrm{m} + M_A = 0$$

$$\sum F_y = 0, \quad -F'_B + F_A = 0$$

其中，$F'_B = F_B = 8\,\mathrm{kN}$。解得

$$F_A = 8\,\mathrm{kN}, \quad M_A = 16\,\mathrm{kN \cdot m}$$

第三节 剪力和弯矩

▶ 弯曲内力之
剪力与弯矩

一、梁横截面上的内力·剪力和弯矩

在求得梁在已知载荷作用下的支座反力后，梁上所有的外力就都已知了，即可进一步用截面法来分析计算梁横截面上的内力。

如图 5-10a 所示，简支梁 AB 受到载荷 F_1、F_2 和 F_3，以及支座反力 F_A 和 F_B 的作用。为了分析距 A 端为 x 的 n—n 横截面上的内力，假想用一平面将此梁沿 n—n 截面截开，将其分为两段，并取其中左段梁为研究对象（见图 5-10b）。由于作用于左段梁上的外力和内力应使其处于平衡状态，故由平衡原理容易判断，n—n 横截面上存在的内力有：

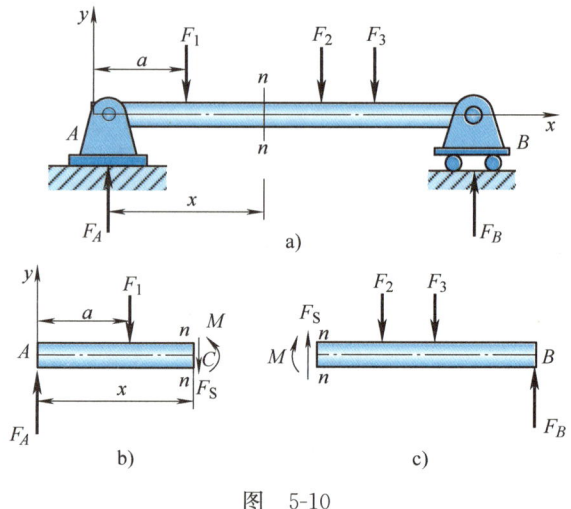

图 5-10

（1）与横截面相切的内力 F_S

将作用于左段梁上的所有力向 y 轴上投影，由平衡方程 $\sum F_y = 0$ 可得

$$F_S = F_A - F_1 \tag{a}$$

切向内力 F_S 称为**剪力**，它是 n—n 横截面上切向分布内力的合力。

（2）位于纵向对称面内的内力偶矩 M

将作用于左段梁上的所有力对 n—n 截面的形心 C 取矩，由平衡方程 $\sum M_C = 0$ 可得

$$M = F_A x - F_1(x-a) \tag{b}$$

位于纵向对称面内的内力偶矩 M 称为**弯矩**，它是 n—n 横截面上法向分布内力的合力偶矩。

如取右段梁为研究对象（见图 5-10c），用同样的方法可以求出 n—n 横截面上的剪力 F_S 和弯矩 M。剪力和弯矩是梁的左段和右段在 n—n 横截面上相互作用的内力，所以由左段梁所求得的梁的右段对左段作用的剪力（弯矩），必然和由右段梁所求得的梁的左段对右段作用的剪力（弯矩）大小相等、方向（转向）相反。

为使无论取左段梁还是右段梁，对同一个横截面所求得的剪力和弯矩，不

仅在数值上相等，而且正负号也保持一致，则需要对剪力和弯矩的正负号加以统一规定。

剪力的正负号规定为：**剪力以使其对所作用的微段梁内任意一点的矩顺时针转向为正**（见图 5-11a）；**反之为负**（见图 5-11b）。

剪力的正负号也可以通过梁的变形来确定：$n-n$ 截面的左段相对于右段向上错动时，$n-n$ **截面上的剪力规定为正**（见图 5-11a）；**反之为负**（见图 5-11b）。

弯矩的正负号规定为：**弯矩以使其所作用的微段梁产生凹变形为正**（见图 5-11c）；**反之为负**（见图 5-11d）。

弯矩的正负号也可以规定为：**使横截面上部受压、下部受拉的弯矩为正；反之为负**。如图 5-11e 所示，微段梁在正弯矩 M 的作用下产生凹变形，如果将梁设想成由无数根纵向"纤维"构成，这种凹变形将导致梁上部的"纤维"缩短、下部的"纤维"伸长，这也就意味着，正弯矩使梁横截面的上部受压、下部受拉（见图 5-11f）。

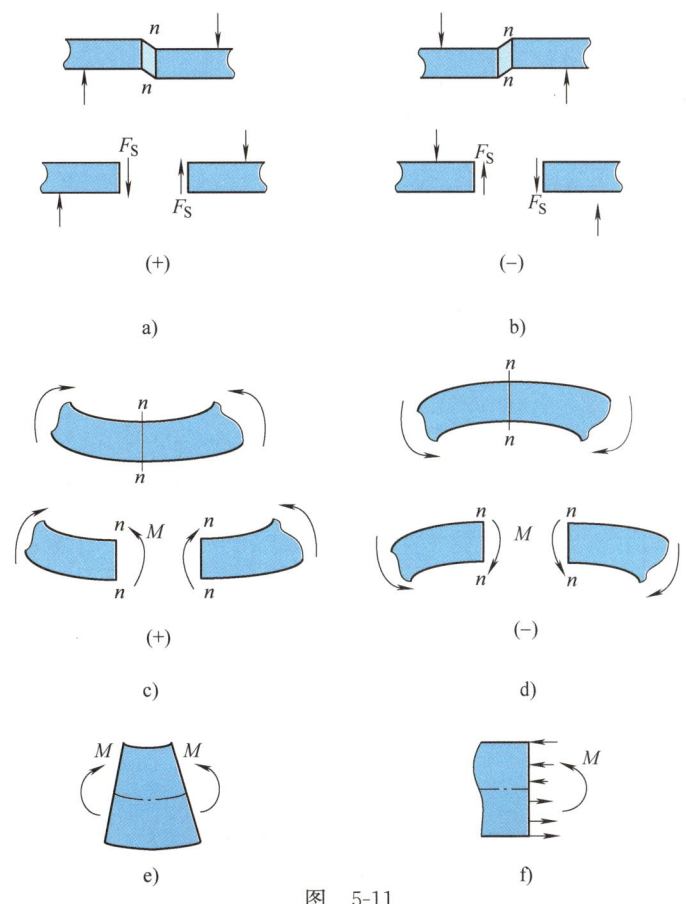

图 5-11

二、用截面法计算梁指定截面的剪力和弯矩

在用截面法计算梁指定截面的剪力和弯矩时，一般可按下列 5 个步骤进行：

(1) 计算梁的支座反力；

(2) 在指定截面处假想地将梁截开，取其中的任一段为研究对象；

(3) 画出所选梁段的受力图，受力图中的剪力 F_S 和弯矩 M 应假设为正；

(4) 由平衡方程 $\sum F_y = 0$ 求出剪力 F_S；

(5) 由平衡方程 $\sum M_C = 0$ 求出弯矩 M，其中 C 为指定截面的形心。

【例 5-3】 图 5-12a 所示悬臂梁 AC，受集中力 F 和集中力偶矩 $M_e = Fl$ 的作用，试计算截面 1—1、2—2、3—3 上的剪力与弯矩。其中 1—1 截面无限接近于 A 截面，2—2 截面无限接近于 B 截面，3—3 截面无限接近于 C 截面。

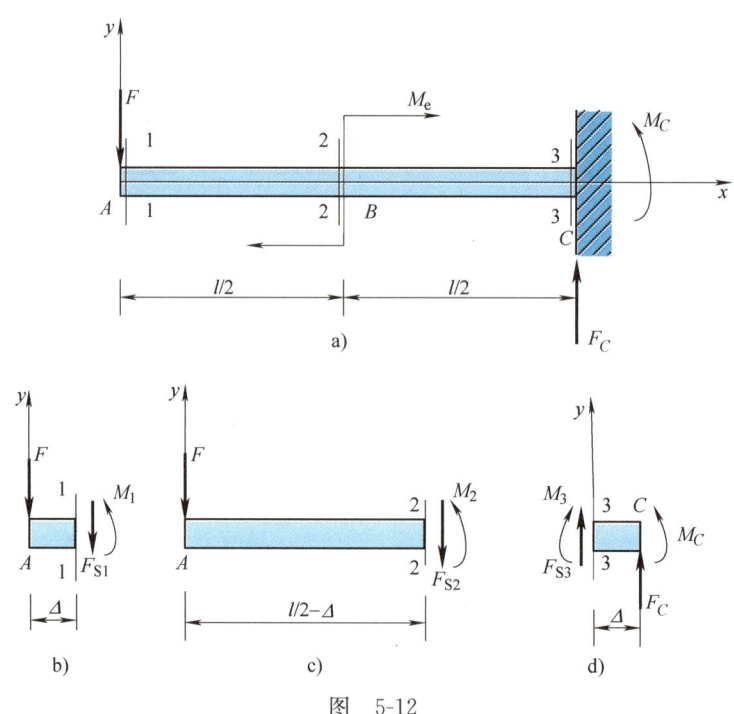

图 5-12

解： (1) 计算支座反力

选取梁 AC 为研究对象，其受力如图 5-12a 所示，由平衡方程

$$\sum F_y = 0, \quad F_C - F = 0$$

$$\sum M_C = 0, \quad M_C - M_e + Fl = 0$$

求得 AC 梁的支座反力

$$F_C = F, \quad M_C = 0$$

(2) 计算 1—1 截面上的剪力和弯矩

在截面 1—1 处假想将梁截开，并选取左段为研究对象，如图 5-12b 所示，设该截面上的剪力 F_{S1} 和弯矩 M_1 均为正值，由平衡方程

$$\sum F_y = 0, \quad -F - F_{S1} = 0$$

得剪力

$$F_{S1} = -F$$

再由平衡方程

$$\sum M_{1-1} = 0, \quad M_1 + F\Delta = 0$$

并注意到截面 1—1 无限接近于 A 截面，即有 $\Delta \to 0$，即得弯矩

$$M_1 = -F\Delta = 0$$

(3) 计算 2—2 截面上的剪力和弯矩

在截面 2—2 处假想将梁截开，并选取左段为研究对象，如图 5-12c 所示，设该截面上的剪力 F_{S2} 和弯矩 M_2 均为正值，由平衡方程

$$\sum F_y = 0, \quad -F - F_{S2} = 0$$

得剪力

$$F_{S2} = -F$$

再由平衡方程

$$\sum M_{2-2} = 0, \quad M_2 + F\left(\frac{l}{2} - \Delta\right) = 0$$

并注意到截面 2—2 无限接近于 B 截面，即有 $\Delta \to 0$，即得弯矩

$$M_2 = -\frac{1}{2}Fl$$

(4) 计算 3—3 截面上的剪力和弯矩

在截面 3—3 处假想将梁截开，并选取右段为研究对象，如图 5-12d 所示，设该截面上的剪力 F_{S3} 和弯矩 M_3 均为正值，由平衡方程

$$\sum F_y = 0, \quad F_{S3} + F_C = 0$$

得剪力

$$F_{S3} = -F_C = -F$$

再由平衡方程

$$\sum M_{3-3} = 0, \quad M_C + F_C\Delta - M_3 = 0$$

并注意到截面 3—3 无限接近于 C 截面，即有 $\Delta \to 0$，即得弯矩

$$M_3 = M_C = 0$$

【例 5-4】 外伸梁 AC 如图 5-13a 所示，试求横截面 A_+、D_- 与 D_+ 上的剪力和弯矩。其

中截面 A_+ 代表距 A 无限近并位于其右侧的截面、D_- 则代表距 D 无限近并位于其左侧的截面，以此类推。

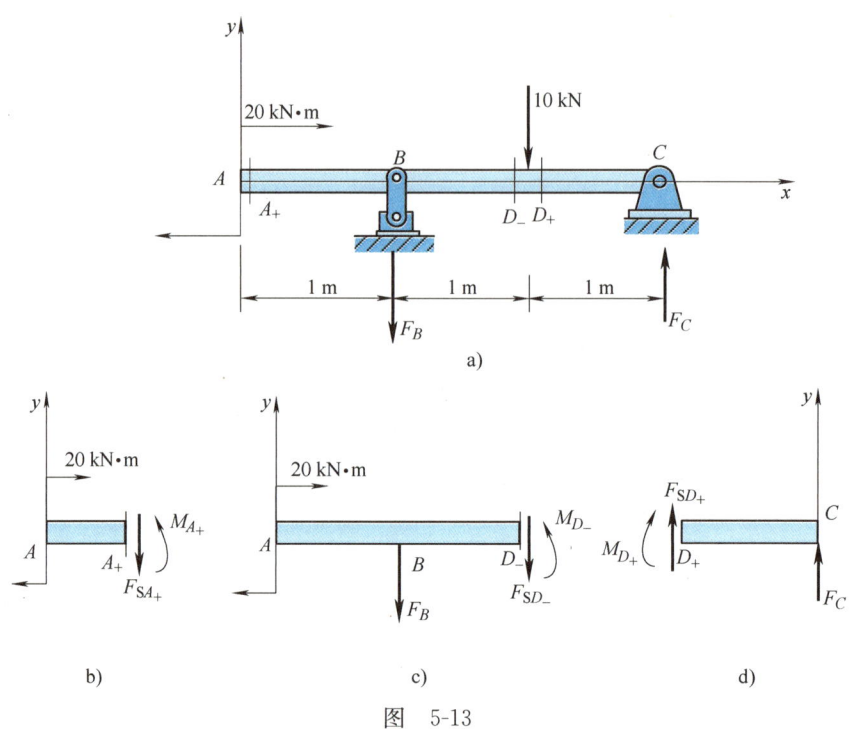

图 5-13

解：(1) 计算支座反力

选取梁 AC 为研究对象，其受力如图 5-13a 所示，由平衡方程

$$\sum M_B = 0, \quad F_C \times 2\,\text{m} - 10\,\text{kN} \times 1\,\text{m} - 20\,\text{kN} \cdot \text{m} = 0$$

$$\sum F_y = 0, \quad F_C - 10\,\text{kN} - F_B = 0$$

求得梁 AC 的支座反力

$$F_C = 15\,\text{kN}, \quad F_B = 5\,\text{kN}$$

(2) 计算截面 A_+ 上的剪力和弯矩

沿截面 A_+ 假想将梁截开，并选取左段为研究对象，如图 5-13b 所示，由平衡方程

$$\sum F_y = 0, \quad -F_{SA_+} = 0$$

得剪力

$$F_{SA_+} = 0$$

再由平衡方程

$$\sum M_{A_+} = 0, \quad M_{A_+} - 20\,\text{kN} \cdot \text{m} = 0$$

得弯矩

$$M_{A_+} = 20\,\text{kN} \cdot \text{m}$$

(3) 计算截面 D_- 上的剪力和弯矩

沿截面 D_- 假想将梁截开，并选取左段为研究对象，如图 5-13c 所示，由平衡方程

$$\sum F_y = 0, \quad -F_{SD_-} - F_B = 0$$

得剪力

$$F_{SD_-} = -F_B = -5 \text{ kN}$$

再由平衡方程

$$\sum M_{D_-} = 0, \quad M_{D_-} + F_B \times 1 \text{ m} - 20 \text{ kN} \cdot \text{m} = 0$$

得弯矩

$$M_{D_-} = 15 \text{ kN} \cdot \text{m}$$

(4) 计算截面 D_+ 上的剪力和弯矩

沿截面 D_+ 假想将梁截开，并选取右段为研究对象，如图 5-13d 所示，由平衡方程

$$\sum F_y = 0, \quad F_{SD_+} + F_C = 0$$

得剪力

$$F_{SD_+} = -F_C = -15 \text{ kN}$$

再由平衡方程

$$\sum M_{D_+} = 0, \quad -M_{D_+} + F_C \times 1 \text{ m} = 0$$

得弯矩

$$M_{D_+} = 15 \text{ kN} \cdot \text{m}$$

三、计算剪力与弯矩的简便方法

通过对上述算例的观察、总结，可以得到下列计算剪力与弯矩的简便方法：

(1) 剪力 F_S 等于截面一侧与截面平行的所有外力的代数和。其中，若对截面左侧所有外力求和，则外力以向上为正；若对截面右侧所有外力求和，外力则以向下为正。

(2) 弯矩 M 等于截面一侧所有外力对该截面形心的矩的代数和。对于外力，无论是位于截面左侧还是右侧，只要向上，对截面形心的矩都取正值；向下则取负值。对于外力偶，若位于截面左侧，则以顺时针为正；若在右侧，则以逆时针为正。

利用上述规律求梁指定截面的内力时，不必将梁假想截开作受力图，也无须列平衡方程，因此可以大大简化计算过程。现举例说明如下：

【例 5-5】 一简支梁，在 CD 段内受均布载荷 $q = 12.5 \text{ kN/m}$ 作用，如图 5-14 所示。试求跨中截面 E 的弯矩和截面 C 的剪力。

解：(1) 计算支座反力

由对称性易得支座反力为

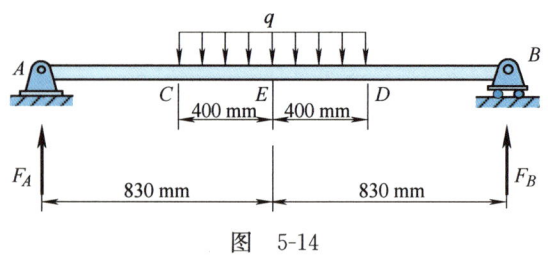

图 5-14

$$F_A = F_B = 5 \text{ kN}$$

(2) 计算指定截面上的剪力和弯矩

截面 C 的左侧只有外力 F_A，故根据计算剪力的简便方法得截面 C 的剪力

$$F_{SC} = F_A = 5 \text{ kN}$$

截面 E 的左侧外力有 F_A 和均布载荷 q，根据计算弯矩的简便方法得截面 E 的弯矩

$$M_E = F_A \times 0.83 \text{ m} - q \times 0.4 \text{ m} \times \frac{0.4 \text{ m}}{2} = 3.15 \text{ kN} \cdot \text{m}$$

【例 5-6】 悬臂梁 AB 如图 5-15 所示，在半长上受均布载荷 $q = 2 \text{ kN/m}$ 作用。试求 1—1、2—2 和 3—3 截面上的剪力和弯矩。

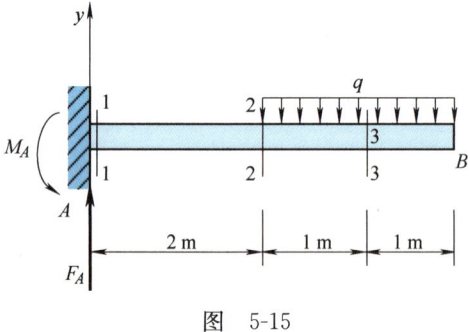

图 5-15

解：(1) 计算支座反力

选取梁 AB 为研究对象，其受力如图 5-15 所示，由平衡方程易得支座反力

$$F_A = 4 \text{ kN}, \quad M_A = 12 \text{ kN} \cdot \text{m}$$

(2) 计算指定截面上的剪力和弯矩

1—1 截面：根据简便方法，由截面左侧的外力，求得剪力、弯矩分别为

$$F_{S1} = F_A = 4 \text{ kN}, \quad M_1 = -M_A = -12 \text{ kN} \cdot \text{m}$$

2—2 截面：根据简便方法，由截面左侧的外力，求得剪力、弯矩分别为

$$F_{S2} = F_A = 4 \text{ kN}, \quad M_2 = F_A \times 2 \text{ m} - M_A = -4 \text{ kN} \cdot \text{m}$$

3—3 截面：根据简便方法，由截面右侧的外力，求得剪力、弯矩分别为

$$F_{S3} = q \times 1 \text{ m} = 2 \text{ kN}, \quad M_3 = -q \times 1 \text{ m} \times 0.5 \text{ m} = -1 \text{ kN} \cdot \text{m}$$

此题也可以不求支座反力，各截面的内力都由截面右侧的外力进行计算。

【例 5-7】 外伸梁 AD 如图 5-16 所示，已知 $M_e = 8\ kN \cdot m$，$q = 2\ kN/m$，$F = 2\ kN$。试求截面 C、截面 B_- 和截面 B_+ 的剪力和弯矩。

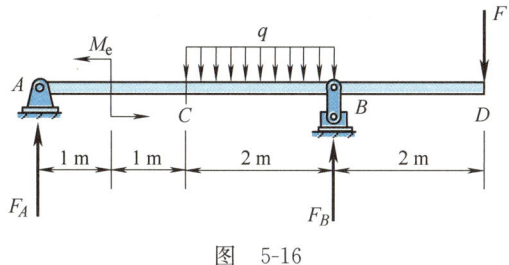

图 5-16

解：(1) 计算支座反力

选取梁 AD 为研究对象，其受力如图 5-16 所示，由平衡方程易得支座反力
$$F_A = 2\ kN, \quad F_B = 4\ kN$$

(2) 计算指定截面上的剪力和弯矩

C 截面：根据简便方法，由截面 C 左侧的外力，求得剪力、弯矩分别为
$$F_{SC} = F_A = 2\ kN, \quad M_C = F_A \times 2\ m - M_e = -4\ kN \cdot m$$

B_- 截面：根据简便方法，由截面 B_- 右侧的外力，求得剪力、弯矩分别为
$$F_{SB_-} = F - F_B = -2\ kN, \quad M_{B_-} = -F \times 2\ m = -4\ kN \cdot m$$

B_+ 截面：根据简便方法，由截面 B_+ 右侧的外力，求得剪力、弯矩分别为
$$F_{SB_+} = F = 2\ kN, \quad M_{B_+} = -F \times 2\ m = -4\ kN \cdot m$$

第四节　剪力方程和弯矩方程·剪力图和弯矩图

一、剪力方程和弯矩方程

一般来说，梁不同横截面上的剪力和弯矩都是不同的。为了对梁进行强度计算和刚度计算，需要知道剪力和弯矩随横截面变化的规律。若以沿梁轴线的横坐标 x 表示横截面的位置，则横截面上的剪力 F_S 和弯矩 M 可以表示为 x 的函数，即

$$F_S = F_S(x) \qquad (5\text{-}1)$$
$$M = M(x) \qquad (5\text{-}2)$$

这两个数学表达式分别称为梁的**剪力方程**和**弯矩方程**。

二、剪力图和弯矩图

在得到剪力方程和弯矩方程后，根据剪力方程，以 x 为横坐标，以剪力 F_S 为纵坐标，绘制所得的图形称为**剪力图**；根据弯矩方程，以 x 为横坐标，以弯

矩 M 为纵坐标,绘制所得的图形称为**弯矩图**。

在绘制剪力图时,规定正值剪力图线画在 x 轴的上方。在绘制弯矩图时,机械行业规定正值弯矩图线画在 x 轴的上方;而土木行业则规定正值弯矩图线画在 x 轴的下方。本书采用的是机械行业的规定,即将正值弯矩图线画在水平横轴的上方。

与轴力图和扭矩图类似,剪力图和弯矩图也直观地表达了剪力和弯矩随横截面的变化规律,是梁的强度计算和刚度计算的基础。

下面举例说明根据剪力方程和弯矩方程绘制剪力图和弯矩图的方法和过程。

【**例 5-8**】 如图 5-17a 所示,简支梁 AB 在截面 C 处受到集中载荷 F 作用。试建立梁的剪力方程和弯矩方程,并作剪力图和弯矩图。

解:(1)计算支座反力

选取梁 AB 为研究对象,其受力如图 5-17a 所示,由平衡方程易得其支座反力

$$F_A = \frac{b}{l}F, \quad F_B = \frac{a}{l}F$$

(2)列剪力方程和弯矩方程

梁在 C 处有集中力作用,故 AC 段和 CB 段的剪力方程、弯矩方程不同,必须分段列出。以梁的左端点 A 为坐标原点,建立坐标轴如图 5-17a 所示。分别在 AC 段和 CB 段距梁 A 端为 x 处任取一横截面,利用计算指定截面剪力和弯矩的简便法,分段列出其剪力方程和弯矩方程分别为

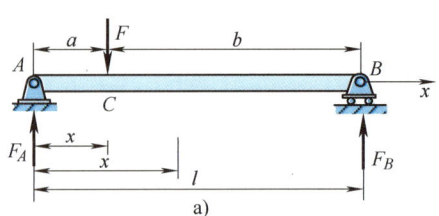
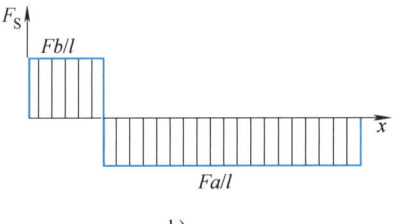
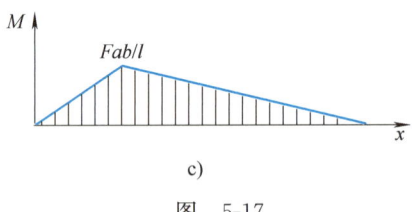

图 5-17

$$F_S(x) = F_A = \frac{Fb}{l} \quad (0 < x < a) \tag{a}$$

$$F_S(x) = F_A - F = -\frac{Fa}{l} \quad (a < x < l) \tag{b}$$

$$M(x) = F_A x = \frac{Fb}{l}x \quad (0 \leqslant x \leqslant a) \tag{c}$$

$$M(x) = F_A x - F(x-a) = \frac{Fa}{l}(l-x) \quad (a \leqslant x \leqslant l) \tag{d}$$

(3)作剪力图和弯矩图

由式(a)知,AC 段内的剪力为正值常数,故在 AC 段内($0 < x < a$),剪力图为平行于 x 轴、在 x 轴上方的水平直线;由式(b)知,CB 段内的剪力为负值常数,故在 CB 段内($a < x < l$),剪力图为平行于 x 轴、在 x 轴下方的水平直线。据此作出的剪力图如

图 5-17b 所示。

由式（c）和式（d）知，AC 段和 CB 段的弯矩方程均为 x 的一次函数，故两段梁的弯矩图均为斜直线。根据弯矩方程作出的弯矩图如图 5-17c 所示。

由剪力图可见，在集中力 F 所作用的截面 C 处，剪力发生突变，其左侧截面的剪力 $F_{SC-}=\dfrac{Fb}{l}$，右侧截面的剪力 $F_{SC+}=-\dfrac{Fa}{l}$，突变值为 $|F_{SC+}-F_{SC-}|=\left|-\dfrac{Fa}{l}-\dfrac{Fb}{l}\right|=F$。故有结论，**在集中横向力作用的截面处，剪力图有突变，其突变值就等于该集中横向力值**。

另由弯矩图可见，在集中力 F 作用的截面 C 处，弯矩值没有变化，但弯矩图在此发生转折。

【**例 5-9**】 图 5-18a 所示简支梁，承受载荷集度为 q 的均布载荷作用，试建立梁的剪力方程和弯矩方程，并作剪力图和弯矩图。

解：（1）计算支座反力

由对称性可得梁的支座反力

$$F_A=F_B=\frac{ql}{2}$$

（2）列剪力方程和弯矩方程

以梁的左端点 A 为坐标原点，建立坐标轴如图 5-18a 所示。在距梁 A 端 x 处任取一横截面，利用计算指定截面剪力和弯矩的简便方法，列出其剪力方程和弯矩方程分别为

$$F_S(x)=F_A-qx=\frac{ql}{2}-qx \quad (0<x<l) \quad (a)$$

$$M(x)=F_Ax-\frac{1}{2}qx^2=\frac{ql}{2}x-\frac{1}{2}qx^2 \quad (0\leqslant x\leqslant l) \quad (b)$$

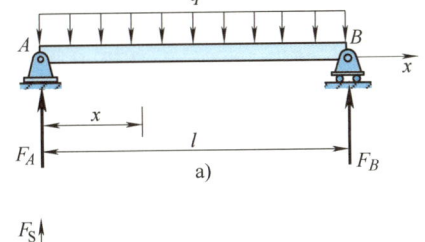

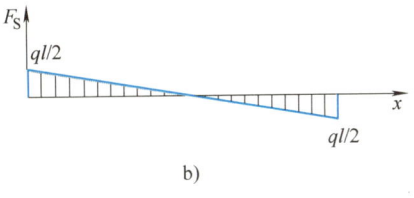

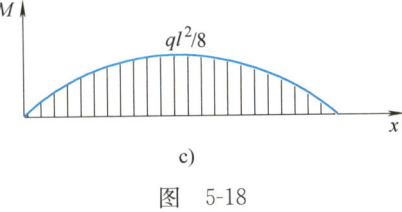

图 5-18

（3）作剪力图和弯矩图

由式（a）知，剪力 $F_S(x)$ 是 x 的一次函数，故剪力图为一条斜直线。只需确定其上两点即可。当 $x=0$ 时，A_+ 截面处 $F_{SA+}=\dfrac{ql}{2}$；当 $x=l$ 时，B_- 截面处 $F_{SB-}=-\dfrac{ql}{2}$。连接两点即得梁的剪力图如图 5-18b 所示。

由式（b）知，弯矩 $M(x)$ 是 x 的二次函数，弯矩图为一条抛物线。根据式（b）求出 x 与 M 的若干对应值如下表所示：

x	0	$l/4$	$l/2$	$3l/4$	l
M	0	$3ql^2/32$	$ql^2/8$	$3ql^2/32$	0

根据上述数据，定点连线，即得梁的弯矩图如图 5-18c 所示。

由剪力图和弯矩图可知，剪力与弯矩的最大值分别为

$$|F_S|_{\max} = \frac{ql}{2}, \quad |M|_{\max} = \frac{ql^2}{8}$$

【例 5-10】 图 5-19a 所示简支梁，在截面 C 处承受矩为 M_e 的集中力偶作用，试建立梁的剪力方程和弯矩方程，并作剪力图和弯矩图。

解：（1）计算支座反力

选取梁 AB 为研究对象，受力如图 5-19a 所示。由平衡方程易得梁的支座反力

$$F_B = F_A = \frac{M_e}{l}$$

（2）列剪力方程和弯矩方程

由于梁在截面 C 处受集中力偶作用，故弯矩方程需分段列出。以梁的左端点 A 为坐标原点，建立坐标轴如图 5-19a 所示。距梁 A 端为 x 处任取一横截面，列出梁的剪力方程和弯矩方程分别为

$$F_S(x) = -F_A = -\frac{M_e}{l} \quad (0 < x < l) \quad (a)$$

$$M(x) = -F_A x = -\frac{M_e}{l} x \quad (0 \leqslant x < a) \quad (b)$$

$$M(x) = F_B(l-x) = \frac{M_e}{l}(l-x) \quad (a < x \leqslant l) \quad (c)$$

（3）作剪力图和弯矩图

根据式（a），作出梁的剪力图如图 5-19b 所示；根据式（b）和式（c），作出梁的弯矩图如图 5-19c 所示。

由该例的弯矩图可以引出结论：**在集中力偶作用处，弯矩图有突变，其突变值就等于该集中力偶矩值。**

另由剪力图注意到，在集中力偶作用处，其左、右两侧截面的剪力没有变化。

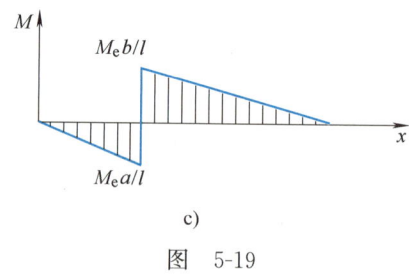

图 5-19

【例 5-11】 试作图 5-20a 所示平面刚架的弯矩图。

解： 和梁类似，在计算刚架的内力之前，一般应先求出其支座反力。但对于此类悬臂刚架，由于有一端是自由端，故无须求支座反力即可直接列出弯矩方程。

对于刚架，弯矩的正负号规定为：**使刚架内侧受拉的弯矩为正，反之为负。**

AC 段：将坐标原点取在 A 端，计算距 A

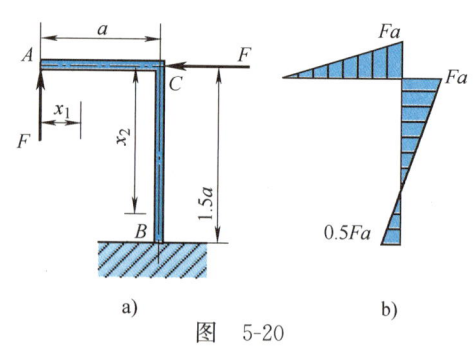

图 5-20

端为 x_1 的任一截面处的弯矩，用其左侧的外力来计算，得 AC 段的弯矩方程为

$$M(x_1) = Fx_1 \quad (0 \leqslant x \leqslant a)$$

CB 段：将坐标原点取在 C 点，并计算距 C 点为 x_2 的任一截面处的弯矩，用其上侧的外力来计算，得 CB 段的弯矩方程为

$$M(x_2) = Fa - Fx_2 \quad (0 \leqslant x < 1.5a)$$

在绘制刚架的弯矩图时，机械行业规定将弯矩图画在杆件的受压一侧；而土木行业则规定将弯矩图画在杆件的受拉一侧。本书采用机械行业规定，即将弯矩图画在杆件的受压一侧。根据上述弯矩方程，作出此刚架的弯矩图如图 5-20b 所示。

第五节 剪力、弯矩与载荷集度间的关系

▶ 剪力弯矩与载荷集度间的微分关系

由前面各例注意到，在剪力为常数的梁段内，弯矩图必为斜直线；在剪力图为斜直线的梁段内，弯矩图则一定是二次抛物线。这表明，剪力和弯矩之间存在着某种关系。本节就来具体研究剪力、弯矩和载荷集度间的关系，并介绍如何利用这些关系来快速绘制梁的剪力图和弯矩图。

假设直梁上作用的分布载荷集度 $q(x)$ 是 x 的函数（见图 5-21a），且规定 $q(x)$ 以向上为正。从梁中取出长度为 dx 的微段梁，如图 5-21b 所示，假设 dx 微段梁上只作用着分布载荷，而无集中载荷。当 x 有增量 dx 时，其对应的剪力 $F_S(x)$ 有增量 $dF_S(x)$、弯矩 $M(x)$ 有增量 $dM(x)$。因此，dx 微段梁右侧的剪力为 $F_S(x) + dF_S(x)$、弯矩为 $M(x) + dM(x)$。由平衡方程

$$\sum F_y = 0, \quad F_S(x) + q(x)dx - [F_S(x) + dF_S(x)] = 0$$

$$\sum M_C(F) = 0, \quad -M(x) - F_S(x)dx - q(x)dx \frac{dx}{2} + [M(x) + dM(x)] = 0$$

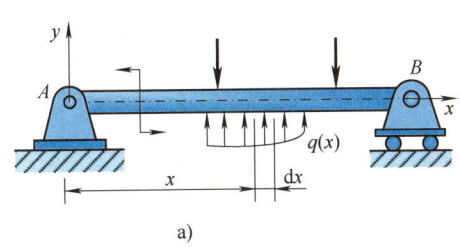
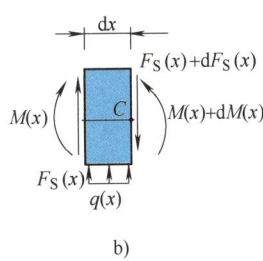

图 5-21

并略去第二式中的高阶微量，整理后得

$$\frac{dF_S(x)}{dx} = q(x) \tag{5-3}$$

$$\frac{\mathrm{d}M(x)}{\mathrm{d}x} = F_\mathrm{S}(x) \tag{5-4}$$

由上面两式又可得

$$\frac{\mathrm{d}^2 M(x)}{\mathrm{d}x^2} = q(x) \tag{5-5}$$

以上三式建立了直梁的剪力 $F_\mathrm{S}(x)$、弯矩 $M(x)$ 和分布载荷集度 $q(x)$ 间的微分关系。

根据上述微分关系，可以得出如下关于剪力图和弯矩图的重要结论：

(1) 若在梁的某一段内无分布载荷作用，即 $q(x)=0$，由式 (5-3) 可知，此段梁的剪力 F_S 为常数，剪力图为一平行于梁轴线的水平直线；再由式 (5-4) 知，弯矩 M 为 x 的一次函数，弯矩图为一斜率为 F_S 的斜直线。

(2) 若在梁的某一段内作用有均布载荷，即分布载荷集度 q 为常数，则由式 (5-3) 知，此段内的剪力 F_S 为 x 的一次函数，剪力图为一斜率为 q 的斜直线；再由式 (5-4) 知，弯矩 M 为 x 的二次函数，即弯矩图为二次抛物线。

(3) 若在梁的某一段内，分布载荷的方向向上，即 $q(x)>0$，则由式 (5-5) 知，弯矩图的开口向上，为凹曲线；反之，当分布载荷的方向向下，即 $q(x)<0$ 时，则弯矩图的开口向下，为凸曲线。

(4) 若在梁的某一截面处，剪力 $F_\mathrm{S}=0$，则由式 (5-4) 知，弯矩 M 在该截面处取得极值（极大值或者极小值）。

(5) 在集中横向力作用的左、右两侧截面，剪力图有突变，其突变值就等于该集中横向力值；弯矩值没有变化，但是弯矩图的斜率会有突变，即弯矩图将发生转折。

(6) 在集中力偶作用的左、右两侧截面，剪力没有变化，但是弯矩图有突变，其突变值就等于该集中力偶矩值。

上述这些结论，对于剪力图和弯矩图的快速绘制或快速校核很有帮助。现举例说明如下：

【例 5-12】 图 5-22a 所示悬臂梁，已知均布载荷集度为 q，集中力偶矩 $M_\mathrm{e}=qa^2$。试利用剪力、弯矩与载荷集度间的微分关系绘制梁的剪力图和弯矩图。

解： 因该梁为悬臂梁，其 A 端为自由端，故可以不求支座反力，直接计算剪力和弯矩。

(1) 计算控制截面的剪力和弯矩

根据载荷情况，将梁划分为 AB、BC 两段，利用简便方法，求得各段梁的始点和终点截面的剪力和弯矩分别为

A 右侧截面： $\qquad F_{\mathrm{S}A+}=0, \quad M_{A+}=0$

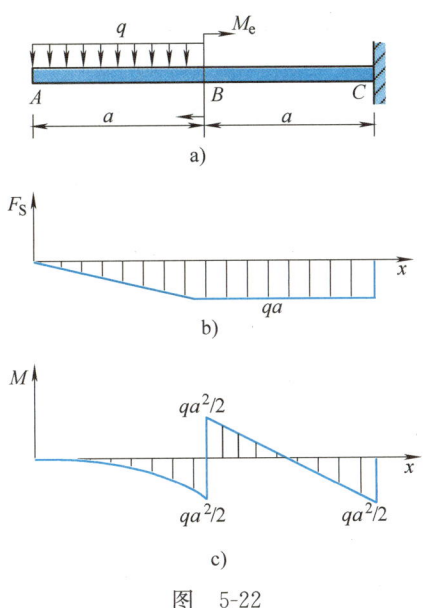

图 5-22

B 左、右两侧截面：$F_{SB-} = F_{SB+} = -qa$, $M_{B-} = -\frac{1}{2}qa^2$, $M_{B+} = \frac{1}{2}qa^2$

C 左侧截面： $F_{SC-} = -qa$, $M_{C-} = -\frac{1}{2}qa^2$

(2) 判断剪力图和弯矩图形状

由于 BC 段梁上无分布载荷作用，故此段梁的剪力图为水平直线，弯矩图为斜直线。由于 AB 段梁上有向下的均布载荷作用，故此段梁的剪力图为斜直线，弯矩图为开口向下的凸抛物线。

(3) 画剪力图和弯矩图

根据上述结论，分段作出剪力图和弯矩图，分别如图 5-22b、c 所示。

【例 5-13】 图 5-23a 所示简支梁，在截面 C、D 处各作用一集中载荷 F。试利用剪力、弯矩与载荷集度间的微分关系绘制梁的剪力图和弯矩图。

解：(1) 计算支座反力

如图 5-23a 所示，由对称性可知，梁的支座反力
$$F_A = F_B = F$$

(2) 计算控制截面的剪力和弯矩

根据载荷情况，将梁划分为 AC、CD、DB 三段，利用简便方法，求得各段梁的始点和终点截面的剪力和弯矩分别为

A 右侧截面： $F_{SA+} = F$, $M_{A+} = 0$

C 左、右两侧截面： $F_{SC-} = F$, $F_{SC+} = 0$, $M_{C-} = M_{C+} = Fa$

D 左、右两侧截面： $F_{SD-} = 0$, $F_{SD+} = -F$, $M_{D-} = M_{D+} = Fa$

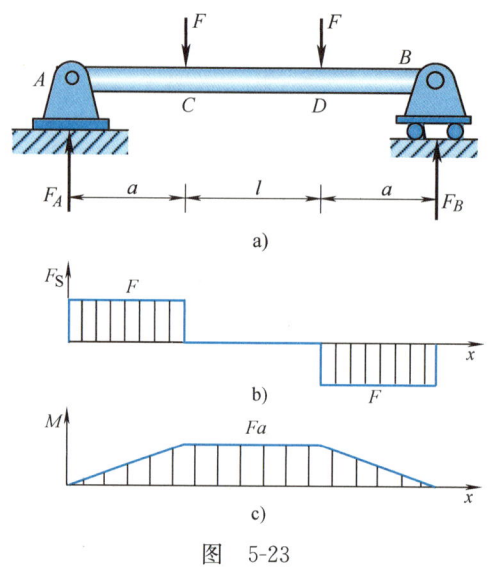

图 5-23

B 左侧截面：$\quad F_{SB-} = -F, \quad M_{B-} = 0$

(3) 判断剪力图和弯矩图形状

由于梁上无分布载荷作用，故各段梁的剪力图均为水平直线。在 CD 段，由于剪力 F_S 恒为零，由式（5-4）知，该段的弯矩 M 为常数，即对应弯矩图应为水平直线；其他两段的弯矩图则均为斜直线。

(4) 画剪力图和弯矩图

根据上述结论，分段作出剪力图和弯矩图，分别如图 5-23b、c 所示。

注意到，CD 段梁的剪力为零、弯矩为常数，这种特殊的弯曲情况称为**纯弯曲**。

【例 5-14】 图 5-24a 所示外伸梁，已知 $M_e = 12\,\text{kN}\cdot\text{m}$，$q = 4\,\text{kN/m}$。试利用剪力、弯矩与载荷集度间的微分关系绘制梁的剪力图和弯矩图。

解：(1) 计算支座反力

如图 5-24a 所示，由平衡方程得梁的支座反力
$$F_A = 5\,\text{kN}, \quad F_B = 13\,\text{kN}$$

(2) 计算控制截面的剪力和弯矩

根据载荷情况，将梁划分为 AC、CB 和 BD 三段，利用简便方法，求得各段梁的始点和终点截面的剪力和弯矩分别为

A 右侧截面：$\quad F_{SA+} = -5\,\text{kN}, \quad M_{A+} = 0$

C 左、右两侧截面：$F_{SC-} = F_{SC+} = -5\,\text{kN}, \quad M_{C-} = -10\,\text{kN}\cdot\text{m}, \quad M_{C+} = 2\,\text{kN}\cdot\text{m}$

B 左、右两侧截面：$F_{SB-} = -5\,\text{kN}, \quad F_{SB+} = 8\,\text{kN}, \quad M_{B-} = M_{B+} = -8\,\text{kN}\cdot\text{m}$

D 左侧截面：$\quad F_{SD-} = 0, \quad M_{D-} = 0$

第五章 弯曲内力

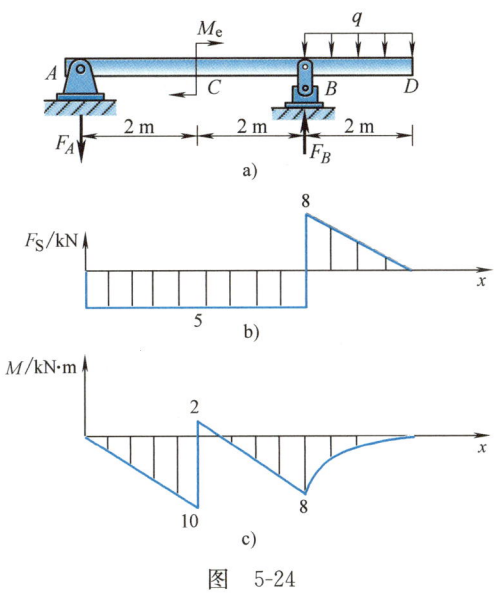

图 5-24

(3) 判断剪力图和弯矩图形状

由于 AC、CB 段梁上无分布载荷作用，故这两段梁的剪力图均为水平直线，弯矩图均为斜直线。BD 段梁上有向下的均布载荷，故此段梁的剪力图为斜直线，弯矩图为开口向下的凸二次抛物线。

(4) 画剪力图和弯矩图

根据上述结论，分段作出剪力图和弯矩图，分别如图 5-24b、c 所示。

【例 5-15】 图 5-25a 所示外伸梁，已知 $F = 3$ kN，$q = 2$ kN/m。试利用剪力、弯矩与载荷集度间的微分关系绘制梁的剪力图和弯矩图。

解：(1) 计算支座反力

如图 5-25a 所示，由平衡方程得梁的支座反力
$$F_A = 2 \text{ kN}, \quad F_B = 7 \text{ kN}$$

(2) 计算控制截面的剪力和弯矩

根据载荷情况，将梁划分为 AB、BC 两段，利用简便方法，求得各段梁的始点和终点截面的剪力和弯矩分别为

A 右侧截面： $F_{SA+} = 2$ kN，$M_{A+} = 0$

B 左、右两侧截面： $F_{SB-} = -4$ kN，$F_{SB+} = 3$ kN，$M_{B-} = M_{B+} = -3$ kN·m

C 左侧截面： $F_{SC-} = 3$ kN，$M_{C-} = 0$

(3) 判断剪力图和弯矩图形状

由于 BC 段梁上无分布载荷作用，故此段梁的剪力图为水平直线，弯矩图为斜直线。AB 段梁上有向下的均布载荷作用，故此段梁的剪力图为斜直线，弯矩图为开口向下的凸二次抛

物线。

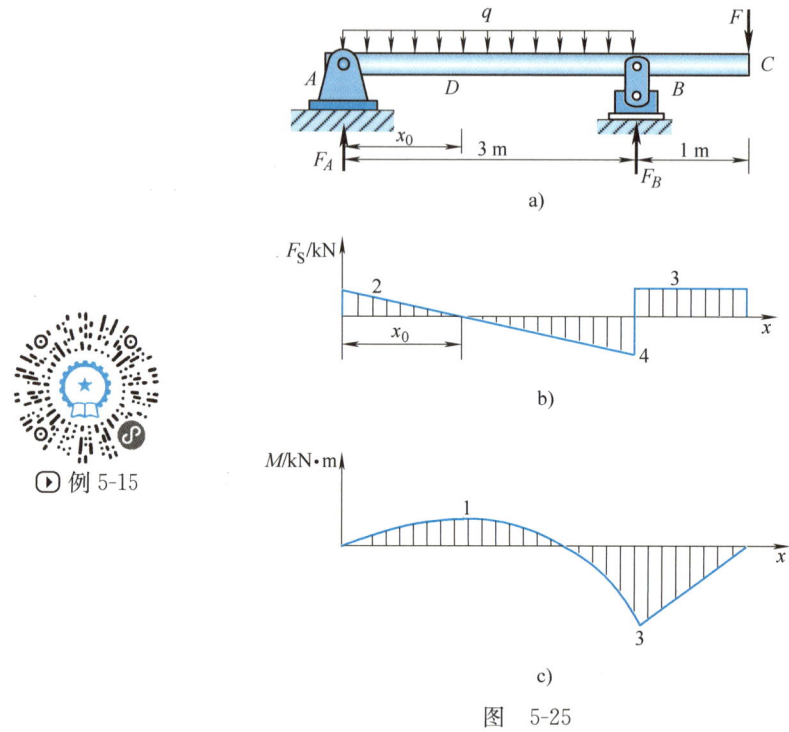

图 5-25

(4) 确定弯矩图的极值点

由剪力图知,在 AB 段梁的 D 截面处,剪力 $F_S = 0$,由此可以确定,AB 段的弯矩在该截面处存在极值。设该截面位置坐标为 x_0,由剪力图(见图 5-25b),根据比例关系易得

$$x_0 = 1 \text{ m}$$

由简便方法,求得该截面的极值弯矩为

$$M_D = 1 \text{ kN} \cdot \text{m}$$

(5) 画剪力图和弯矩图

根据上述结论,分段作出剪力图和弯矩图,分别如图 5-25b、c 所示。

【例 5-16】 组合梁如图 5-26a 所示。试利用剪力、弯矩与载荷集度间的微分关系绘制该梁的剪力图和弯矩图。

解:(1) 计算支座反力

对于图 5-26a 所示组合梁,不难判断,CB 梁为基本部分,AC 梁为附属部分,根据"先附属后基本"的原则,首先研究 AC 梁、然后再研究 CB 梁,由平衡方程依次可得支座反力

$$F_A = 20 \text{ kN}, \quad F_B = 50 \text{ kN}, \quad M_B = 125 \text{ kN} \cdot \text{m}$$

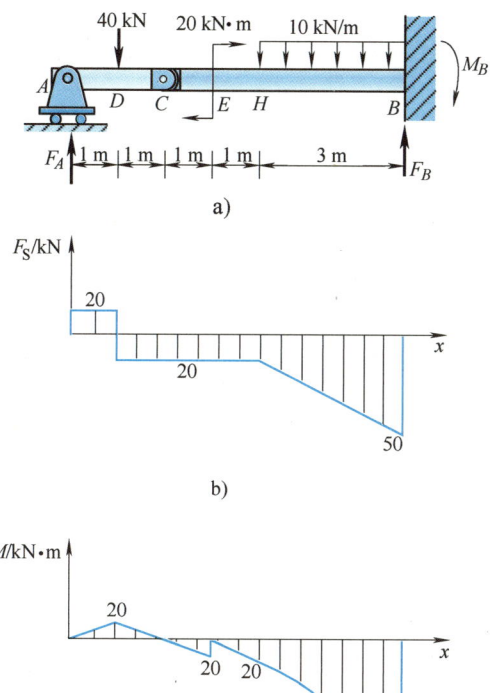

图 5-26

(2) 计算控制截面的剪力和弯矩

根据载荷情况，将梁划分为 AD、DE、EH 和 HB 四段，利用简便方法，求得各段梁的始点和终点截面的剪力和弯矩分别为

A 右侧截面： $F_{SA+} = 20$ kN， $M_{A+} = 0$

D 左、右两侧截面：$F_{SD-} = 20$ kN， $F_{SD+} = -20$ kN， $M_{D-} = M_{D+} = 20$ kN·m

E 左、右两侧截面：$F_{SE-} = F_{SE+} = -20$ kN， $M_{E-} = -20$ kN·m， $M_{E+} = 0$

H 左、右两侧截面：$F_{SH-} = F_{SH+} = -20$ kN， $M_{H-} = M_{H+} = -20$ kN·m

B 左侧截面： $F_{SB-} = -50$ kN， $M_{B-} = -125$ kN·m

(3) 判断剪力图和弯矩图形状

由于 AD、DE 和 EH 段梁上无分布载荷作用，故这三段梁的剪力图均为水平直线，弯矩图均为斜直线。HB 段梁上有向下的均布载荷，故此段梁的剪力图为斜直线，弯矩图为开口向下的凸二次抛物线。

(4) 画剪力图和弯矩图

根据上述结论，分段作出剪力图和弯矩图，分别如图 5-26b、c 所示。

讨论：根据铰链的特性可以推断，在铰链 C 处，弯矩应为零。该结论有助于组合梁的弯矩图的绘制。但显然，铰链 C 的存在不会对组合梁的剪力图产生影响。

第六节　用叠加法作弯矩图

由前三节中的算例可见，梁的剪力、弯矩与梁上的载荷为线性关系。因此，几个载荷共同作用时所引起的剪力、弯矩，应等于每个载荷单独作用时所引起的剪力、弯矩的代数和。这种计算方法称为叠加法。用叠加法作弯矩图有时更为方便，在土木行业中经常采用。现举例说明如下：

【**例 5-17**】　试用叠加法作图 5-27a 所示简支梁的弯矩图，其中 $M_e = \dfrac{1}{4}Fl$。

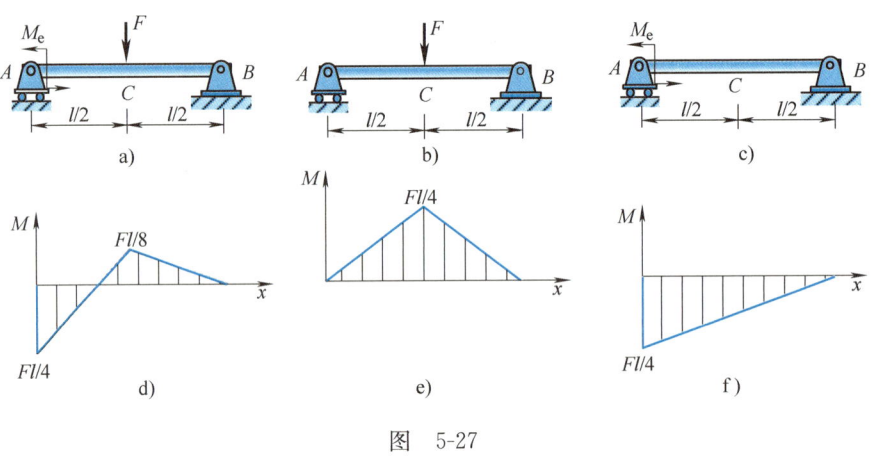

图　5-27

解：首先，分别作出简支梁在 F 和 M_e 单独作用下（见图 5-27b 和图 5-27c）的弯矩图如图 5-27e 和图 5-27f 所示。然后，再将这两个弯矩图叠加。叠加时，应将两个图中对应的纵坐标（竖标）代数相加。由于两个弯矩图均为直线，故叠加以后的弯矩图也必定为直线。又注意到，图 5-27e 中的直线分为两段，而图 5-27f 为单一直线。因此，只需叠加 A、C、B 三个截面的弯矩值，即

$$M_A = 0 + \left(-\frac{Fl}{4}\right) = -\frac{Fl}{4}, \quad M_C = \frac{1}{4}Fl + \left(-\frac{1}{8}Fl\right) = \frac{1}{8}Fl, \quad M_B = 0$$

即可作出最终弯矩图如图 5-27d 所示。

熟练之后，可以省略中间过程，即省略图 5-27b、c、e、f，直接根据叠加法的原理作出图 5-27d 所示的弯矩图。

【例 5-18】 试用叠加法作图 5-28a 所示外伸梁的弯矩图,其中 $F = \dfrac{1}{2}qa$。

解: 省略中间过程,直接根据叠加法原理,作出弯矩图如图 5-28b 所示。

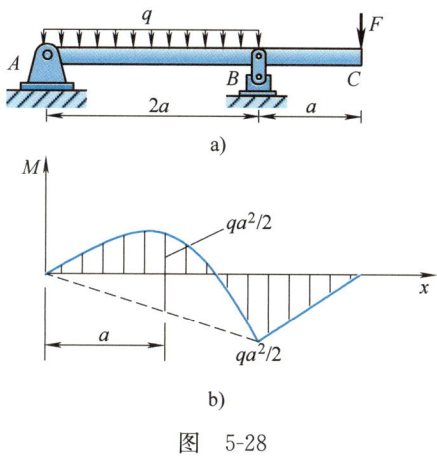

图 5-28

复习思考题

5-1 什么是对称弯曲?对称弯曲时梁的受力特点和变形特点是什么?

5-2 梁的支座有哪几种基本形式?梁上的载荷有哪几种基本形式?静定梁有哪几种基本类型?

5-3 什么是剪力?什么是弯矩?剪力和弯矩的正负号如何确定?该符号规则与坐标系的选取是否有关?

5-4 如何用截面法计算梁的剪力和弯矩?

5-5 如何用简便方法计算梁的剪力和弯矩?计算时应注意什么问题?

5-6 如何建立梁的剪力方程和弯矩方程?试问在梁的何处需要分段?

5-7 试写出剪力、弯矩和载荷集度间的微分关系表达式,并说明各式的力学意义和数学意义。

5-8 如何确定最大弯矩?最大弯矩是否一定发生在剪力为零的横截面上?

5-9 在集中力与集中力偶作用的截面处,剪力和弯矩各有何变化?如何利用这些特点来绘制剪力图和弯矩图?

5-10 对思考题 5-10 图所示简支梁的 m—m 截面,若用截面左侧的外力计算剪力和弯矩,则剪力 F_S 和弯矩 M 便与均布载荷 q 无关;若用截面右侧的外力计算,则剪力 F_S 和弯矩 M 又与集中载荷 F 无关。这样的论断正确吗?为什么?

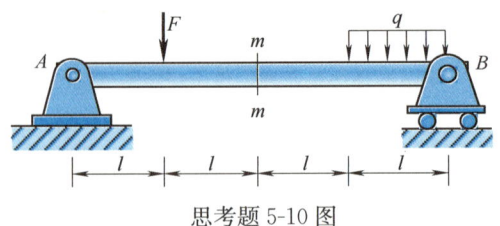

思考题 5-10 图

习题

5-1　试求习题 5-1 图所示各梁指定截面（标有细线处）的剪力和弯矩。

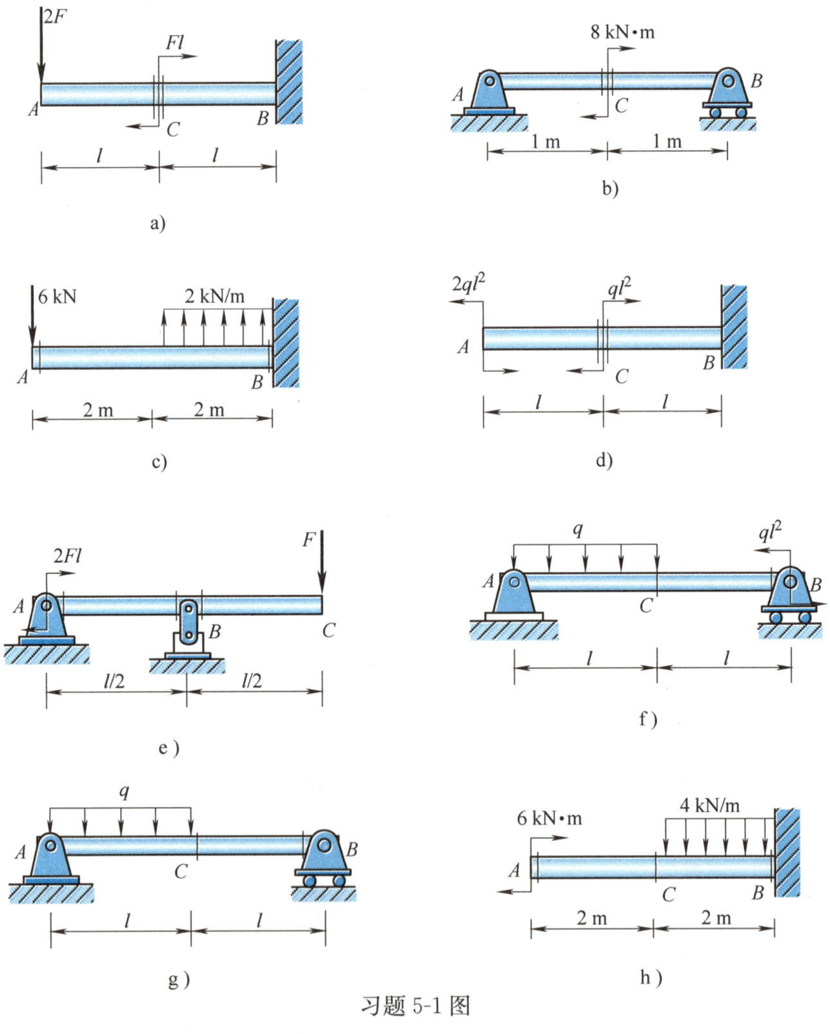

习题 5-1 图

5-2 试建立习题 5-2 图所示各梁的剪力方程和弯矩方程,绘制剪力图和弯矩图,并确定最大剪力和最大弯矩。

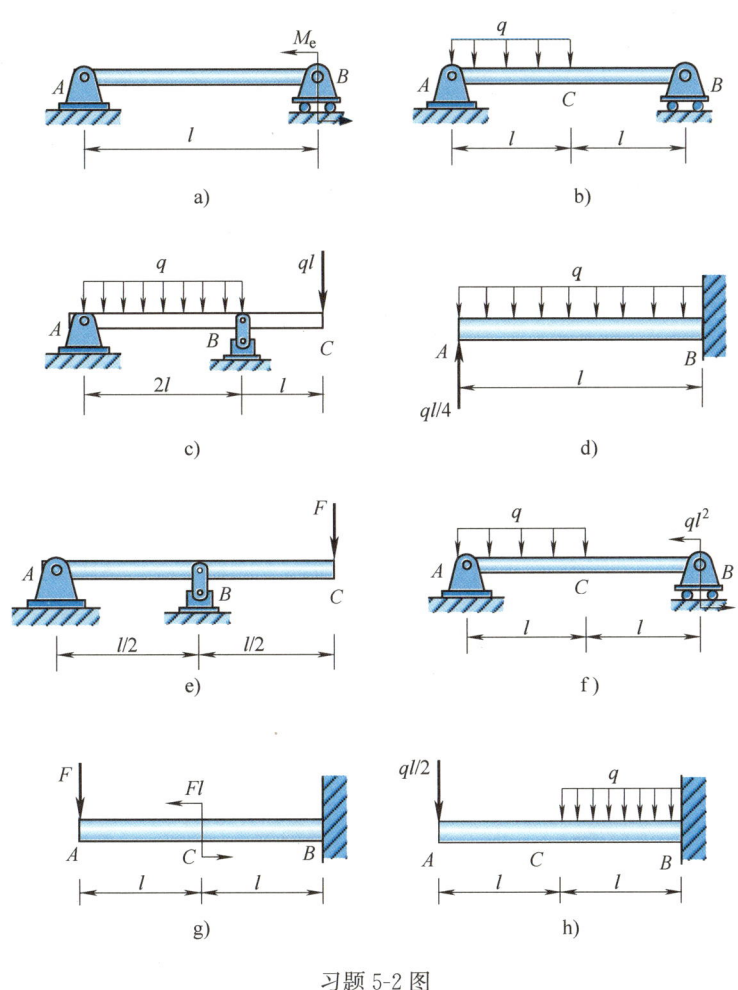

习题 5-2 图

5-3 试利用剪力、弯矩和载荷集度间的关系绘制习题 5-3 图所示各梁的剪力图和弯矩图。

5-4 习题 5-4 图所示外伸梁承受集度为 q 的均布载荷作用。试问当 a 为何值时梁内的最大弯矩 $|M|_{max}$ 最小。

5-5 试选择合适的方法作出简支梁在习题 5-5 图所示四种载荷作用下的剪力图和弯矩图,并比较其最大弯矩。试问由此可以引出哪些结论?

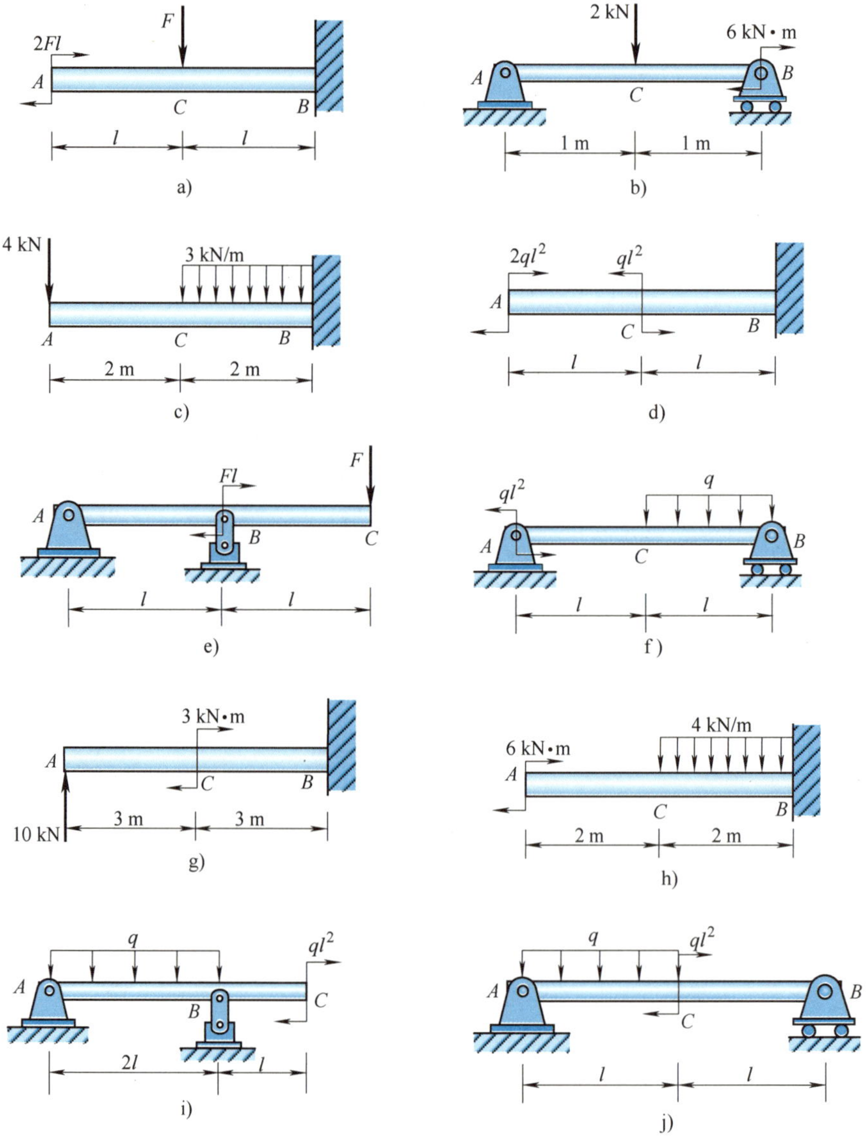

习题 5-3 图

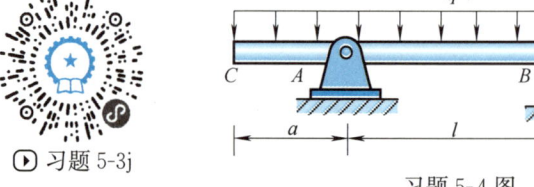

习题 5-3j

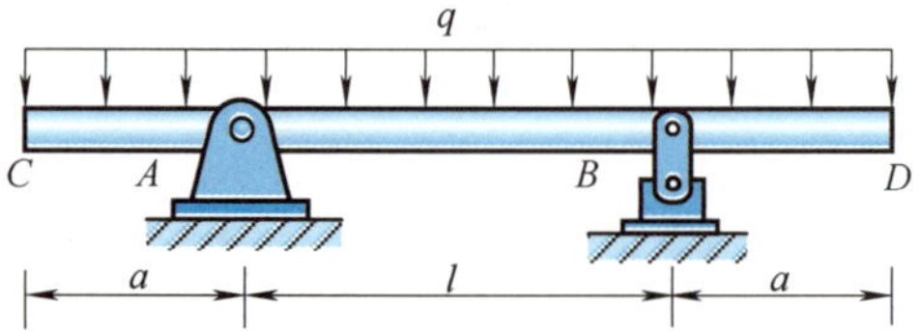

习题 5-4 图

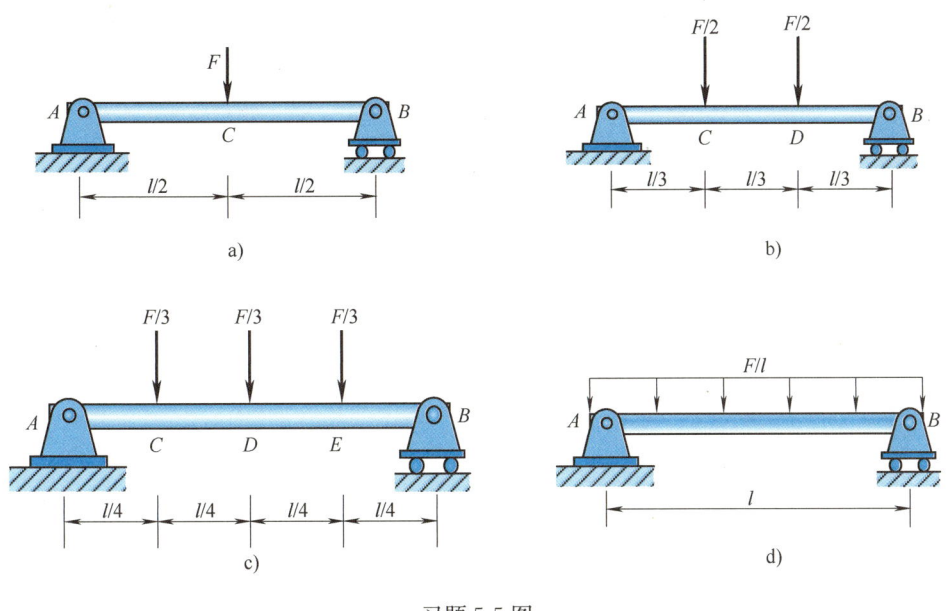

习题 5-5 图

5-6 试作出习题 5-6 图所示各刚架的弯矩图。

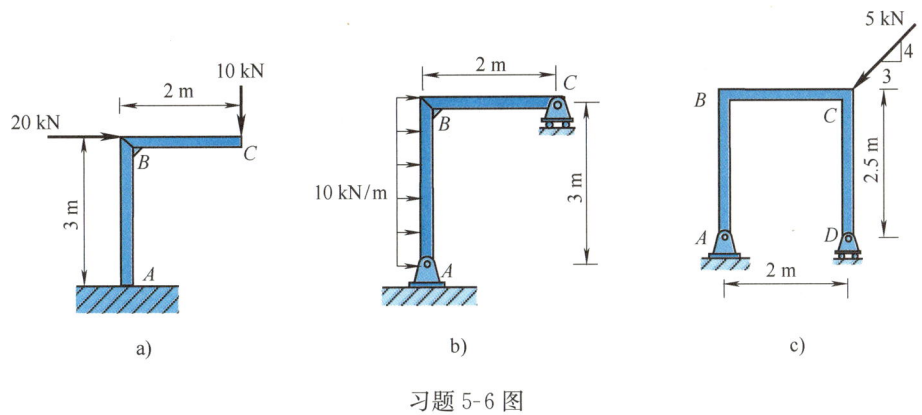

习题 5-6 图

5-7 试用叠加法作出习题 5-7 图所示各梁的弯矩图。
5-8 试作出习题 5-8 图所示各组合梁的剪力图和弯矩图，并确定最大剪力和最大弯矩。

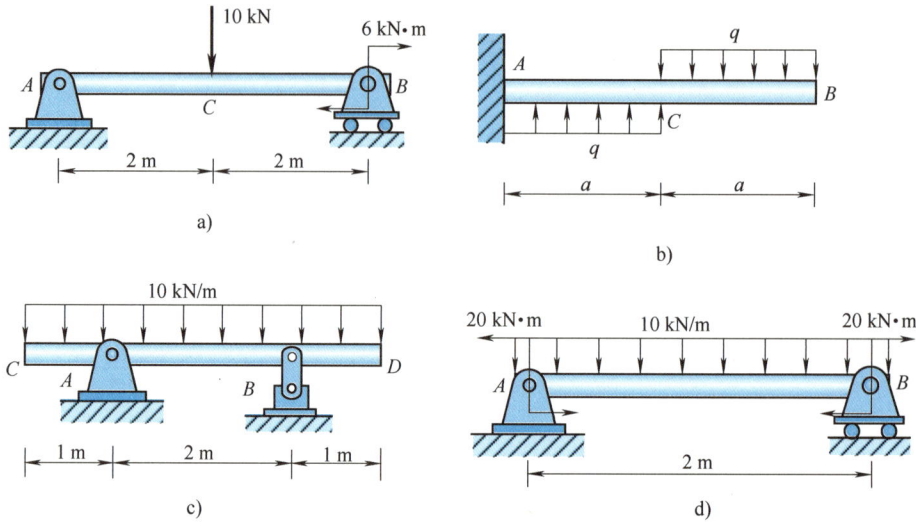

习题 5-7 图

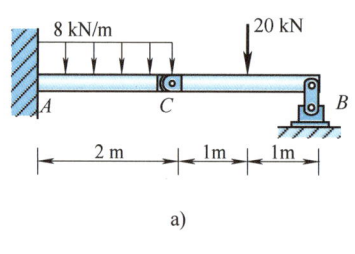

a)

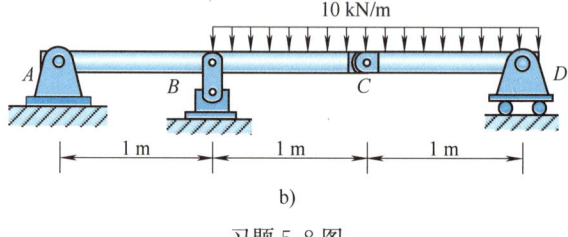

b)

习题 5-8 图

第六章 弯曲应力

第一节 引 言

为了解决梁的强度问题,需要在弯曲内力的基础之上进一步研究弯曲应力。

由上一章可知,一般情况下,梁的横截面上同时存在着剪力和弯矩。因为剪力是与截面相切的内力,故其只可能由切向内力元素 $\tau \mathrm{d}A$ 合成;而弯矩则显然是由法向内力元素 $\sigma \mathrm{d}A$ 合成的(见图 6-1)。这意味着,在一般情况下,梁的横截面上将同时存在着切应力 τ 和正应力 σ。其中,弯曲切应力 τ 只与剪力 F_S 相关,弯曲正应力 σ 只与弯矩 M 相关。

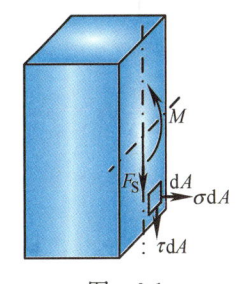

图 6-1

由于弯曲应力还与梁截面的几何性质有关,因此,本章首先介绍截面的几何性质,然后再讨论弯曲应力及其强度计算。

第二节 截面的几何性质

在计算杆件的应力和变形时,需要用到杆件横截面的几何性质。例如,在对拉(压)杆计算时要用到面积 A、在对扭转圆轴计算时要用到极惯性矩 I_p。同样,在计算梁的应力和变形时,将用到静矩 S_z、惯性矩 I_z 等截面的几何性质,依次介绍如下:

一、静矩与形心

任意截面图形如图 6-2 所示,其面积为 A,Ozy 为图形所在平面内的任意直角坐标系。围绕点 (z, y)，取微元面积 $\mathrm{d}A$，则 $y\mathrm{d}A$、$z\mathrm{d}A$ 分别称为微元面积 $\mathrm{d}A$ 对 z 轴、y 轴的静矩，其遍及整个截面图形面积 A 的积分

$$S_z = \int_A y\mathrm{d}A, \quad S_y = \int_A z\mathrm{d}A \quad \textbf{(6-1)}$$

分别定义为截面图形对 z 轴、y 轴的**静矩**。

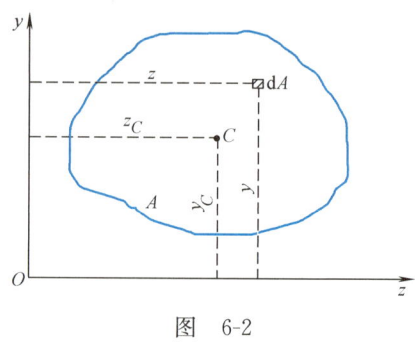

图 6-2

显然，截面图形的静矩是对某轴而言的，坐标轴不同，静矩就不同。由于式（6-1）中的坐标 z、y 可能为正也可能为负，因此静矩值可能为正，可能为负，也可能为零。静矩的量纲为长度的三次方，在国际单位制中，其单位为 m^3。

截面图形的静矩也可以通过截面图形的形心坐标来计算。

根据理论力学中介绍的平面图形的形心坐标计算公式

$$y_C = \frac{\int_A y\mathrm{d}A}{A}, \quad z_C = \frac{\int_A z\mathrm{d}A}{A} \quad \textbf{(6-2)}$$

可得静矩与形心坐标的关系式

$$S_z = Ay_C, \quad S_y = Az_C \quad \textbf{(6-3)}$$

利用式（6-3）来计算截面图形的静矩往往比较方便。

由式（6-3），易得如下推论：

若某坐标轴通过截面图形的形心，则截面图形对该轴的静矩必为零；反之，若截面图形对某坐标轴的静矩为零，则该坐标轴必通过截面图形的形心。

【**例 6-1**】 矩形截面如图 6-3 所示，试求阴影部分面积对 z 轴、y 轴的静矩。

解：（1）计算静矩 S_z

阴影部分图形的面积与形心坐标分别为

$$A^* = \frac{1}{4}hb, \quad y_{C^*} = \frac{h}{4} + \frac{h}{8} = \frac{3h}{8}$$

根据式（6-3）即得阴影部分面积对 z 轴的静矩

$$S_z = A^* y_{C^*} = \frac{1}{4}hb \times \frac{3h}{8} = \frac{3bh^2}{32}$$

(2) 计算静矩 S_y

因为 y 轴通过阴影部分图形的形心 C^*，故由上述推论得阴影部分面积对 y 轴的静矩

$$S_y = 0$$

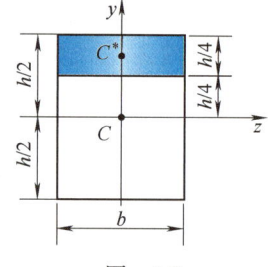

图 6-3

若截面图形是由几个简单图形组合而成，则利用理论力学中的组合图形的形心坐标计算公式，可得其静矩

$$S_z = \sum_{i=1}^n A_i y_{C_i}, \quad S_y = \sum_{i=1}^n A_i z_{C_i} \tag{6-4}$$

即截面图形对某轴的静矩就等于其各组成部分图形对同一轴静矩的代数和。式中，A_i、(z_{C_i}, y_{C_i}) 分别为其中第 i 个组成部分图形的面积、形心坐标。由于每一个组成部分都是简单图形，其面积和形心坐标很容易确定，因此，利用式（6-4）来计算组合截面图形的静矩往往比较方便。

【例 6-2】 某梁的截面图形如图 6-4 所示，试求该截面图形对图示 z 轴、y 轴的静矩。

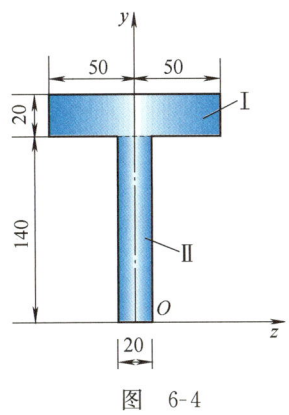

图 6-4

解：因为 y 轴为对称轴，通过截面图形的形心，故有 $S_y = 0$，只需计算 S_z 即可。

如图 6-4 所示，此截面可以看作是由两个矩形 Ⅰ、Ⅱ 组成，由式（6-4）即得

$$S_z = A_1 y_{C_1} + A_2 y_{C_2} = (0.1 \times 0.02 \times 0.15) \text{ m}^3 + (0.14 \times 0.02 \times 0.07) \text{ m}^3 = 4.96 \times 10^{-4} \text{ m}^3$$

二、惯性矩和惯性半径

任意截面图形如图 6-5 所示，其面积为 A，Ozy 为图形所在平面内的任意直角坐标系。围绕点 (z, y)，取微元面积 $\mathrm{d}A$，则 $y^2 \mathrm{d}A$、$z^2 \mathrm{d}A$ 分别称为微元面积 $\mathrm{d}A$ 对 z 轴、y 轴的惯性矩，其遍及整个截面图形面积 A 的积分

$$I_z = \int_A y^2 \mathrm{d}A, \quad I_y = \int_A z^2 \mathrm{d}A \tag{6-5}$$

分别定义为截面图形对 z 轴、y 轴的**惯性矩**。

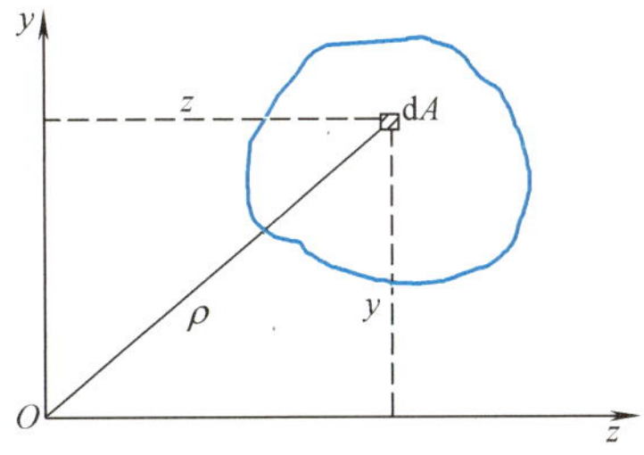

以 ρ 表示微元面积 $\mathrm{d}A$ 到坐标原点 O 的距离（见图 6-5），则 $\rho^2 \mathrm{d}A$ 称为微元面积 $\mathrm{d}A$ 对点 O 的极惯性矩，其遍及整个截面图形面积 A 的积分

$$I_p = \int_A \rho^2 \mathrm{d}A \tag{6-6}$$

图 6-5

定义为截面图形对坐标原点 O 的极惯性矩。由于 $\rho^2 = y^2 + z^2$，故有

$$I_\mathrm{p} = I_z + I_y \tag{6-7}$$

即**截面图形对任意一对正交坐标轴的惯性矩的和等于截面图形对两轴交点的极惯性矩**。

由上述定义式可见：截面图形的惯性矩是对某坐标轴而言的，坐标轴不同，惯性矩就不同；惯性矩值恒为正；惯性矩的量纲为长度的四次方，在国际单位制中，其单位为 m^4。

将截面图形的惯性矩 I_z、I_y 分别写成其面积 A 与某长度 i_z、i_y 平方的乘积，即

$$I_z = A i_z^2, \quad I_y = A i_y^2 \tag{6-8a}$$

其中

$$i_z = \sqrt{\frac{I_z}{A}}, \quad i_y = \sqrt{\frac{I_y}{A}} \tag{6-8b}$$

分别称为截面图形对 z 轴、y 轴的**惯性半径**或**回转半径**，在国际单位制中，其单位为 m。

【**例 6-3**】 试计算图 6-6 所示矩形截面对其对称轴 z 轴和 y 轴的惯性矩。

解：先求对 z 轴的惯性矩。如图 6-6 所示，微元取平行于 z 轴、高度为 $\mathrm{d}y$ 的狭长矩形，则微元面积 $\mathrm{d}A = b \mathrm{d}y$，代入定义式积分，即得矩形截面对 z 轴的惯性矩

$$I_z = \int_A y^2 \mathrm{d}A = \int_{-h/2}^{h/2} b y^2 \mathrm{d}y = \frac{1}{12} b h^3$$

用同样的方法可以求得矩形截面对 y 轴的惯性矩

$$I_y = \frac{1}{12} h b^3$$

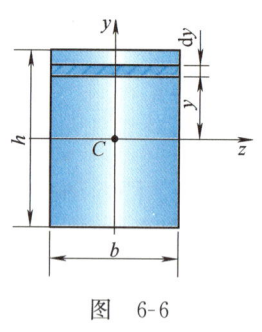

图 6-6

【**例 6-4**】 计算图 6-7 所示圆形截面对其形心轴的惯性矩。

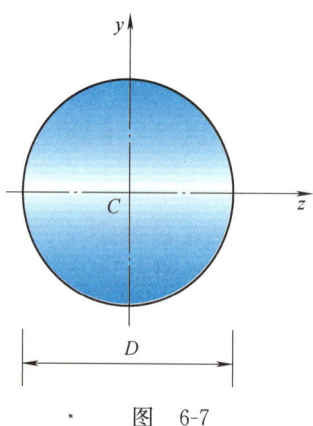

图 6-7

解： 已知圆形截面对圆心的极惯性矩（见第四章第三节）

$$I_p = \frac{1}{32}\pi D^4$$

由于圆形是中心对称图形，所以有 $I_z = I_y$，再根据式（6-7）即得

$$I_z = I_y = \frac{1}{2}I_p = \frac{1}{64}\pi D^4$$

【例 6-5】 计算图 6-8 所示圆环形截面对其形心轴的惯性矩。

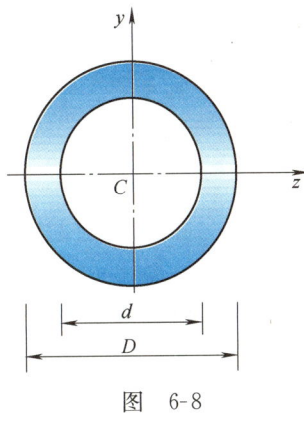

图 6-8

解： 与例 6-4 同理，得

$$I_z = I_y = \frac{1}{2}I_p = \frac{\pi}{64}D^4(1-\alpha^4)$$

其中，$\alpha = \dfrac{d}{D}$，为圆环的内外径比。

三、惯性矩的平行移轴公式

图 6-9 所示截面图形中，z_C 轴和 y_C 轴为通过图形形心 C 的一对直角坐标轴，称为形心坐标轴。图形对形心轴 z_C、y_C 的惯性矩分别为

$$I_{z_C} = \int_A y_C^2 \mathrm{d}A, \quad I_{y_C} = \int_A z_C^2 \mathrm{d}A \quad \text{(a)}$$

设任意 z 轴平行于 z_C 轴，两轴间的距离为 a；任意 y 轴平行于 y_C 轴，两轴间的距离为 b。截面图形对 z 轴、y 轴的惯性矩分别为

$$I_z = \int_A y^2 \mathrm{d}A, \quad I_y = \int_A z^2 \mathrm{d}A \quad \text{(b)}$$

将 $y = y_C + a$、$z = z_C + b$ 代入式 (b)，有

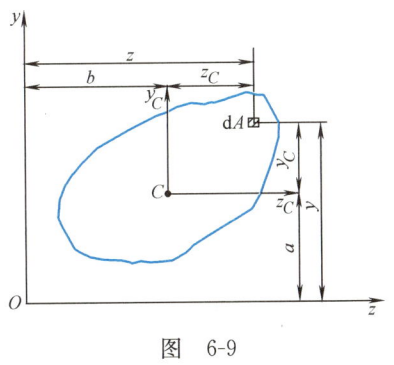

图 6-9

$$I_z = \int_A (y_C+a)^2 \mathrm{d}A = \int_A y_C^2 \mathrm{d}A + 2a\int_A y_C \mathrm{d}A + a^2\int_A \mathrm{d}A = I_{z_C} + 2aS_{z_C} + a^2 A$$

$$I_y = \int_A (z_C+b)^2 \mathrm{d}A = \int_A z_C^2 \mathrm{d}A + 2b\int_A z_C \mathrm{d}A + b^2\int_A \mathrm{d}A = I_{y_C} + 2bS_{y_C} + b^2 A$$

由于 z_C 轴、y_C 轴为形心轴,故有 $S_{z_C} = 0$、$S_{y_C} = 0$,从而得到

$$I_z = I_{z_C} + a^2 A, \quad I_y = I_{y_C} + b^2 A \tag{6-9}$$

上式称为惯性矩的**平行移轴公式**。它对于计算组合截面图形的惯性矩十分有用。现举例说明如下:

【例 6-6】 计算图 6-10 所示 T 形截面对其形心轴 z_C 的惯性矩。

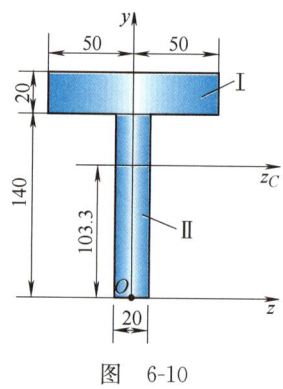

图 6-10

解: 该截面图形可视为由矩形 I、II 组合而成。利用惯性矩的平行移轴公式 (6-9),先分别计算矩形 I、II 对 z_C 轴的惯性矩

$$I_{z_C}^I = I_{z_{C1}}^I + a_1^2 A_1 = \left(\frac{1}{12} \times 100 \times 20^3 \times 10^{-12}\right) \mathrm{m}^4 + [(150-103.3)^2 \times 100 \times 20 \times 10^{-12}] \mathrm{m}^4$$
$$= 4.423 \times 10^{-6} \mathrm{m}^4$$

$$I_{z_C}^{II} = I_{z_{C2}}^{II} + a_2^2 A_2 = \left(\frac{1}{12} \times 20 \times 140^3 \times 10^{-12}\right) \mathrm{m}^4 + [(103.3-70)^2 \times 140 \times 20 \times 10^{-12}] \mathrm{m}^4$$
$$= 7.678 \times 10^{-6} \mathrm{m}^4$$

整个截面图形对 z_C 轴的惯性矩则为

$$I_{z_C} = I_{z_C}^I + I_{z_C}^{II} = 4.423 \times 10^{-6} \mathrm{m}^4 + 7.678 \times 10^{-6} \mathrm{m}^4 = 12.101 \times 10^{-6} \mathrm{m}^4$$

四、惯性积及其平行移轴公式

任意截面图形如图 6-5 所示,其面积为 A,Ozy 为图形所在平面内的任意直角坐标系。围绕点 (z,y),取微元面积 $\mathrm{d}A$,则 $zy\mathrm{d}A$ 称为微元面积 $\mathrm{d}A$ 对坐标轴 z、y 的惯性积,其遍及整个截面图形面积 A 的积分

$$I_{zy} = \int_A zy \mathrm{d}A \tag{6-10}$$

定义为截面图形对坐标轴 z、y 的**惯性积**。

截面图形的惯性积是对坐标轴而言的,坐标轴不同,惯性积就不同;惯性积值可能为正,可能为负,也可能为零;惯性积的量纲为长度的四次方,在国际单位制中,其单位为 m^4。

如图 6-11 所示,若直角坐标轴 z、y 中有一个是截面图形的对称轴,则由定义式易知,图形对该坐标轴的惯性积必为零。

不难证明,惯性积的平行移轴公式为

$$I_{zy} = I_{z_C y_C} + abA \qquad (6\text{-}11)$$

式中,z_C 轴、y_C 轴为形心坐标轴;任意 z 轴、y 轴分别平行于 z_C 轴、y_C 轴;a 和 b 为图形形心在坐标系 Ozy 中的坐标(见图 6-9),应注意其正负号。

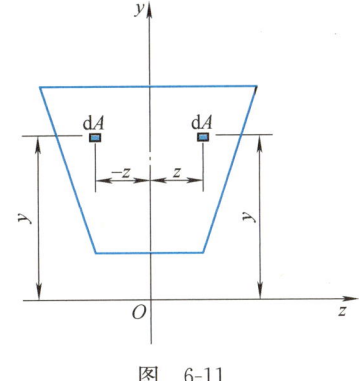

图 6-11

五、转轴公式与主惯性矩

如图 6-12 所示,设截面图形对直角坐标轴 z、y 的惯性矩与惯性积为 I_z、I_y 与 I_{zy},若将直角坐标轴 z、y 绕坐标原点 O 旋转 α 角,得到新的直角坐标轴 z_1、y_1,并规定 α 角以逆时针转向为正,则可证明,该截面图形对直角坐标轴 z_1、y_1 的惯性矩与惯性积分别为

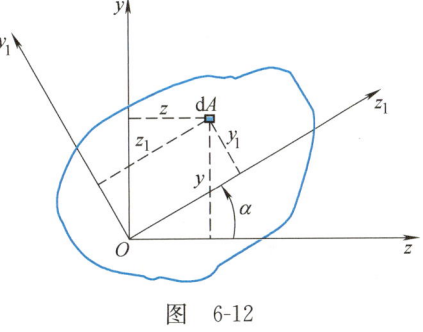

图 6-12

$$I_{z_1} = \frac{I_z + I_y}{2} + \frac{I_z - I_y}{2}\cos 2\alpha - I_{zy}\sin 2\alpha \qquad (6\text{-}12)$$

$$I_{y_1} = \frac{I_z + I_y}{2} - \frac{I_z - I_y}{2}\cos 2\alpha + I_{zy}\sin 2\alpha \qquad (6\text{-}13)$$

$$I_{z_1 y_1} = \frac{I_z - I_y}{2}\sin 2\alpha + I_{zy}\cos 2\alpha \qquad (6\text{-}14)$$

以上三式分别称为惯性矩与惯性积的转轴公式。

令式(6-14)等于零,得对应转角

$$\tan 2\alpha_0 = -\frac{2I_{zy}}{I_z - I_y} \qquad (6\text{-}15)$$

由于反正切函数的定义域是 $(-\infty, +\infty)$,因此在以点 O 为坐标原点的所有直角坐标轴中,一定存在着一对特殊的坐标轴 z_0、y_0,截面图形对该直角坐标轴 z_0、y_0 的惯性积 $I_{z_0 y_0}$ 等于零。这一对直角坐标轴 z_0、y_0 称为**主惯性轴**,简称**主轴**。截面图形对主轴的惯性矩称为**主惯性矩**。如果坐标原点位于截面图形的形心，则对应的主惯性轴与主惯性矩分别称为**形心主惯性轴**（简称**形心主轴**）与**形心主惯性矩**。

如前所述，只要直角坐标轴中有一个是图形的对称轴，则图形对该直角坐标轴的惯性积必为零，故有结论：**其中有一个轴为图形对称轴的直角坐标轴就是主惯性轴**。在图形没有对称轴的情况下，主惯性轴 z_0、y_0 的位置则可由式 (6-15) 确定。在确定了主惯性轴的方位角 α_0 后，将其代入式 (6-12) 和式 (6-13)，即可求得主惯性矩。主惯性矩亦可直接根据下式计算

$$\left.\begin{aligned} I_{z_0} &= \frac{I_z + I_y}{2} + \frac{1}{2}\sqrt{(I_z - I_y)^2 + 4I_{zy}^2} \\ I_{y_0} &= \frac{I_z + I_y}{2} - \frac{1}{2}\sqrt{(I_z - I_y)^2 + 4I_{zy}^2} \end{aligned}\right\} \tag{6-16}$$

还可以证明，在对以点 O 为坐标原点的所有坐标轴的惯性矩中，对主轴 z_0、y_0 的两个主惯性矩 I_{z_0}、I_{y_0}，一个是最大值，另一个就是最小值。

第三节　弯曲正应力

在某一梁段上，剪力恒为零，弯矩为常值，如图 6-13 所示简支梁的 CD 段，这种情况称为**纯弯曲**。而对于剪力与弯矩同时存在的一般情形，则可称为**横力弯曲**。

在纯弯曲的情形下，梁的横截面上只有弯曲正应力。为方便起见，现以纯弯曲梁为研究对象，来确定弯曲正应力的分布规律。与确定扭转切应力类似，需依次从变形几何条件、物理条件，以及静力平衡条件这三个方面进行分析。

如图 6-14 所示，设在梁的纵向对称面内，作用一对大小相等、转向相反、矩为 M_e 的外力偶，使梁产生纯弯曲。此时，梁任一横截面上的弯矩 M 均等于外力偶矩 M_e。

1. 几何关系

梁弯曲变形前、后的几何形状分别如图 6-14a、b 所示。通过对纯弯曲梁的变形进行观察，可以发现如下现象：

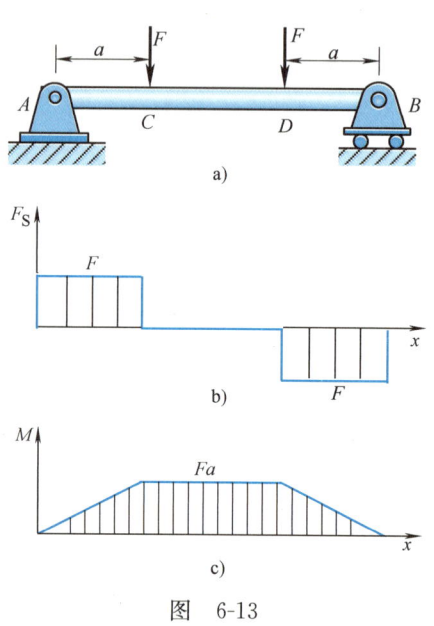

图 6-13

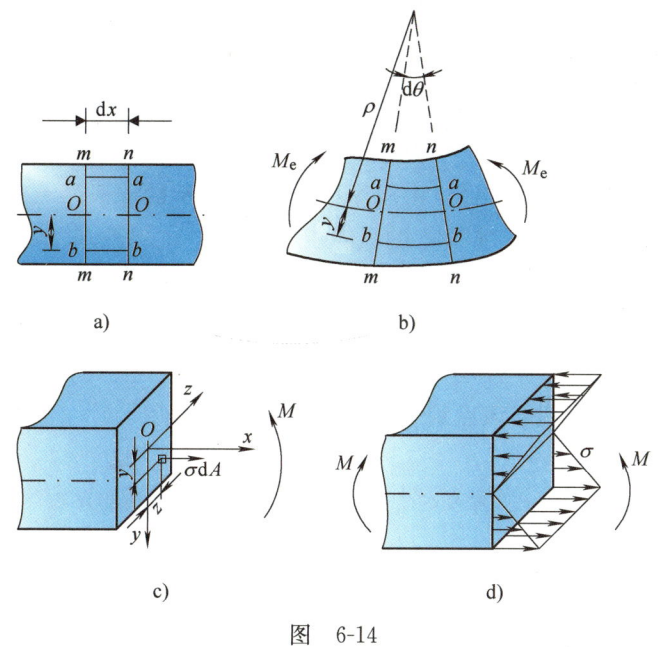

图 6-14

(1) 横向线 $mm(nn)$ 在变形后依然为直线,只是旋转了一个角度,并仍然与弯曲后的纵向线正交;

(2) 纵向线 $aa(bb)$ 弯成弧线,其中位于梁上部的纵向线缩短,位于梁下部的纵向线伸长。

根据上述现象,可以提出下列两个假设:

(1) 梁的横截面在变形后仍保持为平面,并和弯曲后的纵向线正交。这称为弯曲变形的**平面假设**。

(2) 梁内各纵向"纤维"受到单向拉伸或压缩,彼此间互不挤压、互不牵拉。这称为**单向受力假设**。

根据平面假设,梁上部的纵向"纤维"缩短,下部的纵向"纤维"伸长,由变形的连续性可以推断,其中间部位必然有一层既不伸长也不缩短、长度保持不变的纵向"纤维",这一纵向"纤维"层称为**中性层**,中性层与横截面的交线称为**中性轴**,如图 6-15 所示。

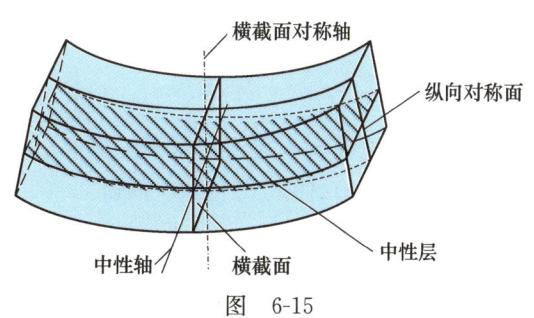

图 6-15

以中性轴为 z 轴、以横截面的对称轴为 y 轴,在横截面内建立直角坐标系

Ozy，并规定 y 轴以向下为正（见图 6-14c）。此时，中性轴 z 的位置尚待确定。

根据平面假设，变形前相距 dx 的两横截面，变形后各自绕中性轴相对转过 $d\theta$ 角，则距中性层为 y 的纵向"纤维" bb 变形后的长度为（见图 6-14b）

$$\widehat{bb} = (\rho+y)d\theta$$

其中，ρ 为中性层的曲率半径。由于纵向"纤维" bb 的原长 $\overline{bb} = dx$，又 $\widehat{OO} = dx = \rho d\theta$，所以纵向"纤维" bb 的纵向线应变

$$\varepsilon = \frac{\widehat{bb}-\overline{bb}}{\overline{bb}} = \frac{(\rho+y)d\theta-\rho d\theta}{\rho d\theta} = \frac{y}{\rho} \tag{a}$$

在同一横截面处，中性层的曲率半径 ρ 为定值，故上式表明：**梁横截面上任意点处的纵向线应变与该点到中性层的距离成正比**。

2. 物理关系

根据单向受力假设，当应力 σ 小于比例极限 σ_p 时，利用胡克定律由式（a）得

$$\sigma = E\frac{y}{\rho} \tag{b}$$

式（b）表明：**梁横截面上任意点的正应力 σ 与该点的纵坐标 y 成正比，即弯曲正应力沿截面高度方向呈线性分布**，如图 6-14d 所示。

3. 静力学关系

如图 6-14c 所示，横截面上各点的法向内力元素 σdA 构成一平行于轴线（x 轴）的空间平行力系。由于纯弯曲梁的横截面上没有轴力 F_N，只存在一个位于纵向对称面 xy 内的弯矩 M，故有如下静力学关系：

$$\int_A \sigma dA = F_N = 0 \tag{c}$$

$$\int_A y\sigma dA = M \tag{d}$$

将式（b）代入式（c），并注意到对于同一截面，$\frac{E}{\rho}$ 为常数，即得截面对中性轴 z 的静矩

$$S_z = \int_A y dA = 0$$

这表明，**中性轴 z 一定通过截面的形心**。

再将式（b）代入式（d），则得

$$\frac{E}{\rho}\int_A y^2 dA = \frac{E}{\rho}I_z = M \tag{e}$$

由此，得中性层的曲率

$$\frac{1}{\rho} = \frac{M}{EI_z} \tag{6-17}$$

上式表明，梁弯曲变形后的曲率与弯矩 M 成正比、与 EI_z 成反比。故称 EI_z 为梁的**抗弯刚度**，它反映了梁对弯曲变形的抗力。在同样的载荷作用下，梁的抗弯刚度 EI_z 越大，其弯曲的曲率就越小，即弯曲变形的程度就越小。式（6-17）是计算梁弯曲变形的基本公式，将在下一章中深入讨论。

将式（6-17）回代式（b），最终得到弯曲正应力的计算公式

$$\sigma = \frac{My}{I_z} \tag{6-18}$$

式中，M 为横截面上的弯矩；I_z 为横截面对中性轴 z 的惯性矩；y 为点的纵坐标，亦即点到中性轴 z 的距离。

由式（6-18）可见，梁弯曲时，横截面在中性轴上各点处的正应力为零。以中性轴为界，横截面被分为两个区域。其中，一个区域受拉，其上各点产生拉应力；另一个区域受压，其上各点产生压应力。某点的应力是拉是压，通过式（6-18）中弯矩 M 与点的纵坐标 y 的正负号就可以确定。但更为便捷的方法是根据弯曲变形直接判断：梁弯曲后，以中性轴为界，靠近凸边一侧受拉，靠近凹边一侧受压。这样，在计算时就可以不考虑式（6-18）中 M 与 y 的正负号了。

应该指出，尽管式（6-18）是在纯弯曲的前提下建立的，但进一步的理论研究表明，对于一般的横力弯曲，只要梁的长度与梁的截面高度之比 $l/h > 5$，它同样可以适用。

【**例 6-7**】 如图 6-16 所示，试求矩形截面梁 A 端右侧截面上 a、b、c、d 这四个点的弯曲正应力。

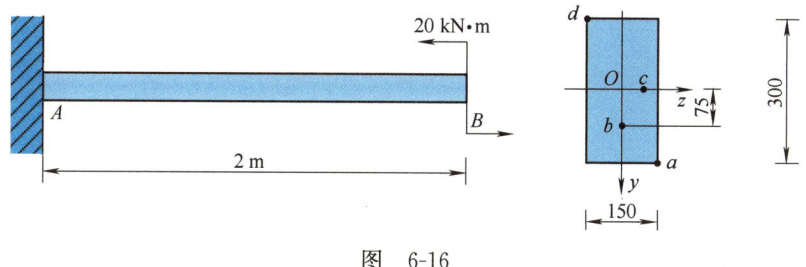

图 6-16

解：（1）确定弯矩

该梁为纯弯曲，其任一截面上的弯矩均相等，为
$$M = 20 \text{ kN} \cdot \text{m}$$

（2）计算横截面的惯性矩
$$I_z = \frac{1}{12}bh^3 = \frac{(150 \times 10^{-3} \text{ m}) \times (300 \times 10^{-3} \text{ m})^3}{12} = 3.375 \times 10^{-4} \text{ m}^4$$

(3) 计算各点的正应力

根据式 (6-18)，算得梁 A 端右侧截面上 a、b 两点的正应力分别为

$$\sigma_a = \frac{My_a}{I_z} = \frac{(20\times 10^3 \text{ N}\cdot\text{m})\times(150\times 10^{-3}\text{ m})}{3.375\times 10^{-4}\text{ m}^4} = 8.89\times 10^6 \text{ Pa} = 8.89 \text{ MPa}$$

$$\sigma_b = \frac{My_b}{I_z} = \frac{(20\times 10^3 \text{ N}\cdot\text{m})\times(75\times 10^{-3}\text{ m})}{3.375\times 10^{-4}\text{ m}^4} = 4.44\times 10^6 \text{ Pa} = 4.44 \text{ MPa}$$

c 点在中性轴上，故 c 点的正应力

$$\sigma_c = 0$$

d 点与 a 点位于中性轴的两侧，且关于中性轴对称，故 d 点的正应力

$$\sigma_d = -\sigma_a = -8.89 \text{ MPa}$$

正号表示 a、b 两点为拉应力，负号则表示 d 点为压应力。

【例 6-8】 T形截面外伸梁如图 6-17a 所示，已知截面的形心主惯性矩 $I_z = 7.64\times 10^6 \text{ mm}^4$，形心位置尺寸 $y_1 = 52 \text{ mm}$。试求此梁的最大拉应力和最大压应力。

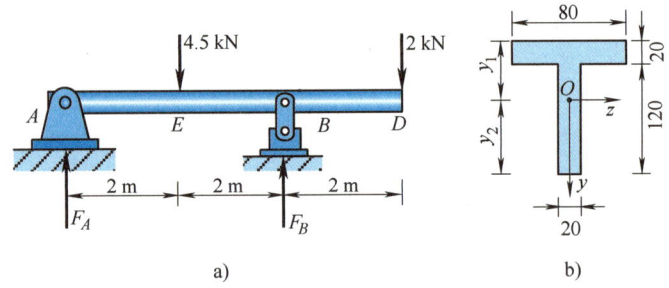

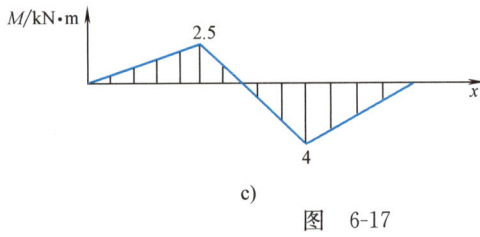

图 6-17

解：(1) 确定梁的最大弯矩及其所在截面

由平衡方程得梁的支座反力 (见图 6-17a)

$$F_A = 1.25 \text{ kN}, \quad F_B = 5.25 \text{ kN}$$

作出梁的弯矩图如图 6-17c 所示。由弯矩图知，梁的最大正弯矩发生于截面 E，最大负弯矩发生于截面 B，它们的大小分别为

$$M_E = 2.5 \text{ kN}\cdot\text{m}, \quad M_B = 4 \text{ kN}\cdot\text{m}$$

(2) 计算截面 E 的最大拉应力和最大压应力

根据式 (6-18)，得截面 E 的最大拉应力和最大压应力分别为

$$\sigma_{t\,max}^{E} = \frac{M_E y_2}{I_z} = \frac{(2.5 \times 10^3 \text{ N} \cdot \text{m}) \times (8.8 \times 10^{-2} \text{ m})}{7.64 \times 10^{-6} \text{ m}^4} = 28.8 \times 10^6 \text{ Pa} = 28.8 \text{ MPa}$$

$$\sigma_{c\,max}^{E} = \frac{M_E y_1}{I_z} = \frac{(2.5 \times 10^3 \text{ N} \cdot \text{m}) \times (5.2 \times 10^{-2} \text{ m})}{7.64 \times 10^{-6} \text{ m}^4} = 17.0 \times 10^6 \text{ Pa} = 17.0 \text{ MPa}$$

(3) 计算截面 B 的最大拉应力和最大压应力

根据式 (6-18)，得截面 B 的最大拉应力和最大压应力分别为

$$\sigma_{t\,max}^{B} = \frac{M_B y_1}{I_z} = \frac{(4 \times 10^3 \text{ N} \cdot \text{m}) \times (5.2 \times 10^{-2} \text{ m})}{7.64 \times 10^{-6} \text{ m}^4} = 27.2 \times 10^6 \text{ Pa} = 27.2 \text{ MPa}$$

$$\sigma_{c\,max}^{B} = \frac{M_B y_2}{I_z} = \frac{(4 \times 10^3 \text{ N} \cdot \text{m}) \times (8.8 \times 10^{-2} \text{ m})}{7.64 \times 10^{-6} \text{ m}^4} = 46.1 \times 10^6 \text{ Pa} = 46.1 \text{ MPa}$$

由上述计算结果可知，梁的最大拉应力发生在 E 截面的下边缘处，最大压应力发生在 B 截面的下边缘处，大小分别为

$$\sigma_{t\,max} = \sigma_{t\,max}^{E} = 28.8 \text{ MPa}, \quad \sigma_{c\,max} = \sigma_{c\,max}^{B} = 46.1 \text{ MPa}$$

【例 6-9】 由两种材料组成的工字形截面组合梁如图 6-18 所示，上下翼缘为同一种材料，其弹性模量为 E_1，对中性轴 z 的惯性矩为 I_1；腹板为另一种材料，弹性模量为 E_2，对中性轴 z 的惯性矩为 I_2。试建立在线弹性范围内梁横截面上正应力的计算公式。

解：(1) 几何关系

设组合梁弯曲变形时横截面仍满足平面假设，故其横截面上任一点的纵向线应变为

$$\varepsilon = \frac{y}{\rho}$$

其中，ρ 为中性层的曲率半径（见前述弯曲正应力计算公式的推导过程）。

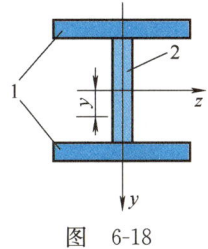

图 6-18

(2) 物理关系

在线弹性范围内，由胡克定律得上下翼缘、腹板上各点的正应力分别为

$$\sigma_1 = E_1 \varepsilon = E_1 \frac{y}{\rho}, \quad \sigma_2 = E_2 \varepsilon = E_2 \frac{y}{\rho}$$

(3) 静力学关系

由静力合成关系，横截面上弯矩

$$M = \int_{A_1} \sigma_1 y \, dA + \int_{A_2} \sigma_2 y \, dA = \frac{1}{\rho} \left(E_1 \int_{A_1} y^2 \, dA + E_2 \int_{A_2} y^2 \, dA \right) = \frac{1}{\rho} (E_1 I_1 + E_2 I_2)$$

由此可得此时中性层的曲率

$$\frac{1}{\rho} = \frac{M}{E_1 I_1 + E_2 I_2}$$

将此结果代入物理关系即得梁横截面上下翼缘、腹板上正应力的计算公式分别为

$$\sigma_1 = \frac{E_1 M}{E_1 I_1 + E_2 I_2} y, \quad \sigma_2 = \frac{E_2 M}{E_1 I_1 + E_2 I_2} y$$

第四节　弯曲正应力强度计算

由式（6-18）知，当 $y = y_{max}$，即在横截面上距离中性轴 z 最远的上（下）边缘各点处，弯曲正应力有最大值，为

$$\sigma_{max} = \frac{M y_{max}}{I_z} \tag{6-19}$$

令

$$W_z = \frac{I_z}{y_{max}} \tag{6-20}$$

则式（6-19）可改写为

$$\sigma_{max} = \frac{M}{W_z} \tag{6-21}$$

式中，W_z 称为**抗弯截面系数**，它取决于截面的几何形状与尺寸。在国际单位制中，抗弯截面系数 W_z 的单位为 m^3。

对于宽为 b、高为 h 的矩形截面，抗弯截面系数

$$W_z = \frac{I_z}{h/2} = \frac{bh^3/12}{h/2} = \frac{1}{6}bh^2$$

对于直径为 d 的圆形截面，抗弯截面系数

$$W_z = \frac{I_z}{d/2} = \frac{\pi d^4/64}{d/2} = \frac{1}{32}\pi d^3$$

对于内径为 d、外径为 D 的圆环形截面，抗弯截面系数

$$W_z = \frac{I_z}{D/2} = \frac{\pi D^4(1-\alpha^4)/64}{D/2} = \frac{1}{32}\pi D^3(1-\alpha^4)$$

式中，α 为内外径比。

在确定弯曲正应力的最大值后，即有弯曲正应力强度条件

$$\sigma_{max} = \frac{|M|_{max}}{W_z} \leqslant [\sigma] \tag{6-22}$$

上式适用于许用拉应力和许用压应力相等的塑性材料。

对于许用拉应力 $[\sigma_t]$ 和许用压应力 $[\sigma_c]$ 不相等的脆性材料，则应如例 6-8，分别确定梁的最大拉应力 σ_{tmax} 和最大压应力 σ_{cmax}，然后再分别进行强度计算。即对于脆性材料，弯曲正应力强度条件应为

$$\left.\begin{array}{l}\sigma_{tmax} \leqslant [\sigma_t] \\ \sigma_{cmax} \leqslant [\sigma_c]\end{array}\right\} \tag{6-23}$$

【例 6-10】 图 6-19a 所示悬臂梁用工字钢制作。已知载荷 $F = 45\,kN$，长度 $l = 4\,m$，许用应力 $[\sigma] = 140\,MPa$。若不计梁的自重，试根据弯曲正应力强度条件确定工字钢型号。

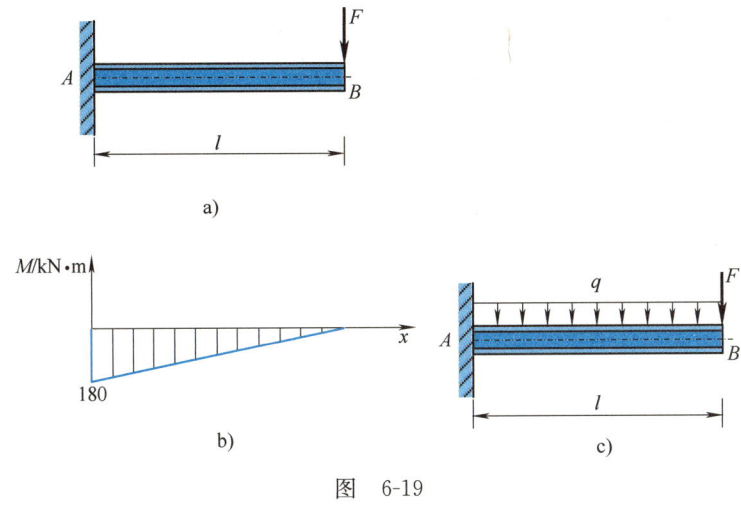

图 6-19

解：(1) 确定最大弯矩

作出梁的弯矩图如图 6-19b 所示。可见，此梁的最大弯矩发生在固定端 A 的右侧截面，大小为

$$|M|_{max} = 180 \text{ kN} \cdot \text{m}$$

(2) 强度计算

根据梁的弯曲正应力强度条件，得梁所需的抗弯截面系数

$$W_z \geqslant \frac{|M|_{max}}{[\sigma]} = \frac{180 \times 10^3 \text{ N} \cdot \text{m}}{140 \times 10^6 \text{ Pa}} = 1.286 \times 10^{-3} \text{ m}^3 = 1286 \text{ cm}^3$$

由附录 B 中工字钢型钢表查得，可选用 No.45a 工字钢，其抗弯截面系数 $W_z = 1430 \text{ cm}^3$，满足强度要求。

讨论：若考虑梁的自重，则梁的自重应作为均布载荷（见图 6-19c）。由型钢表查得，No.45a 工字钢的自重集度 $q = 80.42 \text{ kg/m} \times 9.8 \text{ m/s}^2 = 788 \text{ N/m}$。此时不难验算，不计梁的自重所引起的计算误差为 3.5%，这在工程中是允许的。

【例 6-11】 钢制等截面简支梁受均布载荷 q 作用，横截面为 $h = 2b$ 的矩形，如图 6-20 所示。已知均布载荷 $q = 50 \text{ kN/m}$，梁的跨度 $l = 2 \text{ m}$，许用应力 $[\sigma] = 120 \text{ MPa}$。试求：(1) 梁按图 6-20b 放置时的截面尺寸；(2) 梁按图 6-20d 放置时的截面尺寸。

解：(1) 确定最大弯矩

作出梁的弯矩图如图 6-20c 所示。可见，危险截面在梁的跨中，该处的最大弯矩的大小为

$$|M|_{max} = \frac{1}{8}ql^2$$

(2) 强度计算

按图 6-20b 放置时，根据梁的弯曲正应力强度条件

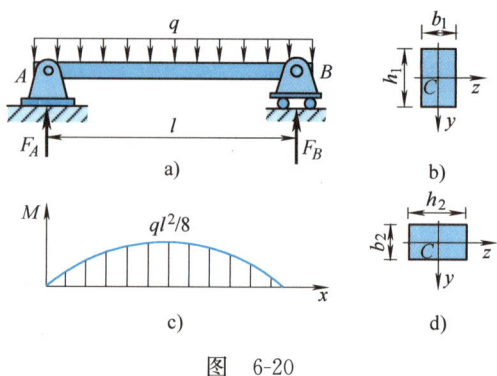

图 6-20

$$\sigma_{\max} = \frac{|M|_{\max}}{W_z} = \frac{\frac{1}{8}ql^2}{\frac{1}{6}b_1h_1^2} = \frac{3ql^2}{4b_1h_1^2} \leqslant [\sigma]$$

将 $h_1 = 2b_1$ 代入，得

$$b_1 \geqslant \sqrt[3]{\frac{3ql^2}{16[\sigma]}} = \sqrt[3]{\frac{3 \times 50 \times 10^3 \times 2^2}{16 \times 120 \times 10^6}} \text{ m} = 67.9 \text{ mm}$$

故取

$$b_1 = 68 \text{ mm}, \quad h_1 = 136 \text{ mm}$$

按图 6-20d 放置时，最大弯矩不变，但抗弯截面系数变为 $W_z = \frac{1}{6}h_2b_2^2$，由梁的弯曲正应力强度条件，得

$$b_2 \geqslant \sqrt[3]{\frac{3ql^2}{8[\sigma]}} = \sqrt[3]{\frac{3 \times 50 \times 10^3 \times 2^2}{8 \times 120 \times 10^6}} \text{ m} = 85.5 \text{ mm}$$

故取

$$b_2 = 86 \text{ mm}, \quad h_2 = 172 \text{ mm}$$

讨论：由计算结果可知，两梁的横截面面积之比 $A_2/A_1 = (b_2/b_1)^2 = 1.59$，即图 6-20d 梁所用材料是图 6-20b 梁所用材料的 1.59 倍。这表明，矩形截面按照图 6-20b 放置时的承载能力要明显高于按照图 6-20d 放置时的承载能力。这是因为梁弯曲时中性轴附近的正应力很小，而将矩形截面按照图 6-20d 放置，将较多材料放在中性轴附近，使得这部分材料未得到充分利用。

【例 6-12】 槽形截面铸铁梁如图 6-21a 所示，已知截面的形心主惯性矩 $I_z = 5260 \times 10^4$ mm^4，形心位置尺寸 $y_1 = 77$ mm、$y_2 = 120$ mm，铸铁材料的许用拉应力 $[\sigma_t] = 30$ MPa、许用压应力 $[\sigma_c] = 90$ MPa。试确定此梁的许可载荷 $[F]$。

解：(1) 确定最大弯矩

作出梁的弯矩图如图 6-21c 所示，可见最大弯矩发生于 B 截面，其大小为

$$|M|_{\max} = |M_B| = F \times 2 \text{ m}$$

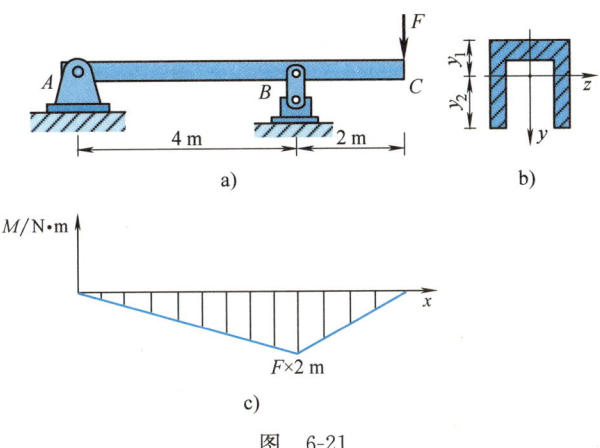

图 6-21

(2) 强度计算

B 截面处弯矩为负值，由梁上侧受拉、下侧受压的变形情况可以知道，危险截面处最大拉应力和最大压应力分别发生在该截面的上边缘和下边缘各点处，应根据式（6-23）分别进行强度计算。

由拉应力强度条件

$$\sigma_{t\max} = \frac{|M|_{\max} y_1}{I_z} = \frac{F \times 2 \text{ m} \times (77 \times 10^{-3} \text{ m})}{5260 \times 10^4 \times 10^{-12} \text{ m}^4} \leqslant 30 \times 10^6 \text{ Pa}$$

得

$$F \leqslant 10.25 \times 10^3 \text{ N} = 10.25 \text{ kN}$$

由压应力强度条件

$$\sigma_{c\max} = \frac{|M|_{\max} y_2}{I_z} = \frac{F \times 2 \text{ m} \times (120 \times 10^{-3} \text{ m})}{5260 \times 10^4 \times 10^{-12} \text{ m}^4} \leqslant 90 \times 10^6 \text{ Pa}$$

得

$$F \leqslant 19.72 \times 10^3 \text{ N} = 19.72 \text{ kN}$$

所以，此梁的许可载荷

$$[F] = 10.25 \text{ kN}$$

【**例 6-13**】 T 形截面铸铁梁所受载荷和截面尺寸分别如图 6-22a、b 所示。已知材料的许用拉应力 $[\sigma_t] = 40$ MPa，许用压应力 $[\sigma_c] = 100$ MPa，试校核此梁的弯曲正应力强度。

解：(1) 确定最大弯矩

作出梁的弯矩图如图 6-22c 所示。由图可见，截面 B 处有最大负弯矩，其大小 $M_B = 20$ kN·m；截面 E 处有最大正弯矩，其大小 $M_E = 10$ kN·m。

(2) 确定截面的几何性质

根据平面图形的形心坐标计算公式，得横截面形心 C 到截面下边缘的距离（见图 6-22b）

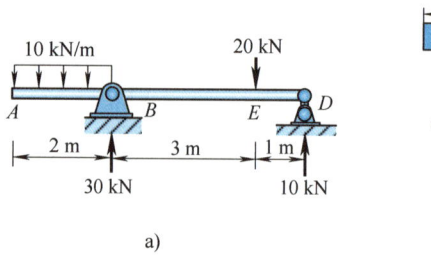
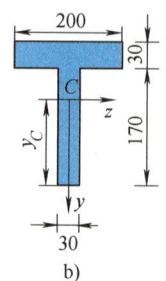

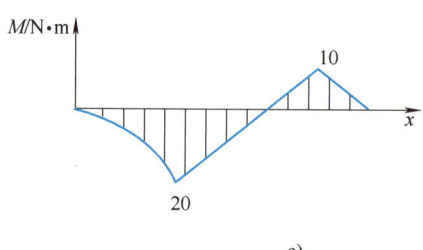
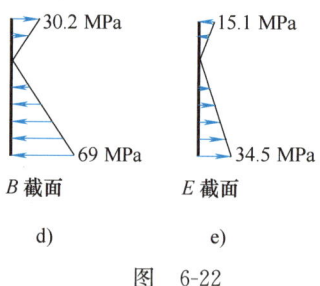

图 6-22

$$y_C = \frac{A_1 y_{C_1} + A_2 y_{C_2}}{A_1 + A_2} = \frac{(200 \times 30 \times 185)\text{ mm}^3 + (30 \times 170 \times 85)\text{ mm}^3}{(200 \times 30)\text{ mm}^2 + (30 \times 170)\text{ mm}^2} = 139\text{ mm}$$

即中性轴 z 距下边缘的距离为 139 mm。

截面对中性轴 z 的惯性矩

$$I_z = \sum_{i=1}^{2}(I_{z_{Ci}} + a_i^2 A_i) = \frac{(200\text{ mm}) \times (30\text{ mm})^3}{12} + (46\text{ mm})^2 \times (200 \times 30\text{ mm}^2) +$$

$$\frac{(30\text{ mm}) \times (170\text{ mm})^3}{12} + (54\text{ mm})^2 \times (30 \times 170\text{ mm}^2)$$

$$= 40.3 \times 10^6\text{ mm}^4 = 40.3 \times 10^{-6}\text{ m}^4$$

(3) 强度校核

由于梁的截面关于中性轴不对称，且材料的许用拉应力与许用压应力也不等，故截面 B 和截面 E 都有可能是危险截面，需分别对这两个截面进行强度计算。

截面 B：由于弯矩 M_B 为负值，故截面 B 上的最大拉应力与最大压应力分别发生在截面的上、下边缘处（见图 6-22d），大小分别为

$$\sigma_{t\max}^B = \frac{M_B y_1}{I_z} = \frac{(20\times 10^3 \text{ N}\cdot\text{m})\times(61\times 10^{-3}\text{ m})}{40.3\times 10^{-6}\text{ m}^4} = 30.2\times 10^6\text{ Pa} = 30.2\text{ MPa}$$

$$\sigma_{c\max}^B = \frac{M_B y_2}{I_z} = \frac{(20\times 10^3 \text{ N}\cdot\text{m})\times(139\times 10^{-3}\text{ m})}{40.3\times 10^{-6}\text{ m}^4} = 69\times 10^6\text{ Pa} = 69\text{ MPa}$$

截面 E：由于弯矩 M_E 为正值，故截面 E 上的最大拉应力与最大压应力分别发生在截面的下、上边缘处（见图 6-22e），大小分别为

$$\sigma_{t\max}^E = \frac{M_E y_2}{I_z} = \frac{(10\times 10^3 \text{ N}\cdot\text{m})\times(139\times 10^{-3}\text{ m})}{40.3\times 10^{-6}\text{ m}^4} = 34.5\times 10^6\text{ Pa} = 34.5\text{ MPa}$$

$$\sigma_{c\max}^E = \frac{M_E y_1}{I_z} = \frac{(10\times 10^3 \text{ N}\cdot\text{m})\times(61\times 10^{-3}\text{ m})}{40.3\times 10^{-6}\text{ m}^4} = 15.1\times 10^6\text{ Pa} = 15.1\text{ MPa}$$

比较上述计算结果，可知梁的最大拉应力发生在截面 E 下边缘各点处，最大压应力发生在截面 B 下边缘各点处，作强度校核：

$$\sigma_{t\max} = \sigma_{t\max}^E = 34.5\text{ MPa} < [\sigma_t] = 40\text{ MPa}$$
$$\sigma_{c\max} = \sigma_{c\max}^B = 69\text{ MPa} < [\sigma_c] = 100\text{ MPa}$$

所以，该梁的强度满足要求。

注意：在对拉压强度不等、截面关于中性轴又不对称的梁进行强度计算时，一般需要同时考虑最大正弯矩和最大负弯矩所在的两个横截面，只有当这两个横截面上危险点的应力都满足强度条件时，整根梁才是安全的。

第五节 弯曲切应力及其强度计算

横力弯曲时，梁的横截面上既有弯矩又有剪力，因此梁的横截面上除了有弯曲正应力还有弯曲切应力。弯曲切应力的分布规律要比弯曲正应力复杂。横截面形状不同，弯曲切应力的分布情况也会随之不同。对形状简单的截面，可以直接就弯曲切应力的分布规律做出合理的假设，然后利用静力学关系建立起相应的计算公式。但对于形状复杂的截面，要对弯曲切应力的分布规律做出合理的假设是困难的，此时，就需要借助弹性力学理论或实验比拟方法来进行研究。

本节介绍了几种常见的简单形状截面梁弯曲切应力的分布规律与计算公式。在分析计算弯曲切应力时，坐标系的选取与分析计算弯曲正应力时相同，即取 x 轴沿梁的轴线、y 轴沿横截面的竖向对称轴、z 轴沿横截面的中性轴。

一、矩形截面梁

1. 关于矩形截面梁弯曲切应力分布规律的假设

对于矩形截面梁（见图 6-23），就其横截面上弯曲切应力的分布规律，做下

列两个基本假设：

（1）横截面上各点切应力 τ 的方向与该截面上剪力 F_S 的方向一致；

（2）切应力 τ 沿横截面宽度均匀分布，即距中性轴等远处各点的切应力相等。

与精确解的比较表明，根据上述假设得到的解，在截面高度 h 大于宽度 b 的情况下，具有足够的精度。

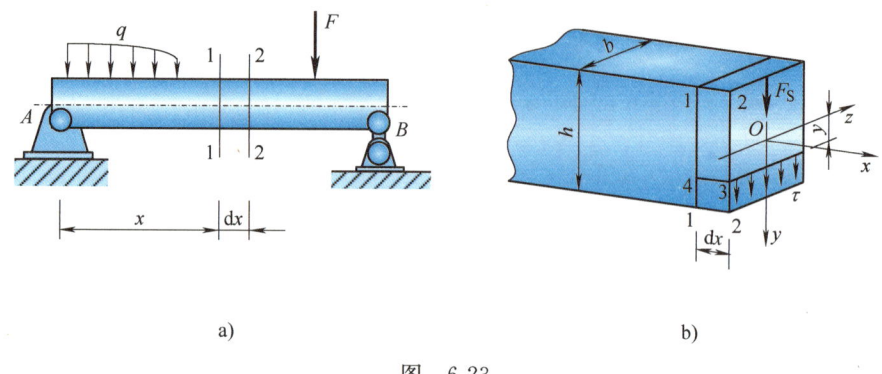

图 6-23

2. 弯曲切应力计算公式

根据上述假设，即可推出矩形截面梁弯曲切应力的计算公式。

从梁上截取长为 dx 的微段，如图 6-24a 所示，设截面 1—1、2—2 上的弯矩分别为 M、$M+dM$。再以平行于中性层、距中性层为 y 的纵向平面从 dx 微段梁上截取单元 1234，如图 6-24b 所示。根据切应力互等定理，在该单元的顶面 3344 上作用着与待求切应力 τ 大小相等的切应力 τ'。

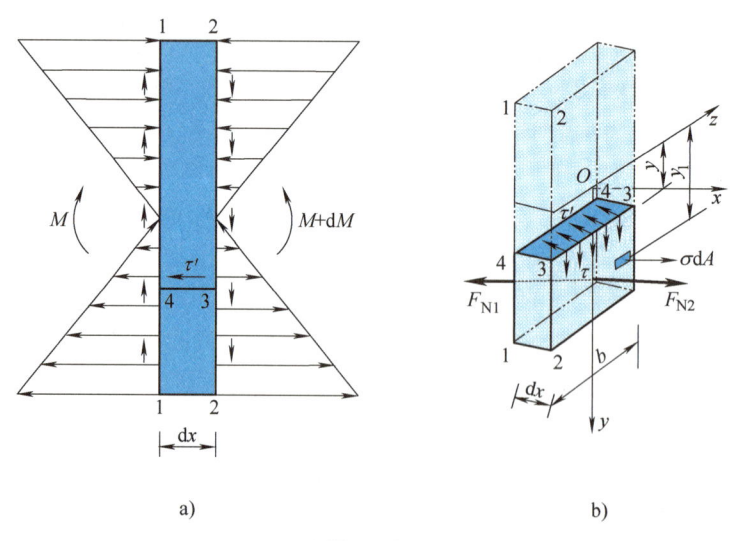

图 6-24

单元 1234 的左、右侧面上弯矩引起的正应力的合力分别为

$$F_{N1} = \int_{A^*} \sigma dA = \int_{A^*} \frac{My_1}{I_z} dA = \frac{M}{I_z} \int_{A^*} y_1 dA = \frac{M}{I_z} S_z^*$$

$$F_{N2} = \int_{A^*} \sigma dA = \int_{A^*} \frac{(M+dM)y_1}{I_z} dA = \frac{M+dM}{I_z} \int_{A^*} y_1 dA = \frac{M+dM}{I_z} S_z^*$$

式中,$S_z^* = \int_{A^*} y_1 dA$,为横截面距中性轴为 y 的横线 3—3 以下部分面积 A^* 对中性轴 z 的静矩。单元 1234 的顶面上切应力 τ' 的合力为

$$F_S' = \tau' b dx$$

F_{N1}、F_{N2} 和 F_S' 都沿着 x 轴方向,应满足平衡方程 $\sum F_x = 0$, 即有

$$-F_{N1} + F_{N2} - F_S' = 0$$

将 F_{N1}、F_{N2} 和 F_S' 的表达式代入上式,整理得

$$\tau' = \frac{dM}{dx} \frac{S_z^*}{I_z b}$$

由于 $\tau = \tau'$、$\frac{dM}{dx} = F_S$,故得矩形截面梁横截面上纵坐标为 y 的任意一点的弯曲切应力计算公式为

$$\tau = \frac{F_S S_z^*}{I_z b} \quad \text{(6-24)}$$

式中,F_S 为横截面上的剪力;S_z^* 为横截面上过该点的水平横线以外部分面积 A^*(见图 6-25a 中的深阴影区域)对中性轴 z 的静矩;b 为横截面的宽度;I_z 为整个横截面对中性轴 z 的惯性矩。

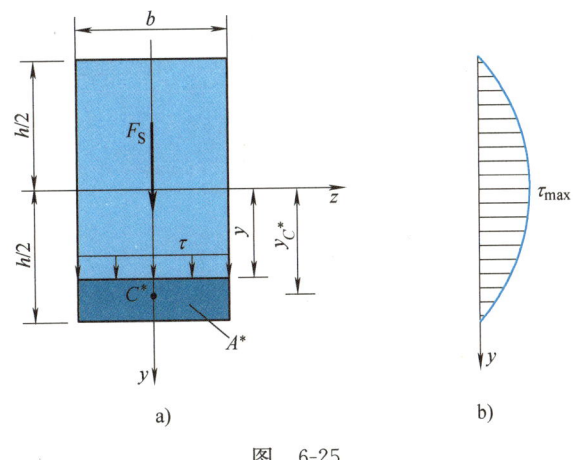

图 6-25

将

$$S_z^* = A^* y_{C^*} = b\left(\frac{h}{2} - y\right)\left(y + \frac{\frac{h}{2} - y}{2}\right) = \frac{b}{2}\left(\frac{h^2}{4} - y^2\right)$$

代入,式(6-24)成为

$$\tau = \frac{F_S}{2I_z}\left(\frac{h^2}{4} - y^2\right) \quad \text{(6-25)}$$

式(6-25)表明:沿截面高度,弯曲切应力的大小按照图 6-25b 所示的二次

抛物线的规律变化；在上、下边缘各点处（$y = \pm h/2$），弯曲切应力为零；在中性轴上各点处（$y = 0$），弯曲切应力最大，最大弯曲切应力为

$$\tau_{\max} = \frac{3F_S}{2A} \tag{6-26}$$

式中，$A = bh$ 为横截面的面积。可见，矩形截面梁的最大弯曲切应力为横截面上名义平均切应力的 1.5 倍。

二、工字形截面梁

图 6-26a 所示工字形截面，由上、下翼缘和中间的腹板组成。由于腹板为狭长矩形，关于矩形截面梁弯曲切应力分布规律的假设对腹板同样适用，所以腹板上弯曲切应力的计算公式与式（6-24）完全相同，即为

$$\tau = \frac{F_S S_z^*}{I_z d} \tag{6-27}$$

式中，d 为腹板厚度；S_z^* 为图 6-26a 所示深阴影区域面积对中性轴 z 的静矩。

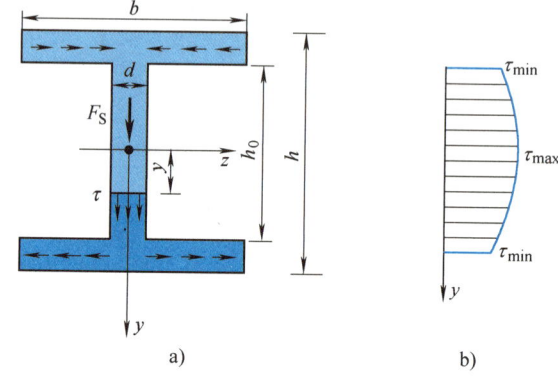

图 6-26

不难求得

$$S_z^* = \frac{b}{8}(h^2 - h_0^2) + \frac{d}{2}\left(\frac{h_0^2}{4} - y^2\right)$$

将其代入后，式（6-27）成为

$$\tau = \frac{F_S}{I_z d}\left[\frac{b}{8}(h^2 - h_0^2) + \frac{d}{2}\left(\frac{h_0^2}{4} - y^2\right)\right] \tag{6-28}$$

式（6-28）表明：沿腹板高度，弯曲切应力按照二次抛物线规律变化（见图 6-26b）；在腹板与上、下翼缘交界的各点处（$y = \pm h_0/2$），弯曲切应力最小，为

$$\tau_{\min} = \frac{F_S}{8I_z d}(bh^2 - bh_0^2) \tag{6-29}$$

在中性轴上的各点处（$y = 0$），弯曲切应力最大，为

$$\tau_{\max} = \frac{F_S}{8I_z d}[bh^2 - (b-d)h_0^2] \tag{6-30}$$

比较上述两式可知，当腹板厚度 d 远远小于翼缘宽度 b 时，$\tau_{\max} \approx \tau_{\min}$。由于工字钢一般都满足 $d \ll b$ 的条件，故可近似认为，工字钢腹板上的弯曲切应力是均匀分布的，故有工字钢腹板上弯曲切应力的近似计算公式

$$\tau = \frac{F_S}{dh_0} \qquad (6\text{-}31)$$

对于工字钢梁，根据下式来计算其最大弯曲切应力往往更为方便

$$\tau_{max} = \frac{F_S}{d(I_z : S_z^*)} \qquad (6\text{-}32)$$

因为式中的 $I_z : S_z^*$ 可直接从工字钢型钢表（见附录 B 中的表 B-4）中查到。应该指出，这里的 S_z^* 实际上是其最大值 $S_{z\,max}^*$。

工字形截面翼缘上的弯曲切应力的分布情况如图 6-26a 所示，因其值远小于腹板上的弯曲切应力，故一般忽略不计。

三、圆形截面梁

圆形截面梁弯曲切应力的最大值发生在中性轴上各点处（见图 6-27），其计算公式为

$$\tau_{max} = \frac{4F_S}{3A} \qquad (6\text{-}33)$$

式中，A 为圆形截面的面积。即圆形截面梁的最大弯曲切应力约为横截面上名义平均切应力的 1.3 倍。

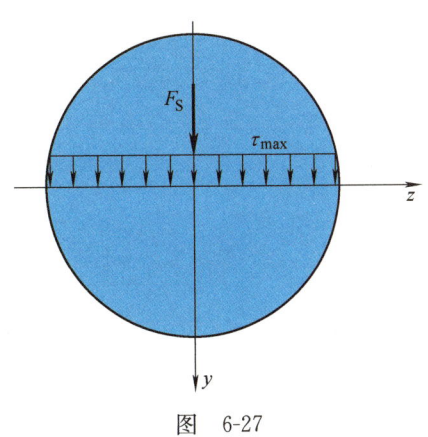

图 6-27

四、薄壁圆环形截面梁

壁厚 t 远小于平均半径 R（$t < R/10$）的圆环称为薄壁圆环（见图 6-28）。

薄壁圆环形截面梁弯曲切应力的最大值发生在中性轴上各点处，其近似计算公式为

$$\tau_{max} = 2\frac{F_S}{A} \qquad (6\text{-}34)$$

式中，A 为薄壁圆环形截面的面积。即薄壁圆环形截面梁的最大弯曲切应力约为横截面上名义平均切应力的 2 倍。

五、弯曲切应力强度条件

由上述讨论知，梁的弯曲切应力的最大值均发生在截面的中性轴上各点处。由于中性轴上各点的弯曲正应力为零，因此中性轴上的各点处于纯剪切应力状态，弯曲切应力的强度条件即为

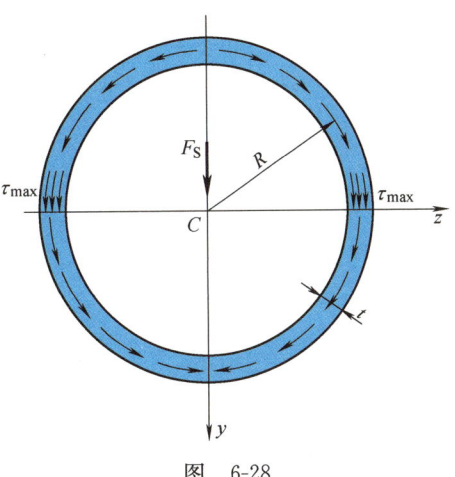

图 6-28

$$\tau_{\max} \leqslant [\tau] \tag{6-35}$$

【例 6-14】 图 6-29a 所示矩形截面简支梁受均布载荷作用,试求梁的最大弯曲正应力和最大弯曲切应力,并比较其大小。

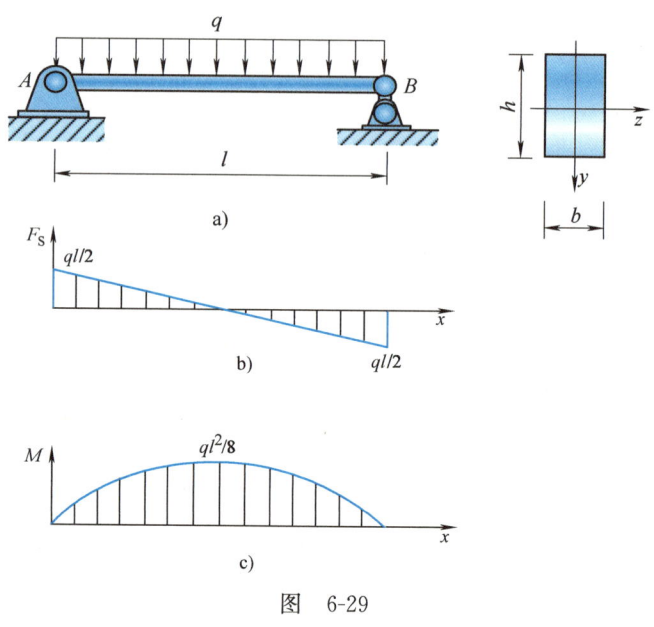

图 6-29

解：(1) 确定最大弯矩和最大剪力

作出梁的剪力图、弯矩图分别如图 6-29b、c 所示,可见其最大剪力、最大弯矩分别为

$$F_{S\max} = \frac{1}{2}ql, \quad M_{\max} = \frac{1}{8}ql^2$$

(2) 计算最大弯曲正应力和最大弯曲切应力

由式 (6-21) 和式 (6-26),分别得最大弯曲正应力和最大弯曲切应力为

$$\sigma_{\max} = \frac{M_{\max}}{W_z} = \frac{\frac{1}{8}ql^2}{\frac{1}{6}bh^2} = \frac{3ql^2}{4bh^2}$$

$$\tau_{\max} = \frac{3F_{S\max}}{2A} = \frac{3 \times \frac{1}{2}ql}{2bh} = \frac{3ql}{4bh}$$

(3) 比较最大弯曲正应力和最大弯曲切应力的大小

$$\frac{\sigma_{\max}}{\tau_{\max}} = \frac{\dfrac{3ql^2}{4bh^2}}{\dfrac{3ql}{4bh}} = \frac{l}{h}$$

即,此梁的最大弯曲正应力与最大弯曲切应力之比就等于梁的跨度 l 与截面高度 h 之比。对于细长梁,其跨度 l 要远大于截面高度 h,因此,**在对非薄壁截面的细长梁进行强度计算时,**

一般应以弯曲正应力强度条件为主。

【例 6-15】 图 6-30a 所示矩形截面钢梁,已知载荷 $F = 10 \text{ kN}$、$q = 5 \text{ kN/m}$,梁的长度尺寸 $l = 1 \text{ m}$,许用正应力 $[\sigma] = 160 \text{ MPa}$,许用切应力 $[\tau] = 80 \text{ MPa}$。若规定梁横截面的高宽比 $h/b = 2$,试确定梁的横截面尺寸。

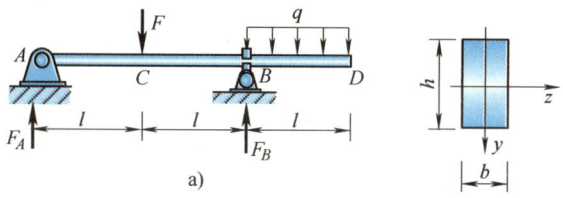

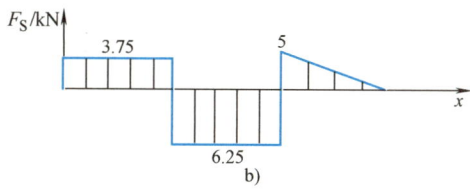

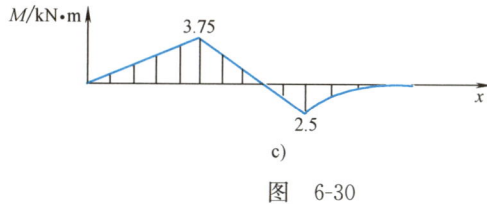

图 6-30

解:(1) 确定最大弯矩和最大剪力

由平衡方程得梁的支座反力(见图 6-30a)

$$F_A = 3.75 \text{ kN}, \quad F_B = 11.25 \text{ kN}$$

作出梁的剪力图、弯矩图分别如图 6-30b、c 所示。由图可见,最大剪力、最大弯矩分别为

$$|F_S|_{\max} = 6.25 \text{ kN}, \quad |M|_{\max} = 3.75 \text{ kN} \cdot \text{m}$$

(2) 根据弯曲正应力强度条件确定截面尺寸

根据梁的弯曲正应力强度条件,有

$$\sigma_{\max} = \frac{|M|_{\max}}{W_z} = \frac{6 \times 3.75 \times 10^3 \text{ N} \cdot \text{m}}{bh^2} \leqslant [\sigma] = 160 \times 10^6 \text{ Pa}$$

将 $h/b = 2$ 代入上式,解得

$$b \geqslant \sqrt[3]{\frac{6 \times 3.75 \times 10^3}{4 \times 160 \times 10^6}} \text{ m} = 0.03276 \text{ m} = 32.76 \text{ mm}$$

故取截面尺寸

$$b = 33 \text{ mm}, \quad h = 66 \text{ mm}$$

(3) 对弯曲切应力进行强度校核

将 $|F_S|_{max} = 6.25$ kN、$b = 33$ mm、$h = 66$ mm 代入式 (6-26)，得该梁的最大弯曲切应力

$$\tau_{max} = \frac{3|F_S|_{max}}{2A} = \frac{3 \times 6.25 \times 10^3}{2 \times 33 \times 66 \times 10^{-6}} \text{ Pa} = 4.3 \times 10^6 \text{ Pa} = 4.3 \text{ MPa} < [\tau] = 80 \text{ MPa}$$

因此，根据弯曲正应力强度条件选取的梁的横截面尺寸符合要求。

【例 6-16】 某工作平台的横梁是由 No.18 工字钢制成，受力如图 6-31a 所示。已知材料的许用正应力 $[\sigma] = 170$ MPa、许用切应力 $[\tau] = 100$ MPa。试校核此梁强度。

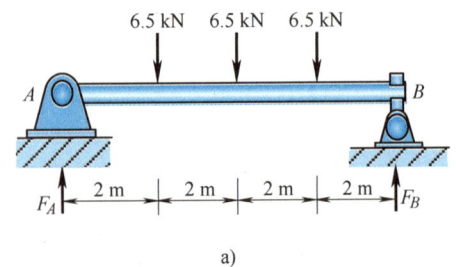

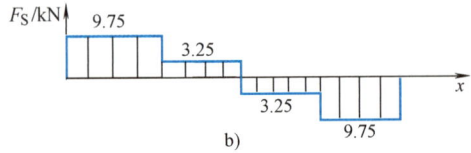

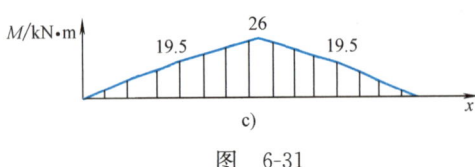

图 6-31

解： (1) 确定最大弯矩和最大剪力

由对称性，得梁的支座反力（见图 6-31a）

$$F_A = F_B = 9.75 \text{ kN}$$

作出梁的剪力图、弯矩图分别如图 6-31b、c 所示。可见其最大剪力、最大弯矩分别为

$$|F_S|_{max} = 9.75 \text{ kN}, \quad |M|_{max} = 26 \text{ kN} \cdot \text{m}$$

(2) 校核弯曲正应力强度

由型钢表查得 No.18 工字钢的有关截面几何参数为

$$W_z = 185 \text{ cm}^3, \quad d = 6.5 \text{ mm}, \quad I_z : S_z^* = 15.4 \text{ cm}$$

根据梁的弯曲正应力强度条件

$$\sigma_{max} = \frac{|M|_{max}}{W_z} = \frac{26 \times 10^3}{185 \times 10^{-6}} \text{ Pa} = 140.6 \times 10^6 \text{ Pa} = 140.6 \text{ MPa} < [\sigma] = 170 \text{ MPa}$$

故此梁的弯曲正应力强度符合要求。

(3) 校核弯曲切应力强度

根据工字型截面梁的弯曲切应力强度条件

$$\tau_{max} = \frac{|F_S|_{max}}{d(I_z : S_z^*)} = \frac{9.75 \times 10^3}{6.5 \times 10^{-3} \times 15.4 \times 10^{-2}} \text{ Pa} = 9.75 \text{ MPa} < [\tau] = 100 \text{ MPa}$$

故此梁的弯曲切应力强度足够。

综上所述：此梁的强度符合要求。

【例 6-17】 图 6-32a 所示外伸梁由工字钢制作，已知材料的许用正应力 $[\sigma] = 160$ MPa、许用切应力 $[\tau] = 100$ MPa。试选择工字钢型号。

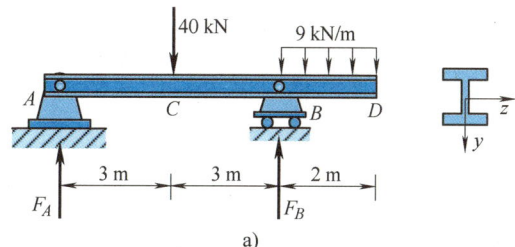

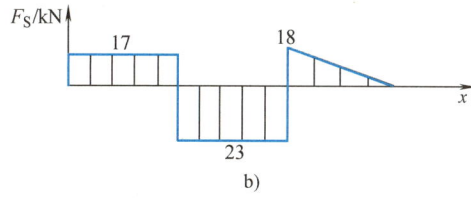

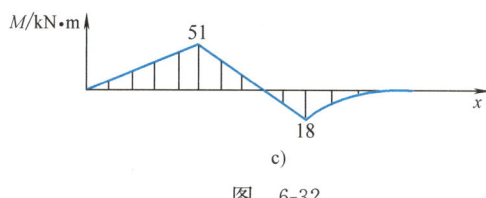

图 6-32

解：(1) 确定最大弯矩和最大剪力

由平衡方程得梁的支座反力（见图 6-32a）

$$F_A = 17 \text{ kN}, \quad F_B = 41 \text{ kN}$$

作出梁的剪力图、弯矩图分别如图 6-32b、c 所示。可见其最大剪力、最大弯矩分别为

$$|F_S|_{max} = 23 \text{ kN}, \quad |M|_{max} = 51 \text{ kN} \cdot \text{m}$$

(2) 按弯曲正应力强度选择工字钢型号

由梁的弯曲正应力强度条件，得此梁的抗弯截面系数

$$W_z \geq \frac{|M|_{max}}{[\sigma]} = \frac{51 \times 10^3 \text{ N} \cdot \text{m}}{160 \times 10^6 \text{ Pa}} = 3.1875 \times 10^{-4} \text{ m}^3 = 318.75 \text{ cm}^3$$

查型钢表，选用 No.22b 工字钢，其抗弯截面系数 $W_z = 325 \text{ cm}^3$，可以满足要求。

(3) 校核弯曲切应力强度

从型钢表中查得 No.22b 工字钢的截面几何参数 $I_z : S_z^* = 18.7 \text{ cm}$、$d = 9.5 \text{ mm}$。

根据工字型截面梁的弯曲切应力强度条件，

$$\tau_{\max} = \frac{|F_s|_{\max}}{d(I_z : S_z^*)} = \frac{23 \times 10^3 \text{ N}}{9.5 \times 10^{-3} \text{ m} \times 18.7 \times 10^{-2} \text{ m}} = 12.9 \text{ MPa} < [\tau] = 100 \text{ MPa}$$

梁的切应力强度足够。

故有结论：可以选用 No.22b 工字钢。

第六节　梁的合理强度设计

根据上节讨论，一般情况下，在对梁进行强度设计时，应以弯曲正应力强度条件

$$\sigma_{\max} = \frac{|M|_{\max}}{W_z} \leqslant [\sigma]$$

为主要依据。由此可见，梁的强度主要与由外力引起的最大弯矩、截面形状与尺寸，以及材料有关。所以，可采取下列措施来合理地进行梁的强度设计。

一、合理安排梁的支座和加载方式

合理安排梁的支座和加载方式，可以显著降低弯矩的最大值，提高梁的承载能力，以达到提高梁的强度的目的。

1. 合理安排梁的支座

例如，若将图 6-33a 所示的简支梁的两端支座各向里侧移动 $0.2l$，如图 6-33b 所示，则其最大弯矩将由原来的 $ql^2/8$ 减小至 $ql^2/40$，相当于梁的承载能力提高为原来的 5 倍。

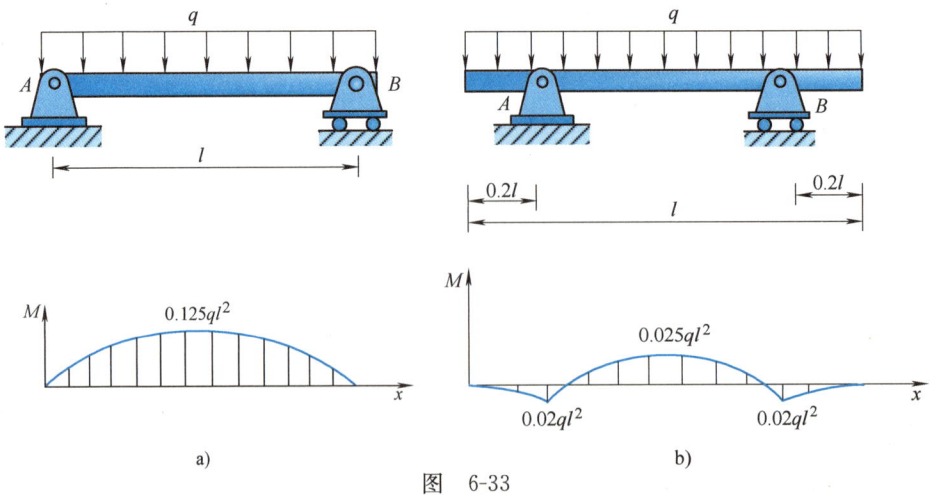

图　6-33

另外，对静定梁增加支座，使其成为超静定梁，对缓和受力、减小最大弯矩也相当有效。

2. 改变载荷的作用方式

例如，图 6-34a 所示长为 l 的简支梁，在跨中受一集中载荷 F 的作用，其最大弯矩为 $Fl/4$。若在主梁的中部设置一长为 $l/2$ 的辅梁（见图 6-34b），以改变主梁上载荷的作用方式，则主梁内的最大弯矩将减至 $Fl/8$，为原来的一半。

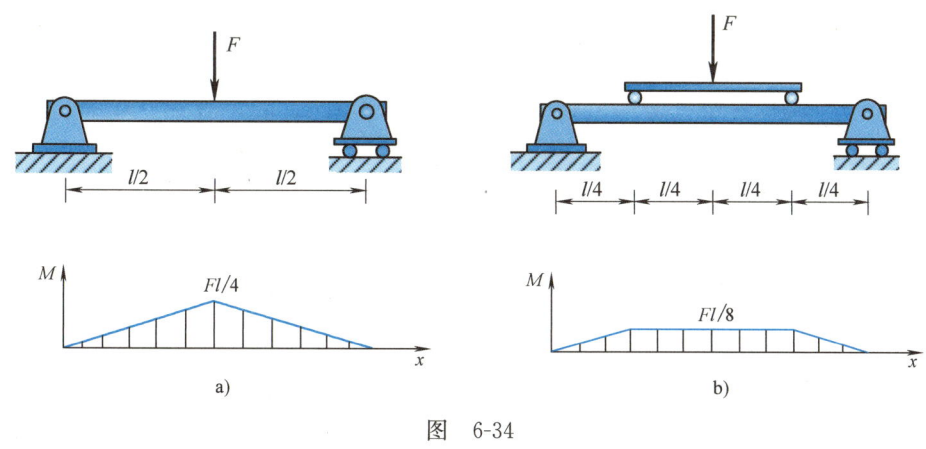

图 6-34

二、合理设计梁的截面形状

1. 合理选择截面形状，增大单位面积的抗弯截面系数 W_z/A

当弯矩一定时，最大弯曲正应力与抗弯截面系数成反比。为了节约材料，减轻结构自重，合理的截面形状应该使其单位面积的抗弯截面系数 W_z/A 尽可能大。

梁的几种常见截面见图 6-35，其对应的 W_z/A 值列于表 6-1 中。

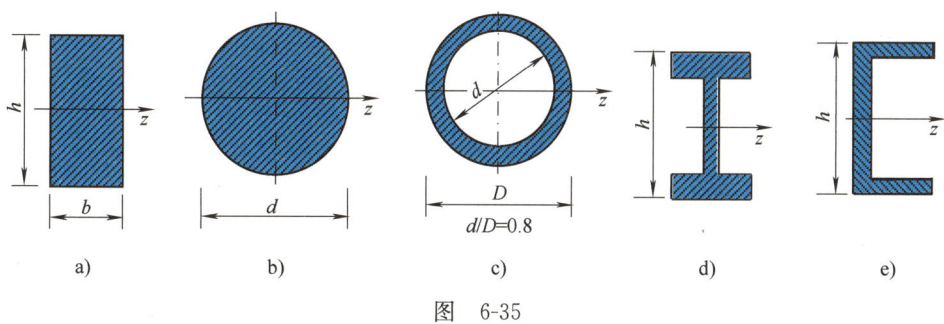

图 6-35

表 6-1　几种常见截面的 W_z/A 值

截面形状	矩　形	圆　形	圆 环 形	工 字 钢	槽　钢
W_z/A	$0.167h$	$0.125d$	$0.205D$	$(0.27\sim 0.31)h$	$(0.27\sim 0.31)h$

表 6-1 表明，实心圆截面最不经济，工字钢和槽钢截面较为合理。这可从弯曲正应力的分布规律得到解释。由于弯曲正应力沿截面高度方向呈线性分布，在中性轴附近弯曲正应力很小，而在截面的上、下边缘处弯曲正应力最大。因此，应尽可能将材料配置在距离中性轴较远处，以充分发挥材料的强度潜能。工程中的钢梁大多采用工字形、槽形或者箱形截面就是这个道理。而圆形截面因在中性轴附近聚集了较多材料，不能做到材尽其用，故不合理。对于需做成圆形截面的承弯轴类构件，则宜采用圆环形截面。

• 思政导读 •

图 6-36 所示为公路高架桥，桥身采用中空设计，材料主要分布在远离中性轴的上下两侧，符合弯曲设计原理，省料且安全。新中国成立以来，我国的公路建设事业突飞猛进，截至 2021 年底，高速公路总里程已达 16.9 万公里，在全球遥遥领先，为推动中国现代化进程做出了巨大贡献。

图 6-36

2. 根据材料性质，合理确定截面形状

合理确定梁的截面形状，还应结合材料特性，使处于拉、压不同区域材料的强度潜能都能得到充分利用。

对于许用拉应力和许用压应力相等的塑性材料梁（如钢梁），显然宜采用关于中性轴对称的截面，如矩形、工字形和箱形等截面。这样可使截面上的最大拉应力和最大压应力相等，并同步达到材料的许用应力。而对于许用拉应力小于许用压应力的脆性材料梁，则宜采用中性轴偏于受拉一侧的截面，如 T 形和槽形截面，从而使得截面上的最大拉应力和最大压应力同时接近材料的许用应力，如图 6-37 所示。

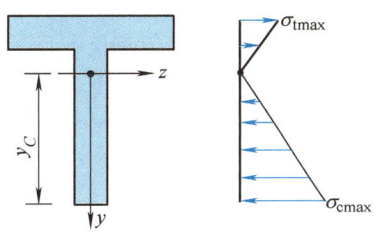

图 6-37

三、采用变截面梁

为了节省材料，减轻结构自重，在工程实际中，可以根据梁的受力情况，采用变截面梁。

一般情况下，梁的弯矩是随截面位置而变化的，若采用等截面梁，除了最大弯矩所在截面外，其他截面处的材料都未能得到充分利用。因此，可以考虑在弯矩较大处采用较大截面，而在弯矩较小处采用较小截面。这种截面随轴线变化的梁，称为**变截面梁**。

理想的变截面梁是使梁每一截面处的最大弯曲正应力都相等，且都等于材料的许用应力，即

$$\sigma_{\max}(x) = \frac{M(x)}{W_z(x)} = [\sigma] \tag{a}$$

这样设计出的梁称为**等强度梁**。

由式（a）得

$$W_z(x) = \frac{M(x)}{[\sigma]} \tag{b}$$

这是等强度梁的抗弯截面系数 $W_z(x)$ 沿梁轴线的变化规律。

等强度梁是一种理想状态的变截面梁。但考虑到加工与结构的需要，工程实际中的变截面梁大都只能设计成近似等强度的，如图 6-38a 所示的"鱼腹梁"、图 6-38b 所示的阶梯梁等。

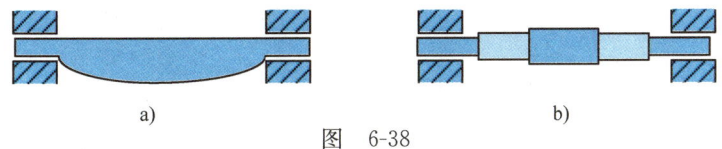

图 6-38

> •**思政导读**•
>
> 在中国古代的斗拱结构中可以找到大量类似等强度梁的应用。图 6-39 所示为珍藏于成都香米园汉陶艺术博物馆的一件展品，从图中可以看出，在其一斗三升结构中，拱的造型即有鱼腹梁的外形。这或许说明，早在汉代中国人已经认识到梁构件破坏的特征，并针对性地进行增强，具有了"等强度梁"

的朴素概念。建于明代万历元年（1573年）的广西玉林真武阁（见图 6-40），在其二、三层的出檐部分，则采用了类似三角形的悬臂等强度梁设计。作为中华瑰宝的古建筑无不体现了中华民族的勤劳和智慧。

具有鱼腹梁外形的拱

图　6-39

图　6-40

复习思考题

6-1　静矩与形心有何关联？

6-2　惯性矩与极惯性矩有何区别？

6-3 何谓主惯性轴？何谓形心主惯性轴？如何确定截面的主惯性轴？
6-4 何谓主惯性矩？何谓形心主惯性矩？如何求截面的主惯性矩？
6-5 抗弯刚度与抗弯截面系数有何区别？
6-6 在推导弯曲正应力公式时做了哪些假设？在什么条件下这些假设才成立？
6-7 如何确定中性轴的位置？
6-8 弯曲正应力的分布规律与截面形状是否有关？弯曲切应力呢？
6-9 如何确定梁截面上某点的弯曲正应力是拉还是压？
6-10 对于等截面梁，最大弯曲正应力是否一定发生在弯矩最大的横截面上？
6-11 中性轴上各点的弯曲正应力是否一定为零？
6-12 弯曲正应力的最大值发生在截面的哪个位置上？
6-13 弯曲切应力的最大值发生在截面的哪个位置上？
6-14 梁的合理强度设计有哪些主要措施？
6-15 梁采用工字形截面是否一定就是最合理的？
6-16 何谓变截面梁？何谓等强度梁？等强度梁的设计原则是什么？

6-1 T形截面如习题 6-1 图所示，已知 $b_1 = 0.3 \text{ m}$，$b_2 = 0.6 \text{ m}$，$h_1 = 0.5 \text{ m}$，$h_2 = 0.14 \text{ m}$。(1) 求阴影部分面积对水平形心轴 z_0 的静矩；(2) 问 z_0 轴以上部分面积对 z_0 轴的静矩与阴影部分面积对 z_0 轴的静矩有何关系？

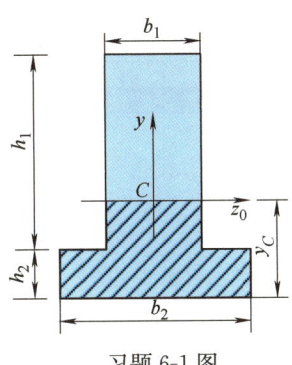

习题 6-1 图

6-2 试求习题 6-2 图所示各组合截面对水平形心轴 z_0 的惯性矩：a) No.40a 工字钢与钢板组成的组合截面，已知钢板厚度 $\delta = 20 \text{ mm}$；b) T 形截面；c) 上下不对称的工字形截面。

6-3 如习题 6-3 图所示，简支梁承受均布载荷作用，若分别采用面积相等的实心圆和空心圆截面，已知 $D_1 = 40 \text{ mm}$，$d_2 : D_2 = 3 : 5$，试分别计算它们的最大弯曲正应力并比较其大小。

6-4 如习题 6-4 图所示，矩形截面简支梁 AB 受均布载荷作用。试计算：1) 截面 1—1

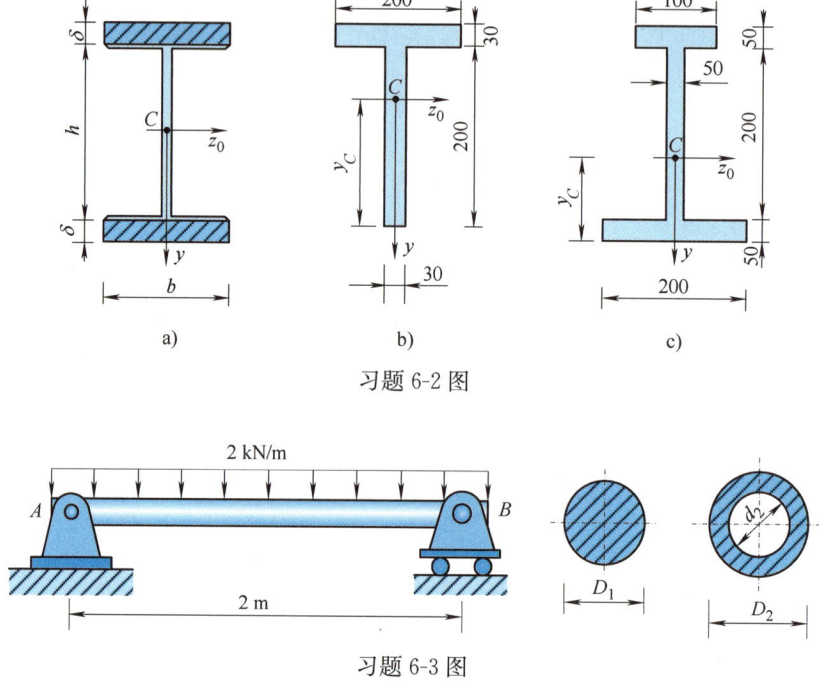

习题 6-2 图

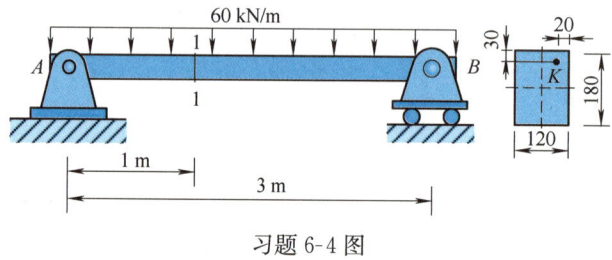

习题 6-3 图

上点 K 处的弯曲正应力；2）截面 1—1 上的最大弯曲正应力，并指出其所在位置；3）全梁的最大弯曲正应力，并指出其所在截面和在该截面上的位置。

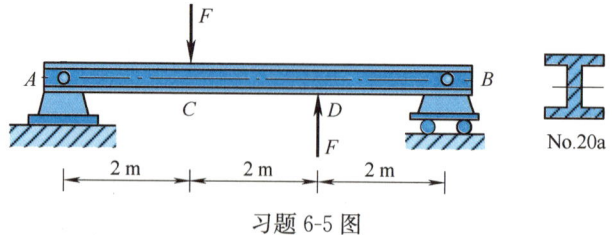

习题 6-4 图

6-5 No.20a 工字钢梁的支承和受力情况如习题 6-5 图所示。已知材料的许用应力 $[\sigma]=160$ MPa，试按弯曲正应力强度条件确定许可载荷 $[F]$。

习题 6-5 图

6-6 圆截面外伸梁如习题 6-6 图所示，已知材料的许用应力 $[\sigma]=100$ MPa，试按弯曲正应力强度条件确定梁横截面的直径。

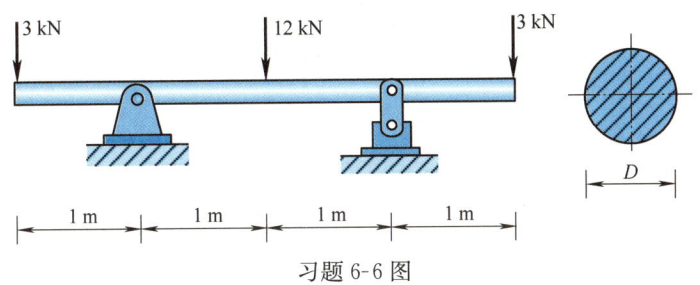

习题 6-6 图

6-7 习题 6-7 图所示简易吊车梁 AB 为一根 No.45a 工字钢，已知梁自重 $q=804$ N/m，最大起吊重量 $F=68$ kN，材料的许用应力 $[\sigma]=140$ MPa。试校核该梁的弯曲正应力强度。

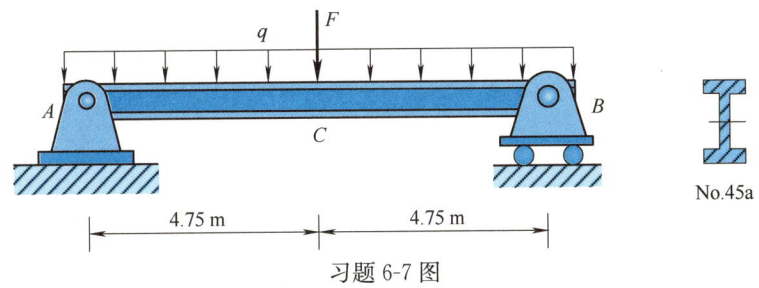

习题 6-7 图

6-8 槽形截面铸铁梁所受载荷如习题 6-8 图所示，已知槽形截面的形心主惯性矩 $I_z=4000$ cm^4，材料的许用拉应力 $[\sigma_t]=50$ MPa、许用压应力 $[\sigma_c]=150$ MPa。试校核此梁的弯曲正应力强度。

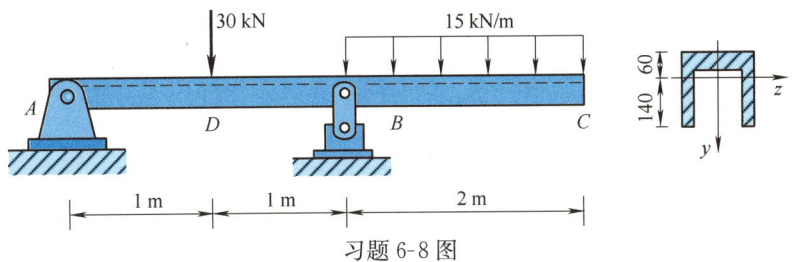

习题 6-8 图

6-9 T 形截面悬臂梁如习题 6-9 图所示。已知截面的形心主惯性矩 $I_z=10180$ cm^4，形心位置尺寸 $h_2=96.4$ mm，材料的许用拉应力 $[\sigma_t]=40$ MPa、许用压应力 $[\sigma_c]=160$ MPa。试按弯曲正应力强度条件确定梁的许可载荷。

6-10 习题 6-10 图所示简支梁由 No.36a 工字钢制成。已知载荷 $F=40$ kN、$M_e=150$ kN·m，材料的许用应力 $[\sigma]=160$ MPa。试校核梁的弯曲正应力强度。

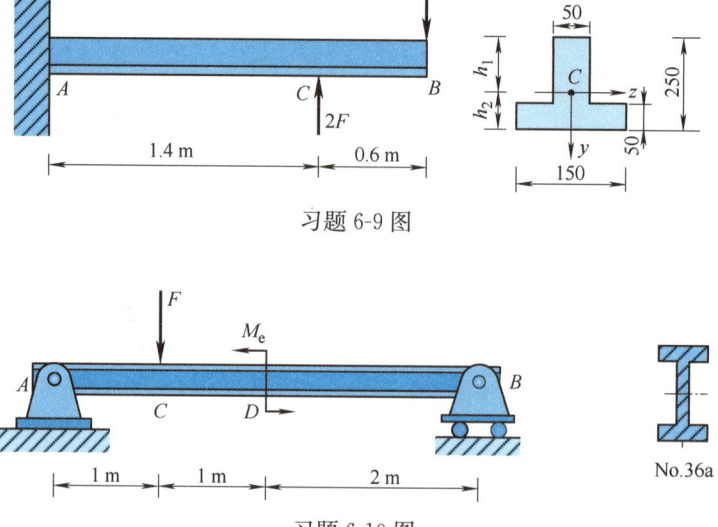

习题 6-9 图

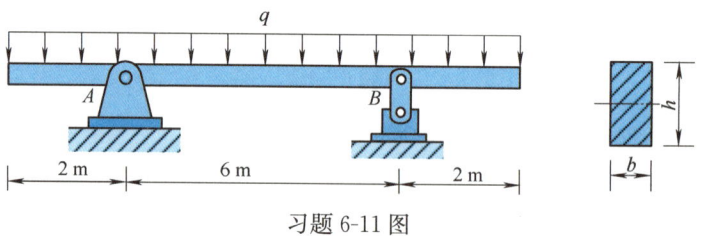

习题 6-10 图

6-11 如习题 6-11 图所示，一矩形截面钢梁受均布载荷作用，已知均布载荷集度 $q = 12\ \text{kN/m}$，材料的许用应力 $[\sigma] = 160\ \text{MPa}$。若规定矩形截面的高宽比 $h/b = 2$，试按弯曲正应力强度条件确定截面尺寸。

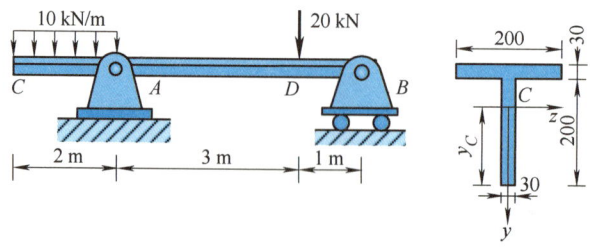

习题 6-11 图

6-12 T 形截面铸铁梁的几何尺寸以及所受载荷如习题 6-12 图所示。已知材料的许用拉应力 $[\sigma_t] = 40\ \text{MPa}$、许用压应力 $[\sigma_c] = 160\ \text{MPa}$。试校核此梁的弯曲正应力强度。若载荷不变，将 T 形截面倒置，试问是否合理？何故？

习题 6-12 图

6-13 槽形截面铸铁外伸梁如习题 6-13 图所示，已知截面的形心主惯性矩 $I_z = 4 \times 10^7 \text{ mm}^4$，形心位置尺寸 $y_1 = 60$ mm、$y_2 = 140$ mm，材料的许用拉应力 $[\sigma_t] = 35$ MPa、许用压应力 $[\sigma_c] = 140$ MPa。试根据弯曲正应力强度确定许可载荷 $[F]$。

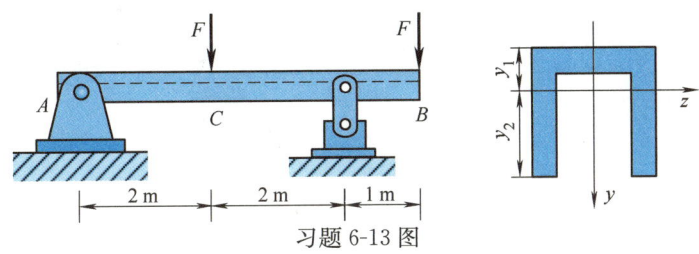

习题 6-13 图

6-14 试计算习题 6-14 图所示圆形截面简支梁在均布载荷作用下的最大正应力和最大切应力，并指出它们发生于何处。

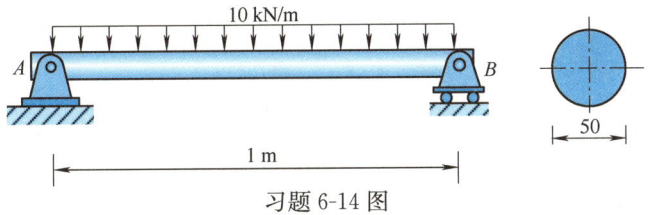

习题 6-14 图

6-15 习题 6-15 图所示悬臂木梁由三根矩形截面的木料胶合而成。已知胶合面的许用切应力 $[\tau] = 0.34$ MPa，木材的许用正应力 $[\sigma] = 10$ MPa。试确定此梁的许可载荷（图中尺寸单位为 cm）。

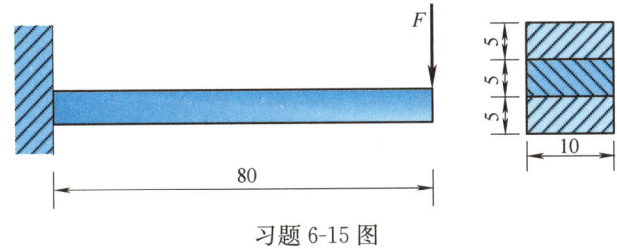

习题 6-15 图

6-16 习题 6-16 图所示简支梁由三块截面为 40 mm×90 mm 的木板胶合而成，已知胶缝的许用切应力 $[\tau] = 0.5$ MPa，试按胶缝的切应力强度确定此梁的许可载荷。

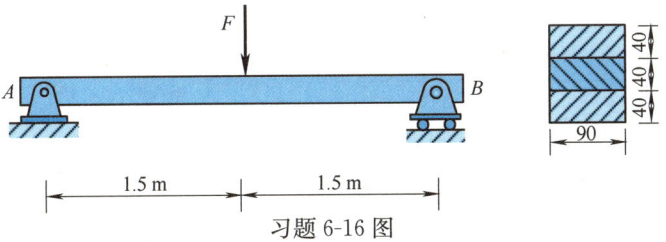

习题 6-16 图

6-17 圆形截面梁如习题 6-17 图所示，已知材料的许用正应力 $[\sigma] = 160$ MPa，许用切应力 $[\tau] = 100$ MPa。试确定该梁横截面直径 d。

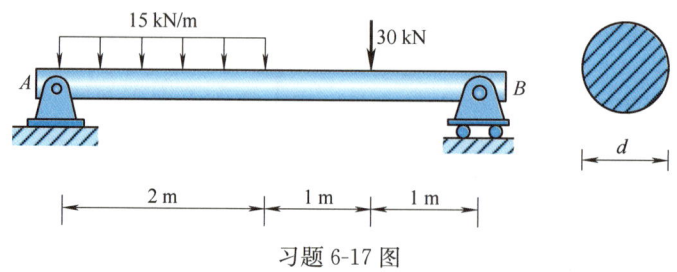

习题 6-17 图

6-18 简支梁 AB 如习题 6-18 图所示，若集中力 F 作用在中间截面处（见习题 6-18 图 a），则梁内最大弯曲正应力将为许用应力的 130%。为使该梁符合强度要求，在梁和载荷不变的情况下，可在集中力 F 与梁 AB 间加一辅梁 CD（见习题 6-18 图 b）。试确定辅梁 CD 的最小长度 a。假设辅梁 CD 的强度足够。

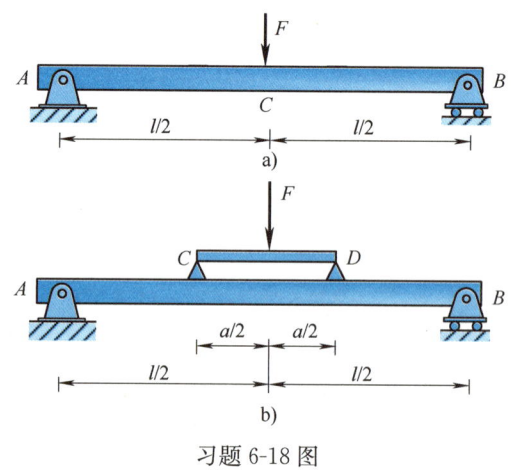

习题 6-18 图

6-19 习题 6-19 图所示简支梁用工字钢制作。已知载荷 $q = 6$ kN/m，$F = 20$ kN，材料的许用正应力 $[\sigma] = 180$ MPa、许用切应力 $[\tau] = 100$ MPa。试选择工字钢的型号。

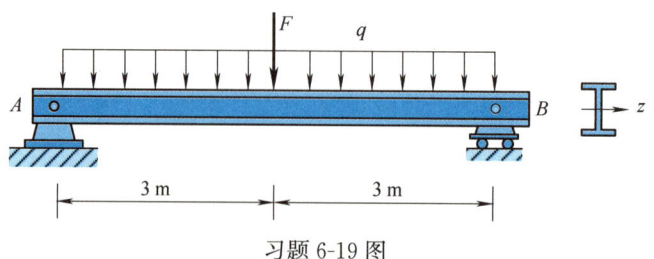

习题 6-19 图

6-20 矩形截面外伸梁如习题 6-20 图所示，已知载荷 $q = 20\text{ kN/m}$，$M_e = 40\text{ kN}\cdot\text{m}$，材料的许用正应力 $[\sigma] = 170\text{ MPa}$、许用切应力 $[\tau] = 100\text{ MPa}$。若规定 $h/b = 1.5$，试确定该梁的截面尺寸。

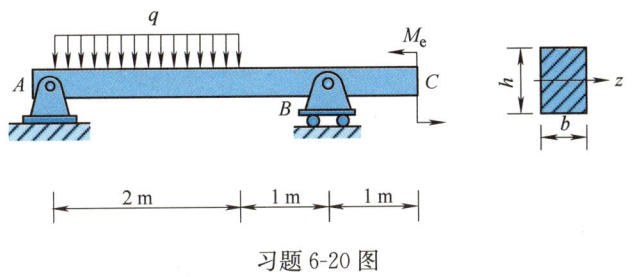

习题 6-20 图

6-21 习题 6-21 图所示木制外伸梁，截面为矩形，高宽比 $h/b = 1.5$，受行走于 AC 之间的活载 $F = 40\text{ kN}$ 的作用。已知材料的许用正应力 $[\sigma] = 10\text{ MPa}$、许用切应力 $[\tau] = 3\text{ MPa}$。试问 F 在什么位置时梁为危险工况？并确定此梁的横截面尺寸 b 和 h。

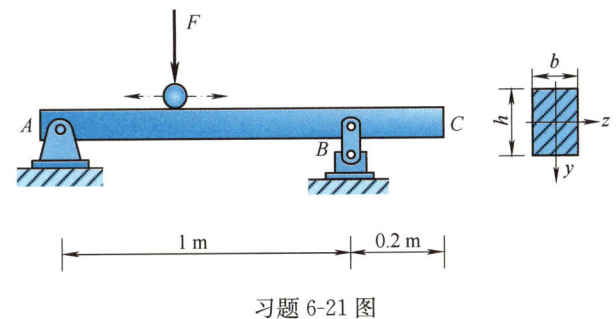

习题 6-21 图

6-22 如习题 6-22 图所示，两根梁长度均为 l，宽度均为 b，厚度 $h_1/h_2 = 1/2$，材料不同，弹性模量 $E_1/E_2 = 2/3$，将两根梁组成一简支梁，承受均布载荷 q。(1) 若两根梁只互相叠置在一起，并忽略接触面的摩擦，试求此时两根梁内的最大正应力之比。(2) 若两根梁胶合在一起，无相互滑动，则此时叠梁的最大正应力较前一种情况减少了多少？

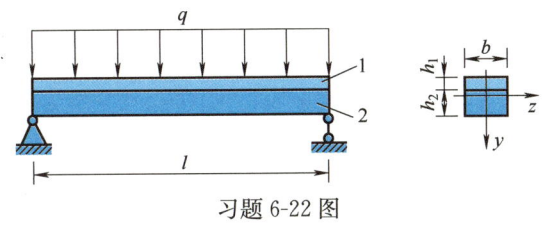

习题 6-22 图

6-23 叠梁 AB 如习题 6-23 所示，在自由端 B 处用螺栓连接，若忽略叠梁之间的摩擦，试求螺栓所受剪力。

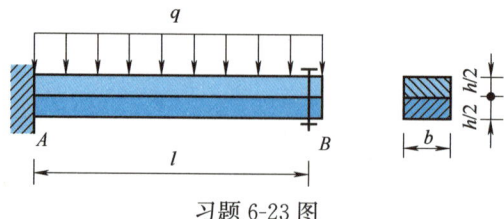

习题 6-23 图

第七章
弯 曲 变 形

第一节 引 言

对于工程中承受弯曲变形的构件，设计时除了应使其工作应力不超过材料的许用应力之外，还必须考虑由于变形过大可能出现的问题。例如，楼盖中梁的变形过大，会引起平顶开裂，抹灰层脱落；齿轮变速箱传动轴的弯曲变形过大，则会引起轴颈与轴承的磨损，影响齿轮的啮合状况，使得齿轮轴不能正常工作；车床主轴的弯曲变形过大，会影响工件的加工精度；吊车主梁的弯曲变形过大，会妨碍吊车的正常运行，甚至发生安全事故。为了解决这些问题，必须研究梁的弯曲变形。

此外，在求解超静定梁以及研究压杆稳定时，也都需要用到弯曲变形的知识。

在第五章中已经介绍过，弯曲变形的主要特点是梁的轴线由直线弯成曲线，这条曲线称为梁的**挠曲线**。对于对称弯曲，挠曲线是一条位于梁纵向对称面内的光滑连续曲线（见图 7-1）。

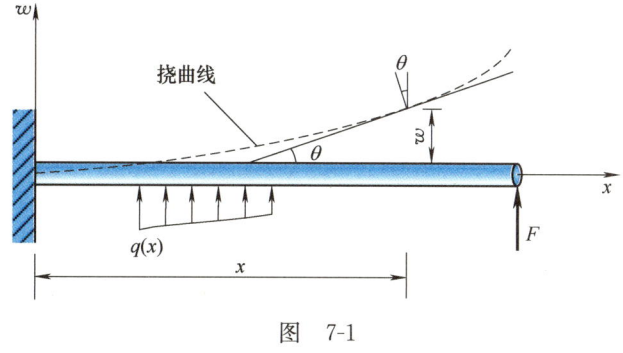

图 7-1

如图 7-1 所示，以变形前梁的轴线为 x 轴，垂直向上的轴为 w 轴。在 x-w 坐标系中，**挠曲线方程**可以写成

$$w = f(x) \tag{7-1}$$

挠曲线上横坐标为 x 的点的纵坐标 w，代表了坐标为 x 的横截面的形心在垂直于梁轴线方向的线位移，称为横截面的**挠度**。在所取坐标系中，**向上的挠度为正，反之为负**。显然，只要将横截面的坐标 x 代入挠曲线方程，即可得该截面的挠度值。

由于弯曲变形，梁的横截面还会相对其原来位置转过一个角度，即产生角位移。梁横截面的角位移称为横截面的**转角**，用 θ 表示。根据梁弯曲的平面假设，变形前垂直于轴线（x 轴）的横截面，变形后依然与挠曲线正交。因此，横截面的转角就等于挠曲线在该截面处的切线与 x 轴间的夹角，即有

$$\tan\theta = \frac{\mathrm{d}w}{\mathrm{d}x}$$

在工程实际中，转角 θ 的值一般很小，$\tan\theta \approx \theta$，故有

$$\theta = \frac{\mathrm{d}w}{\mathrm{d}x} \tag{7-2}$$

即**梁的横截面的转角 θ 等于挠度 w 对坐标 x 的一阶导数，或等于挠曲线的切线的斜率**。在所取坐标系中，**逆时针的转角为正，反之为负**。

第二节 挠曲线近似微分方程

在第六章研究纯弯曲梁的正应力时，曾得到梁的中性层，即挠曲线的曲率公式（6-17）

$$\frac{1}{\rho} = \frac{M}{EI_z}$$

为方便起见，今后在研究梁的变形时，将梁的抗弯刚度 EI_z 略写为 EI。

如果忽略剪力对变形的影响，上式亦可用于一般的横力弯曲。但此时，弯矩 M 与挠曲线曲率 $\dfrac{1}{\rho}$ 都是横截面位置坐标 x 的函数，即式（6-17）变为

$$\frac{1}{\rho(x)} = \frac{M(x)}{EI} \tag{a}$$

根据高等数学知识，平面曲线 $w = f(x)$ 上任一点处的曲率为

$$\frac{1}{\rho(x)} = \pm \frac{\dfrac{\mathrm{d}^2 w}{\mathrm{d}x^2}}{\left[1+\left(\dfrac{\mathrm{d}w}{\mathrm{d}x}\right)^2\right]^{\frac{3}{2}}} \tag{b}$$

联立式（a）和式（b），得

$$\frac{\dfrac{d^2w}{dx^2}}{\left[1+\left(\dfrac{dw}{dx}\right)^2\right]^{\frac{3}{2}}} = \pm\frac{M(x)}{EI}$$

由于梁的转角 $\theta = \dfrac{dw}{dx}$ 很小，$\left(\dfrac{dw}{dx}\right)^2$ 远远小于 1，故上式近似为

$$\frac{d^2w}{dx^2} = \pm\frac{M(x)}{EI} \tag{c}$$

根据高等数学知识，在所选坐标系中，当 $\dfrac{d^2w}{dx^2} > 0$ 时，挠曲线为凹曲线；当 $\dfrac{d^2w}{dx^2} < 0$ 时，挠曲线为凸曲线，分别如图 7-2a、b 所示。另根据弯矩正负号规定，图 7-2a、b 所示弯曲变形所对应的弯矩 $M(x)$ 的正负号恰好与 $\dfrac{d^2w}{dx^2}$ 的正负号一致。故式（c）成为

$$\frac{d^2w}{dx^2} = \frac{M(x)}{EI} \tag{7-3}$$

上式称为梁的**挠曲线近似微分方程**。

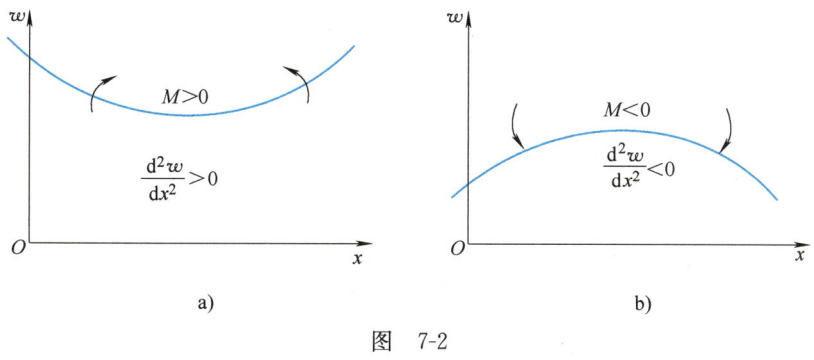

图 7-2

第三节　计算弯曲变形的积分法

将式（7-3）的两边乘以 dx，对 x 积分一次，得到梁的转角方程

$$\theta = \frac{dw}{dx} = \int \frac{M(x)}{EI} dx + C \tag{7-4}$$

将上式两边乘以 dx，再积分一次，即得梁的挠曲线方程

$$w = \int \left[\int \frac{M(x)}{EI} dx \right] dx + Cx + D \tag{7-5}$$

式中，C、D 为积分常数，其值可根据梁的位移边界条件和位移连续条件确定。

梁弯曲变形时，其支座约束对梁位移所施加的限制条件，称为梁的**位移边界条件**。例如：图 7-3a 所示的悬臂梁，在固定端处，梁的挠度和转角均等于零；又如图 7-3b 所示的简支梁，在两端的铰支座处，梁的挠度分别等于零。

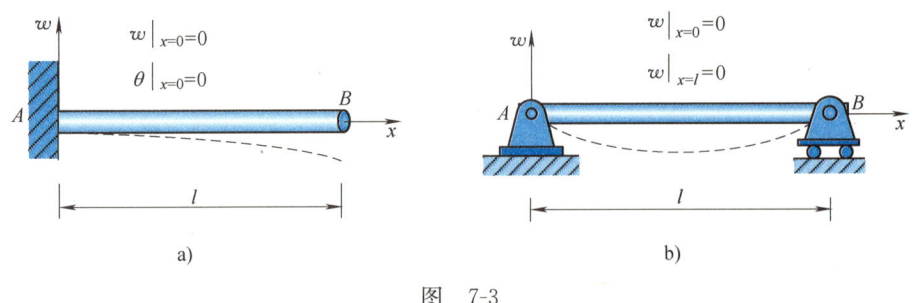

图 7-3

在用积分法计算梁的变形时，式（7-4）和式（7-5）中的积分应该遍及全梁。若弯矩方程 $M(x)$ 为分段函数，或者各段梁的抗弯刚度 EI 不同，积分则要相应地分段进行。此时，积分常数会相应增加。要确定这些积分常数，除了利用梁的位移边界条件外，还需利用梁的位移连续条件。由于挠曲线是一条光滑连续曲线，在挠曲线的任意一点处，有唯一确定的挠度和转角，这称为梁的**位移连续条件**。根据位移连续条件，分别根据左、右两边的弯矩方程积分得出的挠度和转角，在分段的交界点处应该相等。

由此可见，梁的变形不仅与弯矩和抗弯刚度有关，还与梁的位移边界条件和位移连续条件有关。

下面通过几个例题说明积分法的具体应用。

【例 7-1】 图 7-4 所示悬臂梁，自由端承受集中力 F 作用，已知梁的抗弯刚度为 EI。试建立梁的转角方程和挠曲线方程，并求最大转角和最大挠度。

解：(1) 列出弯矩方程

梁的弯矩方程为

$$M(x) = F(l - x)$$

(2) 建立转角方程和挠曲线方程

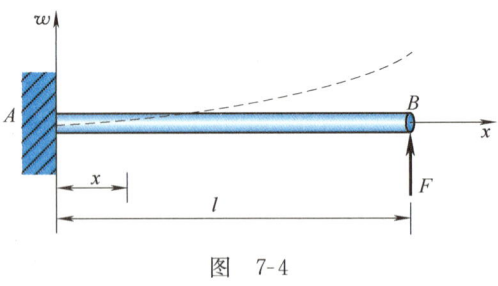

图 7-4

将所得弯矩方程代入式（7-4），积分一次，得转角方程

$$\theta = \frac{dw}{dx} = \frac{F}{EI}\left(lx - \frac{1}{2}x^2\right) + C \tag{a}$$

对式（a）再积分一次，得挠曲线方程

$$w = \frac{F}{EI}\left(\frac{l}{2}x^2 - \frac{1}{6}x^3\right) + Cx + D \tag{b}$$

（3）确定积分常数

位移边界条件：在固定端 A 处，横截面的转角和挠度均为零，即

$$\left.\begin{array}{l}\theta_A = \theta\big|_{x=0} = 0 \\ w_A = w\big|_{x=0} = 0\end{array}\right\}$$

将上述位移边界条件分别代入式（a）、式（b），解得积分常数

$$C = 0, \quad D = 0$$

将所得积分常数代入式（a）、式（b），即得此梁的转角方程和挠曲线方程分别为

$$\theta = \frac{F}{EI}\left(lx - \frac{1}{2}x^2\right) \tag{c}$$

$$w = \frac{F}{EI}\left(\frac{l}{2}x^2 - \frac{1}{6}x^3\right) \tag{d}$$

（4）计算最大转角和最大挠度

由梁的变形图容易看出，梁的最大转角和最大挠度均发生在 $x = l$ 的自由端截面 B 处。于是，将 $x = l$ 代入转角方程和挠曲线方程，即得梁的最大转角和最大挠度分别为

$$\theta_{\max} = \theta\big|_{x=l} = \frac{Fl^2}{2EI}, \quad w_{\max} = w\big|_{x=l} = \frac{Fl^3}{3EI}$$

所得 $w_{\max}$ 为正值，说明 B 截面的挠度向上；$\theta_{\max}$ 为正值，说明 B 截面的转角为逆时针。

【例 7-2】 受均布载荷作用的简支梁如图 7-5 所示，已知梁的抗弯刚度为 EI。试求此梁的最大挠度以及截面 A 的转角。

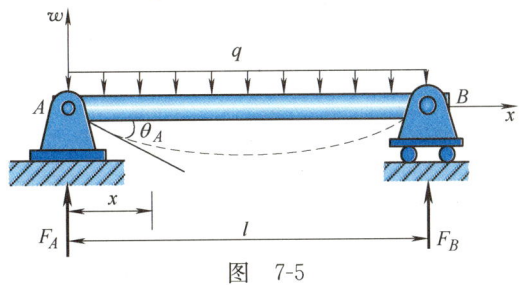

图 7-5

解：（1）列出弯矩方程

如图 7-5 所示，由对称性得梁的支座反力

$$F_A = F_B = \frac{1}{2}ql$$

列出梁的弯矩方程为

$$M(x) = \frac{1}{2}qlx - \frac{1}{2}qx^2$$

（2）建立转角方程和挠曲线方程

将所得弯矩方程代入式（7-4），积分一次，得转角方程

$$\theta = \frac{dw}{dx} = \frac{1}{EI}\left(\frac{1}{4}qlx^2 - \frac{1}{6}qx^3\right) + C \qquad (a)$$

对式（a）再积分一次，得挠曲线方程

$$w = \frac{1}{EI}\left(\frac{1}{12}qlx^3 - \frac{1}{24}qx^4\right) + Cx + D \qquad (b)$$

(3) 确定积分常数

位移边界条件：在两端铰支座处，挠度为零，即

$$\left.\begin{array}{l} w_A = w\big|_{x=0} = 0 \\ w_B = w\big|_{x=l} = 0 \end{array}\right\}$$

将上述位移边界条件分别代入式（b），解得积分常数

$$D = 0, \quad C = -\frac{1}{24EI}ql^3$$

将所得积分常数代入式（a）、式（b），即得此梁的转角方程和挠曲线方程分别为

$$\theta = \frac{1}{EI}\left(\frac{1}{4}qlx^2 - \frac{1}{6}qx^3 - \frac{1}{24}ql^3\right) \qquad (c)$$

$$w = \frac{1}{EI}\left(\frac{1}{12}qlx^3 - \frac{1}{24}qx^4 - \frac{1}{24}ql^3 x\right) \qquad (d)$$

(4) 计算最大挠度与 A 截面的转角

这是对称性问题，不难判断，梁的挠曲线是一条关于中间截面对称的凹曲线，其大致形状如图7-5中虚线所示。在中间截面，即 $x = l/2$ 处，挠度 w 有最大值。于是，将 $x = l/2$ 代入式（d），即得梁的最大挠度

$$w_{\max} = w\big|_{x=\frac{l}{2}} = -\frac{5ql^4}{384EI}$$

$w_{\max}$ 为负，说明其方向向下。

再将 $x = 0$ 代入式（c），得截面 A 的转角为

$$\theta_A = \theta\big|_{x=0} = -\frac{ql^3}{24EI}$$

θ_A 为负，说明截面 A 的转角为顺时针转向。

~~~~~~

【例 7-3】 图 7-6 所示简支梁，在截面 C 处受集中力 F 的作用，已知梁的抗弯刚度为 EI。试求梁的最大转角和最大挠度。

解：(1) 列出弯矩方程

如图 7-6 所示，由平衡方程得梁的支座反力

$$F_A = \frac{b}{l}F, \quad F_B = \frac{a}{l}F$$

分段列出梁的弯矩方程。

AC 段 $\qquad M(x_1) = F_A x_1 = \frac{Fb}{l}x_1 \quad (0 \leqslant x_1 \leqslant a)$

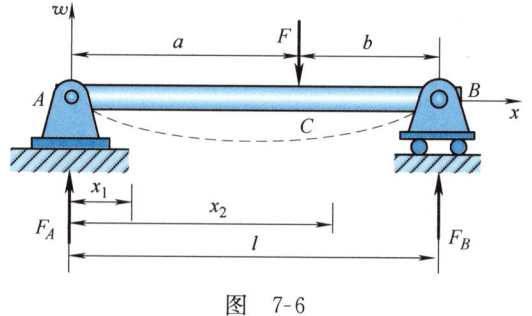

图 7-6

CB 段　　$M(x_2) = F_A x_2 - F(x_2-a) = \dfrac{Fb}{l}x_2 - F(x_2-a) \quad (a \leqslant x_2 \leqslant l)$

(2) 建立转角方程和挠曲线方程

由于 AC 段和 CB 段弯矩方程不同，故应分段积分，分段建立转角方程和挠曲线方程。

将 AC 段的弯矩方程代入式（7-4），积分一次，得 AC 段的转角方程

$$\theta_1 = \frac{dw_1}{dx_1} = \frac{Fb}{2EIl}x_1^2 + C_1 \quad (0 \leqslant x_1 \leqslant a) \tag{a}$$

对式（a）再积分一次，得 AC 段的挠曲线方程

$$w_1 = \frac{Fb}{6EIl}x_1^3 + C_1 x_1 + D_1 \quad (0 \leqslant x_1 \leqslant a) \tag{b}$$

将 CB 段的弯矩方程代入式（7-4），积分一次，得 CB 段的转角方程

$$\theta_2 = \frac{dw_2}{dx_2} = \frac{Fb}{2EIl}x_2^2 - \frac{F}{2EI}(x_2-a)^2 + C_2 \quad (a \leqslant x_2 \leqslant l) \tag{c}$$

对式（c）再积分一次，得 CB 段的挠曲线方程

$$w_2 = \frac{Fb}{6EIl}x_2^3 - \frac{F}{6EI}(x_2-a)^3 + C_2 x_2 + D_2 \quad (a \leqslant x_2 \leqslant l) \tag{d}$$

(3) 确定积分常数

位移边界条件：在两端铰支座处，挠度为零，即

$$\left. \begin{array}{l} w_A = w_1 |_{x_1=0} = 0 \\ w_B = w_2 |_{x_2=l} = 0 \end{array} \right\}$$

由于梁的挠曲线是一条光滑连续的曲线（见图 7-6），故 AC 段和 CB 段在 C 截面处具有相同的挠度和转角，即有位移连续条件

$$\left. \begin{array}{l} \theta_1 |_{x_1=a} = \theta_2 |_{x_2=a} \\ w_1 |_{x_1=a} = w_2 |_{x_2=a} \end{array} \right\}$$

将上述位移边界条件和位移连续条件分别代入式（a）~式（d），解得 4 个积分常数分别为

$$D_1 = D_2 = 0, \quad C_1 = C_2 = \frac{Fb}{6EIl}(b^2 - l^2)$$

将所得积分常数代入式（a）~式（d），即得此梁的转角方程和挠曲线方程分别为

$$\theta_1 = \frac{Fb}{6EIl}(3x_1^2 + b^2 - l^2) \quad (0 \leqslant x_1 \leqslant a) \tag{e}$$

$$w_1 = \frac{Fb}{6EIl}[x_1^3 + (b^2 - l^2)x_1] \quad (0 \leqslant x_1 \leqslant a) \tag{f}$$

$$\theta_2 = \frac{Fb}{2EIl}x_2^2 - \frac{F}{2EI}(x_2-a)^2 + \frac{Fb}{6EIl}(b^2 - l^2) \quad (a \leqslant x_2 \leqslant l) \tag{g}$$

$$w_2 = \frac{Fb}{6EIl}x_2^3 - \frac{F}{6EI}(x_2-a)^3 + \frac{Fb}{6EIl}(b^2 - l^2)x_2 \quad (a \leqslant x_2 \leqslant l) \tag{h}$$

(4) 计算最大转角和最大挠度

显然，梁的最大转角在两端铰支座处取得，将 $x_1 = 0$ 和 $x_2 = l$ 分别代入式（e）、式（g），得梁在 A、B 两铰支座处的转角分别为

$$\theta_A = \theta_1 |_{x_1=0} = -\frac{Fab(l+b)}{6EIl}, \quad \theta_B = \theta_2 |_{x_2=l} = \frac{Fab(l+a)}{6EIl}$$

假设 $a > b$，则 $\theta_B > |\theta_A|$，故最大转角

$$\theta_{\max} = \theta_B = \frac{Fab(l+a)}{6EIl}$$

由梁的挠曲线形状可以判定，最大挠度处的转角为零。注意到 $a > b$，当 $x_1 = 0$ 时，$\theta < 0$；当 $x_1 = a$ 时，$\theta > 0$。故可判定，$\theta = 0$ 的位置必定在 AC 段内。于是，令式（e）等于零，即

$$\theta_1 = \frac{Fb}{6EIl}(3x_1^2 + b^2 - l^2) = 0$$

解得最大挠度所在截面坐标为

$$x_0 = \sqrt{\frac{l^2 - b^2}{3}}$$

将上述 x_0 值代入式（f），得梁的最大挠度为

$$w_{\max} = w_1 \bigg|_{x_1 = x_0 = \sqrt{\frac{l^2 - b^2}{3}}} = -\frac{Fb\sqrt{(l^2 - b^2)^3}}{9\sqrt{3}EIl}$$

结果为负，说明 $w_{\max}$ 的方向向下。

当集中力 F 作用在梁的中点，即 $a = b = l/2$ 时，易知梁的最大挠度发生在梁的中点，其值为

$$w_{\max} = -\frac{Fl^3}{48EI}$$

此时的最大转角

$$\theta_{\max} = \theta_B = |\theta_A| = \frac{Fl^2}{16EI}$$

> 由以上例题可以看出，积分法的优点是可以建立梁的转角和挠曲线的普遍方程，从而能够方便获得任意指定截面处的转角和挠度。缺点是计算烦琐，不适合求解梁上载荷比较复杂的情形。

第四节　计算弯曲变形的叠加法

当梁上载荷较为复杂，且只需求某一指定截面的挠度和转角时，采用积分法就显得很烦琐。而此时用叠加法则较为方便。

通过上节例题可以看出，在小变形且材料服从胡克定律的情况下，梁任一截面处的挠度和转角是梁所受载荷的线性函数。所以，当梁上有几种载荷同时作用时，可以先分别计算出每一种载荷单独作用时梁所产生的变形，然后再将其代数相加，即可得梁在几种载荷共同作用下的实际变形。这种方法称为计算弯曲变形的**叠加法**。

为了便于应用叠加法计算梁的挠度和转角，表 7-1 列出了几种常见的梁在简单载荷作用下的挠度和转角公式，以备查用。

表 7-1 梁在简单载荷作用下的变形

序号	梁的计算简图	挠曲线方程	端截面转角	最大挠度
1	a)	$w = -\dfrac{M_e x^2}{2EI}$	$\theta_B = -\dfrac{M_e l}{EI}$	$w_B = -\dfrac{M_e l^2}{2EI}$
2	b)	$w = -\dfrac{Fx^2}{6EI}(3l - x)$	$\theta_B = -\dfrac{Fl^2}{2EI}$	$w_B = -\dfrac{Fl^3}{3EI}$
3	c)	$w = -\dfrac{qx^2}{24EI}(x^2 - 4lx + 6l^2)$	$\theta_B = -\dfrac{ql^3}{6EI}$	$w_B = -\dfrac{ql^4}{8EI}$
4	d)	$w = -\dfrac{M_e x}{6EIl}(l^2 - x^2)$	$\theta_A = -\dfrac{M_e l}{6EI}$ $\theta_B = \dfrac{M_e l}{3EI}$	$x = \dfrac{l}{\sqrt{3}}：w_{\max} = -\dfrac{M_e l^2}{9\sqrt{3}EI}$ $w_C = -\dfrac{M_e l^2}{16EI}$ （C 为跨中截面，下同）

(续)

序号	梁的计算简图	挠曲线方程	端截面转角	最大挠度
5	e)	$w = -\dfrac{Fx}{48EI}(3l^2-4x^2)$ $\left(0 \leq x \leq \dfrac{l}{2}\right)$	$\theta_A = -\dfrac{Fl^2}{16EI}$ $\theta_B = \dfrac{Fl^2}{16EI}$	$w_{\max}=w_C=-\dfrac{Fl^3}{48EI}$
6	f)	$w=-\dfrac{qx}{24EI}(l^3-2lx^2+x^3)$	$\theta_A=-\dfrac{ql^3}{24EI}$ $\theta_B=\dfrac{ql^3}{24EI}$	$w_{\max}=w_C=-\dfrac{5ql^4}{384EI}$
7	g)	$w=\dfrac{M_e x}{6EIl}(l-x)(2l-x)$	$\theta_A=\dfrac{M_e l}{3EI}$ $\theta_B=\dfrac{M_e l}{6EI}$	$x=\left(1-\dfrac{1}{\sqrt{3}}\right)l$；$w_{\max}=\dfrac{M_e l^2}{9\sqrt{3}EI}$ $w_C=\dfrac{M_e l^2}{16EI}$

(续)

序号	梁的计算简图	挠曲线方程	端截面转角	最大挠度
8	h)	$w=-\dfrac{Fx^2}{6EI}(3a-x) \quad (0\leqslant x\leqslant a)$ $w=-\dfrac{Fa^2}{6EI}(3x-a) \quad (a\leqslant x\leqslant l)$	$\theta_B=-\dfrac{Fa^2}{2EI}$	$w_B=-\dfrac{Fa^2}{6EI}(3l-a)$
9	i)	$w=-\dfrac{M_e x}{6EIl}(l^2-3b^2-x^2) \quad (0\leqslant x\leqslant a)$ $w=\dfrac{M_e}{6EIl}\left[-x^3+3l(x-a)^2+(l^2-3b^2)x\right] \quad (a\leqslant x\leqslant l)$	$\theta_A=\dfrac{M_e}{6EIl}(l^2-3b^2)$ $\theta_B=\dfrac{M_e}{6EIl}(l^2-3a^2)$	
10	j)	$w=-\dfrac{Fbx}{6EIl}(l^2-x^2-b^2) \quad (0\leqslant x\leqslant a)$ $w=-\dfrac{Fb}{6EIl}\left[\dfrac{l}{b}(x-a)^3+(l^2-b^2)x-x^3\right] \quad (a\leqslant x\leqslant l)$	$\theta_A=-\dfrac{Fab(l+b)}{6EIl}$ $\theta_B=\dfrac{Fab(l+a)}{6EIl}$	设 $a>b$，在 $x=\sqrt{\dfrac{l^2-b^2}{3}}$ 处， $w_{\max}=-\dfrac{Fb(l^2-b^2)^{3/2}}{9\sqrt{3}EIl}$ $w_C=-\dfrac{Fb(3l^2-4b^2)}{48EI}$

下面举例说明叠加法的具体应用。

【例 7-4】 某起重机大梁所受载荷如图 7-7 所示，已知梁的抗弯刚度为 EI。试求大梁跨度中点 C 的挠度。

解： 在均布载荷 q 单独作用下，大梁跨度中点 C 的挠度由表 7-1 第 6 栏查出为

$$(w_C)_q = -\frac{5ql^4}{384EI}$$

在集中载荷 F 的单独作用下，大梁跨度中点 C 的挠度由表 7-1 第 5 栏查出为

$$(w_C)_F = -\frac{Fl^3}{48EI}$$

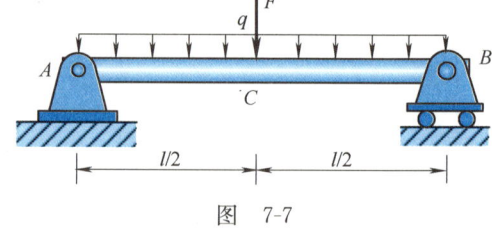

图 7-7

将以上结果代数相加，即得在均布载荷 q 和集中力 F 的共同作用下，大梁跨度中点 C 的挠度

$$w_C = (w_C)_q + (w_C)_F = -\frac{5ql^4}{384EI} - \frac{Fl^3}{48EI}$$

【例 7-5】 图 7-8a 所示悬臂梁，同时承受集中载荷 F_1 和 F_2 的作用。已知梁的抗弯刚度为 EI，试用叠加法求自由端 C 的挠度。

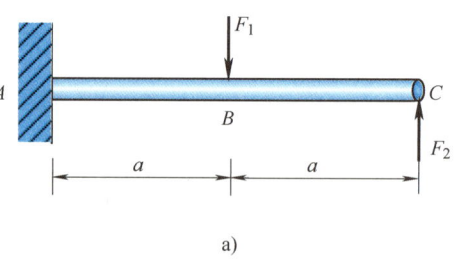

例 7-5

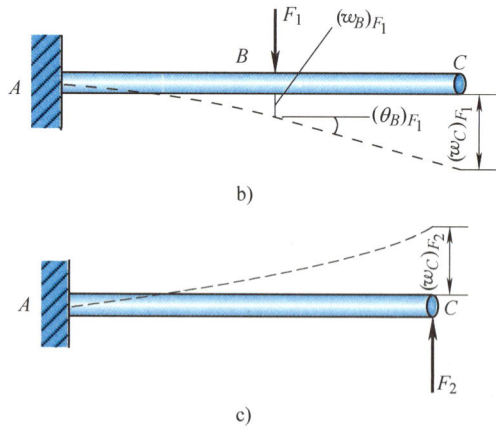

图 7-8

解：在载荷 F_1 的单独作用下，横截面 B 处的转角和挠度可由表 7-1 查出，分别为

$$(\theta_B)_{F_1} = -\frac{F_1 a^2}{2EI}, \quad (w_B)_{F_1} = -\frac{F_1 a^3}{3EI}$$

由其变形图（见图 7-8b）可得，在载荷 F_1 的单独作用下，自由端 C 的挠度

$$(w_C)_{F_1} = (w_B)_{F_1} + (\theta_B)_{F_1} \cdot a = -\frac{F_1 a^3}{3EI} - \frac{F_1 a^2}{2EI} \cdot a = -\frac{5F_1 a^3}{6EI}$$

在载荷 F_2 的单独作用下（见图 7-8c），自由端 C 的挠度可以由表 7-1 直接查得，为

$$(w_C)_{F_2} = \frac{F_2 (2a)^3}{3EI} = \frac{8F_2 a^3}{3EI}$$

将以上结果代数相加，即得在 F_1 和 F_2 的共同作用下，自由端 C 的挠度

$$w_C = (w_C)_{F_1} + (w_C)_{F_2} = -\frac{5F_1 a^3}{6EI} + \frac{8F_2 a^3}{3EI}$$

【**例 7-6**】 阶梯悬臂梁如图 7-9a 所示，已知 BC 段梁的抗弯刚度为 EI，AB 段梁的抗弯刚度为 $2EI$。试求自由端 C 的挠度。

解：该梁可以看成由悬臂梁 AB 和固定在横截面 B 上的悬臂梁 BC 组成。

先令 AB 段不变形，只考虑 BC 段的变形。这相当于将 B 端视为固定端，BC 段为悬臂梁，如图 7-9b 所示。因 BC 段变形引起的自由端 C 的挠度可由表 7-1 直接查得，为

$$w_{C1} = -\frac{Fl^3}{24EI}$$

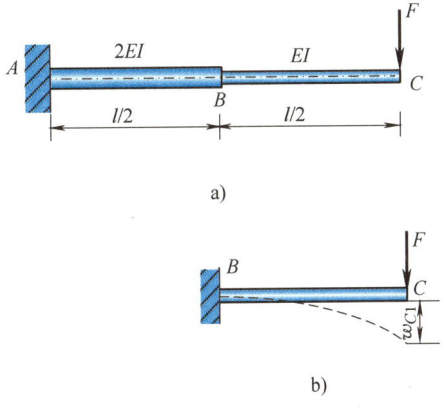

再令 BC 段不变形，只考虑 AB 段的变形。这相当于将 BC 段视为刚体，故可将原作用在 C 处的集中力 F 向 B 处平移，得一力 F 和一矩 $M_e = Fl/2$ 的力偶，如图 7-9c 所示。当悬臂梁 AB 段在 F 和 M_e 的作用下变形时，截面 B 的挠度 w_B 和转角 θ_B 可利用表 7-1 用叠加法求得，分别为

$$w_B = -\frac{Fl^3}{48EI} - \frac{Fl^3}{32EI} = -\frac{5Fl^3}{96EI}$$

$$\theta_B = -\frac{Fl^2}{16EI} - \frac{Fl^2}{8EI} = -\frac{3Fl^2}{16EI}$$

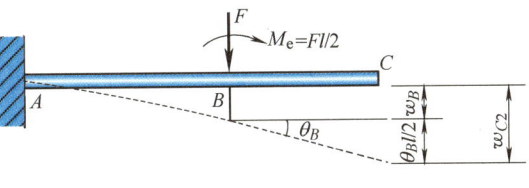

图 7-9

由其变形图（见图 7-9c）可得，因悬臂梁 AB 变形而引起的自由端 C 的挠度为

$$w_{C2} = w_B + \theta_B \cdot \frac{l}{2} = -\frac{5Fl^3}{96EI} - \frac{3Fl^2}{16EI} \cdot \frac{l}{2} = -\frac{7Fl^3}{48EI}$$

将所求得的 w_{C1} 和 w_{C2} 代数相加，即得阶梯悬臂梁自由端 C 的挠度

$$w_C = w_{C1} + w_{C2} = -\frac{Fl^3}{24EI} - \frac{7Fl^3}{48EI} = -\frac{3Fl^3}{16EI}$$

本题所采用的叠加方法又称为"分段刚化法"。

【例 7-7】 图 7-10a 所示外伸梁，在 C 端受一集中力 F 的作用，已知梁的抗弯刚度为 EI。试用叠加法求截面 C 的挠度和转角。

解： 该梁由 AB 段和 BC 段组成，梁在任一截面处的挠度或转角，等于梁的各段发生变形时在该截面处引起的挠度或转角的代数和。

采用分段刚化法。先令 AB 段不变形，只考虑 BC 段的变形。这相当于将 B 端视为固定端，BC 段为悬臂梁，如图 7-10b 所示。因 BC 段变形引起截面 C 的挠度和转角可由表 7-1 直接查得，分别为

$$w_{C1} = -\frac{Fa^3}{3EI}, \quad \theta_{C1} = -\frac{Fa^2}{2EI}$$

再令 BC 段不变形，只考虑 AB 段的变形。这相当于将 BC 段视为刚体，故可以将原作用在 C 处的集中力 F 向 B 处平移，得一力 F 和一矩 $M_e = Fa$ 的力偶，如图 7-10c 所示。其中作用于支座 B 上的力 F 不会使梁的 AB 段产生变形，故只需考虑力偶 M_e 的作用。在力偶 M_e 作用下，截面 B 的转角可由表 7-1 查得为

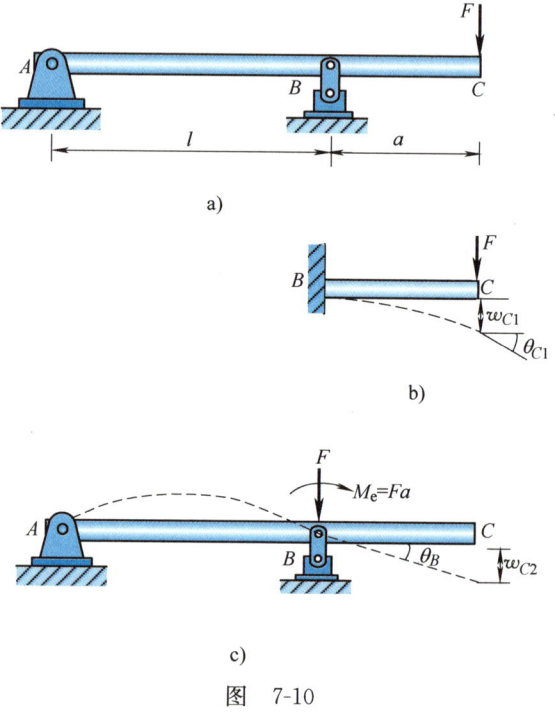

图 7-10

$$\theta_B = -\frac{Fal}{3EI}$$

在 AB 段发生变形的同时，BC 段作为刚体也会随之转动，转动角度即为 θ_B（见图 7-10c）。故得因 AB 段变形而引起的截面 C 的挠度与转角分别为

$$w_{C2} = \theta_B \cdot a = -\frac{Fa^2 l}{3EI}, \quad \theta_{C2} = \theta_B = -\frac{Fal}{3EI}$$

将上述所得结果代数相加，即得此外伸梁截面 C 的挠度和转角分别为

$$w_C = w_{C1} + w_{C2} = -\frac{Fa^3}{3EI} - \frac{Fa^2 l}{3EI} = -\frac{Fa^2(a+l)}{3EI}$$

$$\theta_C = \theta_{C1} + \theta_{C2} = -\frac{Fa^2}{2EI} - \frac{Fal}{3EI} = -\frac{Fa^2}{6EI}\left(3 + 2\frac{l}{a}\right)$$

第五节 梁的刚度计算

一、梁的刚度条件

在工程实际中,为保证梁能够正常工作,除了要求满足强度条件外,还需对梁的变形加以限制。通常规定梁的最大挠度不能超过某一特定的许用值,即梁的刚度条件为

$$|w|_{\max} \leqslant [w] \tag{7-6}$$

式中,$[w]$ 为梁的许用挠度。

【例 7-8】 图 7-11a 所示简支梁由 No.18 工字钢制成,跨度 $l = 3\,\text{m}$,受 $q = 24\,\text{kN/m}$ 的均布载荷作用。已知材料的弹性模量 $E = 210\,\text{GPa}$,许用应力 $[\sigma] = 150\,\text{MPa}$,梁的许用挠度 $[w] = \dfrac{l}{400}$。试校核此梁的强度和刚度。

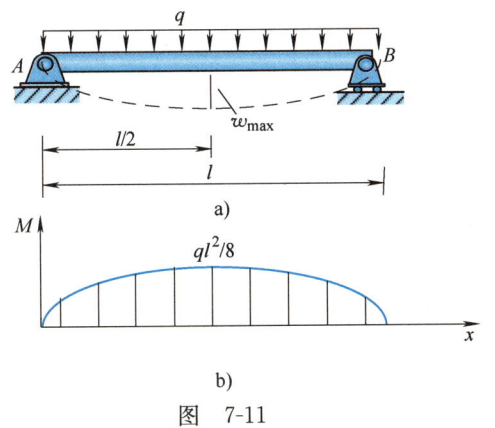

图 7-11

解:(1) 强度校核

作出梁的弯矩图如图 7-11b 所示,梁的最大弯矩

$$M_{\max} = \frac{ql^2}{8} = \frac{(24\times 10^3\,\text{N/m})\times(3\,\text{m})^2}{8} = 27\times 10^3\,\text{N·m}$$

由附录 B 中的工字钢型钢表查得,No.18 工字钢的抗弯截面系数 $W_z = 185\,\text{cm}^3$。

根据梁的弯曲正应力强度条件,

$$\sigma_{\max} = \frac{M_{\max}}{W_z} = \frac{27\times 10^3\,\text{N·m}}{185\times 10^{-6}\,\text{m}^3} = 146\times 10^6\,\text{Pa} = 146\,\text{MPa} < [\sigma] = 150\,\text{MPa}$$

此梁的强度满足要求。

(2) 梁的刚度校核

由附录 B 中的工字钢型钢表查得,No.18 工字钢的形心主惯性矩 $I_z = 1660\,\text{cm}^4$。梁的最大挠度发生在跨中截面,由表 7-1 查得

$$|w|_{\max} = \frac{5ql^4}{384EI_z} = \frac{5\times(24\times10^3\text{ N/m})\times(3\text{ m})^4}{384\times(210\times10^9\text{ Pa})\times(1660\times10^{-8}\text{ m}^4)} = 7.26\times10^{-3}\text{ m} = 7.26\text{ mm}$$

根据梁的刚度条件

$$|w|_{\max} = 7.26\text{ mm} < [w] = \frac{l}{400} = 7.5\text{ mm}$$

此梁的刚度亦满足要求。

二、梁的合理刚度设计

梁的弯曲变形与梁的受力、抗弯刚度、跨度，以及支座情况有关。因此，提高梁的刚度的措施大致有如下一些。

1. 合理选择截面形状

影响梁的刚度的截面几何性质是形心主惯性矩 I_z。因此，从提高梁的刚度考虑，应选用较小面积可以获得较大惯性矩的截面。显然，工字形截面较为合理。

2. 合理选择材料

影响梁的刚度的材料力学性能是弹性模量 E。因此，从提高梁的刚度考虑，应选用弹性模量较大的材料。注意到，各种钢材的弹性模量十分接近，故改变钢材的品种对提高梁的刚度是没有意义的。

3. 减小梁的跨度

由表 7-1 可见，梁的挠度与跨度的平方或者三次方或者四次方成正比。因此，减小梁的跨度对提高梁的刚度效果显著。如果条件允许，应尽量减小梁的跨度。

⦿ 例 7-9 我国宋朝土木建筑家李诫所著《营造法式》中，规定木梁矩形截面的高宽比 $h/b = 3/2$，如图 7-12 所示。试从梁的弯曲强度及弯曲刚度的观点，证明该规定接近于由直径为 D 的圆木中锯出矩形截面梁的合理比值。

解： 设高宽比为 $k = \dfrac{h}{b}$，由 $h^2+b^2=D^2$，易得

$$b = \frac{D}{\sqrt{1+k^2}}, \quad h = \frac{kD}{\sqrt{1+k^2}}$$

(1) 从梁的弯曲强度考虑

矩形截面的抗弯截面系数

$$W_z = \frac{bh^2}{6} = \frac{k^2 D^3}{6(1+k^2)^{\frac{3}{2}}}$$

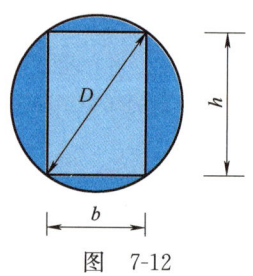

图 7-12

为使梁的弯曲强度达到最大，其抗弯截面系数应取最大值。

令 $\dfrac{\mathrm{d}W_z}{\mathrm{d}k} = 0$，有

$$\frac{D^3}{6}\left(\frac{2k}{(1+k^2)^{\frac{3}{2}}} + k^2\cdot\left(-\frac{3}{2}\right)(1+k^2)^{-\frac{5}{2}}\cdot 2k\right) = 0$$

解得
$$k = \sqrt{2} \approx 1.414$$
即当矩形截面的高宽比约为 1.414 时,梁的弯曲强度最大。

(2) 从梁的弯曲刚度考虑

矩形截面梁的形心主惯性矩

$$I_z = \frac{bh^3}{12} = \frac{k^3 D^4}{12(1+k^2)^2}$$

为使梁的弯曲刚度达到最大,其形心主惯性矩应取最大值。令 $\dfrac{\mathrm{d}I_z}{\mathrm{d}k} = 0$,有

$$\frac{D^4}{12}\left(\frac{3k^2}{(1+k^2)^2} + k^3 \cdot (-2)(1+k^2)^{-3} \cdot 2k\right) = 0$$

解得

$$k = \sqrt{3} \approx 1.732$$

即当矩形截面的高宽比约为 1.732 时,梁的弯曲刚度最大。

故有结论:为使矩形截面梁的弯曲强度和弯曲刚度都尽可能大,应选择高宽比 $k = h/b$ 介于 1.414 与 1.732 之间。显然,宋朝土木建筑家李诫提出的 $k = h/b = 1.5$ 与这个合理比值非常接近。这个正确论断的提出要比英国人托马斯·杨在著作《自然科学与机械技术讲义》中给出的相应结论早了 700 年。

第六节 简单超静定梁

前面所讨论的梁都是静定梁,约束力由静力平衡方程即可完全确定。但在工程实际中,有时为了提高梁的强度和刚度,或由于构造上的需要,往往会给静定梁增加约束。这样,梁上未知约束力的数目就超出了独立平衡方程的数目,其约束力就不能完全由平衡方程求出,这就是**超静定梁**。

在超静定梁中,在维持平衡所需约束的基础上额外增加的约束称为**多余约束**,解除多余约束所代之作用的约束力称为**多余未知力**。未知约束力数目与独立平衡方程数目之差,亦即多余未知力的数目,称为**超静定次数**。

与求解轴向拉伸(压缩)超静定问题类似,为了求解超静定梁,除应建立静力平衡方程外,还应利用变形协调关系和物理关系找到补充方程。

对于超静定梁,每个多余约束都限制了梁的某一截面的某个位移(挠度或转角),即都提供了一个**变形限制条件**,或称为**变形协调条件**。根据这个条件,再结合物理关系,即可获得一个补充方程。因此,补充方程的数目将等于多余未知力的数目,即超静定的次数,从而使得问题可以获解。

现以图 7-13a 所示梁为例,说明简单超静定梁的具体解法。为了寻求变形协

调条件，设想 B 处活动铰支座为多余约束，将其解除，并以相应的多余未知力 F_B 代替它的作用。这样，就把原来的超静定梁在形式上转变成在载荷 F 和多余未知力 F_B 共同作用下的静定梁（悬臂梁），如图 7-13b 所示，称为原超静定梁的**相当系统**。

为了使相当系统和原超静定梁等效，要求相当系统在多余约束处必须符合超静定梁的变形协调条件。在本例中，B 处活动铰支座的变形协调条件是 B 截面的挠度为零，即

$$w_B = 0$$

据此，由叠加法（见图 7-13c、d），利用表 7-1，即得补充方程

$$w_B = (w_B)_F + (w_B)_{F_B}$$
$$= -\frac{Fa^2}{6EI}(3l-a) + \frac{F_B l^3}{3EI}$$
$$= 0$$

由上述补充方程，解得多余未知力

$$F_B = \frac{F}{2}\left(3\frac{a^2}{l^2} - \frac{a^3}{l^3}\right)$$

求出 F_B 后，原来的超静定梁即等效于在 F 和 F_B 共同作用下的悬臂梁（见图 7-13b），进一步的计算就与静定梁的计算完全相同。例如，截面 A、截面 C 的弯矩分别为

$$M_A = -Fa + F_B l = -\frac{Fl}{2}\left(2\frac{a}{l} - 3\frac{a^2}{l^2} + \frac{a^3}{l^3}\right)$$

$$M_C = F_B(l-a) = \frac{F}{2}\left(3\frac{a^2}{l} - 4\frac{a^3}{l^2} + \frac{a^4}{l^3}\right)$$

作出梁的弯矩图如图 7-13e 所示。

应该指出，多余约束的选取并不是唯一的，只要是维持平衡额外的约束，都可视为多余约束，也就是说相当系统可以有不同的选择。例如在本例中，也可以取固定端 A 处的转动约束为多余约束，解除 A 处的转动约束，并以相

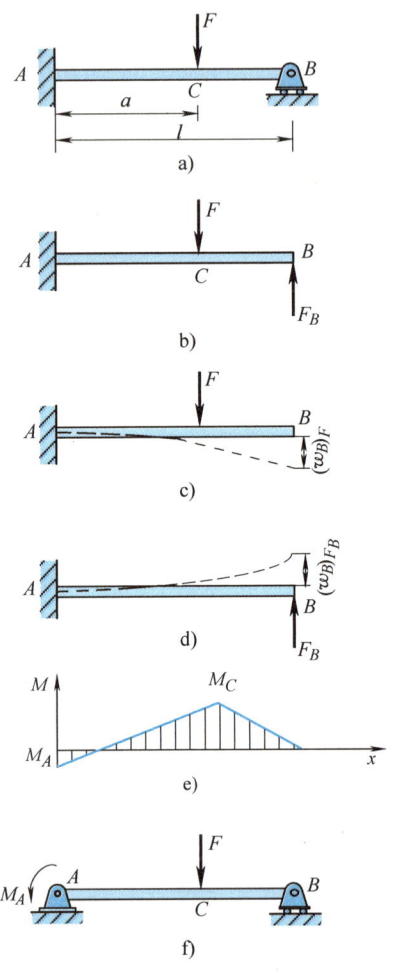

图 7-13

应的反力偶 M_A 代替它的作用，从而得到在原有载荷 F 和多余未知力偶 M_A 共同作用下的简支梁，如图 7-13f 所示。此时的变形协调条件为截面 A 的转角为零，即
$$\theta_A = 0$$
由此求解获得的结果与上述解答完全一致，请读者自行验证。

上述求解超静定梁的方法称为**变形比较法**。用变形比较法求解简单超静定梁的步骤可以归纳为

（1）解除多余约束，以相应的多余未知力代之作用，得到原超静定梁的相当系统。

（2）根据多余约束的性质，建立变形协调方程。

（3）计算相当系统在多余约束处的相应位移，由变形协调方程得到补充方程。

（4）由补充方程求出多余未知力。

【例 7-10】 试用变形比较法计算图 7-14a 所示超静定梁的约束力，并作梁的剪力图和弯矩图。已知梁的抗弯刚度为 EI。

解：（1）解除多余约束

这是一次超静定梁，将 B 处活动铰支座视为多余约束，解除之，以相应的多余未知力 F_B 代之作用，得到原超静定梁的相当系统，如图 7-14b 所示，它是在已知均布载荷 q 和未知约束力 F_B 共同作用下的悬臂梁。

（2）建立变形协调方程

变形协调条件为支座 B 处的挠度等于零，即有变形协调方程
$$w_B = 0$$

（3）建立补充方程

如图 7-14c、d 所示，用叠加法并借助表 7-1，由变形协调方程得补充方程
$$w_B = (w_B)_q + (w_B)_{F_B} = -\frac{ql^4}{8EI} + \frac{F_B l^3}{3EI} = 0$$

（4）求解多余未知力

由上述补充方程，解得多余未知力
$$F_B = \frac{3ql}{8}$$

（5）静定分析计算

根据相当系统（见图 7-14b），由平衡方程易得固定端 A 处的约束力
$$F_{Ax} = 0, \quad F_{Ay} = \frac{5ql}{8}, \quad M_A = \frac{ql^2}{8}$$

作出梁的剪力图、弯矩图分别如图 7-14e、f 所示。

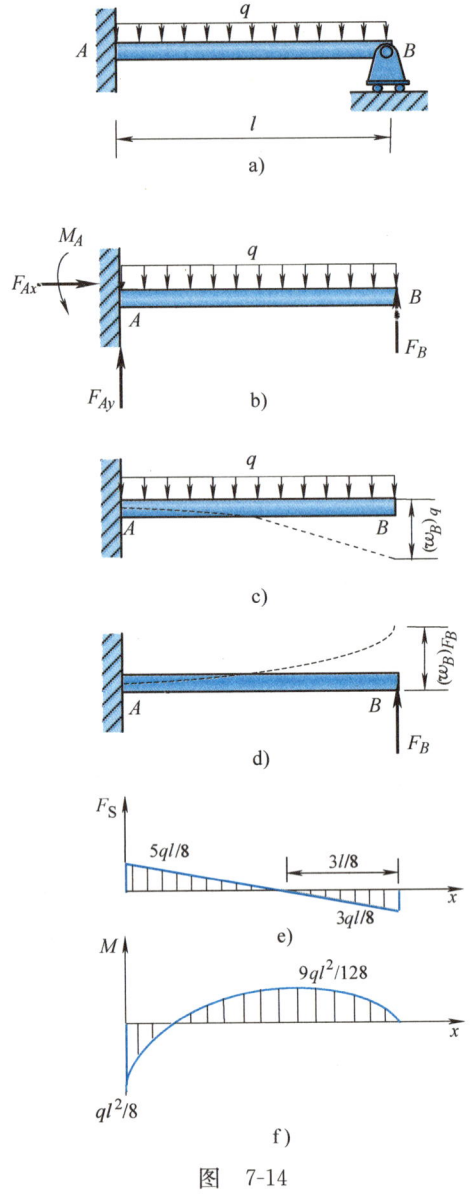

图 7-14

【例 7-11】 圆形截面梁如图 7-15a 所示,已知载荷 $F = 20$ kN,梁的跨度 $l = 500$ mm,截面直径 $d = 60$ mm,许用应力 $[\sigma] = 100$ MPa。试校核此梁的强度。

解:(1)解除多余约束

这是一次超静定梁。将 B 处活动铰支座视为多余约束,解除之,代之以多余未知力 F_B,得到原超静定梁的相当系统,如图 7-15b 所示,它是在已知集中载荷 F 和未知约束力 F_B 共同作用下的简支梁。

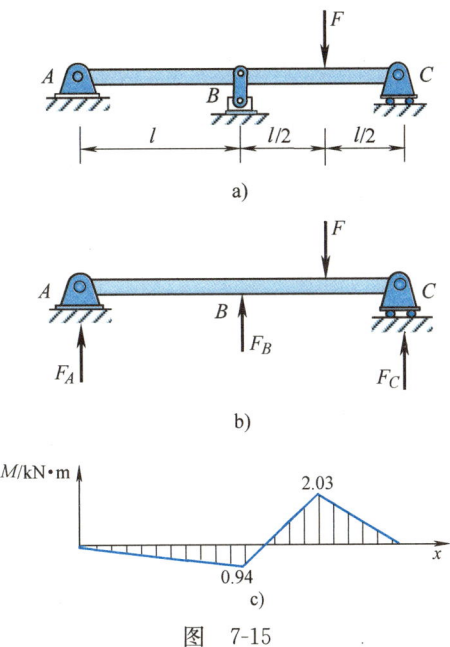

图 7-15

(2) 建立变形协调方程

变形协调条件为支座 B 处的挠度等于零，即有变形协调方程
$$w_B = 0$$

(3) 建立补充方程

用叠加法并借助表 7-1，由变形协调方程得补充方程
$$w_B = (w_B)_F + (w_B)_{F_B} = -\frac{11Fl^3}{96EI} + \frac{F_B l^3}{6EI} = 0$$

(4) 求解多余未知力

由上述补充方程，解得多余约束力
$$F_B = \frac{11}{16}F = \frac{11}{16} \times 20 \text{ kN} = 13.75 \text{ kN}$$

(5) 强度计算

根据相当系统（见图 7-15b），由平衡方程易得支座 A、C 的约束力分别为
$$F_A = -1.875 \text{ kN}, \quad F_C = 8.125 \text{ kN}$$

作出梁的弯矩图如图 7-15c 所示，梁的最大弯矩为
$$M_{\max} = 2.03 \text{ kN} \cdot \text{m}$$

根据梁的弯曲正应力强度条件，有
$$\sigma_{\max} = \frac{M_{\max}}{W_z} = \frac{2.03 \times 10^3 \text{ N} \cdot \text{m}}{\frac{\pi}{32} \times (60 \times 10^{-3} \text{ m})^3} = 9.57 \times 10^7 \text{ Pa} = 95.7 \text{ MPa} < [\sigma] = 100 \text{ MPa}$$

此梁的强度符合要求。

复习思考题

7-1 什么是梁的挠曲线？什么是梁的挠度和转角？它们之间有何关联？

7-2 挠度与转角的正负号是如何规定的？该规定与坐标系的选择是否有关？

7-3 试写出梁的挠曲线近似微分方程，并解释方程中各个参量的含义。

7-4 何谓位移边界条件？试写出铰支座和固定端支座处的位移边界条件表达式。

7-5 何谓位移连续条件？试写出单跨梁任一截面处的位移连续条件表达式。

7-6 叠加法的应用条件是什么？如何利用叠加法计算梁在指定截面处的挠度和转角？

7-7 什么是梁的刚度条件？如何进行梁的刚度计算？

7-8 什么是超静定梁？与静定梁相比，超静定梁有哪些优点？

7-9 什么是多余约束？什么是原超静定梁的相当系统？

7-10 解除多余约束的原则是什么？对于给定的超静定梁，其相当系统是否唯一？

7-11 什么是变形协调条件？如何建立超静定梁在多余约束处的变形协调条件？如何得到用多余未知力表示的补充方程？

7-12 什么是超静定次数？如何确定超静定梁的超静定次数？

习题

7-1 写出习题 7-1 图所示各梁的位移边界条件。

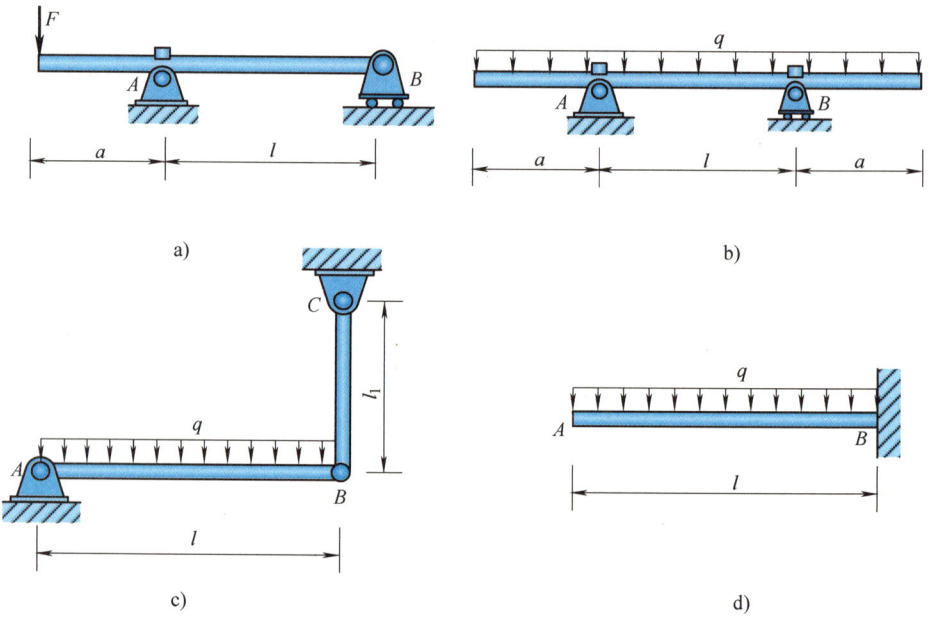

习题 7-1 图

7-2 试用积分法建立习题 7-2 图所示简支梁的转角方程和挠曲线方程。已知梁的抗弯刚度为 EI。

7-3 试用积分法建立习题 7-3 图所示悬臂梁的转角方程和挠曲线方程，并计算梁的最大挠度和最大转角。已知梁的抗弯刚度为 EI。

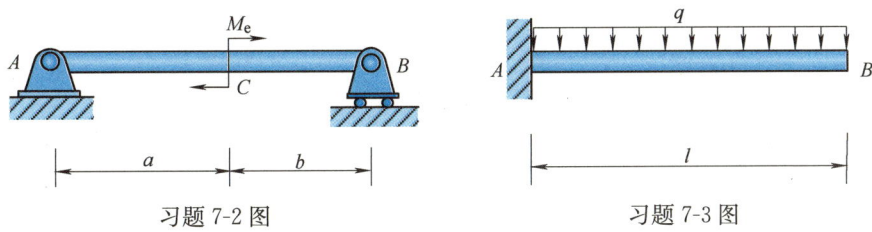

习题 7-2 图   习题 7-3 图

7-4 试用积分法建立习题 7-4 图所示简支梁的转角方程和挠曲线方程，并求两端截面的转角以及跨中截面的挠度。已知梁的抗弯刚度为 EI。

7-5 试用积分法建立习题 7-5 图所示外伸梁的转角方程和挠曲线方程，并求 A、B 两截面的转角和截面 A 的挠度。已知梁的抗弯刚度为 EI。

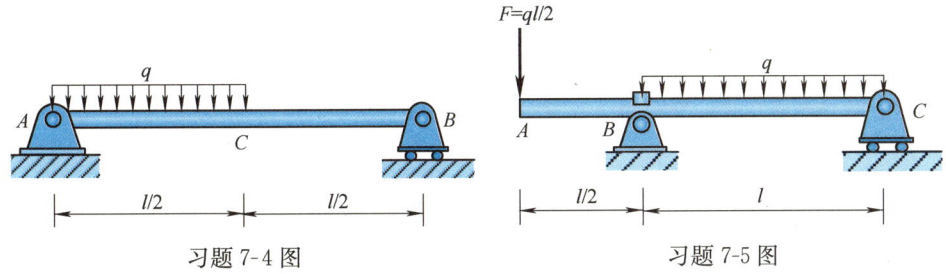

习题 7-4 图   习题 7-5 图

7-6 试用积分法求习题 7-6 图所示悬臂梁的转角方程和挠曲线方程，并求截面 B 的转角和挠度。已知梁的抗弯刚度为 EI。

7-7 试用叠加法计算习题 7-7 图所示悬臂梁截面 B 的挠度和转角。已知梁的抗弯刚度为 EI。

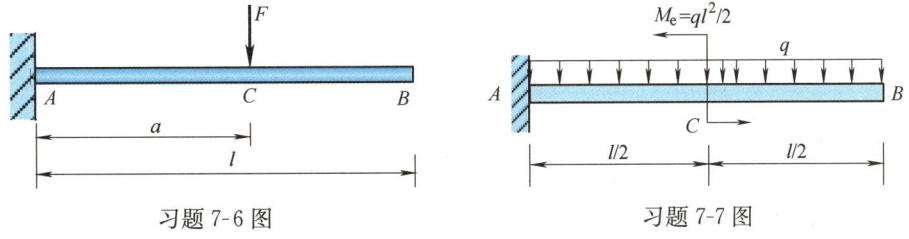

习题 7-6 图   习题 7-7 图

7-8 试用叠加法计算习题 7-8 图所示简支梁截面 C 的挠度和截面 B 的转角。已知梁的抗弯刚度为 EI。

7-9 试用叠加法计算习题 7-9 图所示悬臂梁截面 C 的转角和截面 B 的挠度。已知梁的抗弯刚度为 EI。

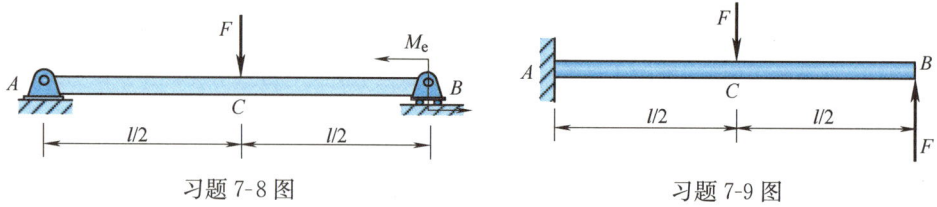

习题 7-8 图   习题 7-9 图

7-10 试用叠加法计算习题 7-10 图所示外伸梁截面 A 的转角和截面 C 的挠度。已知梁的抗弯刚度为 EI。

7-11 如习题 7-11 图所示，在简支梁的一半跨度内作用均布载荷 q。试用叠加法计算跨中截面 C 的挠度。已知梁的抗弯刚度为 EI。

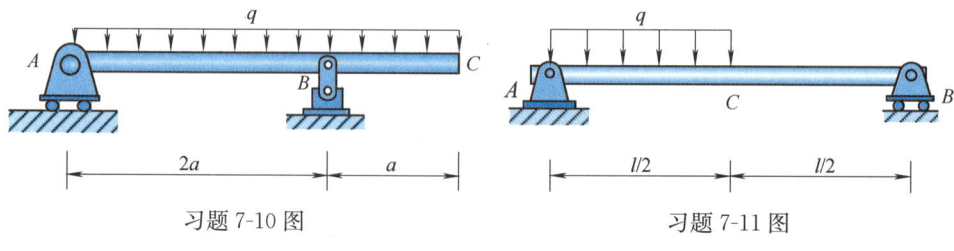

习题 7-10 图   习题 7-11 图

7-12 试用叠加法计算习题 7-12 图所示外伸梁截面 C 的转角和挠度。已知梁的抗弯刚度为 EI。

7-13 圆截面钢梁如习题 7-13 图所示，已知梁的截面直径 $d = 20\,\mathrm{mm}$，跨度尺寸 $a = 200\,\mathrm{mm}$，弹性模量 $E = 200\,\mathrm{GPa}$。若在载荷 F 的作用下，梁中段 AB 弯成曲率半径 $\rho = 12\,\mathrm{m}$ 的圆弧，试确定载荷 F 的大小。

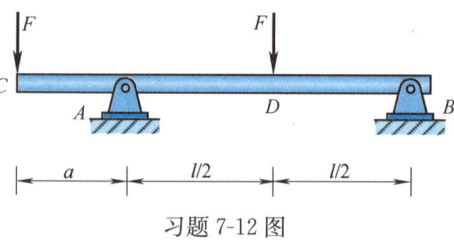

习题 7-12 图

7-14 如习题 7-14 图所示，一根足够长的钢筋放置在水平刚性平台上。已知钢筋的单位长度重量为 q，抗弯刚度为 EI，钢筋的一端伸出平台边缘 B 的长度为 a，作用于钢筋自由端 A 的载荷 $F = qa$。试求钢筋自由端 A 的挠度。

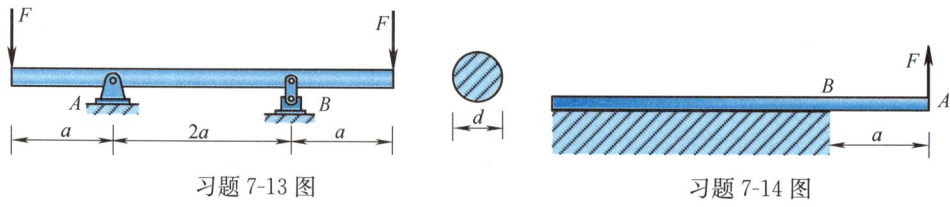

习题 7-13 图   习题 7-14 图

7-15 习题 7-15 图所示简支梁由 No. 45a 工字钢制成，已知梁的跨度 $l = 10\,\mathrm{m}$，弹性模量 $E = 210\,\mathrm{GPa}$，规定的许用挠度 $[w] = l/600$。试确定所受均布载荷集度 q 的最大值。

7-16 习题 7-16 图为一简支房梁的受力简图，为了避免梁下天花板上的灰泥可能开裂，要求梁的最大挠度不超过 $l/360$。已知梁的跨度 $l = 4\,\mathrm{m}$，材料的弹性模量 $E = 6.9\,\mathrm{GPa}$。试确定此房梁截面惯性矩 I_z 的最小值。

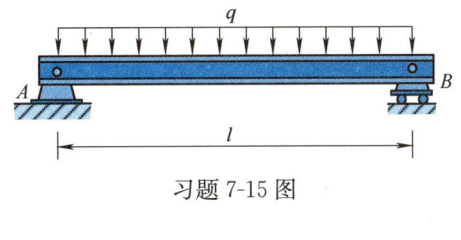

习题 7-15 图

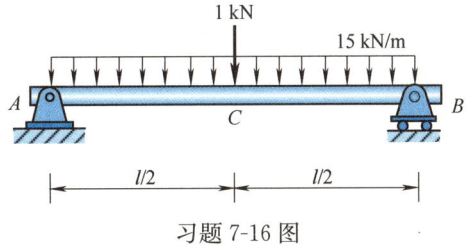

习题 7-16 图

7-17 圆截面简支梁如习题 7-17 图所示，已知梁的截面直径 $d = 32\,\mathrm{mm}$，弹性模量 $E = 200\,\mathrm{GPa}$，工作时要求截面 C 处的挠度不大于 $0.05\,\mathrm{mm}$。试校核此梁的刚度。

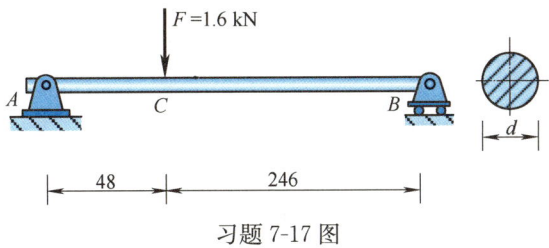

习题 7-17 图

7-18 如习题 7-18 图所示，松木板自由地放置在两个支座上，所受载荷 $F = 4\,\mathrm{kN}$。若测得梁中点处的挠度 $w_C = 2\,\mathrm{mm}$，试确定松木板的弹性模量 E。

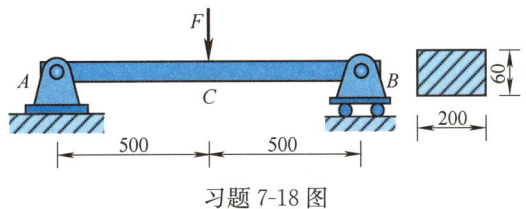

习题 7-18 图

7-19 习题 7-19 图所示简支梁由工字钢制作，已知所受外力偶矩 $M_{e1} = 5\,\mathrm{kN \cdot m}$、$M_{e2} = 10\,\mathrm{kN \cdot m}$，梁的跨度 $l = 5\,\mathrm{m}$，弹性模量 $E = 200\,\mathrm{GPa}$，许用应力 $[\sigma] = 160\,\mathrm{MPa}$，规定的许用挠度 $[w] = l/500$。试确定工字钢的型号。

7-20 试求习题 7-20 图所示超静定梁的支座反力，并作出梁的弯矩图。已知梁的抗弯刚

度为 EI。

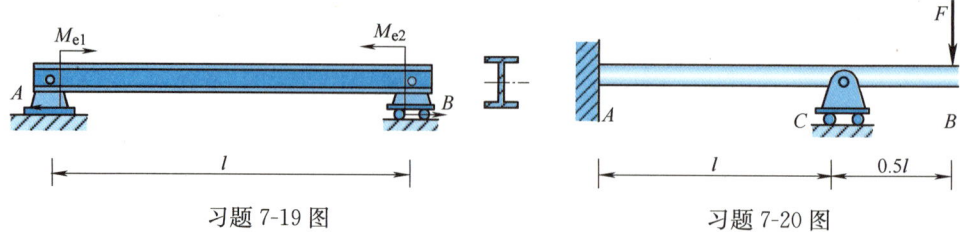

习题 7-19 图　　　　　　　习题 7-20 图

7-21　试求习题 7-21 图所示超静定梁的支座反力，并作出梁的弯矩图。已知梁的抗弯刚度为 EI。

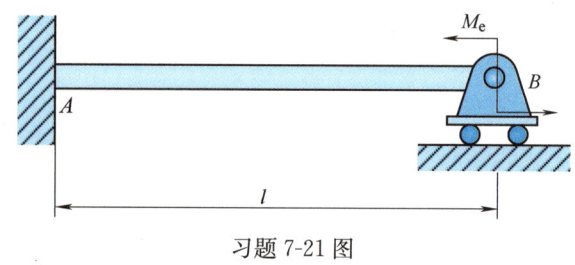

习题 7-21 图

7-22　某房屋建筑中的一等截面梁可简化为受均布载荷作用的双跨梁，如习题 7-22 图所示。试作出此梁的弯矩图，并确定最大弯矩。已知梁的抗弯刚度为 EI。

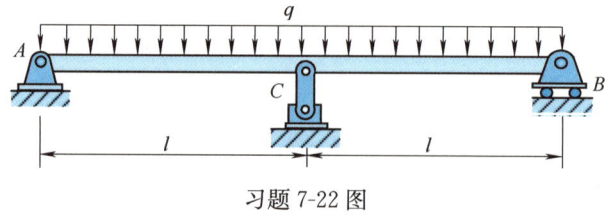

习题 7-22 图

7-23　试求习题 7-23 图所示超静定梁的支座反力，并作出梁的弯矩图。已知梁的抗弯刚度为 EI。

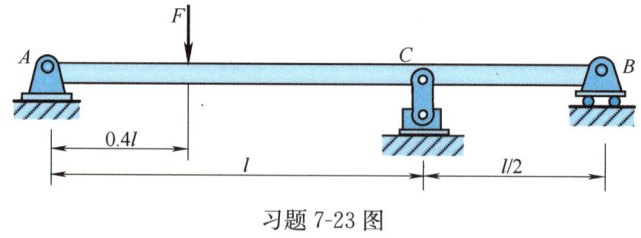

习题 7-23 图

7-24　如习题 7-24 图所示，受均布载荷 q 作用的钢梁 AB 一端固定，另一端用钢拉杆 BC 系住。已知钢梁的抗弯刚度为 EI，钢拉杆的抗拉刚度为 EA。试求钢拉杆 BC 的轴力。

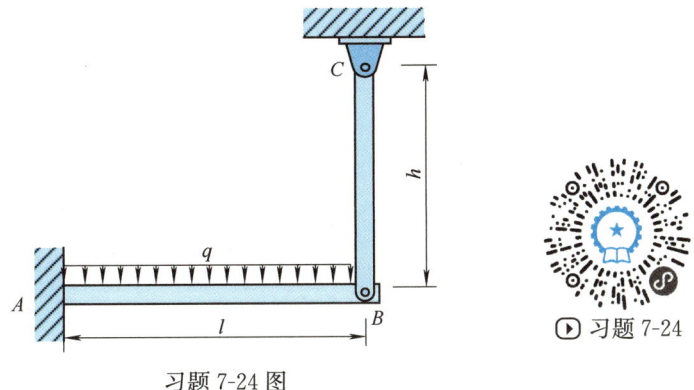

习题 7-24 图

7-25 组合梁如习题 7-25 图所示，试求集中载荷 F 的作用点 O 的挠度。已知梁的抗弯刚度为 EI。

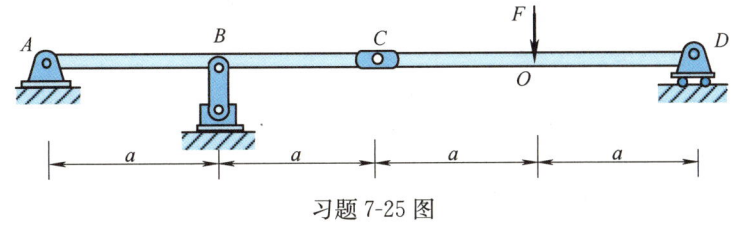

习题 7-25 图

7-26 矩形截面简支梁如习题 7-26 图所示，已知梁上缘的温度为 t_0，下缘的温度为 t_1，$t_1 - t_0 = 120\ ℃$，材料的线胀系数 $\alpha = 12 \times 10^{-6}\ ℃^{-1}$。假设温度沿梁的高度 h 按线性规律变化，试求由温度场引起的梁的曲率半径 ρ。

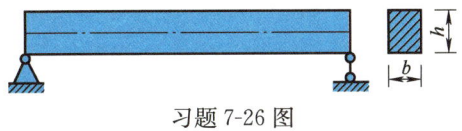

习题 7-26 图

第八章
应力状态分析与强度理论

第一节 应力状态概念

一、应力状态的概念

前述有关章节的研究表明,杆件内同一横截面上不同位置的点,具有不同的应力;而杆件内的同一点,在不同截面上的应力也是不同的。构件内点的应力的大小和方向不仅与该点的位置有关,而且还与通过该点的截面的方位有关。**受力构件内的点在不同方位截面上应力的集合,称为点的应力状态。**

研究点的应力状态,可以使人们了解点的应力随截面方位变化的情况,加深人们对材料失效或破坏现象的认识,有助于揭示在复杂受力情况下材料失效或破坏的一般规律,为解决组合变形杆件的强度问题奠定基础。

为了研究某点的应力状态,可以围绕该点截取一个微小的立方体,称为**单元体**。假设单元体三个方向上的尺寸均无穷小,以致可以认为:

(1) 单元体内的各个截面均通过该点;
(2) 单元体内某截面上的应力,就代表了该点在该截面上的应力;
(3) 在单元体内任意两个平行截面上,应力相同。

这样,单元体的应力状态就代表了相应点的应力状态。这种研究点的应力状态的方法称为**单元体法**。

例如,对于图 8-1a 所示的矩形截面简支梁,若要了解其上 A 点的应力状态,可围绕 A 点截取单元体,如图 8-1b 所示。由第六章的知识可知,在该单元体的左、右两侧面上,有弯曲正应力 σ 和弯曲切应力 τ;再由切应力互等定理可知,在上、下两侧面上,有与左、右两侧面大小相等、转向相反的切应力;而前、后两个面上则均无应力作用。由于该单元体的前、后两个面上都没有应力,故其可用平面图来表达(见图 8-1c)。同理,围绕位于上边缘的 B 点、中性轴上的 C 点截取出来的单元体分别如图 8-1d、e 所示。若单元体六个侧面上的应力全部已知，即可对其应力状态进行深入分析，这将在随后几节中陆续介绍。

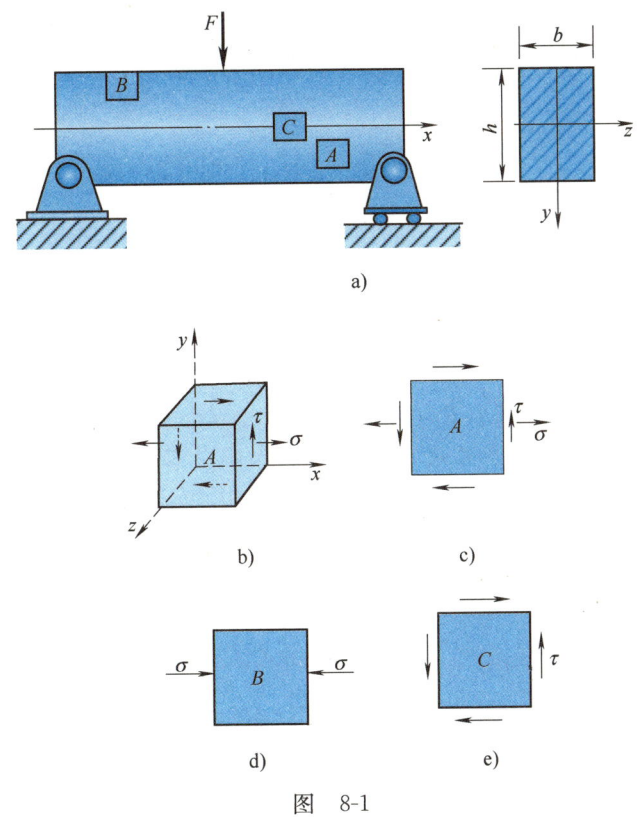

图 8-1

二、主平面与主应力

在图 8-1d 中，单元体的三个相互垂直的面上均无切应力，这种切应力为零的平面称为**主平面**。主平面上的正应力则称为**主应力**。可以证明，通过受力构件的任意点皆可以找到三个相互垂直的主平面，因而受力构件的任意点都一定存在着三个主应力。在今后的研究中，规定将三个主应力按照代数值由大到小的顺序排列，分别记作 σ_1、σ_2、σ_3，即有 $\sigma_1 \geqslant \sigma_2 \geqslant \sigma_3$。例如，若已知某点的三个主应力分别为 10 MPa、-60 MPa、0，则应记作 $\sigma_1 = 10$ MPa、$\sigma_2 = 0$、$\sigma_3 = -60$ MPa。

三、应力状态的分类

若某点的三个主应力中只有一个不等于零，则称该点的应力状态为**单向应**

力状态；若三个主应力中有两个不等于零，则称为**二向应力状态**或**平面应力状态**；若三个主应力都不等于零，则称为**三向应力状态**或**空间应力状态**。单向应力状态也称为**简单应力状态**；二向和三向应力状态则统称为**复杂应力状态**。

第二节　复杂应力状态的工程实例

一、二向应力状态的工程实例

作为二向应力状态的实例，首先研究锅炉、高压罐等承受内压的封闭薄壁圆筒。

薄壁圆筒是指壁厚 t 远小于内径 D（$t < D/20$）的封闭圆筒形容器（见图 8-2）。

假设图 8-2 所示薄壁圆筒承受内压 p 的作用。不难看出，作用于筒底两端的压力，将在横截面上引起轴向拉应力 σ_x；作用于筒壁侧面的压力，则在纵截面上引起周向拉应力 σ_t。由于是薄壁，故可近似认为 σ_x、σ_t 沿壁厚均匀分布。

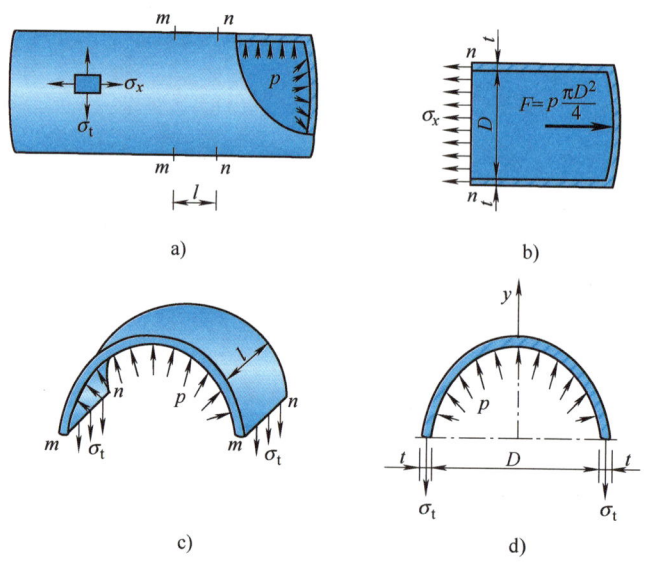

图 8-2

用横截面 n—n 截开圆筒，其右半部分的受力如图 8-2b 所示，由沿 x 轴方向的平衡方程

$$\sum F_x = 0, \quad p\frac{\pi D^2}{4} - \sigma_x(\pi D t) = 0$$

得轴向拉应力

$$\sigma_x = \frac{pD}{4t} \tag{8-1}$$

用相距为 l 的两个横截面和一个通过圆筒轴线的纵截面来截取部分圆筒的上部分作为研究对象（见图 8-2c），由沿 y 轴方向的平衡方程（见图 8-2d）

$$\sum F_y = 0, \quad plD - 2\sigma_t lt = 0$$

得周向拉应力

$$\sigma_t = \frac{pD}{2t} \tag{8-2}$$

由式（8-1）和式（8-2）可见，周向拉应力 σ_t 是轴向拉应力 σ_x 的两倍。

由于横截面与纵截面上都没有切应力，故这两个面均为主平面，σ_x 和 σ_t 即为主应力。此外，在单元体的第三个方向上，还有作用于内壁的压力 p，但在一般情况下，因其远小于 σ_x 和 σ_t，故可忽略不计。因此，薄壁圆筒内的各点均处于二向应力状态。其单元体如图 8-2a 所示。

图 8-1 所示简支梁上的 A、C 两点也属于二向应力状态，其主应力的计算将在下节讨论。

二、三向应力状态的工程实例

钢轨与火车车轮接触处的点的应力状态，可以作为三向应力状态的实例。钢轨与火车车轮接触处（见图 8-3a），在火车车轮的压力下，钢轨受压部分的材料有向四处扩张的趋势，而周围的材料会阻止其扩张，故受到周围材料的压力。因此，在钢轨受压区域的 A 点，以垂直和平行于压力 F 的截面取出的单元体上有三个主应力作用，如图 8-3b 所示，A 点为三向压应力状态。与此类似，滚珠轴承的滚珠与外圈接触处的点，也处于三向应力状态，如图 8-4 所示。

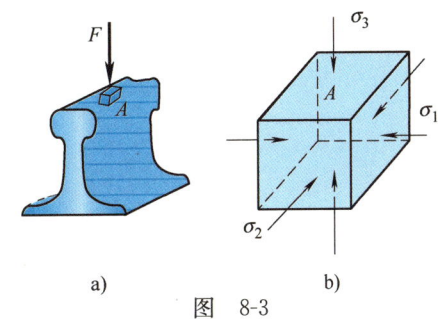

图 8-3

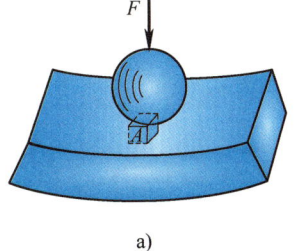 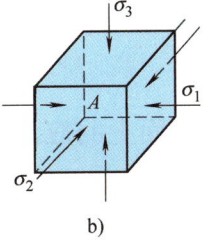

图 8-4

第三节 二向应力状态分析的解析法

图 8-5a 所示单元体为二向应力状态的一般情况。其中，单元体上与 x 轴垂直的截面上作用有正应力 σ_x 和切应力 τ_{xy}；与 y 轴垂直的截面上作用有正应力 σ_y 和切应力 τ_{yx}；在前、后两个截面上，正应力与切应力均为零。根据切应力互等定理，τ_{xy} 与 τ_{yx} 的大小相等。因此，这里独立的应力分量只有三个：σ_x、σ_y 与 τ_{xy}。

对于二向应力状态下的单元体（见图 8-5a），因其前、后两个截面上没有任何应力，故可以用图 8-5b 所示的平面图来表示。

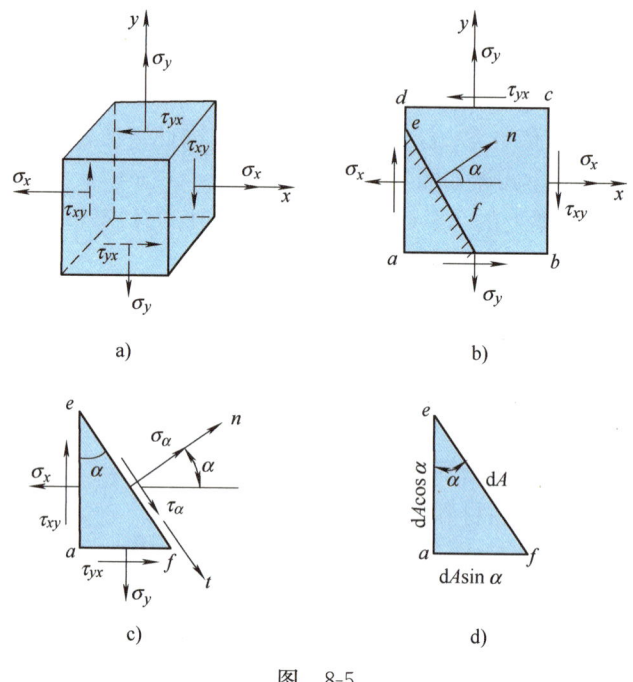

图 8-5

本节研究在 σ_x、σ_y 与 τ_{xy} 均已知的情况下，如何用解析法来确定二向应力状态下的单元体任一斜截面上的应力，以及主平面、主应力和切应力极值。

这里，应力的正负号规定同前，即正应力 σ 拉为正、压为负；切应力 τ 对单元体内任一点取矩，顺时针转向为正、反之为负。

一、任意斜截面上的应力

考虑与 xy 平面垂直的任一斜截面 ef（见图 8-5b），设其外法线 n 与 x 轴的夹角为 α，并规定：以 x 轴为始边、外法线 n 为终边，α 角的转向为逆时针时为正，反之为负。利用截面法，以截面 ef 把单元体分成两部分，研究其中 eaf 部分的平衡（见图 8-5c）。σ_α 和 τ_α 分别表示斜截面 ef 上的正应力和切应力。若 ef 面的面积为 dA，则 ea 面、af 面的面积分别为 $dA\cos\alpha$、$dA\sin\alpha$（见图 8-5d）。将各个面上的应力合成后分别向 ef 面的外法线 n 和切线 t 上投影，得平衡方程

$$\sigma_\alpha dA + (\tau_{xy}dA\cos\alpha)\sin\alpha - (\sigma_x dA\cos\alpha)\cos\alpha + (\tau_{yx}dA\sin\alpha)\cos\alpha - (\sigma_y dA\sin\alpha)\sin\alpha = 0$$

$$\tau_\alpha dA - (\tau_{xy}dA\cos\alpha)\cos\alpha - (\sigma_x dA\cos\alpha)\sin\alpha + (\sigma_y dA\sin\alpha)\cos\alpha + (\tau_{yx}dA\sin\alpha)\sin\alpha = 0$$

注意到 τ_{xy} 和 τ_{yx} 在数值上相等，由上述平衡方程即得 α 斜截面上的应力计算公式

$$\sigma_\alpha = \frac{\sigma_x+\sigma_y}{2} + \frac{\sigma_x-\sigma_y}{2}\cos2\alpha - \tau_{xy}\sin2\alpha \tag{8-3}$$

$$\tau_\alpha = \frac{\sigma_x-\sigma_y}{2}\sin2\alpha + \tau_{xy}\cos2\alpha \tag{8-4}$$

由式（8-3）可以得到

$$\sigma_\alpha + \sigma_{\alpha+90°} = \sigma_x + \sigma_y$$

即有结论：**单元体上任意两个互相垂直截面上的正应力的代数和为常值。**

由式（8-4）可以得到

$$\tau_\alpha = -\tau_{\alpha+90°}$$

即有结论：**单元体上任意两个互相垂直截面上的切应力大小相等、转向相反。**这正是在第二章和第四章中都曾介绍过的切应力互等定理。

二、主平面与主应力

由式（8-3）知，单元体 α 斜截面上的正应力 σ_α 为该斜截面方位角 α 的函数，首先来确定 σ_α 的极值及其所在的平面。

根据求函数极值的数学方法，令

$$\frac{d\sigma_\alpha}{d\alpha} = -2\left(\frac{\sigma_x-\sigma_y}{2}\sin2\alpha + \tau_{xy}\cos2\alpha\right) = 0$$

可得，正应力 σ_α 的极值所在平面的方位角 α_0 应满足下列公式

$$\tan2\alpha_0 = \frac{-2\tau_{xy}}{\sigma_x-\sigma_y} \tag{8-5a}$$

由于正切函数的周期为 π，故由上式可以得到两个互相垂直的平面

$$\left.\begin{array}{l} \alpha_0 = \dfrac{1}{2}\arctan\left(\dfrac{-2\tau_{xy}}{\sigma_x-\sigma_y}\right) \\[2mm] \alpha_0' = \alpha_0 + \dfrac{\pi}{2} \end{array}\right\} \tag{8-5b}$$

一个为正应力 σ_α 的极大值 $\sigma_{\max}$ 所在的平面，另一个则为正应力 σ_α 的极小值 $\sigma_{\min}$ 所在的平面。

将 α_0 和 α_0' 代入式（8-3），即得正应力 σ_α 的极大值和极小值为

$$\left.\begin{array}{c}\sigma_{\max}\\ \sigma_{\min}\end{array}\right\} = \frac{\sigma_x+\sigma_y}{2} \pm \sqrt{\left(\frac{\sigma_x-\sigma_y}{2}\right)^2 + \tau_{xy}^2} \tag{8-6}$$

这里还有一个问题，即到底是 α_0 对应 $\sigma_{\max}$，还是 α_0' 对应 $\sigma_{\max}$？显然，只要将 α_0、α_0' 分别代入式（8-3）即可确定。另外，还可采用下列方法来判断：如约定 $\sigma_x \geqslant \sigma_y$，则由式（8-5b）确定的 α_0 与 α_0' 中，绝对值较小的一个对应的就是 $\sigma_{\max}$ 所在的平面。

现在，再来确定主平面和主应力。根据主平面的定义，令式（8-4）等于零，发现主平面方位角应满足的公式与式（8-5a）完全相同。这表明，主平面就是正应力极值所在平面；主应力就是正应力极值。

根据主应力 $\sigma_1 \geqslant \sigma_2 \geqslant \sigma_3$ 的规定，对于二向应力状态单元体，若由式（8-6）求出的 $\sigma_{\max}>0$、$\sigma_{\min}>0$，则其三个主应力分别为 $\sigma_1 = \sigma_{\max}$、$\sigma_2 = \sigma_{\min}$、$\sigma_3 = 0$；若 $\sigma_{\max}<0$、$\sigma_{\min}<0$，则三个主应力分别为 $\sigma_1 = 0$、$\sigma_2 = \sigma_{\max}$、$\sigma_3 = \sigma_{\min}$；若 $\sigma_{\max}>0$、$\sigma_{\min}<0$，则三个主应力分别为 $\sigma_1 = \sigma_{\max}$、$\sigma_2 = 0$、$\sigma_3 = \sigma_{\min}$。

三、切应力极值及其所在平面

同理，令 $\dfrac{d\tau_\alpha}{d\alpha}=0$，可得切应力 τ_α 的极值所在平面的方位角 α_1 应满足公式

$$\tan 2\alpha_1 = \frac{\sigma_x-\sigma_y}{2\tau_{xy}} \tag{8-7}$$

将由上式确定的 α_1 代入式（8-4），即得切应力的极大值和极小值为

$$\left.\begin{array}{c}\tau_{\max}\\ \tau_{\min}\end{array}\right\} = \pm\sqrt{\left(\frac{\sigma_x-\sigma_y}{2}\right)^2 + \tau_{xy}^2} \tag{8-8}$$

比较式（8-5a）与式（8-7）可知，$2\alpha_0$ 与 $2\alpha_1$ 互余，即 $\alpha_1 = \alpha_0 \pm \dfrac{\pi}{4}$，亦即切应力极值所在平面与主平面成 45°夹角。

另需指出，由式（8-8）确定的切应力极大值 $\tau_{\max}$ 不一定就是单元体内的最大切应力。单元体内的最大切应力应如何确定？这一问题将在随后的第五节中得到解答。

【例 8-1】 试求图 8-6 所示单元体指定斜截面上的应力（图中应力单位为 MPa）。

解： 对于图 8-6 所示单元体，有 $\sigma_x = 30$ MPa，$\sigma_y = 50$ MPa，$\tau_{xy} = -20$ MPa，指定斜截面的方位角 $\alpha = 30°$。将其代入式（8-3）与式（8-4），即得

$$\sigma_{30°} = \frac{\sigma_x+\sigma_y}{2} + \frac{\sigma_x-\sigma_y}{2}\cos 2\alpha - \tau_{xy}\sin 2\alpha$$

$$= \left[\frac{30+50}{2} + \frac{30-50}{2}\cos 60° - (-20)\sin 60°\right] \text{MPa}$$

$$= 52.3 \text{ MPa}$$

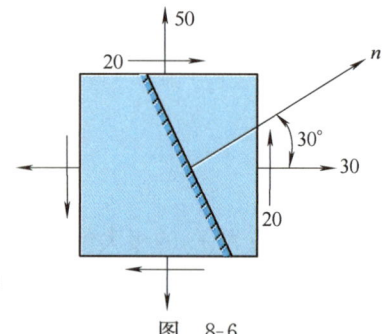

图 8-6

$$\tau_{30°} = \frac{\sigma_x - \sigma_y}{2}\sin 2\alpha + \tau_{xy}\cos 2\alpha$$
$$= \left[\frac{30-50}{2}\sin 60° + (-20)\cos 60°\right] \text{MPa}$$
$$= -18.66 \text{ MPa}$$

【例 8-2】 单元体的应力状态如图 8-7 所示，试求主应力并确定主平面的位置。

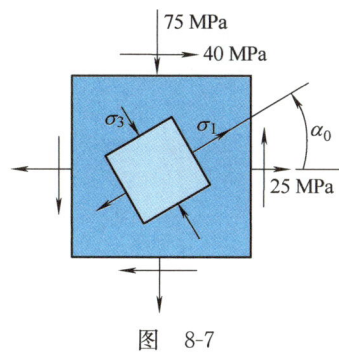

图 8-7

解： 对于图 8-7 所示单元体，有 $\sigma_x = 25$ MPa, $\sigma_y = -75$ MPa, $\tau_{xy} = -40$ MPa。将其代入式（8-6），得面内正应力极值

$$\begin{Bmatrix}\sigma_{\max} \\ \sigma_{\min}\end{Bmatrix} = \frac{\sigma_x + \sigma_y}{2} \pm \sqrt{\left(\frac{\sigma_x - \sigma_y}{2}\right)^2 + \tau_{xy}^2}$$

$$= \left\{\frac{25+(-75)}{2} \pm \sqrt{\left[\frac{25-(-75)}{2}\right]^2 + (-40)^2}\right\} \text{MPa}$$

$$= \begin{cases} 39 \text{ MPa} \\ -89 \text{ MPa} \end{cases}$$

所以，三个主应力分别为

$$\sigma_1 = 39 \text{ MPa}, \quad \sigma_2 = 0, \quad \sigma_3 = -89 \text{ MPa}$$

再由式（8-5b），得主平面的方位角

$$\alpha_0 = \frac{1}{2}\arctan\left(\frac{-2\tau_{xy}}{\sigma_x - \sigma_y}\right) = \frac{1}{2}\arctan\left[\frac{-2\times(-40 \text{ MPa})}{25 \text{ MPa}-(-75 \text{ MPa})}\right] = 19.3°$$

$$\alpha_0' = \alpha_0 + \frac{\pi}{2} = 109.3°$$

其与 σ_1、σ_3 的对应关系见图 8-7。

【例 8-3】 讨论圆轴扭转时的应力状态，并分析铸铁试样受扭时的破坏现象。

解： 圆轴扭转时，横截面上只存在切应力。在横截面边缘各点处，扭转切应力最大。

在扭转圆轴的表层，按图 8-8a 所示方式截取单元体 ABCD，单元体各面上的应力如图 8-8b 所示，其中 τ 为最大扭转切应力。

此时，$\sigma_x = 0$，$\sigma_y = 0$，$\tau_{xy} = \tau$。将其代入式（8-6），得正应力极值

$$\left.\begin{matrix}\sigma_{\max}\\ \sigma_{\min}\end{matrix}\right\} = \frac{\sigma_x+\sigma_y}{2} \pm \sqrt{\left(\frac{\sigma_x-\sigma_y}{2}\right)^2+\tau_{xy}^2} = \pm\tau$$

根据主应力 $\sigma_1 \geqslant \sigma_2 \geqslant \sigma_3$ 的规定,有

$$\sigma_1 = \tau, \quad \sigma_2 = 0, \quad \sigma_3 = -\tau$$

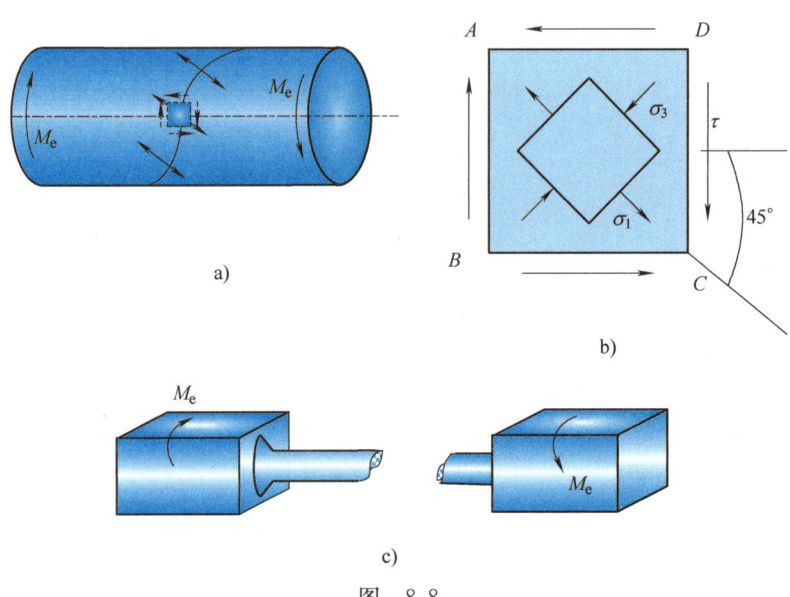

图 8-8

再由式 (8-5) 可知,主平面为 45°斜截面,如图 8-8b 所示。

由此可知,圆轴试样扭转时,其表面各点的最大拉应力 σ_1 所在的主平面连成倾角为 45°的螺旋面(见图 8-8a)。由于铸铁的抗拉强度较低,因此试件将沿着这一螺旋面因最大拉应力 σ_1 而发生断裂破坏,如图 8-8c 所示。

【例 8-4】 某点应力状态如图 8-9a 所示,试求该点的主应力(图中应力单位为 MPa)。

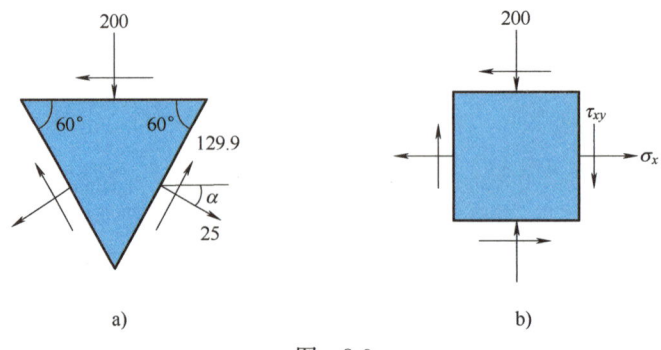

图 8-9

解:(1) 求标准应力状态

先确定该点对应的标准应力状态(见图 8-9b),其中 $\sigma_y = -200$ MPa,σ_x 和 τ_{xy} 未知。

注意到,图 8-9a 所示斜截面的方位角 $\alpha = -30°$,由式(8-3)、式(8-4)即有

$$25 \text{ MPa} = \frac{\sigma_x - 200 \text{ MPa}}{2} + \frac{\sigma_x + 200 \text{ MPa}}{2}\cos(-60°) - \tau_{xy}\sin(-60°)$$

$$-129.9 \text{ MPa} = \frac{\sigma_x + 200 \text{ MPa}}{2}\sin(-60°) + \tau_{xy}\cos(-60°)$$

解得

$$\sigma_x = 100 \text{ MPa}, \quad \tau_x = 0$$

(2) 确定主应力

显然,主应力

$$\sigma_1 = 100 \text{ MPa}, \quad \sigma_2 = 0, \quad \sigma_3 = -200 \text{ MPa}$$

在确定主应力时,如果已知条件是非标准单元体应力状态,一般应首先借助所给条件将非标准单元体应力状态转化为标准单元体应力状态,再进一步求解。

第四节 二向应力状态分析的图解法

将式(8-3)、式(8-4)改写成

$$\sigma_\alpha - \frac{\sigma_x + \sigma_y}{2} = \frac{\sigma_x - \sigma_y}{2}\cos2\alpha - \tau_{xy}\sin2\alpha$$

$$\tau_\alpha = \frac{\sigma_x - \sigma_y}{2}\sin2\alpha + \tau_{xy}\cos2\alpha$$

将以上两式的等号两边分别平方,然后相加并化简可得

$$\left(\sigma_\alpha - \frac{\sigma_x + \sigma_y}{2}\right)^2 + \tau_\alpha^2 = \left(\frac{\sigma_x - \sigma_y}{2}\right)^2 + \tau_{xy}^2 \tag{8-9}$$

在 σ_x、σ_y 和 τ_{xy} 为已知的条件下,若以 σ_α 为横坐标轴、τ_α 为纵坐标轴,则上式是一个以 $\left(\frac{\sigma_x + \sigma_y}{2}, 0\right)$ 为圆心、$\sqrt{\left(\frac{\sigma_x - \sigma_y}{2}\right)^2 + \tau_{xy}^2}$ 为半径的圆的方程,这个圆称为**应力圆**。该圆周上任一点的横坐标和纵坐标,分别代表了相应单元体内方位角为 α 的斜截面上的正应力 σ_α 和切应力 τ_α。

现以图 8-10a 所示的二向应力状态单元体为例,说明应力圆的作法(见图 8-10b):

(1) 建立 σ-τ 坐标系。

(2) 按一定比例尺量取横坐标 $OA = \sigma_x$、纵坐标 $AD = \tau_{xy}$,得到与 x 截面对应的点 D。

(3) 再按同一比例尺量取横坐标 $OB = \sigma_y$、纵坐标 $BD' = \tau_{yx} = -\tau_{xy}$，得到与 y 截面对应的点 D'。

(4) 连接 DD'，交 σ 轴于点 C。

(5) 以点 C 为圆心、CD 为半径作圆即得。

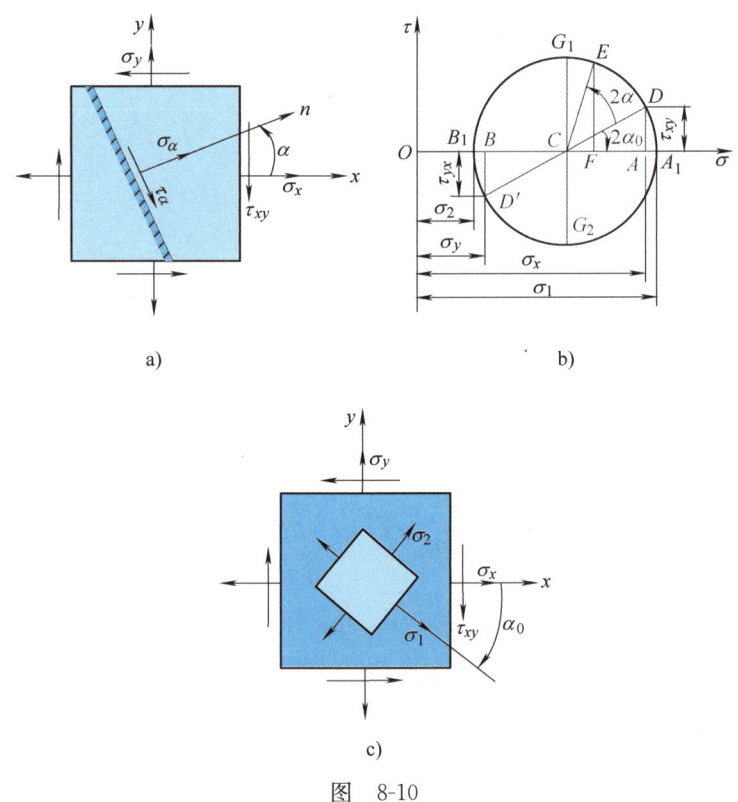

图 8-10

不难验证，按上述方法作出的圆的圆心坐标为 $\left(\dfrac{\sigma_x + \sigma_y}{2}, 0\right)$，半径为 $\sqrt{\left(\dfrac{\sigma_x - \sigma_y}{2}\right)^2 + \tau_{xy}^2}$。所以，该圆就是应力圆。

利用应力圆，可以方便地确定出单元体内 α 斜截面上的应力：若由 x 轴转向该斜截面外法线 n 的方位角 α 是逆时针的（见图 8-10a），则将半径 CD 也按逆时针转向转过 2α 角至 CE（见图 8-10b），E 点的横坐标即代表了 α 斜截面上的正应力 σ_α、纵坐标则代表了切应力 τ_α。证明如下：

设 $\angle DCA = 2\alpha_0$，则

$$\sigma_E = \overline{OC} + \overline{CE}\cos(2\alpha_0 + 2\alpha) = \overline{OC} + \overline{CD}\cos(2\alpha_0 + 2\alpha)$$
$$= \overline{OC} + \overline{CD}\cos2\alpha_0\cos2\alpha - \overline{CD}\sin2\alpha_0\sin2\alpha$$
$$= \frac{\sigma_x + \sigma_y}{2} + \frac{\sigma_x - \sigma_y}{2}\cos2\alpha - \tau_{xy}\sin2\alpha = \sigma_\alpha$$

同理可证
$$\tau_E = \tau_\alpha$$

应力圆上的点与单元体内的面的对应关系可总结为：**点面对应，基准一致，转向相同，倍角关系。**

利用应力圆，同样可以方便地确定出主应力与主平面。如图 8-10b 所示，应力圆上的 A_1 和 B_1 两点的横坐标分别为极大值和极小值，而纵坐标都为零。故这两点的横坐标即代表了主应力，即有

$$\sigma_1 = \overline{OC} + \overline{CA_1} = \overline{OC} + \overline{CD} = \frac{\sigma_x + \sigma_y}{2} + \sqrt{\left(\frac{\sigma_x - \sigma_y}{2}\right)^2 + \tau_{xy}^2}$$

$$\sigma_2 = \overline{OC} - \overline{CB_1} = \overline{OC} - \overline{CD} = \frac{\sigma_x + \sigma_y}{2} - \sqrt{\left(\frac{\sigma_x - \sigma_y}{2}\right)^2 + \tau_{xy}^2}$$

与式（8-6）完全吻合。而主平面的方位角 α_0，也可从应力圆中得出。若在应力圆上，由点 D 到点 A_1 所对应的圆心角为顺时针的 $2\alpha_0$，则由点面对应关系，在单元体上，由 x 轴按顺时针转向量取角 α_0，即得 σ_1 所在主平面的位置（见图 8-10c）。

从图 8-10b 中还可看出，应力圆上还存在另外两个极值点 G_1 和 G_2，它们的纵坐标分别代表切应力极大值 $\tau_{\max}$ 和切应力极小值 $\tau_{\min}$。因为 $\overline{CG_1}$ 是应力圆的半径，故得切应力极大值和极小值为

$$\left.\begin{matrix}\tau_{\max}\\ \tau_{\min}\end{matrix}\right\} = \pm\sqrt{\left(\frac{\sigma_x - \sigma_y}{2}\right)^2 + \tau_{xy}^2}$$

这与式（8-8）完全一致。

由应力圆还可以直观得到下列两个结论：

（1）主平面与切应力极值所在平面相交 $45°$；

（2）切应力极大值和极小值所在平面上的正应力相等，都等于 $\frac{\sigma_x + \sigma_y}{2}$。

【例 8-5】 二向应力状态单元体如图 8-11a 所示，试用图解法求其主应力，并确定主平面的方位。

解： 如图 8-11b 所示，按选定的比例尺，先以 $\sigma_x = 80$ MPa 为横坐标、$\tau_{xy} = -60$ MPa 为纵坐标确定 D 点，再以 $\sigma_y = -40$ MPa 为横坐标、$\tau_{yx} = 60$ MPa 为纵坐标确定 D' 点；连接 DD'，交 σ 轴于 C 点；以 C 点为圆心、$\overline{CD}$ 为半径作出应力圆。

根据应力圆，按所选比例尺量得

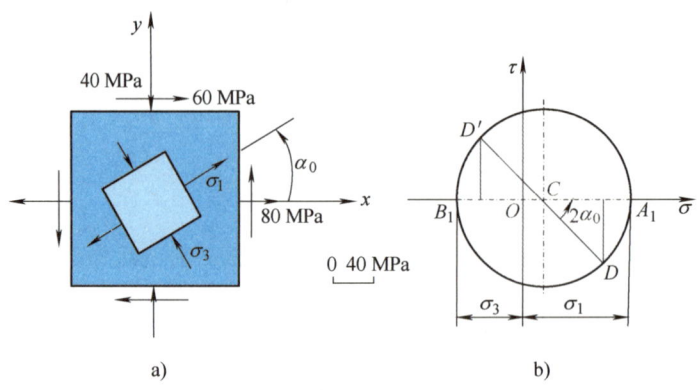

图 8-11

$$\sigma_1 = \overline{OA_1} = 105 \text{ MPa}, \quad \sigma_3 = \overline{OB_1} = -65 \text{ MPa}$$

另一个主应力 $\sigma_2 = 0$。

在应力圆上由 D 到 A_1 逆时针转向,并量得 $\angle DCA_1 = 2\alpha_0 = 45°$。所以,在单元体上从 x 轴以逆时针转向量取 $\alpha_0 = 22.5°$,即得 σ_1 所在主平面(见图 8-11a)。

【例 8-6】 二向应力状态单元体如图 8-12a 所示,试用图解法求斜截面 m—m 上的应力。

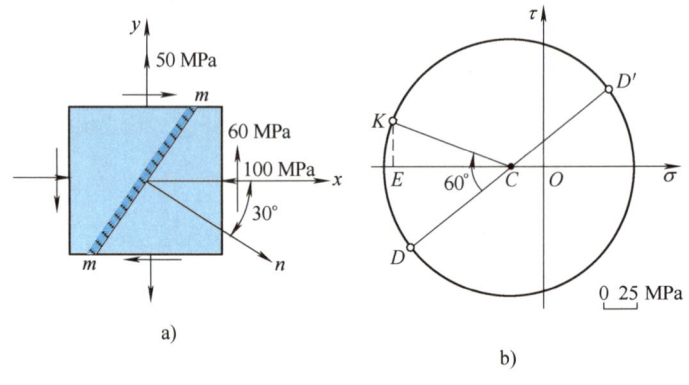

图 8-12

解:如图 8-12b 所示,按选定的比例尺,以 $\sigma_x = -100$ MPa 为横坐标、$\tau_{xy} = -60$ MPa 为纵坐标确定 D 点,再以 $\sigma_y = 50$ MPa 为横坐标、$\tau_{yx} = 60$ MPa 为纵坐标确定 D' 点;连接 DD',交 σ 轴于 C 点;以 C 点为圆心、$\overline{CD}$ 为半径作出应力圆。

截面 m—m 的方位角 $\alpha = -30°$,故将半径 CD 顺时针旋转 $60°$ 至 CK 处,所得应力圆上的 K 点即为单元体内截面 m—m 的对应点。

根据应力圆,按所选比例尺,量得截面 m—m 上的正应力、切应力分别为

$$\sigma_{-30°} = \overline{OE} = -115 \text{ MPa}, \quad \tau_{-30°} = \overline{EK} = 35 \text{ MPa}$$

【例 8-7】 在过 A 点的两个截面上，应力如图 8-13a 所示，试用图解法确定该点的主应力和主平面。

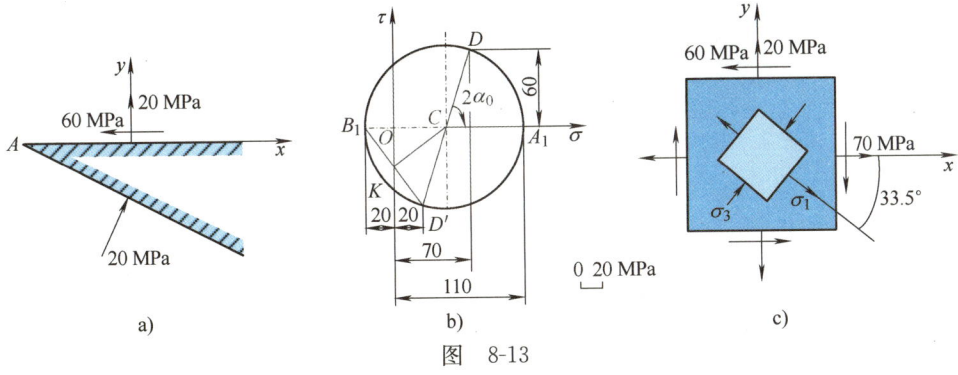

图 8-13

解： 取 x、y 坐标轴如图 8-13a 所示，有 $\sigma_y = 20$ MPa、$\tau_{xy} = -\tau_{yx} = 60$ MPa。在斜截面上，有 $\sigma_\alpha = -20$ MPa、$\tau_\alpha = 0$，故该斜截面为主平面之一，σ_α 为主应力之一。

在 σ-τ 坐标平面上，按照选定的比例尺，由 $\sigma_y = 20$ MPa、$\tau_{yx} = -60$ MPa 确定 D' 点。再由 $\sigma_\alpha = -20$ MPa、$\tau_\alpha = 0$ 确定 B_1 点。由于 D' 点和 B_1 点都在应力圆的圆周上，故作 $D'B_1$ 的垂直平分线 CK，交横轴于 C 点。以 C 点为圆心、CD' 为半径作圆，即得应力圆，如图 8-13b 所示。

延长 $D'C$，与圆相交于 D，则 D 点的横坐标即为 x 面上的正应力。按选定比例尺量得 $\sigma_x = 70$ MPa。这样，A 点单元体上三个独立的应力分量 σ_x、σ_y、τ_{xy} 就全部已知（见图 8-13c）。

应力圆上的 A_1 点和 B_1 点的横坐标即为主应力，按选定比例尺量得主应力

$$\sigma_1 = 110 \text{ MPa}, \quad \sigma_2 = 0, \quad \sigma_3 = -20 \text{ MPa}$$

在图 8-13b 上，量得 $\angle DCA_1 = 2\alpha_0 = -67°$，故 $\alpha_0 = -33.5°$，即从单元体上的 x 轴顺时针转过 $33.5°$，即得 σ_1 的作用面，如图 8-13c 所示。

第五节 三向应力状态简介

三向应力状态的主应力单元体如图 8-14a 所示，先求与 σ_3 平行的任意斜截面上的应力。因截面与 σ_3 平行，σ_3 不会在该截面上引起任何应力，故该截面上的应力只取决于 σ_1 和 σ_2（见图 8-14b）。于是，可像处理二向应力状态那样，用 σ_1 和 σ_2 所决定的应力圆来确定该斜截面上的应力。

同理，与 σ_1 平行的斜截面上的应力，则与 σ_1 无关，只取决于 σ_2 和 σ_3，可

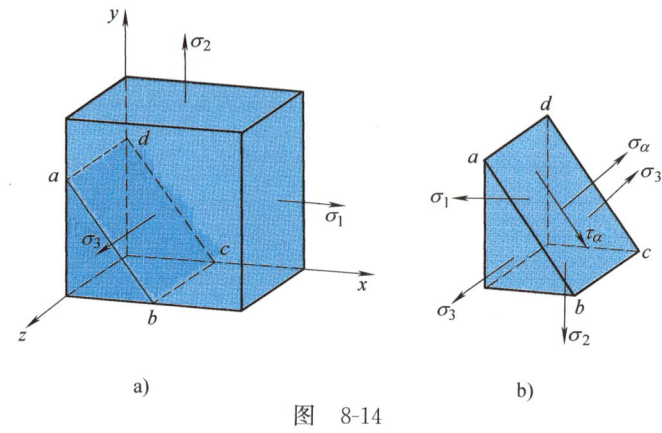

图 8-14

由 σ_2 和 σ_3 所决定的应力圆确定；与 σ_2 平行的斜截面上的应力，则与 σ_2 无关，只取决于 σ_3 和 σ_1，可由 σ_3 和 σ_1 所决定的应力圆确定。

这样，就得到三个两两相切的应力圆，称为**三向应力圆**，如图 8-15 所示。可以进一步证明，与 σ_1、σ_2、σ_3 三个主应力方向均不平行的任意截面所对应的点，均在三个应力圆所包围的阴影区域内（见图 8-15）。

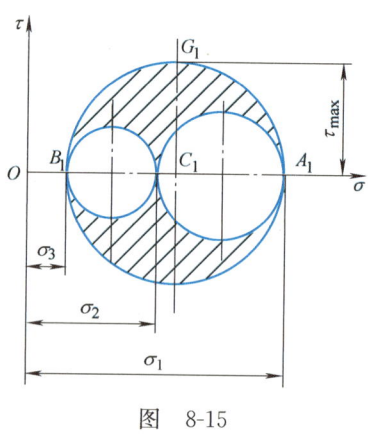

图 8-15

从三向应力圆可以得出如下两个重要结论：

（1）单元体内的最大和最小正应力分别为最大和最小主应力，即

$$\left.\begin{array}{l}\sigma_{\max}=\sigma_1\\ \sigma_{\min}=\sigma_3\end{array}\right\} \quad (8\text{-}10)$$

（2）单元体内的最大切应力为

$$\tau_{\max}=\frac{\sigma_1-\sigma_3}{2} \quad (8\text{-}11)$$

其作用面与 σ_2 平行，与 σ_1、σ_3 成 45°夹角。

【**例 8-8**】 已知某点的应力状态如图 8-16 所示，图中应力的单位为 MPa。试求：(1) 主应力；(2) 最大切应力。

解：(1) 求主应力

图示为三向应力状态单元体，已知 $\sigma_x=120$ MPa、$\sigma_y=40$ MPa、$\sigma_z=-30$ MPa、$\tau_{xy}=-30$ MPa。z 面是主平面，其上正应力 σ_z 为主应力之一。另外两个主应力则可通过 σ_x、σ_y、τ_{xy}，由式 (8-6) 求出，即

$$\left.\begin{matrix}\sigma_{\max}\\\sigma_{\min}\end{matrix}\right\} = \frac{\sigma_x+\sigma_y}{2} \pm \sqrt{\left(\frac{\sigma_x-\sigma_y}{2}\right)^2 + \tau_{xy}^2}$$

$$= \left[\frac{120+40}{2} \pm \sqrt{\left(\frac{120-40}{2}\right)^2 + (-30)^2}\right] \text{MPa}$$

$$= \begin{cases} 130 \text{ MPa} \\ 30 \text{ MPa} \end{cases}$$

故三个主应力分别为

$$\sigma_1 = 130 \text{ MPa}, \quad \sigma_2 = 30 \text{ MPa}, \quad \sigma_3 = -30 \text{ MPa}$$

(2) 求最大切应力

借助上述结果，最大切应力根据式（8-11）即得

$$\tau_{\max} = \frac{\sigma_1 - \sigma_3}{2} = \frac{130-(-30)}{2} \text{ MPa} = 80 \text{ MPa}$$

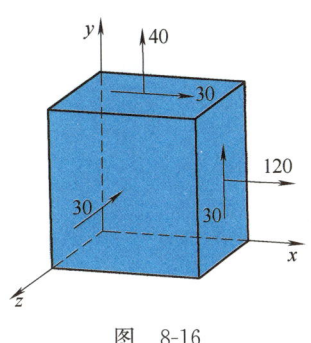

图 8-16

第六节　广义胡克定律

第二章曾介绍过，在单向拉伸或压缩，即单向应力状态下，当 $\sigma \leqslant \sigma_p$ 时，有胡克定律

$$\varepsilon = \frac{\sigma}{E} \tag{a}$$

成立。同时，因轴向线应变 ε 而引起的横向线应变 ε' 可表示为

$$\varepsilon' = -\nu\varepsilon = -\nu\frac{\sigma}{E} \tag{b}$$

对于如图 8-17 所示的一般三向应力状态，当变形很小且在线弹性范围内时，沿正应力方向的线应变只与正应力有关，而与切应力无关。这样，我们可利用上述两式分别求出各正应力分量在各个方向上所引起的线应变，然后再进行叠加。

例如，当 σ_x 单独作用时，在 x 方向引起的线应变为 $\frac{\sigma_x}{E}$；当 σ_y、σ_z 分别单独作用时，在 x 方向引起的线应变则分别为 $-\nu\frac{\sigma_y}{E}$、$-\nu\frac{\sigma_z}{E}$；而三个切应力分量皆与 x 方向的线应变无关。叠加以上结果，得到

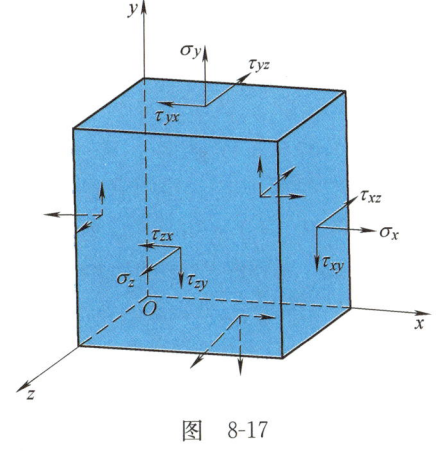

图 8-17

$$\varepsilon_x = \frac{\sigma_x}{E} - \nu\frac{\sigma_y}{E} - \nu\frac{\sigma_z}{E} = \frac{1}{E}[\sigma_x - \nu(\sigma_y + \sigma_z)]$$

同理，可求得沿 y 和 z 方向的线应变 ε_y 和 ε_z，最终有

$$\left.\begin{aligned}\varepsilon_x &= \frac{1}{E}[\sigma_x - \nu(\sigma_y + \sigma_z)] \\ \varepsilon_y &= \frac{1}{E}[\sigma_y - \nu(\sigma_z + \sigma_x)] \\ \varepsilon_z &= \frac{1}{E}[\sigma_z - \nu(\sigma_x + \sigma_y)]\end{aligned}\right\} \quad (8\text{-}12)$$

另一方面，当切应力不超过材料的剪切比例极限时，同一平面内的切应力与切应变依然服从纯剪切条件下的剪切胡克定律（见第四章第三节），即有

$$\left.\begin{aligned}\gamma_{xy} &= \frac{\tau_{xy}}{G} \\ \gamma_{yz} &= \frac{\tau_{yz}}{G} \\ \gamma_{zx} &= \frac{\tau_{zx}}{G}\end{aligned}\right\} \quad (8\text{-}13)$$

式（8-12）和式（8-13）统称为广义胡克定律。

可以证明，对于各向同性材料，广义胡克定律中的三个弹性常数有如下关系：

$$G = \frac{E}{2(1+\nu)} \quad (8\text{-}14)$$

当单元体的六个侧面皆为主平面时，式（8-12）则可改写为

$$\left.\begin{aligned}\varepsilon_1 &= \frac{1}{E}[\sigma_1 - \nu(\sigma_2 + \sigma_3)] \\ \varepsilon_2 &= \frac{1}{E}[\sigma_2 - \nu(\sigma_3 + \sigma_1)] \\ \varepsilon_3 &= \frac{1}{E}[\sigma_3 - \nu(\sigma_1 + \sigma_2)]\end{aligned}\right\} \quad (8\text{-}15)$$

广义胡克定律建立了复杂应力状态下应力与应变之间的关系，在工程中有着广泛的应用。

【例 8-9】 如图 8-18 所示，钢块上开有宽度和深度均为 10 mm 的槽，槽内嵌入边长为 10 mm 的立方体铝块，受 $F = 6\text{ kN}$ 的压力作用。已知铝材的弹性模量 $E = 70\text{ GPa}$、泊松比 $\nu = 0.33$。若不计钢块变形，试求铝块的三个主应力和相应的主应变。

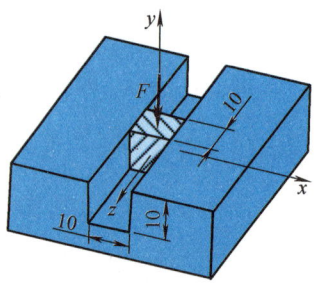

图 8-18

解：（1）计算主应力

选坐标系如图 8-18 所示，显然有

第八章 应力状态分析与强度理论

$$\sigma_z = 0$$

$$\sigma_y = -\frac{F}{A} = -\frac{6\times 10^3 \text{ N}}{10\times 10\times 10^{-6} \text{ m}^2} = -60\times 10^6 \text{ Pa} = -60 \text{ MPa}$$

由于钢块变形不计，所以铝块沿 x 方向的线应变应等于零。由式 (8-12)

$$\varepsilon_x = \frac{1}{E}[\sigma_x - \nu(\sigma_y + \sigma_z)] = \frac{1}{70\times 10^9 \text{ Pa}}[\sigma_x - 0.33\times(-60\times 10^6 \text{ Pa})] = 0$$

解得

$$\sigma_x = -19.8\times 10^6 \text{ Pa} = -19.8 \text{ MPa}$$

因为铝块在三个坐标平面上都不存在切应力，故 σ_x、σ_y 和 σ_z 就是主应力，即得

$$\sigma_1 = \sigma_z = 0, \quad \sigma_2 = \sigma_x = -19.8 \text{ MPa}, \quad \sigma_3 = \sigma_y = -60 \text{ MPa}$$

(2) 计算主应变

由式 (8-15)，得主应变

$$\varepsilon_1 = \frac{1}{E}[\sigma_1 - \nu(\sigma_2 + \sigma_3)]$$

$$= \frac{1}{70\times 10^9 \text{ Pa}}[0 - 0.33\times(-19.8-60)]\times 10^6 \text{ Pa} = 376\times 10^{-6}$$

$$\varepsilon_2 = 0$$

$$\varepsilon_3 = \frac{1}{E}[\sigma_3 - \nu(\sigma_1 + \sigma_2)]$$

$$= \frac{1}{70\times 10^9 \text{ Pa}}[-60 - 0.33\times(0-19.8)]\times 10^6 \text{ Pa} = -764\times 10^{-6}$$

由本例可见，在复杂应力状态下，有正应力的方向上不一定有线应变；有线应变的方向上也不一定有正应力。

【例 8-10】 如图 8-19a 所示，直径 $d = 50$ mm 的圆轴的两端受扭转外力偶矩 M_e 的作用。已知材料的弹性模量 $E = 210$ GPa、泊松比 $\nu = 0.28$。若测得圆轴表面 K 点沿与母线成 $45°$ 方向的线应变 $\varepsilon_{-45°} = 300\times 10^{-6}$，试确定该扭转外力偶矩 M_e。

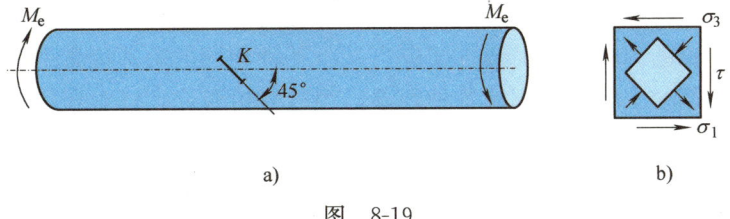

图 8-19

解： (1) K 点应力状态分析

K 点应力状态如图 8-19b 所示，为纯剪切应力状态。与母线成 $45°$方向为主方向，其主应力

$$\sigma_1 = \tau, \quad \sigma_2 = 0, \quad \sigma_3 = -\tau$$

(2) 建立应力应变关系

由式 (8-15)

$$\varepsilon_{-45°} = \varepsilon_1 = \frac{1}{E}[\sigma_1 - \nu(\sigma_2 + \sigma_3)] = \frac{1}{E}(\tau + \nu\tau) = \frac{1+\nu}{E}\tau$$

得

$$\tau = \frac{E}{1+\nu}\varepsilon_{-45°}$$

(3) 计算扭转外力偶矩 M_e

根据最大扭转切应力公式 $\tau = T/W_t$,即得扭转外力偶矩

$$M_e = T = W_t\tau = \frac{\pi d^3 E\varepsilon_{-45°}}{16(1+\nu)}$$

$$= \frac{\pi(50\times10^{-3}\,\text{m})^3 \times 210\times10^9\,\text{Pa} \times (300\times10^{-6})}{16\times(1+0.28)} = 1210\,\text{N}\cdot\text{m}$$

第七节 强度理论

简单应力状态下的强度条件是通过试验来建立的。如杆件受轴向拉伸时,其强度条件为

$$\sigma = \frac{F_N}{A} \leqslant [\sigma] = \frac{\sigma_u}{n}$$

式中,极限应力 σ_u 由轴向拉伸试验测得。但在工程实际中,很多构件的危险点处于复杂应力状态。此时,由于应力组合方式有多种可能性,如果仍用类似的试验方法来建立强度条件,显然就不可行了。因此,需要研究材料在复杂应力状态下的破坏或失效规律。

尽管材料破坏的现象比较复杂,但在静载荷下因强度不足而引起失效的方式主要有塑性屈服和脆性断裂两种类型。例如,低碳钢试件承受拉伸、扭转时,其失效是以塑性屈服为标志的;铸铁试件承受拉伸、扭转时,其破坏则是以脆性断裂为标志的。同一类失效方式应当是由某种相同的破坏因素引起的。长期以来,人们综合了材料破坏的各种现象,经过分析研究,针对导致材料破坏或失效的主要因素,提出了各种不同的假说。这些经过实践检验、证明,在一定范围内成立的关于材料破坏或失效因素的假说,统称为**强度理论**。有了强度理论,便可利用简单应力状态的试验结果,来建立复杂应力状态下的强度条件。

下面介绍几种常用的强度理论:

一、最大拉应力理论(第一强度理论)

这一理论认为,引起材料脆性断裂的主要因素是最大拉应力。即无论材料

处于何种应力状态，只要当构件内的最大拉应力 σ_1 ($\sigma_1 > 0$) 达到材料单向拉伸时的极限拉应力 σ_b 时，就会发生脆性断裂。由这一理论建立的破坏条件是

$$\sigma_1 = \sigma_b$$

为使构件不发生破坏，相应的强度条件则为

$$\sigma_1 \leqslant [\sigma_t] \tag{8-16}$$

式中，$[\sigma_t] = \dfrac{\sigma_b}{n}$ 为材料的许用拉应力；n 为安全因数。

最大拉应力理论很好地解释了铸铁等脆性材料在拉伸或扭转时的破坏现象，但它没有考虑其他两个主应力 σ_2、σ_3 对材料强度的影响，且不能用于单向压缩等没有拉应力 ($\sigma_1 < 0$) 的场合。

二、最大伸长线应变理论（第二强度理论）

这一理论认为，引起材料脆性断裂的主要因素是最大伸长线应变 ε_1 ($\varepsilon_1 > 0$)。即无论材料处于何种应力状态，只要当构件内的最大伸长线应变 ε_1 达到材料单向拉伸时的极限伸长线应变 ε_u 时，就会发生脆性断裂。由这一理论建立的破坏条件是

$$\varepsilon_1 = \varepsilon_u$$

假设一直到 ε_u，材料都服从胡克定律，即有

$$\varepsilon_1 = \frac{1}{E}[\sigma_1 - \nu(\sigma_2 + \sigma_3)]$$

$$\varepsilon_u = \frac{\sigma_b}{E}$$

则上述破坏条件可改写为

$$\sigma_1 - \nu(\sigma_2 + \sigma_3) = \sigma_b$$

相应的强度条件为

$$\sigma_1 - \nu(\sigma_2 + \sigma_3) \leqslant [\sigma_t] \tag{8-17}$$

式中，$[\sigma_t] = \dfrac{\sigma_b}{n}$ 为材料的许用拉应力；n 为安全因数。

最大伸长线应变理论能够很好地解释石料、混凝土等脆性材料轴向压缩时沿纵截面开裂的破坏现象，但在二向拉伸或三向拉伸情况下，并不符合实际结果。

一般说来，最大拉应力理论主要适用于脆性材料且以拉应力为主的场合；最大伸长线应变理论则主要适用于脆性材料且以压应力为主的场合。

三、最大切应力理论（第三强度理论）

这一理论认为，引起材料塑性屈服的主要因素是最大切应力。即无论材料

处于何种应力状态，只要当构件内的最大切应力 $\tau_{\max}$ 达到材料单向拉伸塑性屈服时的极限切应力 τ_u 时，就会发生塑性屈服。由这一理论建立的失效条件是

$$\tau_{\max} = \tau_u$$

因为复杂应力状态下，最大切应力

$$\tau_{\max} = \frac{\sigma_1 - \sigma_3}{2}$$

单向拉伸塑性屈服时的极限切应力

$$\tau_u = \frac{\sigma_s}{2}$$

故上述失效条件可改写为

$$\sigma_1 - \sigma_3 = \sigma_s$$

相应的强度条件为

$$\sigma_1 - \sigma_3 \leqslant [\sigma] \tag{8-18}$$

式中，$[\sigma] = \dfrac{\sigma_s}{n}$ 为塑性材料的许用应力；n 为安全因数。

最大切应力理论较好地解释了塑性材料的塑性屈服现象，但这一理论没有考虑中间主应力 σ_2 的影响，计算结果一般偏于安全。

四、畸变能密度理论（第四强度理论）

这一理论从能量观点解释了材料塑性屈服的原因。

弹性体因受力变形而储存的能量称为应变能，单位体积内储存的应变能则称为应变能密度。研究表明，应变能由体积改变应变能与形状改变应变能（简称畸变能）两部分构成。这一理论认为，引起材料塑性屈服的主要因素是畸变能密度。即无论材料处于何种应力状态，只要当构件内的最大畸变能密度达到材料单向拉伸塑性屈服时的极限畸变能密度时，就会发生塑性屈服。根据这一理论，最终建立的强度条件为

$$\sqrt{\frac{1}{2}\left[(\sigma_1-\sigma_2)^2+(\sigma_2-\sigma_3)^2+(\sigma_3-\sigma_1)^2\right]} \leqslant [\sigma] \tag{8-19}$$

式中，$[\sigma] = \dfrac{\sigma_s}{n}$ 为塑性材料的许用应力；n 为安全因数。

试验表明，在二向应力状态下，畸变能密度理论一般要比最大切应力理论更接近于试验结果。

五、强度理论的统一形式

上述四个强度理论所建立的强度条件，可以写成下面的统一形式：

$$\sigma_r \leqslant [\sigma] \tag{8-20}$$

式中，σ_r 称为**相当应力**，它是三个主应力的函数。不同的强度理论，σ_r 具有不同的形式，分别为

$$\left.\begin{aligned}\sigma_{r1} &= \sigma_1 \\ \sigma_{r2} &= \sigma_1 - \nu(\sigma_2 + \sigma_3) \\ \sigma_{r3} &= \sigma_1 - \sigma_3 \\ \sigma_{r4} &= \sqrt{\frac{1}{2}[(\sigma_1-\sigma_2)^2+(\sigma_2-\sigma_3)^2+(\sigma_3-\sigma_1)^2]}\end{aligned}\right\} \tag{8-21}$$

• **思政导读** •

综上所述，单一强度理论都有其特定适用的材料和场合。能否建立一种统一的、适用于各种工程材料的强度理论，曾被国内外学者认为是不可能的。但这一困扰学界百年之久的难题终被中国学者攻克。西安交通大学俞茂宏教授历经30年的潜心研究，于1991年正式发表了统一强度理论。该理论具有统一的力学模型、统一的数学建模方式和统一的数学表达式，可以适用于各种不同的材料。俞茂宏统一强度理论被写入了《工程力学手册》等300多种学术著作和教科书中，在土木、水利、机械、航空等工程结构研究中得到了较为广泛的应用，对诸多国家重大工程项目的设计和建设做出了巨大贡献，曾先后荣获国家自然科学奖二等奖和香港何梁何利基金数学力学奖。这个由中国人创立并命名的强度理论业已得到了国际力学界的公认，影响深远。

【**例 8-11**】 圆筒形薄壁压力容器承受内压为 p，容器内径为 D，厚度为 t。试分别按第三和第四强度理论写出相当应力。

解： 由本章第二节知，薄壁圆筒内的任一点均处于二向应力状态，其主应力

$$\sigma_1 = \frac{pD}{2t}, \quad \sigma_2 = \frac{pD}{4t}, \quad \sigma_3 = 0$$

将它们分别代入第三和第四强度理论的相当应力表达式，即得

$$\sigma_{r3} = \sigma_1 - \sigma_3 = \frac{pD}{2t}$$

$$\begin{aligned}\sigma_{r4} &= \sqrt{\frac{1}{2}[(\sigma_1-\sigma_2)^2+(\sigma_2-\sigma_3)^2+(\sigma_3-\sigma_1)^2]} \\ &= \sqrt{\frac{1}{2}\left[\left(\frac{pD}{4t}\right)^2+\left(\frac{pD}{4t}\right)^2+\left(-\frac{pD}{2t}\right)^2\right]} \\ &= \sqrt{3}\frac{pD}{4t}\end{aligned}$$

【**例 8-12**】 试分别根据第三与第四强度理论，建立塑性材料的许用切应力 $[\tau]$ 与许用正应力 $[\sigma]$ 之间的关系。

解：考虑图 8-19b 所示纯剪切应力状态，其三个主应力分别为

$$\sigma_1 = \tau, \quad \sigma_2 = 0, \quad \sigma_3 = -\tau$$

对于塑性材料，若采用第三强度理论，则强度条件为

$$\sigma_{r3} = \sigma_1 - \sigma_3 = \tau - (-\tau) = 2\tau \leqslant [\sigma]$$

即

$$\tau \leqslant 0.5[\sigma]$$

另一方面，根据纯剪切强度条件

$$\tau \leqslant [\tau]$$

两者比较，可得

$$[\tau] = 0.5[\sigma]$$

若采用第四强度理论，则强度条件为

$$\sigma_{r4} = \sqrt{\frac{1}{2}[(\sigma_1-\sigma_2)^2+(\sigma_2-\sigma_3)^2+(\sigma_3-\sigma_1)^2]}$$

$$= \sqrt{\frac{1}{2}[(\tau-0)^2+(0+\tau)^2+(-2\tau)^2]}$$

$$= \sqrt{3}\,\tau \leqslant [\sigma]$$

即

$$\tau \leqslant 0.577[\sigma]$$

同理，将上式与纯剪切强度条件比较，可得

$$[\tau] = 0.577[\sigma]$$

因此，通常取塑性材料的许用切应力

$$[\tau] = (0.5 \sim 0.6)[\sigma]$$

【例 8-13】 工字形截面钢梁如图 8-20a 所示，已知载荷 $F = 210$ kN，钢梁截面的高度 $h = 250$ mm、宽度 $b = 113$ mm，腹板厚度 $t = 10$ mm，翼缘厚度 $\delta = 13$ mm，形心主惯性矩 $I_z = 5.25 \times 10^{-5}$ m^4，材料的许用应力 $[\sigma] = 160$ MPa、$[\tau] = 90$ MPa。试按第三强度理论校核梁的强度。

解：作出梁的剪力图、弯矩图如图 8-20b、c 所示，可见 C 截面右侧为危险截面，其最大剪力和最大弯矩分别为

$$|F_S|_{\max} = 140 \text{ kN}, \quad |M|_{\max} = 56 \text{ kN·m}$$

(1) 校核弯曲正应力强度

$$\sigma_{\max} = \frac{|M|_{\max}}{I_z}\frac{h}{2} = \frac{56 \times 10^3 \text{ N·m}}{5.25 \times 10^{-5} \text{ m}^4} \times \frac{0.25 \text{ m}}{2} = 133 \times 10^6 \text{ Pa} = 133 \text{ MPa} < [\sigma]$$

弯曲正应力强度符合要求。

(2) 校核弯曲切应力强度

$$\tau_{\max} = \frac{|F_S|_{\max}}{8I_z t}[bh^2-(b-t)(h-2\delta)^2]$$

$$= \frac{140 \times 10^3 \text{ N} \times [0.113 \text{ m} \times (0.25 \text{ m})^2 - (0.113-0.01) \text{ m} \times (0.25-2\times 0.013)^2 \text{ m}^2]}{8 \times 5.25 \times 10^{-5} \text{ m}^4 \times 0.01 \text{ m}}$$

$$= 6.31 \times 10^7 \text{ Pa} = 63.1 \text{ MPa} < [\tau]$$

弯曲切应力强度符合要求。

第八章 应力状态分析与强度理论

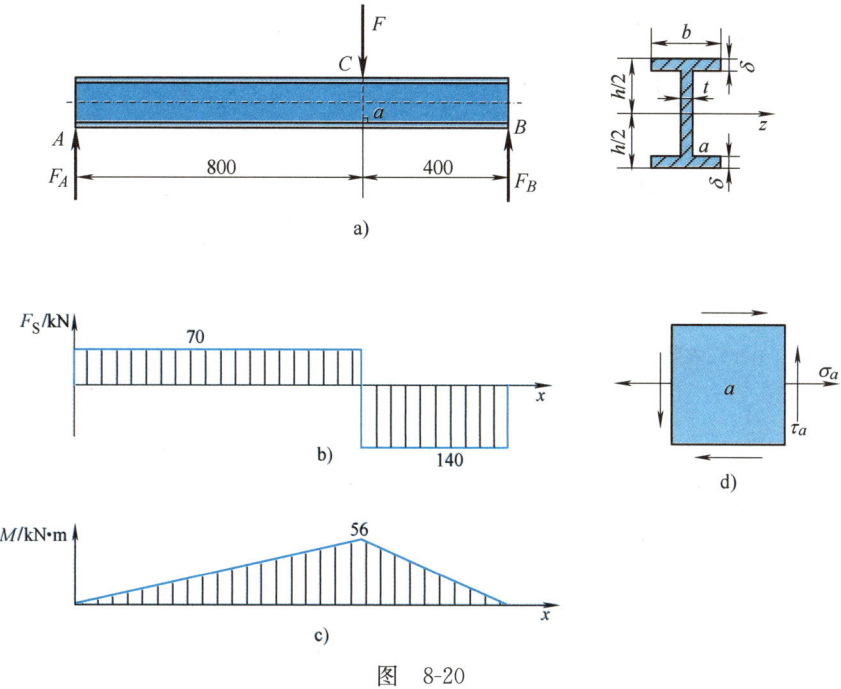

图 8-20

(3) 校核腹板与翼缘交界处点的强度

危险截面上腹板与翼缘交界处的 a 点（见图 8-20a）处于二向应力状态，其对应单元体如图 8-20d 所示，其中

$$\sigma_a = \frac{|M|_{\max}}{I_z}\left(\frac{h}{2}-\delta\right) = \frac{56\times10^3 \text{ N}\cdot\text{m}}{5.25\times10^{-5} \text{ m}^4}\times\left(\frac{0.25}{2}-0.013\right)\text{ m} = 119.5 \text{ MPa}$$

$$\tau_a = \frac{|F_S|_{\max}}{I_z t}b\delta\left(\frac{h}{2}-\frac{\delta}{2}\right)$$

$$= \frac{140\times10^3 \text{ N}\times0.113 \text{ m}\times0.013 \text{ m}}{5.25\times10^{-5} \text{ m}^4\times0.01 \text{ m}}\times\left(\frac{0.25}{2}-\frac{0.013}{2}\right)\text{ m} = 46.4 \text{ MPa}$$

由解析法，求出 a 点的主应力为

$$\sigma_1 = \frac{\sigma_a}{2}+\sqrt{\left(\frac{\sigma_a}{2}\right)^2+\tau_a^2}, \quad \sigma_2 = 0, \quad \sigma_3 = \frac{\sigma_a}{2}-\sqrt{\left(\frac{\sigma_a}{2}\right)^2+\tau_a^2}$$

根据第三强度理论

$$\sigma_{r3} = \sigma_1-\sigma_3 = \sqrt{\sigma_a^2+4\tau_a^2} = \sqrt{(119.5 \text{ MPa})^2+4\times(46.4 \text{ MPa})^2} = 151 \text{ MPa} < [\sigma]$$

所以，该梁的强度符合要求。

注意到，梁在 a 点处的相当应力要明显大于其最大弯曲正应力。这意味着，对于此类梁，仅按最大弯曲正应力作强度计算是不够的，因为最大弯曲正应力发生在梁的上下边缘处，为单向应力状态，而 a 点则处于二向应力状态。但同时需要指出，在工程实际中，工字形截面

梁大都是用工字钢制作的，这种情况一般不会出现，可以按第六章所介绍的处理方式，直接根据最大弯曲正应力和最大弯曲切应力进行强度计算。

【例 8-14】 一钢制构件，其危险点的应力状态如图 8-21 所示。已知材料的许用应力 $[\sigma] = 120\,\text{MPa}$，试校核此构件的强度。

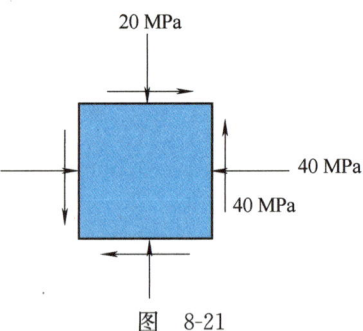

图 8-21

解：由于构件为钢制（塑性材料），且危险点处于二向应力状态，故应采用第三或第四强度理论进行强度计算。

(1) 计算主应力

由解析法，将 $\sigma_x = -40\,\text{MPa}$、$\sigma_y = -20\,\text{MPa}$、$\tau_{xy} = -40\,\text{MPa}$ 代入式（8-6），得

$$\left.\begin{array}{l}\sigma_{\max}\\ \sigma_{\min}\end{array}\right\} = \frac{\sigma_x+\sigma_y}{2} \pm \sqrt{\left(\frac{\sigma_x-\sigma_y}{2}\right)^2 + \tau_{xy}^2}$$

$$= \frac{[-40+(-20)]\,\text{MPa}}{2} \pm \sqrt{\left\{\frac{[-40-(-20)]\,\text{MPa}}{2}\right\}^2 + (-40\,\text{MPa})^2}$$

$$= \begin{cases} 11.2\,\text{MPa} \\ -71.2\,\text{MPa} \end{cases}$$

故得三个主应力分别为

$$\sigma_1 = 11.2\,\text{MPa},\quad \sigma_2 = 0,\quad \sigma_3 = -71.2\,\text{MPa}$$

(2) 强度计算

按照第三强度理论，有

$$\sigma_{r3} = \sigma_1 - \sigma_3 = 11.2\,\text{MPa} - (-71.2)\,\text{MPa} = 82.4\,\text{MPa} < [\sigma]$$

按照第四强度理论，则有

$$\sigma_{r4} = \sqrt{\frac{1}{2}\left[(\sigma_1-\sigma_2)^2 + (\sigma_2-\sigma_3)^2 + (\sigma_3-\sigma_1)^2\right]}$$

$$= \sqrt{\frac{1}{2}\{(11.2\,\text{MPa}-0)^2 + [0-(-71.2\,\text{MPa})]^2 + (-71.2\,\text{MPa}-11.2\,\text{MPa})^2\}}$$

$$= 77.4\,\text{MPa} < [\sigma]$$

所以，此构件的强度符合要求。

由此例可以看出，第三强度理论较第四强度理论更偏向于安全一面。

复习思考题

8-1 何谓点的应力状态？

8-2 什么是主平面和主应力？如何确定主应力的大小和方位？

8-3 什么是二向应力状态？试列举二向应力状态的实例。

8-4 思考题 8-4 图所示单元体（图中应力单位为 MPa）各属于什么应力状态？

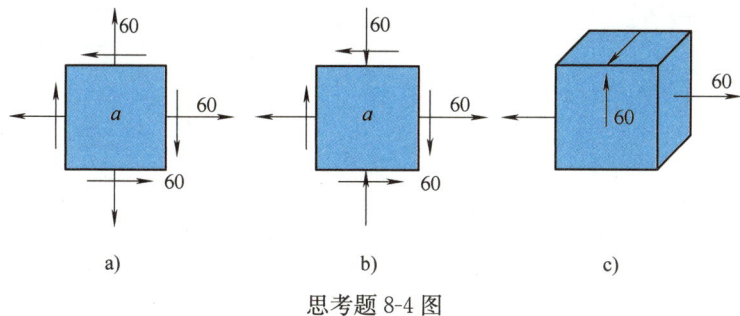

思考题 8-4 图

8-5 最大切应力所在平面上有无正应力？应如何计算单元体的最大切应力？

8-6 应力圆与单元体的对应关系是什么？

8-7 什么是广义胡克定律？该定律是如何建立的？其适用条件是什么？

8-8 若受力构件内某点沿某一方向有线应变，则该点沿此方向一定有正应力吗？

8-9 在静载与常温条件下，材料的破坏或失效主要有哪几种形式？

8-10 什么是强度理论？强度理论可分为几类？

8-11 石料、混凝土等脆性材料在轴向压缩时，会沿纵截面开裂，为什么？

8-12 脆性材料圆轴扭转时总是沿与轴线成 45°的螺旋面断裂，而塑性材料圆轴扭转时则沿横截面断裂，为什么？

8-13 水管在冬天因结冰而胀裂，而管内的冰却没有破坏，试解释其原因。

8-14 用塑性很好的低碳钢制作的螺栓，当拧得过紧时，往往会沿螺纹根部发生脆性崩断，试分析其破坏原因。

8-15 卧置的锅炉汽包若发生爆裂事故，其裂缝应为思考题 8-15 图中的哪一种？

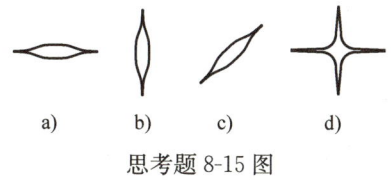

思考题 8-15 图

8-16 将沸水倒入厚玻璃杯中，如果玻璃杯发生破裂，试问是从壁厚的内部开始，还是从壁厚的外部开始？为什么？

8-1 构件受力如习题 8-1 图所示。(1) 确定危险截面及其上危险点的位置；(2) 用单元体表示各危险点的应力状态，并写出单元体各侧面上应力的计算式。

8-2 悬臂梁如习题 8-2 图所示，已知载荷 $F = 10\,\text{kN}$，试绘制 A 点的单元体，并确定其主应力的大小及方位。

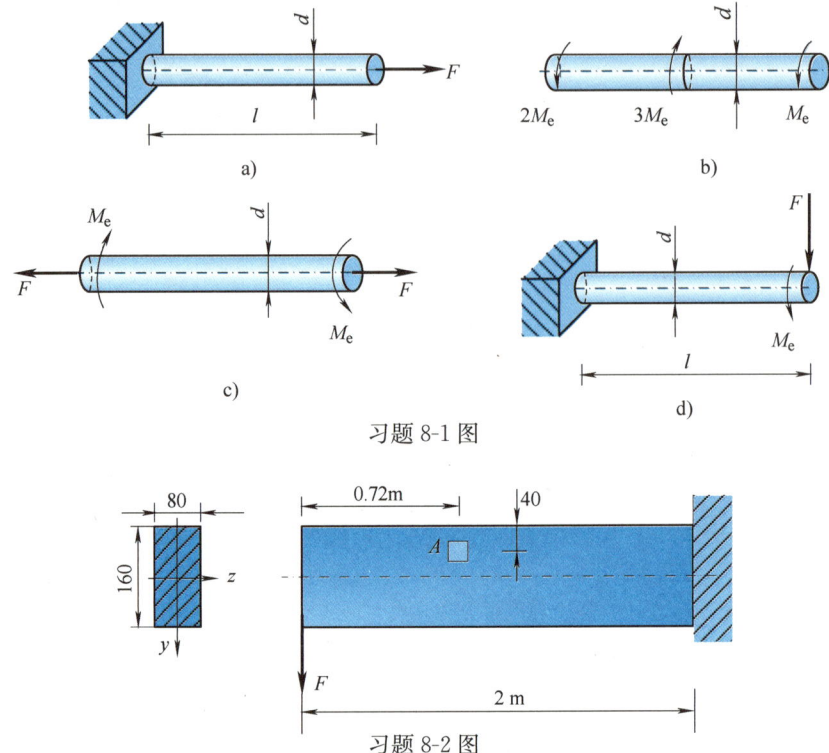

习题 8-1 图

习题 8-2 图

8-3 已知点的应力状态如习题 8-3 图所示（图中应力单位为 MPa），试用解析法计算图中指定截面的正应力与切应力。

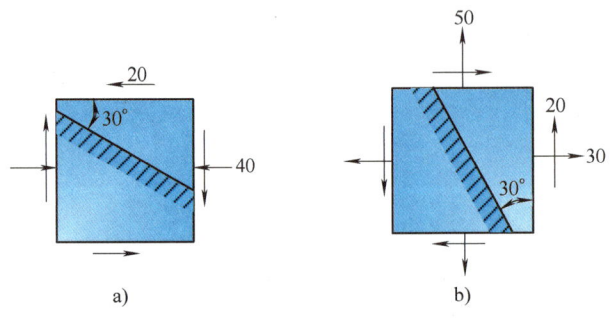

习题 8-3 图

8-4 已知点的应力状态如习题 8-4 图所示（图中应力单位为 MPa），试用解析法：(1) 确定主应力和主方向，并在单元体上画出主平面的位置以及主应力的方向；(2) 计算切应力极值。

8-5 已知点的应力状态如习题 8-5 图所示（图中应力单位为 MPa），试用图解法求图中指定截面的正应力与切应力。

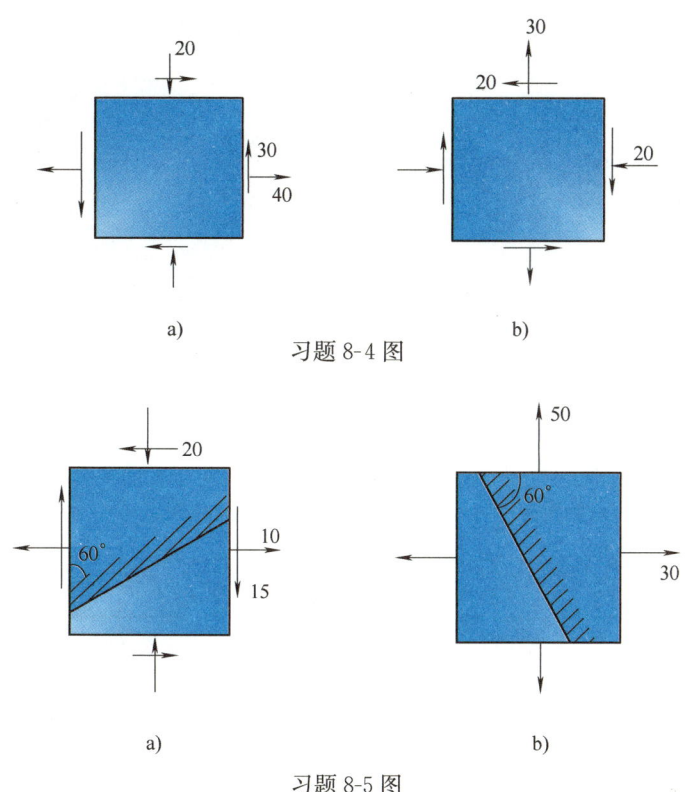

习题 8-4 图

习题 8-5 图

8-6 已知点的应力状态如习题 8-6 图所示（图中应力单位为 MPa），试用图解法：（1）确定主应力和主方向，并在单元体上画出主平面的位置以及主应力的方向；（2）确定切应力极值。

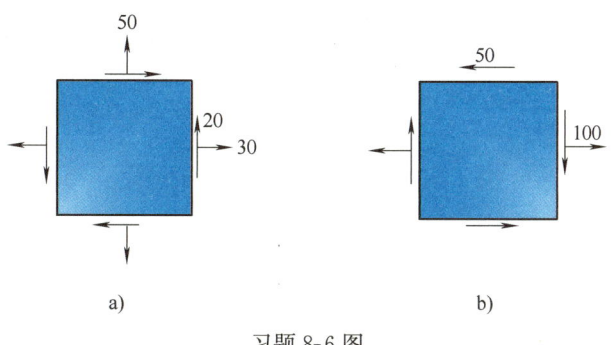

习题 8-6 图

8-7 如习题 8-7 图所示，已知圆筒形锅炉内径 $D = 1\,\mathrm{m}$，壁厚 $t = 10\,\mathrm{mm}$，内受蒸汽压力 $p = 3\,\mathrm{MPa}$。试求（1）筒壁上任一点的主应力与最大切应力；（2）ab 斜截面上的应力。

8-8 如习题 8-8 图所示，已知矩形截面梁某截面上的弯矩、剪力分别为 $M = 10\text{ kN}\cdot\text{m}$、$F_S = 120\text{ kN}$，试绘制出该截面上 1、2、3、4 各点的单元体，并求出各点的主应力。

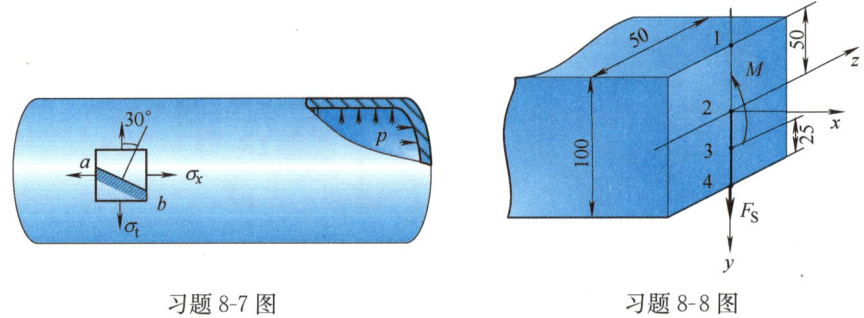

习题 8-7 图　　　　　　习题 8-8 图

8-9 习题 8-9 图所示薄壁圆管，已知所受轴向载荷 $F = 20\text{ kN}$、扭转外力偶矩 $M_e = 600\text{ N}\cdot\text{m}$，圆管的内径 $d = 50\text{ mm}$、壁厚 $t = 2\text{ mm}$。试求（1）筒壁上的 A 点在指定斜截面上的应力；（2）A 点的主应力大小及方向（用主应力单元体表示）。

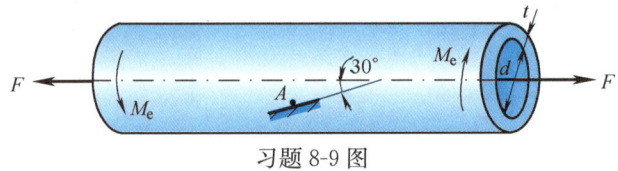

习题 8-9 图

8-10 习题 8-10 图所示为二向等拉应力状态，试证明其任意斜截面上的正应力均为 σ，而切应力均为零。

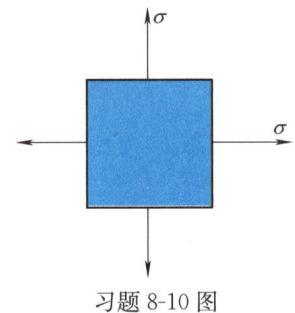

习题 8-10 图

8-11 如习题 8-11 图所示，已知 A 点在截面 AB 与 AC 上的应力（图中应力单位为 MPa），试利用应力圆求该点的主应力和主方向，并确定截面 AB 与 AC 间的夹角。

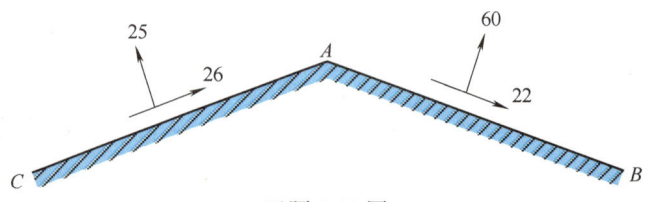

习题 8-11 图

8-12 二向应力状态的单元体如习题 8-12 图所示，已知 $\sigma_x = 30\,\text{MPa}$、$\sigma_y = 40\,\text{MPa}$、$\sigma_\alpha = 50\,\text{MPa}$，试求其最大切应力。

8-13 习题 8-13 图所示薄壁圆管，已知圆管的平均直径 $D = 50\,\text{mm}$、壁厚 $t = 2\,\text{mm}$，所受轴向载荷 $F = 20\,\text{kN}$、扭转外力偶矩 $M_e = 600\,\text{N}\cdot\text{m}$。$K$ 为管壁上任一点，试按图示倾斜方位截取单元体，画出单元体图，并求出单元体各侧面上的应力。

8-14 习题 8-14 图所示棱柱形单元体，已知 $\sigma_y = 40\,\text{MPa}$，斜截面 AB 上无任何应力作用。试求 σ_x 与 τ_{xy}。

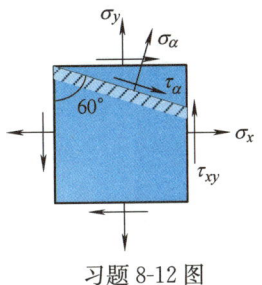

习题 8-12 图

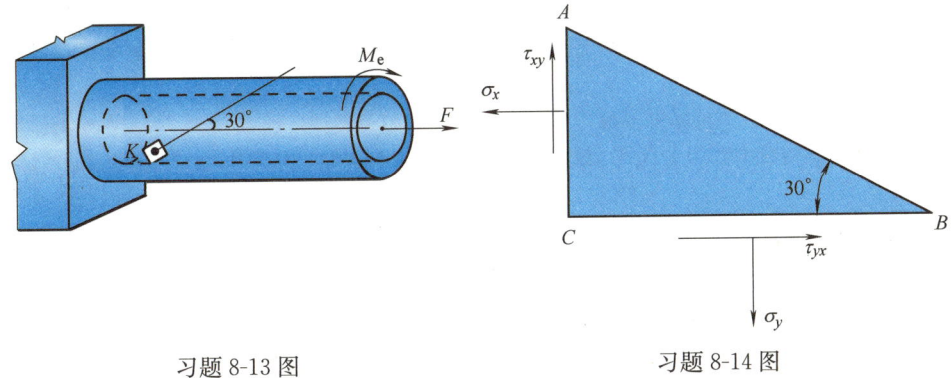

习题 8-13 图 习题 8-14 图

8-15 三向应力状态单元体如习题 8-15 图所示（图中应力单位为 MPa），试求其主应力和最大切应力。

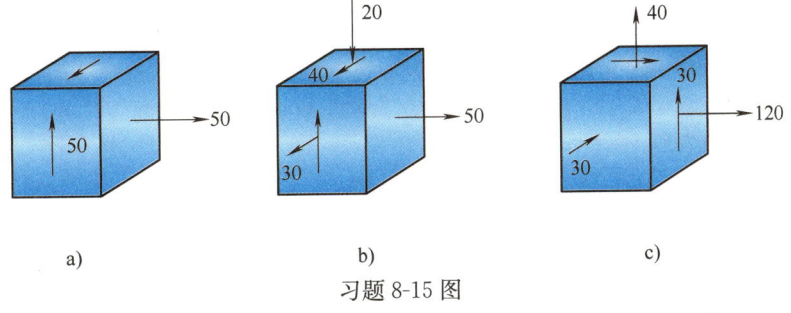

习题 8-15 图

8-16 二向应力状态单元体如习题 8-16 图所示，已知 $\sigma_x = 100\,\text{MPa}$、$\sigma_y = 80\,\text{MPa}$、$\tau_{xy} = 50\,\text{MPa}$，材料的弹性模量 $E = 200\,\text{GPa}$、泊松比 $\nu = 0.3$。试求线应变 ε_x、ε_y，切应变 γ_{xy}，以及沿 $\alpha = 30°$ 方向的线应变 $\varepsilon_{30°}$。

8-17 如习题 8-17 图所示，货车通过钢桥时，在钢桥横梁的 A 点用变形仪测得 $\varepsilon_x = 0.0004$、$\varepsilon_y = -0.00012$。已知材料的弹性模量 $E = 200\,\text{GPa}$、泊松比 $\nu = 0.3$，试求 A 点沿 x 方向、y 方向的正应力。

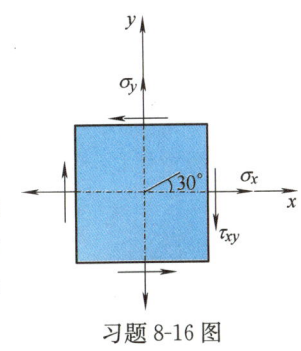

习题 8-16 图

8-18 如习题 8-18 图所示，将边长为 1 cm 的钢质立方体放置在边长为 1.0001 cm 的刚性方槽内。已知立方体顶上承受的总压力 $F = 15\,\text{kN}$，材料的弹性模量 $E = 200\,\text{GPa}$、泊松比 $\nu = 0.3$。试求钢质立方体内的三个主应力。

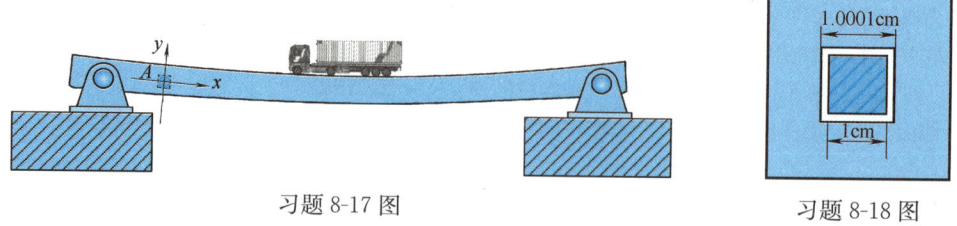

习题 8-17 图   习题 8-18 图

8-19 No.28a 工字钢梁如习题 8-19 图所示，已知材料的弹性模量 $E = 200\,\text{GPa}$、泊松比 $\nu = 0.3$。若测得梁中性层上点 K 处沿与轴线成 45° 方向的线应变 $\varepsilon_{45°} = -2.6 \times 10^{-4}$，试求梁承受的载荷 F。

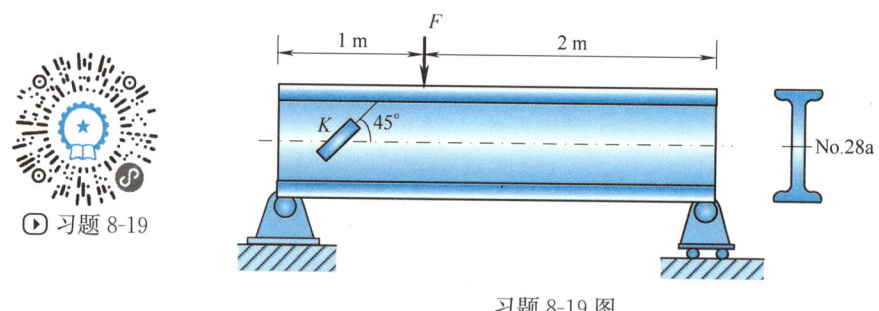

习题 8-19 图

8-20 一钢制圆轴如习题 8-20 图所示，已知轴的直径 $d = 60\,\text{mm}$，材料的弹性模量 $E = 210\,\text{GPa}$、泊松比 $\nu = 0.28$。若测得其表面 A 点沿与轴线成 45° 方向的线应变 $\varepsilon_{45°} = 431 \times 10^{-6}$，试求该轴所受扭矩 T。

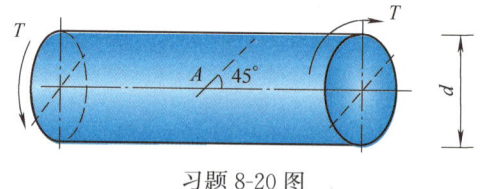

习题 8-20 图

8-21 有一厚度为 6 mm 的钢板在两个垂直方向受拉，拉应力分别为 150 MPa 与 55 MPa，材料的弹性模量 $E = 210\,\text{GPa}$、泊松比 $\nu = 0.25$。试求钢板厚度的减小值。

8-22 在习题 8-22 图中，已知 $\sigma = 30\,\text{MPa}$，$\tau = 15\,\text{MPa}$，材料的弹性模量 $E = 200\,\text{GPa}$、泊松比 $\nu = 0.3$。试求对角线 AC 长度的改变量 Δl。

8-23 如习题 8-23 图所示，内径 $D = 500\,\text{mm}$、壁厚 $t = 10\,\text{mm}$ 的圆筒形薄壁容器承受内压 p。已知材料的弹性模量 $E = 200\,\text{GPa}$、泊松比 $\nu = 0.25$、许用应力 $[\sigma] = 80\,\text{MPa}$。现

用电测法测得其周向线应变 $\varepsilon_t = 3.5 \times 10^{-4}$、轴向线应变 $\varepsilon_x = 1 \times 10^{-4}$。试求该容器所受内压 p，并用第四强度理论校核其强度。

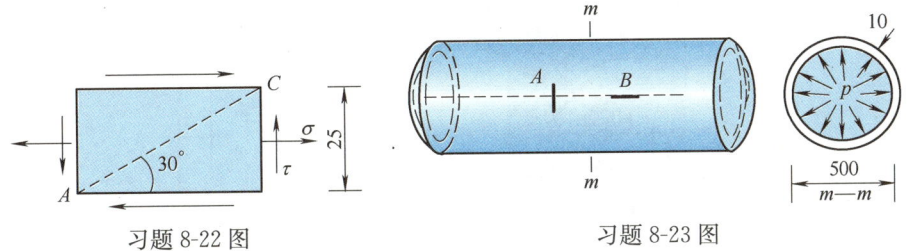

习题 8-22 图   习题 8-23 图

8-24 点的应力状态如习题 8-24 图所示（图中应力单位为 MPa），已知材料的泊松比 $\nu = 0.25$，试写出第一、第二强度理论的相当应力。

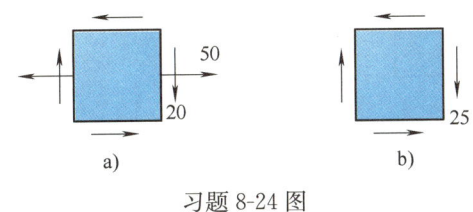

习题 8-24 图

8-25 炮筒截面如习题 8-25 图所示，已知射击时炮筒内壁 A 点的周向应力 $\sigma_t = 550$ MPa、径向应力 $\sigma_r = -350$ MPa、轴向应力 $\sigma_x = 420$ MPa，材料的许用应力 $[\sigma] = 1000$ MPa。试按第三和第四强度理论校核其强度。

8-26 杆件弯曲与扭转组合变形时危险点的应力状态如习题 8-26 图所示。已知 $\sigma = 70$ MPa、$\tau = 50$ MPa，试按第三和第四强度理论计算其相当应力。

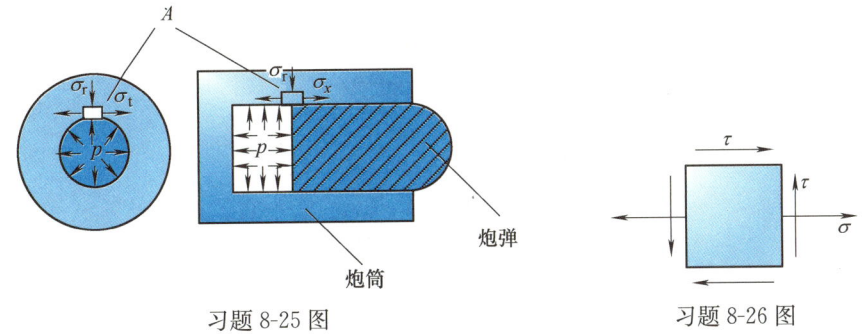

习题 8-25 图   习题 8-26 图

8-27 如习题 8-27 图所示，已知钢轨与火车车轮某接触点处的主应力为 -800 MPa、-900 MPa、-1100 MPa。若材料的许用应力 $[\sigma] = 300$ MPa，试校核该接触点的强度。

8-28 点的应力状态如习题 8-28 图所示（图中应力单位为 MPa），试写出第三、第四强度理论的相当应力。

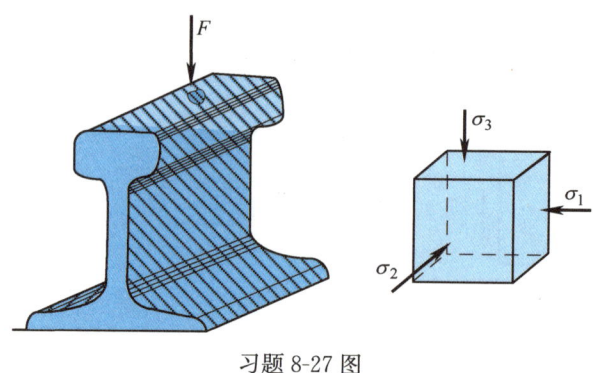

习题 8-27 图

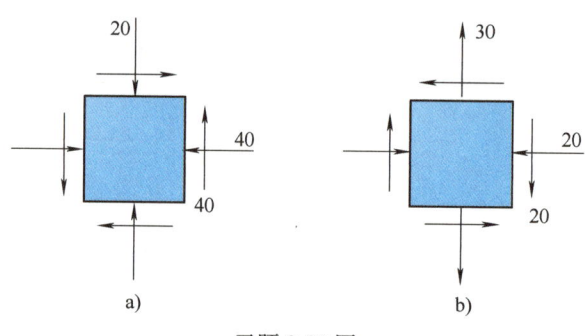

习题 8-28 图

8-29 有一铸铁构件，其危险点的应力状态如习题 8-29 图所示，已知材料的许用拉应力 $[\sigma_t] = 35$ MPa。试用第一强度理论校核此构件的强度。

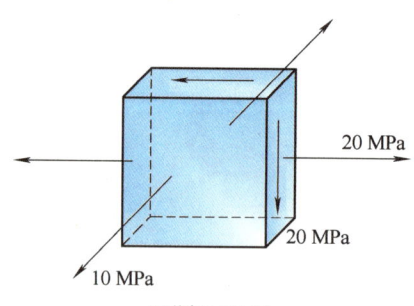

习题 8-29 图

8-30 铸铁圆筒如习题 8-30 图所示，已知圆筒的外径 $D = 200$ mm、壁厚 $t = 15$ mm，材料的许用拉应力 $[\sigma_t] = 30$ MPa、泊松比 $\nu = 0.25$。若圆筒所受内压 $p = 4$ MPa、轴向载荷 $F = 200$ kN，试用第二强度理论校核该圆筒的强度。

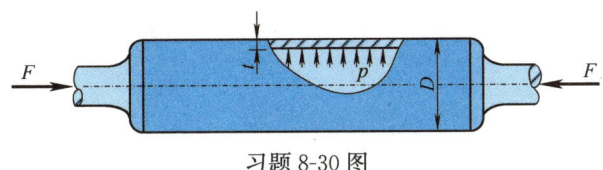

习题 8-30 图

8-31 某点的应力状态如习题 8-31 图所示（图中应力单位为 MPa），试求该点主应力和最大切应力。

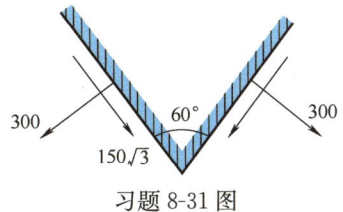

习题 8-31 图

第九章
组 合 变 形

第一节 引 言

前面几章主要讨论杆件在承受轴向拉伸（压缩）、剪切、扭转、弯曲等基本变形时的强度与刚度计算。在工程实际中，构件的承载往往比较复杂，会同时发生两种或两种以上的基本变形。例如，图 9-1a 所示的摇臂钻床立柱在工件反力 F 的作用下将同时产生弯曲和拉伸变形；图 9-1b 所示单臂起重机的横梁在起吊重为 P 的重物时将同时产生弯曲与压缩变形；图 9-1c 所示的齿轮轴在齿轮啮合力 F_y、F_z 和转矩 M_e 的作用下将同时产生弯曲与扭转变形。构件在外力作用下同时产生两种或两种以上基本变形的情况称为**组合变形**。

在线弹性、小变形条件下，可以认为组合变形中的每一种基本变形彼此独立、互不影响，因而可应用叠加原理来研究组合变形。

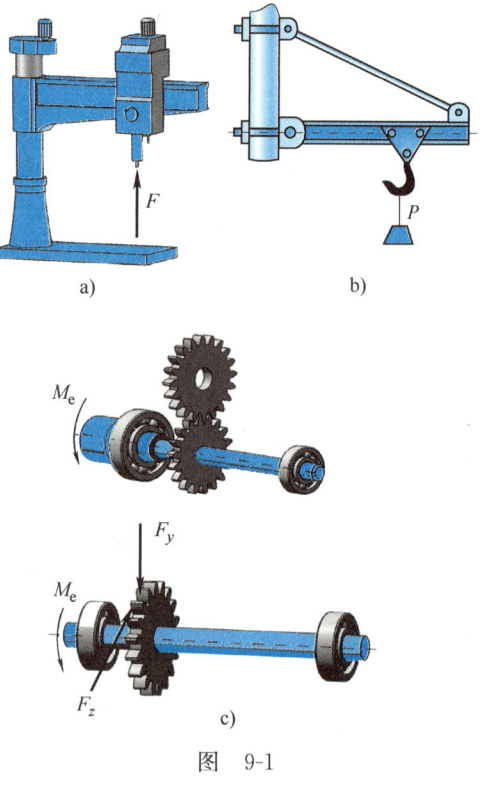

图 9-1

根据叠加原理，在进行组合变形的强度计算时，首先将构件所受的载荷进行适当分解或简化，将组合变形分解为几种基本变形，分别计算每种基本变形的内力、应力；然后进行叠加，确定构件的危险截面、危险点，以及危险点的应力状态；最后根据危险点的应力状态，选择适当的强度理论进行强度计算。

本章主要讨论斜弯曲、弯曲与拉伸（压缩）、弯曲与扭转等几种常见组合变形的强度计算。

第二节 斜 弯 曲

前面讨论的弯曲都是对称弯曲，即梁具有纵向对称面，且所有外力均作用在同一纵向对称面内，变形后梁的轴线将弯成一条位于该纵向对称面内的平面曲线。但在工程实际中，有时载荷并不作用在纵向对称面内，此时梁变形后的轴线一般不再位于载荷作用面内，而是会倾斜一个角度，梁的这种弯曲变形称为**斜弯曲**。

对于斜弯曲，可将载荷沿横截面的两根形心对称轴（或形心主惯性轴）分解，使之成为两个对称弯曲（或平面弯曲）的组合。先分别计算两个对称弯曲（或平面弯曲）的应力，然后叠加得到斜弯曲的应力，最终建立斜弯曲梁的强度条件。下面以矩形截面梁为例来说明斜弯曲的分析计算方法。

一、斜弯曲的应力计算

如图 9-2 所示，矩形截面悬臂梁在自由端受集中力 F 的作用。设力 F 的作用线与对称轴 y 的夹角为 φ，将力 F 沿两形心对称轴 y、z 分解，得两分力的大小分别为

$$F_y = F\cos\varphi, \quad F_z = F\sin\varphi$$

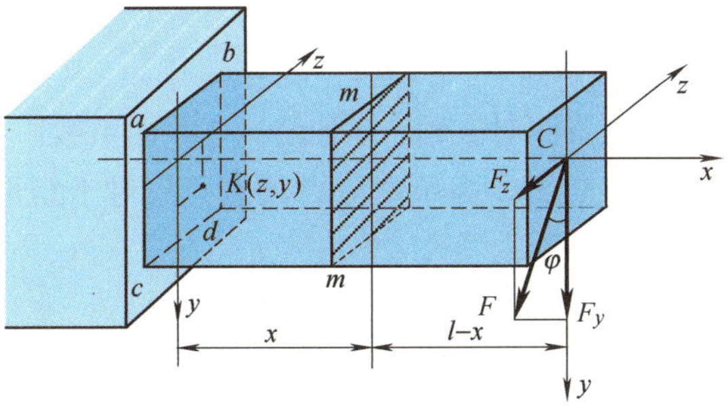

图 9-2

梁在 F_y、F_z 单独作用下分别在铅垂平面 x-y、水平平面 x-z 内发生对称弯

曲，在距固定端为 x 的横截面上，F_y 和 F_z 引起的弯矩分别为

$$M_z(x) = -F_y(l-x) = -F(l-x)\cos\varphi$$
$$M_y(x) = F_z(l-x) = F(l-x)\sin\varphi$$

这里规定，**使第一象限的点受拉的弯矩为正**，因此 $M_z(x)$ 取负号、$M_y(x)$ 取正号。

显然，梁的危险截面为固定端的右侧截面，在该截面上，铅垂弯矩 M_z 与水平弯矩 M_y 均取得最大值。由叠加法，得危险截面上任一点 $K(z,y)$ 处的正应力（见图 9-3）

$$\sigma = \sigma_z + \sigma_y = \frac{M_z y}{I_z} + \frac{M_y z}{I_y} = Fl\left(-\frac{y}{I_z}\cos\varphi + \frac{z}{I_y}\sin\varphi\right) \tag{9-1}$$

式中，I_z、I_y 分别为横截面对 z 轴、y 轴的惯性矩。

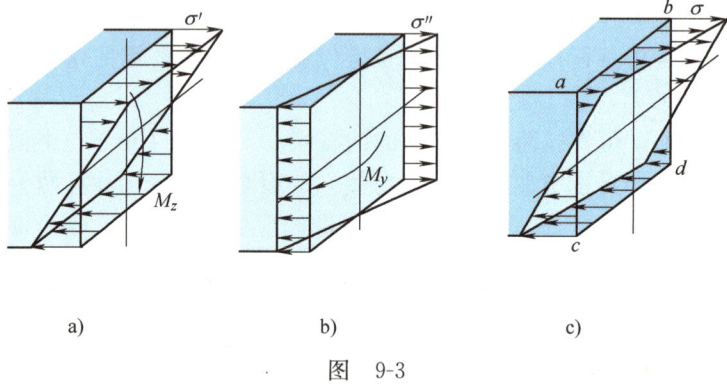

图 9-3

危险截面上的应力分布图如图 9-3c 所示，显然 b 和 c 两个对角点处分别具有最大拉应力和最大压应力，是危险点。注意到 z 轴、y 轴同为截面对称轴，点 b 处的最大拉应力和点 c 处的最大压应力大小相等，为

$$\sigma_{\max} = \frac{|M_z|}{W_z} + \frac{|M_y|}{W_y} \tag{9-2}$$

式中，W_z、W_y 分别为横截面对 z 轴、y 轴的抗弯截面系数。

因为危险点处没有切应力，为单向应力状态，故对于矩形这类具有棱角截面的斜弯曲梁，强度条件即为

$$\sigma_{\max} = \frac{|M_z|}{W_z} + \frac{|M_y|}{W_y} \leqslant [\sigma] \tag{9-3a}$$

为方便计算，可将上式改写为

$$\sigma_{\max} = \frac{1}{W_z}\left(|M_z| + \frac{W_z}{W_y}|M_y|\right) \leqslant [\sigma] \tag{9-3b}$$

在进行斜弯曲梁的强度设计时，可先根据经验设定比值 W_z/W_y；然后按式（9-3b）估算 W_z，初选截面尺寸；最后再将选定的截面尺寸代入式（9-3a）进行验算。

对于许用拉应力和许用压应力不同的脆性材料梁，且梁的横截面关于形心主惯性轴又不对称，则应对斜弯曲梁内的最大拉应力和最大压应力分别进行强度计算。

二、斜弯曲梁的中性轴

由式（9-1）可知，斜弯曲梁横截面上点的应力是关于点的坐标 (z, y) 的函数。设中性轴上任一点的坐标为 (z_0, y_0)，代入式（9-1）并令其为零，即得中性轴方程

$$-\frac{y_0}{I_z}\cos\varphi + \frac{z_0}{I_y}\sin\varphi = 0 \qquad (9\text{-}4)$$

可见，中性轴是通过截面形心的一条直线。设中性轴与 z 轴间的夹角为 α（见图 9-4），则其斜率

$$\tan\alpha = \frac{y_0}{z_0} = \frac{I_z}{I_y}\tan\varphi \qquad (9\text{-}5)$$

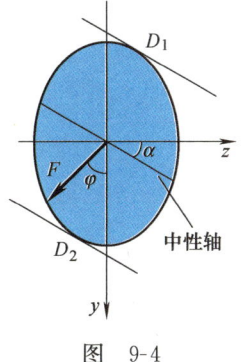

图 9-4

一般情况下，由于截面的 $I_y \neq I_z$，所以中性轴的倾角 $\alpha \neq \varphi$。这表明，此时中性轴将不再垂直于载荷作用平面，挠曲线也将随之不再位于载荷作用平面内，如图 9-4 所示，故称为斜弯曲。

可以证明，梁斜弯曲时横截面仍然刚性地绕中性轴转动。所以，最大弯曲正应力一定发生在距离中性轴最远的点处。对于矩形、工字形等具有外凸角点的截面，显然角点距离中性轴最远，故可直接根据式（9-2）计算最大弯曲正应力；对于其他形状的截面，则需要先确定出中性轴，找到距离中性轴最远的点（如图 9-4 中的点 D_1、D_2），然后将其坐标代入式（9-1），才能算出最大弯曲正应力。

【例 9-1】 图 9-5 所示桥式起重机大梁由 No. 32a 工字钢制成，梁长 $l = 4$ m，材料的许用应力 $[\sigma] = 160$ MPa。吊车行进时载荷 F 的方向偏离铅垂线 φ 角，已知 $\varphi = 15°$，$F = 30$ kN。试校核大梁的强度。

解：（1）内力分析

起重机大梁可简化为图示斜弯曲简支梁，当吊车行进到跨中时梁的弯矩最大。将力 F 沿 y 轴、z 轴分解，有

$$F_y = F\cos\varphi = 30 \text{ kN} \times \cos 15° = 29 \text{ kN}$$
$$F_z = F\sin\varphi = 30 \text{ kN} \times \sin 15° = 7.76 \text{ kN}$$

作出弯矩图，可见跨中截面为危险截面，在 x-y 平面内由 F_y 引起的最大铅垂弯矩

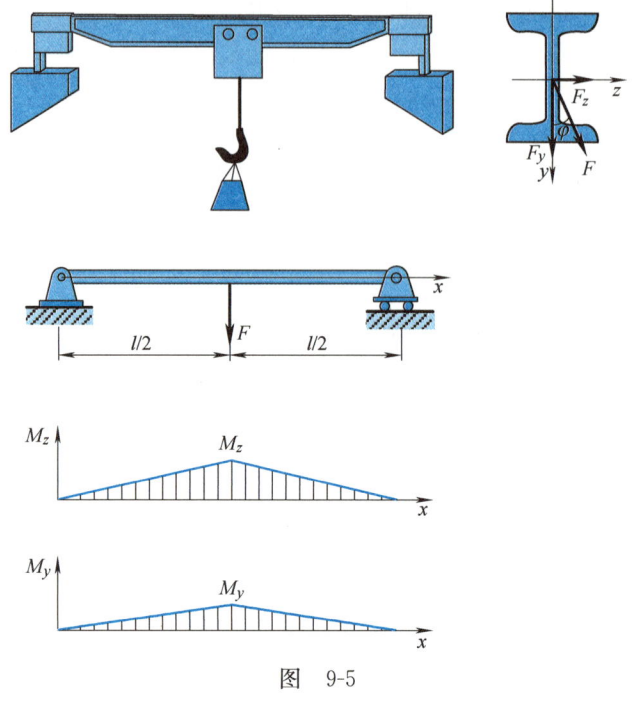

图 9-5

$$M_z = \frac{F_y l}{4} = \frac{29 \text{ kN} \times 4 \text{ m}}{4} = 29 \text{ kN} \cdot \text{m}$$

在 x-z 平面内由 F_z 引起的最大水平弯矩

$$M_y = \frac{F_z l}{4} = \frac{7.76 \text{ kN} \times 4 \text{ m}}{4} = 7.76 \text{ kN} \cdot \text{m}$$

(2) 强度计算

由型钢表查得 No.32a 工字钢的抗弯截面系数 $W_y = 70.8 \text{ cm}^3$、$W_z = 692 \text{ cm}^3$。根据斜弯曲梁的强度条件,有

$$\sigma_{\max} = \frac{|M_y|}{W_y} + \frac{|M_z|}{W_z} = \frac{7.76 \times 10^3 \text{ N} \cdot \text{m}}{70.8 \times 10^{-6} \text{ m}^3} + \frac{29 \times 10^3 \text{ N} \cdot \text{m}}{692 \times 10^{-6} \text{ m}^3} = 151.5 \text{ MPa} < [\sigma] = 160 \text{ MPa}$$

所以,该大梁的强度符合要求。

讨论: 若载荷不偏离铅垂线,即 $\varphi = 0$ 时,最大正应力则为

$$\sigma_{\max} = \frac{|M_z|}{W_z} = \frac{Fl/4}{W_z} = \frac{30 \times 10^3 \text{ N} \times 4 \text{ m}}{4 \times 692 \times 10^{-6} \text{ m}^3} = 43.4 \text{ MPa}$$

可见,载荷 F 虽然只偏离了 15°,但最大正应力却增加了 2.5 倍。因此,当截面的 W_z 和 W_y 相差较大时,应尽量避免斜弯曲。

【例 9-2】 矩形截面悬臂梁受力如图 9-6a 所示。已知梁的半长 $l = 1 \text{ m}$,截面宽度 $b = 50 \text{ mm}$、高度 $h = 75 \text{ mm}$。试求梁中最大弯曲正应力及其作用点位置。若截面改为直径 $d = 65 \text{ mm}$ 的圆形,再求其最大弯曲正应力。

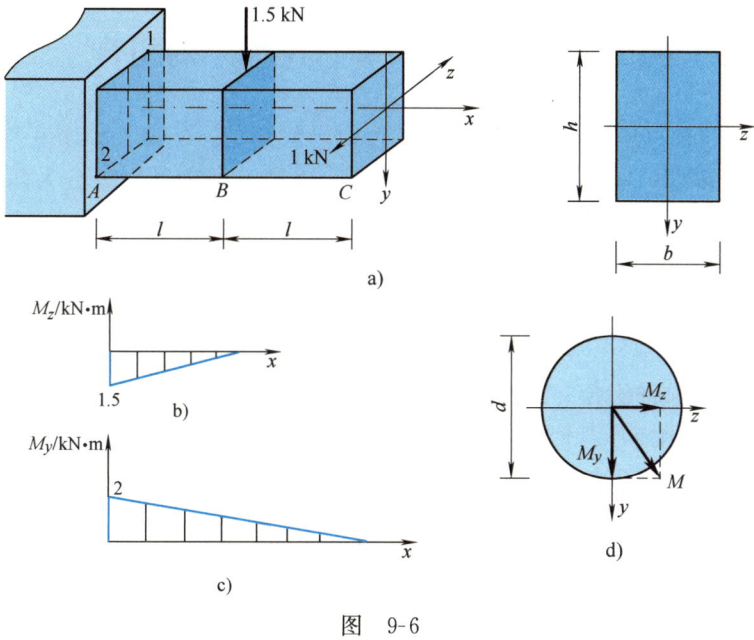

图 9-6

解：(1) 内力分析

显然，梁的 AB 段为斜弯曲。分别作出梁在两个对称平面内的弯矩图如图 9-6b、c 所示。由图可见，固定端 A 的右侧截面为危险截面，其上的铅垂弯矩、水平弯矩均为最大值，大小分别为

$$|M_z| = 1.5 \text{ kN·m}, \quad |M_y| = 2 \text{ kN·m}$$

(2) 矩形截面梁的最大弯曲正应力

矩形截面的抗弯截面系数

$$W_z = \frac{bh^2}{6} = 46875 \text{ mm}^3, \quad W_y = \frac{hb^2}{6} = 31250 \text{ mm}^3$$

梁中的最大弯曲正应力发生在危险截面的 1、2 两个棱角处（见图 9-6a），大小为

$$\sigma_{\max} = \frac{|M_z|}{W_z} + \frac{|M_y|}{W_y} = \frac{1.5 \times 10^3 \text{ N·m}}{46875 \times 10^{-9} \text{ m}^3} + \frac{2 \times 10^3 \text{ N·m}}{31250 \times 10^{-9} \text{ m}^3} = 96 \times 10^6 \text{ Pa} = 96 \text{ MPa}$$

(3) 圆形截面梁的最大正应力

圆形截面梁不能按上述方法计算，因为两个弯矩引起的最大应力点并不是同一个点。由于圆为中心对称图形，故只需将危险截面上的两个弯矩合成后，即可按对称弯曲计算。

如图 9-6d 所示，危险截面上的合成弯矩

$$M = \sqrt{M_z^2 + M_y^2} = \sqrt{(1.5 \text{ kN·m})^2 + (2 \text{ kN·m})^2} = 2.5 \text{ kN·m}$$

故得此时的最大弯曲正应力

$$\sigma_{\max} = \frac{M}{W_z} = \frac{2.5 \times 10^3 \text{ N·m}}{\frac{\pi}{32} \times 65^3 \times 10^{-9} \text{ m}^3} = 92.7 \times 10^6 \text{ Pa} = 92.7 \text{ MPa}$$

第三节 弯曲与拉伸（压缩）的组合

弯曲与拉伸（压缩）组合变形在工程中十分常见。例如，如图 9-1a 所示台钻的立柱，如图 9-1b 所示起重机的横梁等。这种组合变形又可分为两种情况：一种是横向力与轴向力共同作用下的弯曲与拉伸（压缩）的组合变形；另一种是由偏心拉伸（压缩）引起的弯曲与拉伸（压缩）组合变形。

一、横向力与轴向力共同作用下的弯曲与拉伸（压缩）的组合

1. 弯曲与拉伸组合

图 9-7a 所示矩形截面杆，A 端固定，B 端自由，在自由端的截面形心处受集中力 F 的作用，F 的作用线位于杆的纵向对称面 x-y 内，与杆轴 x 的夹角为 φ。为分析杆的变形，将力 F 分解为轴向分力 F_x 和横向分力 F_y，其中

$$F_x = F\cos\varphi, \quad F_y = F\sin\varphi$$

显然，轴向力 F_x 使杆发生轴向拉伸，横向力 F_y 使杆发生对称弯曲。因此，杆在 F 力作用下将发生弯曲与拉伸组合变形。

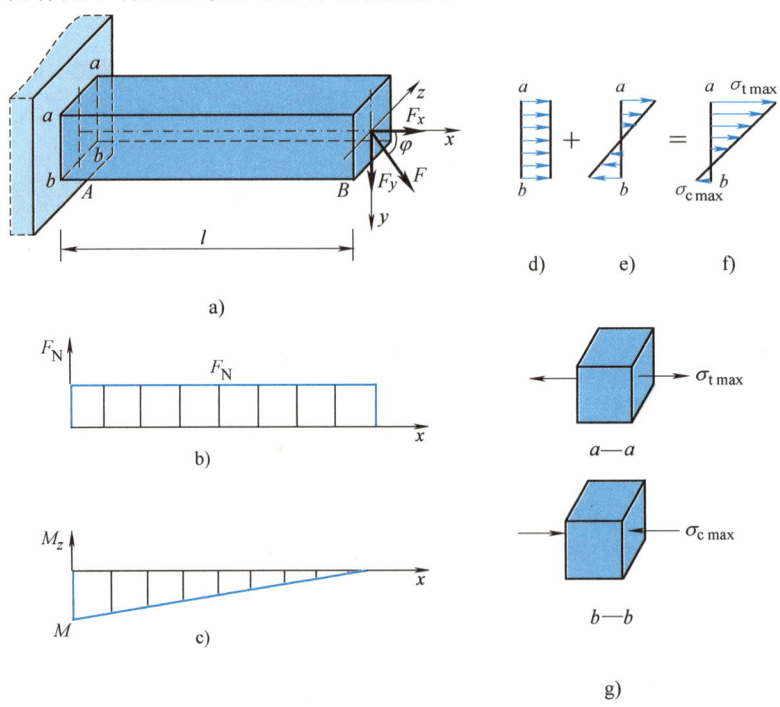

图 9-7

作出杆的轴力图、弯矩图分别如图 9-7b、c 所示，可知固定端 A 的右侧截面为危险截面，危险截面上轴力、弯矩的大小分别为

$$F_N = F_x = F\cos\varphi, \quad |M| = F_y l = Fl\sin\varphi$$

与轴力 F_N、弯矩 M 对应的正应力分布分别如图 9-7d、e 所示。危险截面上总的正应力由二者叠加而得，其分布规律如图 9-7f 所示。危险截面上边缘 a—a 各点处有最大拉应力 $\sigma_{t\,max}$、下边缘 b—b 各点处有最大压应力 $\sigma_{c\,max}$，其大小分别为

$$\left.\begin{array}{l}\sigma_{t\,max} = \dfrac{|M|}{W_z} + \dfrac{F_N}{A} \\[2mm] \sigma_{c\,max} = \dfrac{|M|}{W_z} - \dfrac{F_N}{A}\end{array}\right\} \qquad (9\text{-}6)$$

由于 $\sigma_{t\,max} > \sigma_{c\,max}$，故上边缘 a—a 各点为危险点。注意到危险点处于单向应力状态（见图 9-7g），即得弯曲与拉伸组合变形的强度条件为

$$\sigma_{t\,max} = \dfrac{|M|}{W_z} + \dfrac{F_N}{A} \leqslant [\sigma_t] \qquad (9\text{-}7)$$

2. 弯曲与压缩组合

上述计算方法同样适用于弯曲与压缩组合变形。所不同的是轴力引起的是压应力，而不是拉应力，故其最大拉、压应力分别为

$$\left.\begin{array}{l}\sigma_{t\,max} = \dfrac{|M|}{W_z} - \dfrac{|F_N|}{A} \\[2mm] \sigma_{c\,max} = \dfrac{|M|}{W_z} + \dfrac{|F_N|}{A}\end{array}\right\} \qquad (9\text{-}8)$$

对于许用拉应力和许用压应力相等的塑性材料，其强度条件即为

$$\sigma_{max} = \dfrac{|M|}{W_z} + \dfrac{|F_N|}{A} \leqslant [\sigma] \qquad (9\text{-}9)$$

对于许用拉应力和许用压应力不同的脆性材料，则应分别对最大拉应力和最大压应力进行强度计算，其强度条件应为

$$\left.\begin{array}{l}\sigma_{t\,max} = \dfrac{|M|}{W_z} - \dfrac{|F_N|}{A} \leqslant [\sigma_t] \\[2mm] \sigma_{c\,max} = \dfrac{|M|}{W_z} + \dfrac{|F_N|}{A} \leqslant [\sigma_c]\end{array}\right\} \qquad (9\text{-}10)$$

【例 9-3】 简易摇臂吊车受力如图 9-8a 所示。已知横梁 AB 用工字钢制作，许用应力 $[\sigma] = 100$ MPa，所受最大吊重 $P = 10$ kN。若不计吊车自重，试确定工字钢的型号。

解：（1）分析计算外力

取横梁 AB 为研究对象，作出其受力简图如图 9-8b 所示，AC 段为弯曲与压缩组合变形。由平衡方程 $\sum M_A = 0$，得

$$F_C = 3P = 30 \text{ kN}$$

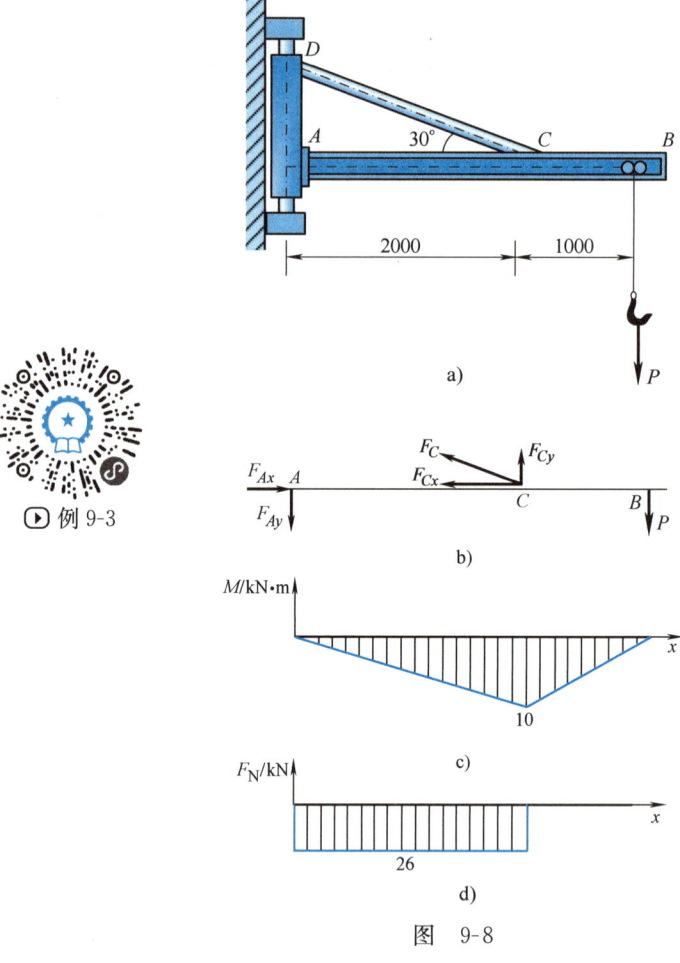

▶ 例 9-3

图 9-8

(2) 确定危险截面及其上内力

作出横梁 AB 的弯矩图、轴力图分别如图 9-8c、d 所示,可知危险截面为 C 的左侧截面,该截面上的轴力、弯矩大小分别为

$$|F_N| = 26 \text{ kN}, \quad |M| = 10 \text{ kN·m}$$

(3) 强度计算

这是塑性材料,其强度条件按式 (9-9),即

$$\sigma_{\max} = \frac{|M|}{W_z} + \frac{|F_N|}{A} \leqslant [\sigma]$$

注意到,在上述强度条件中,包含了 W_z 和 A 两个未知量,无法求解。此时,可先忽略轴力的影响,得抗弯截面系数为

$$W_z \geqslant \frac{M}{[\sigma]} = \frac{10 \times 10^3 \text{ N·m}}{100 \times 10^6 \text{ Pa}} = 0.1 \times 10^{-3} \text{ m}^3 = 100 \text{ cm}^3$$

查工字钢型钢表,初选 No.14 工字钢,其抗弯截面系数 $W_z = 102 \text{ cm}^3$、截面面积 $A = $

21.5 cm^2。代入强度条件进行校核

$$\sigma_{\max} = \frac{|M|}{W_z} + \frac{|F_N|}{A} = \frac{10 \times 10^3 \text{ N} \cdot \text{m}}{102 \times 10^{-6} \text{ m}^3} + \frac{26 \times 10^3 \text{ N}}{21.5 \times 10^{-4} \text{ m}^2} = 110 \text{ MPa} > [\sigma]$$

发现强度不够。

重选 No. 16 工字钢,其 $W_z = 141 \text{ cm}^3$、$A = 26.1 \text{ cm}^2$,再代入强度条件校核,有

$$\sigma_{\max} = \frac{|M|}{W_z} + \frac{|F_N|}{A} = \frac{10 \times 10^3 \text{ N} \cdot \text{m}}{141 \times 10^{-6} \text{ m}^3} + \frac{26 \times 10^3 \text{ N}}{26.1 \times 10^{-4} \text{ m}^2} = 80.9 \text{ MPa} < [\sigma]$$

符合强度要求。所以,应选取 No. 16 工字钢。

【例 9-4】 截面为正方形的斜梁 AB 如图 9-9a 所示,已知梁的截面面积 $A = 10 \times 10 \text{ cm}^2$,所受竖向载荷 $F = 3 \text{ kN}$。不计梁自重,试求梁内的最大拉应力和最大压应力。

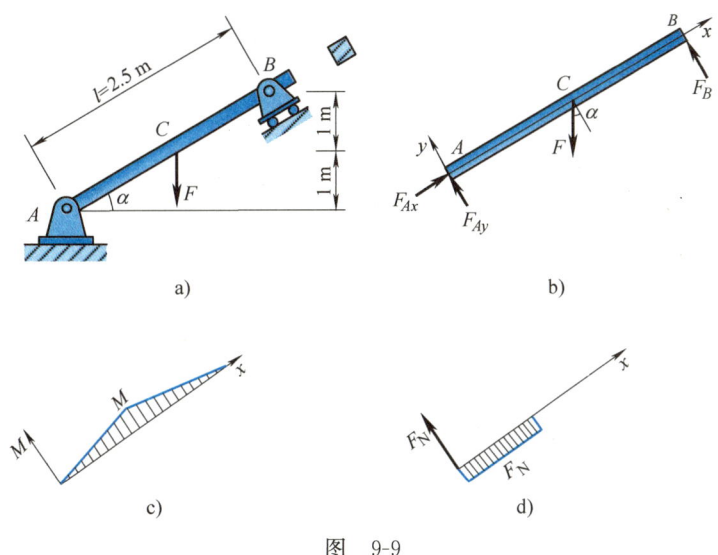

图 9-9

解:(1) 分析计算外力

取斜梁 AB 为研究对象,其所受外力如图 9-9b 所示。由平衡方程可得

$$F_{Ax} = 2.4 \text{ kN}, \quad F_{Ay} = 0.9 \text{ kN}, \quad F_B = 0.9 \text{ kN}$$

显然,斜梁的 AC 段为弯曲与压缩组合变形,CB 段为弯曲变形。

(2) 确定危险截面及其上内力

作出斜梁的弯矩图、轴力图分别如图 9-9c、d 所示,可知跨中 C 左侧截面为危险截面,该危险截面上的弯矩、轴力的大小分别为

$$|M| = \frac{1}{4} F \cos\alpha \cdot l = 1.125 \text{ kN} \cdot \text{m}, \quad |F_N| = F_{Ax} = 2.4 \text{ kN}$$

(3) 计算最大拉应力和最大压应力

斜梁内的最大拉应力发生于 C 的右上侧截面的下边缘各点处,为

$$\sigma_{t\,max} = \frac{|M|}{W_z} = \frac{6 \times 1.125 \times 10^3 \text{ N} \cdot \text{m}}{10 \times 10^2 \times 10^{-6} \text{ m}^3} = 6.75 \text{ MPa}$$

最大压应力发生于 C 的左下侧截面的上边缘处，为

$$\sigma_{c\,max} = \frac{|M|}{W_z} + \frac{|F_N|}{A} = \frac{6 \times 1.125 \times 10^3 \text{ N} \cdot \text{m}}{10 \times 10^2 \times 10^{-6} \text{ m}^3} + \frac{2.4 \times 10^3 \text{ N}}{10 \times 10 \times 10^{-4} \text{ m}^2} = 6.99 \text{ MPa}$$

二、偏心拉伸与偏心压缩

当作用在杆件上的外力的作用线与杆的轴线平行，但又不通过截面形心时，将引起偏心拉伸或偏心压缩。例如，图 9-10a 所示的小型压力机框架的立柱、图 9-10b 所示厂房支承吊车梁的立柱就分别是偏心拉伸、偏心压缩的工程实例。

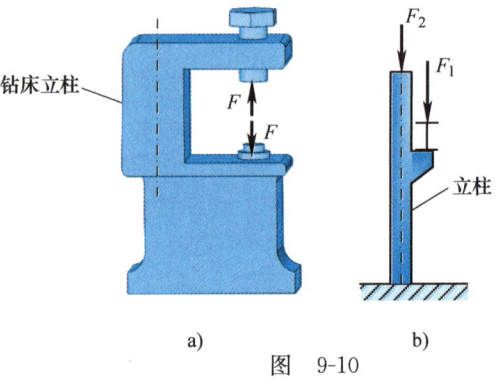

图 9-10

1. 偏心拉伸

矩形截面偏心拉伸杆件如图 9-11a 所示。取杆的轴线为 x 轴，截面的两个对称轴为 z 轴、y 轴。设偏心力 F 的作用点 A 的坐标为 (z_F, y_F)，将其平移至截面形心，得到一个轴向拉力 F_x 和两个力偶矩 M_z、M_y（见图 9-11b），分别为

$$F_x = F, \quad M_z = F y_F, \quad M_y = F z_F$$

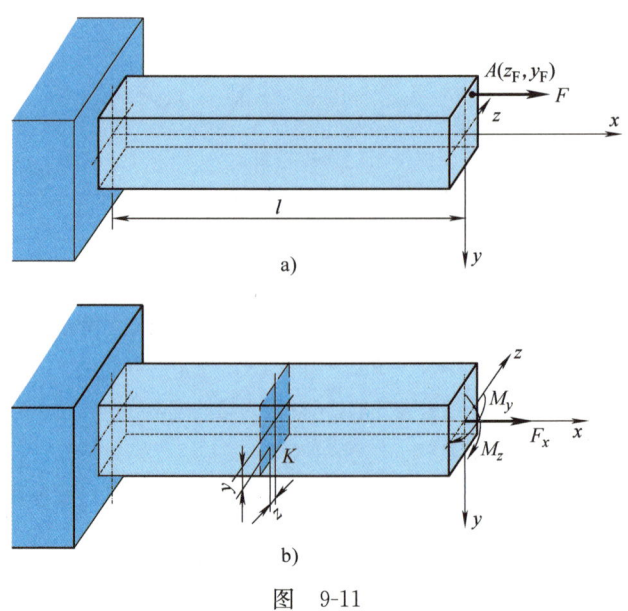

图 9-11

它们分别使杆发生轴向拉伸和在两个纵向对称面内的纯弯曲。所以，偏心拉伸

一般可看作轴向拉伸和两个对称弯曲（纯弯曲）的组合，偏心拉伸杆件任一横截面上存在着相同的轴力、铅垂弯矩和水平弯矩，分别为

$$F_N = F_x = F, \quad M_z = Fy_F, \quad M_y = Fz_F$$

偏心拉伸杆件任一横截面上的应力分布如图 9-12 所示，其中，σ' 为轴力 F_N 引起的正应力、σ'' 为铅垂弯矩 M_z 引起的正应力、σ''' 为水平弯矩 M_y 引起的正应力。由叠加法，偏心拉伸杆件任一横截面上点 $K(z,y)$（见图 9-11b）的总应力为

$$\sigma = \sigma' + \sigma'' + \sigma''' = \frac{F_N}{A} + \frac{M_z y}{I_z} + \frac{M_y z}{I_y} = \frac{F}{A} + \frac{Fy_F}{I_z}y + \frac{Fz_F}{I_y}z \quad \text{(9-11)}$$

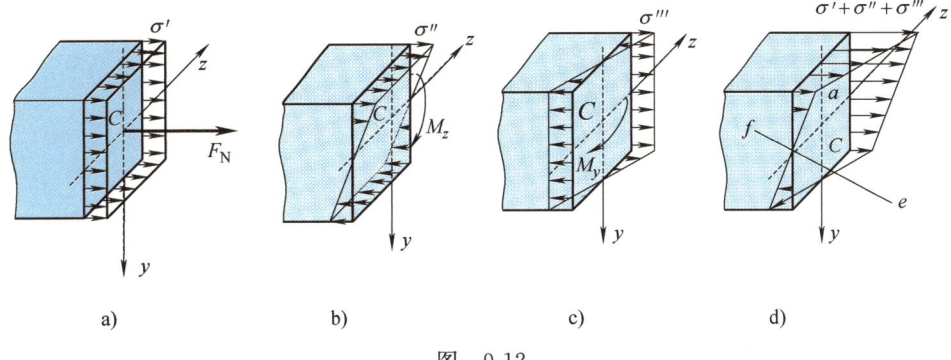

图 9-12

横截面上某一点的应力是拉还是压，可根据该点的坐标 (z,y) 与偏心力 F 作用点的坐标 (z_F, y_F) 的正负号由上式确定，也可以由变形情况直接判定。

对于周边具有棱角的横截面，其危险点一定位于截面的棱角处，最大拉应力和最大压应力分别为

$$\left. \begin{array}{l} \sigma_{t\max} = \dfrac{|M_z|}{W_z} + \dfrac{|M_y|}{W_y} + \dfrac{|F_N|}{A} \\[2mm] \sigma_{c\max} = \dfrac{|M_z|}{W_z} + \dfrac{|M_y|}{W_y} - \dfrac{|F_N|}{A} \end{array} \right\} \quad \text{(9-12)}$$

对于周边不具有棱角的横截面，则需根据中性轴来确定其危险点。

2. 偏心压缩

偏心压缩一般为轴向压缩和两个对称弯曲（纯弯曲）的组合，计算方法与偏心拉伸相似。所不同的是轴力引起的是压应力，而不是拉应力，故对于周边具有棱角的横截面，其最大拉应力和最大压应力分别为

$$\left. \begin{array}{l} \sigma_{t\max} = \dfrac{|M_z|}{W_z} + \dfrac{|M_y|}{W_y} - \dfrac{|F_N|}{A} \\[2mm] \sigma_{c\max} = \dfrac{|M_z|}{W_z} + \dfrac{|M_y|}{W_y} + \dfrac{|F_N|}{A} \end{array} \right\} \quad \text{(9-13)}$$

【例 9-5】 如图 9-13 所示，一缺口平板受拉力 $F = 80\,\text{kN}$ 的作用。已知截面尺寸 $h = 80\,\text{mm}$、$a = b = 10\,\text{mm}$。试计算平板内的最大拉应力。

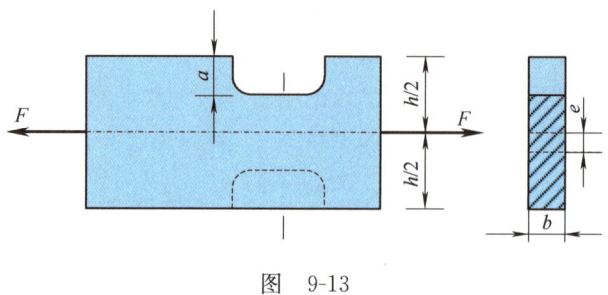

图 9-13

解： 缺口处平板受偏心拉伸，其横截面上的轴力、弯矩分别为

$$F_N = F, \quad M_z = -Fe, \quad M_y = 0$$

其中，偏心距 $e = \dfrac{a}{2} = 5\,\text{mm}$。代入式 (9-12)，得最大拉应力

$$\sigma_{t\max} = \frac{|M_z|}{W_z} + \frac{|F_N|}{A} = \frac{6 \times 80 \times 10^3\,\text{N} \times 5 \times 10^{-3}\,\text{m}}{10 \times (80-10)^2 \times 10^{-9}\,\text{m}^3} + \frac{80 \times 10^3\,\text{N}}{10 \times (80-10) \times 10^{-6}\,\text{m}^2}$$

$$= 49\,\text{MPa} + 114.3\,\text{MPa} = 163.3\,\text{MPa}$$

讨论： 若在平板的另一侧切除同样的缺口，如图 9-13 中的虚线所示，此时缺口处平板受轴向拉伸，其拉应力为

$$\sigma = \frac{F_N}{A} = \frac{80 \times 10^3\,\text{N}}{10 \times (80-2 \times 10) \times 10^{-6}\,\text{m}^2} = 133.3\,\text{MPa} < \sigma_{t\max}$$

> 可见，两侧缺口的杆虽然横截面面积减小，但应力却比一侧缺口的杆小。这表明由于载荷偏心而引起的附加弯矩对拉（压）杆的强度影响很大，故在工程设计中应尽量使用对称结构。

【例 9-6】 图 9-14a 所示钻床的圆截面立柱用铸铁制作。已知钻床工作时所受最大载荷 $F = 15\,\text{kN}$，尺寸 $e = 0.4\,\text{m}$，材料的许用拉应力 $[\sigma_t] = 35\,\text{MPa}$。试确定立柱所需直径 d。

解： (1) 内力分析

铸铁立柱承受偏心拉伸，如图 9-14b 所示，由截面法得其任一截面上的轴力、弯矩分别为

$$F_N = F = 15\,\text{kN}, \quad M = Fe = 15\,\text{kN} \times 0.4\,\text{m} = 6\,\text{kN} \cdot \text{m}$$

(2) 强度计算

在强度设计时可先不考虑轴力影响，由

$$\sigma_{t\max} = \frac{M}{W_z} \leqslant [\sigma_t]$$

得

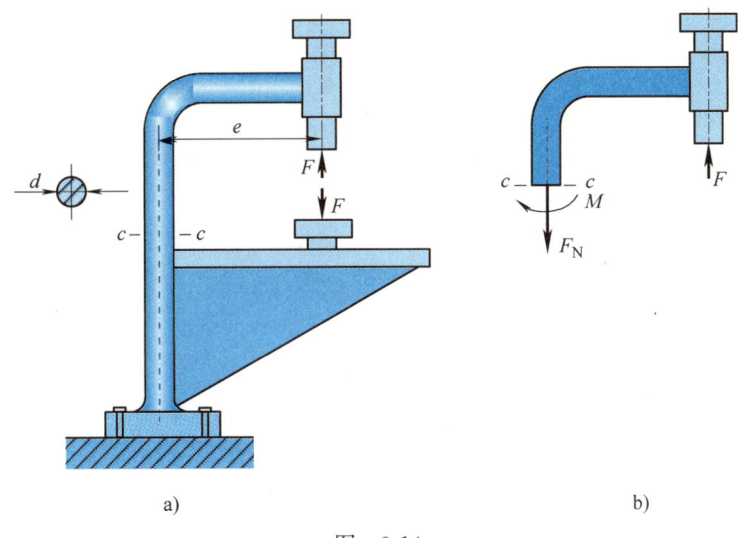

图 9-14

$$d \geqslant \sqrt[3]{\frac{32M}{\pi[\sigma]}} = \sqrt[3]{\frac{32 \times 6 \times 10^3 \text{ N} \cdot \text{m}}{\pi \times 35 \times 10^6 \text{ Pa}}} = 120.4 \times 10^{-3} \text{ m} = 120.4 \text{ mm}$$

初选立柱直径 $d = 121$ mm。

再按照实际弯曲与拉伸组合进行强度校核

$$\sigma_{\text{t max}} = \frac{M}{W_z} + \frac{F_N}{A} = \frac{6 \times 10^3 \text{ N} \cdot \text{m}}{\frac{\pi}{32} \times 121^3 \times 10^{-9} \text{ m}^3} + \frac{15 \times 10^3 \text{ N}}{\frac{\pi}{4} \times 121^2 \times 10^{-6} \text{ m}^2} = 35.8 \text{ MPa} > [\sigma_t]$$

但 $\frac{\sigma_{\text{t max}} - [\sigma_t]}{[\sigma_t]} = 2.3\% < 5\%$，依然符合强度要求，故可取立柱直径为 121 mm。

【例 9-7】 如图 9-15a 所示，矩形截面杆承受偏心压缩，试问当偏心压力 F 作用在哪个区域内时，截面上只出现压应力。

解：如图 9-15a 所示，设偏心压力 F 作用点 K 的坐标为 (z_F, y_F)，欲使截面上只出现压应力，根据式 (9-13)，应有截面上的最大拉应力

$$\sigma_{\text{t max}} = \frac{M_z}{W_z} + \frac{M_y}{W_y} - \frac{F_N}{A} = \frac{Fy_F}{W_z} + \frac{Fz_F}{W_y} - \frac{F}{A} \leqslant 0 \quad \text{(a)}$$

显然，此时的中性轴一定位于截面以外或与截面周边相切，反之亦真，即当中性轴位于截面以外或与截面周边相切

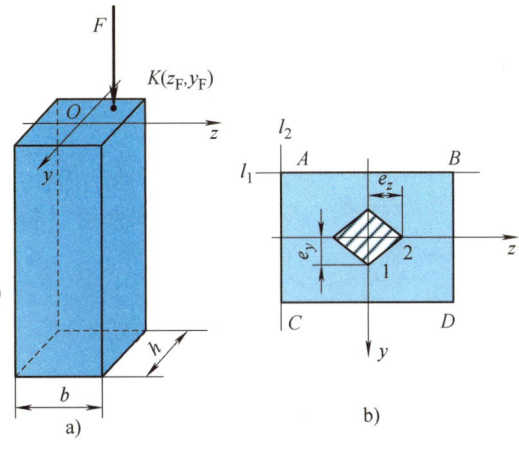

图 9-15

时，式（a）一定满足，即截面上只出现压应力。

另外注意到，当偏心距越小，即偏心压力 F 的作用点 $K(z_F, y_F)$ 距截面形心 O 越近时，式（a）越容易满足。故有结论：待求的偏心压力 F 的作用区域应为一个位于截面形心附近的封闭区域；当偏心压力 F 的作用点位于该区域边缘时，中性轴与截面周边相切，$\sigma_{t\max} = 0$。

若中性轴 l_1 与矩形截面的 AB 边重合（见图 9-15b），则对应偏心压力 F 的作用点 1 应位于 y 轴上，设其坐标为 $(0, e_y)$，此时有

$$\sigma_{t\max} = \frac{M_z}{W_z} - \frac{F_N}{A} = \frac{Fe_y}{\frac{1}{6}bh^2} - \frac{F}{bh} = 0$$

解得

$$e_y = \frac{1}{6}h$$

若中性轴 l_2 与矩形截面的 AC 边重合（见图 9-15b），则对应偏心压力 F 的作用点 2 应位于 z 轴上，设其坐标为 $(e_z, 0)$，此时则有

$$\sigma_{t\max} = \frac{M_y}{W_y} - \frac{F_N}{A} = \frac{Fe_z}{\frac{1}{6}hb^2} - \frac{F}{bh} = 0$$

解得

$$e_z = \frac{1}{6}b$$

若中性轴为与矩形截面的棱角 A 相切的任一轴，可以进一步证明，其对应的偏心压力 F 的作用点一定位于 1、2 两点的连线上。再考虑其对称性，即得图 9-15b 所示的菱形区域。

> 由上例可见，当偏心压力的作用点位于截面形心附近的某个封闭区域时，截面上将只出现压应力。该区域称为**截面核心**。在工程结构中，某些偏心承压杆件是用脆性材料制作的，而脆性材料的抗拉强度远低于抗压强度，故应尽量避免在截面上出现拉应力。显然，截面核心的确定对于这类杆件的设计具有重要意义。

弯扭组合变形之强度计算

第四节 弯曲与扭转的组合

机械中的传动轴一般都是承受弯曲与扭转组合变形。下面主要讨论塑性材料制作的圆轴发生弯曲与扭转组合变形时的强度计算。

如图 9-16a 所示，直径为 d 的悬臂圆轴右端安装有一直径为 D 的圆轮，并于轮缘处沿切向作用一竖向集中力 F。

1. 外力分析

将力 F 向 B 端面的形心平移，得到一横向力 $F_y = F$ 和一矩 $M_e = FD/2$ 的力偶，如图 9-16b 所示。圆轴在 F_y 和 M_e 的共同作用下发生弯曲与扭转组合变形。

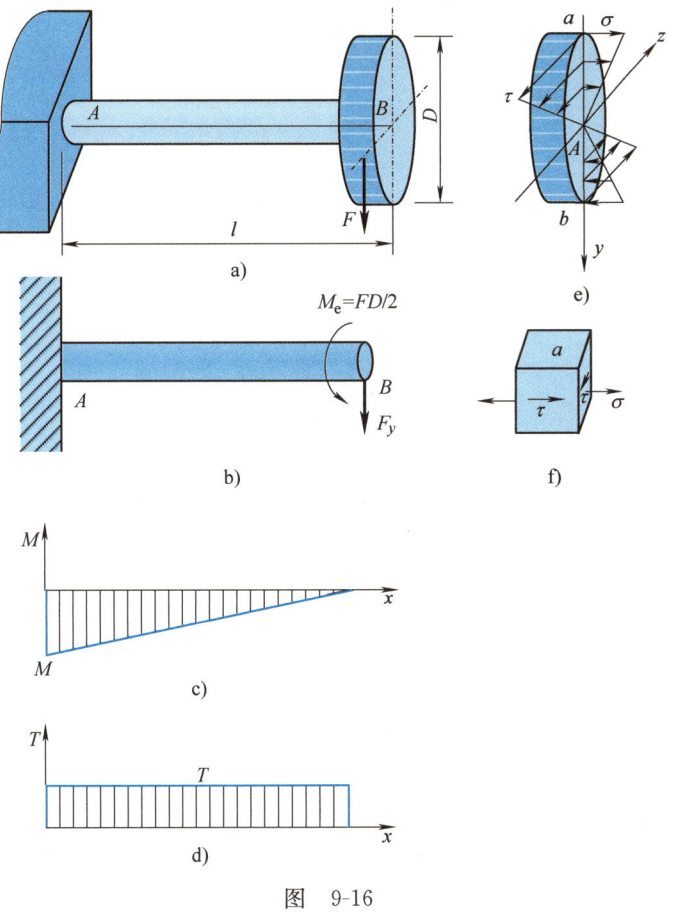

图 9-16

2. 内力分析

作出圆轴的弯矩图、扭矩图分别如图 9-16c、d 所示。其危险截面为固定端 A 的右侧截面，该危险截面上的弯矩、扭矩分别为

$$M = -Fl, \quad T = M_e = FD/2$$

3. 应力分析

由弯曲正应力和扭转切应力的分布规律可知，危险点为危险截面的上边缘 a 点或下边缘 b 点（见图 9-16e）。危险点处于二向应力状态，其对应单元体如图 9-16f 所示，其中

$$\sigma = \frac{M}{W_z}, \quad \tau = \frac{T}{W_t} \qquad (*)$$

由解析法求得危险点的主应力

$$\sigma_1 = \frac{\sigma}{2} + \sqrt{\left(\frac{\sigma}{2}\right)^2 + \tau^2}, \quad \sigma_2 = 0, \quad \sigma_3 = \frac{\sigma}{2} - \sqrt{\left(\frac{\sigma}{2}\right)^2 + \tau^2}$$

4. 强度条件

应用第三、第四强度理论，分别得

$$\sigma_{r3} = \sqrt{\sigma^2 + 4\tau^2} \leqslant [\sigma] \qquad (9\text{-}14)$$

$$\sigma_{r4} = \sqrt{\sigma^2 + 3\tau^2} \leqslant [\sigma] \qquad (9\text{-}15)$$

将式（*）代入上述两式，并注意到圆截面的 $W_t = 2W_z$，即得塑性材料圆轴弯曲与扭转组合变形的强度条件

$$\sigma_{r3} = \frac{\sqrt{M^2 + T^2}}{W_z} \leqslant [\sigma] \qquad (9\text{-}16)$$

$$\sigma_{r4} = \frac{\sqrt{M^2 + 0.75T^2}}{W_z} \leqslant [\sigma] \qquad (9\text{-}17)$$

对于承受轴向拉伸（压缩）与扭转组合变形，或者弯曲、轴向拉伸（压缩）与扭转组合变形的塑性材料圆截面杆，其危险点的应力状态与图9-16f相同，故仍可采用式（9-14）和式（9-15）进行强度计算，只是其中正应力 σ 应为危险点处的轴向拉（压）应力，或者弯曲正应力与轴向拉（压）应力的和。

【例 9-8】 如图 9-17a 所示，传动轴 AB 由电动机带动。已知电动机的输出功率为 8 kW，转速为 800 r/min，带轮直径 $D = 200$ mm，带的紧边拉力为松边拉力的 2 倍，传动轴直径 $d = 40$ mm、长度 $l = 18$ cm，材料的许用应力 $[\sigma] = 100$ MPa。若不计带轮自重，试用第三强度理论校核传动轴的强度。

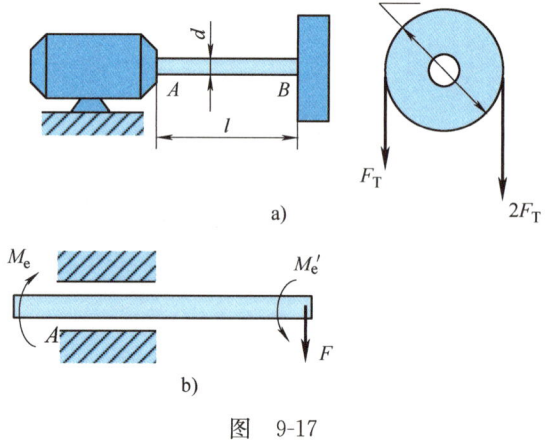

图 9-17

解： (1) 外力分析

作出传动轴的受力简图如图9-17b所示，其承受弯曲与扭转组合变形。其中，电动机输入的转矩

$$M_e = 9549 \times \frac{8\ \text{kW}}{800\ \text{r/min}} = 95.49\ \text{N} \cdot \text{m}$$

将两边带的拉力向轮轴中心简化得到的力偶矩 M'_e 和横向力 F 分别为

$$M'_e = (2F_T - F_T)\frac{D}{2} = F_T \frac{D}{2} = M_e = 95.49\ \text{N} \cdot \text{m}$$

$$F = 3F_T = 3 \times \frac{2M'_e}{D} = 3 \times \frac{2 \times 95.49\ \text{N} \cdot \text{m}}{200 \times 10^{-3}\ \text{m}} = 2865\ \text{N}$$

(2) 内力分析

显然，轴与电动机的连接端面 A 为危险截面，该危险截面上的弯矩、扭矩分别为

$$M = Fl = 2865\ \text{N} \times 18 \times 10^{-2}\ \text{m} = 515.7\ \text{N} \cdot \text{m}$$

$$T = M_e = 95.49 \, \text{N} \cdot \text{m}$$

(3) 强度校核

按第三强度理论，由式（9-16），得

$$\sigma_{r3} = \frac{1}{W_z}\sqrt{M^2+T^2} = \frac{32}{\pi \times (40 \times 10^{-3} \, \text{m})^3}\sqrt{(515.7 \, \text{N} \cdot \text{m})^2 + (95.49 \, \text{N} \cdot \text{m})^2}$$

$$= 83.5 \, \text{MPa} < [\sigma] = 100 \, \text{MPa}$$

所以，该传动轴的强度符合要求。

~~~~~~

【例 9-9】 图 9-18 所示传动轴 AB 由电动机带动。已知电动机通过联轴器作用在截面 A 上的转矩 $M_1 = 1 \, \text{kN} \cdot \text{m}$，带紧边拉力 F_T 是松边拉力 F_T' 的 2 倍，轴承 C 与 B 之间的距离 $l = 200 \, \text{mm}$，带轮直径 $D = 300 \, \text{mm}$，材料的许用应力 $[\sigma] = 160 \, \text{MPa}$。若不计带轮自重，试按第四强度理论确定传动轴 AB 的直径 d。

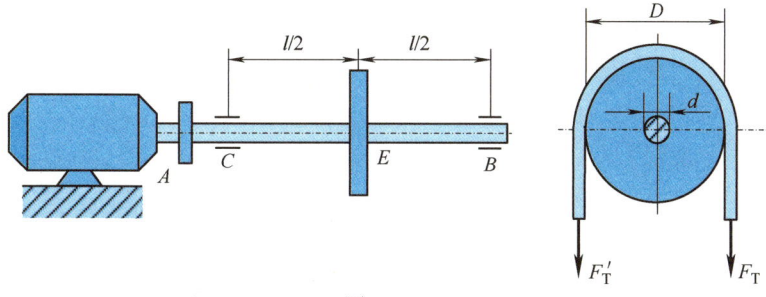

图 9-18

解：（1）外力分析

将两边带的拉力 F_T 与 F_T' 向传动轴中心简化，得到作用于截面 E 的转矩 M_2 与横向力 F（见图 9-19a），其大小分别为

$$M_2 = (F_T - F_T')\frac{D}{2} = \frac{F_T' D}{2} = M_1 = 1 \, \text{kN} \cdot \text{m}$$

$$F = F_T + F_T' = 3F_T' = 3 \times \frac{2M_1}{D} = \frac{3 \times 2 \times 1 \times 10^3 \, \text{N} \cdot \text{m}}{0.300 \, \text{m}} = 20 \times 10^3 \, \text{N}$$

(2) 内力分析

传动轴 AB 承受弯曲与扭转组合变形，作出其弯矩图、扭矩图分别如图 9-19b、c 所示。可见，跨中 E 的左侧截面为危险截面，该危险截面上的弯矩、扭矩分别为

$$M = \frac{Fl}{4} = \frac{20 \times 10^3 \, \text{N} \times 0.2 \, \text{m}}{4} = 1000 \, \text{N} \cdot \text{m}$$

$$T = M_1 = 1 \times 10^3 \, \text{N} \cdot \text{m}$$

(3) 强度计算

按第四强度理论，由式（9-17），得

$$d \geqslant \sqrt[3]{\frac{32\sqrt{M^2 + 0.75T^2}}{\pi[\sigma]}} = \sqrt[3]{\frac{32\sqrt{(1 \times 10^3 \, \text{N} \cdot \text{m})^2 + 0.75(1 \times 10^3 \, \text{N} \cdot \text{m})^2}}{\pi \times 160 \times 10^6 \, \text{Pa}}} = 0.0438 \, \text{m}$$

故取该传动轴的直径 $d = 44 \, \text{mm}$。

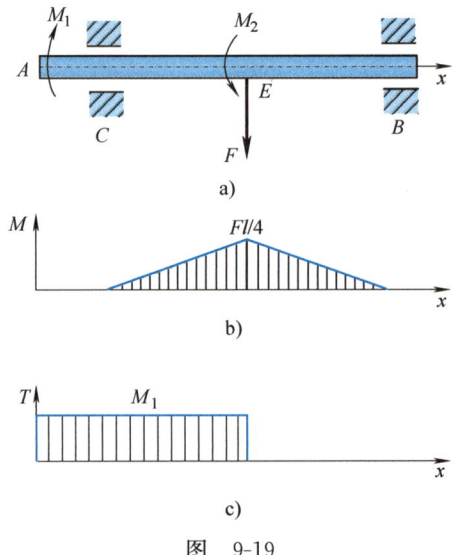

图 9-19

【例 9-10】 磨床砂轮主 1 轴如图 9-20a 所示。已知由电动机转子输入转矩 $M_e = 20\,\text{N}\cdot\text{m}$，转子和砂轮自重分别为 $P_1 = 100\,\text{N}$、$P_2 = 250\,\text{N}$，磨削力 $F_y : F_z = 3 : 1$，砂轮直径 $D = 250\,\text{mm}$，主轴直径 $d = 20\,\text{mm}$，主轴材料的许用应力 $[\sigma] = 60\,\text{MPa}$。试按第四强度理论校核主轴强度。

解：（1）外力分析

将载荷向轴线简化得到主轴的受力简图如图 9-20b 所示，其受到弯曲与扭转组合变形。由平衡方程 $\sum M_x = 0$，得砂轮的磨削力

$$F_z = \frac{2M_e}{D} = 160\,\text{N}, \quad F_y = 3F_z = 3 \times 160\,\text{N} = 480\,\text{N}$$

（2）内力分析

作出主轴的铅垂弯矩图、水平弯矩图和扭矩图分别如图 9-20c、d 和 e 所示。可见 B 截面是危险截面，该危险截面上的合成弯矩、扭矩分别为

$$M_B = \sqrt{M_z^2 + M_y^2} = \sqrt{(29.9\,\text{N}\cdot\text{m})^2 + (20.8\,\text{N}\cdot\text{m})^2} = 36.4\,\text{N}\cdot\text{m}$$
$$T_B = 20\,\text{N}\cdot\text{m}$$

（3）强度计算

按第四强度理论

$$\sigma_{r4} = \frac{1}{W_z}\sqrt{M_B^2 + 0.75 T_B^2} = \frac{32}{\pi \times (20 \times 10^{-3}\,\text{m})^3} \sqrt{(36.4\,\text{N}\cdot\text{m})^2 + 0.75 \times (20\,\text{N}\cdot\text{m})^2}$$
$$= 52.9\,\text{MPa} < [\sigma] = 60\,\text{MPa}$$

所以，该主轴强度符合要求。

第九章 组合变形

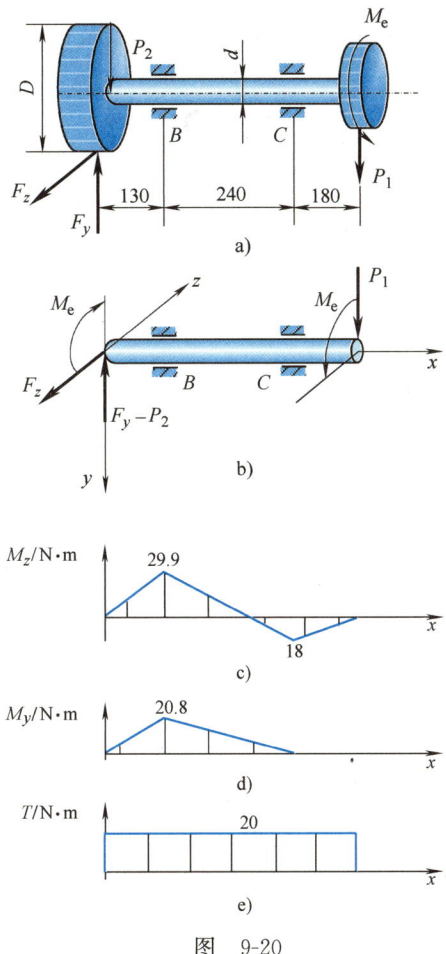

图 9-20

~~~~~~

【例 9-11】 图 9-21a 所示为一钢制齿轮传动轴,已知齿轮 C 上作用有铅垂切向力 5 kN、水平径向力 1.82 kN,齿轮 D 上作用有水平切向力 10 kN、铅垂径向力 3.64 kN,齿轮 C 的节圆直径 $d_C = 400$ mm,齿轮 D 的节圆直径 $d_D = 200$ mm,材料的许用应力 $[\sigma] = 100$ MPa。试按第四强度理论确定轴的直径。

解: (1) 外力分析

作出轴的受力简图如图 9-21b 所示,其受弯曲与扭转组合变形。其中,将齿轮 C 上的铅垂切向力与齿轮 D 上的水平切向力向轴线平移,得到的附加转矩

$$M_e = 5 \text{ kN} \times \frac{d_C}{2} = 5 \times 10^3 \text{ N} \times \frac{400 \times 10^{-3} \text{ m}}{2} = 1000 \text{ N} \cdot \text{m}$$

(2) 内力分析

作出轴的铅垂弯矩图、水平弯矩图和扭矩图分别如图 9-21c、d 和 e 所示。由图可见,B

截面为危险截面,该危险截面上的合成弯矩、扭矩分别为

$$M_B = \sqrt{M_{Bz}^2 + M_{By}^2} = \sqrt{(364 \text{ N·m})^2 + (1000 \text{ N·m})^2} = 1064 \text{ N·m}$$

$$T_B = M_e = 1000 \text{ N·m}$$

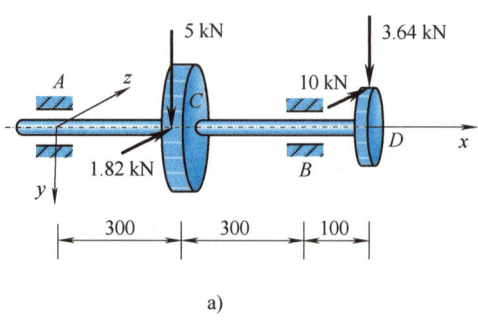

a)

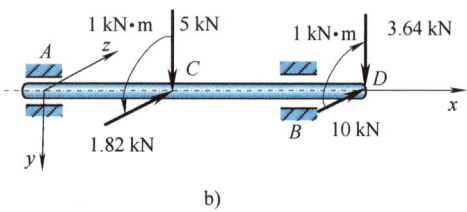

b)

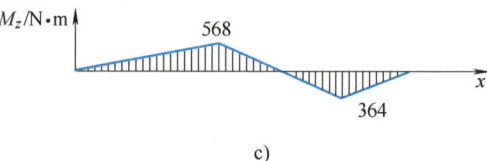

c)

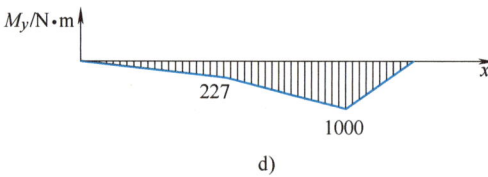

d)

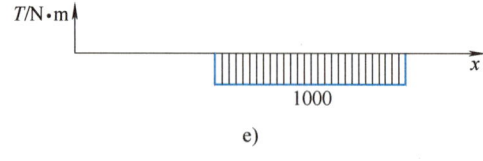

e)

图 9-21

(3) 强度计算

按第四强度理论，由式（9-17），有

$$\sigma_{r4} = \frac{1}{W_z}\sqrt{(1064\ \text{N}\cdot\text{m})^2 + 0.75\times(1000\ \text{N}\cdot\text{m})^2} = \frac{32\times 1372\ \text{N}\cdot\text{m}}{\pi d^3} \leqslant [\sigma]$$

解得

$$d \geqslant \sqrt[3]{\frac{32\times 1372\ \text{N}\cdot\text{m}}{\pi\times 100\times 10^6\ \text{Pa}}} = 51.9\times 10^{-3}\ \text{m} = 51.9\ \text{mm}$$

故取轴的直径 $d = 52\ \text{mm}$。

应该指出，上述传动轴的强度计算是按静载情况考虑的，这主要用于传动轴的初步设计和估算。而实际上，由于转动轴是在交变应力下工作的，因此，还需进一步校核其在交变应力作用下的疲劳强度。关于交变应力的概念和疲劳强度计算，将在后面的第十一章中介绍。

复习思考题

9-1 用叠加法计算组合变形杆件的内力和应力时，其限制条件是什么？为什么必须满足这些条件？

9-2 什么是弯曲与拉伸（压缩）组合变形？什么是弯曲与扭转组合变形？偏心拉伸（压缩）属于哪种组合变形？

9-3 偏心压缩时，是否可使横截面上的应力都成为压应力？

9-4 为什么弯曲与扭转组合变形的强度计算不能用代数叠加？

9-5 当杆件处于弯曲与拉伸（压缩）组合变形时，杆件横截面上的正应力是如何分布的？如何计算最大正应力？

9-6 圆轴发生弯曲与扭转组合变形时，横截面上存在哪些内力？危险点处于什么样的应力状态？

9-7 如果弯曲与扭转组合变形的圆轴用铸铁制成，是否仍可用式（9-14）～式（9-17）进行强度计算？为什么？

9-8 某工厂在修理机器时，发现一矩形截面拉杆在一侧有一小裂纹。为了防止裂纹扩展，有人建议在裂纹尖端钻一光滑小圆孔即可。还有人建议除在上述位置钻孔外，还应当在其对称位置再钻一个同样大小的圆孔。试问哪一种做法好？为什么？

9-9 由第三强度理论得到的弯曲与扭转组合变形的两个强度条件表达式，即

$$\sigma_{r3} = \sqrt{\sigma^2 + 4\tau^2} \leqslant [\sigma]$$

与

$$\sigma_{r3} = \frac{\sqrt{M^2 + T^2}}{W_z} \leqslant [\sigma]$$

其适用范围有何区别？

9-10 试问思考题 9-10 图所示各构件在指定 A 截面上有哪些内力分量？

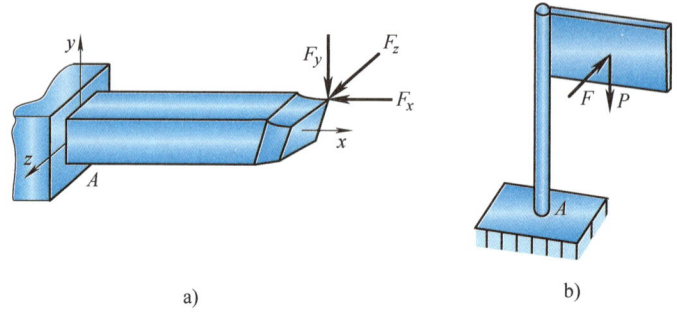

思考题 9-10 图

9-1 No.14 工字钢悬臂梁受力如习题 9-1 图所示。已知梁的长度 $l = 0.8$ m，所受载荷 $F_1 = 2.5$ kN，$F_2 = 1$ kN。试求该梁危险截面上的最大正应力。

9-2 悬臂梁如习题 9-2 图所示，已知集中横向载荷 $F_1 = 800$ N，$F_2 = 1600$ N，分别作用在梁的铅垂对称面、水平对称面内，梁的半长 $l = 1$ m，材料的许用应力 $[\sigma] = 160$ MPa。试确定以下两种情形下梁的横截面尺寸：（1）截面为矩形，规定 $h = 2b$；（2）截面为圆形。

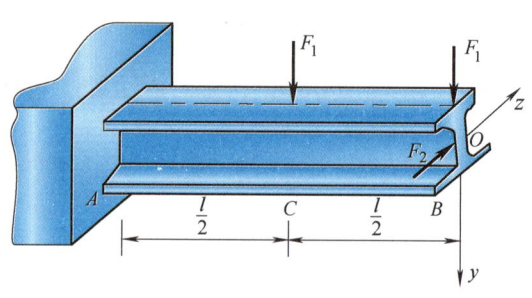

习题 9-1 图

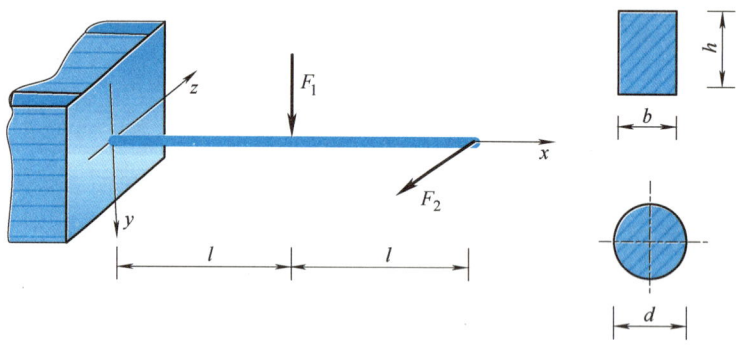

习题 9-2 图

9-3 受均布载荷 q 作用的矩形截面简支梁，其载荷作用面与梁的纵向对称面间的夹角为 30°，如习题 9-3 图所示。已知载荷集度 $q = 2$ kN/m，梁的跨度 $l = 4$ m，截面尺寸 $h = 160$ mm、$b = 120$ mm，许用应力 $[\sigma] = 12$ MPa。试校核此梁的强度。

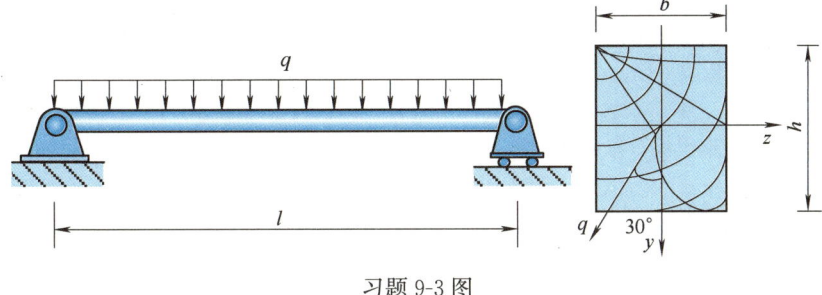

习题 9-3 图

9-4 工字钢简支梁受力如习题 9-4 图所示，已知 $F = 7$ kN，$[\sigma] = 160$ MPa，试选择工字钢的型号。（提示：首先假定 W_z/W_y 的比值进行试选，然后再校核）

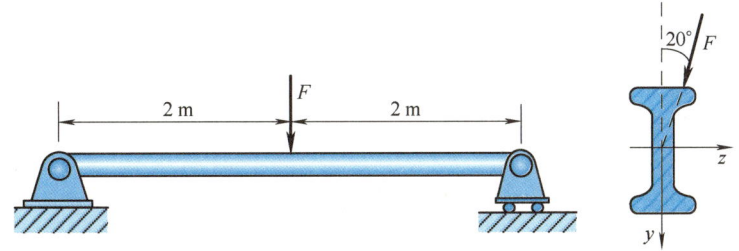

习题 9-4 图

9-5 矩形截面直角折杆 ABC 如习题 9-5 图所示，已知所受载荷 $F = 4$ kN，其水平倾角 $\alpha = \arctan(4/3)$，折杆的长度 $l = 480$ mm、$a = 120$ mm，截面的宽度 $h = 40$ mm、高度 $b = 20$ mm。试求杆内的最大拉应力和最大压应力，并作出危险截面上的正应力分布图。

9-6 如习题 9-6 图所示，插刀刀杆的主切削力 $F = 1$ kN，偏心距 $a = 2.5$ cm，刀杆直径 $d = 2.5$ cm。试求刀杆内的最大拉应力和最大压应力。

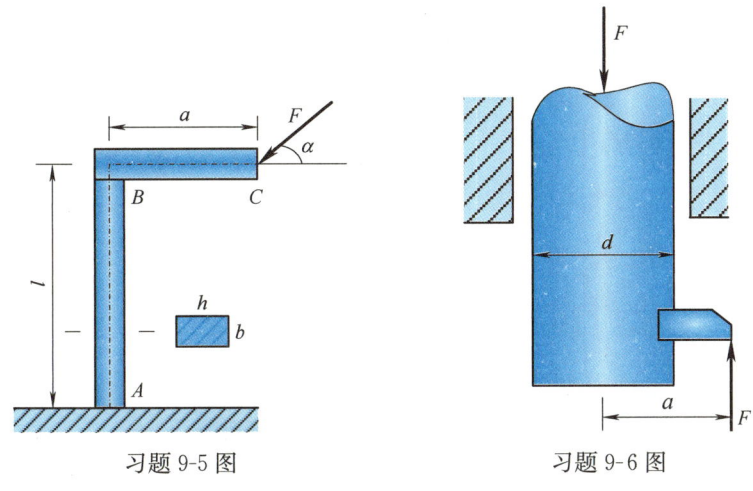

习题 9-5 图　　　　　　习题 9-6 图

9-7 一拉杆如习题 9-7 图所示，截面原是边长为 a 的正方形，拉力 F 与杆轴线重合，后因使用上的需要，开一深 $a/2$ 的切口。试求杆内的最大拉应力和最大压应力。并问最大拉应力是截面削弱前拉应力的几倍？

9-8 习题 9-8 图所示起重架的最大起吊重量（包括行走小车等）$P = 40\ \text{kN}$，横梁 AC 由两根 No.18 槽钢组成，材料为 Q235 钢，许用应力 $[\sigma] = 120\ \text{MPa}$。试校核横梁的强度。

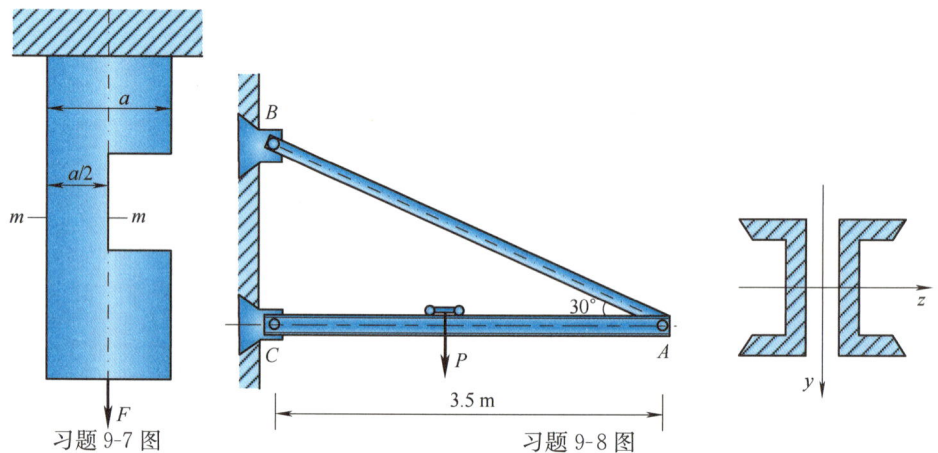

习题 9-7 图　　　习题 9-8 图

9-9 螺旋夹紧器如习题 9-9 图所示，已知该夹紧器工作时承受的夹紧力 $F = 16\ \text{kN}$，偏心距 $e = 140\ \text{mm}$，夹紧器立臂的横截面为 $a \times b$ 的矩形，其厚度 $a = 20\ \text{mm}$，许用应力 $[\sigma] = 160\ \text{MPa}$。试确定立臂的宽度 b。

9-10 习题 9-10 图所示钻床的立柱为铸铁制成，其许用拉应力 $[\sigma_t] = 45\ \text{MPa}$，立柱的直径 $d = 50\ \text{mm}$。试确定许可载荷 $[F]$。

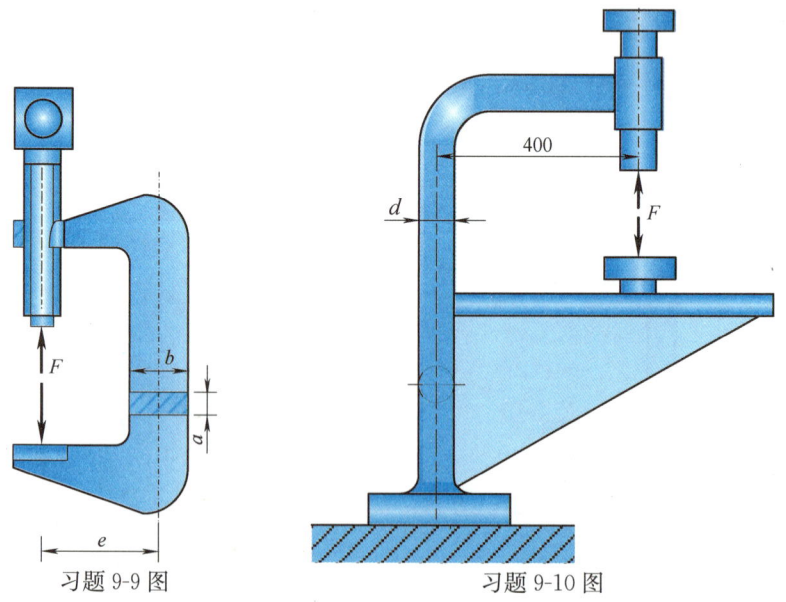

习题 9-9 图　　　习题 9-10 图

9-11 单臂液压机机架及其立柱横截面尺寸如习题 9-11 图所示，已知所受最大载荷 $F = 1600\ \text{kN}$，材料的许用应力 $[\sigma] = 160\ \text{MPa}$。试校核机架立柱的强度。

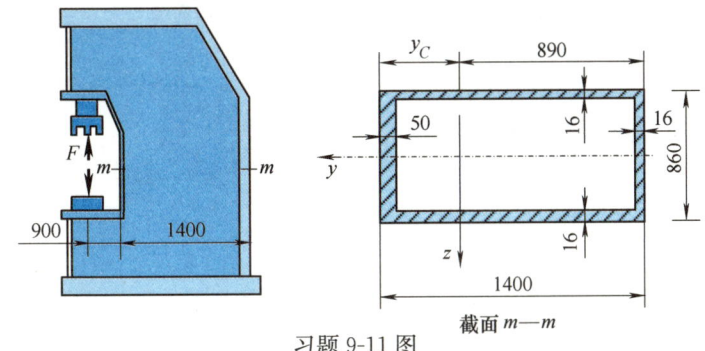

习题 9-11 图

9-12 习题 9-12 图所示三角支架，已知载荷 $F = 200\ \text{N}$，杆 AC 为直径 $d = 20\ \text{mm}$ 的圆截面钢杆，钢材的屈服极限 $\sigma_\text{s} = 235\ \text{MPa}$，取强度安全因数 $n_\text{s} = 1.6$。若杆 BD 足够坚固，试校核杆 AC 的强度。

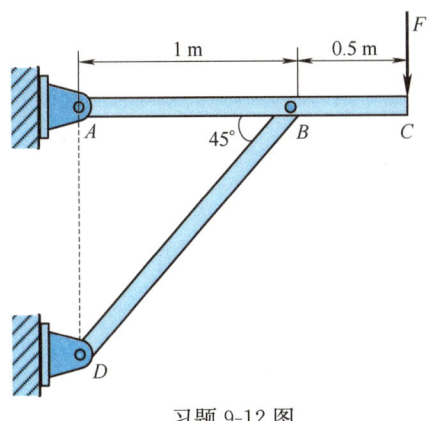

习题 9-12 图

9-13 一手摇绞车如习题 9-13 图所示，已知轴的直径 $d = 30\ \text{mm}$，材料的许用应力 $[\sigma] = 80\ \text{MPa}$。试按第三强度理论来确定绞车的最大起吊重量 P。

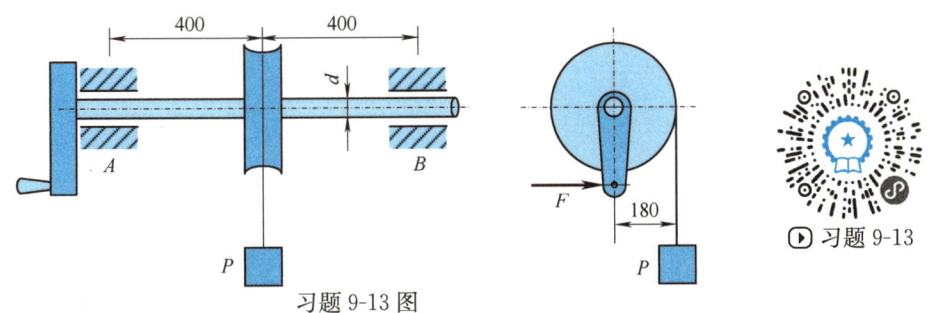

习题 9-13 图

9-14 如习题 9-14 图所示，已知电动机的功率 $P=9\,\text{kW}$、转速 $n=715\,\text{r/min}$，带轮直径 $D=250\,\text{mm}$，主轴的外伸部分长度 $l=120\,\text{mm}$、直径 $d=40\,\text{mm}$，材料的许用应力 $[\sigma]=60\,\text{MPa}$。若不计带轮自重，试用第三强度理论校核主轴强度。

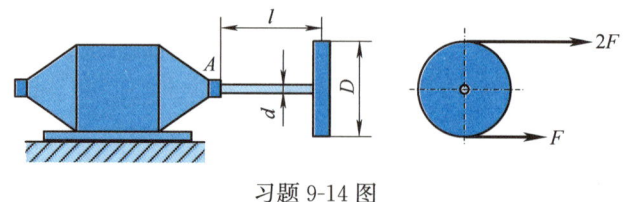

习题 9-14 图

9-15 如习题 9-15 图所示，直径为 60 cm 的两个相同带轮，转速 $n=100\,\text{r/min}$ 时传递功率 $P=7.36\,\text{kW}$。轮 C 上的传动带沿水平方向，轮 D 上的传动带沿铅垂方向。带的松边拉力 $F_{T2}=1.5\,\text{kN}$（$F_{T2}<F_{T1}$），材料的许用应力 $[\sigma]=80\,\text{MPa}$。若不计带轮自重，试根据第三强度理论选择轴的直径。

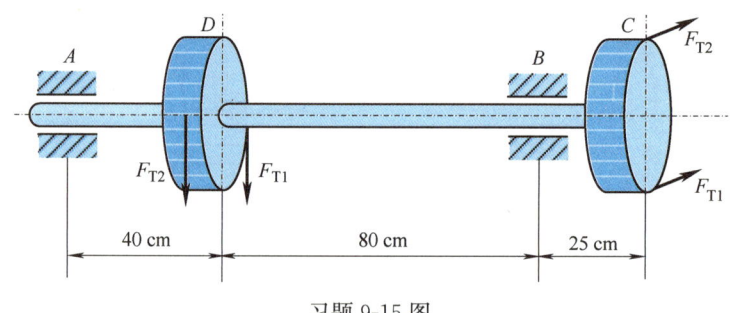

习题 9-15 图

9-16 如习题 9-16 图所示，已知带轮的直径 $D=1.2\,\text{m}$，重 $W=5\,\text{kN}$，紧边拉力为松边拉力的两倍，即 $F_{T1}=2F_{T2}$，电动机输入功率 $P=18\,\text{kW}$，额定转速 $n=960\,\text{r/min}$，传动轴跨度 $l=1.2\,\text{m}$，材料的许用应力 $[\sigma]=50\,\text{MPa}$。试根据第三强度理论确定传动轴的直径 d。

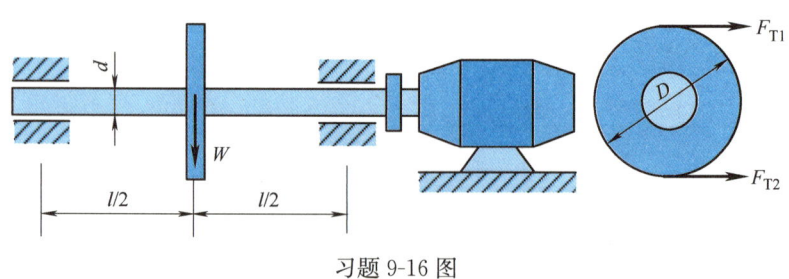

习题 9-16 图

9-17 如习题 9-17 图所示，直径为 500 mm 的圆板装在一根外径为 60 mm 的空心圆柱上，圆柱材料的许用应力 $[\sigma]=60\,\text{MPa}$，圆板上承受的风压垂直于圆板平面，压强为 2 kPa。试根据第三强度理论确定空心圆柱的内径。

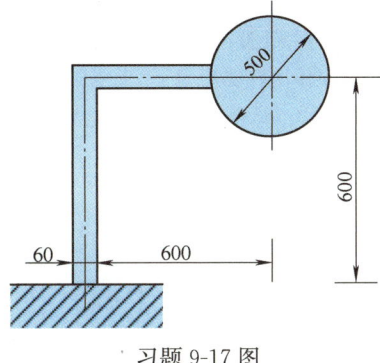

习题 9-17 图

9-18 习题 9-18 图所示为某精密磨床，已知电动机功率 $P = 3$ kW，转子转速 $n = 1400$ r/min、重量 $W_1 = 101$ N、砂轮直径 $D = 250$ mm、重量 $W_2 = 275$ N，砂轮所受磨削力 $F_y : F_z = 3 : 1$，主轴的直径 $d = 50$ mm、许用应力 $[\sigma] = 60$ MPa。(1) 用单元体表示出危险点的应力状态，并求出主应力和最大切应力。(2) 试按第三强度理论校核主轴的强度。

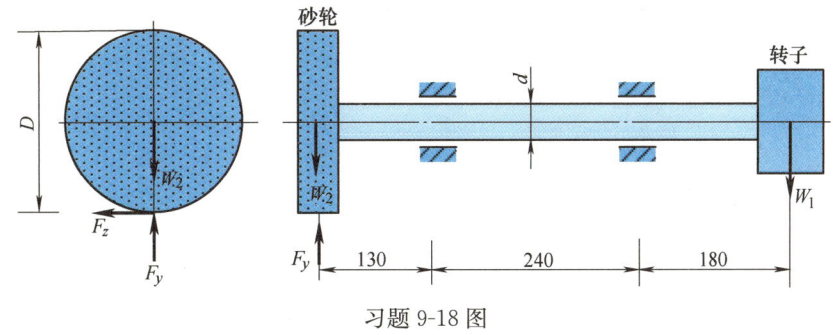

习题 9-18 图

9-19 习题 9-19 图所示带轮传动轴，已知其传递功率 $P = 7$ kW，转速 $n = 200$ r/min，右侧带轮重 $W = 1.8$ kN，紧边拉力为松边拉力的两倍，即 $F_{T1} = 2F_{T2}$，左端齿轮自重不计，啮合力 F 与齿轮节圆切线的夹角，即压力角为 $20°$，传动轴材料的许用应力 $[\sigma] = 80$ MPa。试分别在忽略和考虑带轮重量的两种情况下，按第三强度理论估算轴的直径。

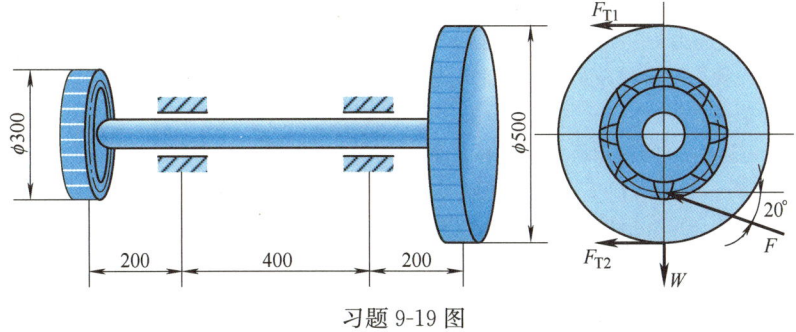

习题 9-19 图

9-20 齿轮传动轴如习题 9-20 图所示，已知传动轴的直径 $d = 22$ mm，齿轮 I 与齿轮 II 的节圆直径分别为 $d_1 = 50$ mm 与 $d_2 = 130$ mm，在齿轮 I 上，作用有切向力 $F_y = 3.83$ kN、径向力 $F_z = 1.393$ kN，在齿轮 II 上，作用有切向力 $F'_y = 1.473$ kN、径向力 $F'_z = 0.536$ kN，传动轴材料的许用应力 $[\sigma] = 180$ MPa。试按第三强度理论校核轴的强度。

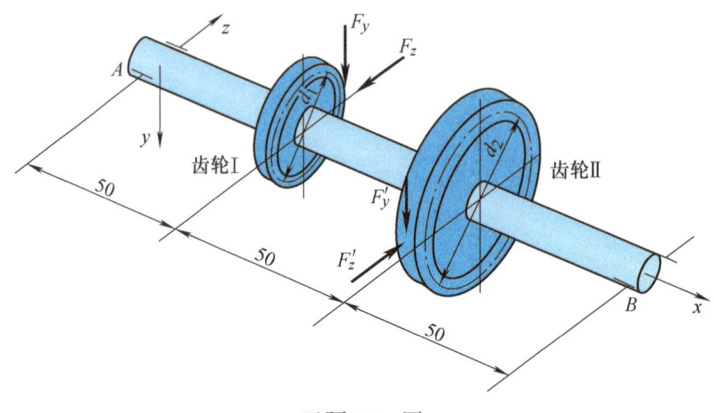

习题 9-20 图

9-21 如习题 9-21 图所示，水平钢制直角拐轴受铅垂载荷 F 的作用，已知 $F = 1$ kN，材料的许用应力 $[\sigma] = 160$ MPa。试按第三强度理论确定轴 AB 的直径。

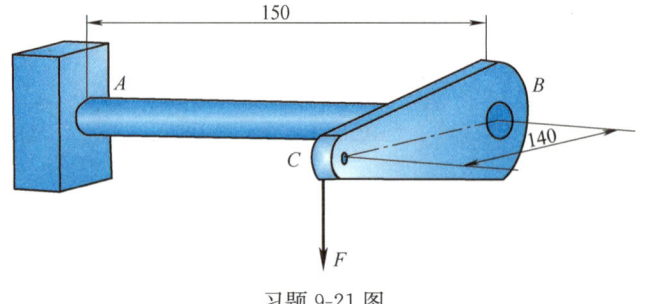

习题 9-21 图

9-22 习题 9-22 图所示圆截面钢杆，承受轴向力 F 与转矩 M_e 的作用，杆的直径为 d，材料的许用应力为 $[\sigma]$。试画出危险点单元体的应力状态图，并按第四强度理论建立杆的强度条件。

9-23 习题 9-23 图所示圆截面钢杆，承受横向载荷 F_1、轴向载荷 F_2 与转矩 M_e 的作用，已知 $F_1 = 500$ N，$F_2 = 15$ kN，$M_e = 1.2$ kN·m，材料的许用应力 $[\sigma] = 160$ MPa。试按第三强度理论校核杆的强度。

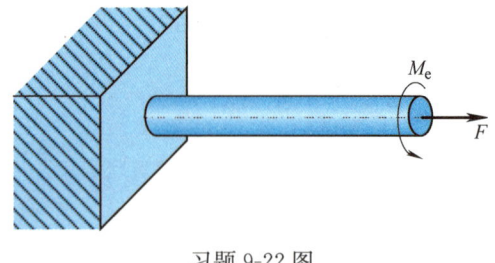

习题 9-22 图

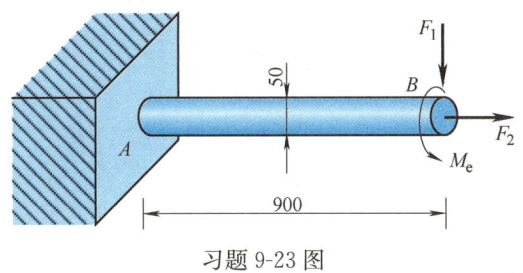

习题 9-23 图

9-24 如习题 9-24 图所示，直径为 20 mm 的圆轴受到弯矩 M 与扭矩 T 的作用，由试验测得轴表面上点 A 沿轴线方向的线应变 $\varepsilon_{0°} = 6 \times 10^{-4}$，点 B 沿轴线成 $-45°$ 方向的线应变 $\varepsilon_{-45°} = 4 \times 10^{-4}$。已知材料的弹性模量 $E = 200$ GPa、泊松比 $\nu = 0.25$、许用应力 $[\sigma] = 160$ MPa。试确定弯矩 M 与扭矩 T，并按第四强度理论校核轴的强度。

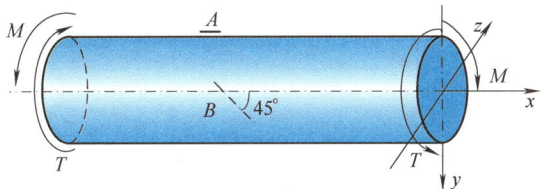

习题 9-24 图

9-25 如习题 9-25 图所示，等圆截面的水平直角折杆如图所示，已知长度尺寸 $AB = 900$ mm，$BC = 1200$ mm，所受铅垂载荷 $F = 8$ kN，材料的许用应力 $[\sigma] = 140$ MPa。试按第三强度理论确定该折杆的直径。

9-26 如习题 9-26 图所示，飞机起落架的折杆为空心圆管。已知圆管内径 $d = 70$ mm、外径 $D = 80$ mm，材料的许用应力 $[\sigma] = 100$ MPa，工作时所受力 $F_1 = 1$ kN、$F_2 = 4$ kN。试按第三强度理论校核折杆的强度。

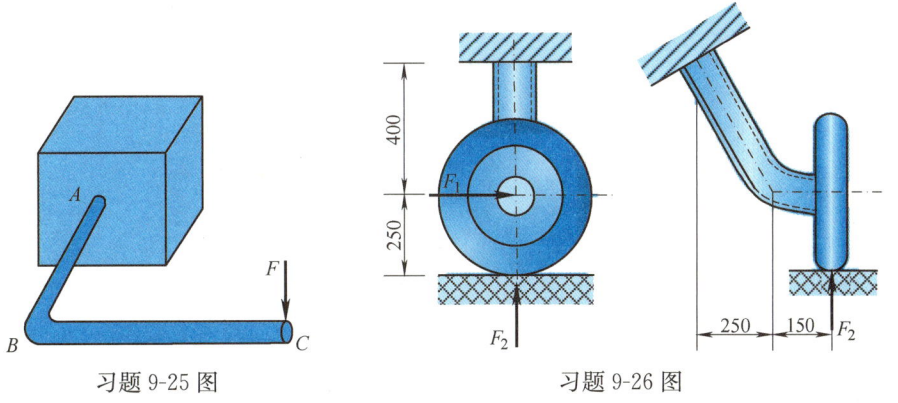

习题 9-25 图   习题 9-26 图

9-27 钢制圆轴如习题 9-27 图所示，已知 $l = 5d$，$F_z = F = 4\pi$ kN，$M_e = Fl$，$F_x =$

$20F$,$[\sigma] = 120$ MPa,试设计轴的直径 d。

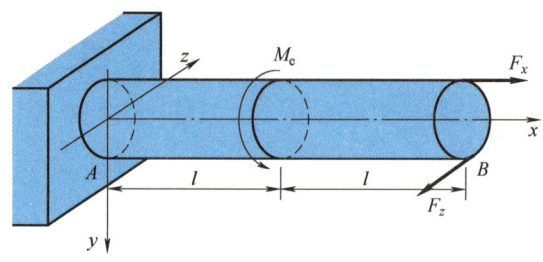

习题 9-27 图

第十章
压 杆 稳 定

第一节 引 言

在第二章中曾指出，只要轴向拉（压）杆横截面上的正应力不大于材料的许用应力，就能保证杆件正常工作。这个结论对于拉杆和粗短压杆是正确的。试验表明，对于较为细长的压杆，即使满足强度条件，但只要所承受的轴向压力达到一定限度，就有可能突然变弯，甚至折断。

例如，一根长为 300 mm 的钢板尺，其矩形横截面尺寸为 20 mm×1 mm，许用应力 $[\sigma]$ = 196 MPa，按强度条件算出钢板尺所允许承受的轴向压力 $[F] = A[\sigma]$ = 3.92 kN。但实际上，若将此钢板尺竖立在桌面上，用手轻压其上端，发现当压力不到 40 N 时，钢板尺就被明显压弯，如图 10-1 所示。这个压力值比按强度条件确定的 3.92 kN 小了两个数量级。当钢板尺被明显压弯时，就不可能再承受更大的压力。

在工程中，压杆是很常见的。例如，图 10-2a 所示内燃机气门阀的挺杆，图 10-2b 所示千斤顶的螺杆，图 10-2c 所示磨床液压装置的活塞杆，桁架中的受压杆件等。对于压杆的设计，必须考虑稳定性问题。

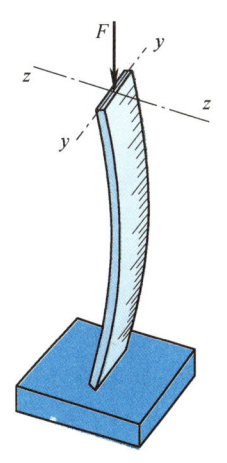

图 10-1

以图 10-3a 所示的两端铰支细长压杆为例，设其所承受的压力 F 与杆的轴线重合。当轴向压力 F 较小时，杆在力 F 作用下能够稳定地保持其原有的直线平衡形式，即使在微小的侧向干扰力作用下使其微弯（见图 10-3a），但当干扰力撤除后，压杆又将回复到原来的直线平衡位置（见图 10-3b）。这表明压杆直线形式的平衡是稳定的，称为**稳定平衡**。当轴向压力 F 逐渐增加到某一特定数值 F_{cr} 时，压杆在外界干扰下一旦偏离了其直线平衡位置，即使去除干扰后压杆也不能再回复到原来的直线平衡位置，而是在某个微弯形态下维持平衡(见图 10-3c)。此时,如进一步增加压力,杆件必然被进一步压弯,直至折断。这表明压杆原有的直线形式的平衡是不稳定的,称为**不稳定平衡**。压杆丧失其原有的直线形式平衡的现象称为**失稳**。

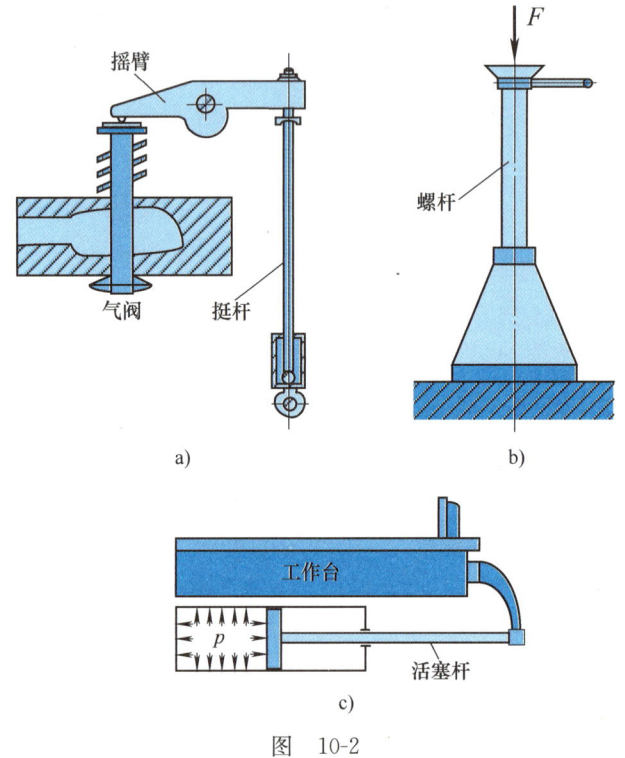

图 10-2

某一特定压杆的平衡稳定与否,取决于轴向压力 F 的大小。压杆从稳定平衡过渡到不稳定平衡所对应的轴向压力的临界值称为压杆的**临界压力**或**临界力**,用 F_{cr} 表示。即当 $F < F_{cr}$,压杆将保持稳定;当 $F \geqslant F_{cr}$,压杆将发生失稳。

工程结构中的压杆失稳具有突发性,往往会引起严重的事故。例如,1907 年,加拿大长达 548 m 的魁北克大桥在施工时由于两根压杆失稳而引起坍

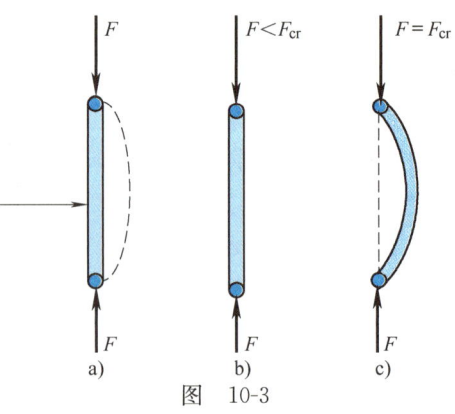

图 10-3

塌,造成数十人死亡;2010 年 1 月 3 日,通往某市新机场的一座在建桥梁施工时因支撑结构中的压杆失稳而坍塌,共导致 40 余人死伤,等等。压杆失稳是有

别于强度和刚度失效的另一种具有极大破坏性的失效方式。因此，工程中必须对压杆进行稳定性计算。

除压杆外，某些其他构件也存在着稳定性问题。例如，图10-4a所示承受外压的薄壁圆筒，当外压 q 达到或超过一定数值时，圆形截面将突然变为椭圆形；图10-4b所示狭长矩形截面梁，当作用在自由端的载荷 F 达到或超过一定数值时，梁将突然发生侧向失稳。这些也都是在工程设计中需要注意的问题。

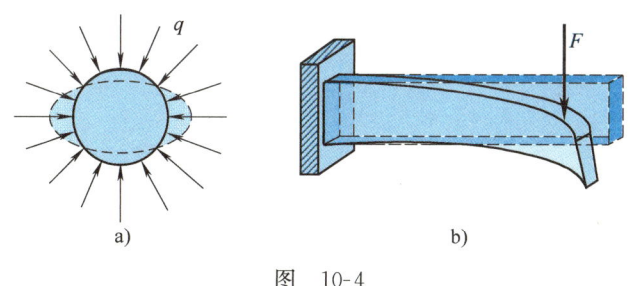

图 10-4

本章主要介绍中心受压直杆的稳定性问题。

第二节 临界力的欧拉公式

一、两端铰支细长压杆临界力的计算公式

图10-5a所示为两端球形铰支的细长中心受压直杆。如前所述，当轴向压力 F 达到临界力 F_{cr} 时，压杆将由直线形式平衡转变为微弯的曲线形式平衡。可以认为，临界力 F_{cr} 是使压杆保持微弯平衡的最小轴向压力。

在图10-5a中，设 $F \geqslant F_{cr}$，压杆处于微弯的曲线平衡状态。建立图示坐标系，利用截面法，由平衡方程得压杆任一 x 截面上的弯矩（见图10-5b）

$$M(x) = -Fw \tag{a}$$

假定 $\sigma \leqslant \sigma_p$，材料在线弹性范围内，将式（a）代入梁的挠曲线近似微分方程，有

$$\frac{d^2 w}{dx^2} = -\frac{F}{EI} w \tag{b}$$

令

$$k^2 = \frac{F}{EI} \tag{c}$$

由式（b）得微分方程

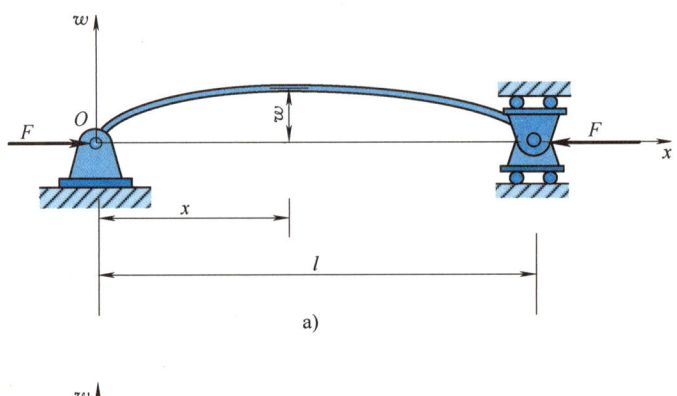

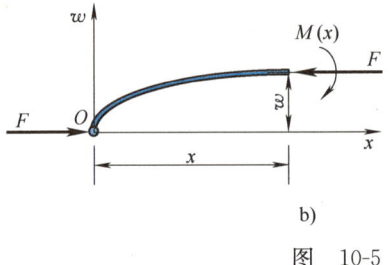

图 10-5

$$\frac{d^2w}{dx^2}+k^2w=0 \qquad (d)$$

方程（d）的通解为

$$w = A\sin kx + B\cos kx \qquad (e)$$

式中，积分常数 A、B 由压杆的位移边界条件决定。

在 $x=0$ 处，$w=0$，代入式（e）得 $B=0$。于是式（e）成为

$$w = A\sin kx \qquad (f)$$

在 $x=l$ 处，$w=0$，代入式（f）得

$$A\sin kl = 0 \qquad (g)$$

考虑到压杆处于微弯状态，$A\neq 0$，故一定有

$$\sin kl = 0$$

满足此条件的 kl 值为

$$kl = n\pi \quad (n=0,1,2,\cdots) \qquad (h)$$

联立式（c）和式（h），得

$$F = \frac{n^2\pi^2 EI}{l^2} \qquad (i)$$

压杆的临界力 F_{cr} 是使压杆在微弯状态下保持平衡的最小轴向压力，因此，在上式中取 $n=1$，即得两端铰支细长压杆的临界力计算公式

$$F_{cr} = \frac{\pi^2 EI}{l^2} \tag{10-1}$$

在两端为球形铰支的情况下,若杆件在不同平面内的抗弯刚度 EI 不同,则压杆总是在抗弯刚度最小的平面内发生弯曲。因此,式(10-1)中截面的形心主惯性矩 I 应取其中的最小值 I_{min}。

由式(10-1)可见,细长压杆的临界力与压杆的抗弯刚度 EI 成正比,与杆长 l 的平方成反比。

【例 10-1】 如图 10-6 所示,矩形截面的钢制细长压杆两端铰支。已知杆长 $l = 2$ m,截面尺寸 $b = 40$ mm、$h = 90$ mm,材料的弹性模量 $E = 200$ GPa。试确定此压杆的临界力。

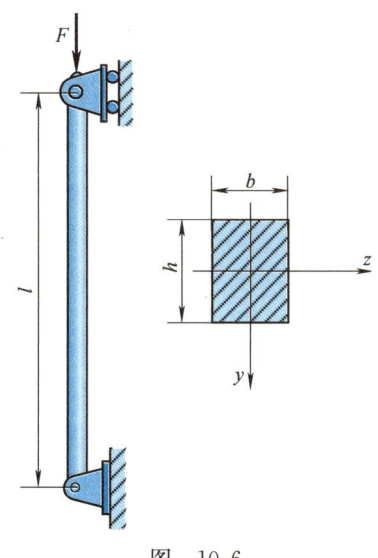

图 10-6

解: 显然 $I_y < I_z$,故应按 I_y 计算临界力。

$$I_y = \frac{1}{12} \times 90 \text{ mm} \times 40^3 \text{ mm}^3 = 48 \times 10^{-8} \text{ m}^4$$

将其代入式(10-1)即得该压杆的临界力

$$F_{cr} = \frac{\pi^2 EI_y}{l^2} = \frac{\pi^2 \times 200 \times 10^9 \text{ Pa} \times 48 \times 10^{-8} \text{ m}^4}{(2 \text{ m})^2} = 236.8 \times 10^3 \text{ N} = 236.8 \text{ kN}$$

二、其他杆端约束条件下细长压杆的临界力

由前面分析可知,压杆的临界力与杆端约束条件有关。对于其他杆端约束条件下的细长压杆,可采用类似方法推出其临界力计算公式。表 10-1 给出了相应结果。

表 10-1　各种杆端约束条件下等截面细长压杆临界力的计算公式

支承情况	两端铰支	一端固定 一端铰支	两端固定但可 沿轴向相对移动	一端固定 一端自由	两端固定但可 沿横向相对移动
失稳时挠曲线形状	（图）	（图） C—挠曲线拐点	（图） C,D—挠曲线拐点	（图）	（图） C—挠曲线拐点
临界力 F_{cr} 欧拉公式	$F_{cr}=\dfrac{\pi^2 EI}{l^2}$	$F_{cr}\approx\dfrac{\pi^2 EI}{(0.7l)^2}$	$F_{cr}=\dfrac{\pi^2 EI}{(0.5l)^2}$	$F_{cr}=\dfrac{\pi^2 EI}{(2l)^2}$	$F_{cr}=\dfrac{\pi^2 EI}{l^2}$
长度因数 μ	$\mu=1$	$\mu\approx 0.7$	$\mu=0.5$	$\mu=2$	$\mu=1$

表 10-1 给出的在其他杆端约束条件下细长压杆临界力的计算公式，实际上可以利用两端铰支细长压杆临界力的计算公式，通过比较失稳时的挠曲线形状，用类比法得出。注意到，对于两端铰支压杆，因两端截面的弯矩为零，故由挠曲线曲率计算公式 $\dfrac{1}{\rho}=\dfrac{M}{EI_z}$ 可知，挠曲线在两端点处的曲率为零，即两端点为挠曲线的两个拐点，亦即其挠曲线的形状为一个半波正弦曲线。观察表 10-1 中各种杆端约束条件下细长压杆的挠曲线形状，若在挠曲线上能找到两个拐点（即弯矩为零的截面），则可把两拐点截面之间的一段杆看成是两端铰支压杆，其临界力与具有相同长度的两端铰支细长压杆的临界力相同。

以两端固定但可沿轴向相对移动的细长压杆为例，由于挠曲线在距离两端点 $l/4$ 处各有一个拐点，中间长为 $l/2$ 的一段成为一个"半波正弦曲线"，因此可将其视为长为 $l/2$ 的两端铰支压杆，其临界力即为

$$F_{cr}=\dfrac{\pi^2 EI}{(0.5l)^2} \qquad\qquad (10\text{-}2)$$

对于一端固定、一端自由的压杆，其挠曲线为半个"半波正弦曲线"，若将挠曲线对称地向下延伸，则需要两倍的长度才能完成一个"半波正弦曲线"。因此其临界力与长为 $2l$ 的两端铰支压杆相同，即为

$$F_{cr}=\dfrac{\pi^2 EI}{(2l)^2} \qquad\qquad (10\text{-}3)$$

上述各种杆端约束条件下细长压杆临界力的计算公式可统一写成下列形式：

$$F_{cr}=\dfrac{\pi^2 EI}{(\mu l)^2} \qquad\qquad (10\text{-}4)$$

式中，μ 称为压杆的**长度因数**，它反映了不同杆端约束条件对压杆临界力的影响；μl 称为压杆的**相当长度**，可理解为把不同杆端约束条件的压杆折算成两端铰支压杆后的长度。

必须指出，表 10-1 中的 μ 值是在理想的杆端约束条件下得出的。工程实际中压杆的杆端约束情况往往比较复杂，其长度因数 μ 应根据杆端实际受到的约束程度，以表 10-1 作为参考来加以选取。在有关设计规范中，对各种压杆的 μ 值都有具体规定。

> **• 思政导读 •**
>
> 为了纪念细长压杆临界力计算公式的创建者莱昂哈德·欧拉（Leonhard Euler），式（10-1）～式（10-4）又被称为细长压杆的欧拉公式。欧拉是一位与牛顿齐名的伟大的科学家，1707 年生于瑞士，1783 年在俄国逝世。欧拉将自己的一生完全奉献给了人类的科学研究事业，甚至在晚年右眼几乎失明的情况下都没有停止科研的脚步。他在数学、物理学、建筑学、弹道学、航海学等领域都做出了大量卓越的贡献。曾有人这样评价：没有欧拉的众多科学发现，人类将过着完全不一样的生活。欧拉的一生，是为人类科学事业奋斗的一生，他那杰出的智慧、顽强的毅力、孜孜不倦的奋斗精神和高尚的科学道德，永远值得我们学习。

【**例 10-2**】 一端固定、一端自由的中心受压细长直杆，已知杆长 $l = 1$ m，材料的弹性模量 $E = 200$ GPa。当分别采用图 10-7 所示三种截面形状时，试计算其临界力。

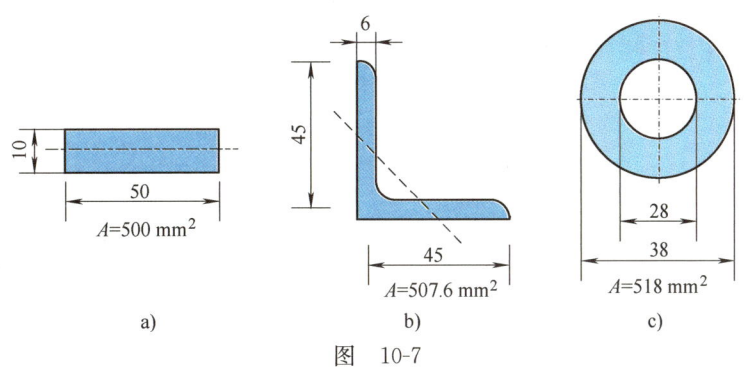

图 10-7

解：一端固定、一端自由细长压杆的长度因数 $\mu = 2$。

（1）矩形截面

截面的最小惯性矩

$$I_{\min} = \frac{1}{12} \times (50 \times 10^{-3} \text{ m}) \times (10 \times 10^{-3} \text{ m})^3 = 0.42 \times 10^{-8} \text{ m}^4$$

代入欧拉公式，得压杆临界力

$$F_{cr} = \frac{\pi^2 EI_{min}}{(\mu l)^2} = \frac{\pi^2 \times (200 \times 10^9 \text{ Pa}) \times (0.42 \times 10^{-8} \text{ m}^4)}{(2 \times 1 \text{ m})^2} = 2073 \text{ N}$$

(2) 45×45×6 等边角钢

由型钢表查得截面的最小惯性矩

$$I_{min} = 3.89 \times 10^{-8} \text{ m}^4$$

代入欧拉公式，得压杆临界力

$$F_{cr} = \frac{\pi^2 EI_{min}}{(\mu l)^2} = \frac{\pi^2 \times (200 \times 10^9 \text{ Pa}) \times (3.89 \times 10^{-8} \text{ m}^4)}{(2 \times 1 \text{ m})^2} = 19200 \text{ N}$$

(3) 圆环形截面

圆环形截面在各个方向上的惯性矩相等，为

$$I = \frac{\pi}{64} \times (38^4 - 28^4) \times 10^{-12} \text{ m}^4 = 7.22 \times 10^{-8} \text{ m}^4$$

代入欧拉公式，得压杆临界力

$$F_{cr} = \frac{\pi^2 EI}{(\mu l)^2} = \frac{\pi^2 \times (200 \times 10^9 \text{ Pa}) \times (7.22 \times 10^{-8} \text{ m}^4)}{(2 \times 1 \text{ m})^2} = 35630 \text{ N}$$

注意到，虽然本例中三种截面的面积基本相等，但因其形状不同，I_{min} 不同，致使临界力相差很大。其中，以空心圆截面杆的临界力为最大，稳定性为最好。

第三节　临界应力的欧拉公式

一、临界应力与压杆柔度

当压杆处于由稳定平衡向不稳定平衡过渡的临界状态时，横截面上的名义平均应力称为压杆的**临界应力**，用 σ_{cr} 表示。根据式 (10-4)，细长压杆的临界应力

$$\sigma_{cr} = \frac{F_{cr}}{A} = \frac{\pi^2 E}{(\mu l)^2} \frac{I}{A} = \frac{\pi^2 E}{\left(\frac{\mu l}{i}\right)^2} \tag{a}$$

其中

$$i = \sqrt{\frac{I}{A}} \tag{b}$$

为截面的惯性半径（见第六章第二节）。令

$$\lambda = \frac{\mu l}{i} \tag{10-5}$$

则式 (a) 成为

$$\sigma_{cr} = \frac{\pi^2 E}{\lambda^2} \tag{10-6}$$

上式称为**临界应力的欧拉公式**。其中，$\lambda = \frac{\mu l}{i}$ 称为压杆的**柔度**或**长细比**。压杆

柔度 λ 是量纲为一的量。它综合反映了压杆的长度、截面和杆端约束条件对临界应力 σ_{cr} 的影响。当材料一定时，压杆的柔度越大，其临界应力就越小，压杆也就越容易失稳。

一般情况下，压杆在不同的纵向平面内具有不同的柔度。显然，压杆失稳必然首先发生在柔度最大的纵向平面内。因此，压杆的临界应力应按柔度的最大值 λ_{max} 来计算。

二、欧拉公式的适用范围

欧拉公式是在线弹性的条件下推导出来的，因此，它的适用范围为

$$\sigma_{cr} = \frac{\pi^2 E}{\lambda^2} \leqslant \sigma_p \tag{c}$$

或者

$$\lambda \geqslant \lambda_p \tag{10-7}$$

其中

$$\lambda_p = \sqrt{\frac{\pi^2 E}{\sigma_p}} \tag{10-8}$$

为决定欧拉公式能否适用的压杆柔度的界限值，与材料的力学性能有关。当 $\lambda \geqslant \lambda_p$ 时，欧拉公式适用；反之，欧拉公式就不适用。满足 $\lambda \geqslant \lambda_p$ 的压杆称为**大柔度杆**，也称为**细长杆**。

例如，Q235 钢的弹性模量 $E = 206\,\text{GPa}$、比例极限 $\sigma_p = 200\,\text{MPa}$，代入式（10-8），得

$$\lambda_p = \sqrt{\frac{\pi^2 E}{\sigma_p}} = \sqrt{\frac{\pi^2 \times 206 \times 10^9\,\text{Pa}}{200 \times 10^6\,\text{Pa}}} \approx 100$$

这意味着，用 Q235 钢制成的压杆，只有当其柔度 $\lambda \geqslant 100$ 时欧拉公式才适用。

第四节　临界应力的经验公式

一、临界应力的经验公式

若压杆的柔度 λ 小于 λ_p，欧拉公式就不能使用。对这类压杆的稳定性计算，工程中一般采用以试验结果为依据的经验公式。常用的经验公式有**直线公式**和**抛物线公式**。

1. 直线公式

直线公式将压杆的临界应力 σ_{cr} 与柔度 λ 表达为下述的线性关系

$$\sigma_{cr} = a - b\lambda \tag{10-9}$$

式中，a、b 为与材料的力学性能有关的常数，单位都是 MPa。

对于塑性材料压杆，若发生稳定性失效，则按上式计算出的临界应力 σ_{cr} 应低于材料的屈服极限 σ_s，即应有

$$\sigma_{cr} = a - b\lambda < \sigma_s \tag{d}$$

或者

$$\lambda > \lambda_s \tag{10-10}$$

其中

$$\lambda_s = \frac{a - \sigma_s}{b} \tag{10-11}$$

为直线公式能够适用的压杆柔度的最小界限值，与材料的力学性能有关。

综上所述，直线公式（10-9）的适用范围为 $\lambda_s < \lambda < \lambda_p$。这类压杆称为**中柔度杆或中长杆**。表 10-2 中给出了一些常用材料的 a、b、λ_p 和 λ_s 的数值，仅供参考。

表 10-2　几种常用材料的 a、b、λ_p 和 λ_s 值

材　料		a/MPa	b/MPa	λ_p	λ_s
Q235 钢	$\sigma_b \geqslant 373$ MPa $\sigma_s = 235$ MPa	304	1.12	100	61.4
优质碳钢	$\sigma_b \geqslant 471$ MPa $\sigma_s = 306$ MPa	461	2.568	100	60
硅钢	$\sigma_b \geqslant 510$ MPa $\sigma_s = 353$ MPa	578	3.744	100	60
铬钼钢		981	5.296	55	—
硬铝		373	2.15	50	—
灰口铸铁		332	1.454	80	—
松木		28.7	0.199	59	—

对于 $\lambda \leqslant \lambda_s$ 的压杆，一般不会失稳，而只会发生强度失效（塑性屈服或脆性断裂），这类压杆称为**小柔度杆**或**粗短杆**。

2. 抛物线公式

在工程中，有时采用抛物线公式来计算中、小柔度压杆的临界应力，即将临界应力 σ_{cr} 表达为柔度 λ 的二次函数

$$\sigma_{cr} = a_1 - b_1 \lambda^2 \tag{10-12}$$

式中，a_1、b_1 是与材料力学性能有关的常数。

二、临界应力总图

压杆的临界应力与柔度之间的关系曲线称为压杆的**临界应力总图**。图 10-8a、b 分别为对应于直线公式、抛物线公式的压杆的临界应力总图，该图

直观地表达了压杆的临界应力 σ_{cr} 随柔度 λ 的变化规律。由图可见,压杆的柔度 λ 越大,临界应力 σ_{cr} 就越小。

设压杆的柔度为 λ、工作应力为 σ,显然,当点 (λ, σ) 位于临界应力总图的下方时,压杆的平衡状态是稳定的;位于临界应力总图的上方时,压杆的平衡状态是不稳定的;正好位于临界应力总图之上时,压杆则处于临界状态。

应该指出,压杆稳定与否,是由压杆的整体变形决定的,个别截面处的局部削弱(如孔、槽等)对压杆的整体变形影响很小。因此,在计算压杆的临界应力时,可采用未经削弱的截面的几何性质。

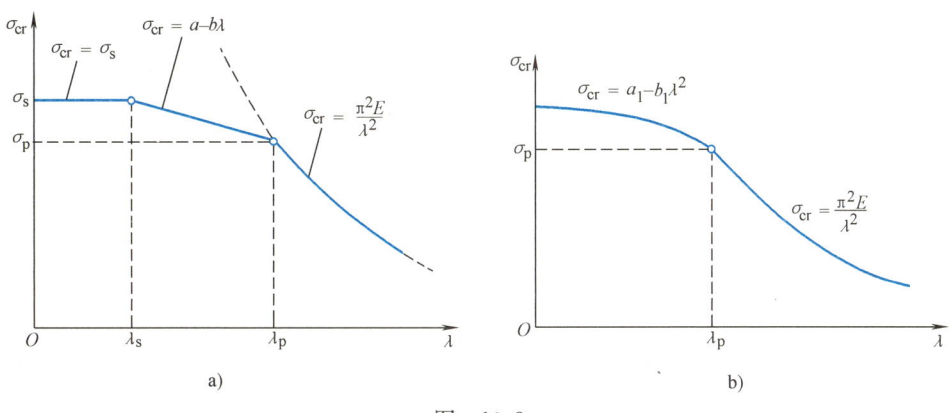

图 10-8

【**例 10-3**】 如图 10-9 所示,一端固定、一端铰支的立柱由一根 No.25a 工字钢制成,材料为 Q235 钢。已知立柱长 $l = 3.6\,\mathrm{m}$,弹性模量 $E = 206\,\mathrm{GPa}$。试求此立柱的临界力。若将约束条件先后改为两端铰支、两端固定但可沿轴向相对移动,则立柱的临界力将会有何变化?

解:(1)一端固定、一端铰支

立柱长度因数 $\mu = 0.7$。由型钢表中查得 No.25a 工字钢的截面几何性质 $A = 48.541\,\mathrm{cm}^2$、$i_{\min} = 2.4\,\mathrm{cm}$、$I_{\min} = 280\,\mathrm{cm}^4$。由表 10-2 查得 Q235 钢的 $\lambda_p = 100$、$\lambda_s = 61.4$。

立柱柔度

$$\lambda = \frac{\mu l}{i_{\min}} = \frac{0.7 \times 3600\,\mathrm{mm}}{24\,\mathrm{mm}} = 105 > \lambda_p$$

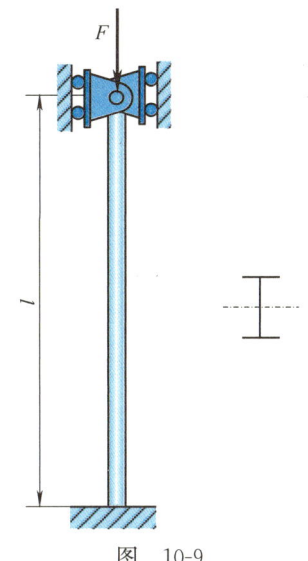

图 10-9

属于细长杆,故由欧拉公式得其临界力

$$F_{cr} = \frac{\pi^2 E I_{\min}}{(0.7l)^2} = \frac{\pi^2 \times (206 \times 10^9\,\mathrm{Pa}) \times (280 \times 10^{-8}\,\mathrm{m}^4)}{(0.7 \times 3.6\,\mathrm{m})^2} = 896.4 \times 10^3\,\mathrm{N} = 896.4\,\mathrm{kN}$$

(2) 两端铰支

若立柱的杆端约束条件改为两端铰支，对应长度因数 $\mu = 1$，柔度

$$\lambda = \frac{\mu l}{i_{\min}} = \frac{1.0 \times 3600 \text{ mm}}{24 \text{ mm}} = 150 > \lambda_p$$

仍为细长杆，由欧拉公式得

$$F_{cr} = \frac{\pi^2 E I_{\min}}{l^2} = \frac{\pi^2 \times (206 \times 10^9 \text{ Pa}) \times (280 \times 10^{-8} \text{ m}^4)}{(3.6 \text{ m})^2} = 439.3 \times 10^3 \text{ N} = 439.3 \text{ kN}$$

临界力显著降低。

(3) 两端固定但可沿轴向相对移动

长度因数 $\mu = 0.5$，立柱柔度

$$\lambda_s < \lambda = \frac{\mu l}{i_{\min}} = \frac{0.5 \times 3600 \text{ mm}}{24 \text{ mm}} = 75 < \lambda_p$$

属于中柔度杆，故采用直线公式计算临界应力。由表 10-2 查得 Q235 钢的 $a = 304 \text{ MPa}$、$b = 1.12 \text{ MPa}$。由式（10-9）得临界应力

$$\sigma_{cr} = a - b\lambda = 304 \text{ MPa} - 1.12 \text{ MPa} \times 75 = 220 \text{ MPa}$$

故得临界力

$$F_{cr} = \sigma_{cr} A = 220 \text{ MPa} \times 48.541 \times 10^2 \text{ mm}^2 = 1068 \times 10^3 \text{ N} = 1068 \text{ kN}$$

明显高于前两种情况。

【**例 10-4**】 某机器连杆如图 10-10 所示，其工作时主要承受轴向压力。已知连杆材料为碳钢，弹性模量 $E = 210 \text{ GPa}$、屈服极限 $\sigma_s = 306 \text{ MPa}$。试确定该连杆的临界力。并说明其横截面的设计是否合理。

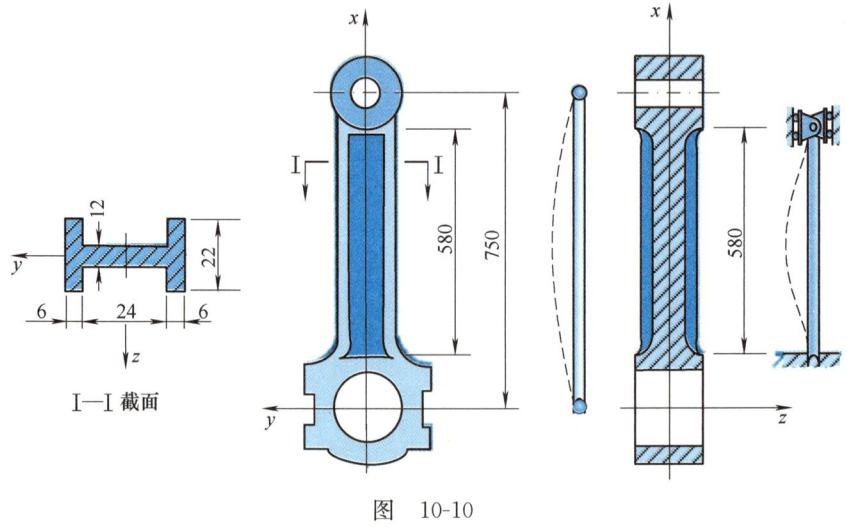

图 10-10

解：(1) 计算柔度

由于连杆在 x-y、x-z 两个平面内的杆端约束情况和抗弯刚度均不相同，因此，必须首

先算出连杆在两个平面内的柔度,以确定失稳平面。

在 x-y 平面内,连杆的两端可视为铰支(见图 10-10),长度因数 $\mu_z = 1$,长度 $l_1 = 750$ mm。

$$A = 24 \text{ mm} \times 12 \text{ mm} + 2 \times 6 \text{ mm} \times 22 \text{ mm} = 552 \text{ mm}^2$$

$$I_z = \frac{12 \times 24^3}{12} \text{ mm}^4 + 2 \times \left(\frac{22 \times 6^3}{12} \text{ mm}^4 + 22 \times 6 \times 15^2 \text{ mm}^4\right) = 74200 \text{ mm}^4$$

$$i_z = \sqrt{\frac{I_z}{A}} = \sqrt{\frac{74200 \text{ mm}^4}{552 \text{ mm}^2}} = 11.6 \text{ mm}$$

$$\lambda_z = \frac{\mu_z l_1}{i_z} = \frac{1 \times 750 \text{ mm}}{11.6 \text{ mm}} = 64.7$$

在 x-z 平面内,连杆的两端可视为固定但可沿轴向相对移动(见图 10-10),长度因数 $\mu_y = 0.5$,长度 $l_2 = 580$ mm。

$$I_y = \frac{24 \times 12^3}{12} \text{ mm}^4 + 2 \times \frac{6 \times 22^3}{12} \text{ mm}^4 = 14100 \text{ mm}^4$$

$$i_y = \sqrt{\frac{I_y}{A}} = \sqrt{\frac{14100 \text{ mm}^4}{552 \text{ mm}^2}} = 5.05 \text{ mm}$$

$$\lambda_y = \frac{\mu_y l_2}{i_y} = \frac{0.5 \times 580 \text{ mm}}{11.6 \text{ mm}} = 57.4$$

因为 $\lambda_z > \lambda_y$,故连杆将在 x-y 平面内失稳。

(2) 计算临界力

由碳钢的 $\sigma_s = 306$ MPa、$E = 210$ GPa,查表 10-2 得 $\lambda_p = 100$、$\lambda_s = 60$。因为 $\lambda_s < \lambda_z < \lambda_p$,故连杆属于中长杆,用直线公式计算临界应力。查表 10-2 得 $a = 461$ MPa、$b = 2.568$ MPa。代入式(10-9),得临界应力

$$\sigma_{cr} = a - b\lambda_z = 461 \text{ MPa} - 2.568 \text{ MPa} \times 64.7 = 294.9 \text{ MPa}$$

故连杆的临界力

$$F_{cr} = \sigma_{cr} A = 294.9 \text{ MPa} \times 552 \text{ mm}^2 = 162.7 \times 10^3 \text{ N} = 162.7 \text{ kN}$$

(3) 由于连杆在 x-y、x-z 两个平面内的柔度 $\lambda_z = 64.7$ 与 $\lambda_y = 57.4$ 较为接近,说明该连杆横截面的设计比较合理。

> 说明:当压杆在两个纵向平面内的杆端约束条件和抗弯刚度均不相同时,一般需要分别计算压杆在两个纵向平面内的柔度,柔度较大的纵向平面则为失稳平面。

【例 10-5】 如图 10-11a 所示,一长度 $l = 4$ m、两端球形铰支的立柱由 No.10 槽钢制作而成,承受轴向压力 F 的作用。槽钢材料为 Q235 钢,其弹性模量 $E = 206$ GPa、柔度界限值 $\lambda_p = 100$。(1) 试求该立柱的临界力;(2) 若改用两根 No.10 槽钢组合成立柱(见图 10-11b),试确定两槽钢的间距 b 和连接板的间距 h,并求出该组合立柱的临界力。

解:(1) 单根槽钢的临界力

由型钢表查得 No.10 槽钢的截面几何性质 $A = 12.74 \text{ cm}^2$、$I_y = 25.6 \text{ cm}^4$、$I_z = 198.3 \text{ cm}^4$、$z_0 = 1.52$ cm、$i_y = 1.41$ cm、$i_z = 3.95$ cm。

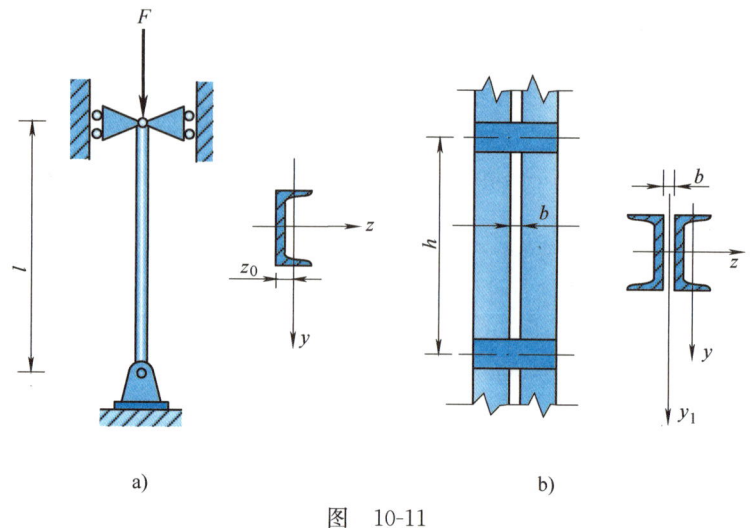

图 10-11

立柱柔度

$$\lambda_{\max} = \lambda_y = \frac{\mu l}{i_y} = \frac{1 \times 4 \text{ m}}{1.41 \times 10^{-2} \text{ m}} = 284 > \lambda_p = 100$$

属于细长杆。故由欧拉公式得该立柱的临界力

$$F_{cr} = \frac{\pi^2 E I_y}{(\mu l)^2} = \frac{\pi^2 \times (206 \times 10^9 \text{ Pa}) \times (25.6 \times 10^{-8} \text{ m}^4)}{(1 \times 4 \text{ m})^2} = 32.53 \times 10^3 \text{ N} = 32.53 \text{ kN}$$

(2) 组合柱的几何尺寸

为合理利用材料，两槽钢的间距应使组合截面对两根形心主惯性轴的惯性矩相等，即有

$$2\left[I_y + \left(z_0 + \frac{b}{2}\right)^2 A\right] = 2I_z$$

解得两槽钢间距

$$b = 2\left(\sqrt{\frac{I_z - I_y}{A}} - z_0\right) = 4.32 \text{ cm}$$

为防止单根槽钢绕 y 轴失稳（见图 10-11b），应使单根槽钢的柔度 λ_y 不大于组合柱的柔度 λ_z（$\lambda_z = \lambda_{y_1}$），即有

$$\lambda_y = \frac{\mu h}{i_y} \leqslant \lambda_z = \frac{\mu l}{i_z}$$

将连接板对槽钢的约束视为铰支，由上式即得连接板间距

$$h \leqslant i_y \frac{l}{i_z} = \frac{1.41 \times 10^{-2} \text{ m} \times 4 \text{ m}}{3.95 \times 10^{-2} \text{ m}} = 1.43 \text{ m}$$

(3) 组合柱的临界力

组合柱的柔度

$$\lambda_z = \frac{\mu l}{i_z} = \frac{1 \times 4 \text{ m}}{3.95 \times 10^{-2} \text{ m}} = 101.3 > \lambda_p$$

属于细长杆，由欧拉公式得其临界力

$$F_{cr} = \frac{\pi^2 E(2I_z)}{(\mu l)^2} = \frac{\pi^2 \times (206 \times 10^9 \text{ Pa}) \times (2 \times 198.3 \times 10^{-8} \text{ m}^4)}{(1 \times 4 \text{ m})^2} = 503.96 \text{ kN}$$

注意到，组合柱与单根槽钢的临界力之比

$$\frac{503.96 \text{ kN}}{32.53 \text{ kN}} = 15.5$$

这表明，由两根槽钢构成的组合柱的承载能力是单根槽钢的15.5倍。因此，在工程中，对于用型钢制作的重型钢立柱，大都采用组合柱的形式。请读者证明，上述组合柱的承载能力实际为单根槽钢的$2I_z/I_y$倍。

第五节　压杆的稳定计算·安全因数法

为了保证压杆不发生失稳，必须使其实际承受的轴向压力 F 小于压杆的临界力 F_{cr}。考虑到一定的安全储备，压杆的稳定条件可表示为

$$n = \frac{F_{cr}}{F} \geqslant n_{st} \tag{10-13}$$

式中，n 为压杆的**工作安全因数**；n_{st} 为规定的**稳定安全因数**。规定的稳定安全因数一般要高于强度安全因数。这是因为一些难以避免的因素，例如杆件的初弯曲、载荷偏心、材料不均匀和支座缺陷等，将严重影响压杆的稳定，明显降低其临界力。而同样是这些因素，对强度的影响则不像对稳定的影响那么显著。稳定安全因数 n_{st} 可从有关设计规范中查到。表 10-3 中给出了几种常见压杆的稳定安全因数，仅供参考。

表 10-3　几种常见压杆的稳定安全因数

压　杆	n_{st}	压　杆	n_{st}
金属结构中的压杆	1.8～3.0	磨床油缸活塞杆	2～5
矿山、冶金设备中的压杆	4～8	低速发动机挺杆	4～6
机床丝杠	2.5～4	高速发动机挺杆	2～5
水平长丝杠或精密丝杠	>4	拖拉机转向纵横推杆	5

应再次指出，由于压杆的稳定性取决于杆件整体的抗弯刚度，因此在进行压杆的稳定计算时，可以不必考虑杆件的局部削弱（如铆钉孔或螺钉孔等），而采用未经削弱截面的几何性质。但对于削弱截面，则应补充进行强度校核。

根据式（10-13），即可进行压杆的稳定计算，现举例说明如下：

【例 10-6】 千斤顶如图 10-12a 所示。已知丝杠长度 $l = 375$ mm、有效直径 $d = 40$ mm，所受最大轴向压力 $F = 80$ kN，材料为 45 钢，规定的稳定安全因数为 $n_{st} = 4$。试校核丝杠的稳定性。

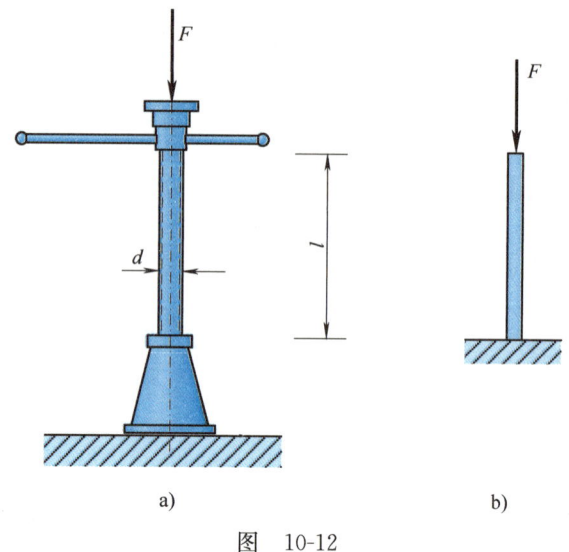

图 10-12

解:(1) 计算丝杠柔度

丝杠可简化为一端固定、一端自由的压杆(见图 10-12b),长度因数 $\mu = 2$,惯性半径

$$i = \sqrt{\frac{I}{A}} = \frac{d}{4} = \frac{40 \text{ mm}}{4} = 10 \text{ mm}$$

由表 10-2 查得 45 钢(优质碳钢)的柔度界限值 $\lambda_p = 100$、$\lambda_s = 60$。丝杠柔度

$$\lambda_s < \lambda = \frac{\mu l}{i} = \frac{2 \times 375 \text{ mm}}{10 \text{ mm}} = 75 < \lambda_p$$

属于中柔度杆。

(2) 计算临界力

查表 10-2 知 45 钢(优质碳钢)的 $a = 461$ MPa、$b = 2.568$ MPa。由直线公式得丝杠的临界力

$$F_{cr} = \sigma_{cr} A = (a - b\lambda)A$$

$$= (461 \times 10^6 \text{ Pa} - 2.568 \times 10^6 \text{ Pa} \times 75) \times \frac{\pi \times 40^2 \times 10^{-6} \text{ m}^2}{4} = 337.1 \text{ kN}$$

(3) 稳定校核

丝杠的工作安全因数

$$n = \frac{F_{cr}}{F} = \frac{337.1 \times 10^3 \text{ N}}{80 \times 10^3 \text{ N}} = 4.21 > n_{st} = 4$$

故丝杠的稳定性符合要求。

【例 10-7】 某磨床液压装置如图 10-13 所示,已知液压缸内径 $D = 65$ mm,活塞杆长度 $l = 1250$ mm,液压 $p = 1.2$ MPa,活塞杆材料为 35 钢,比例极限 $\sigma_p = 220$ MPa,弹性模量 $E = 210$ GPa,规定的稳定安全因数 $n_{st} = 6$。试确定活塞杆的直径。

第十章 压杆稳定

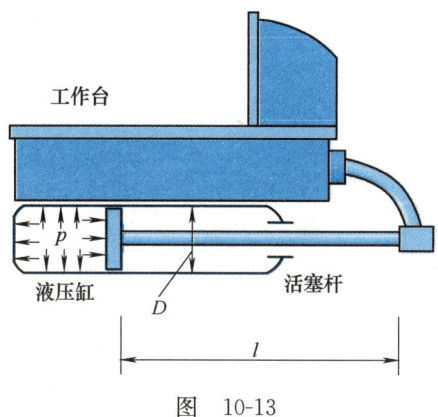

图 10-13

解：活塞杆承受的轴向压力

$$F = \frac{\pi}{4}D^2 p = \frac{\pi}{4}(65 \times 10^{-3} \text{ m})^2 \times (1.2 \times 10^6 \text{ Pa}) = 3980 \text{ N}$$

由稳定性条件得活塞杆临界力

$$F_{cr} \geqslant n_{st}F = 6 \times 3980 \text{ N} = 23.9 \text{ kN} \tag{a}$$

因活塞杆的直径 d 未知，柔度 λ 无法计算，故尚不能确定是应用欧拉公式还是经验公式来计算其临界力。为此，可先假定活塞杆为大柔度杆，用欧拉公式进行试算。

活塞杆可视为两端铰支，即取长度因数 $\mu = 1$，由欧拉公式有

$$F_{cr} = \frac{\pi^2 EI}{(\mu l)^2} = \frac{\pi^2 \times (210 \times 10^9 \text{ Pa}) \times \frac{\pi}{64}d^4}{(1 \times 1.25 \text{ m})^2} \tag{b}$$

联立式 (a)、式 (b) 解得

$$d \geqslant 0.0246 \text{ m} = 24.6 \text{ mm}$$

故取 $d = 25$ mm。再用所取 d 值计算活塞杆的柔度

$$\lambda = \frac{\mu l}{i} = \frac{1 \times 1250 \text{ mm}}{\frac{25 \text{ mm}}{4}} = 200$$

由式 (10-8)，得 35 钢的柔度界限值

$$\lambda_p = \sqrt{\frac{\pi^2 E}{\sigma_p}} = \sqrt{\frac{\pi^2 \times 210 \times 10^9 \text{ Pa}}{220 \times 10^6 \text{ Pa}}} = 97$$

由于 $\lambda > \lambda_p$，故原先假设为大柔度杆是正确的，即可取活塞杆的直径 $d = 25$ mm。

【**例 10-8**】 图 10-14a 所示结构由杆 AB 和梁 CB 构成。已知杆和梁的材料均为 Q235 钢，其弹性模量 $E = 206$ GPa，柔度界限值 $\lambda_p = 100$，许用应力 $[\sigma] = 160$ MPa；杆 AB 直径 $d = 80$ mm，两端可视为球铰，规定的稳定安全因数 $n_{st} = 5$；梁 CB 用 No. 22a 工字钢制作。试确定许可载荷 $[q]$。

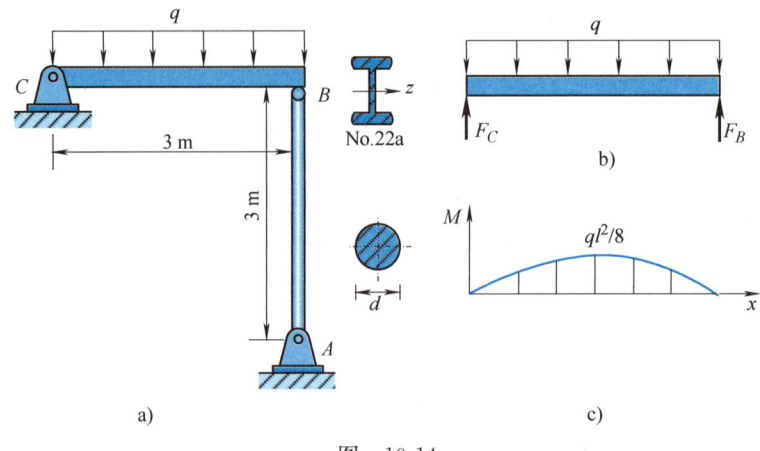

图 10-14

解：(1) 由梁 CB 的强度条件确定许可载荷

作出梁的弯矩图如图 10-14c 所示，其最大弯矩 $M_{\max} = \dfrac{ql^2}{8}$。从型钢表查得 No.22a 工字钢的抗弯截面系数 $W_z = 309 \text{ cm}^3$。由梁的弯曲正应力强度条件

$$\sigma_{\max} = \frac{M_{\max}}{W_z} = \frac{ql^2}{8W_z} \leqslant [\sigma]$$

得

$$q \leqslant \frac{8W_z[\sigma]}{l^2} = \frac{8 \times (309 \times 10^{-6} \text{ m}^3) \times (160 \times 10^6 \text{ Pa})}{(3 \text{ m})^2} = 43.9 \text{ kN/m}$$

(2) 由杆 AB 的稳定条件确定许可载荷

杆 AB 两端铰支，长度因数 $\mu = 1$，惯性半径

$$i = \sqrt{\frac{I}{A}} = \frac{d}{4} = \frac{80 \text{ mm}}{4} = 20 \text{ mm}$$

柔度

$$\lambda = \frac{\mu l}{i} = \frac{1 \times 3000 \text{ mm}}{20 \text{ mm}} = 150 > \lambda_p = 100$$

属于大柔度杆。故采用欧拉公式得其临界应力

$$\sigma_{cr} = \frac{\pi^2 E}{\lambda^2} = \frac{\pi^2 \times 206 \times 10^9 \text{ Pa}}{150^2} = 90.4 \times 10^6 \text{ Pa} = 90.4 \text{ MPa}$$

临界力

$$F_{cr} = \sigma_{cr} A = \sigma_{cr} \times \frac{\pi d^2}{4} = 90.4 \times 10^6 \text{ Pa} \times \frac{\pi \times (80 \times 10^{-3} \text{ m})^2}{4} = 454.4 \text{ kN}$$

杆 AB 所受轴向压力 $F_{AB} = F_B = \dfrac{ql}{2}$（见图 10-14b），由压杆的稳定条件

$$n = \frac{F_{cr}}{F_{AB}} = \frac{2F_{cr}}{ql} \geqslant n_{st}$$

得

$$q \leqslant \frac{2F_{cr}}{n_{st}l} = \frac{2 \times 454.4 \times 10^3 \text{ N}}{5 \times 3 \text{ m}} = 60.6 \text{ kN/m}$$

综合以上计算结果，得此结构的许可载荷为

$$[q] = 43.9 \text{ kN/m}$$

【例 10-9】 如图 10-15a 所示，水平刚性梁 AB 的 A 端为可动铰支座，在 C、D 处受两根完全相同的钢制圆杆支撑，已知两杆的直径 $d = 20 \text{ mm}$，长度 $l = 0.4 \text{ m}$，弹性模量 $E = 206 \text{ GPa}$，比例极限 $\sigma_p = 200 \text{ MPa}$，屈服极限 $\sigma_s = 235 \text{ MPa}$，直线经验公式中的常数 $a = 304 \text{ MPa}$，$b = 1.12 \text{ MPa}$；尺寸 $h = 0.2 \text{ m}$；C、G、D、O 处均为球形铰链。若取稳定安全因数 $n_{st} = 2$，试求载荷 F 的许可值。

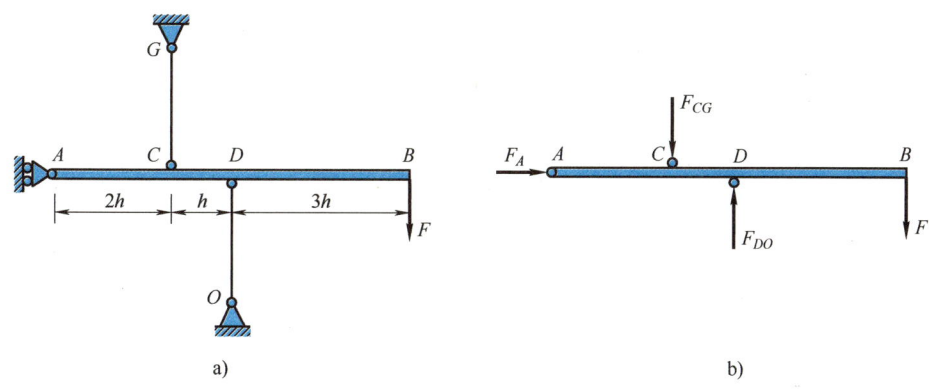

图 10-15

解：(1) 建立两杆所受轴向压力与载荷 F 间的关系

刚性梁 AB 的受力图如图 10-15b 所示，由平衡条件易得

$$F_{CG} = 3F, \quad F_{DO} = 4F$$

(2) 计算柔度

由于 $F_{DO} > F_{CG}$，故压杆 DO 更容易失稳。柔度界限值

$$\lambda_p = \sqrt{\frac{\pi^2 E}{\sigma_p}} = \sqrt{\frac{\pi^2 \times 206 \times 10^9 \text{ Pa}}{200 \times 10^6 \text{ Pa}}} = 100.8, \quad \lambda_s = \frac{a - \sigma_s}{b} = \frac{304 - 235}{1.12} = 61.6$$

压杆 DO 的柔度

$$\lambda_s < \lambda = \frac{\mu l}{i} = \frac{1 \times 0.4 \text{ m}}{0.02 \text{ m}/4} = 80 < \lambda_p$$

(3) 计算临界力

压杆 DO 为中柔度压杆，由直线公式得其临界力

$$F_{cr} = \sigma_{cr} A = (a - b\lambda) A$$

$$= (304 \times 10^6 \text{ Pa} - 1.12 \times 10^6 \text{ Pa} \times 80) \times \frac{\pi \times 20^2 \times 10^{-6} \text{ m}^2}{4} = 67.4 \text{ kN}$$

(4) 稳定计算

由压杆稳定条件

$$n = \frac{F_{cr}}{F_{DO}} = \frac{F_{cr}}{4F} \geqslant n_{st}$$

可得载荷 F 的许可值

$$F \leqslant \frac{F_{cr}}{4 \times n_{st}} = \frac{67.4 \text{ kN}}{4 \times 2} = 8.4 \text{ kN}$$

本节所介绍的利用安全因数形式的稳定条件进行压杆稳定计算的方法称为**安全因数法**，该法主要用于机械行业。在土木行业中，则通常采用下节介绍的**折减系数法**。

第六节 压杆的稳定计算·折减系数法

在进行压杆的稳定计算时，可以沿用强度计算的思路，定义

$$[\sigma_{st}] = \frac{\sigma_{cr}}{n_{st}} \tag{10-14}$$

为压杆的稳定许用应力，从而得到压杆的稳定条件

$$\sigma = \frac{F}{A} \leqslant [\sigma_{st}] \tag{10-15}$$

但与强度许用应力 $[\sigma]$ 不同，稳定许用应力 $[\sigma_{st}]$ 不仅取决于材料，还与压杆的柔度 λ 有关。为了便于计算，将稳定许用应力改写为下列形式

$$[\sigma_{st}] = \varphi [\sigma] \tag{10-16}$$

式中，系数

$$\varphi = \frac{\sigma_{cr}}{n_{st}[\sigma]} \tag{10-17}$$

是量纲为一的量，其值小于 1，称为**折减系数**或**稳定因数**。

将式 (10-16) 代入式 (10-15)，即得压杆的折减系数形式的稳定条件

$$\sigma = \frac{F}{A} \leqslant \varphi [\sigma] \tag{10-18}$$

由式 (10-17) 可知，折减系数 φ 与材料以及压杆柔度 λ 有关，当材料一定时，φ 值仅取决于 λ。在土木行业的设计规范中，给出了常用材料的折减系数 φ 与柔度 λ 间的函数关系，使得运用式 (10-18) 进行压杆的稳定计算较为方便。表 10-4 中给出了 Q235 钢、16Mn 钢和木材的折减系数，仅供读者参考。

表 10-4　Q235 钢、16Mn 钢与木材的折减系数

λ	φ			λ	φ		
	Q235 钢	16Mn 钢	木　材		Q235 钢	16Mn 钢	木　材
0	1.000	1.000	1.000	110	0.536	0.384	0.248
10	0.995	0.993	0.971	120	0.466	0.325	0.208
20	0.981	0.973	0.932	130	0.401	0.279	0.178
30	0.958	0.940	0.883	140	0.349	0.242	0.153
40	0.927	0.895	0.822	150	0.306	0.213	0.133
50	0.888	0.840	0.751	160	0.272	0.188	0.117
60	0.842	0.776	0.668	170	0.243	0.168	0.104
70	0.789	0.705	0.575	180	0.218	0.151	0.093
80	0.731	0.627	0.470	190	0.197	0.136	0.083
90	0.669	0.546	0.370	200	0.180	0.124	0.075
100	0.604	0.462	0.300				

【例 10-10】　某承载结构如图 10-16a 所示,已知撑杆 AB 为边长 $a = 0.1\ \text{m}$ 的正方形截面木杆,其许用应力 $[\sigma] = 10\ \text{MPa}$。试根据撑杆 AB 的稳定性来确定该结构的许可载荷 $[F]$。

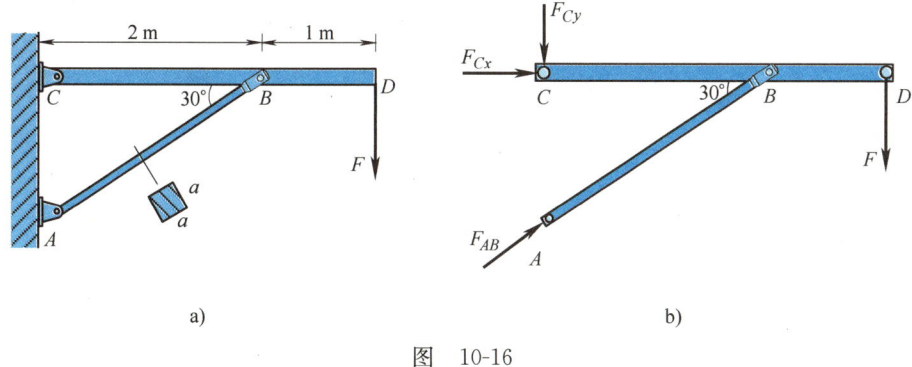

图 10-16

解:(1) 建立撑杆 AB 所受轴向压力与载荷 F 间的关系

结构受力如图 10-16b 所示,由平衡方程 $\sum M_C = 0$,得撑杆 AB 所受轴向压力

$$F_{AB} = 3F$$

(2) 确定折减系数

撑杆 AB 两端铰支,长度因数 $\mu = 1$,截面惯性半径 $i = \sqrt{\dfrac{I}{A}} = 28.87\ \text{mm}$,柔度

$$\lambda = \frac{\mu l}{i} = \frac{1 \times 2000\ \text{mm}}{\cos 30° \times 28.87\ \text{mm}} = 80.0$$

根据 $\lambda = 80.0$,由表 10-4 查得折减系数 $\varphi = 0.470$。

(3) 稳定计算

根据撑杆 AB 的稳定条件

$$\sigma_{AB} = \frac{F_{AB}}{A} = \frac{3F}{a^2} = \frac{3F}{0.1^2\ \text{m}^2} \leqslant \varphi[\sigma] = 0.470 \times 10 \times 10^6\ \text{Pa}$$

解得
$$F \leqslant 15.67 \text{ kN}$$
所以，该结构的许可载荷
$$[F] = 15.67 \text{ kN}$$

【例 10-11】 图 10-17 所示压杆用工字钢制成，已知杆长 $l = 4.2 \text{ m}$，所受轴向压力 $F = 300 \text{ kN}$，材料的许用应力 $[\sigma] = 170 \text{ MPa}$。试确定工字钢的型号。

解：由于折减系数 φ 要根据柔度 λ 才能确定，而柔度 λ 又与压杆的截面有关。因此，压杆的稳定设计需采用试算法。

(1) 第一次试算，取折减系数 $\varphi_1 = 0.5$。根据稳定条件
$$\sigma = \frac{F}{A_1} = \frac{300 \times 10^3 \text{ N}}{A_1} \leqslant \varphi_1[\sigma] = 0.5 \times 170 \times 10^6 \text{ Pa}$$
解得此时压杆的截面面积
$$A_1 \geqslant 35.3 \text{ cm}^2$$

根据 $A_1 = 35.3 \text{ cm}^2$ 查工字钢型钢表，可选 No.20a 工字钢。No.20a 工字钢的截面面积 $A_1' = 35.578 \text{ cm}^2$、最小惯性半径 $i_{\min} = 2.12 \text{ cm}$。压杆柔度
$$\lambda_1 = \frac{\mu l}{i} = \frac{0.7 \times 420 \text{ cm}}{2.12 \text{ cm}} = 138.7$$

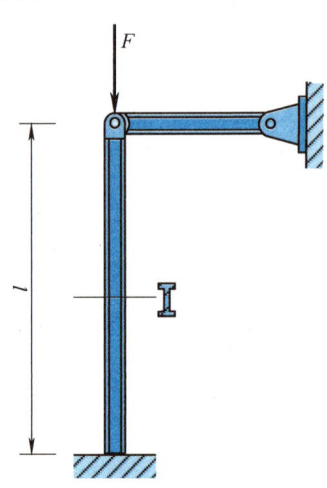

图 10-17

根据 $\lambda_1 = 138.7$，由表 10-4 并通过线性插值法得折减系数 $\varphi_1' = 0.354$。由于所得到的 φ_1' 与 φ_1 相差过大，故需进行第二次试算。

(2) 第二次试算，可取 $\varphi_2 = \dfrac{\varphi_1 + \varphi_1'}{2} = 0.427$。根据稳定条件
$$\sigma = \frac{F}{A_2} = \frac{300 \times 10^3 \text{ N}}{A_2} \leqslant \varphi_2[\sigma] = 0.427 \times 170 \times 10^6 \text{ Pa}$$
解得此时压杆的截面面积
$$A_2 \geqslant 41.3 \text{ cm}^2$$

根据 $A_2 = 41.3 \text{ cm}^2$ 查工字钢型钢表，可选 No.22a 工字钢。No.22a 工字钢的截面面积 $A_2' = 42.128 \text{ cm}^2$、最小惯性半径 $i_{\min} = 2.31 \text{ cm}$。压杆柔度
$$\lambda_2 = \frac{\mu l}{i} = \frac{0.7 \times 420 \text{ cm}}{2.31 \text{ cm}} = 127.3$$

根据 $\lambda_2 = 127.3$，由表 10-4 并通过线性插值法得折减系数 $\varphi_2' = 0.416$，已与 φ_2 相当接近。此时，工作应力
$$\sigma = \frac{F}{A_2'} = \frac{300 \times 10^3 \text{ N}}{42.128 \times 10^{-4} \text{ m}^2} = 71.4 \text{ MPa}$$

稳定许用应力
$$[\sigma_{\text{st}}] = \varphi_2'[\sigma] = 0.416 \times 170 \times 10^6 \text{ Pa} = 70.7 \text{ MPa}$$

工作应力略大于稳定许用应力，但超出量不足 5%，故可以选用 No.22a 工字钢。

第七节　提高压杆稳定性的措施

由压杆的临界应力公式

$$\sigma_{cr} = \frac{\pi^2 E}{\lambda^2} \quad \text{与} \quad \sigma_{cr} = a - b\lambda$$

可知，压杆的承载能力与压杆的柔度及材料的力学性能有关。而压杆柔度

$$\lambda = \frac{\mu l}{i} = \frac{\mu l}{\sqrt{\dfrac{I}{A}}}$$

又与压杆的长度、杆端约束条件、截面形状和尺寸有关。因此，可以采用下列措施来提高压杆的稳定性。

1. 合理选择截面形状

无论对于大柔度杆还是中小柔度杆，压杆的柔度 λ 越小，其临界应力就越大，稳定性也就越好。由柔度计算公式可见，在面积 A 不变的情况下，惯性矩 I 越大，柔度 λ 则越小。因此，应选择惯性矩较大的截面形状。在面积相同的条件下，空心圆截面杆就比实心圆截面杆的临界力高。当然，空心圆截面杆的壁厚也不能过薄，过薄则易发生局部折皱失稳。

选择截面形状时还应考虑杆端约束的方向性。若压杆两端在各个方向上的约束性质相同，例如球形铰支或固端，则宜选择 $I_y = I_z$ 的截面形状；若压杆两端在两个主惯性平面内的约束性质不同，例如柱形铰支，则应选择 $I_y \neq I_z$ 的截面形状，并使两个方向上的柔度大致相等。经适当设计的工字形截面，以及由角钢或槽钢等组成的组合截面（见图 10-18），均可以满足上述要求。

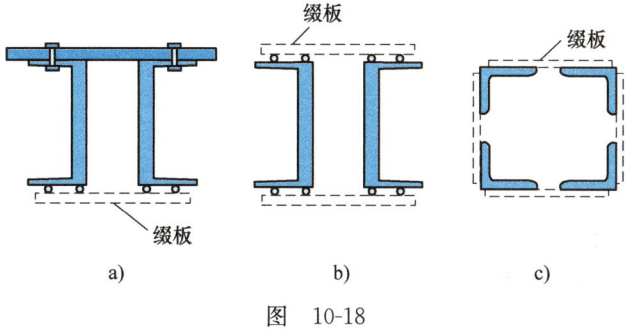

图 10-18

为了使上述组合截面压杆能够如同整体杆件一样地工作，在各组成杆件之间，还应采用缀板、缀条等相连接（见图 10-19）。

2. 增大杆端的约束刚度

杆端约束的刚性越大，压杆的长度因数 μ 就越小，临界力也就越大。例如，若将一端固定、一端自由的细长压杆改为一端固定、一端铰支，则由欧拉公式知，其临界力可增至原来的 8.16 倍。可见，增大杆端约束刚度可以有效地提高压杆的稳定性。

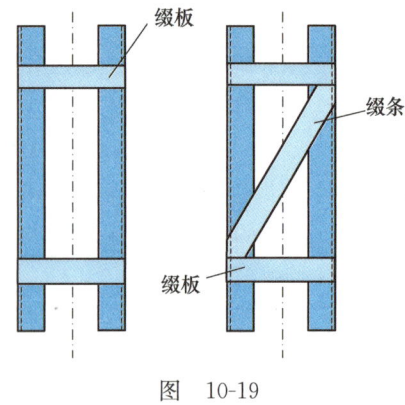

图 10-19

3. 减小压杆的长度

对于细长压杆，其临界力与杆长平方成反比。故当结构允许时，应尽量减小压杆长度或者增加中间支承，以提高其稳定性。例如，在图 10-20a 所示的两端铰支细长压杆的中间增加支承（见图 10-20b），则压杆的临界力将增大为原来的 4 倍。无缝钢管厂在轧制钢管时，在顶杆中部增加抱辊装置（见图 10-21）正是出于这个原因。

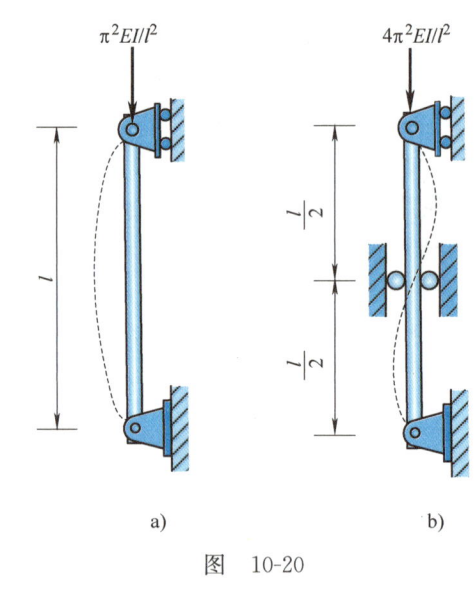

图 10-20

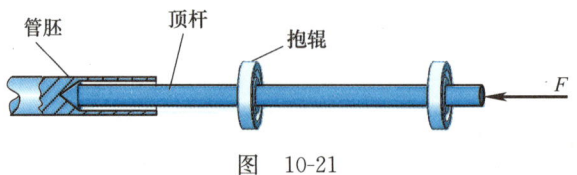

图 10-21

4. 合理选择材料

对于大柔度杆，选用弹性模量 E 较大的材料可以提高压杆的稳定性。然而，就钢材而言，因各种钢材的 E 值大致相同，故如果仅从稳定性考虑，通过选用优质钢材替代普通钢材的方式来制造细长压杆是完全没有意义的。

对于中柔度杆，临界应力则与材料的强度有关，由图 10-8a 所示的临界应力总图可知，中柔度杆的临界应力 σ_{cr} 随着屈服极限 σ_s 和比例极限 σ_p 的提高而增大。因此，在这种情况下选用优质钢材可以提高中柔度杆的稳定性。

复习思考题

10-1 什么是压杆失稳？什么是压杆的临界力？

10-2 什么是长度因数？什么是相当长度？

10-3 什么是压杆柔度？压杆柔度与哪些因素有关？

10-4 对于圆截面细长压杆，若直径增加一倍，其临界力将如何变化？若杆的长度增加一倍，其临界力又将如何变化？

10-5 如何判定大柔度杆、中柔度杆和小柔度杆？如何求它们的临界力？

10-6 什么是压杆的临界应力总图？如何绘制临界应力总图？

10-7 如何提高压杆的稳定性？

10-8 计算中、小柔度压杆的临界力时，若误用了欧拉公式，其后果会如何？

10-9 满足强度条件的等截面压杆是否满足稳定条件？满足稳定条件的等截面压杆是否满足强度条件？为什么？

10-10 由四根等边角钢组成一压杆，其组合截面的形状分别如思考题 10-10 图 a、b 所示。试问哪种组合截面压杆的承载能力高？为什么？

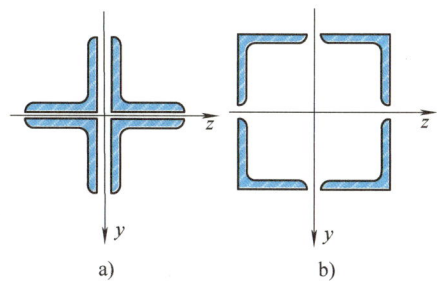

思考题 10-10 图

10-11 思考题 10-11 图所示三根细长压杆，除约束情况不同外，其他条件完全相同。试问哪根压杆的稳定性最好？哪根压杆的稳定性最差？为什么？

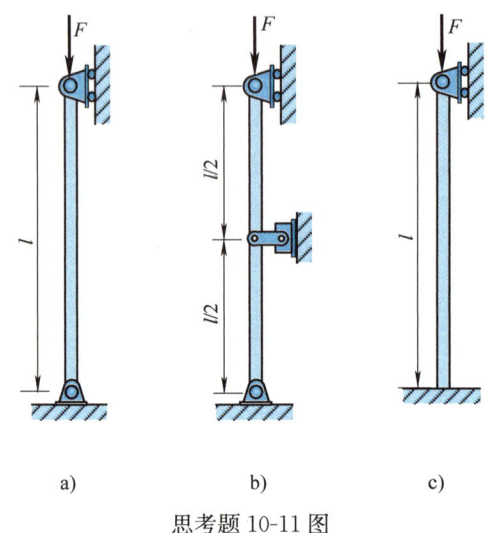

思考题 10-11 图

10-12　两端为球形铰支的压杆，其横截面如思考题 10-12 图所示。试问当压杆失稳时，横截面将绕哪一根轴转动？

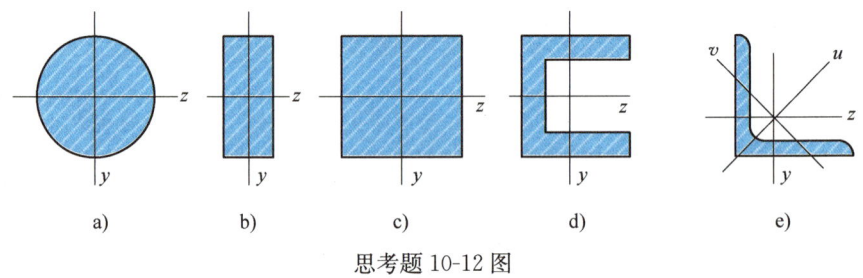

思考题 10-12 图

10-1　材料相同、直径相等的圆截面细长杆如习题 10-1 图所示，已知杆的直径 $d = 160\,\text{mm}$，材料的弹性模量 $E = 200\,\text{GPa}$。试求各杆的临界力。

10-2　习题 10-2 图所示细长压杆的两端为球形铰支，弹性模量 $E = 200\,\text{GPa}$，试计算在如下三种情况下其临界力的大小。（1）圆形截面：截面直径 $d = 25\,\text{mm}$，杆长 $l = 1\,\text{m}$；（2）矩形截面：截面尺寸 $b = 2h = 40\,\text{mm}$，杆长 $l = 2\,\text{m}$；（3）No.16 工字钢，杆长 $l = 2\,\text{m}$。

10-3　一木柱两端为球形铰支，横截面为 $120\,\text{mm} \times 200\,\text{mm}$ 的矩形，长度为 $4\,\text{m}$，弹性模量 $E = 10\,\text{GPa}$，比例极限 $\sigma_p = 20\,\text{MPa}$，直线公式中的经验常数 $a = 28.7\,\text{MPa}$、$b = 0.19\,\text{MPa}$。试求该木柱的临界应力。

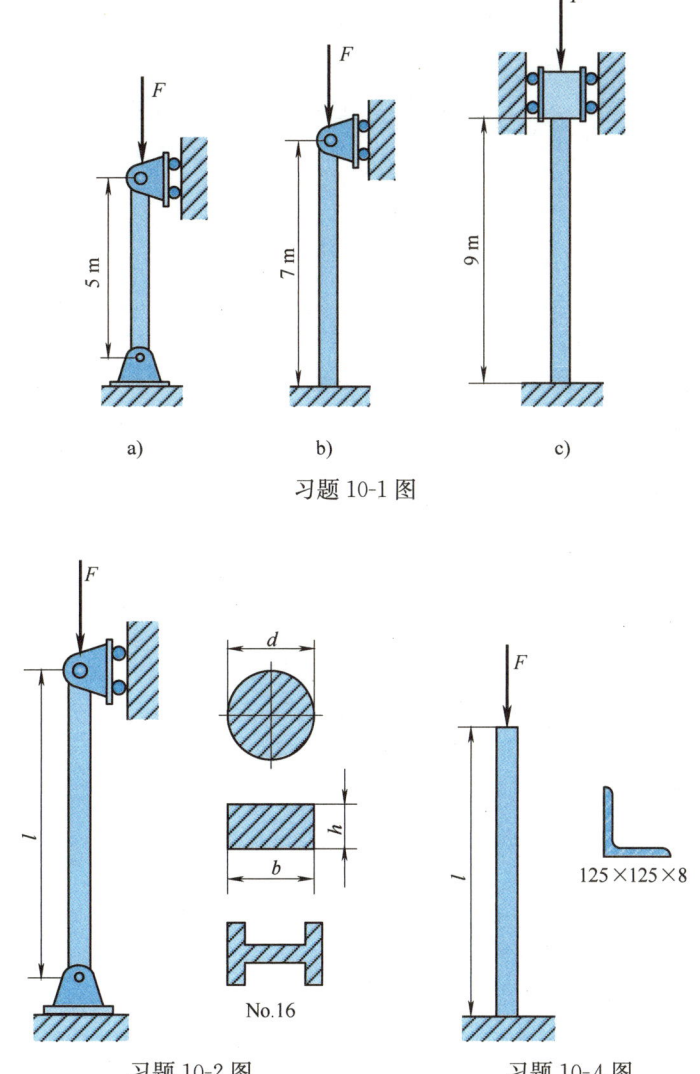

习题 10-1 图

习题 10-2 图   习题 10-4 图

10-4 习题 10-4 图所示压杆的截面为 125×125×8 的等边角钢，材料为 Q235 钢，弹性模量 $E=206\,\mathrm{GPa}$。试分别求出当其长度 $l=2\,\mathrm{m}$ 和 $l=1\,\mathrm{m}$ 时的临界力。

10-5 试计算欧拉公式适用的压杆柔度的界限值 λ_p，如果压杆分别用下列两种材料制成：(1) 比例极限 $\sigma_\mathrm{p}=220\,\mathrm{MPa}$、弹性模量 $E=205\,\mathrm{GPa}$ 的碳钢；(2) 比例极限 $\sigma_\mathrm{p}=20\,\mathrm{MPa}$、弹性模量 $E=11\,\mathrm{GPa}$ 的松木。

10-6 习题 10-6 图所示为某飞机起落架中承受轴向压力的斜撑杆，其两端可视为铰支。已知斜撑杆用空心钢管制作，外径 $D=52\,\mathrm{mm}$，内径 $d=44\,\mathrm{mm}$，长度 $l=950\,\mathrm{mm}$，弹性模量 $E=210\,\mathrm{GPa}$，比例极限 $\sigma_\mathrm{p}=1200\,\mathrm{MPa}$，强度极限 $\sigma_\mathrm{b}=1600\,\mathrm{MPa}$。试求该斜撑杆的

临界力和临界应力。

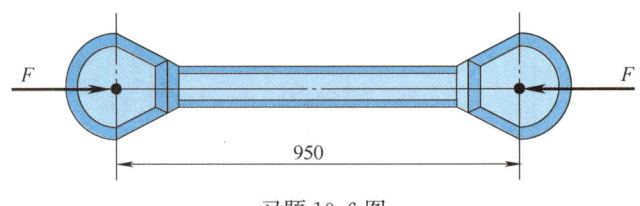

习题 10-6 图

10-7 钢制矩形截面压杆如习题 10-7 图所示。已知压杆的长度 $l = 2.3\,\text{m}$，截面尺寸 $b = 40\,\text{mm}$，$h = 60\,\text{mm}$，弹性模量 $E = 206\,\text{GPa}$，比例极限 $\sigma_\text{p} = 200\,\text{MPa}$，在 x-y 平面内两端铰支，在 x-z 平面内为长度因数 $\mu = 0.7$ 的弹性固支。试求该杆的临界力。

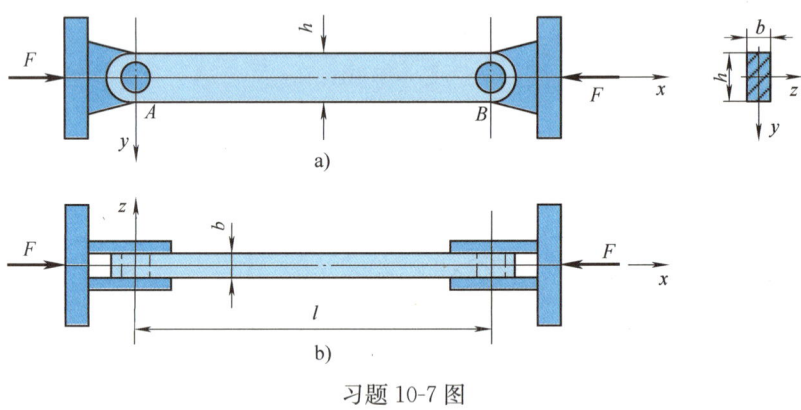

习题 10-7 图

10-8 如习题 10-8 图所示，已知圆形截面杆 AB 的直径 $d = 80\,\text{mm}$，A 端固定，B 端与方形截面杆 BC 用球铰连接；方形截面杆 BC 的截面边长 $a = 70\,\text{mm}$，C 端也是球铰；长度尺寸 $l = 3\,\text{m}$。若两杆材料均为 Q235 钢，弹性模量 $E = 206\,\text{GPa}$，试求其临界载荷。

10-9 某内燃机的挺杆长 $l = 25.7\,\text{cm}$，圆形截面的直径 $d = 8\,\text{mm}$，弹性模量 $E = 210\,\text{GPa}$，比例极限 $\sigma_\text{p} = 240\,\text{MPa}$，所受最大轴向压力 $F = 1.76\,\text{kN}$，两端可视为球形铰支。若规定的稳定安全因数 $n_\text{st} = 3$，试校核该挺杆的稳定性。

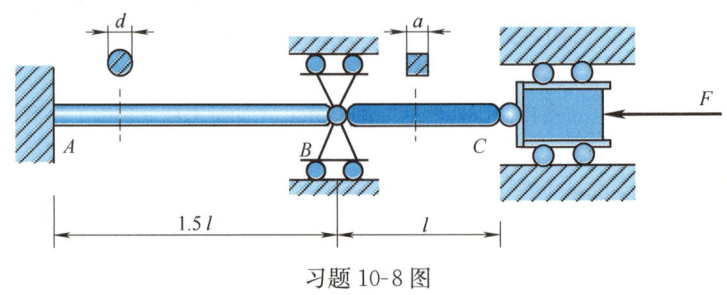

习题 10-8 图

10-10 由三根相同钢管铰接而成的支架如习题 10-10 图所示。已知钢管的外径 $D = 30\,\text{mm}$，内径 $d = 22\,\text{mm}$，长度 $l = 2.5\,\text{m}$，材料的弹性模量 $E = 210\,\text{GPa}$。若取稳定安全因数 $n_{\text{st}} = 3$，试求许可载荷 $[F]$。

10-11 蒸汽机车的连杆如习题 10-11 图所示，截面为工字形，材料为 Q235 钢，弹性模量 $E = 206\,\text{GPa}$。连杆所受最大轴向压力为 $465\,\text{kN}$。连杆在摆动平面（x-y 平面）内发生弯曲时，两端可视为铰支；而在与摆动平面垂直的 x-z 平面内发生弯曲时，两端可视为长度因数 $\mu = 0.7$ 的弹性固支。若取稳定安全因数 $n_{\text{st}} = 2.5$，试校核其稳定性。

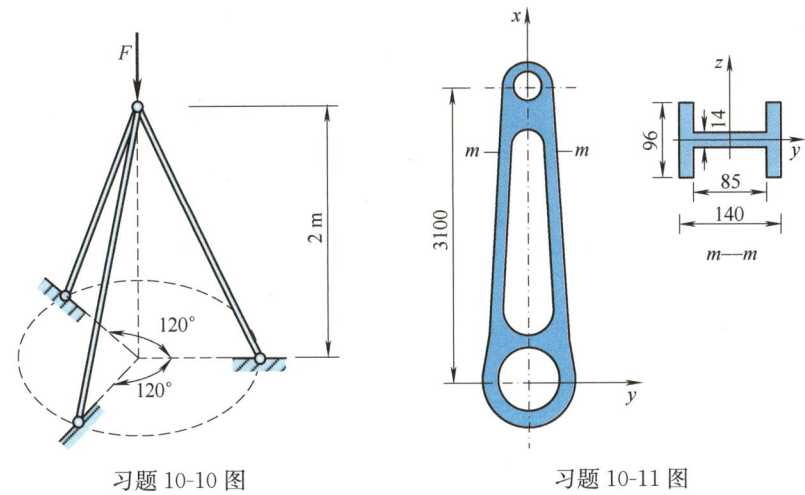

习题 10-10 图   习题 10-11 图

10-12 平面结构如习题 10-12 图所示，AB 为刚性梁，BC 是直径为 $d = 40\,\text{mm}$ 的圆截面杆。已知杆 BC 的弹性模量 $E = 206\,\text{GPa}$，压杆柔度界限值 $\lambda_{\text{p}} = 100$、$\lambda_{\text{s}} = 61.4$，经验公式 $\sigma_{\text{cr}} = a - b\lambda$ 中的常数 $a = 304\,\text{MPa}$、$b = 1.12\,\text{MPa}$，规定的稳定安全因数 $n_{\text{st}} = 3$。试确定该结构的许可载荷 $[F]$。

10-13 已知习题 10-13 图所示千斤顶的最大起重量 $F = 120\,\text{kN}$，丝杠根径 $d = 52\,\text{mm}$，总长 $l = 600\,\text{mm}$，衬套高度 $h = 100\,\text{mm}$，丝杠用 Q235 钢制成，弹性模量 $E = 206\,\text{GPa}$。若规定的稳定安全因数 $n_{\text{st}} = 4$，试校核该千斤顶的稳定性。

10-14 自制简易起重机如习题 10-14 图所示，已知压杆 BD 用 No. 20 槽钢制作，两端为球铰支承，材料为 Q235 钢，弹性模量 $E = 206\,\text{GPa}$，起重机的最大起重量 $P = 40\,\text{kN}$。若规定的稳定安全因数 $n_{\text{st}} = 5$，试校核压杆 BD 的稳定性。

10-15 托架如习题 10-15 图所示，已知压杆 AB 的直径 $d = 40\,\text{mm}$，长度 $l = 800\,\text{mm}$，两端为球铰支承，材料的弹性模量 $E = 206\,\text{GPa}$，规定的稳定安全因数 $n_{\text{st}} = 2.0$。(1) 试按压杆 AB 的稳定条件求出托架所能承受的最大载荷 $F_{\max}$；(2) 若横梁 CD 为 No. 18 工字钢，许用应力 $[\sigma] = 160\,\text{MPa}$，试问托架所能承受的最大载荷 $F_{\max}$ 是否会有变化？

10-16 如习题 10-16 图所示，Q235 钢管在 $t = 20\,^\circ\text{C}$ 时安装，安装时钢管不受力。已知钢材的线胀系数 $\alpha = 12.5 \times 10^{-6}\,^\circ\text{C}^{-1}$、弹性模量 $E = 206\,\text{GPa}$。试问当温度升高到多少摄氏度时，钢管将失稳？

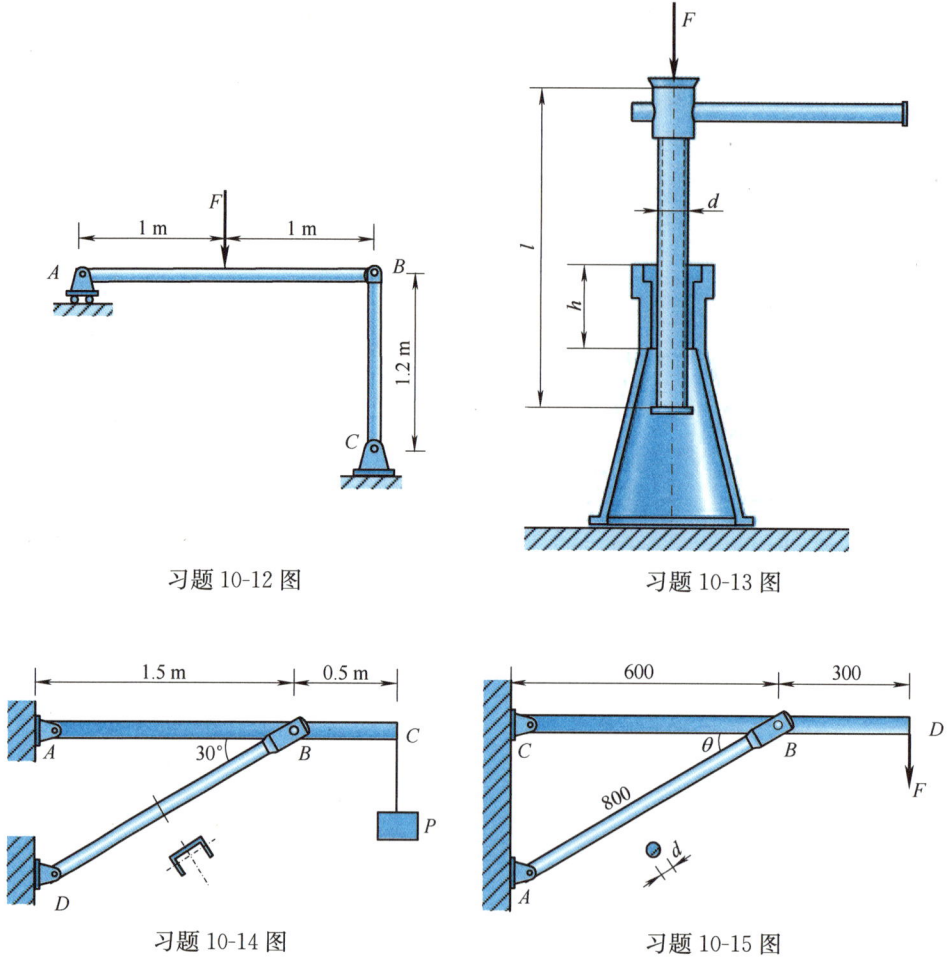

习题 10-12 图   习题 10-13 图

习题 10-14 图   习题 10-15 图

10-17 习题 10-17 图所示立柱长 $l = 6\,\text{m}$，由两根 No. 10 槽钢组成，立柱顶部为球形铰支，根部为固定端。已知材料的弹性模量 $E = 206\,\text{GPa}$、比例极限 $\sigma_p = 200\,\text{MPa}$。试问当 a 多大时立柱的临界力取得最大值？该最大值是多少？

10-18 钢结构如习题 10-18 图所示，已知横梁 AB 为 No. 16 工字钢，压杆 BC 为直径等于 60 mm 的圆截面杆，横梁 AB 与压杆 BC 的材料相同，弹性模量 $E = 205\,\text{GPa}$，屈服极限 $\sigma_s = 275\,\text{MPa}$，压杆柔度界限值 $\lambda_p = 90$、$\lambda_s = 50$，规定的强度安全因数 $n_s = 2$，稳定安全因数 $n_{st} = 3$。试确定该钢结构的许可载荷 $[F]$。

10-19 托架如习题 10-19 图所示，已知载荷集度 $q = 20\,\text{kN/m}$，长度尺寸 $CB = 3\,\text{m}$、$BD = 1\,\text{m}$、$CA = 2\,\text{m}$。撑杆 AB 为圆截面钢杆，直径 $d = 80\,\text{mm}$，两端球铰约束，材料为 Q235 钢，弹性模量 $E = 206\,\text{GPa}$，压杆柔度界限值 $\lambda_p = 100$、$\lambda_s = 61.4$，直线公式中的经验常数 $a = 304\,\text{MPa}$、$b = 1.12\,\text{MPa}$。若规定的稳定安全因数 $n_{st} = 3$，试校核撑杆 AB 的稳定性。

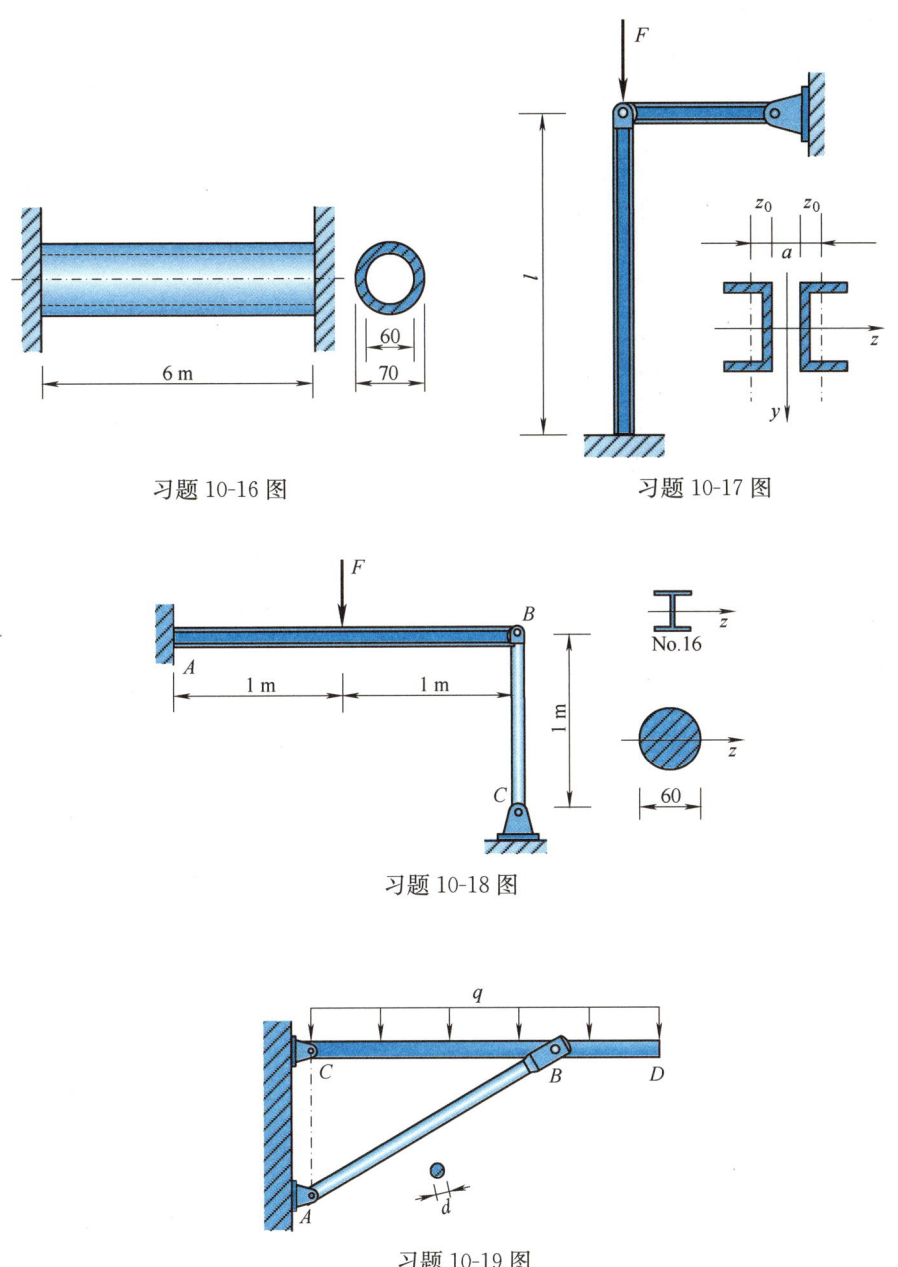

习题 10-16 图

习题 10-17 图

习题 10-18 图

习题 10-19 图

10-20 万能试验机的结构图如习题 10-20 图 a 所示,已知四根立柱的长度 $l = 3$ m,材料的弹性模量 $E = 210$ GPa,压杆柔度界限值 $\lambda_p = 100$,立柱丧失稳定后的弯曲变形曲线如习题 10-20 图 b 所示。若力 F 的最大值为 1000 kN,规定的稳定安全因数 $n_{st} = 4$,试按稳定条件设计立柱的直径。

10-21 如习题 10-21 图所示，已知某立柱由四根 $45\times 45\times 4$ 的角钢构成，柱长 $l = 8\ \text{m}$，立柱两端为球形铰支，材料为 Q235 钢，弹性模量 $E = 206\ \text{GPa}$，压杆柔度界限值 $\lambda_p = 100$，规定的稳定安全因数 $n_{st} = 1.6$。若立柱所受轴向压力 $F = 40\ \text{kN}$，试校核其稳定性。

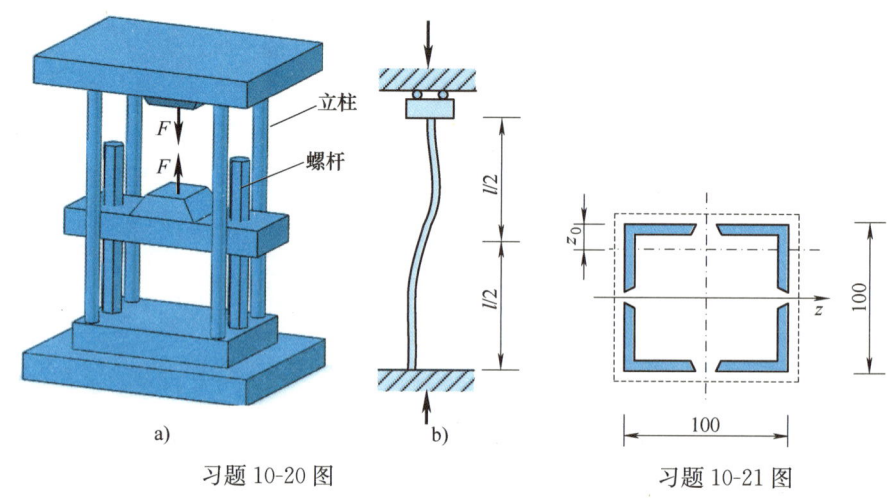

习题 10-20 图　　　　习题 10-21 图

10-22 三角支架如习题 10-22 图所示，已知载荷 $F = 200\ \text{kN}$，撑杆 AC 为圆截面钢杆，材料为 Q235 钢，许用应力 $[\sigma] = 170\ \text{MPa}$。试确定撑杆 AC 的直径。

10-23 习题 10-23 图所示立柱用 No. 25a 工字钢制成，材料为 Q235 钢，许用应力 $[\sigma] = 170\ \text{MPa}$。出于需要，在立柱中点处钻有直径 $d = 50\ \text{mm}$ 的圆孔。试确定该立柱所能承受的最大轴向压力。

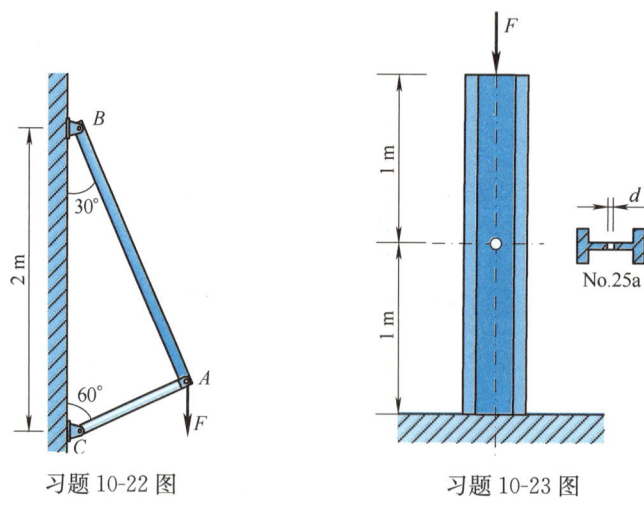

习题 10-22 图　　　　习题 10-23 图

10-24 如习题 10-24 图所示，一刚性杆 AB 由两根抗弯刚度均为 EI 的细长杆 CE 和 DG 支撑，试求当结构失稳时对应的载荷 F。

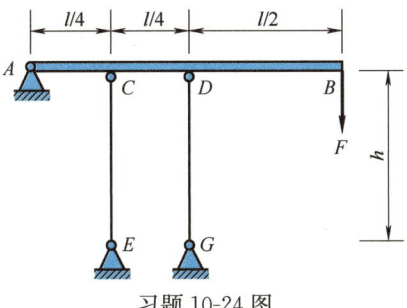

习题 10-24 图

第十一章
动 载 荷

第一节 引 言

前面讨论的关于构件强度、刚度与稳定性计算的所有内容,都是以静载荷为前提的。即认为,作用于构件上的所有载荷,都是由零开始,缓慢平稳地增至一定数值后维持不变。因此,在加载过程中,构件上各点的加速度很小,可以忽略不计;外力所引起的杆件的应力、应变、位移等,也都是始终不变的常量。

但在工程实际中,人们不可避免地会遇到各种动载荷问题。例如,起重机加速提升重物时吊索受到的动载荷;落锤打桩时桩体受到的冲击载荷;大量机械零件工作时所承受的交变载荷,等等。

> **· 思政导读 ·**
>
> 飞天是中华民族几千年来的梦想,如今,中国的载人航天工程正在将梦想变成现实。从神舟一号到神舟十五号,从无人到有人,从小型空间实验舱到大型空间站,中国航天科技的飞速进步和巨大成就充分展现了我们优越的社会制度和强大的综合国力,将激励无数中华儿女为实现中华民族的伟大复兴而努力奋斗。在载人航天工程中,也会遇到诸多动载荷问题。例如,运载火箭点火发射时飞船因加速上升受到的动载荷;飞船与空间站的交会对接产生的冲击载荷;载人飞船返回舱着陆产生的冲击载荷,等等。

本章旨在解决构件在常见动载荷作用下的强度问题和刚度问题,内容包括:
(1) 构件做加速运动时的应力与变形计算;
(2) 构件在冲击载荷作用下的应力与变形计算;
(3) 构件在交变载荷作用下的疲劳强度计算。

第二节 杆件做加速运动时的应力与变形计算

杆件做加速运动时的动载荷问题，可以采用动静法，将其转化为静载荷问题来处理。现结合几种常见情况，说明如下：

一、杆件做匀加速提升

如图 11-1a 所示，匀质等截面直杆在外力 F 的作用下，以加速度 a 做匀加速提升。

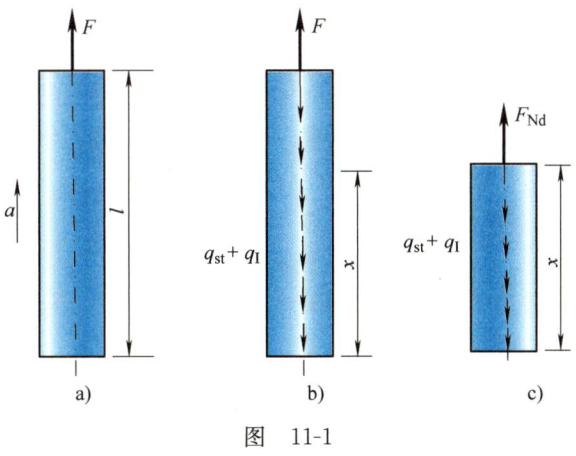

图 11-1

假设杆件的横截面面积为 A，质量密度为 ρ。则杆件单位长度的重力为

$$q_{st} = A\rho g$$

单位长度的惯性力为

$$q_I = A\rho a$$

根据动静法，作用于杆件上的起吊力 F、重力 q_{st} 与虚加于杆件上的惯性力 q_I 在形式上构成平衡力系（见图 11-1b）。由截面法易得，杆件在任一 x 横截面上的动荷轴力（见图 11-1c）

$$F_{Nd} = (q_{st} + q_I)x = \left(1 + \frac{a}{g}\right)F_{Nst}$$

其中

$$F_{Nst} = A\rho g x$$

为杆件自重引起的静荷轴力。若引入**动荷因数**

$$K_d = 1 + \frac{a}{g} \tag{11-1}$$

则动荷轴力可以表示为
$$F_{\text{Nd}} = K_d F_{\text{Nst}}$$
上式两边同时除以杆件的横截面面积,即得动荷应力
$$\sigma_d = K_d \sigma_{\text{st}}$$
式中,σ_{st} 为杆件自重引起的静荷应力。

试验表明,只要动荷应力 σ_d 不超过材料的比例极限 σ_p,材料在静荷下所得到的胡克定律在动荷下就依然有效,且各弹性常数保持不变。从而得到动荷应变与动荷轴向变形分别为
$$\varepsilon_d = K_d \varepsilon_{\text{st}}$$
$$\Delta l_d = K_d \Delta l_{\text{st}}$$
式中,ε_{st} 与 Δl_{st} 分别为杆件自重引起的静荷应变与静荷轴向变形。

综上所述,构件做匀加速提升时,只要计算出杆件自重引起的静荷内力、静荷应力、静荷应变与静荷变形,再乘以由式(11-1)确定的动荷因数 K_d,即可得相应的动荷内力、动荷应力、动荷应变与动荷变形。

得到动荷应力,即可建立强度条件
$$\sigma_d = K_d \sigma_{\text{st}} \leqslant [\sigma]$$
由于此种性质的动载荷不会改变材料破坏时的极限应力,因此,式中的 $[\sigma]$ 就是材料在静载荷下的许用应力。

【例 11-1】 如图 11-2a 所示,一水平放置的匀质混凝土预制梁,由起重机以匀加速度 a 向上提升,已知梁的长度为 l,横截面面积为 A,抗弯截面系数为 W,材料的质量密度为 ρ。试求起吊力 F 以及梁横截面上的最大弯矩 M_{dmax}。

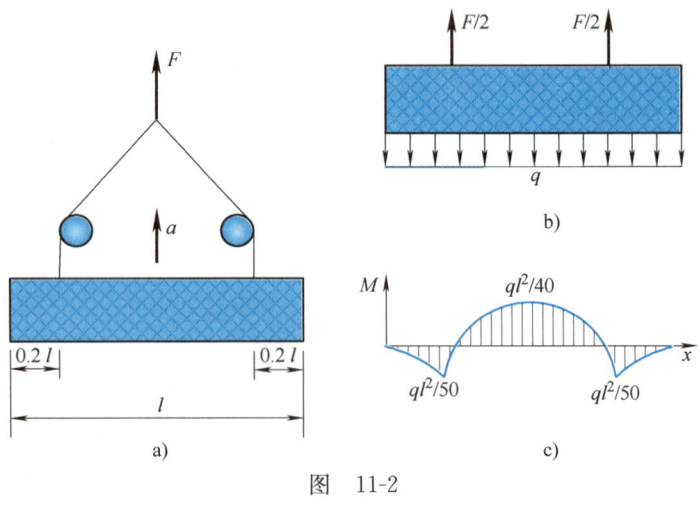

图 11-2

解:(1)确定动荷因数

因横梁做匀加速提升,故根据式(11-1),得动荷因数

$$K_d = 1 + \frac{a}{g}$$

(2) 计算起吊力 F

首先，计算匀速提升时的静荷起吊力 F_{st}。显然，F_{st} 就等于梁的自重，即

$$F_{st} = Al\rho g$$

所以，动荷起吊力

$$F = K_d F_{st} = \left(1 + \frac{a}{g}\right) Al\rho g$$

(3) 计算最大弯矩 $M_{d\,max}$

首先，计算匀速提升时梁横截面上的最大静荷弯矩 $M_{st\,max}$。作出混凝土预制梁在静荷（自重）作用下的受力图（见图 11-2b），并据此绘制出相应的静荷弯矩图（见图 11-2c），图中，梁单位长度重力

$$q = A\rho g$$

由弯矩图可见，其最大静荷弯矩 $M_{st\,max}$ 位于跨中截面，为

$$M_{st\,max} = \frac{ql^2}{40} = \frac{A\rho g l^2}{40}$$

所以，最大动荷弯矩

$$M_{d\,max} = K_d M_{st\,max} = \left(1 + \frac{a}{g}\right) \frac{A\rho g l^2}{40}$$

二、构件做匀速转动

如图 11-3a 所示，一平均直径为 D 的薄壁圆环，绕通过其圆心且垂直于环平面的轴以角速度 ω 做匀速转动。

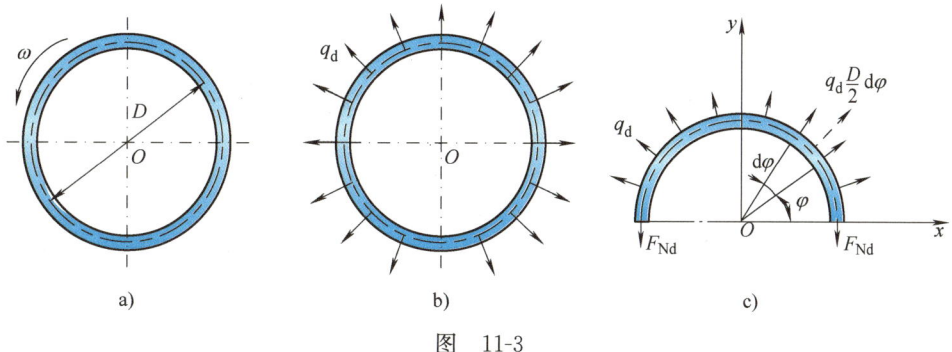

图 11-3

假设圆环横截面面积为 A，材料的质量密度为 ρ。由于圆环很薄，可认为环内各点的法向加速度就等于圆环轴线上各点的法向加速度。所以，圆环的惯性力沿圆环的轴线均匀分布，方向沿径向背离圆心（见图 11-3b），其分布集度

$$q_d = A\rho \cdot \omega^2 \frac{D}{2}$$

用截面法,将圆环沿其直径截断,研究其中任意一半,并作出受力图(见图 11-3c)。根据动静法,由平衡方程 $\sum F_y = 0$,得圆环横截面上的动荷轴力

$$F_{Nd} = \frac{1}{2}\int_0^\pi q_d \sin\varphi \cdot \frac{D}{2}d\varphi = \frac{q_d D}{2} = \frac{A\rho\omega^2 D^2}{4}$$

所以,圆环横截面上的动荷应力

$$\sigma_d = \frac{F_{Nd}}{A} = \frac{\rho\omega^2 D^2}{4}$$

从而得强度条件

$$\sigma_d = \frac{\rho\omega^2 D^2}{4} \leqslant [\sigma]$$

可见,要保证圆环的强度,主要在于限制圆环的角速度 ω,而与其横截面面积 A 无关。

【例 11-2】 如图 11-4a 所示,圆截面钢轴 AB 的中点处固结一与之垂直的匀质圆截面钢杆 CD,CD 杆的端部又固连一质量 $m=10$ kg 的重物。已知尺寸 $l=0.6$ m,两杆的直径均为 $d=80$ mm,材料的许用应力 $[\sigma]=140$ MPa,质量密度 $\rho=7.8\times10^3$ kg/m³。若轴 AB 以匀角速度 $\omega=40$ rad/s 转动。试校核轴 AB 和杆 CD 的强度。

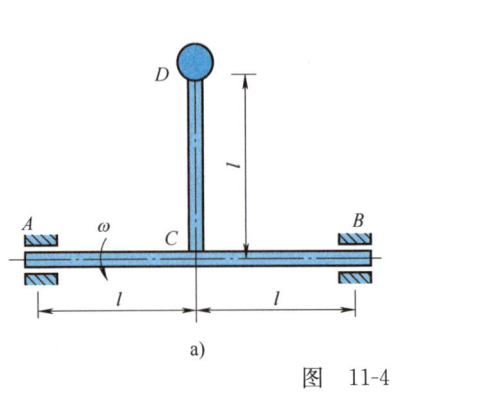
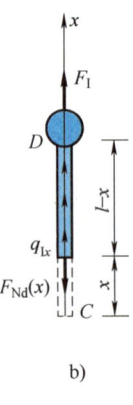

图 11-4

解:(1) 计算惯性力,确定动载荷

当轴 AB 以匀角速度转动时,杆 CD 末端重物的向心加速度 $a=l\omega^2$,而杆 CD 上各质点具有不同的向心加速度,距 C 端 x 处的加速度 $a_x=x\omega^2$,故有杆末端重物的惯性力

$$F_I = ma = ml\omega^2$$

杆 CD 沿轴线方向单位长度惯性力

$$q_{Ix} = \frac{dm}{dx}a_x = \rho A x\omega^2$$

根据动静法,由平衡方程 $\sum F_x = 0$(见图 11-4b),易得 x 截面的动荷轴力

$$F_{Nd}(x) = F_I + \int_x^l q_{Ix}dx = ml\omega^2 + \frac{\rho A\omega^2}{2}(l^2 - x^2)$$

(2) 校核杆 CD 的强度

杆 CD 承受轴向拉伸。显然，当 $x=0$，即杆 CD 的 C 截面处动荷轴力最大，其值

$$F_{Nd\,max} = ml\omega^2 + \frac{\rho Al^2 \omega^2}{2} = l\omega^2\left(m + \frac{\rho Al}{2}\right)$$

根据拉（压）杆的强度条件，有

$$\sigma_{Nd\,max} = \frac{F_{Nd\,max}}{A} = l\omega^2\left(\frac{m}{A} + \frac{\rho l}{2}\right)$$

$$= \left[0.6 \times 40^2 \times \left(\frac{4 \times 10}{\pi \times 80^2 \times 10^{-6}} + \frac{7800 \times 0.6}{2}\right)\right]\text{Pa} = 4.16\text{ MPa} < [\sigma]$$

故杆 CD 的强度符合要求。

(3) 校核轴 AB 的强度

轴 AB 承受弯曲变形，可视为在跨中受横向载荷 $F_{Nd\,max}$ 作用的简支梁。显然，在轴 AB 的跨中 C 截面处动荷弯矩最大，其值

$$M_{d\,max} = \frac{F_{Nd\,max}(2l)}{4} = \frac{l^2 \omega^2}{2}\left(m + \frac{\rho Al}{2}\right)$$

根据弯曲正应力强度条件，有

$$\sigma_{Md\,max} = \frac{M_{d\,max}}{W_z} = \frac{l^2 \omega^2}{2W_z}\left(m + \frac{\rho Al}{2}\right)$$

$$= \left[\frac{0.6^2 \times 40^2 \times 16}{\pi \times 80^3 \times 10^{-9}} \times \left(10 + \frac{7800 \times \pi \times 80^2 \times 10^{-6} \times 0.6}{2 \times 4}\right)\right]\text{Pa} = 124.7\text{ MPa} < [\sigma]$$

故轴 AB 的强度亦符合要求。

对于构件以其他形式做加速运动时的动荷问题，也都可以采用动静法，做类似处理。

【例 11-3】 如图 11-5 所示，在转轴 AB 的 B 端有一个质量很大的飞轮，在 A 端有制动装置。若在飞轮转速 $n = 100$ r/min 时开始制动，经 10 s 停止转动，试求轴内的最大切应力。已知飞轮对转轴的转动惯量 $J = 500$ kg·m²，轴的直径 $d = 100$ mm，轴的质量可以忽略不计。

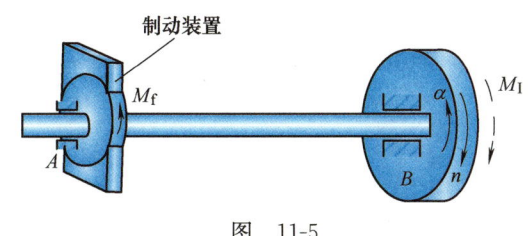

图 11-5

解：(1) 计算惯性力偶矩

飞轮的初角速度

$$\omega_0 = \frac{\pi n}{30} = \frac{10\pi}{3}\text{ rad/s}$$

假设在制动的 10 s 内，飞轮做匀减速转动，则其角加速度为

$$\alpha = \frac{0 - \omega_0}{10} = -\frac{\pi}{3}\text{ rad/s}^2$$

所以，飞轮的惯性力偶矩

$$M_I = -J\alpha = -500\text{ kg·m}^2 \times \left(-\frac{\pi}{3}\text{ rad/s}^2\right) = \frac{0.5\pi}{3} \times 10^3\text{ N·m}$$

(2) 计算最大切应力

根据动静法，飞轮的惯性力偶矩 M_I 与制动力偶矩 M_f 相互平衡（见图 11-5），使得转轴 AB 发生扭转变形，其横截面上的动荷扭矩

$$T_\mathrm{d} = M_\mathrm{I} = \frac{0.5\pi}{3} \times 10^3\ \mathrm{N \cdot m}$$

故得轴内的最大动荷扭转切应力

$$\tau_{\mathrm{d\,max}} = \frac{T_\mathrm{d}}{W_\mathrm{t}} = \frac{\frac{0.5\pi}{3} \times 10^3\ \mathrm{N \cdot m}}{\frac{\pi}{16} \times 100^3 \times 10^{-9}\ \mathrm{m}^3} = 2.67 \times 10^6\ \mathrm{Pa} = 2.67\ \mathrm{MPa}$$

第三节　杆件受冲击时的应力与变形计算

当运动物体碰撞到静止构件时，如果物体的运动受阻并在瞬间停止，就称构件受到物体的**冲击**。这时，在被冲击构件与冲击物体之间会产生很大的相互作用力，即**冲击载荷**。

冲击问题的精确分析非常困难，工程中一般采用能量法对其进行简化近似计算。简化近似计算的假设如下：

(1) 冲击物是刚性的；
(2) 被冲击构件的质量忽略不计；
(3) 被冲击构件的变形在线弹性范围内；
(4) 冲击过程中无能量损耗；
(5) 冲击物与被冲击构件接触后无回弹。

以上述假设为基础，利用冲击过程中的能量转换关系，即可计算冲击载荷以及因其所引起的构件的应力与变形。下面结合几种典型的冲击问题加以介绍。

一、垂直冲击

如图 11-6a 所示，重力为 P 的物体自相对高度为 h 处以初速度 v_0 下落，冲击位于其正下方的杆 AB。

根据上述假设，可以将杆

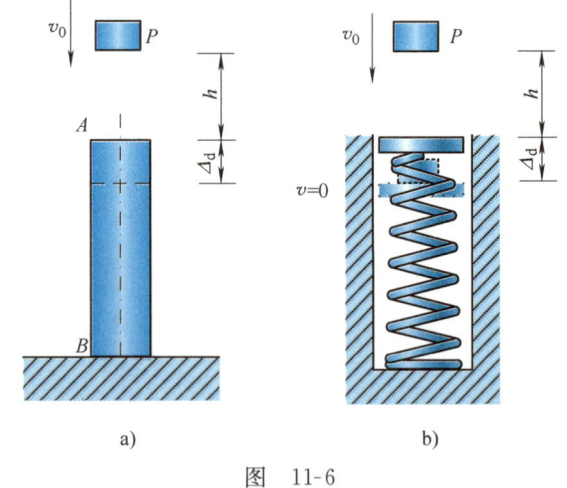

图 11-6

AB 简化为一个无重弹簧，并认为物体落到弹簧顶部即和弹簧顶部一起，以同一速度向下运动，直至速度为零（见图 11-6b）。此时，弹簧受到的冲击载荷以及弹簧顶部产生的动荷位移均为最大值，分别记作 F_d 和 Δ_d。

取 Δ_d 所对应的位置为重力零势能位置，不考虑冲击过程中的能量损耗，根据能量守恒原理，物体在下落开始时的动能和重力势能完全转换为了弹簧在 Δ_d 所对应位置上的弹性变形能。据此即有

$$\frac{1}{2}\frac{P}{g}v_0^2 + P(h + \Delta_d) = \frac{1}{2}F_d\Delta_d \tag{a}$$

在线弹性范围内，载荷与变形成正比，故有

$$F_d = \frac{P}{\Delta_{st}}\Delta_d \tag{b}$$

式中，Δ_{st} 为物体重力 P 以静荷方式作用于弹簧顶部时所引起的弹簧顶部的静荷位移。

将式（b）代入式（a），整理得

$$\Delta_d^2 - 2\Delta_{st}\Delta_d - \left(2h + \frac{v_0^2}{g}\right)\Delta_{st} = 0$$

这是关于动荷位移 Δ_d 的一元二次方程，解之得

$$\Delta_d = \left[1 + \sqrt{1 + \frac{2h + \dfrac{v_0^2}{g}}{\Delta_{st}}}\right]\Delta_{st}$$

引入动荷因数

$$K_d = 1 + \sqrt{1 + \frac{2h + \dfrac{v_0^2}{g}}{\Delta_{st}}} \tag{11-2}$$

则得动荷位移

$$\Delta_d = K_d\Delta_{st}$$

由于在线弹性范围内，内力、应力、应变与位移之间均成正比，故依次有 $F_d = K_dF_{st}$、$\sigma_d = K_d\sigma_{st}$ 与 $\varepsilon_d = K_d\varepsilon_{st}$。

由此可见，当构件受到垂直冲击时，只要计算出冲击物的重力以静荷方式作用于构件上所引起的静荷内力、静荷应力、静荷应变与静荷位移，再乘以由式（11-2）确定的动荷因数 K_d，即可得到相应的动荷内力、动荷应力、动荷应变与动荷位移。

式（11-2）也适用于垂直冲击的其他场合，例如：

对于自由落体冲击，在式（11-2）中令初速度 $v_0 = 0$，即得其动荷因数

$$K_d = 1 + \sqrt{1 + \frac{2h}{\Delta_{st}}} \tag{11-3}$$

对于突加载荷，在式（11-2）中令 v_0 与 h 同时为零，即得其动荷因数
$$K_d = 2 \tag{11-4}$$
即在突加载荷作用下，构件的应力和应变均为静载荷时的 2 倍。

应该再次强调指出，式（11-2）和式（11-3）中的 Δ_{st} 是指冲击物的重力以静荷方式作用于构件的冲击点时，所引起的构件的冲击点沿冲击方向的静位移。这一点在应用时需要特别注意。

【**例 11-4**】 一圆截面木柱如图 11-7 所示，已知木柱长度 $l = 6$ m，直径 $d = 300$ mm，木材的弹性模量 $E = 10$ GPa，在离柱顶 $h = 0.2$ m 的高度处有一重 $P = 3$ kN 的物块自由落下，撞击木柱，试求柱内的动荷应力。

解：（1）计算静荷位移

将物块静止放在柱顶所引起的柱顶向下的静位移，显然就等于此时木柱的轴向变形，即

$$\Delta_{st} = \frac{Pl}{EA} = \frac{(3 \times 10^3 \text{ N}) \times (6 \text{ m})}{(10 \times 10^9 \text{ Pa}) \times \left(\frac{\pi \times 0.3^2}{4} \text{ m}^2\right)}$$

$$= 25.5 \times 10^{-6} \text{ m}$$

$$= 0.0255 \text{ mm}$$

(2) 计算动荷因数

根据式（11-3），得动荷因数

$$K_d = 1 + \sqrt{1 + \frac{2h}{\Delta_{st}}} = 1 + \sqrt{1 + \frac{2 \times 200 \text{ mm}}{0.0255 \text{ mm}}} = 126.2$$

(3) 计算动荷应力

将物块静止放在柱顶所引起的柱内的静荷应力

$$\sigma_{st} = \frac{P}{A} = \frac{3 \times 10^3 \text{ N}}{\frac{\pi \times 0.3^2}{4} \text{ m}^2} = 42.4 \times 10^3 \text{ Pa} = 0.0424 \text{ MPa}$$

所以，动荷应力

$$\sigma_d = K_d \sigma_{st} = 126.2 \times 0.0424 \text{ MPa} = 5.35 \text{ MPa}$$

注意到，此时的动荷应力是静荷应力的 126.2 倍，可见，冲击载荷是非常大的。

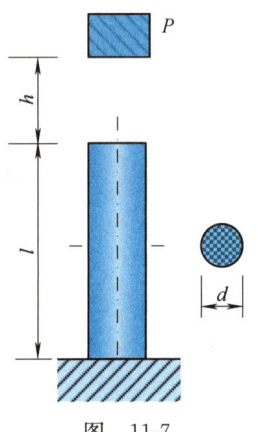

图 11-7

【**例 11-5**】 钢制圆截面杆如图 11-8 所示，其上端固定，下端固连一无重刚性托盘以承接落下的环形重物。已知杆的长度 $l = 2$ m，直径 $d = 30$ mm，弹性模量 $E = 200$ GPa。若环形重物的重力 $P = 500$ N，自相对高度 $h = 50$ mm 处自由落下，使杆受到冲击。试求在下列两种情况下，杆内的动荷应力：（1）重物直接落在刚性托盘上；（2）托盘上放一刚度系数 $k = 1$ MN/m 的弹簧，环形重物落在弹簧上。

解：（1）环形重物直接落在刚性托盘上

冲击点沿冲击方向的静荷位移

$$\Delta_{st} = \frac{Pl}{EA} = \frac{500 \text{ N} \times 2 \text{ m}}{(200 \times 10^9 \text{ Pa}) \times \left(\frac{\pi \times 0.03^2}{4} \text{ m}^2\right)} = 7.07 \times 10^{-6} \text{ m}$$

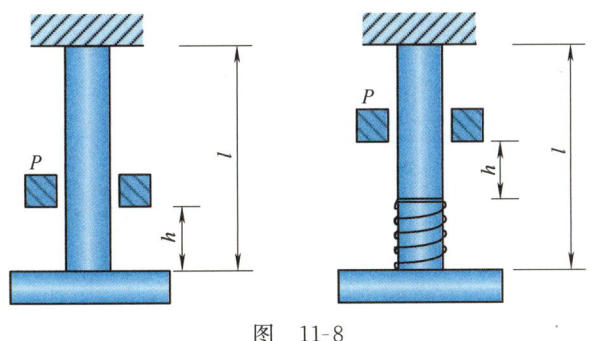

图 11-8

根据式 (11-3)，得动荷因数

$$K_d = 1 + \sqrt{1 + \frac{2h}{\Delta_{st}}} = 1 + \sqrt{1 + \frac{2 \times 0.05 \text{ m}}{7.07 \times 10^{-6} \text{ m}}} = 120$$

静荷应力

$$\sigma_{st} = \frac{P}{A} = \frac{500 \text{ N}}{\frac{\pi \times 0.03^2}{4} \text{ m}^2} = 0.707 \times 10^6 \text{ Pa} = 0.707 \text{ MPa}$$

故得动荷应力

$$\sigma_d = K_d \sigma_{st} = 120 \times 0.707 \text{ MPa} = 84.9 \text{ MPa}$$

(2) 环形重物落在弹簧上

此时，冲击点沿冲击方向的静荷位移应为杆的静荷轴向伸长与弹簧静荷变形之和，即

$$\Delta_{st} = \frac{Pl}{EA} + \frac{P}{k} = \frac{500 \text{ N} \times 2 \text{ m}}{(200 \times 10^9 \text{ Pa}) \times \left(\frac{\pi \times 0.03^2}{4} \text{ m}^2\right)} + \frac{500 \text{ N}}{1 \times 10^6 \text{ N/m}}$$

$$= 7.07 \times 10^{-6} \text{ m} + 500 \times 10^{-6} \text{ m} = 507.07 \times 10^{-6} \text{ m}$$

根据式 (11-3)，得动荷因数

$$K_d = 1 + \sqrt{1 + \frac{2h}{\Delta_{st}}} = 1 + \sqrt{1 + \frac{2 \times 0.05 \text{ m}}{507.074 \times 10^{-6} \text{ m}}} = 15.08$$

故得动荷应力

$$\sigma_d = K_d \sigma_{st} = 15.08 \times 0.707 \text{ MPa} = 10.7 \text{ MPa}$$

与前者相比，此时的动荷应力小了很多。可见，弹簧起到了缓冲作用，使冲击载荷大大减小。

【例 11-6】 一正方形截面外伸梁如图 11-9 所示，已知梁的长度尺寸 $l = 1$ m，截面边长 $a = 50$ mm，弹性模量 $E = 200$ GPa。若一重 $P = 150$ N 的物体，自高度 $h = 75$ mm 处自由落下，撞击梁的跨中截面 C，试计算梁自由端 D 的动荷挠度 Δ_{Dd} 与梁内的动荷最大弯曲正应力 $\sigma_{d\max}$。

解：(1) 动荷因数

冲击点沿冲击方向的静荷位移就是 C 截面的静荷挠度，即

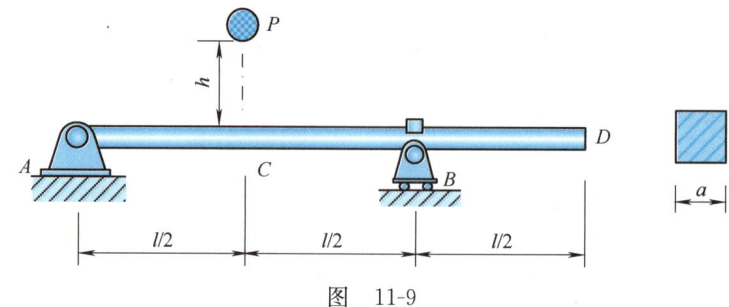

图 11-9

$$\Delta_{st} = \frac{Pl^3}{48EI} = \frac{Pl^3}{48E \times \frac{a^4}{12}} = \frac{150 \text{ N} \times (1 \text{ m})^3}{4 \times (200 \times 10^9 \text{ Pa}) \times (0.05 \text{ m})^4} = 3.0 \times 10^{-5} \text{ m}$$

自由落体冲击，根据式 (11-3)，得动荷因数

$$K_d = 1 + \sqrt{1 + \frac{2h}{\Delta_{st}}} = 1 + \sqrt{1 + \frac{2 \times 0.075 \text{ m}}{3.0 \times 10^{-5} \text{ m}}} = 71.7$$

(2) 自由端 D 的动荷挠度

冲击物的重力 P 以静载荷方式作用于冲击点 C 截面时，引起的自由端 D 的静荷挠度

$$\Delta_{Dst} = \theta_B \cdot \frac{l}{2} = \frac{Pl^2}{16EI} \cdot \frac{l}{2} = \frac{Pl^3}{32E \times \frac{a^4}{12}} = \frac{12 \times 150 \text{ N} \times (1 \text{ m})^3}{32 \times (200 \times 10^9 \text{ Pa}) \times (0.05 \text{ m})^4} = 4.5 \times 10^{-5} \text{ m}$$

所以，自由端 D 的动荷挠度

$$\Delta_{Dd} = K_d \Delta_{Dst} = 71.7 \times 4.5 \times 10^{-5} \text{ m} = 3.23 \times 10^{-3} \text{ m} = 3.23 \text{ mm}(\uparrow)$$

(3) 动荷最大弯曲正应力

梁内的静荷最大弯曲正应力位于 C 截面的上、下边缘处，为

$$\sigma_{st\,max} = \frac{M_{max}}{W_z} = \frac{\frac{Pl}{4}}{\frac{a^3}{6}} = \frac{6 \times 150 \text{ N} \times 1 \text{ m}}{4 \times 0.05^3 \text{ m}^3} = 1.8 \times 10^6 \text{ Pa} = 1.8 \text{ MPa}$$

所以，梁内的动荷最大弯曲正应力

$$\sigma_{d\,max} = K_d \sigma_{st\,max} = 71.7 \times 1.8 \text{ MPa} = 129.1 \text{ MPa}$$

【例 11-7】如图 11-10a 所示，梁 AB 和杆 CD 均为圆形截面且材料相同，弹性模量 $E = 200$ GPa，梁 AB 直径 $d_1 = 60$ mm，杆 CD 直径 $d_2 = 30$ mm，尺寸 $l = 1$ m。一重量为 $P = 100$ N 的物体在 B 上方由高度 $h = 20$ mm 处垂直自由下落。已知梁 AB 的许用应力 $[\sigma] = 100$ MPa，杆 CD 的 $\lambda_p = 99$，$\lambda_s = 60$，$a = 304$ MPa，$b = 1.12$ MPa，规定稳定安全因素 $n_{st} = 5$。试校核梁 AB 的强度和杆 CD 的稳定性。

解：(1) 计算杆 CD 所受轴向压力

此为一次超静定结构。视杆 CD 为多余约束，解除之，得梁 AB 的相当静定系统如图 11-10b 所示，其中 F_{CD} 即为杆 CD 所受轴向压力。此时对应的变形协调条件为梁 AB 上 C

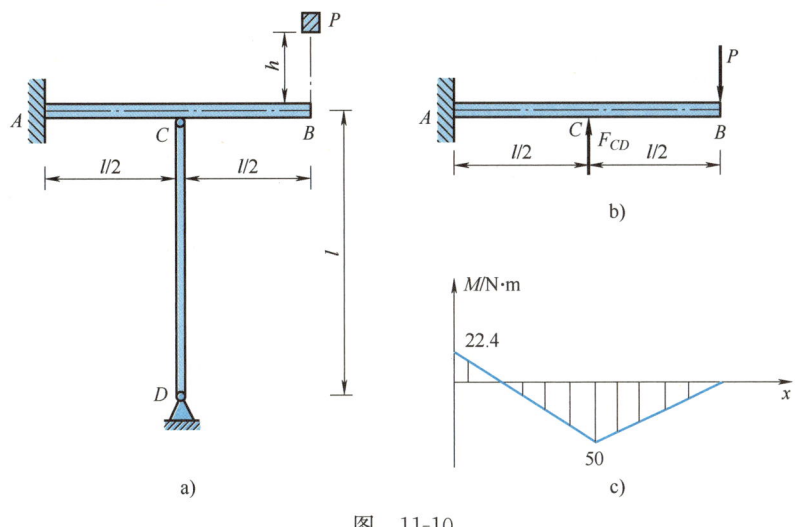

图 11-10

点的挠度等于杆 CD 的缩短量，即

$$w_C = \Delta l_{CD}$$

其中，$\Delta l_{CD} = \dfrac{F_{CD}l}{EA_2}$，根据相当静定系统（见图 11-10b），由叠加法易得 $w_C = \dfrac{(5P-2F_{CD})\,l^3}{48EI_1}$。代入上式，解得杆 CD 所受轴向压力

$$F_{CD} = \dfrac{\dfrac{5Pl^2}{48I_1}}{\dfrac{l^2}{24I_1}+\dfrac{1}{A_2}} = 244.7\,\text{N}$$

（2）计算动荷因数

此为垂直冲击问题。冲击点 B 沿冲击方向的静荷位移 Δ_{st} 就是相当系统中的悬臂梁 AB 在静荷 P 与 F_{CD} 共同作用下点 B 的挠度，由叠加法即得

$$\Delta_{st} = \dfrac{Pl^3}{3EI_1} - \dfrac{F_{CD}(l/2)^3}{3EI_1} - \dfrac{F_{CD}(l/2)^2}{2EI_1} \times \dfrac{l}{2} = 0.0617\,\text{mm}$$

根据式（11-3），得动荷因数

$$K_d = 1 + \sqrt{1+\dfrac{2h}{\Delta_{st}}} = 1 + \sqrt{1+\dfrac{2\times 20}{0.0617}} = 26.48$$

（3）校核梁 AB 的强度

作出梁 AB 的静荷弯矩图如图 11-10c 所示，可见。最大静荷弯矩发生在 C 截面，其值 $|M|_{max} = 50\,\text{N}\cdot\text{m}$，梁 AB 的最大静荷弯曲正应力

$$\sigma_{st\,max} = \dfrac{|M|_{max}}{W_1} = \dfrac{32|M|_{max}}{\pi d_1^3} = 2.36\,\text{MPa}$$

梁 AB 的最大动荷弯曲正应力

$$\sigma_{d\,max} = K_d \sigma_{st\,max} = 62.5\,\text{MPa} < [\sigma]$$

故梁 AB 的强度符合要求。

(4) 校核杆 CD 的稳定性

杆 CD 承受轴向压缩，其柔度

$$\lambda = \frac{\mu l}{i} = \frac{\mu l}{\frac{d_2}{4}} = 133.3 > \lambda_p$$

因此，杆 CD 为大柔度杆，根据欧拉公式，其临界力

$$F_{cr} = \frac{\pi^2 E}{\lambda^2} A = 78.4 \text{ kN}$$

杆 CD 承受的动荷轴向压力

$$F_d = K_d F_{CD} = 6.48 \text{ kN}$$

杆 CD 的工作安全因素

$$n = \frac{F_{cr}}{F_d} = 12.1 > n_{st}$$

故杆 CD 的稳定性满足要求。

二、水平冲击

如图 11-11a 所示，一重为 P 的物体，沿水平方向以速度 v 冲击杆件。F_d 与 Δ_d 分别表示杆件的冲击点沿冲击方向受到的最大冲击载荷与产生的最大动荷位移。

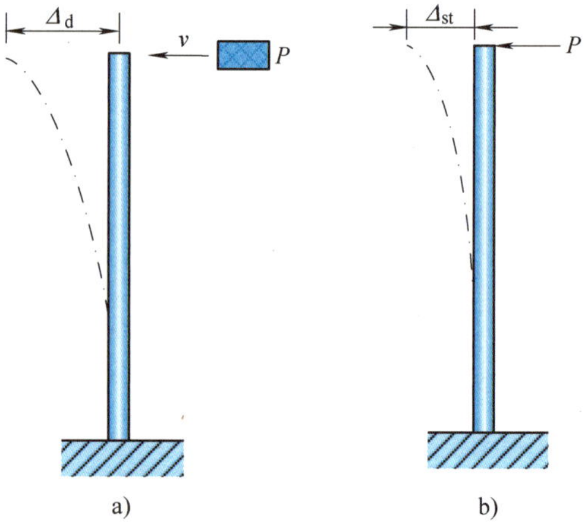

由于在水平冲击过程中，物体的重力势能没有变化，因此，物体的动能完全转化为了杆件在 Δ_d 对应位置上的弹性变形能。据此即有

$$\frac{1}{2} \frac{P}{g} v^2 = \frac{1}{2} F_d \Delta_d \quad \text{(a)}$$

在线弹性范围内，载荷与变形成正比，故有

$$F_d = \frac{P}{\Delta_{st}} \Delta_d \quad \text{(b)}$$

图 11-11

将式 (b) 代入式 (a)，并引入水平冲击的动荷因数

$$K_d = \sqrt{\frac{v^2}{g \Delta_{st}}} \quad \textbf{(11-5)}$$

即可得动荷位移

$$\Delta_d = K_d \Delta_{st}$$

式中，Δ_{st} 为冲击物的重力 P 以静载荷方式沿水平冲击方向作用于构件的冲击点时（见图 11-11b），所引起的构件的冲击点沿水平冲击方向的静荷位移。

对于其他冲击问题，也都可以利用能量法，做类似处理。

【例 11-8】 如图 11-12a 所示，钢丝绳的下端悬挂一重为 P 的重物，以速度 v 匀速下降。当钢丝绳长度为 l 时，滑轮突然被卡住。试求钢丝绳内的动荷应力。已知钢丝绳的横截面面积为 A、弹性模量为 E，滑轮与钢丝绳的质量均忽略不计。

解： 当滑轮被卡住时，重物的速度由 v 瞬间降为零，使钢丝绳受到冲击。由于钢丝绳在受到冲击前就有了静变形 Δ_{st}（见图 11-12b）与弹性变形能，所以式（11-2）对此问题不再适用。

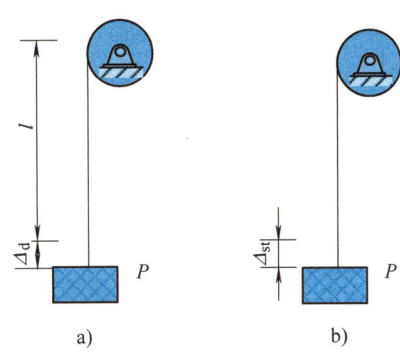

图 11-12

根据能量守恒原理，若不计能量损耗，重物在冲击过程中损失的动能和重力势能应等于钢丝绳内增加的弹性变形能，即

$$\frac{1}{2}\frac{P}{g}v^2 + P(\Delta_d - \Delta_{st}) = \frac{1}{2}F_d\Delta_d - \frac{1}{2}P\Delta_{st} \tag{a}$$

在线弹性范围内，载荷与变形成正比，即有

$$F_d = \frac{P}{\Delta_{st}}\Delta_d \tag{b}$$

将式（b）代入式（a），整理得

$$\Delta_d^2 - 2\Delta_{st}\Delta_d + \left(1 - \frac{\dfrac{v^2}{g}}{\Delta_{st}}\right)\Delta_{st}^2 = 0$$

解得钢丝绳的动荷变形

$$\Delta_d = K_d \Delta_{st}$$

式中，动荷因数

$$K_d = 1 + \sqrt{\dfrac{\dfrac{v^2}{g}}{\Delta_{st}}}$$

钢丝绳的静荷变形、静荷应力分别为

$$\Delta_{st} = \frac{Pl}{EA}, \quad \sigma_{st} = \frac{P}{A}$$

所以，钢丝绳内的动荷应力

$$\sigma_d = K_d \sigma_{st} = \left(1 + \sqrt{\frac{v^2 EA}{gPl}}\right)\frac{P}{A}$$

【例 11-9】 若例 11-3 中的转轴 AB 突然在 A 端制动，瞬间停止转动，试求轴内的最大切应力。已知转轴的长度 $l = 1\,\text{m}$，切变模量 $G = 80\,\text{GPa}$。

解: 转轴的 A 端突然制动时，飞轮的转速由 $n = 100$ r/min 瞬间变为零，使转轴受到冲击。若不计能量损耗，则飞轮的动能将完全转化为转轴的弹性变形能，即有

$$\frac{1}{2}J\omega^2 = \frac{1}{2}T_d\varphi_d = \frac{1}{2}\frac{T_d^2 l}{GI_p}$$

从而得到动荷扭矩

$$T_d = \omega\sqrt{\frac{JGI_p}{l}}$$

所以，此时转轴内的最大动荷扭转切应力

$$\tau_{d\max} = \frac{T_d}{W_t} = \omega\sqrt{\frac{JGI_p}{W_t^2 l}}$$

代入数据计算，最后得

$$\tau_{d\max} = 1057 \text{ MPa}$$

与例题 11-3 相比，最大切应力增大了约 395 倍。在这种情况下，$\tau_{d\max}$ 早已超过了材料的许用扭转切应力。因此，为了保证转轴的安全，在停车时应尽量避免紧急制动。

第四节 交变应力与疲劳破坏

一、交变应力与疲劳破坏简介

在工程中，许多构件工作时受到随时间做周期性交替变化的应力，即**交变应力**的作用。

例如，齿轮每旋转一周，其上的每个轮齿均啮合一次。自开始啮合至脱开的过程中，轮齿所受的啮合力 F 迅速地由零增至某一最大值，然后再减为零（见图 11-13a）。轮齿齿根内的应力 σ 也随之迅速地由零增至某一最大值 $\sigma_{\max}$，再降至零。齿轮不停地转动，σ 也就随时间 t 不停地做周期性交替变化，其间的关系曲线如图 11-13b 所示。

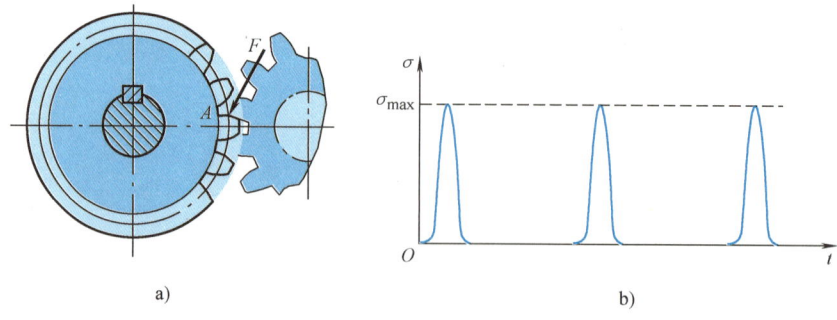

图 11-13

再如火车轮轴（见图 1-6），尽管所承受的载荷 F 保持不变，但由于轮轴随车轮以角速度 ω 不停地旋转，其横截面上某一固定点 A（见图 11-14a）的弯曲正应力

$$\sigma = \frac{M}{I_z} y_A = \frac{M}{I_z} R\sin\omega t$$

同样在随时间做周期性地交替变化，σ 与 t 之间的函数曲线如图 11-14b 所示。

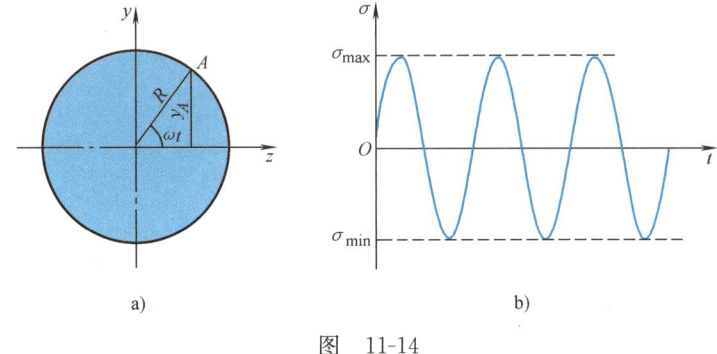

图 11-14

经验表明，在交变应力的作用下，即使构件内的最大工作应力远小于材料在静载荷下的极限应力，但在经历一定时间后，构件仍然会发生突然断裂。而且，即使是塑性材料，在断裂前也不会发生明显的塑性变形。这种因交变应力的长期作用而引发的低应力脆性断裂现象称为**疲劳破坏**。

通过大量的试验和研究，人们对疲劳破坏的机理和过程，业已形成了一个统一的认识：在交变应力的作用下，首先会在构件表面的应力集中处或内部的材质缺陷处，产生细微裂纹，形成裂纹源；这种细微裂纹将随着交变应力循环次数的增加而不断扩展，在扩展过程中，由于交变应力的拉、压交替变化，裂纹的两表面时而压紧，时而张开，从而形成断口表面的光滑区；当裂纹扩展到某一临界尺寸时，即发生脆性断裂，相应断口区域呈现出粗糙颗粒状（见图 11-15）。

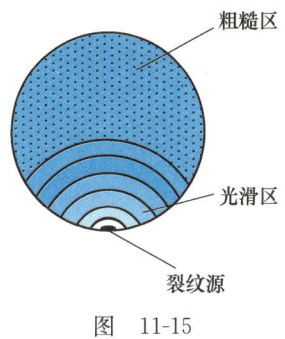

图 11-15

统计表明，在机械与航空等领域中，构件的破坏大都是由于疲劳破坏而引起的，而且疲劳破坏带有突发性，往往会造成灾难性的后果。因此，在工程设计中，必须高度重视构件的疲劳强度问题。

二、交变应力的特征参数

典型的交变应力如图 11-16 所示，应力在两个极值之间做周期性地交替变

化。应力每重复变化一次，称为一个**应力循环**。

在一个应力循环中，最大应力 $\sigma_{\max}$ 和最小应力 $\sigma_{\min}$ 的代数平均值

$$\sigma_{\mathrm{m}} = \frac{\sigma_{\max} + \sigma_{\min}}{2} \quad (11\text{-}6)$$

称为**平均应力**；最大应力 $\sigma_{\max}$ 和最小应力 $\sigma_{\min}$ 的代数差的一半

$$\sigma_{\mathrm{a}} = \frac{\sigma_{\max} - \sigma_{\min}}{2} \quad (11\text{-}7)$$

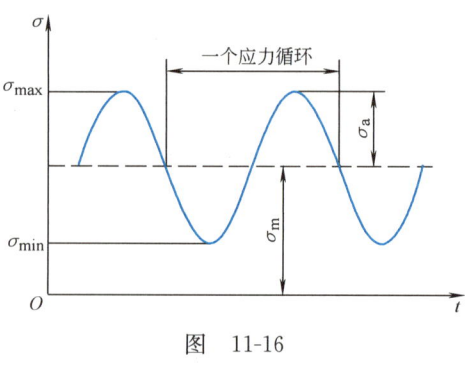

图 11-16

称为**应力幅**；最小应力 $\sigma_{\min}$ 与最大应力 $\sigma_{\max}$ 的比值

$$r = \frac{\sigma_{\min}}{\sigma_{\max}} \quad (11\text{-}8)$$

称为**应力比**或**循环特性**。

若交变应力的最大应力 $\sigma_{\max}$ 与最小应力 $\sigma_{\min}$ 的数值相等、正负号相反，即应力比 $r = -1$，称为**对称循环**（见图 11-17a）；除此之外的其余情况，统称为**非对称循环**。非对称循环交变应力中的一种特殊情况，$\sigma_{\min} = 0$，即 $r = 0$，则称为**脉动循环**（见图 11-17b）。

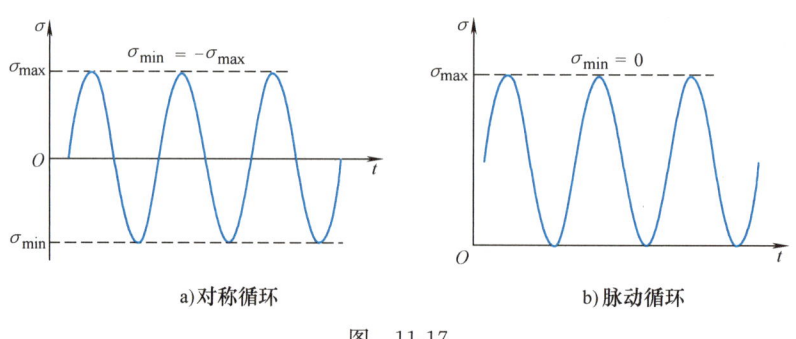

a) 对称循环　　　　　　　　b) 脉动循环

图 11-17

由图 11-16 可见，任何非对称循环交变应力，都可以看成是在平均应力 σ_{m} 上叠加了一个应力幅为 σ_{a} 的对称循环交变应力。

显然，静应力也可视为交变应力当应力比 $r = 1$ 时的一个特例。

注意到，在交变应力的五个特征参数（$\sigma_{\max}$、$\sigma_{\min}$、σ_{m}、σ_{a} 与 r）中，只有两个是独立的，即只要知道其中任意两个，其余三个均可由其求出。

需要指出，本节关于交变应力的概念以及下节关于疲劳强度计算的内容，尽管都是通过正应力来表述的，但实际上对于交变切应力也同样适用，只要将其中的正应力符号 σ 改为切应力符号 τ 即可。

第五节　构件的疲劳强度计算

一、材料的疲劳极限

材料在交变应力作用下的疲劳强度，应根据相应的国家标准[⊖]，通过专门的疲劳试验来确定。

在疲劳试验中，分别测定出一组相同试样，在具有同一应力比 r，但不同最大应力 σ_{max} 的交变应力作用下的**疲劳寿命** N（即疲劳破坏时所经历的应力循环次数）。显然，试样所承受的交变应力的最大应力 σ_{max} 越高，其对应的疲劳寿命 N 就越低；反之亦然。以疲劳寿命 N 为横坐标，以最大应力 σ_{max} 为纵坐标，依据试验数据描绘出 σ_{max} 与 N 之间的关系曲线。这种曲线称为材料的**应力-疲劳寿命曲线**或 **S-N 曲线**。例如，图 11-18、图 11-19 分别为 45 钢、硬铝的 S-N 曲线。

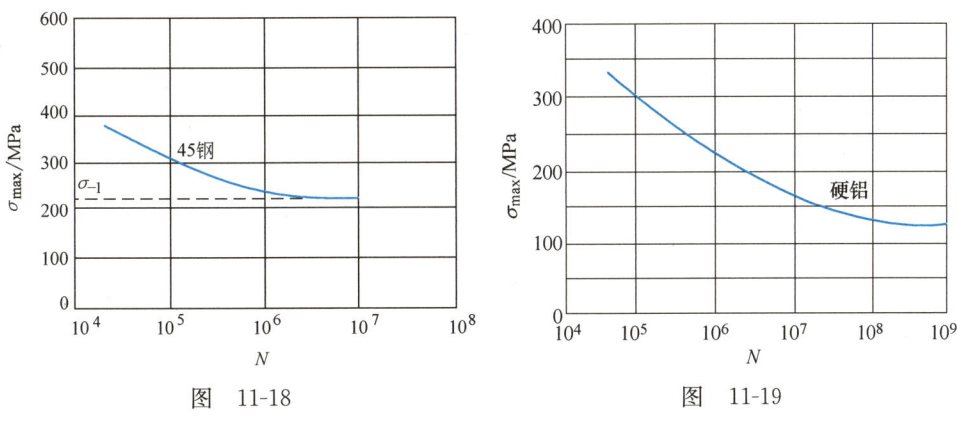

图 11-18　　　　　　　　　图 11-19

大量试验数据表明，对于钢和铸铁等黑色金属，其 S-N 曲线一般都具有水平渐近线（见图 11-18），即当交变应力的最大应力 σ_{max} 趋向于某一数值 σ_r 时，试样的疲劳寿命 N 将趋向于无穷大。这一可使材料经历无数次应力循环而不发生疲劳破坏的最大应力 σ_r 称为材料的**疲劳极限**或**持久极限**，其中下标 r 代表应力比。例如，图 11-18 中的 σ_{-1} 即代表该材料在对称循环（$r = -1$）下的疲劳极限。

对于铝合金等有色金属，其 S-N 曲线通常不存在水平渐近线（见图 11-19），即不存在疲劳极限。此时规定，以对应某一指定寿命 N_0（一般取 $N_0 = 10^7 \sim 10^8$）的交变应力的最大应力作为疲劳强度指标，并称为**条件疲劳极限**。

⊖ 如《金属材料疲劳试验旋转弯曲方法》GB/T 4337—2015、《金属材料疲劳试验轴向力控制方法》GB/T 3075—2021。

二、影响构件疲劳极限的因素

材料的疲劳极限，一般是用光滑小试样测定的。经验表明，实际构件的疲劳极限，除了与材料有关，还与构件的外形、尺寸、表面状况，以及工作环境等因素相关。下面，就影响构件在对称循环下疲劳极限的主要因素逐一加以介绍。

1. 构件外形的影响

构件外形的突变将引起应力集中，而应力集中将促使疲劳裂纹的形成，从而显著降低构件的疲劳极限。

若在对称循环下，材料的疲劳极限为 σ_{-1}，有应力集中但无其他因素影响的构件的疲劳极限为 $(\sigma_{-1})_k$，定义其比值

$$K_\sigma = \frac{\sigma_{-1}}{(\sigma_{-1})_k} \tag{11-9}$$

为**有效应力集中因数**。其值愈大，构件外形对疲劳极限的影响就愈大。

常用的有效应力集中因数 K_σ 可从有关机械设计手册中查到，图 11-20 给出了阶梯形圆轴纯弯曲时的有效应力集中因数。从中可见，有效应力集中因数 K_σ 不仅与构件外形有关，还与材料的静载强度极限 σ_b 有关。一般来说，静载强度极限 σ_b 越大，有效应力集中因数 K_σ 就越大。

2. 构件尺寸的影响

材料的疲劳极限是采用直径为 7～10 mm 的标准小试样测定的。经验表明，在其他条件均相同的情况下，试样的尺寸越大，其疲劳极限就越低。

若在对称循环下，标准小试样的疲劳极限为 σ_{-1}，直径为 d 的大尺寸试样的疲劳极限为 $(\sigma_{-1})_d$，定义其比值

$$\varepsilon_\sigma = \frac{(\sigma_{-1})_d}{\sigma_{-1}} \tag{11-10}$$

为**尺寸因数**。其值越小，构件尺寸对疲劳极限的影响就越大。

图 11-21 给出了碳钢和合金钢圆轴的尺寸因数。

3. 构件表面状况的影响

经验表明，构件的表面状况也会对疲劳极限产生明显的影响。构件表面越粗糙，其疲劳极限就越低。这是因为在粗糙的表面，加工刀痕与擦伤较多，更容易引起应力集中，从而降低疲劳极限。另一方面，如果构件表面经过渗碳、喷丸等强化处理，则会提高疲劳极限。

构件表面状况对疲劳极限的影响，可用**表面质量因数** β 来表示。在对称循环下，材料的疲劳极限为 σ_{-1}，表面状况不同的构件的疲劳极限为 $(\sigma_{-1})_\beta$，表面质量因数 β 定义为

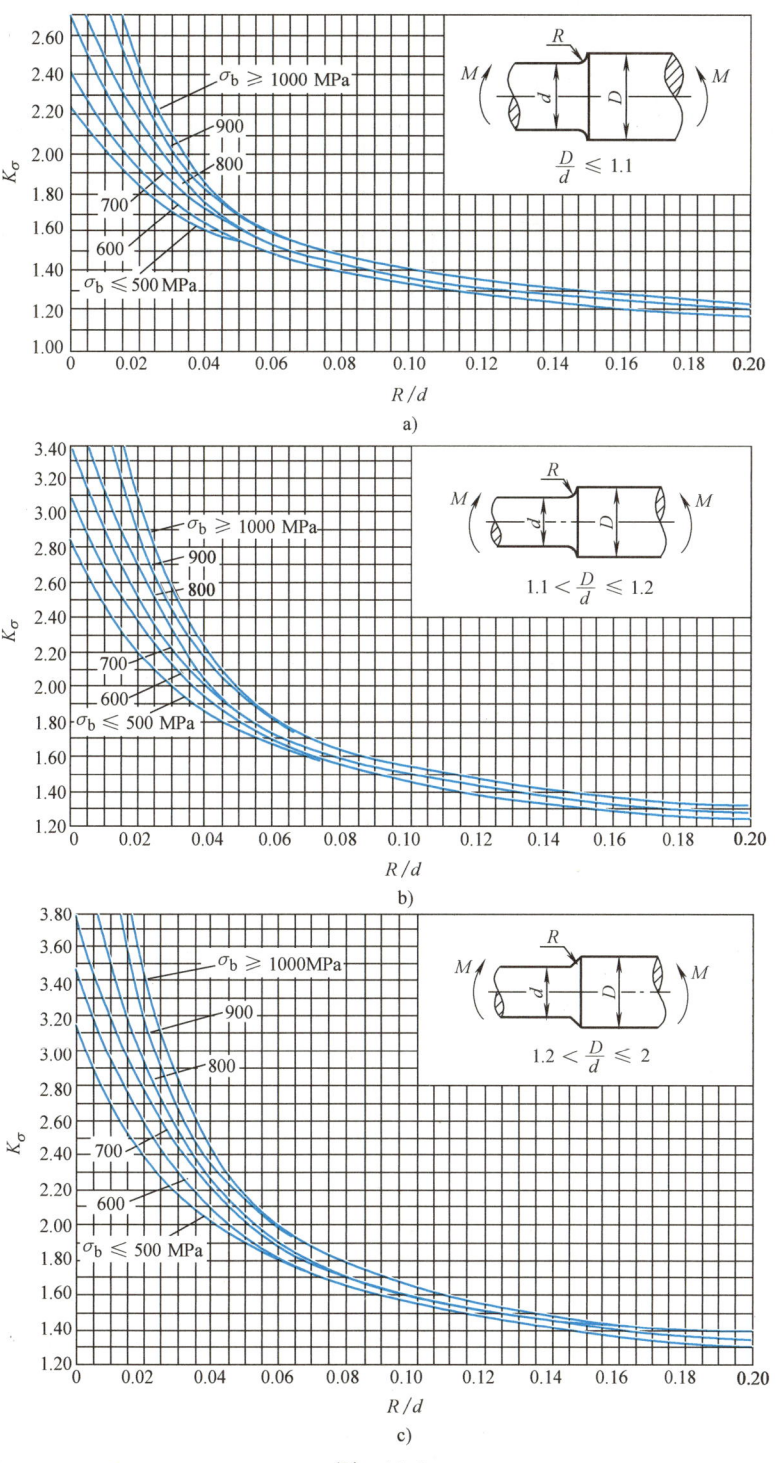

图 11-20

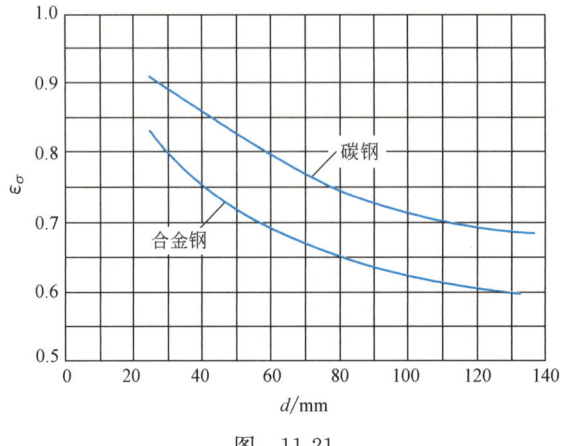

图 11-21

$$\beta = \frac{(\sigma_{-1})_\beta}{\sigma_{-1}} \tag{11-11}$$

图 11-22 给出了对应不同表面粗糙度的表面质量因数 β。从中可见，表面质量因数 β 不仅与构件外形有关，还与材料的静载强度极限 σ_b 有关。一般来说，静载强度极限 σ_b 越大，构件表面粗糙度对疲劳极限的影响就越大。

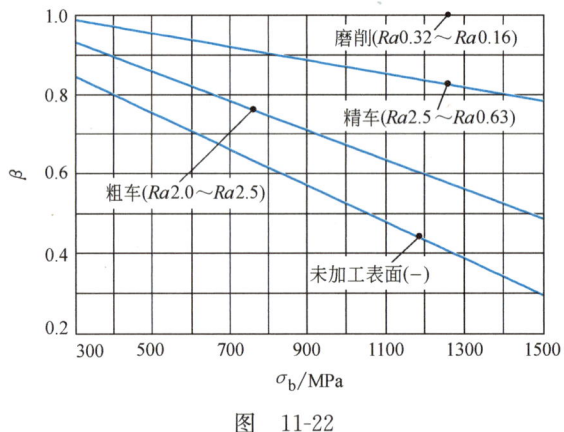

图 11-22

三、构件的疲劳极限

综合考虑上述三种影响疲劳极限的主要因素，构件在对称循环下的疲劳极限可表达为

$$\sigma_{-1}^0 = \frac{\varepsilon_\sigma \beta}{K_\sigma} \sigma_{-1} \tag{11-12}$$

四、对称循环下构件的疲劳强度条件

在对称循环交变应力作用下,构件的许用应力为

$$[\sigma_{-1}] = \frac{\sigma_{-1}^0}{n_f} = \frac{\varepsilon_\sigma \beta}{n_f K_\sigma} \sigma_{-1} \tag{11-13}$$

式中,$n_f > 1$,为规定的**疲劳安全因数**(其值可查阅有关设计规范)。由此得对称循环下构件的疲劳强度条件为

$$\sigma_{\max} \leqslant [\sigma_{-1}] = \frac{\varepsilon_\sigma \beta}{n_f K_\sigma} \sigma_{-1} \tag{11-14}$$

或者改写为

$$n_\sigma = \frac{\varepsilon_\sigma \beta \sigma_{-1}}{K_\sigma \sigma_{\max}} \geqslant n_f \tag{11-15a}$$

式中,n_σ 为构件的**工作安全因数**。

若构件承受对称循环扭转交变切应力的作用,则上述疲劳强度条件应改写为

$$n_\tau = \frac{\varepsilon_\tau \beta \tau_{-1}}{K_\tau \tau_{\max}} \geqslant n_f \tag{11-15b}$$

根据式(11-14)或式(11-15),即可进行对称循环下构件的疲劳强度计算。

【例 11-10】 图 11-23 所示的阶梯形圆轴,受弯曲对称循环交变应力的作用。已知所受弯矩 $M = 400\ \text{N} \cdot \text{m}$,轴的尺寸 $D = 50\ \text{mm}$、$d = 40\ \text{mm}$、$R = 2\ \text{mm}$,材料的强度极限 $\sigma_b = 1200\ \text{MPa}$、疲劳极限 $\sigma_{-1} = 450\ \text{MPa}$,轴的表面经过精车加工。若规定的疲劳安全因数 $n_f = 1.6$,试校核其疲劳强度。

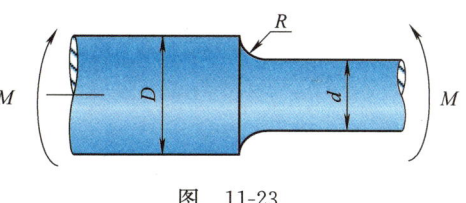

图 11-23

解:(1)计算构件疲劳极限的影响因数

根据 $\sigma_b = 1200\ \text{MPa}$,$D/d = 1.25$、$R/d = 0.05$,由图 11-20c 查得,其有效应力集中因数约为

$$K_\sigma = 2.17$$

根据 $d = 40\ \text{mm}$,由图 11-21 查得,其尺寸因数约为

$$\varepsilon_\sigma = 0.755$$

根据精车加工的表面状况,由图 11-22 查得,其表面质量因数约为

$$\beta = 0.84$$

(2)计算交变应力的最大应力

交变应力的最大应力 $\sigma_{\max}$ 位于较细一段轴的横截面上,根据弯曲正应力计算公式,有

$$\sigma_{\max} = \frac{M}{W_z} = \frac{400\ \text{N} \cdot \text{m} \times 32}{\pi \times 40^3 \times 10^{-9}\ \text{m}^3} = 63.7 \times 10^6\ \text{Pa} = 63.7\ \text{MPa}$$

(3) 校核疲劳强度

由式 (11-13)，得对称循环交变应力作用下的许用应力

$$[\sigma_{-1}] = \frac{\varepsilon_\sigma \beta}{n_f K_\sigma} \sigma_{-1} = \frac{0.755 \times 0.84}{1.6 \times 2.17} \times 450 \text{ MPa} = 82.2 \text{ MPa}$$

由于

$$\sigma_{\max} = 63.7 \text{ MPa} < [\sigma_{-1}] = 82.2 \text{ MPa}$$

所以，该阶梯形圆轴的疲劳强度符合要求。

五、非对称循环下构件的疲劳强度条件

非对称循环交变应力，可以看成是在平均应力 σ_m 上叠加了一个应力幅为 σ_a 的对称循环交变应力。根据对试验结果的分析，非对称循环下构件的疲劳强度条件可以表达为

$$n_\sigma = \frac{\sigma_{-1}}{\dfrac{K_\sigma}{\varepsilon_\sigma \beta}\sigma_a + \psi_\sigma \sigma_m} \geqslant n_f \tag{11-16a}$$

若构件承受非对称循环扭转交变切应力的作用，则上述疲劳强度条件应改写为

$$n_\tau = \frac{\tau_{-1}}{\dfrac{K_\tau}{\varepsilon_\tau \beta}\tau_a + \psi_\tau \tau_m} \geqslant n_f \tag{11-16b}$$

式中，$\psi_\sigma(\psi_\tau)$ 称为**敏感因数**，它反映了材料对应力循环非对称性的敏感程度。敏感因数 $\psi_\sigma(\psi_\tau)$ 与材料的静强度有关，表 11-1 中列出了其近似值，仅供参考。

表 11-1 材料的敏感因数 $\psi_\sigma(\psi_\tau)$

σ_b/MPa	350～500	500～700	700～1000	1000～1200	1200～1400
ψ_σ	0	0.05	0.1	0.2	0.25
ψ_τ	0	0	0.05	0.1	0.15

显然，对于承受应力比 $r > -1$ 的非对称循环交变应力的构件，除了根据式 (11-16) 进行疲劳强度计算外，还应补充按照下式进行静强度校核：

$$\sigma_{\max} = \sigma_a + \sigma_m \leqslant [\sigma] = \frac{\sigma_s}{n_s} \tag{11-17}$$

六、弯扭组合交变应力下构件的疲劳强度条件

机器中的轴类构件经常受到弯曲与扭转组合交变应力的作用，其疲劳强度条件可以表达为

$$n_{\sigma\tau} = \frac{n_\sigma n_\tau}{\sqrt{n_\sigma^2 + n_\tau^2}} \geqslant n_f \tag{11-18}$$

式中，n_f 为规定的疲劳安全因数；$n_{\sigma\tau}$ 为弯扭组合交变应力下构件的工作安全因数；n_σ 和 n_τ 分别为只有弯曲交变正应力和扭转交变切应力时的工作安全因数，分别按式（11-15a）和式（11-15b）确定。在非对称循环弯扭组合交变应力作用下，式（11-18）亦可适用，但此时的 n_σ 和 n_τ 应分别按式（11-16a）和式（11-16b）来确定。

复习思考题

11-1 何谓静载荷？

11-2 何谓动载荷？常见的动载荷有哪几类？

11-3 突加载荷与静载荷的区别何在？

11-4 解决构件做加速运动时的动载荷问题的基本方法是什么？

11-5 解决冲击动载荷问题的基本方法是什么？

11-6 何谓动荷因数？它在处理动载荷问题时起到了什么作用？

11-7 降低冲击载荷的主要措施有哪些？

11-8 何谓交变应力？

11-9 交变应力有哪几个特征参数？这些参数之间的关系是什么？

11-10 疲劳破坏有哪些主要特点？

11-11 疲劳破坏过程可分为几个阶段？

11-12 何谓材料的 S-N 曲线？

11-13 何谓材料的疲劳极限？何谓材料的条件疲劳极限？

11-14 影响构件疲劳极限的主要因素有哪些？

11-15 如何进行对称循环下构件的疲劳强度计算？

11-16 如何进行非对称循环下构件的疲劳强度计算？

11-1 用一直径 $d = 40$ mm 的缆绳竖直起吊一重 $P = 50$ kN 的重物。已知重物在最初 3 s 内按匀加速被升了 9 m。若不计缆绳自重，试计算在提升过程中缆绳横截面上的动荷应力。

11-2 如习题 11-2 图所示，用两根相同吊索，以 $a = 10$ m/s² 的加速度平行吊起一根长 $l = 12$ m 的 No.14 工字钢。已知吊索横截面面积 $A = 72$ mm²。若只考虑工字钢自重而不计吊索自重，试计算吊索内的动荷应力及工字钢内的最大动荷应力。

11-3 如习题 11-3 图所示，轴 AB 以匀角速度 ω 旋转，在轴的纵向对称平面内，于跨中和自由端分别固结了一个重为 P 的重物。若不计连杆和轴的重力，试求轴内的最大动荷弯矩。

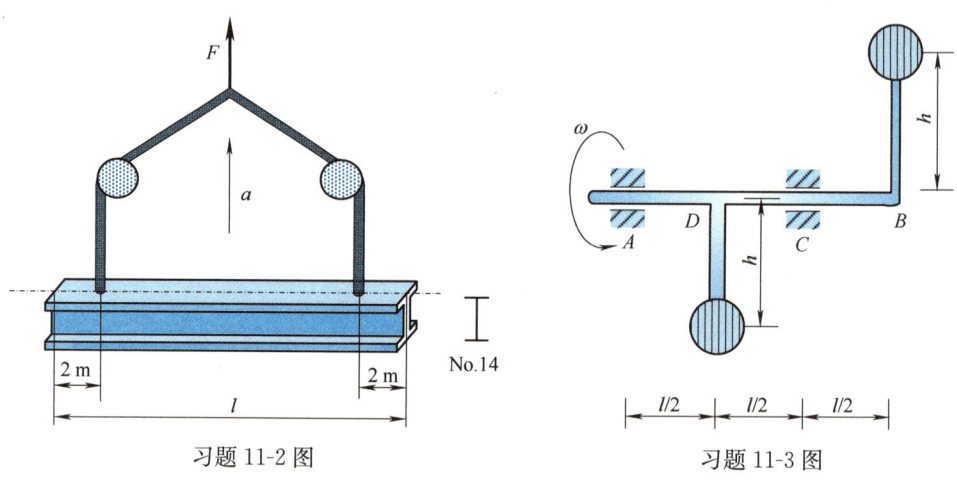

习题 11-2 图　　　　　　习题 11-3 图

11-4　如习题 11-4 图所示，一长度为 l、横截面面积为 A、重为 P_1 的匀质杆，以角速度 ω 绕铅垂轴在水平平面内转动。另外，在杆端还固连了一重为 P 的重物。已知材料的弹性模量 E，试求杆的动荷伸长。

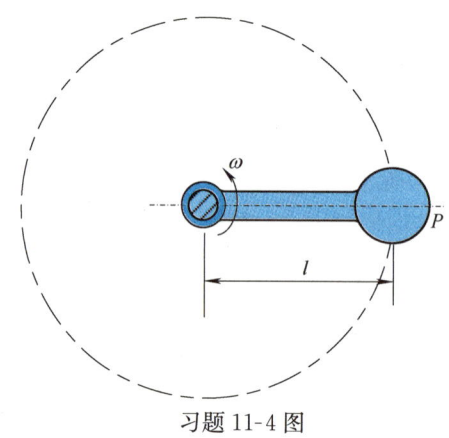

习题 11-4 图

11-5　如习题 11-5 图所示，转轴上装一钢制圆盘，盘上有一圆孔。若轴与盘一体，以 $\omega = 40$ rad/s 的等角速度旋转，试求因该圆孔引起的转轴内的动荷最大弯曲正应力。已知钢的质量密度 $\rho = 7848.6$ kg/m³。

11-6　如习题 11-6 图所示，一直径 $d = 30$ cm、长 $l = 6$ m 的圆木桩，下端固定，上端受重 $P = 5$ kN 的重锤作用。已知木材的弹性模量 $E_1 = 10$ GPa，试求下列三种情况下木桩内的最大正应力：(1) 重锤以静载荷方式作用于木桩上（见习题 11-6 图 a）；(2) 重锤从离桩顶 1 m 的高度自由落下（见习题 11-6 图 b）；(3) 在桩顶放置一直径为 15 cm、厚度为 20 mm、弹性模量为 $E_2 = 8$ MPa 的橡胶垫，重锤从离橡胶垫顶面 1 m 的高度自由落下（见习题 11-6 图 c）。

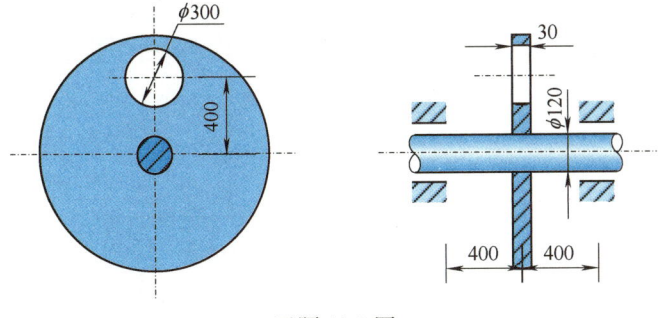

习题 11-5 图

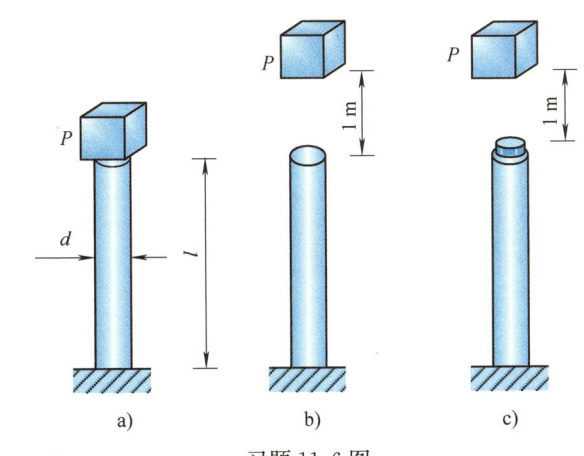

习题 11-6 图

11-7 如习题 11-7 图所示,一圆截面钢杆的下端固结一刚性托盘,盘上放置一刚度系数为 $k = 1.6$ MN/m 的弹簧。已知钢杆的直径 $d = 40$ mm、长度 $l = 4$ m,材料的许用应力 $[\sigma] = 120$ MPa、弹性模量 $E = 200$ GPa,钢杆与托盘的自重可忽略不计。若有一重 $P = 15$ kN 的重物自由落下,试求其许可高度 h。再问,如果没有弹簧,许可高度 h 又为多少?

11-8 如习题 11-8 图所示,重为 P 的重物从高度 h 处自由下落,冲击简支梁 AB 的 D 点。已知梁的抗弯刚度为 EI,抗弯截面系数为 W,试求梁内的动荷最大弯曲正应力及跨中截面 C 的动荷挠度。

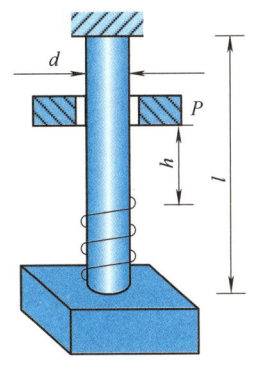

习题 11-7 图

11-9 如习题 11-9 图所示,重为 P 的重物从高度 h 处自由下落,冲击于半长为 l 的外伸梁 AD 的 D 点。已知梁的抗弯刚度为 EI,试求截面 C 的动荷挠度。

11-10 如习题 11-10 图所示,矩形截面钢梁 AD 和圆截面钢杆 BD 在 D 点处铰结,一重 $P = 1$ kN 的重物自高度 $H = 100$ mm 处自由下落,落在 AD 梁的中点 C 处。已知梁 AD 的

长度 $l = 1$ m，截面尺寸 $b = 40$ mm、$h = 60$ mm，杆 BD 的长度 $L = 4$ m，截面直径 $d = 10$ mm，材料的弹性模量 $E = 200$ GPa。若不计梁和杆的自重，试求杆 BD 的动荷伸长。

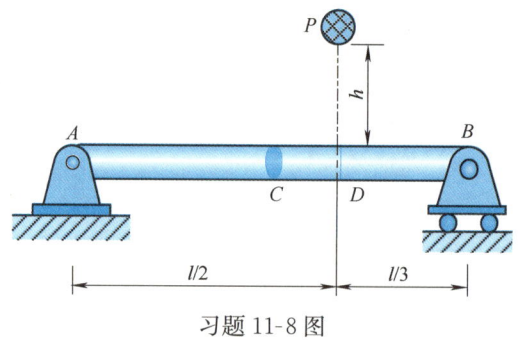

习题 11-8 图

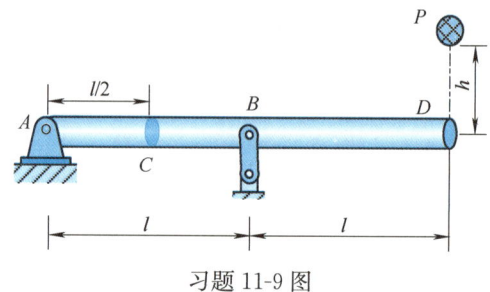

习题 11-9 图

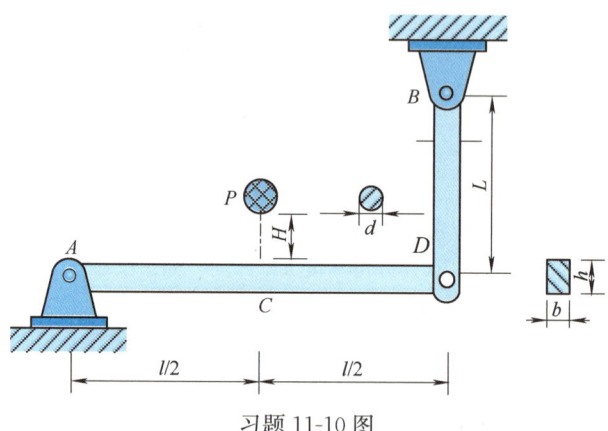

习题 11-10 图

11-11 习题 11-11 图所示一卷扬机，吊着重 $P = 2$ kN 的重物以速度 $v = 1.6$ m/s 匀速下降。当吊索长度 $l = 60$ m 时，突然制动。已知吊索横截面面积 $A = 400$ mm²，弹性模量 $E = 170$ GPa。若不计吊索自重，试计算吊索横截面上的动荷应力。

11-12 如习题 11-12 图所示，重 $P = 2$ kN 的冰块，以速度 $v = 1$ m/s 沿水平方向冲击一木桩的上端。已知木桩长度 $l = 3$ m，直径 $d = 200$ mm，弹性模量 $E = 11$ GPa。若不计

木桩自重，试求木桩内的最大动荷正应力。

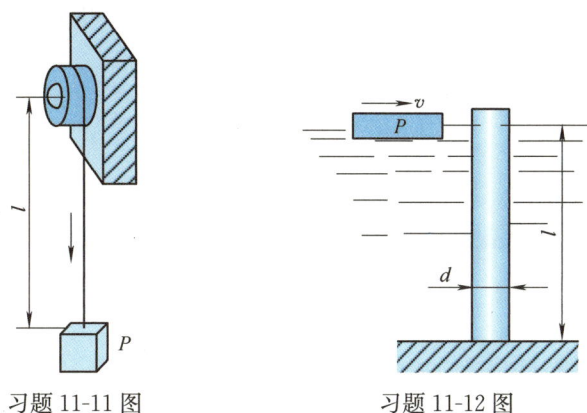

习题 11-11 图　　　　　习题 11-12 图

11-13　如习题 11-13 图所示，竖直杆 AD 的 D 端固结一重为 P 的重物，给重物一水平初速度 v，使重物落在水平简支梁 AB 的中点 C。已知梁 AB 的抗弯刚度为 EI。若不计梁和杆的自重，试求梁 AB 的最大动荷挠度。

11-14　如习题 11-14 图所示，若将上题中的装置顺时针旋转 90°，而其他条件均不变，则此时梁 AB 的最大动荷挠度是多少？

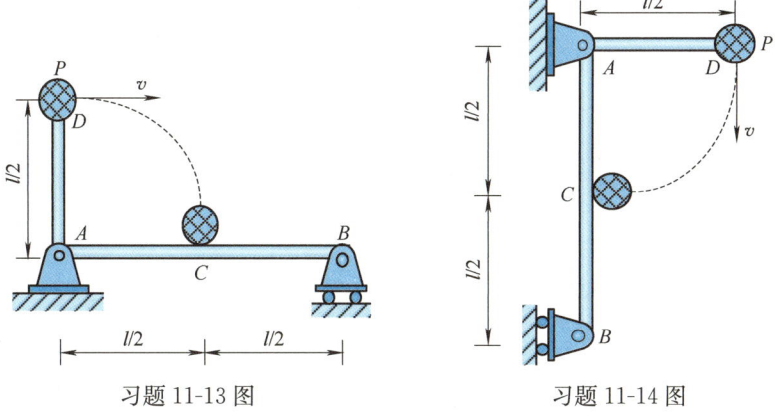

习题 11-13 图　　　　　习题 11-14 图

11-15　如习题 11-15 图所示，一个重 $P = 120\,\text{N}$ 的物块，从高度为 H 处自由下落，冲击到木制悬臂梁的截面 C 上时，测得自由端 B 的最大动荷挠度 $w_\text{d} = 112\,\text{mm}$。已知木梁的弹性模量 $E = 8\,\text{GPa}$，截面宽度 $b = 240\,\text{mm}$、高度 $h = 50\,\text{mm}$。试求下落高度 H 与梁内的最大动荷正应力。

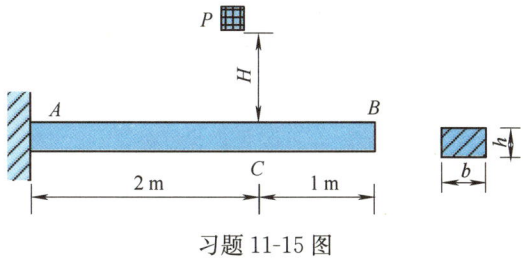

习题 11-15 图

11-16 如习题 11-16 图所示，矩形截面梁 AB 的 A 端固定，B 端用刚度系数为 k 的弹簧支承。重为 P 的重物从高度 H 处自由下落，冲击梁的 B 端。已知梁的弹性模量为 E，若不计梁的自重，试求梁内的最大弯曲正应力。

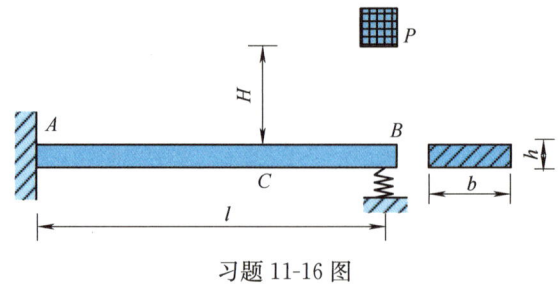

习题 11-16 图

11-17 试计算习题 11-17 图所示各交变应力的应力比、平均应力与应力幅。

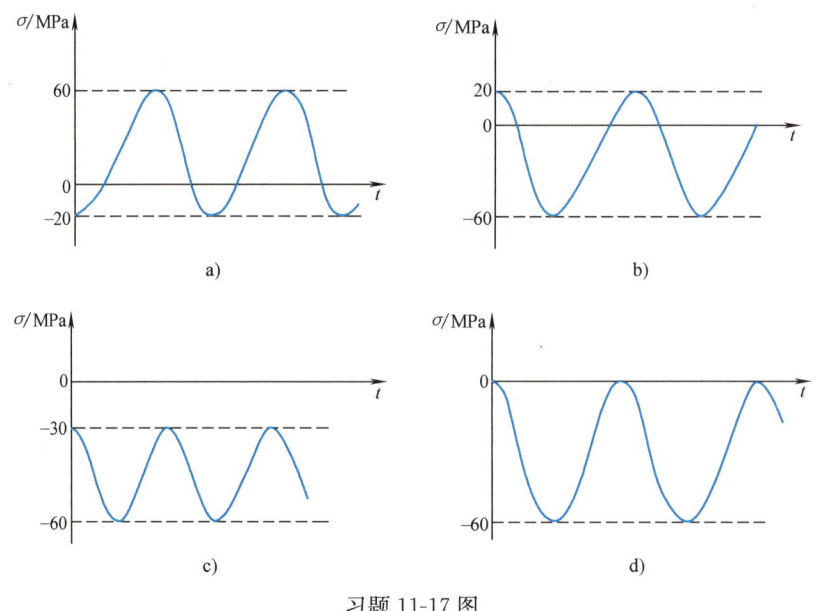

习题 11-17 图

11-18 习题 11-18 图所示一阶梯形圆轴，受弯曲对称循环交变应力的作用。已知弯矩 $M = 1.5 \text{ kN} \cdot \text{m}$，轴的尺寸 $D = 60 \text{ mm}$，$d = 50 \text{ mm}$，$R = 5 \text{ mm}$，材料的强度极限 $\sigma_b = 1000 \text{ MPa}$、疲劳极限 $\sigma_{-1} = 550 \text{ MPa}$，轴的表面经过精车加工。若规定的疲劳安全因数 $n_f = 1.7$，试校核其疲劳强度。

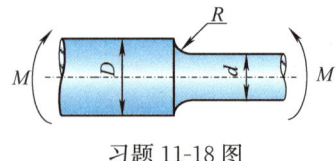

习题 11-18 图

11-19 矩形截面组合梁 ABC 如习题 11-19 图所示，在梁 BC 跨中 D 处受重为 P 的物体自由落体冲击，已知材料的弹性模量为 E，试求组合梁内的最大动荷应力。

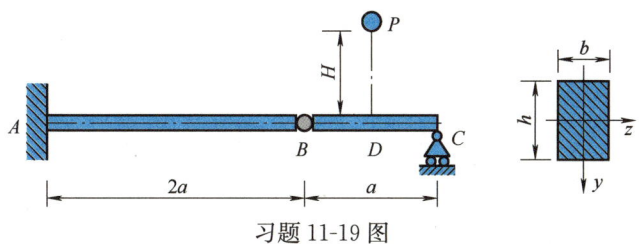

习题 11-19 图

11-20 如习题 11-20 图所示，铅垂方向放置的简支梁 AB 受速度为 v、质量为 m 的物体水平冲击。已知梁的抗弯刚度为 EI，试证明梁内的最大动荷应力与冲击位置无关。

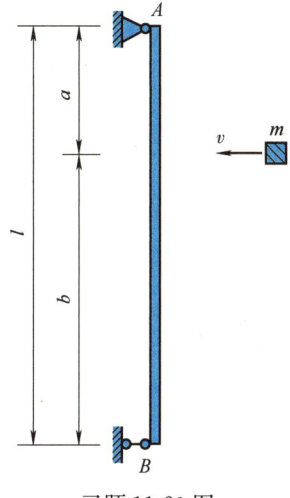

习题 11-20 图

# 第十二章
能 量 法

第一节 引 言

在外力作用下，固体的变形将引起外力的作用点沿其作用方向产生位移。因此，在固体的变形过程中，外力将做功。

与此同时，弹性固体因变形将具有做功的本领，即具有能量，这种能量称为**应变能**或**变形能**。

对于在静载荷作用下的完全弹性体，在其加载变形过程中，其他形式的能量变化或损耗均可忽略不计。因此，根据能量守恒原理，外力功 W 应等于弹性体的应变能 V_ε，即有

$$W = V_\varepsilon \tag{12-1}$$

以此为基础，即可建立起外力与位移之间的关系，从而给出计算弹性结构位移的方法。这类方法就称为**能量法**。

本章主要内容包括杆件应变能的计算、卡氏定理、互等定理、单位载荷法以及图乘法。

第二节 外力功与应变能的计算

一、外力功的计算

外力功的计算在理论力学中已有系统介绍。这里，仅讨论能量法中所涉及的线弹性结构上的外力功的计算。

如图 12-1a 所示，梁在静载荷 F 的作用下，因变形引起 F 作用点沿 F 作用方向产生位移 Δ。由于在加载变形过程中，静载荷是由零开始逐渐增加，最终达

到定值 F 的；对应位移也是随之由零开始逐渐增大，最终达到定值 Δ 的。因此，根据变力功的计算公式，外力 F 的功应为

$$W = \int_0^\Delta F \mathrm{d}\Delta$$

在线弹性范围内，F 与 Δ 成正比（见图 12-1b），于是，得到线弹性结构上外力功的计算公式

$$W = \frac{1}{2}F\Delta \qquad (12\text{-}2)$$

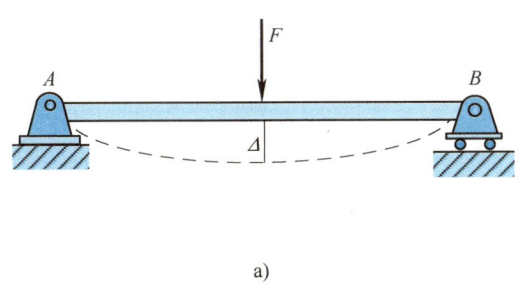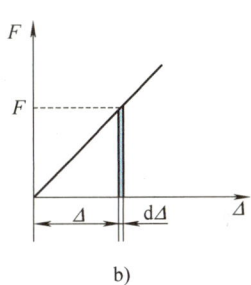

图 12-1

需要指出，式（12-2）中的外力 F 是广义的，它可以是一个集中力，一个集中力偶，也可以是一对等值、反向的集中力或集中力偶。与此相应，位移 Δ 也是广义的，如果 F 为一个集中力，它就是沿 F 作用方向的线位移；如果 F 为一个集中力偶，它就是角位移；如果 F 为一对等值、反向的集中力或集中力偶，它就是相对线位移或相对角位移。关于这一点，读者可通过后面的有关例题加深理解。

二、应变能的计算

下面介绍在线弹性条件下，杆件应变能的计算。

1. 轴向拉（压）杆

图 12-2 为从轴向拉（压）杆中截取的微段，根据胡克定律，在轴力 $F_N(x)$ 的作用下，该微段杆产生的轴向变形为

$$\mathrm{d}\Delta l = \frac{F_N(x)}{EA}\mathrm{d}x$$

式中，EA 为杆的抗拉（压）刚度。

由式（12-2），$F_N(x)$ 在 $\mathrm{d}\Delta l$ 上所做的功

$$\mathrm{d}W = \frac{1}{2}F_N(x) \cdot \mathrm{d}\Delta l = \frac{F_N^2(x)}{2EA}\mathrm{d}x$$

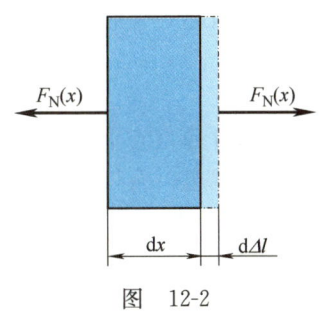

图 12-2

根据式 (12-1)，即得微段轴向拉（压）杆的应变能

$$dV_\varepsilon = dW = \frac{F_N^2(x)}{2EA}dx$$

所以，整根轴向拉（压）杆的应变能为

$$V_\varepsilon = \int_l \frac{F_N^2(x)}{2EA}dx \qquad (12\text{-}3)$$

当 $\dfrac{F_N}{EA}$ 为常量时，式 (12-3) 成为

$$V_\varepsilon = \frac{F_N^2 l}{2EA} \qquad (12\text{-}4)$$

2. 扭转圆轴

同理，可以得到扭转圆轴的应变能

$$V_\varepsilon = \int_l \frac{T^2(x)}{2GI_p}dx \qquad (12\text{-}5)$$

式中，$T(x)$ 为轴 x 截面上的扭矩；GI_p 为轴的抗扭刚度。当 $\dfrac{T}{GI_p}$ 为常量时，式 (12-5) 成为

$$V_\varepsilon = \frac{T^2 l}{2GI_p} \qquad (12\text{-}6)$$

3. 对称弯曲梁

可以表明，对于工程中常见的细长梁，剪切应变能相对很小，因此，只需考虑弯曲应变能即可。用类似的方法可以得出，对称弯曲梁的应变能为

$$V_\varepsilon = \int_l \frac{M^2(x)}{2EI}dx \qquad (12\text{-}7)$$

式中，$M(x)$ 为梁 x 截面上的弯矩；EI 为梁的抗弯刚度。

由于刚架与梁类似，也是主要承受弯曲变形的结构，所以上式亦适用于刚架。

4. 组合变形杆

对于承受组合变形的杆件，在小变形情况下，可以认为，各个内力分量只在各自引起的变形上做功。从而得到组合变形杆件的应变能为

$$V_\varepsilon = \int_l \frac{F_N^2(x)}{2EA}dx + \int_l \frac{T^2(x)}{2GI_p}dx + \int_l \frac{M^2(x)}{2EI}dx \qquad (12\text{-}8)$$

与有势力的功一样，弹性体的应变能也是状态参量，只取决于加载与变形的始末状态，而与中间过程无关。另外注意到，应变能恒为正值。

【例 12-1】 悬臂梁 AB 如图 12-3 所示，已知其抗弯刚度为 EI。试求梁的应变能及 B 截面的转角 θ_B。

解：(1) 梁的应变能

梁在任一横截面上的弯矩（见图 12-3）

$$M(x) = -M_e$$

由式（12-7），得梁的应变能

$$V_\varepsilon = \int_l \frac{M^2(x)}{2EI}dx = \int_0^l \frac{(-M_e)^2}{2EI}dx = \frac{M_e^2 l}{2EI}$$

(2) **B 截面的转角**

梁上外力的功为

$$W = \frac{1}{2}M_e\theta_B$$

根据式（12-1），有

$$\frac{1}{2}M_e\theta_B = \frac{M_e^2 l}{2EI}$$

故得 B 截面的转角

$$\theta_B = \frac{M_e l}{EI}$$

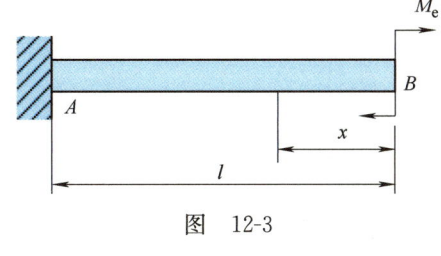

图 12-3

转向与外力偶矩 M_e 的转向一致，为顺时针。

【**例 12-2**】 试求图 12-4 所示结构的应变能。已知梁 AB 的抗弯刚度为 EI，杆 CB 的抗拉（压）刚度为 EA。

解：杆 CB 的轴力

$$F_N = \frac{1}{2}ql$$

由式（12-4），得杆 CB 的应变能

$$V_{\varepsilon CB} = \frac{F_N^2 a}{2EA} = \frac{q^2 l^2 a}{8EA}$$

由截面法，得梁 AB 的弯矩方程

$$M(x) = \frac{1}{2}qlx - \frac{1}{2}qx^2$$

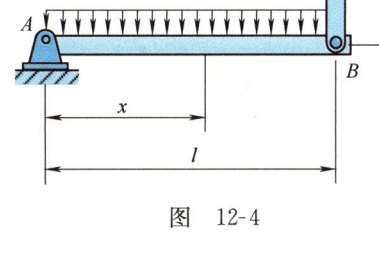

图 12-4

代入式（12-7）中求积分，得梁 AB 的应变能

$$V_{\varepsilon AB} = \int_l \frac{M^2(x)}{2EI}dx = \int_0^l \frac{\left(\frac{1}{2}qlx - \frac{1}{2}qx^2\right)^2}{2EI}dx = \frac{q^2 l^5}{240EI}$$

所以，整个结构的应变能

$$V_\varepsilon = V_{\varepsilon CB} + V_{\varepsilon AB} = \frac{q^2 l^2 a}{8EA} + \frac{q^2 l^5}{240EI}$$

【**例 12-3**】 在图 12-5 所示三角支架中，已知两杆的抗拉（压）刚度均为 EA。试计算结点 B 的竖直位移 Δ_{BV}。

解：(1) 计算外力功

三角支架上外力的功为

$$W = \frac{1}{2} F \Delta_{BV}$$

(2) 计算应变能

由截面法，易得 AB、CB 两杆的轴力分别为

$$F_{N1} = F, \quad F_{N2} = -\sqrt{2}F$$

由式（12-4），得三角支架的应变能

$$V_\varepsilon = \frac{F_{N1}^2 l}{2EA} + \frac{F_{N2}^2(\sqrt{2}l)}{2EA} = \frac{1+2\sqrt{2}}{2} \frac{F^2 l}{EA}$$

(3) 计算 Δ_{BV}

根据式（12-1），有

$$\frac{1}{2} F \Delta_{BV} = \frac{1+2\sqrt{2}}{2} \frac{F^2 l}{EA}$$

由此得结点 B 的竖直位移

$$\Delta_{BV} = (1+2\sqrt{2}) \frac{Fl}{EA} (\downarrow)$$

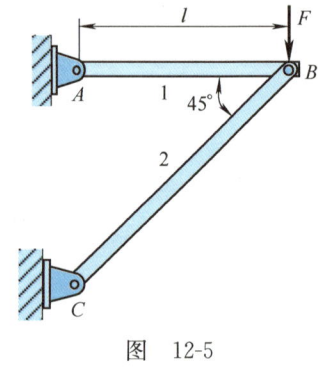

图 12-5

由上述三例可见，直接运用式（12-1）来计算结构的位移有很大的局限性。首先，只能有一个集中载荷作用于结构上；其次，所求位移必须是集中载荷的作用点沿载荷作用方向的位移。对于一般情况下的位移计算，则可采用下面介绍的卡式定理、单位载荷法等其他能量方法。

第三节　卡 氏 定 理

假设线弹性结构在任意一组载荷 F_1，F_2，$\cdots$，F_i，$\cdots$，F_n 的作用下发生变形，其应变能 V_ε 为载荷 F_1，F_2，$\cdots$，F_i，$\cdots$，F_n 的函数，若 Δ_i 代表结构因变形引起的 F_i 作用点沿 F_i 作用方向的位移，则可证明

$$\Delta_i = \frac{\partial V_\varepsilon}{\partial F_i} \tag{12-9}$$

即应变能 V_ε 对任一载荷 F_i 的一阶偏导数，就等于 F_i 的作用点沿 F_i 作用方向的位移 Δ_i。这就是**卡氏定理**。应该指出，卡氏定理中的载荷 F_i 与位移 Δ_i 同样也都是广义的。同时还需要强调，卡氏定理仅适用于线弹性结构。

将式（12-7）代入式（12-9），可得到如下适用于梁和刚架的卡氏定理的表达形式

$$\Delta_i = \int_l \frac{M(x)}{EI} \frac{\partial M(x)}{\partial F_i} \mathrm{d}x \tag{12-10}$$

将式（12-4）代入式（12-9），则得到适用于桁架结构的卡氏定理的表达

形式

$$\Delta_i = \sum_{j=1}^{n} \left(\frac{F_{Nj} l_j}{EA_j} \frac{\partial F_{Nj}}{\partial F_i} \right) \tag{12-11}$$

在运用卡氏定理计算线弹性结构的位移时，有些实用技巧，现举例说明如下。

【例 12-4】 试用卡氏定理计算例题 12-3 中的三角支架结点 B 的竖直位移 Δ_{BV}。

解：由于待求位移 Δ_{BV} 就是外力 F 的作用点沿 F 作用方向的位移，因此，可直接运用卡氏定理计算。

首先，通过截面法求得两杆轴力及其对 F 的一阶偏导数分别为

$$F_{N1} = F, \quad \frac{\partial F_{N1}}{\partial F} = 1$$

$$F_{N2} = -\sqrt{2} F, \quad \frac{\partial F_{N2}}{\partial F} = -\sqrt{2}$$

将以上结果代入式（12-11）即得结点 B 的竖直位移

$$\Delta_{BV} = \frac{F_{N1} l_1}{EA} \cdot \frac{\partial F_{N1}}{\partial F} + \frac{F_{N2} l_2}{EA} \cdot \frac{\partial F_{N2}}{\partial F} = \frac{Fl}{EA} \times 1 + \frac{(-\sqrt{2} F)(\sqrt{2} l)}{EA} \times (-\sqrt{2}) = (1 + 2\sqrt{2}) \frac{Fl}{EA} (\downarrow)$$

所得 Δ_{BV} 为正，说明 Δ_{BV} 与 F 同向。假如求出的 Δ_{BV} 为负，则说明 Δ_{BV} 与 F 反向。

【例 12-5】 受均布载荷 q 作用的悬臂梁如图 12-6a 所示，已知梁的抗弯刚度为 EI。试求自由端截面 B 的转角 θ_B。

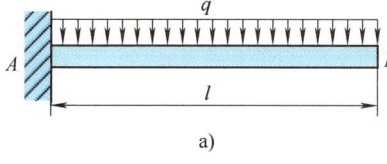 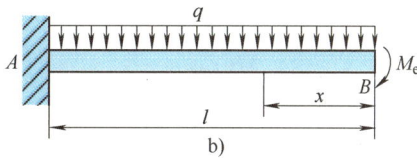

图 12-6

解：由于在截面 B 处没有与转角 θ_B 对应的外力偶作用，因此不能直接运用卡氏定理。在这种情况下，可首先在截面 B 处添加一个力偶矩 M_e（见图 12-6b），这样，就可以根据卡氏定理求出梁在载荷 q 和 M_e 的共同作用下截面 B 的转角。最后，再令 $M_e = 0$，即得均布载荷 q 单独作用所引起的截面 B 的转角 θ_B。具体计算过程如下。

在载荷 q 和 M_e 的共同作用下，梁的弯矩方程及其对 M_e 的一阶偏导数分别为

$$M(x) = -\frac{1}{2} q x^2 - M_e, \quad \frac{\partial M(x)}{\partial M_e} = -1$$

将以上结果代入式（12-10），得在载荷 q 和 M_e 的共同作用下，梁截面 B 的转角

$$\theta_B = \int_l \frac{M(x)}{EI} \frac{\partial M(x)}{\partial M_e} dx = \frac{1}{EI} \int_0^l \left(-\frac{1}{2} q x^2 - M_e \right) \times (-1) dx = \frac{1}{EI} \left(\frac{q l^3}{6} + M_e l \right)$$

在上述结果中，令 $M_e = 0$，即得自由端截面 B 的转角为

$$\theta_B = \frac{q l^3}{6 EI}$$

转向与附加力偶矩 M_e 的转向相同，为顺时针。

【例 12-6】 悬臂刚架 ABC 如图 12-7a 所示，已知各段杆的抗弯刚度均为 EI。试求刚架自由端截面 C 的竖直位移 Δ_{CV} 与水平位移 Δ_{CH}。

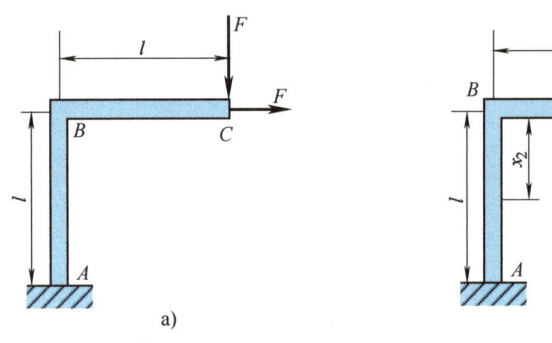

图 12-7

解： 由于在刚架上同时作用了两个力 F（见图 12-7a），此时，卡氏定理也不能直接使用。在这种情况下，可分别记竖直方向的力 F 为 F_1、水平方向的力 F 为 F_2，从而在符号上将两者区分开来（见图 12-7b），将应变能表达为 F_1 和 F_2 的函数。这样，根据卡氏定理，分别对应变能关于 F_1 与 F_2 求一阶偏导数，就可以得到截面 C 的竖直位移 Δ_{CV} 与水平位移 Δ_{CH}。最后，在结果中再令 $F_1 = F_2 = F$ 即可。详细计算过程如下。

在替换力的符号后，BC 段、AB 段的弯矩方程及其一阶偏导数分别为

$$M(x_1) = -F_1 x_1, \quad \frac{\partial M(x_1)}{\partial F_1} = -x_1, \quad \frac{\partial M(x_1)}{\partial F_2} = 0$$

$$M(x_2) = -F_1 l - F_2 x_2, \quad \frac{\partial M(x_2)}{\partial F_1} = -l, \quad \frac{\partial M(x_2)}{\partial F_2} = -x_2$$

将以上结果分别代入式（12-10）积分，得截面 C 的竖直位移 Δ_{CV} 与水平位移 Δ_{CH} 分别为

$$\Delta_{CV} = \int_l \frac{M(x_1)}{EI} \frac{\partial M(x_1)}{\partial F_1} dx_1 + \int_l \frac{M(x_2)}{EI} \frac{\partial M(x_2)}{\partial F_1} dx_2$$

$$= \frac{1}{EI}\left[\int_0^l (-F_1 x_1)(-x_1) dx_1 + \int_0^l (-F_1 l - F_2 x_2)(-l) dx_2\right]$$

$$= \frac{l^3}{EI}\left(\frac{4}{3} F_1 + \frac{1}{2} F_2\right)(\downarrow)$$

与

$$\Delta_{CH} = \int_l \frac{M(x_1)}{EI} \frac{\partial M(x_1)}{\partial F_2} dx_1 + \int_l \frac{M(x_2)}{EI} \frac{\partial M(x_2)}{\partial F_2} dx_2$$

$$= \frac{1}{EI}\int_0^l (-F_1 l - F_2 x_2)(-x_2) dx_2 = \frac{l^3}{EI}\left(\frac{1}{2} F_1 + \frac{1}{3} F_2\right)(\rightarrow)$$

在上述结果中，再令 $F_1 = F_2 = F$，即得截面 C 的竖直位移、水平位移分别为

$$\Delta_{CV} = \frac{11 F l^3}{6 EI}(\downarrow), \quad \Delta_{CH} = \frac{5 F l^3}{6 EI}(\rightarrow)$$

【例 12-7】 如图 12-8a 所示，一平均半径为 R 的小曲率圆弧形曲梁 AB 承受力偶矩 M_e 的作用，已知其抗弯刚度为 EI。试求曲梁自由端截面 B 的水平位移 Δ_{BH}。

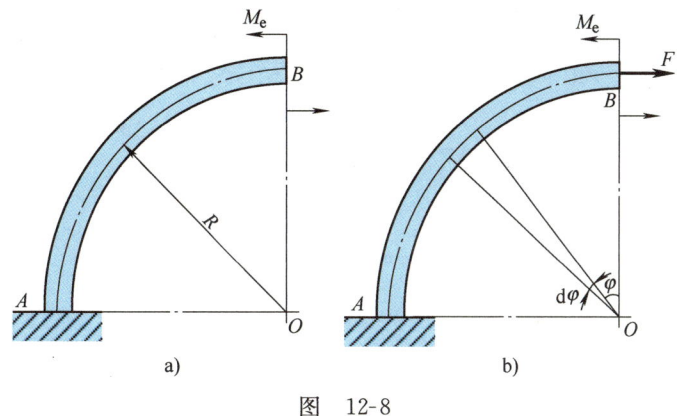

图 12-8

解：对于小曲率曲梁，弯矩依然是造成其变形的主要原因，因此，式（12-10）同样适用。

由于在曲梁上没有与 Δ_{BH} 相对应的载荷，故首先需要在 B 截面添加一个水平力 F（见图 12-8b）。

取 φ 角表示任一横截面的位置，由截面法得曲梁的弯矩方程

$$M(\varphi) = M_e - FR(1-\cos\varphi) \tag{a}$$

相应一阶偏导数为

$$\frac{\partial M(\varphi)}{\partial F} = -R(1-\cos\varphi) \tag{b}$$

将式（a）、(b) 代入式（12-10），将 dx 代换为 $Rd\varphi$，并令 $F=0$，即得截面 B 的水平位移

$$\Delta_{BH} = \int_l \frac{M(\varphi)}{EI} \frac{\partial M(\varphi)}{\partial F} dx = -\frac{1}{EI}\int_0^{\pi/2} M_e R^2 (1-\cos\varphi) d\varphi = -\frac{(2+\pi)M_e R^2}{2EI}(\leftarrow)$$

所得 Δ_{BH} 为负，说明 Δ_{BH} 与附加力 F 反向。

【例 12-8】 如图 12-9a 所示细杆框架，直杆 DEG 在其两端与半圆环 BCD 和 GHI 相连，然后再与另外两段直杆 AB 和 KI 相连，在 A 点和 K 点之间有一个小缝隙，现在 H 和 C 处施加一对共线、反向的力 F，试求缝隙的增加值。

解：缝隙的增加值亦即点 A 和点 K 间的相对水平位移，需首先在这两点添加一对等值反向水平力 P。但注意到此为左右对称性问题，只需研究半个结构即可。取左半部分结构为研究对象，其计算简图如图 12-9b 所示。

此为主要承弯结构，式（12-10）适用。各段的弯矩方程及其相应一阶偏导数，

$$BC \text{ 段}: M(\varphi) = P(R-R\sin\varphi), \quad \frac{\partial M}{\partial P} = R-R\sin\varphi$$

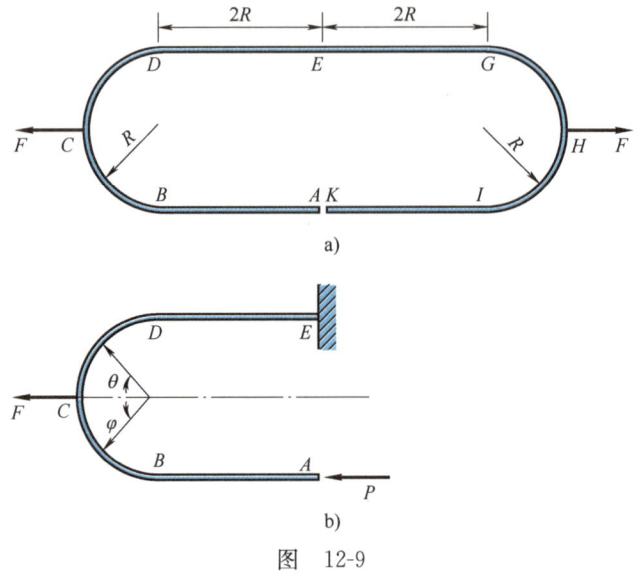

图 12-9

CD 段：$M(\theta)=P(R+R\sin\theta)+FR\sin\theta$，$\dfrac{\partial M}{\partial P}=R+R\sin\theta$

DE 段：$M=2PR+FR$，$\dfrac{\partial M}{\partial P}=2R$

将以上结果代入式 (12-10)，并令 $P=0$，得点 A 沿 P 作用方向的水平位移

$$\Delta_{AH}=\dfrac{FR^3}{EI}\left(5+\dfrac{\pi}{4}\right)$$

由对称性，即得缝隙的增加值

$$\Delta_{A-KH}=2\Delta_{AH}=\dfrac{FR^3}{EI}\left(10+\dfrac{\pi}{2}\right)$$

第四节　互　等　定　理

下面利用能量守恒原理引出关于线弹性结构的两个重要定理：功的互等定理和位移互等定理。

考虑受到 F_1 与 F_2 两组外力作用的简支梁，如图 12-10 所示，假设采用两种加载方式：第一种为先加第一组外力 F_1，后加第二组外力 F_2（见图 12-10a）；第二种则先加第二组外力 F_2，后加第一组外力 F_1（见图 12-10b）。图中，Δ_{11} 为 F_1 所引起的 F_1 的作用点沿 F_1 作用方向的位移；Δ_{22} 为 F_2 所引起的 F_2 的作用点沿 F_2 作用方向的位移；Δ_{12} 为 F_2 所引起的 F_1 的作用点沿 F_1 作用方向的位移；Δ_{21} 为 F_1 所引起的 F_2 的作用点沿 F_2 作用方向的位移。

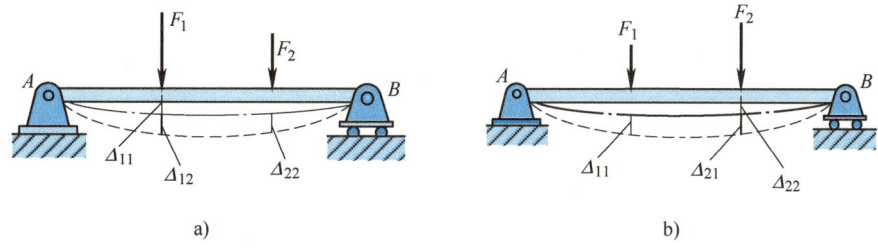

图 12-10

对于第一种加载方式，外力功为

$$W_1 = \frac{1}{2}F_1\Delta_{11} + F_1\Delta_{12} + \frac{1}{2}F_2\Delta_{22}$$

由能量守恒原理，得其应变能

$$V_{\varepsilon 1} = \frac{1}{2}F_1\Delta_{11} + F_1\Delta_{12} + \frac{1}{2}F_2\Delta_{22} \tag{a}$$

对于第二种加载方式，外力功为

$$W_2 = \frac{1}{2}F_2\Delta_{22} + F_2\Delta_{21} + \frac{1}{2}F_1\Delta_{11}$$

由能量守恒原理，得其应变能

$$V_{\varepsilon 2} = \frac{1}{2}F_2\Delta_{22} + F_2\Delta_{21} + \frac{1}{2}F_1\Delta_{11} \tag{b}$$

由于应变能为状态参量，只取决于加载变形的始末状态，而与加载变形的中间过程无关，即有 $V_{\varepsilon 1} = V_{\varepsilon 2}$，故联立式（a）、式（b），得

$$F_1\Delta_{12} = F_2\Delta_{21} \tag{12-12}$$

上式表明：**对于线弹性结构，第一组外力在第二组外力所引起的位移上所做的功等于第二组外力在第一组外力所引起的位移上所做的功。该结论称为功的互等定理。**

作为功的互等定理的一个重要推论，在式（12-12）中，令 $F_1 = F_2$，则得到

$$\Delta_{12} = \Delta_{21} \tag{12-13}$$

即当 F_1 与 F_2 的数值相等时，F_2 所引起的 F_1 的作用点沿 F_1 作用方向的位移就等于 F_1 所引起的 F_2 的作用点沿 F_2 作用方向的位移。该结论称为**位移互等定理**。

功的互等定理与位移互等定理在结构分析中具有重要作用。在运用互等定理时，应注意以下两点：

(1) 互等定理中的外力与位移都是广义的，F_1 与 Δ_{12} 之间、F_2 与 Δ_{21} 之间应相互对应；

(2) 互等定理仅适用于线弹性结构。

【例 12-9】 简支梁如图 12-11 所示，已知梁的抗弯刚度为 EI，当在跨中 C 处作用有集中力 F 时，横截面 B 的转角 $\theta_B = \dfrac{Fl^2}{16EI}$。试计算在截面 B 作用有矩为 M_e 的力偶时，截面 C 的挠度 Δ_{CV}。

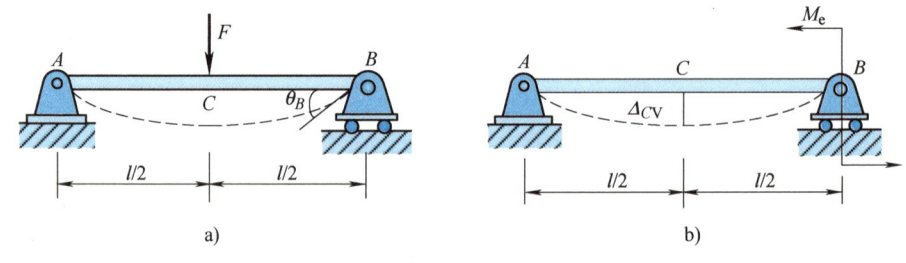

图 12-11

解： 如图 12-11 所示，以集中力 F 作为第一组外力（见图 12-11a），以矩为 M_e 的力偶作为第二组外力（见图 12-11b），根据功的互等定理有

$$F\Delta_{CV} = M_e \theta_B = M_e \frac{Fl^2}{16EI}$$

故得截面 C 的挠度

$$\Delta_{CV} = \frac{M_e l^2}{16EI} (\downarrow)$$

【例 12-10】 如图 12-12a 所示，超静定梁 AB 受矩为 M_e 的力偶作用，试利用功的互等定理求出活动铰支座 B 处的约束力。已知梁的抗弯刚度为 EI。

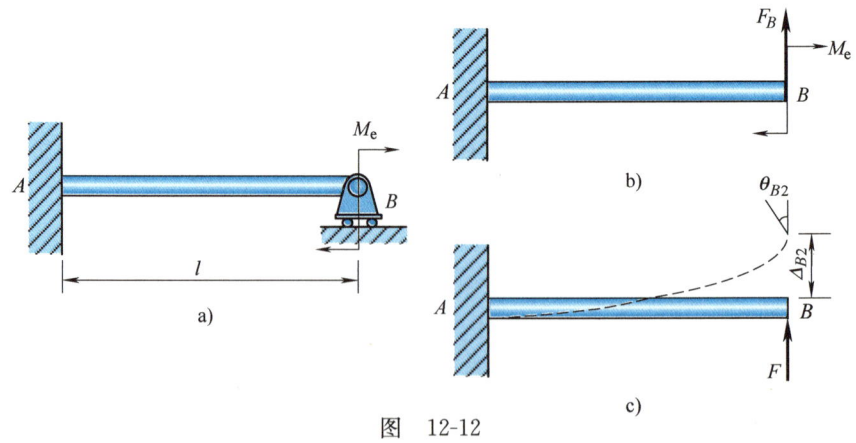

图 12-12

解：将活动铰支座 B 视为多余约束，解除之，并以相应的多余约束力 F_B 代之作用，得到原超静定梁的相当系统，如图 12-12b 所示，其中，B 截面的挠度 $\Delta_{B1}=0$。

为了利用功的互等定理，设想在悬臂梁 AB 的 B 端作用一集中力 F，如图 12-12c 所示。在集中力 F 的作用下，B 截面的挠度、转角分别为

$$\Delta_{B2}=\frac{Fl^3}{3EI}(\uparrow),\quad \theta_{B2}=\frac{Fl^2}{2EI}(逆时针)$$

以图 12-12b 中的 F_B 与 M_e 作为第一组外力，以图 12-12c 中的 F 作为第二组外力，根据功的互等定理有

$$F_B\Delta_{B2}-M_e\theta_{B2}=F\Delta_{B1}$$

将各个位移量代入上式，解得活动铰支座 B 的约束力

$$F_B=\frac{3M_e}{2l}$$

第五节 单位载荷法

一、单位载荷法

单位载荷法是一种适用性广泛的计算结构位移的方法。

如图 12-13a 所示，简支梁 AB 在某组载荷 F_1，F_2，$\cdots$，F_n 的作用下发生变形，欲求截面 C 的竖直位移 Δ。

这时，若设想在梁的截面 C 沿竖直方向施加一单位载荷（见图 12-13b），即可根据能量法证明，在线弹性范围内，载荷 F_1，F_2，$\cdots$，F_n 引起的截面 C 的竖直位移为

$$\Delta=\int_l\frac{M(x)\overline{M}(x)}{EI}\mathrm{d}x$$

(12-14)

式中，$M(x)$ 为实际载荷 F_1，F_2，$\cdots$，F_n 引起的弯矩；$\overline{M}(x)$ 为虚加的单位载荷引起的弯矩。

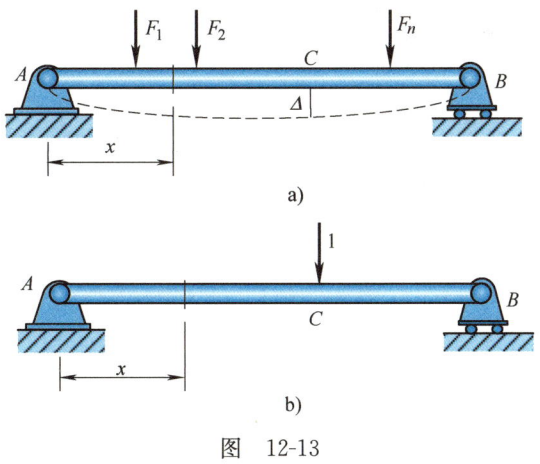

图 12-13

这就是**单位载荷法**。式（12-14）适用于主要承受弯曲变形的梁和刚架因载荷引起的位移计算。

对于桁架因载荷引起的位移计算，单位载荷法的对应公式为

$$\Delta = \sum_{i=1}^{n} \left(\frac{F_N \overline{F}_N l}{EA}\right)_i \tag{12-15}$$

式中，F_N 为实际载荷引起的轴力；$\overline{F}_N$ 为虚加的单位载荷引起的轴力。

对于扭转圆轴因载荷引起的位移计算，单位载荷法的对应公式为

$$\Delta = \int_l \frac{T(x)\,\overline{T}(x)}{GI_p} dx \tag{12-16}$$

式中，$T(x)$ 为实际载荷引起的扭矩；$\overline{T}(x)$ 为虚加的单位载荷引起的扭矩。

对于组合变形杆件因载荷引起的位移计算，单位载荷法的对应公式则为

$$\Delta = \sum_{i=1}^{n} \left(\frac{F_N \overline{F}_N l}{EA}\right)_i + \int_l \frac{T(x)\,\overline{T}(x)}{GI_p} dx + \int_l \frac{M(x)\,\overline{M}(x)}{EI} dx \tag{12-17}$$

单位载荷法中积分形式的公式，即式（12-14）和式（12-16），又称为**莫尔积分**。

关于单位载荷法，有两点必须强调说明：

（1）单位载荷是广义的，必须与待求位移相对应。如果要计算结构 A 点的水平位移，则附加的单位载荷应为作用于 A 点沿水平方向的单位力；如果要计算结构 B 点的竖直位移，则附加的单位载荷应为作用于 B 点沿竖直方向的单位力；如果要计算结构 C 截面的角位移，则附加的单位载荷应为作用于 C 截面的单位力偶；如果要求的是两个截面间的相对线位移（或相对角位移），则附加的单位载荷应是作用于两个截面沿相应位移方向的一对反向单位力（或单位力偶）。

（2）必须注意，式（12-14）～式（12-17）仅适用于线弹性结构。但同时应该指出，单位载荷法本身的适用范围实际上是很广泛的。它还可以用来计算非线弹性结构的位移、非载荷因素引起的位移等，但相应的计算公式有所不同。有兴趣的读者可参阅有关资料。

二、单位载荷法的应用

在应用单位载荷法计算结构位移时，应遵循下列步骤：

(1) 在结构上单独添加与待求位移相对应的单位载荷；
(2) 分别计算单位载荷与实际载荷各自单独作用时所引起的内力；
(3) 将内力代入相应公式，即式（12-14）～式（12-17），计算位移。

现举例说明如下。

【**例 12-11**】 试用单位载荷法计算图 12-14a 所示悬臂梁截面 B 的挠度 Δ_{BV} 和转角 θ_B。已知梁的抗弯刚度为 EI。

解：（1）计算截面 B 的挠度 Δ_{BV}

首先，单独在梁的截面 B 施加一沿竖直方向的单位力（见图 12-14b）。

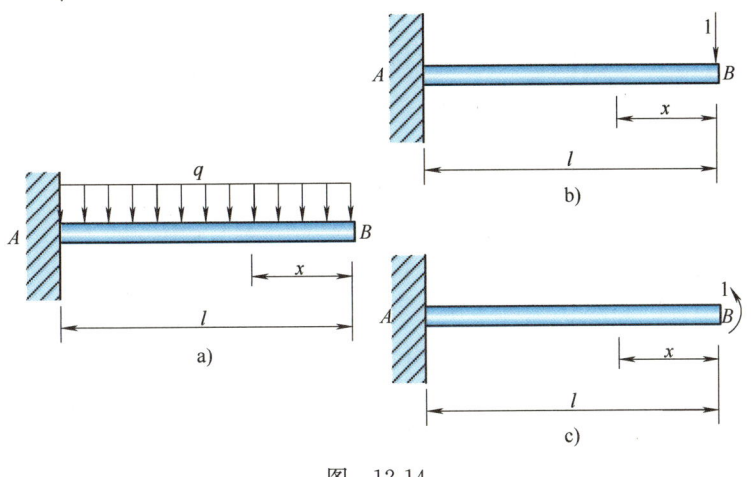

图 12-14

在实际载荷作用下,梁在任一 x 截面的弯矩为

$$M(x) = -\frac{1}{2}qx^2$$

在单位力作用下,梁在任一 x 截面的弯矩为

$$\overline{M}(x) = -x$$

将以上结果代入式 (12-14) 积分,得截面 B 的挠度

$$\Delta_{BV} = \int_l \frac{M(x)\overline{M}(x)}{EI}dx = \frac{1}{EI}\int_0^l \left(-\frac{1}{2}qx^2\right)(-x)dx = \frac{ql^4}{8EI}$$

所得结果为正,说明 Δ_{BV} 与所施加的单位力方向一致。

(2) 计算截面 B 的转角 θ_B

首先,单独在梁的截面 B 施加一单位力偶(见图 12-14c)。

在实际载荷作用下,梁在任一 x 截面的弯矩为

$$M(x) = -\frac{1}{2}qx^2$$

在单位力偶作用下,梁在任一 x 截面的弯矩为

$$\overline{M}(x) = 1$$

将以上结果代入式 (12-14) 积分,得截面 B 的转角

$$\theta_B = \int_l \frac{M(x)\overline{M}(x)}{EI}dx = \frac{1}{EI}\int_0^l \left(-\frac{1}{2}qx^2\right)dx = -\frac{ql^3}{6EI}$$

所得结果为负号,说明 θ_B 的转向与所加的单位力偶的转向相反,为顺时针。

【例 12-12】 一正方形桁架结构如图 12-15a 所示,已知 5 根杆的抗拉(压)刚度 EA 相同,正方形的边长为 l,试计算 A、C 两结点之间的相对水平位移 $\Delta_{A\text{-}CH}$。

解:首先,单独在 A、C 两结点沿水平方向施加一对反向单位力(见图 12-15b)。

在实际载荷作用下,各杆的轴力分别为

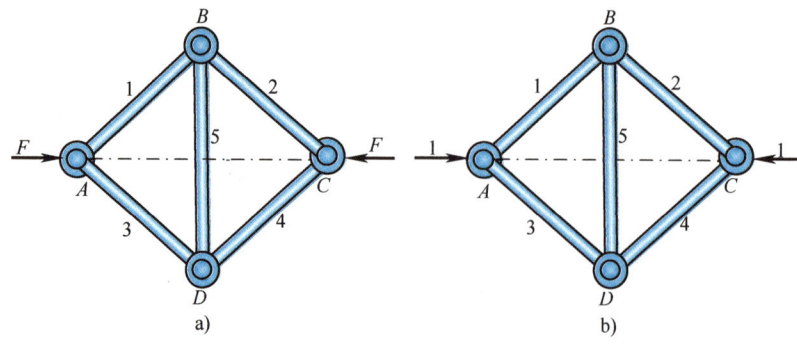

图 12-15

$$F_{N1} = F_{N2} = F_{N3} = F_{N4} = -\frac{\sqrt{2}}{2}F, \quad F_{N5} = F$$

在单位载荷作用下，各杆的轴力分别为

$$\overline{F}_{N1} = \overline{F}_{N2} = \overline{F}_{N3} = \overline{F}_{N4} = -\frac{\sqrt{2}}{2}, \quad \overline{F}_{N5} = 1$$

将以上结果代入式 (12-15)，得 A、C 两结点之间的相对水平位移

$$\Delta_{A\text{-}CH} = \sum_{i=1}^{5}\left(\frac{F_N \overline{F}_N l}{EA}\right)_i = \frac{1}{EA}\left[4\times\left(-\frac{\sqrt{2}}{2}F\right)\left(-\frac{\sqrt{2}}{2}\right)l + F\times 1\times(\sqrt{2}l)\right]$$

$$= (2+\sqrt{2})\frac{Fl}{EA}(\rightarrow\leftarrow)$$

【**例 12-13**】 悬臂刚架如图 12-16a 所示，若各段杆的抗弯刚度均为 EI，试求其自由端截面 C 的水平位移 Δ_{CH}。

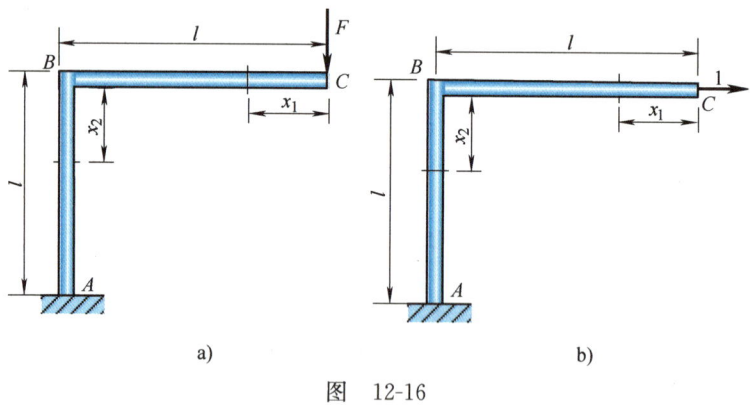

图 12-16

解：首先，单独在截面 C 处施加一沿水平方向的单位力（见图 12-16b）。
在实际载荷作用下，刚架 BC 段、AB 段的弯矩方程分别为

$$M(x_1) = -Fx_1, \quad M(x_2) = -Fl$$

在单位载荷作用下，刚架 BC 段、AB 段的弯矩方程分别为
$$\overline{M}(x_1)=0, \quad \overline{M}(x_2)=-x_2$$
将以上结果代入式（12-14），求得截面 C 的水平位移
$$\Delta_{CH}=\int_l \frac{M(x_1)\overline{M}(x_1)}{EI}\mathrm{d}x_1+\int_l \frac{M(x_2)\overline{M}(x_2)}{EI}\mathrm{d}x_2=\frac{1}{EI}\int_0^l(-Fl)(-x_2)\mathrm{d}x_2=\frac{Fl^3}{2EI}$$
所得结果为正，说明 Δ_{CH} 与所施加的单位力方向一致。

【例 12-14】 图 12-17a 所示结构，已知杆 AC 的抗弯刚度为 EI，杆 BD 的抗拉（压）刚度为 EA，试求截面 C 的竖直位移 Δ_{CV}。

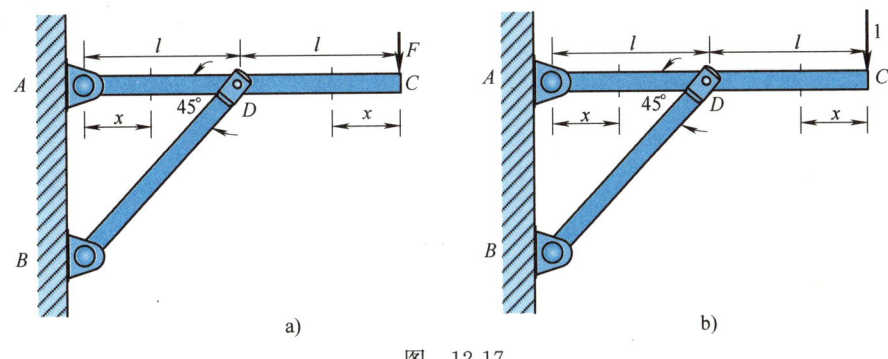

图 12-17

解：首先，单独在截面 C 处施加一竖直单位力（见图 12-17b）。

这是桁梁混合结构，其中杆 AC 主要承受弯曲变形，杆 BD 则承受轴向压缩。

在实际载荷作用下，杆 AC 的 DC 段的弯矩方程与杆 BD 的轴力分别为
$$M(x)=-Fx, \quad F_N=-2\sqrt{2}F$$
在单位载荷作用下，杆 AC 的 DC 段的弯矩方程与杆 BD 的轴力分别为
$$\overline{M}(x)=-x, \quad \overline{F}_N=-2\sqrt{2}$$
并注意到，杆 AC 的 AD 段与 DC 段的弯矩方程相同。

将内力分别代入式（12-14）与式（12-15），并相加，即得截面 C 的竖直位移
$$\Delta_{CV}=2\times\frac{1}{EI}\int_0^l(-Fx)(-x)\mathrm{d}x+\frac{1}{EA}(-2\sqrt{2}F)\times(-2\sqrt{2})\times(\sqrt{2}l)=\frac{2Fl^3}{3EI}+\frac{8\sqrt{2}Fl}{EA}(\downarrow)$$

【例 12-15】 如图 12-18a 所示，构架由圆截面的水平杆 AB 和竖直杆 CD 固结而成，已知各杆的抗弯刚度均为 EI、抗扭刚度均为 GI_p，尺寸 $AD=BD=CD=a$，试求在水平外力 F 和水平面内外力偶 M_e 的作用下，C 端的水平位移。

解：首先，单独在截面 C 处施加一水平单位力（见图 12-18b）。

在实际载荷作用下，各段杆的弯矩方程和扭矩方程，
CD 段：$M(x_1)=Fx_1, \quad T(x_1)=0$
AD 段：$M(x_2)=M_e, \quad T(x_2)=0$

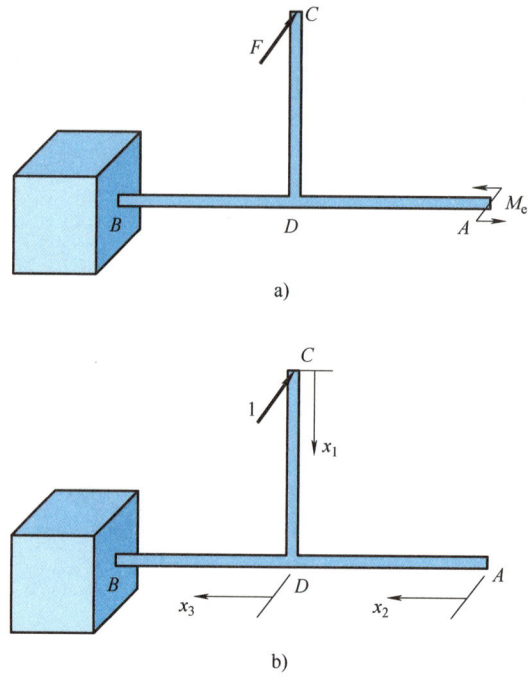

图 12-18

$$BD \text{ 段}: M(x_3) = Fx_3 + M_e, \quad T(x_3) = Fa$$

在单位载荷作用下,各段杆的弯矩方程和扭矩方程,

$$CD \text{ 段}: \overline{M}(x_1) = x_1, \quad \overline{T}(x_1) = 0$$
$$AD \text{ 段}: \overline{M}(x_2) = 0, \quad \overline{T}(x_2) = 0$$
$$BD \text{ 段}: \overline{M}(x_3) = x_3, \quad \overline{T}(x_3) = a$$

将上述内力分别代入式(12-14)与式(12-16),并相加,即得 C 端的水平位移

$$\Delta_{CH} = \sum_{i=1}^{3} \int_l \frac{M(x_i)\overline{M}(x_i)}{EI} dx_i + \sum_{i=1}^{3} \int_l \frac{T(x_i)\overline{T}(x_i)}{GI_p} dx_i$$
$$= \int_0^a \frac{Fx_1 x_1}{EI} dx_1 + \int_0^a \frac{(Fx_3 + M_e)x_3}{EI} dx_3 + \int_0^a \frac{Faa}{GI_p} dx_3$$
$$= \frac{1}{EI}\left(\frac{2}{3}Fa^3 + \frac{1}{2}M_e a^2\right) + \frac{Fa^3}{GI_p}$$

第六节 图 乘 法

如上节所述,计算梁和刚架因载荷引起的位移需要求莫尔积分

$$\Delta = \int_l \frac{M(x)\overline{M}(x)}{EI} dx$$

不难证明，若满足以下三个条件：(1) 直杆；(2) 抗弯刚度 EI 为常数；(3) 单位载荷引起的弯矩图（称为 $\overline{M}$ 图）为单一直线，则上述莫尔积分可改写为

$$\Delta = \frac{\omega \overline{M}_C}{EI} \quad (12\text{-}18)$$

式中，ω 为实际载荷引起的弯矩图（称为 M 图）的面积；$\overline{M}_C$ 为 M 图的形心对应位置上的 $\overline{M}$ 图中的纵坐标，如图 12-19 所示。在式（12-18）中，若 M 与 $\overline{M}$ 的正负号相同，则乘积 $\omega \overline{M}_C$ 取正号；若 M 与 $\overline{M}$ 的正负号相反，则乘积 $\omega \overline{M}_C$ 取负号。这种将莫尔积分转化为图形几何量相乘的计算方法称为**图乘法**。

若 $\overline{M}$ 图是由几段直线构成的，或者抗弯刚度 EI 为分段常数，则应分段运用式（12-18），然后代数相加，即有

$$\Delta = \sum_{i=1}^{n} \left(\frac{\omega \overline{M}_C}{EI}\right)_i \quad (12\text{-}19)$$

为了方便图乘法的运用，图 12-20 给出了几种常见图形的面积和形心位置。需要指出，图 12-20 中的抛物线均为标准抛物线，即其顶点处的斜率为零。

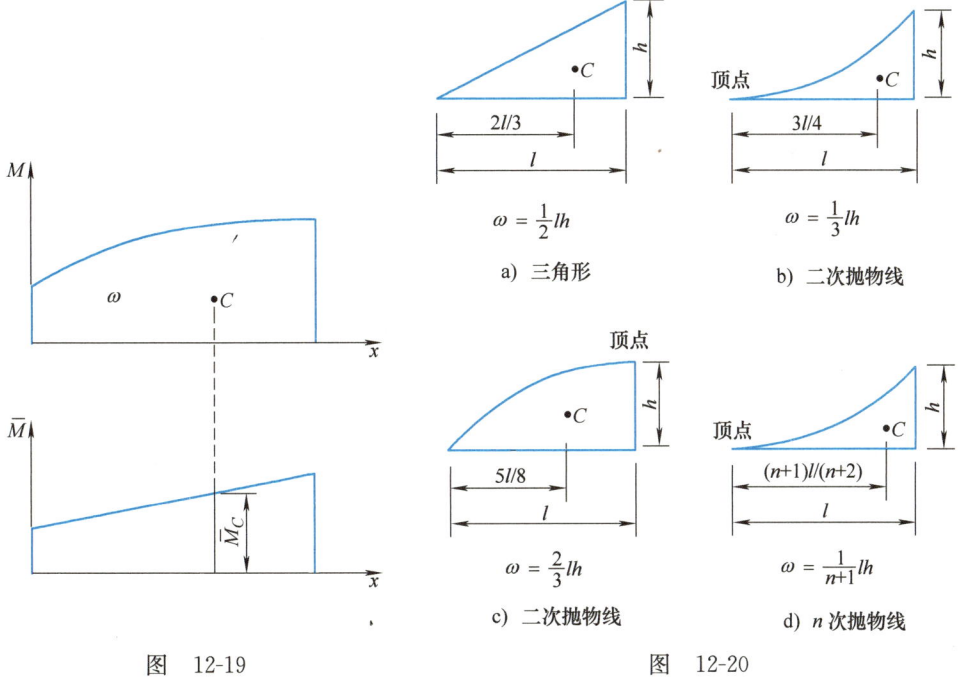

图 12-19　　　　　　　　　　图 12-20

运用图乘法来计算莫尔积分可以简化计算过程，现举例说明如下。

【例 12-16】 如图 12-21a 所示，简支梁 AB 受均布载荷 q 作用，试用图乘法求跨中截面

D 的挠度，已知梁的抗弯刚度为 EI。

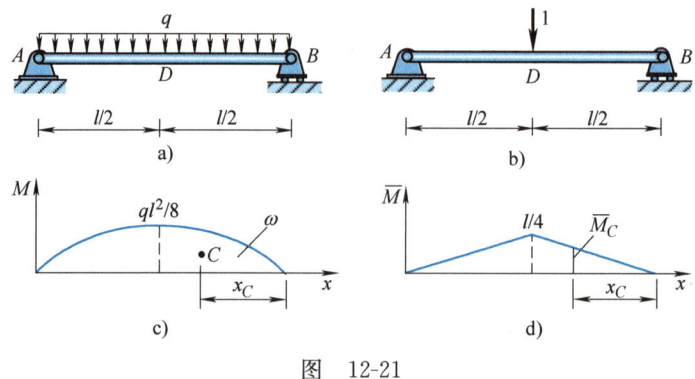

图 12-21

解： 首先，单独在跨中截面 C 处施加一个竖直单位力（见图 12-21b）。

分别作出梁的 M 图、$\overline{M}$ 图如图 12-21c、d 所示，$\overline{M}$ 图为折线，故需分段进行图乘。借助图 12-20 以及对称性，由弯矩图和式（12-19），得跨中截面 C 的挠度

$$\Delta_{CV} = 2 \times \frac{\omega \overline{M}_C}{EI} = 2 \times \frac{1}{EI}\left[\left(\frac{2}{3} \times \frac{l}{2} \times \frac{ql^2}{8}\right) \times \left(\frac{5}{8} \times \frac{l}{4}\right)\right] = \frac{5ql^4}{384EI}(\downarrow)$$

【**例 12-17**】 外伸梁如图 12-22a 所示，试用图乘法求截面 C 的转角，已知梁的抗弯刚度为 EI。

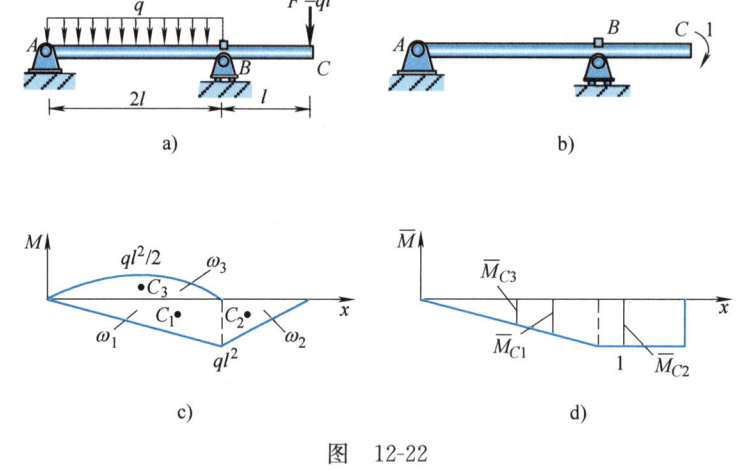

图 12-22

解： 首先，单独在截面 C 处施加一单位力偶（见图 12-22b）。

分别作出梁的 M 图、$\overline{M}$ 图如图 12-22c、d 所示。为了便于图乘，M 图用叠加法作出。$\overline{M}$ 图为折线，故需分段进行图乘。

借助图 12-20，易得 M 图中三部分图形的面积（见图 12-22c）分别为

$$\omega_1 = \frac{1}{2} \times 2l \times ql^2 = ql^3, \quad \omega_2 = \frac{1}{2} \times l \times ql^2 = \frac{1}{2}ql^3, \quad \omega_3 = \frac{2}{3} \times 2l \times \frac{1}{2}ql^2 = \frac{2}{3}ql^3$$

M 图中三部分图形的形心对应位置上的 $\overline{M}$ 图中的纵坐标（见图 12-22d）分别为

$$\overline{M}_{C1} = \frac{2}{3} \times 1 = \frac{2}{3}, \quad \overline{M}_{C2} = 1, \quad \overline{M}_{C3} = \frac{1}{2} \times 1 = \frac{1}{2}$$

将以上结果代入式（12-19），得截面 C 的转角

$$\theta_C = \frac{1}{EI}(\omega_1 \overline{M}_{C1} + \omega_2 \overline{M}_{C2} - \omega_3 \overline{M}_{C3}) = \frac{1}{EI}\left(ql^3 \times \frac{2}{3} + \frac{1}{2}ql^3 \times 1 - \frac{2}{3}ql^3 \times \frac{1}{2}\right) = \frac{5ql^3}{6EI}$$

θ_C 为正，表示其转向与单位力偶的转向相同，为顺时针。

【例 12-18】 悬臂刚架如图 12-23a 所示，试用图乘法求截面 C 的转角，已知各段杆的抗弯刚度均为 EI。

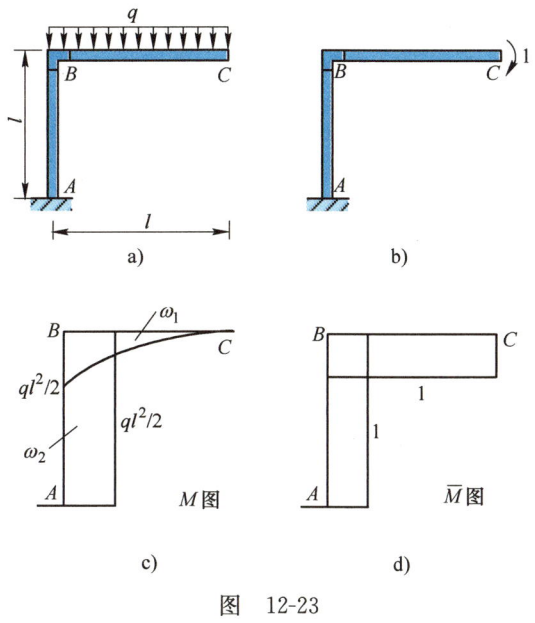

图 12-23

解：首先，单独在截面 C 处施加一单位力偶（见图 12-23b）。

分别作出刚架的 M 图、$\overline{M}$ 图如图 12-23c、d 所示。按照机械行业规定，将弯矩图画在杆件的受压一侧（见例 5-11）。

借助图 12-20，易得 M 图中两部分图形的面积（见图 12-23c）分别为

$$\omega_1 = \frac{1}{3} \times l \times \frac{ql^2}{2} = \frac{ql^3}{6}, \quad \omega_2 = l \times \frac{ql^2}{2} = \frac{ql^3}{2}$$

显然，M 图中两部分图形的形心在对应位置上的 $\overline{M}$ 图中的纵坐标恒等于 1（见图 12-23d），即

$$\overline{M}_{C1} = \overline{M}_{C2} = 1$$

将以上结果代入式（12-19），得截面 C 的转角

$$\theta_C = \frac{1}{EI}(\omega_1 \overline{M}_{C1} + \omega_2 \overline{M}_{C2}) = \frac{1}{EI}\left(\frac{ql^3}{6}\times 1 + \frac{ql^3}{2}\times 1\right) = \frac{2ql^3}{3EI}$$

θ_C 为正，表示其转向与单位力偶的转向相同，为顺时针。

复习思考题

12-1 何谓线弹性体？如何计算线弹性体的外力功？

12-2 何谓应变能？如何计算杆件的应变能？

12-3 何谓广义力？何谓广义位移？它们之间有何对应关系？

12-4 用卡氏定理计算线弹性结构位移时，应注意什么？

12-5 在运用单位载荷法计算位移时，应如何施加单位载荷？

12-6 用单位载荷法计算结构位移的基本步骤是什么？

12-7 互等定理是如何建立的？其适用条件是什么？

12-8 图乘法的适用条件是什么？

12-9 如何利用图乘法计算梁和刚架因载荷引起的位移？

习题

12-1 试计算习题 12-1 图所示阶梯形拉杆的应变能，已知 AB 段杆的抗拉（压）刚度为 EA_1，长度为 l_1；BC 段杆的抗拉（压）刚度为 EA_2，长度为 l_2。

12-2 习题 12-2 图所示圆轴 AB 受集度为 m_e（N·m/m）的均布扭转外力偶矩的作用，已知圆轴的长度为 l，直径为 d，切变模量为 G，试计算其应变能。

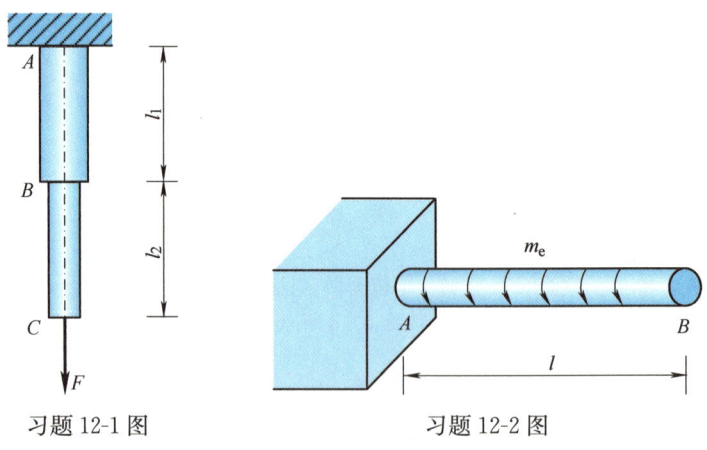

习题 12-1 图　　　　　习题 12-2 图

12-3 已知习题 12-3 图所示各梁的抗弯刚度均为 EI，试计算各梁的应变能。

12-4 试计算习题 12-4 图所示各刚架的应变能及截面 B 的竖直位移，已知各段杆的抗弯刚度均为 EI。

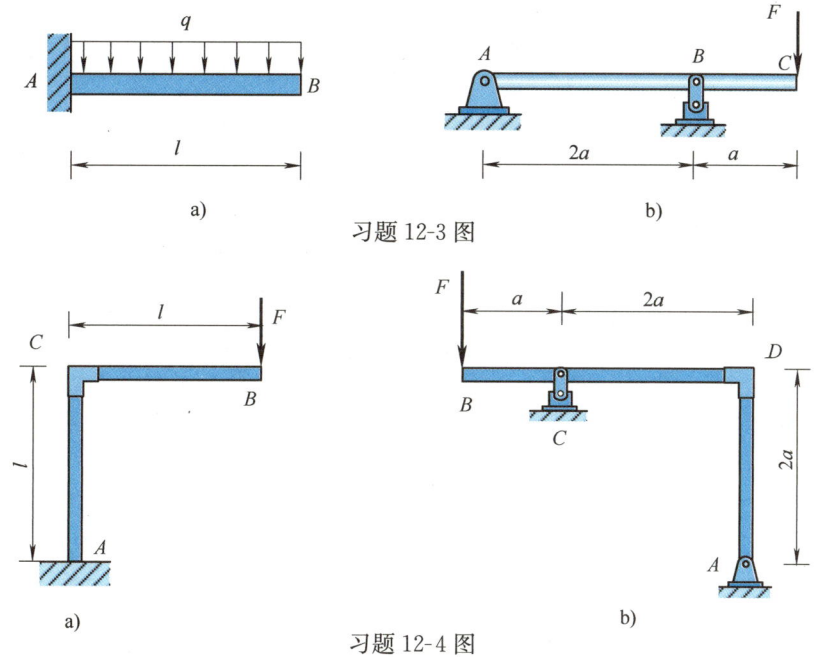

习题 12-3 图

习题 12-4 图

12-5 平面桁架如习题 12-5 图所示,已知各杆的抗拉(压)刚度均为 EA,试计算桁架的应变能及结点 B 的竖直位移。

12-6 试用卡氏定理计算习题 12-6 图所示外伸梁截面 A 的挠度。已知梁的抗弯刚度为 EI。

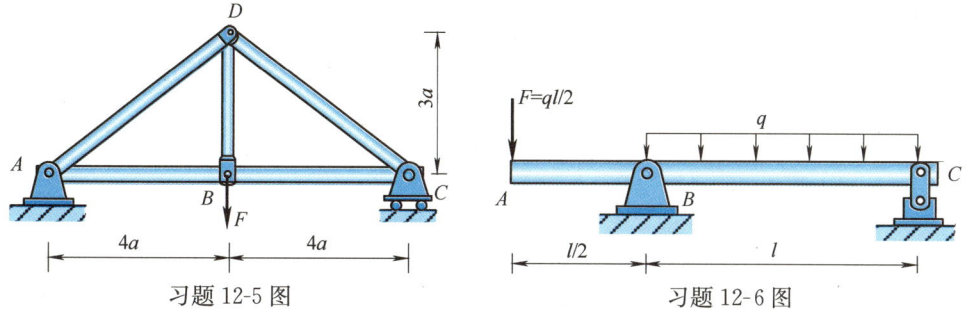

习题 12-5 图

习题 12-6 图

12-7 平面刚架如习题 12-7 图所示,试用卡氏定理计算结点 B 的竖直位移。已知各段杆的抗弯刚度均为 EI。

12-8 平面桁架如习题 12-8 图所示,已知各杆的抗拉(压)刚度均为 EA,试用卡氏定理计算结点 D 的竖直位移。

12-9 试用卡氏定理计算习题 12-9 图所示外伸梁 B 截面的挠度,已知梁的抗弯刚度为 EI。

12-10 平面刚架如习题 12-10 图所示,已知各杆的抗弯刚度均为 EI。试用单位载荷法计算端点 D 的竖直位移和水平位移。

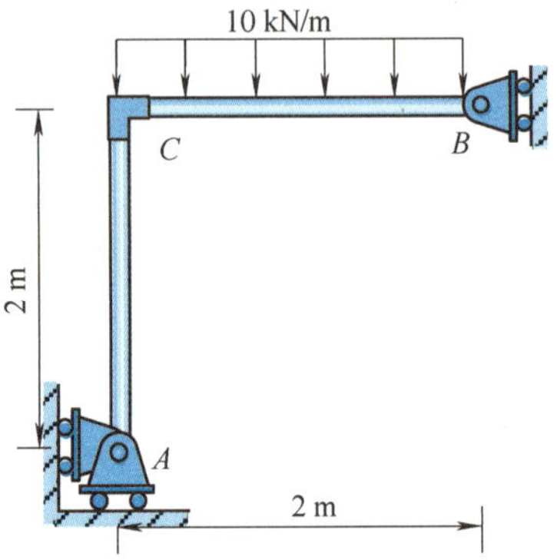

习题 12-7 图

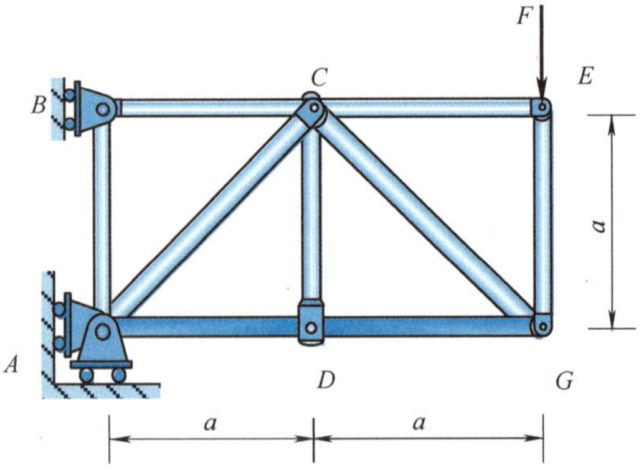

习题 12-8 图

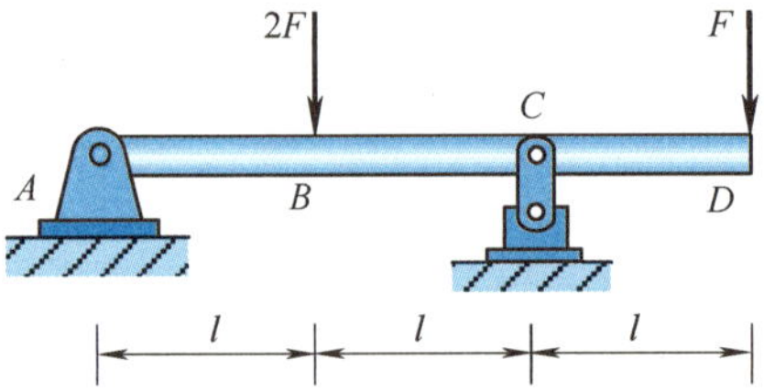

习题 12-9 图

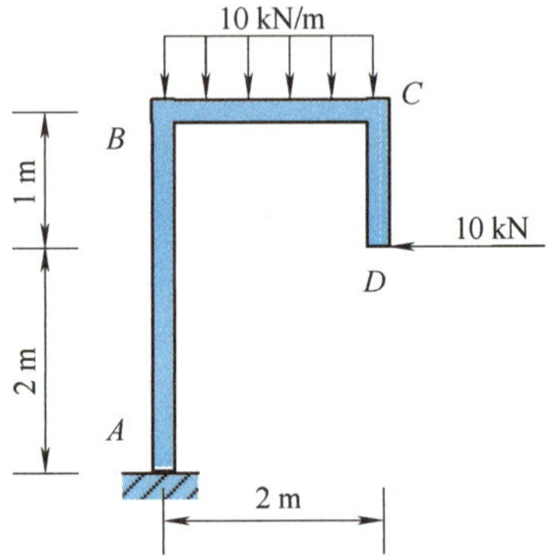

习题 12-10 图

12-11 平面桁架如习题 12-11 图所示，已知各杆的抗拉（压）刚度均为 EA。试用单位载荷法计算结点 C 的竖直位移。

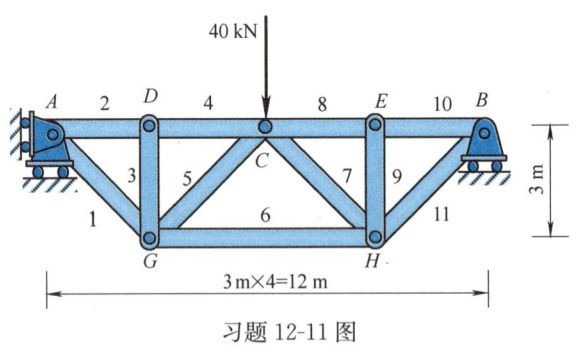

习题 12-11 图

12-12 外伸梁如习题 12-12 图所示，已知梁的抗弯刚度为 EI。试用单位载荷法计算截面 A 的挠度和转角。

12-13 试用单位载荷法计算习题 12-13 图所示悬臂梁截面 B 的挠度和转角，已知梁的抗弯刚度为 EI。

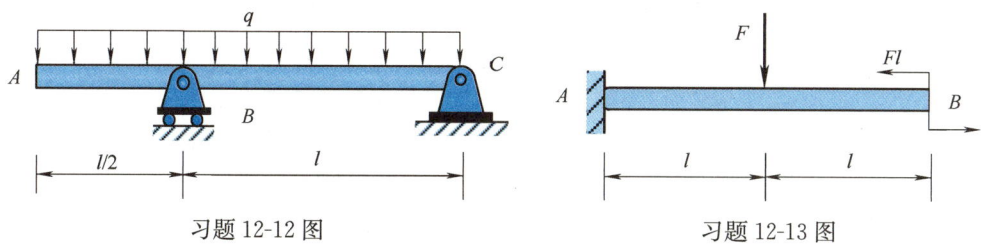

习题 12-12 图   习题 12-13 图

12-14　试用单位载荷法计算习题 12-14 图所示各桁架中结点 A 的竖直位移，已知桁架中各杆的抗拉（压）刚度均为 EA。

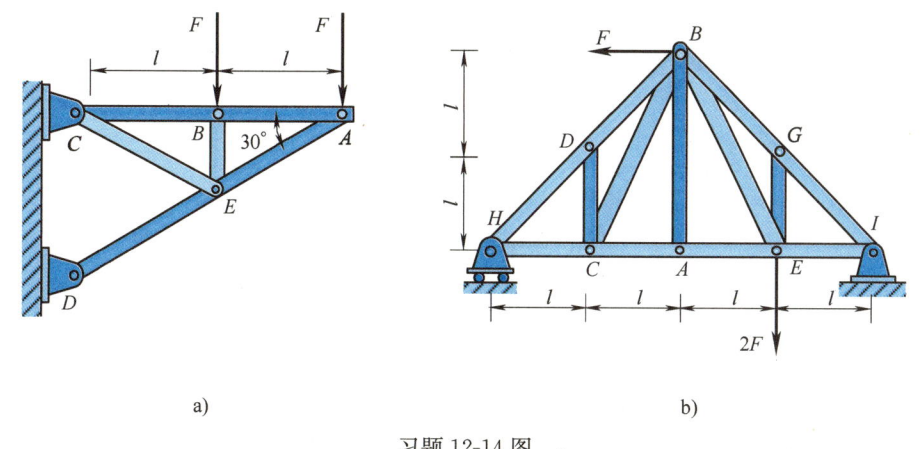

a)　　　　　　　　　b)

习题 12-14 图

12-15　试用单位载荷法计算习题 12-15 图所示平面刚架中结点 A 的竖直位移与结点 B 的水平位移，已知刚架各段杆的抗弯刚度均为 EI。

12-16　习题 12-16 图所示结构，已知横梁 AB 的抗弯刚度为 EI，拉杆 CD 的抗拉刚度为 EA，试求端点 B 的竖直位移。

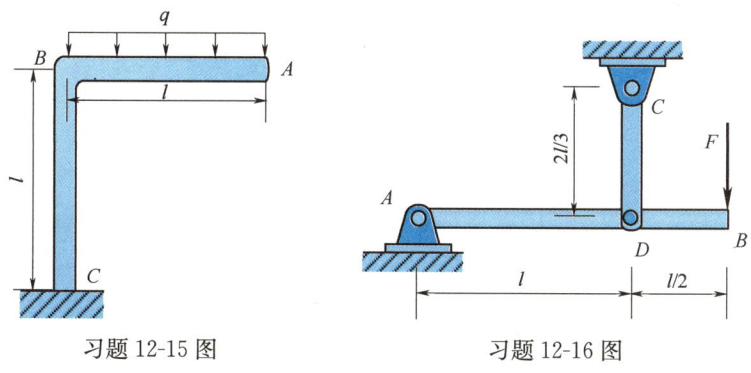

习题 12-15 图   习题 12-16 图

12-17　如习题 12-17 图所示，外伸梁在自由端 D 处受矩为 M_e 的力偶作用，试用互等定

理求跨中 C 截面的挠度，已知梁的抗弯刚度为 EI。

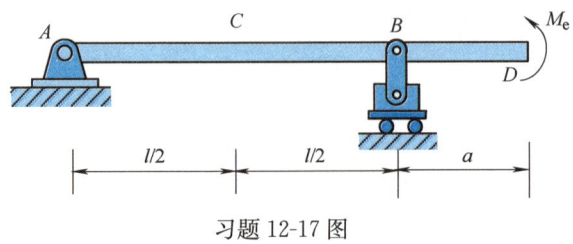

习题 12-17 图

12-18 如习题 12-18 图所示，矩形截面直杆受到一对方向相反、作用线相同、大小均为 F 的横向力作用。已知截面尺寸 b、h，杆的抗拉（压）刚度 EA，材料的泊松比 ν。试用互等定理求该杆的轴向变形。

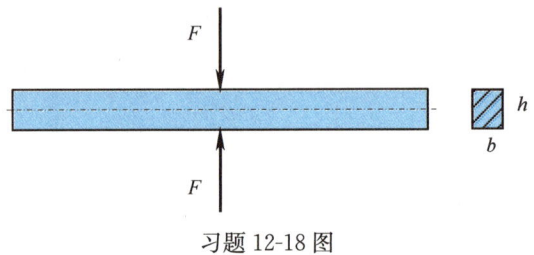

习题 12-18 图

12-19 试用图乘法计算习题 12-19 图所示悬臂梁截面 B 的挠度和转角，已知梁的抗弯刚度为 EI。

12-20 试用图乘法计算习题 12-20 图所示简支梁截面 C 的挠度和截面 B 的转角，已知梁的抗弯刚度为 EI。

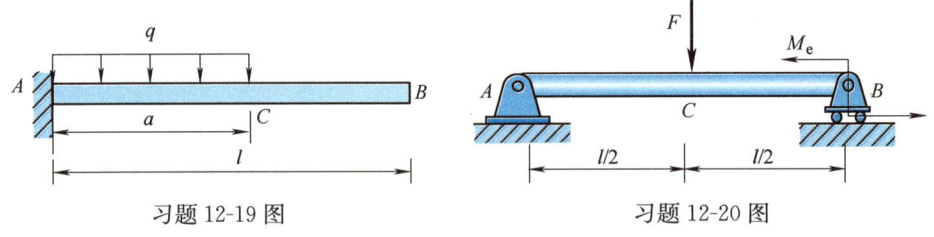

习题 12-19 图　　　　　　习题 12-20 图

12-21 平面刚架如习题 12-21 图所示，已知各段杆的抗弯刚度均为 EI。试用图乘法计算截面 C 的竖直位移、水平位移和角位移。

12-22 试用图乘法计算习题 12-22 图所示平面刚架中结点 A 的竖直位移与结点 B 的水平位移，已知刚架各段杆的抗弯刚度均为 EI。

12-23 静定组合梁 $ABCD$ 如习题 12-23 图所示，已知各段梁的抗弯刚度均为 EI，试求中间铰 C 两侧截面的相对转角。

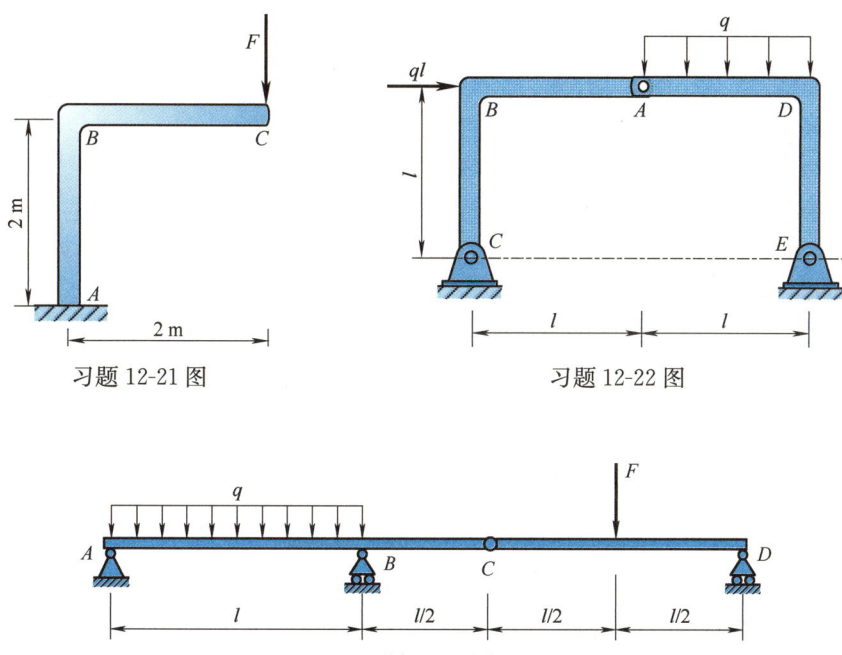

习题 12-21 图

习题 12-22 图

习题 12-23 图

第十三章
超静定结构与力法

第一节 引　言

超静定结构具有较强的承载能力，因此，在工程中得到广泛应用。

由于超静定结构的未知约束力和未知内力的数目超过了独立的静力平衡方程的数目，所以，单凭平衡方程无法求出其全部约束力和内力。例如，图 13-1a 所示梁的约束力仅凭平衡方程显然无法求出；而图 13-1b 所示结构，尽管约束力可以由平衡方程求出，但其内力却无法单凭平衡方程确定。它们都属于超静定结构。前者称为**外力超静定结构**；后者则称为**内力超静定结构**。

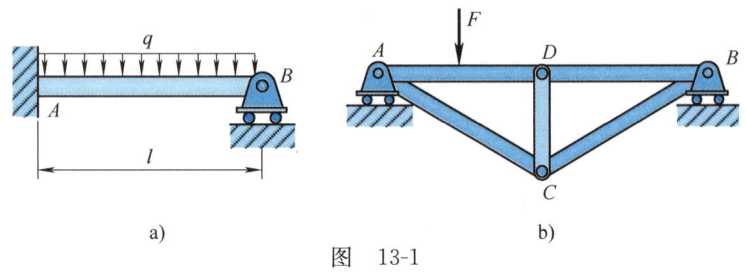

图　13-1

在超静定结构中，未知力超出独立平衡方程的数目称为**超静定次数**。通过观察可以发现，超静定结构都具有**多余约束**，在去除这些多余约束后，超静定结构就会变为静定结构。而且，多余约束的数目一定等于超静定次数。

本章主要介绍用力法求解超静定结构。

第二节　用力法求解超静定结构

力法是求解超静定结构的一种基本方法，其主要优点是适用性强，可以用来求解各类超静定问题。另外，该法的思路清晰，过程规范，便于掌握。它的缺点是对于超静定次数较高的问题，计算过于烦琐。下面，以求解图 13-1a 所示超静定梁为例，介绍力法的基本思路。

显然，图 13-1a 中的梁为一次超静定结构，具有一个多余约束。

首先，将活动铰支座 B 作为多余约束，将其撤除，得到图 13-2a 所示的静定梁。而支座 B 对梁的作用则由其对应的约束力 X_1 来替代。超静定结构撤除多余约束后所得到的静定结构，称为原结构的**基本静定结构**或**基本静定体系**。与多余约束对应的未知力称为**多余未知力**。所谓**力法**，就是以多余未知力作为基本未知量，并根据多余约束处的位移条件，求出多余未知力。显然，多余未知力一旦求出，超静定问题即转化为静定问题。

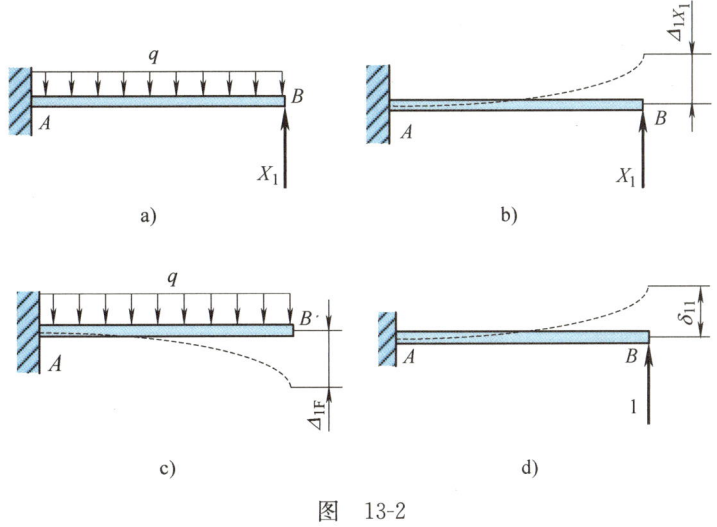

图 13-2

要使图 13-2a 所示的基本静定梁完全等价于图 13-1a 所示的超静定梁，还必须满足原超静定梁在支座 B 处的位移条件。由于原超静定梁在 B 端为活动铰支座，沿 X_1 方向的位移为零。因此，基本静定梁在载荷 q 和多余未知力 X_1 的共同作用下，B 端沿 X_1 方向的位移也应当为零。用 Δ_1 表示 X_1 的作用点沿 X_1 作用方向的位移，即应有

$$\Delta_1 = 0 \tag{a}$$

以 Δ_{1X_1} 代表当 X_1 单独作用于基本静定梁上时，所引起的 X_1 的作用点沿 X_1 作用方向的位移（见图 13-2b）；Δ_{1F} 代表当实际载荷 q 单独作用于基本静定梁上时，所引起的 X_1 的作用点沿 X_1 作用方向的位移（见图 13-2c），则由叠加法，有

$$\Delta_{1X_1} + \Delta_{1F} = \Delta_1 \tag{b}$$

再以 δ_{11} 表示与 X_1 同方向的单位力单独作用于基本静定梁上时，所引起的 X_1 的作用点沿 X_1 作用方向的位移（见图13-2d），而对于线弹性结构，位移与载荷成正比，因此又有

$$\Delta_{1X_1} = \delta_{11} X_1 \tag{c}$$

综合上述三式，最后得到

$$\delta_{11} X_1 + \Delta_{1F} = 0 \tag{13-1}$$

式（13-1）称为**力法典型方程**或**力法正则方程**。

通过计算基本静定梁的位移（亦可直接查表7-1），易得力法典型方程中的参数 δ_{11} 和 Δ_{1F} 分别为

$$\delta_{11} = \frac{l^3}{3EI}, \quad \Delta_{1F} = -\frac{ql^4}{8EI}$$

其中，Δ_{1F} 为负，代表其方向与 X_1 方向相反。

将 δ_{11} 与 Δ_{1F} 的计算结果代入力法典型方程，即式（13-1），求得多余未知力

$$X_1 = \frac{3}{8} ql (\uparrow)$$

多余未知力既已求出，超静定问题即成为静定问题。

对于二次超静定问题，按照相同思路不难理解，力法典型方程应为

$$\left.\begin{aligned} \delta_{11} X_1 + \delta_{12} X_2 + \Delta_{1F} = 0 \\ \delta_{21} X_1 + \delta_{22} X_2 + \Delta_{2F} = 0 \end{aligned}\right\} \tag{13-2}$$

对于 n 次超静定问题，力法典型方程则成为

$$\left.\begin{aligned} \delta_{11} X_1 + \delta_{12} X_2 + \cdots + \delta_{1n} X_n + \Delta_{1F} = 0 \\ \delta_{21} X_1 + \delta_{22} X_2 + \cdots + \delta_{2n} X_n + \Delta_{2F} = 0 \\ \vdots \\ \delta_{n1} X_1 + \delta_{n2} X_2 + \cdots + \delta_{nn} X_n + \Delta_{nF} = 0 \end{aligned}\right\} \tag{13-3}$$

式中，δ_{ij} 为与 X_j 同方向的单位力单独作用于基本静定结构上时，所引起的 X_i 的作用点沿 X_i 作用方向的位移，称为**力法典型方程中的系数**，由位移互等定理可知，$\delta_{ij} = \delta_{ji}$；$\Delta_{iF}$ 为实际载荷单独作用于基本静定结构上时，所引起的 X_i 的作用点沿 X_i 作用方向的位移，称为**力法典型方程中的自由项**。

由上例可见，运用力法求解超静定结构的基本步骤如下：

(1) 解除多余约束，得基本静定结构，并以相应的多余未知力来代替多余约束的作用；

(2) 根据多余约束处的位移条件，由叠加法建立力法典型方程；

(3) 通过计算基本静定结构的位移，确定力法典型方程中的系数和自由项；

(4) 解力法典型方程，求出多余未知力，使之转化为静定问题。

下面举例说明力法的应用。

【例 13-1】 试作出图 13-3a 所示超静定梁的弯矩图。已知梁的抗弯刚度为 EI。

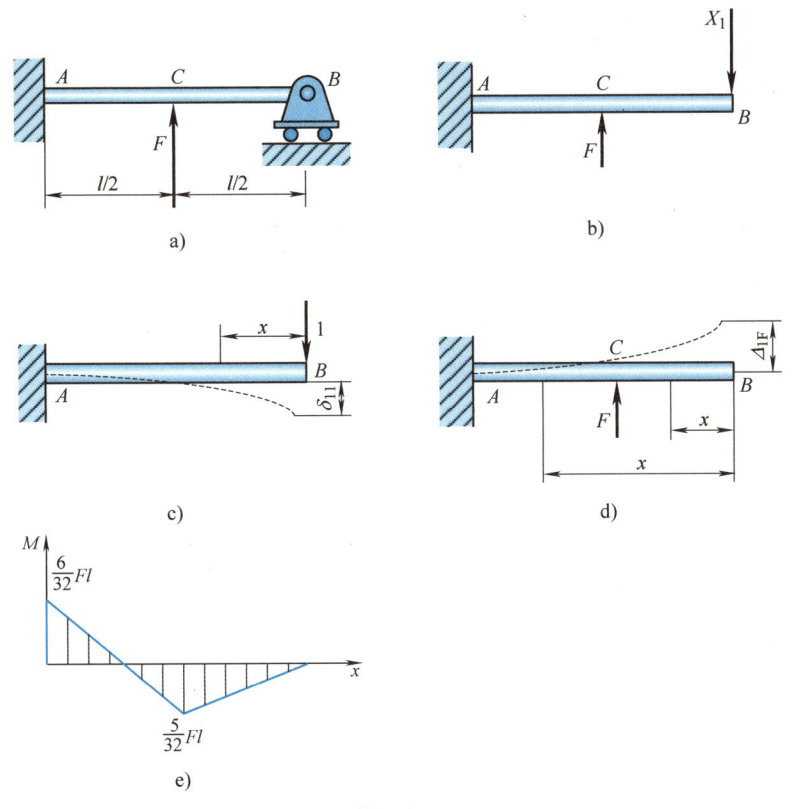

图 13-3

解：(1) 解除多余约束

一次超静定问题。以活动铰支座 B 作为多余约束，将其撤除，得基本静定梁（见图 13-3b），其作用以相应的多余未知力 X_1 代替。

(2) 建立力法典型方程

$$\delta_{11}X_1 + \Delta_{1F} = 0$$

(3) 计算 δ_{11} 与 Δ_{1F}

δ_{11} 为与 X_1 同方向的单位力单独作用于基本静定梁上（见图 13-3c）时，所引起的 B 端沿 X_1 方向的位移；Δ_{1F} 为实际载荷单独作用于基本静定梁上（见图 13-3d）时，所引起的 B 端沿 X_1 方向的位移。采用单位载荷法计算如下。

在单位载荷作用下（见图 13-3c），基本静定梁的弯矩方程为

$$\overline{M}(x) = -x$$

在实际载荷作用下（见图 13-3d），基本静定梁的弯矩方程为

CB 段 $\left(0 \leqslant x \leqslant \dfrac{l}{2}\right)$： $M(x) = 0$

AC 段 $\left(\dfrac{l}{2} \leqslant x < l\right)$： $M(x) = F\left(x - \dfrac{l}{2}\right)$

根据莫尔积分，即得

$$\delta_{11} = \int_l \dfrac{\overline{M}(x)\,\overline{M}(x)}{EI}\mathrm{d}x = \dfrac{1}{EI}\int_0^l (-x)^2 \mathrm{d}x = \dfrac{l^3}{3EI}$$

$$\Delta_{1F} = \int_l \dfrac{M(x)\,\overline{M}(x)}{EI}\mathrm{d}x = \dfrac{1}{EI}\int_{l/2}^l \left(Fx - F\dfrac{l}{2}\right)(-x)\mathrm{d}x = -\dfrac{5Fl^3}{48EI}$$

实际上，δ_{11} 与 Δ_{1F} 亦可直接由表 7-1 查得。

(4) 解方程，求多余未知力

将求出的 δ_{11} 与 Δ_{1F} 代入力法典型方程，解得多余未知力

$$X_1 = \dfrac{5}{16}F(\downarrow)$$

解出 X_1 即可作出梁的弯矩图，如图 13-3e 所示。

【例 13-2】 超静定刚架如图 13-4a 所示，已知均布载荷 $q = 10\ \mathrm{kN/m}$，各段杆的抗弯刚度均为 EI，试计算支座 A、C 处的约束力。

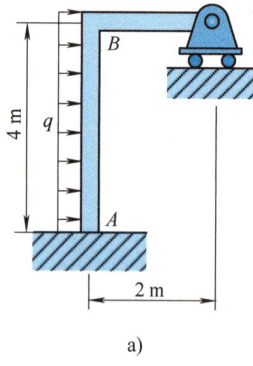

a)

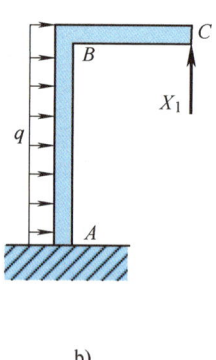

b)

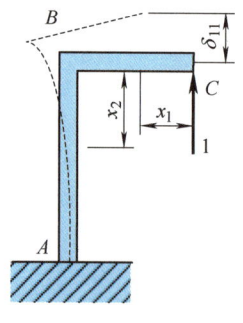

c)

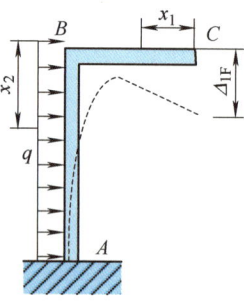

d)

图 13-4

第十三章 超静定结构与力法

解：(1) 解除多余约束

一次超静定问题。以活动铰支座 C 作为多余约束，将其撤除，得图 13-4b 所示基本静定刚架，并以相应的多余未知力 X_1 代替其作用。

(2) 建立力法典型方程

$$\delta_{11}X_1 + \Delta_{1F} = 0$$

(3) 计算 δ_{11} 与 Δ_{1F}

δ_{11} 为与 X_1 同方向的单位力单独作用于基本静定刚架上（见图 13-4c）时，所引起的 C 端沿 X_1 方向的位移；Δ_{1F} 为实际载荷单独作用于基本静定刚架上（见图 13-4d）时，所引起的 C 端沿 X_1 方向的位移。采用单位载荷法计算如下。

在单位载荷作用下（见图 13-4c），基本静定刚架的弯矩方程为

BC 段： $\overline{M}(x_1) = x_1$

AB 段： $\overline{M}(x_2) = 2$

在实际载荷作用下（见图 13-4d），基本静定刚架的弯矩方程为

BC 段： $M(x_1) = 0$

AB 段： $M(x_2) = -\dfrac{1}{2}qx_2^2 = -5x_2^2$

根据莫尔积分，即得

$$\delta_{11} = \frac{1}{EI}\int_0^2 x_1^2 \mathrm{d}x_1 + \frac{1}{EI}\int_0^4 2^2 \mathrm{d}x_2 = \frac{56}{3EI}$$

$$\Delta_{1F} = \frac{1}{EI}\int_0^4 (-5x_2^2) \times 2 \mathrm{d}x_2 = -\frac{640}{3EI}$$

(4) 解方程，求多余未知力

将求出的 δ_{11} 与 Δ_{1F} 代入力法典型方程，解得多余未知力

$$X_1 = \frac{80}{7}\,\mathrm{kN} = 11.4\,\mathrm{kN}(\uparrow)$$

此即支座 C 处的约束力。再由平衡方程，即得支座 A 处的约束力

$$F_{Ax} = 40\,\mathrm{kN}(\leftarrow),\quad F_{Ay} = 11.4\,\mathrm{kN}(\downarrow),\quad M_A = 57.2\,\mathrm{kN\cdot m}(\text{逆时针})$$

【**例 13-3**】 试计算图 13-5a 所示超静定平面桁架中各杆内力，已知各杆抗拉（压）刚度均为 EA。

解：(1) 解除多余约束

这是内力一次超静定结构。以杆 4 作为多余约束，将其切开，得图 13-5b 所示基本静定桁架，此处的多余未知力 X_1 为一对力，等值反向，分别作用于切口的左、右两侧截面上，即为杆 4 的轴力。

(2) 建立力法典型方程

$$\delta_{11}X_1 + \Delta_{1F} = 0$$

(3) 计算 δ_{11} 与 Δ_{1F}

这里，δ_{11} 为与 X_1 同方向的一对单位力单独作用于基本静定桁架上（见图 13-5c）时，所引起的切口两侧截面沿 X_1 方向的相对位移；Δ_{1F} 为实际载荷单独作用于基本静定桁架上（见

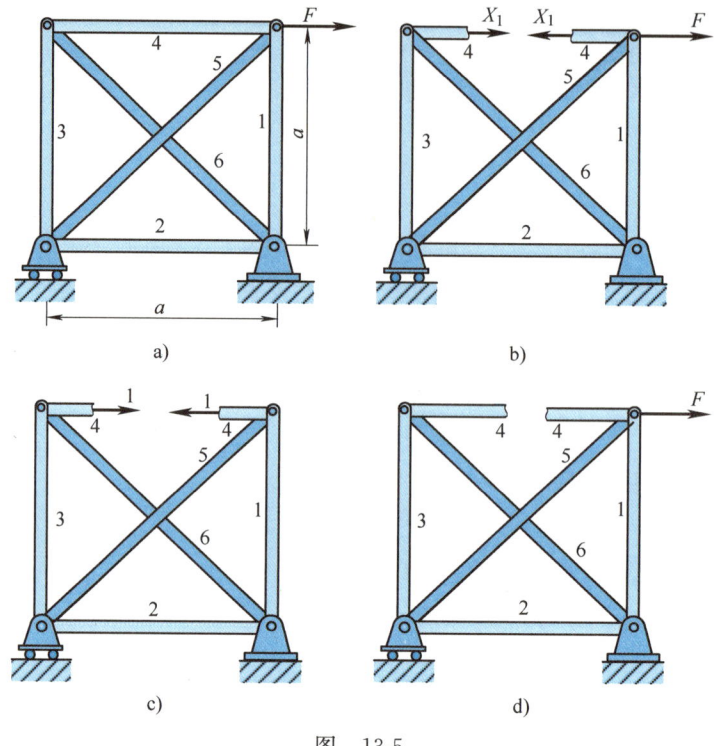

图 13-5

图 13-5d）时，所引起的切口两侧截面沿 X_1 方向的相对位移。采用单位载荷法计算如下。

在单位载荷作用下（见图 13-5c），基本静定桁架中各杆轴力分别为

$$\overline{F}_{N1} = \overline{F}_{N2} = \overline{F}_{N3} = \overline{F}_{N4} = 1, \quad \overline{F}_{N5} = \overline{F}_{N6} = -\sqrt{2}$$

在实际载荷作用下（见图 13-5d），基本静定桁架中各杆轴力分别为

$$F'_{N1} = F'_{N2} = -F, \quad F'_{N3} = F'_{N4} = F'_{N6} = 0, \quad F'_{N5} = \sqrt{2}F$$

根据式（12-15），即得

$$\delta_{11} = \sum_{i=1}^{6} \left(\frac{\overline{F}_N \overline{F}_N l}{EA} \right)_i = \frac{4(1+\sqrt{2})a}{EA}$$

$$\Delta_{1F} = \sum_{i=1}^{6} \left(\frac{F'_N \overline{F}_N l}{EA} \right)_i = -\frac{2(1+\sqrt{2})Fa}{EA}$$

(4) 解方程，求多余未知力

将求出的 δ_{11} 与 Δ_{1F} 代入力法典型方程，解得多余未知力，即杆 4 轴力

$$F_{N4} = X_1 = \frac{1}{2}F$$

此时，即转化为静定问题。再由平衡方程或叠加法即可求得该超静定桁架的其余各杆轴力分别为

$$F_{N1} = F_{N2} = -\frac{1}{2}F, \quad F_{N3} = \frac{1}{2}F, \quad F_{N5} = \frac{\sqrt{2}}{2}F, \quad F_{N6} = -\frac{\sqrt{2}}{2}F$$

【例 13-4】 图 13-6a 所示梁，A 端固定，B 端用一刚度系数为 k 的弹簧支撑，其上受到均布载荷 q 的作用。已知梁的抗弯刚度为 EI，试求弹簧受力。

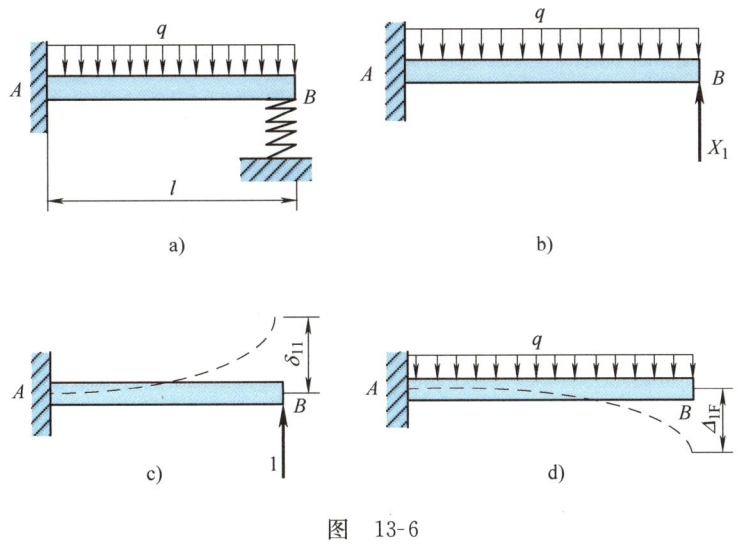

图 13-6

解：(1) 解除多余约束

一次超静定问题。以弹簧支撑作为多余约束，将其撤除，得图 13-6b 所示基本静定梁，其中的多余未知力 X_1 即为弹簧受力。

(2) 建立力法典型方程

$$\delta_{11}X_1 + \Delta_{1F} = -\frac{X_1}{k} \qquad (*)$$

由于是弹性支撑，此时 B 端沿 X_1 方向的位移不再为零，应等于弹簧的变形 $-X_1/k$，其中负号表示位移的方向与 X_1 的方向相反。

(3) 计算 δ_{11} 与 Δ_{1F}

δ_{11} 为与 X_1 同方向的单位力单独作用于基本静定梁上（见图 13-6c）时，所引起的 B 端沿 X_1 方向的位移；Δ_{1F} 为实际载荷单独作用于基本静定梁上（见图 13-6d）时，所引起的 B 端沿 X_1 方向的位移。通过单位载荷法计算或直接查表 7-1，易得

$$\delta_{11} = \frac{l^3}{3EI}, \quad \Delta_{1F} = -\frac{ql^4}{8EI}$$

(4) 解方程，求多余未知力

将求出的 δ_{11} 与 Δ_{1F} 代入式（*），解得多余未知力，即弹簧受力

$$X_1 = \frac{3kql^4}{8kl^3 + 24EI}$$

【例 13-5】 一超静定刚架如图 13-7a 所示，已知杆 BC 的抗弯刚度为 EI，杆 AC 的抗弯刚度为 $2EI$。试求各支座的约束力。

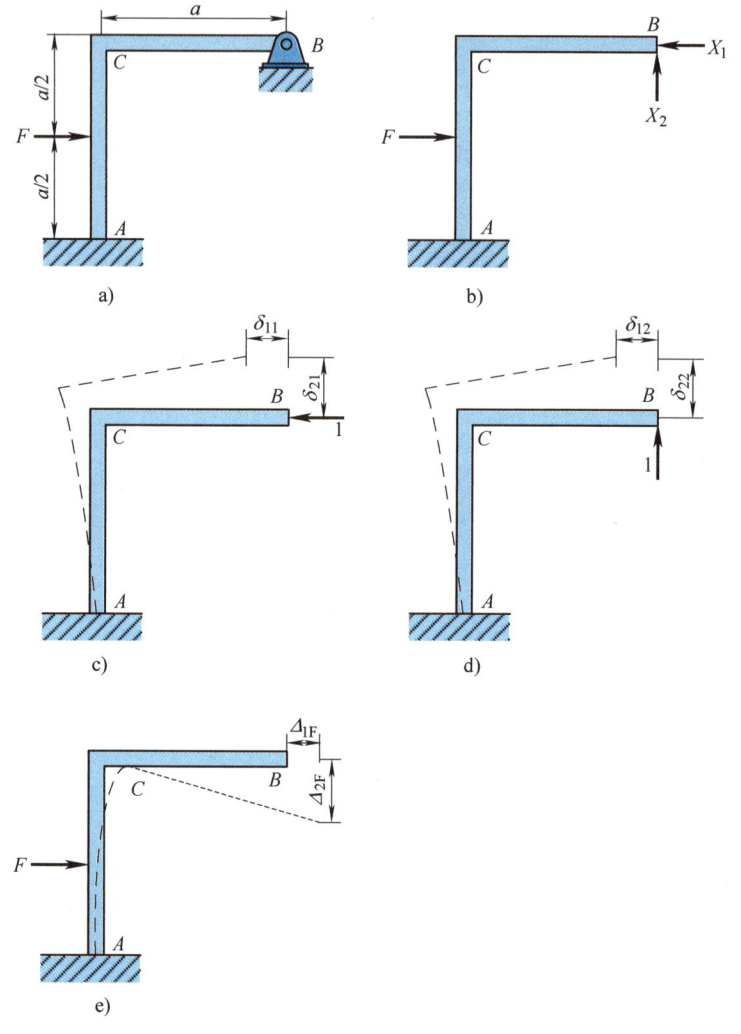

图 13-7

解：(1) 解除多余约束

二次超静定问题。以固定铰支座 B 作为多余约束，将其撤除，得图 13-7b 所示基本静定刚架，其作用以相应的多余未知力 X_1、X_2 代替。

(2) 建立力法典型方程

$$\left.\begin{array}{l}\delta_{11}X_1+\delta_{12}X_2+\Delta_{1F}=0\\ \delta_{21}X_1+\delta_{22}X_2+\Delta_{2F}=0\end{array}\right\}$$

(3) 计算 δ_{ij} 与 Δ_{iF}

δ_{11}、δ_{21} 分别为与 X_1 同方向的单位力单独作用于基本静定刚架上时，所引起的 B 端沿 X_1、X_2 方向的位移（见图 13-7c）；δ_{12}、δ_{22} 分别为与 X_2 同方向的单位力单独作用于基本静定刚架上时，所引起的 B 端沿 X_1、X_2 方向的位移（见图 13-7d）；Δ_{1F}、Δ_{2F} 分别为实际载荷单独作用于基本静定刚架上时，所引起的 B 端沿 X_1、X_2 方向的位移（见图 13-7e）。运用单位载荷法不难求得

$$\delta_{11} = \frac{a^3}{6EI}, \quad \delta_{22} = \frac{5a^3}{6EI}, \quad \delta_{12} = \delta_{21} = \frac{a^3}{4EI}, \quad \Delta_{1F} = -\frac{5Fa^3}{96EI}, \quad \Delta_{2F} = -\frac{Fa^3}{16EI}$$

(4) 解方程，求多余未知力

将求出的 δ_{ij} 与 Δ_{iF} 代入力法典型方程，解得多余未知力

$$X_1 = \frac{4}{11}F(\leftarrow), \quad X_2 = -\frac{3}{88}F(\downarrow)$$

此即固定铰支座 B 处的约束力。再由平衡方程即可求得固定端 A 处的约束力

$$F_{Ax} = \frac{7}{11}F(\leftarrow), \quad F_{Ay} = \frac{3}{88}F(\uparrow), \quad M_A = \frac{15}{88}Fa(逆时针)$$

【例 13-6】 如图 13-8a 所示，混合结构由刚架 ABC 和绳索 ADC 连接而成，在 C 端受集中载荷 F 作用。已知刚架 ABC 的抗弯刚度为 EI，绳索 ADC 的抗拉刚度 $EA = EI/a^2$，若不计定滑轮 D 的直径，试求绳索 ADC 的张力。

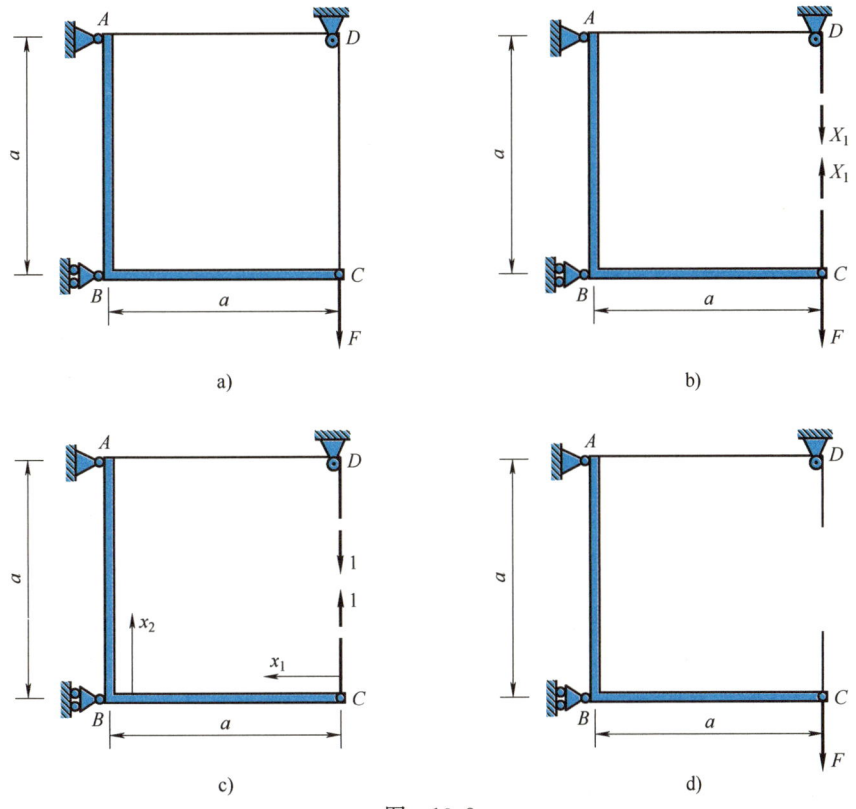

图 13-8

解：(1) 解除多余约束

这是内力一次超静定结构。将绳索作为多余约束，将其截开，得图 13-8b 所示基本静定结构，此处的多余约束未知力 X_1 为一对力，等值反向，即为绳索的张力。

(2) 建立力法典型方程

$$\delta_{11}X_1 + \Delta_{1F} = 0$$

(3) 计算 δ_{11} 与 Δ_{1F}

δ_{11} 为与 X_1 同方向的单位力单独作用于基本静定结构上（见图 13-8c）时，所引起的切口两侧截面沿 X_1 方向的相对位移；Δ_{1F} 为实际载荷单独作用于基本静定结构上（见图 13-8d）时，所引起的切口两侧截面沿 X_1 方向的相对位移。采用单位载荷法计算如下：

在单位载荷作用下（见图 13-8c），基本静定结构中各段内力分别为

$$\overline{M}(x_1) = x_1, \quad \overline{M}(x_2) = a - x_2, \quad \overline{F}_{NCD} = \overline{F}_{NAD} = 1$$

在实际载荷作用下（见图 13-8d），基本静定结构中各段内力分别为

$$M(x_1) = -Fx_1, \quad M(x_2) = -F(a - x_2), \quad F_{NCD} = F_{NAD} = 0$$

根据莫尔积分，即得

$$\delta_{11} = \int_0^a \frac{\overline{M}(x_1)\overline{M}(x_1)}{EI}dx_1 + \int_0^a \frac{\overline{M}(x_2)\overline{M}(x_2)}{EI}dx_2 + \frac{\overline{F}_{NCD}\overline{F}_{NCD}a}{EA} + \frac{\overline{F}_{NAD}\overline{F}_{NAD}a}{EA} = \frac{8a^3}{3EI}$$

$$\Delta_{1F} = \int_0^a \frac{M(x_1)\overline{M}(x_1)}{EI}dx_1 + \int_0^a \frac{M(x_2)\overline{M}(x_2)}{EI}dx_2 + \frac{F_{NCD}\overline{F}_{NCD}a}{EA} + \frac{F_{NAD}\overline{F}_{NAD}a}{EA} = -\frac{2Fa^3}{3EI}$$

(4) 解方程，求多余未知力

将求出的 δ_{11} 与 Δ_{1F} 代入力法典型方程，解得多余未知力，即绳索 ADC 的张力

$$X_1 = \frac{F}{4}$$

第三节　对称性问题与反对称性问题的简化计算

在工程中，经常会有如图 13-9a 所示的这样一类**对称结构**：杆件轴线构成的几何图形、杆件刚度以及所受约束均对称于某一轴线。若作用于对称结构上的载荷的作用位置、大小和方向均对称于结构的对称轴，如图 13-9b 所示，则称为**对称载荷**；若作用于对称结构上的载荷的作用位置、大小对称于结构的对称轴，但方向反对称于结构的对称轴，如图 13-9c 所示，则称为**反对称载荷**。

由力法可以得到下列对称性问题和反对称性问题的基本性质：

1. 对称性问题的基本性质

对称结构在对称载荷作用下，支座反力一定对称于结构的对称轴；在对称截面上，内力一定对称于结构的对称轴；在位于对称轴的截面上，反对称内力（剪力）一定为零。

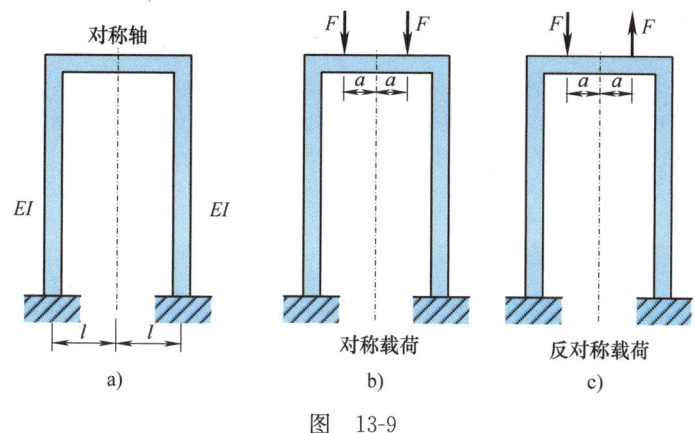

图 13-9

2. 反对称性问题的基本性质

对称结构在反对称载荷作用下，支座反力一定反对称于结构的对称轴；在对称截面上，内力一定反对称于结构的对称轴；在位于对称轴的截面上，对称内力（轴力与弯矩）一定为零。

在求解超静定结构时，利用上述对称性问题和反对称性问题的基本性质，可以降低超静定次数，从而大大简化计算过程。举例说明如下：

【例 13-7】 超静定梁如图 13-10a 所示，试求跨中截面 C 的挠度，已知梁的抗弯刚度为 EI。

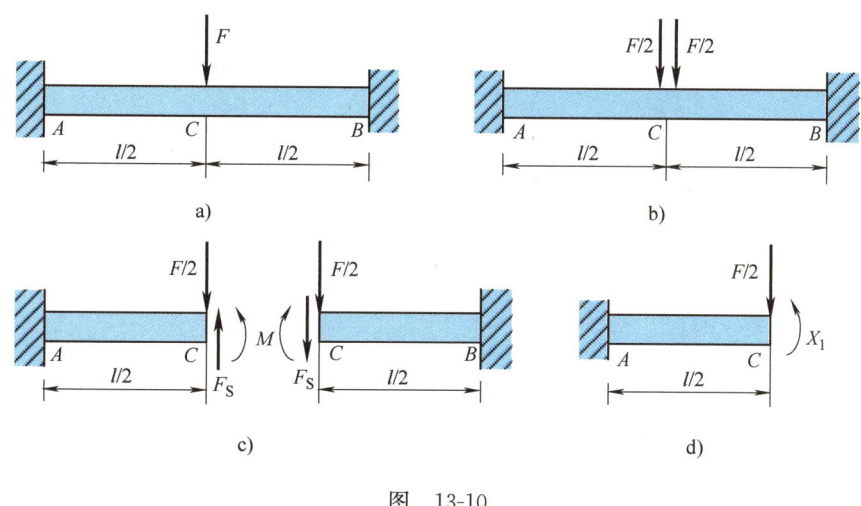

图 13-10

解： 该梁为二次超静定，但这是对称性问题，利用对称性问题的性质，可以将其转化为一次超静定问题。分析如下：

将作用于跨中截面 C 处的集中载荷 F 分解为作用于截面 C 两侧的两个大小均为 $F/2$ 的分力（见图 13-10b），即构成了对称载荷。由于剪力是反对称内力（见图 13-10c），因此在位于对称轴的截面 C 上，剪力 F_S 必为零。于是，问题简化为一次超静定。

沿截面 C 截取梁的 1/2 为研究对象，如图 13-10d 所示，以截面 C 的弯矩作为多余未知力，记作 X_1。因为截面 C 的转角为零，故有力法典型方程

$$\delta_{11}X_1 + \Delta_{1F} = 0$$

运用单位载荷法计算或直接查表 7-1，易得

$$\delta_{11} = \frac{l}{2EI}, \quad \Delta_{1F} = -\frac{Fl^2}{16EI}$$

将 δ_{11} 与 Δ_{1F} 代入力法典型方程，解得多余未知力，即截面 C 的弯矩

$$X_1 = \frac{Fl}{8}$$

至此，问题转化为静定问题。根据图 13-10d，由叠加法或单位载荷法，求得该梁跨中截面 C 的挠度

$$\Delta_{CV} = \frac{Fl^3}{192EI}(\downarrow)$$

【例 13-8】 超静定刚架如图 13-11a 所示，已知各段杆的抗弯刚度均为 EI，试求铰支座 A、B 处的约束力。

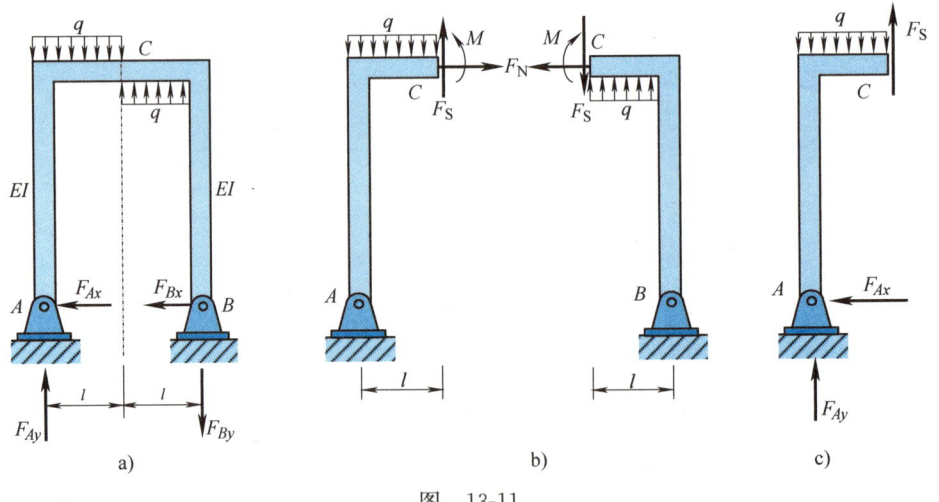

图 13-11

解： 该刚架为一次超静定，但这是反对称性问题，利用反对称性问题的性质，可以将其转化为静定问题。分析如下。

由于轴力与弯矩是对称内力（见图 13-11b），因此在位于对称轴的截面 C 上，轴力 F_N 与弯矩 M 必为零。于是，沿截面 C 截取刚架的 1/2 为研究对象，如图 13-11c 所示，截面 C 上只作用有剪力 F_S。显然，这已成为静定问题。根据图 13-11c，由平衡方程易得铰支座 A 处的

约束力

$$F_{Ay} = \frac{1}{2}ql(\uparrow), \quad F_{Ax} = 0$$

再根据反对称性问题的性质，即得铰支座 B 处的约束力（见图 13-11a）

$$F_{By} = \frac{1}{2}ql(\downarrow), \quad F_{Bx} = 0$$

【例 13-9】 如图 13-12a 所示，用三根完全相同的等直杆悬挂一刚性横梁。已知三杆的长度为 l、抗拉（压）刚度为 EA，试求三杆轴力。

解：如图 13-12a 所示，该对称结构所受载荷既不是对称的也不是反对称的，但可以将其视为对称载荷（见图 13-12b）与反对称载荷（见图 13-12c）的叠加。

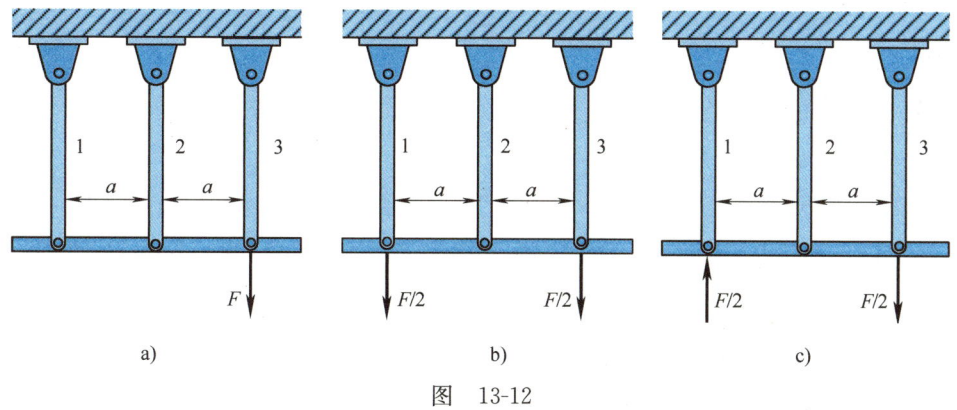

图 13-12

在图 13-12b 所示对称载荷作用下，显然三杆轴力相等，为

$$F'_{N1} = F'_{N2} = F'_{N3} = \frac{1}{3}F$$

在图 13-12c 所示反对称载荷作用下，根据反对称性问题的性质，易知三杆轴力分别为

$$F''_{N1} = -\frac{1}{2}F, \quad F''_{N2} = 0, \quad F''_{N3} = \frac{1}{2}F$$

将上述两组解代数相加，即得在实际载荷作用下三杆的轴力

$$F_{N1} = F'_{N1} + F''_{N1} = \frac{1}{3}F - \frac{1}{2}F = -\frac{1}{6}F$$

$$F_{N2} = F'_{N2} + F''_{N2} = \frac{1}{3}F$$

$$F_{N3} = F'_{N3} + F''_{N3} = \frac{1}{3}F + \frac{1}{2}F = \frac{5}{6}F$$

【例 13-10】 如图 13-13a 所示一半径 $R = 0.3$ m 的圆环，沿圆环直径装一直杆 AB，但 AB 杆加工短了 $\Delta = 3 \times 10^{-4}$ m。已知杆 AB 的抗拉（压）刚度 $EA = 3 \times 10^5$ kN，圆环的抗弯刚度 $EI = 2 \times 10^3$ kN·m²。试求装配后杆 AB 的拉力。

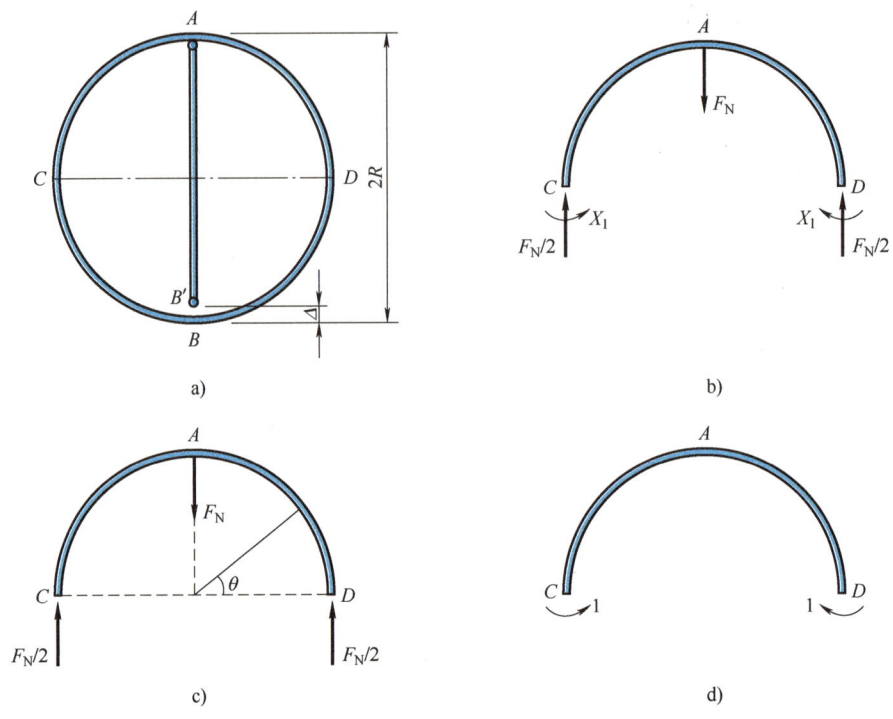

图 13-13

解： 此为装配应力问题，当 BB' 强行连接后，杆 AB 产生轴向拉力，设其轴力为 F_N，对应变形协调条件为

$$\Delta = \frac{F_N \times 2R}{EA} + \Delta_{A-B}$$

其中，Δ_{A-B} 为圆环在一对 F_N 力作用下，A、B 两点间的相对位移。

(1) 确定超静定次数

沿水平线把圆环切开，取基本静定结构如图 13-13b 所示。由于本题为对称性问题，故在圆环的左右水平截面上，反对称内力（剪力）为零，只有对称的轴力和弯矩。由平衡关系易知，轴力等于 $F_N/2$。因此，多余未知力仅为弯矩 X_1，问题简化为一次超静定。

(2) 建立力法典型方程

由于多余未知力 X_1 对应的 C、D 截面的转角为零，故有力法典型方程

$$\delta_{11} X_1 + \Delta_{1F} = 0$$

(3) 计算多余未知力

在 F_N 力作用下（见图 13-13c），圆环截面弯矩方程

$$M(\theta) = \frac{F_N R}{2}(1 - \cos\theta)$$

在单位力偶矩作用下（见图 13-13d），圆环截面弯矩方程

$$\overline{M}(\theta) = -1$$

故得

$$\delta_{11} = 2\int_0^{\frac{\pi}{2}} \frac{\overline{M}(\theta)\,\overline{M}(\theta)}{EI} R\,d\theta = \frac{\pi R}{EI}, \quad \Delta_{1F} = 2\int_0^{\frac{\pi}{2}} \frac{\overline{M}(\theta)M(\theta)}{EI} R\,d\theta = -\frac{F_N R^2}{EI}\left(\frac{\pi}{2} - 1\right)$$

将上述结果代入力法典型方程，即得多余未知力

$$X_1 = -F_N R\left(\frac{\pi}{2} - 1\right) = -0.182 F_N R$$

(4) 计算圆环 A、B 两点间的相对位移

用单位载荷法易得图 13-13b 所示基本静定结构点 A 的位移

$$\Delta_A = 2\int_0^{\frac{\pi}{2}} \frac{\overline{M}M}{EI} R\,d\theta$$

$$= 2\int_0^{\frac{\pi}{2}} \frac{\frac{1}{2}R(1-\cos\theta)\left[\frac{1}{2}F_N R(1-\cos\theta) - 0.182 F_N R\right]}{EI} R\,d\theta$$

$$= 0.074 \frac{F_N R^3}{EI}$$

显然，圆环 A、B 两点间的相对位移

$$\Delta_{A-B} = 2\Delta_A = 0.148 \frac{F_N R^3}{EI}$$

(5) 求装配后杆 AB 的拉力

将上述计算结果和已知数据代入变形协调条件有

$$3\times 10^{-4} = \frac{F_N \times 0.6}{3\times 10^8} + 0.148 \times \frac{F_N \times 0.3^3}{2\times 10^6}$$

由此解得装配后杆 AB 的拉力

$$F_N = 75.03 \text{ kN}$$

复习思考题

13-1 何谓超静定结构？

13-2 何谓超静定次数？如何确定超静定次数？

13-3 何谓多余约束？何谓多余未知力？

13-4 用力法求解超静定结构的基本步骤是什么？

13-5 在用力法求解超静定结构时，基本静定结构的选择是否唯一？

13-6 力法典型方程中的系数 δ_{ij} 代表什么？自由项 Δ_{iF} 又代表什么？

13-7 什么是对称结构？

13-8 能否说，只要结构对称，结构的支座反力就一定对称？为什么？

13-9 什么是对称载荷？什么是反对称载荷？

13-10 对称性问题的基本性质是什么？

13-11 反对称性问题的基本性质是什么？

13-1 求解习题 13-1 图所示超静定梁,并作出弯矩图,已知梁的抗弯刚度为 EI。

13-2 求解习题 13-2 图所示超静定梁,并作出弯矩图,已知梁的抗弯刚度为 EI。

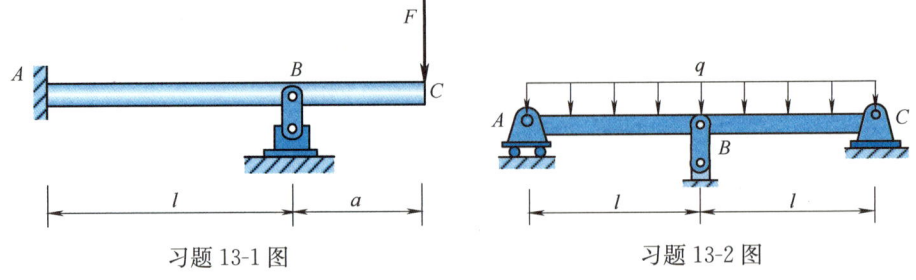

习题 13-1 图　　　　　　　　习题 13-2 图

13-3 求解习题 13-3 图所示超静定梁,并作出弯矩图,已知梁的抗弯刚度为 EI。

13-4 求解习题 13-4 图所示超静定梁,并作出弯矩图,已知梁的抗弯刚度为 EI。

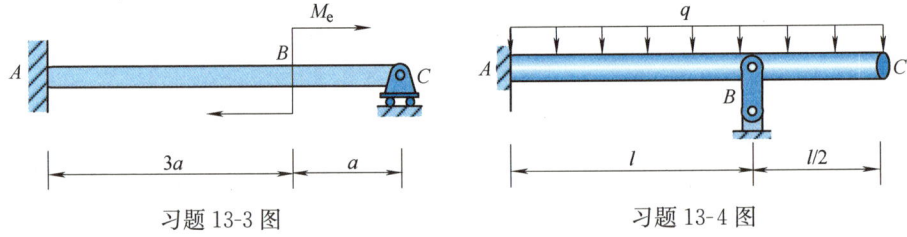

习题 13-3 图　　　　　　　　习题 13-4 图

13-5 求解习题 13-5 图所示超静定刚架,并作出弯矩图,已知各段杆的抗弯刚度均为 EI。

13-6 求解习题 13-6 图所示超静定刚架,并作出弯矩图,已知各段杆的抗弯刚度均为 EI。

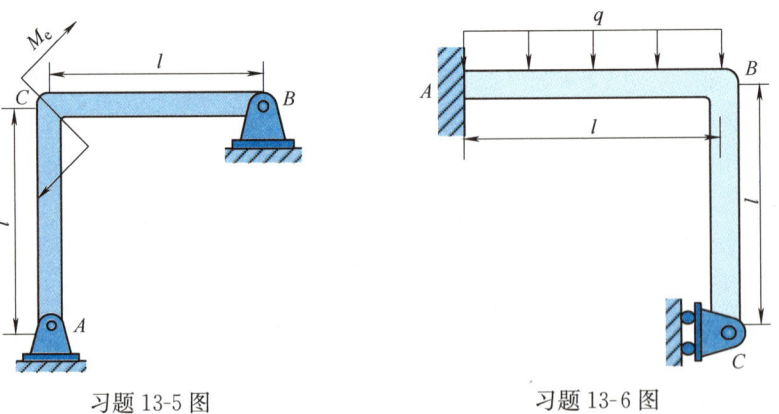

习题 13-5 图　　　　　　　　习题 13-6 图

13-7　求解习题 13-7 图所示超静定刚架，并作出弯矩图，已知各段杆的抗弯刚度均为 EI。

13-8　超静定桁架如习题 13-8 图所示，已知各杆的抗拉（压）刚度均为 EA，试计算各杆的轴力。

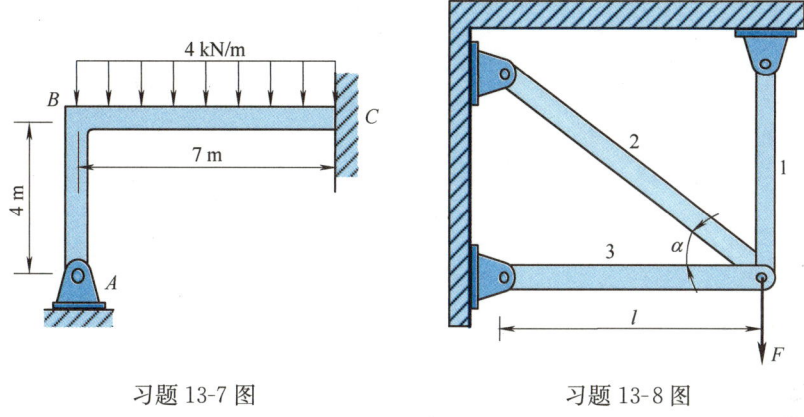

习题 13-7 图　　　　　　习题 13-8 图

13-9　超静定桁架如习题 13-9 图所示，已知长度尺寸 $a = 6$ m，CA、AB 与 BG 三杆的横截面面积均为 30 cm^2，其余各杆的横截面面积均为 15 cm^2，各杆的弹性模量均为 E，载荷 $F = 130$ kN。试计算杆 AB 的轴力。

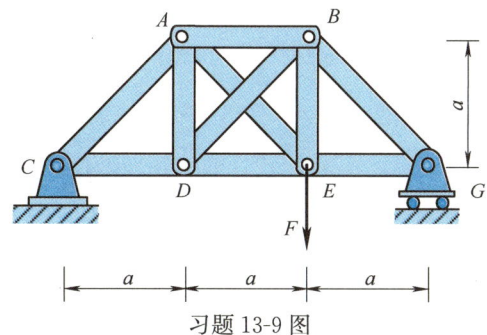

习题 13-9 图

13-10　超静定桁架如习题 13-10 图所示，F、θ、l 均为已知，各杆的抗拉（压）刚度均为 EA，试求各杆的轴力。

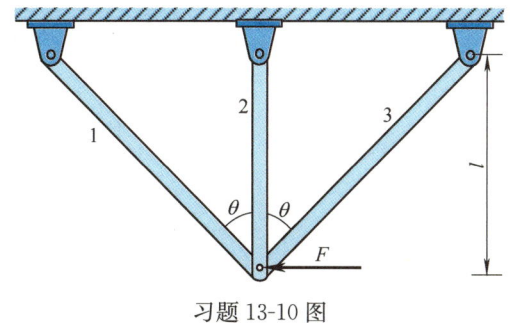

习题 13-10 图

13-11 求解习题 13-11 图所示超静定梁，并作出弯矩图，已知梁的抗弯刚度为 EI。

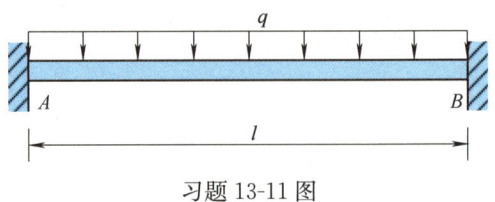

习题 13-11 图

13-12 求解习题 13-12 图所示超静定刚架，并确定最大弯矩，已知各段杆的抗弯刚度均为 EI。

13-13 求解习题 13-13 图所示超静定刚架，并作出弯矩图，已知各杆的抗弯刚度均为 EI。

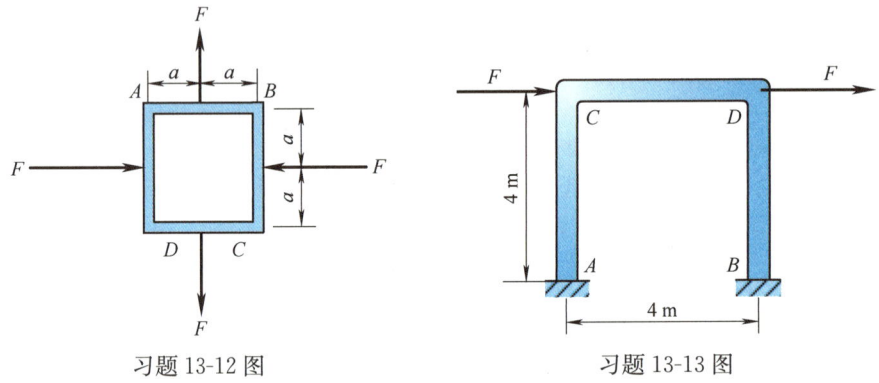

习题 13-12 图　　　　　　　　习题 13-13 图

13-14 求解习题 13-14 图所示超静定刚架，并作出弯矩图，已知各杆的抗弯刚度均为 EI。

13-15 求解习题 13-15 图所示超静定刚架，并作出弯矩图，已知各杆的抗弯刚度均为 EI。

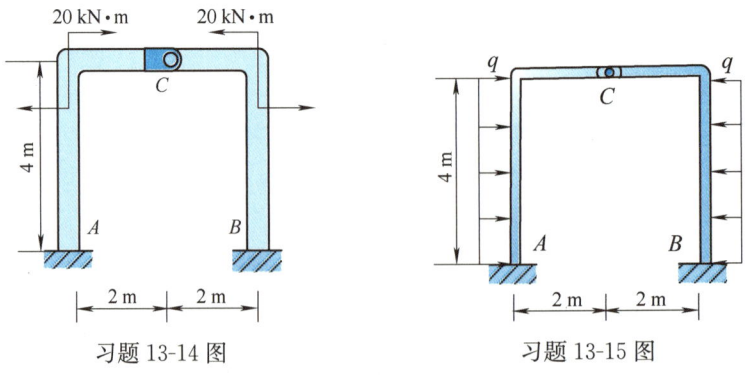

习题 13-14 图　　　　　　　　习题 13-15 图

13-16 如习题 13-16 图所示，刚架 $ABCD$ 在 A 端受竖直集中载荷 F 的作用，已知各段

杆的抗弯刚度均为 EI，试求铰支座 B 的约束力。

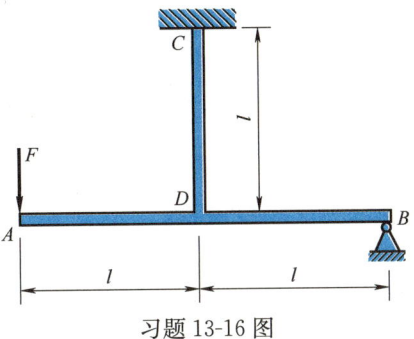

习题 13-16 图

13-17 如习题 13-17 图所示，刚架 $ACDB$ 在 G 处受竖直集中载荷 $2F$ 的作用，已知各段杆的抗弯刚度均为 EI，试求固定支座 A、B 的约束力。

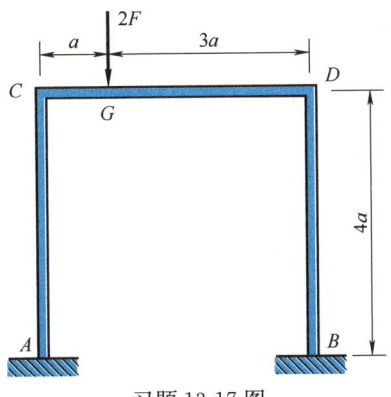

习题 13-17 图

第十四章
电测法简介

第一节 引 言

要解决构件设计中的强度问题，就必须了解构件的应力状态。但在工程实际中，有些构件由于外形或受力状况比较复杂，难以甚至无法从理论上对其应力状态进行准确的分析计算。解决这类问题的一个有效途径是通过实验的方法来测定应力。另一方面，理论计算往往是以一些简化假设为基础的，其结果是否符合实际情况也需要经过实验来验证。通过实验的方法来确定构件的应力，称为**实验应力分析**。

实验应力分析的方法有多种，例如电测法、光弹性法、全息光测法、云纹法和脆性涂层法等。其中，应用最为广泛的是电测法。电测法的优点是精度高、适应性强，可以进行现场实测、遥测，还可以用于高温、高压、腐蚀性介质等特殊工作环境。电测法的主要缺点是只能测量构件表面的应力。

本章简要介绍了电测法的基本原理和基本应用。

第二节 电测法的基本原理

一、电阻应变片及其工作原理

电阻应变片，简称**应变片**，是电测法的传感元件。实际测量时，将应变片粘贴在被测构件的表面，使其随同构件变形，将构件测点处的应变转化为应变片的电阻变化；然后，通过与应变片连接在一起的专用测量仪器，即电阻应变仪，测出构件测点处的实际应变；最后再由胡克定律，得到构件测点处的实际应力。

常用的电阻应变片有丝绕式（见图 14-1a）和箔式（见图 14-1b）两种。丝绕式应变片是用直径为 0.02~0.05 mm 的康铜（铜镍合金 Ni45Cu55）丝或镍铬合金（Cr20Ni80）丝绕成栅状，粘贴在两层绝缘薄膜中制作而成；箔式应变片则是用厚度为 0.003~0.01 mm 的康铜箔或镍铬合金箔腐蚀成栅状，粘贴在两层绝缘薄膜中制作而成。应变片中的栅状金属丝或金属箔称为**敏感栅**。

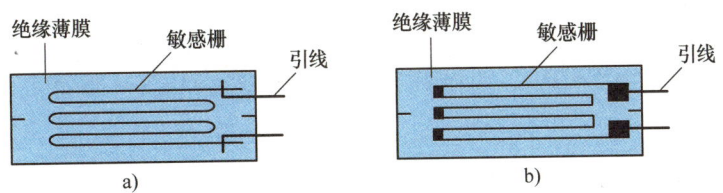

图 14-1

试验表明，在一定条件下，应变片敏感栅的电阻变化率 $\Delta R/R$ 与敏感栅沿长度方向的线应变 ε 成正比，即有

$$\frac{\Delta R}{R} = K\varepsilon \tag{14-1}$$

式中，比例系数 K 称为应变片的**灵敏系数**。灵敏系数的大小与敏感栅材料及应变片构造有关，可通过试验测定。常用应变片的灵敏系数 K 为 1.7~3.6。

由式（14-1）知，只要测出应变片的电阻变化率 $\Delta R/R$，即可确定相应的线应变 ε。

二、电阻应变仪及其测试原理

用来测量电阻应变片应变的专用电子仪器称为**电阻应变仪**，其基本测试电路为一惠斯通电桥（见图 14-2）。

如图 14-2 所示，电桥四个桥臂的电阻分别为 R_1、R_2、R_3 与 R_4；A 与 C 为电桥的输入端，接电源，其输入电压为 U；B 与 D 为电桥的输出端，不难证明，其输出电压

$$\Delta U = \frac{R_1 R_4 - R_2 R_3}{(R_1 + R_2)(R_3 + R_4)} U \tag{14-2}$$

当桥臂电阻满足

$$R_1 R_4 = R_2 R_3 \tag{14-3}$$

时，则电桥的输出电压 $\Delta U = 0$，称为**电桥平衡**。

在进行电测实验时，若将粘贴在构件上的

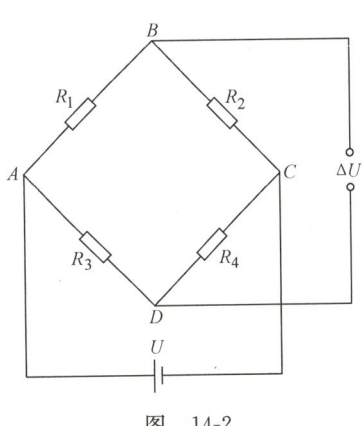

图 14-2

初始电阻完全相同的四个应变片组成电桥的四个桥臂，则在构件受力变形前，电桥平衡，没有输出。当构件受力变形后，设四个应变片感受的应变分别为 ε_1、ε_2、ε_3 和 ε_4，相应的电阻改变量分别为 ΔR_1、ΔR_2、ΔR_3 和 ΔR_4，则由式（14-2）可得，此时电桥的输出电压为

$$\Delta U = \frac{U}{4}\left(\frac{\Delta R_1}{R} - \frac{\Delta R_2}{R} - \frac{\Delta R_3}{R} + \frac{\Delta R_4}{R}\right) \tag{14-4}$$

式中，R 为应变片的初始电阻。

将式（14-1）代入上式，即得电桥输出电压 ΔU 与应变片感受应变 ε_i 之间的关系

$$\Delta U = \frac{KU}{4}(\varepsilon_1 - \varepsilon_2 - \varepsilon_3 + \varepsilon_4) \tag{14-5}$$

由于 $KU/4$ 为常数，故可以将应变仪的输出按照应变来标定，从而直接得到应变仪的读数应变为

$$\varepsilon_R = \varepsilon_1 - \varepsilon_2 - \varepsilon_3 + \varepsilon_4 = \frac{4\Delta U}{KU} \tag{14-6}$$

式（14-6）表明，**应变仪的读数应变 ε_R 为各应变片感受应变 ε_i 的线性叠加，其中，相邻桥臂的应变异号，相对桥臂的应变同号**。这一特性十分重要，利用该特性，通过适当的组桥接线，可以解决电测实验中的许多实际问题。

还可以证明，若将 n 个电阻值相同的应变片串联在同一桥臂 k 上，则该桥臂的输出应变等于这 n 个应变片实际感受应变的算术平均值，即

$$\varepsilon_k = \frac{1}{n}\sum_{i=1}^{n}\varepsilon_i \tag{14-7}$$

式中，ε_k 为该桥臂的输出应变；ε_i 为串联在该桥臂上的第 i 个应变片的实际感受应变。

第三节　电测法的简单应用

在用电测法进行实际测量时，需根据被测构件的受力变形情况、温度变化情况以及具体测试要求，来确定测点位置、贴片方位与组桥接线方案。组桥接线一般有两种方式。一种是**全桥接线**，即将测量电桥的四个桥臂都接上应变片；另一种是**半桥接线**，即将其中的两个桥臂接上应变片、另两个桥臂接上电阻应变仪内部的固定电阻。下面通过实例，说明电测法的简单应用。

【**例 14-1**】　用电测法测定图 14-3 所示轴向拉杆横截面上的正应力 σ。试确定测试方案，并给出应力 σ 与应变仪读数应变 ε_R 之间的关系。已知材料的弹性模量为 E、泊松比为 ν。

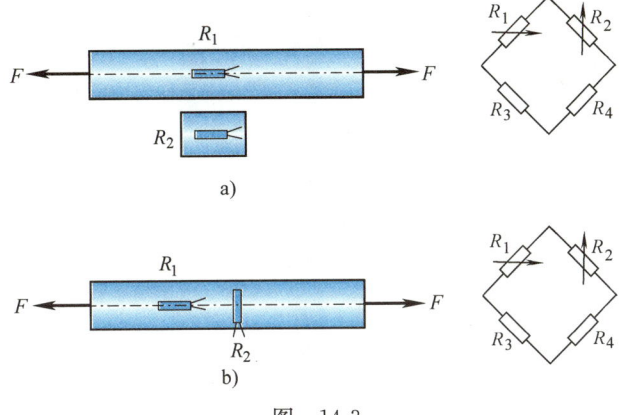

图 14-3

解：在测量过程中，被测构件环境温度的变化，将会影响应变片的读数应变，因此，必须设法在测试结果中消除温度的影响。

(1) 方案一

采用半桥接线：如图 14-3a 所示，R_1 为用于实际测量的应变片，简称**工作片**，沿轴向粘贴在杆件上；R_2 为用于消除温度影响的应变片，简称**温度补偿片**，粘贴在不受载荷作用的温度补偿块上；R_3 与 R_4 为应变仪内部的固定电阻。R_1、R_2 与 R_3、R_4 的电阻值相同。温度补偿块与杆件的材料相同，并处在同一温度环境中。

用 ε_F 表示由载荷引起的轴向应变，ε_T 表示由温度变化引起的应变，则四个桥臂的实际感受应变分别为

$$\varepsilon_1 = \varepsilon_F + \varepsilon_T, \quad \varepsilon_2 = \varepsilon_T, \quad \varepsilon_3 = \varepsilon_4 = 0$$

代入式 (14-6)，得应变仪的读数应变

$$\varepsilon_R = \varepsilon_1 - \varepsilon_2 - \varepsilon_3 + \varepsilon_4 = \varepsilon_F$$

再根据胡克定律，即得横截面上的正应力

$$\sigma = E\varepsilon_R$$

(2) 方案二

采用半桥接线：如图 14-3b 所示，R_1、R_2 分别沿杆件的轴向、横向粘贴；R_3 与 R_4 为应变仪内部的固定电阻。R_1、R_2 与 R_3、R_4 的电阻值相同。

此时，四个桥臂的实际感受应变分别为

$$\varepsilon_1 = \varepsilon_F + \varepsilon_T, \quad \varepsilon_2 = -\nu\varepsilon_F + \varepsilon_T, \quad \varepsilon_3 = \varepsilon_4 = 0$$

代入式 (14-6)，得应变仪的读数应变

$$\varepsilon_R = \varepsilon_1 - \varepsilon_2 - \varepsilon_3 + \varepsilon_4 = (1+\nu)\varepsilon_F$$

再根据胡克定律，即得应力 σ 与读数应变 ε_R 之间的关系为

$$\sigma = \frac{E}{1+\nu}\varepsilon_R$$

注意到，在方案二中，尽管没有专门布置温度补偿片，但温度的影响已自动消除；同时，方案二的读数应变是实际应变的 $(1+\nu)$ 倍，从而提高了测量的灵敏度。

【例 14-2】 用电测法测定图 14-4 所示纯弯曲梁所受弯矩 M。试确定测试方案,并给出弯矩 M 与应变仪读数应变 ε_R 之间的关系。已知梁的抗弯截面系数为 W,材料的弹性模量为 E。

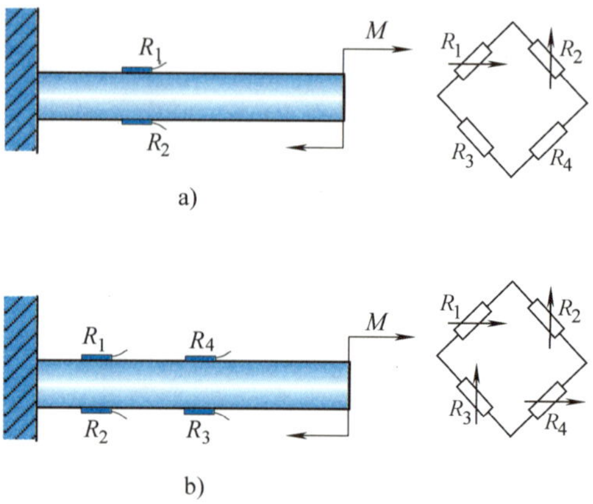

解:(1) 方案一

布片方案如图 14-4a 所示,采用半桥接线,R_3 与 R_4 为应变仪内部的固定电阻。

用 ε 表示梁上表层的真实应变,ε_T 表示由温度变化引起的应变,则四个桥臂的实际感受应变分别为

$$\varepsilon_1 = \varepsilon + \varepsilon_T, \quad \varepsilon_2 = -\varepsilon + \varepsilon_T, \quad \varepsilon_3 = \varepsilon_4 = 0$$

代入式(14-6),得应变仪的读数应变

$$\varepsilon_R = \varepsilon_1 - \varepsilon_2 - \varepsilon_3 + \varepsilon_4 = 2\varepsilon$$

根据胡克定律与梁的正应力计算公式,有

$$\varepsilon = \frac{\sigma}{E} = \frac{M}{EW}$$

联立上述两式,即得弯矩 M 与应变仪读数应变 ε_R 之间的关系为

$$M = \frac{EW}{2}\varepsilon_R$$

(2) 方案二

布片方案如图 14-4b 所示,采用全桥接线。请读者自行证明,此时灵敏度增加 1 倍,弯矩 M 与应变仪读数应变 ε_R 之间的关系为

$$M = \frac{EW}{4}\varepsilon_R$$

图 14-4

【例 14-3】 图 14-5a 所示立柱承受偏心拉伸,试用电测法测定载荷 F 和偏心距 e。要求提供测试方案,并分别给出载荷 F、偏心距 e 与应变仪读数应变 ε_R 之间的关系。已知立柱的横截面面积为 A、抗弯截面系数为 W,材料的弹性模量为 E。

解:(1) 测定载荷 F

立柱为弯曲与拉伸组合变形,其中轴力 $F_N = F$、弯矩 $M = Fe$。

布片方案如图 14-5a 所示。采用全桥接线,其中 R_2、R_3 为温度补偿片(见图 14-5b)。

若用 ε_F 表示由轴力引起的应变,ε_M 表示由弯矩引起的应变,ε_T 表示由温度变化引起的应变,则四个桥臂的实际感受应变分别为

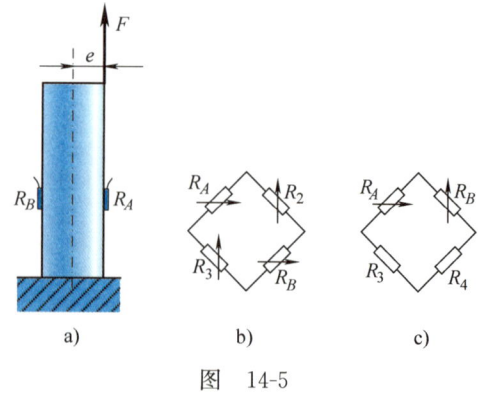

图 14-5

$$\varepsilon_1 = \varepsilon_F + \varepsilon_M + \varepsilon_T, \quad \varepsilon_2 = \varepsilon_3 = \varepsilon_T, \quad \varepsilon_4 = \varepsilon_F - \varepsilon_M + \varepsilon_T$$

代入式 (14-6)，得应变仪的读数应变

$$\varepsilon_R = \varepsilon_1 - \varepsilon_2 - \varepsilon_3 + \varepsilon_4 = 2\varepsilon_F$$

根据胡克定律，有

$$\varepsilon_F = \frac{\sigma_F}{E} = \frac{F}{EA}$$

联立上述两式，即得载荷 F 与应变仪读数应变 ε_R 之间的关系为

$$F = \frac{EA}{2}\varepsilon_R$$

(2) 测定偏心距 e

布片方案不变（见图 14-5a）。采用半桥接线，其中 R_3、R_4 为应变仪内部的固定电阻（见图 14-5c）。此时，四个桥臂的实际感受应变分别为

$$\varepsilon_1 = \varepsilon_F + \varepsilon_M + \varepsilon_T, \quad \varepsilon_2 = \varepsilon_F - \varepsilon_M + \varepsilon_T, \quad \varepsilon_3 = \varepsilon_4 = 0$$

代入式 (14-6)，得应变仪的读数应变

$$\varepsilon_R = \varepsilon_1 - \varepsilon_2 - \varepsilon_3 + \varepsilon_4 = 2\varepsilon_M$$

根据胡克定律和弯曲正应力计算公式，有

$$\varepsilon_M = \frac{\sigma_M}{E} = \frac{Fe}{EW}$$

联立上述两式，即得偏心距 e 与应变仪读数应变 ε_R 之间的关系为

$$e = \frac{EW}{2F}\varepsilon_R$$

【**例 14-4**】 用电测法测定图 14-6a 所示扭转圆轴的最大扭转切应力 $\tau_{\max}$。试确定测试方案，并给出最大扭转切应力 $\tau_{\max}$ 与应变仪读数应变 ε_R 之间的关系。已知材料的弹性模量为 E、泊松比为 ν。

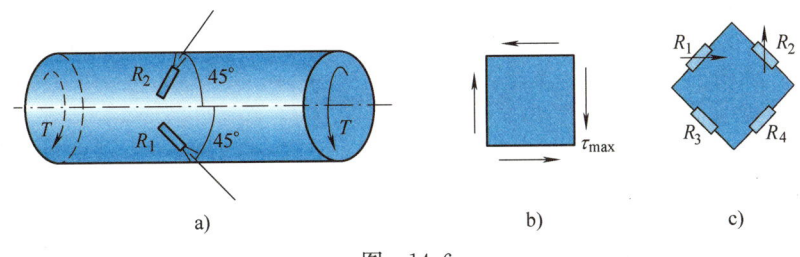

图 14-6

解：圆轴扭转时，外表面任一点处于纯剪切应力状态，对应单元体如图 14-6b 所示，其主方向为 $\pm 45°$ 方向；主应力 $\sigma_1 = -\sigma_3 = \tau_{\max}$；主应变 $\varepsilon_1 = -\varepsilon_3$。

布片方案如图 14-6a 所示。采用半桥接线（见图 14-6c），其中 R_3 与 R_4 为应变仪内部的固定电阻。此时，四个桥臂的实际感受应变分别为

$$\varepsilon_1^* = \varepsilon_1 + \varepsilon_T, \quad \varepsilon_2^* = \varepsilon_3 + \varepsilon_T = -\varepsilon_1 + \varepsilon_T, \quad \varepsilon_3^* = \varepsilon_4^* = 0$$

于是，应变仪的读数应变

$$\varepsilon_R = \varepsilon_1^* - \varepsilon_2^* - \varepsilon_3^* + \varepsilon_4^* = 2\varepsilon_1$$

根据广义胡克定律,可得主应变

$$\varepsilon_1 = \frac{1+\nu}{E}\sigma_1 = \frac{1+\nu}{E}\tau_{max}$$

联立上述两式,即得最大扭转切应力 τ_{max} 与应变仪读数应变 ε_R 之间的关系为

$$\tau_{max} = \frac{E}{2(1+\nu)}\varepsilon_R$$

若在轴的背面沿±45°方向再粘贴两个应变片,采用全桥接线,则其测量灵敏度可提高一倍,请读者自行证明。

复习思考题

14-1 试说明电阻应变片的工作原理?

14-2 试说明电阻应变仪的工作原理?

14-3 何谓半桥接线?何谓全桥接线?

14-4 在电测实验中,若电阻应变片的灵敏系数与电阻应变仪的灵敏系数不一致,则应如何修正应变仪的读数应变?

14-5 应变仪的读数应变与四个桥臂上应变片的实际感受应变之间有何种关系?

14-6 在电测实验中,为什么要进行温度补偿?应如何实现温度补偿?

习题

14-1 试用电测法通过拉伸实验测量材料的弹性模量 E,要求给出测试方案,并建立弹性模量 E 与应变仪读数应变 ε_R 之间的关系。已知拉伸试样的横截面面积为 A。

14-2 试用电测法通过拉伸实验测量材料的泊松比 ν,要求给出测试方案,并建立泊松比 ν 与应变仪读数应变 ε_R 之间的关系。已知材料的弹性模量为 E,拉伸试样的横截面面积为 A。

14-3 如习题 14-3 图所示,具有初始曲率的杆件承受轴向载荷 F 的作用,试用电测法测定轴向载荷 F。要求给出测试方案,并建立轴向载荷 F 与应变仪读数应变 ε_R 之间的关系。已知材料的弹性模量为 E,杆件的横截面面积为 A。

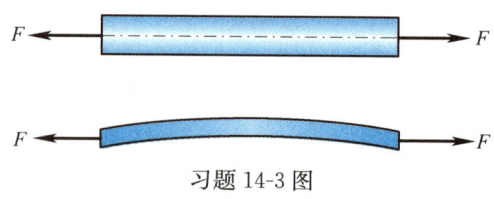

习题 14-3 图

14-4 习题 14-4 图所示悬臂梁,同时承受轴向载荷 F_1 和横向载荷 F_2 的作用,试用电测法分别测出轴向载荷 F_1 和横向载荷 F_2。要求给出测试方案,并分别建立轴向载荷 F_1、横向载荷 F_2 与应变仪读数应变 ε_R 之间的关系。已知材料的弹性模量为 E,悬臂梁的横截面面积为 A、抗弯截面系数为 W。

14-5 习题 14-5 图所示悬臂梁,同时承受横向载荷 F 和弯矩 M 的作用,试用电测法测出横向载荷 F。要求给出测试方案,并建立横向载荷 F 与应变仪读数应变 ε_R 之间的关系。已

知材料的弹性常数和悬臂梁的截面尺寸。

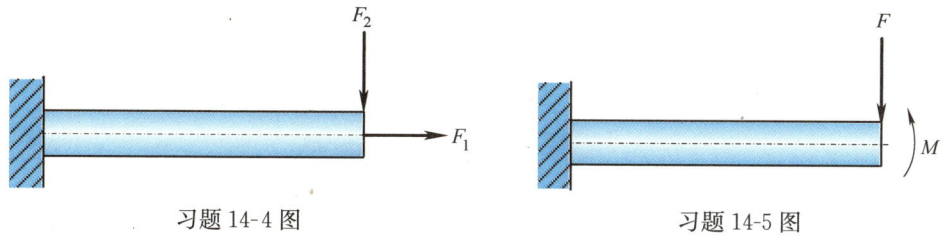

习题 14-4 图　　　　　　　　　　习题 14-5 图

14-6　习题 14-6 图所示为用等截面杆制作的平面刚架,试用电测法分别测出载荷 F_1 和 F_2。要求给出测试方案,并分别建立载荷 F_1、F_2 与应变仪读数应变 ε_R 之间的关系。已知材料的弹性常数和杆件的截面尺寸。

14-7　习题 14-7 图所示等截面圆杆,同时承受轴力 F_N、扭矩 T 和弯矩 M 的作用,试用电测法分别测定轴力 F_N、扭矩 T 和弯矩 M。要求给出测试方案,并分别建立轴力 F_N、扭矩 T 和弯矩 M 与应变仪读数应变 ε_R 之间的关系。已知材料的弹性常数和杆件的截面尺寸。

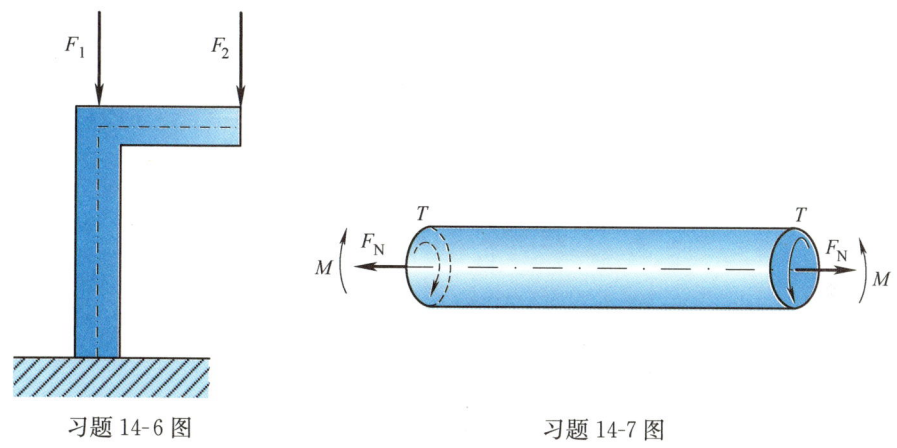

习题 14-6 图　　　　　　　　　　习题 14-7 图

14-8　习题 14-8 图所示简支梁,所承受的活载 F 在 L 范围内移动,试用电测法测定活载 F。要求给出测试方案,并建立活载 F 与应变仪读数应变 ε_R 之间的关系。已知材料的弹性常数和梁的截面尺寸。

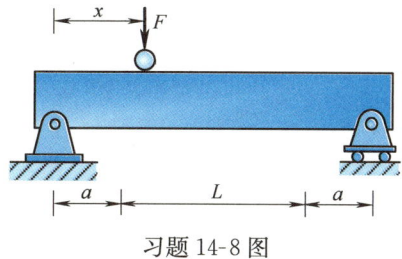

习题 14-8 图

14-9 如习题14-9图所示薄壁圆筒，同时承受内压 p 和扭转外力偶矩 M_e 的作用。已知圆筒截面的平均半径为 R、壁厚为 δ，材料的弹性模量为 E、泊松比为 ν。试用电测法测出内压 p 和扭转外力偶矩 M_e。要求给出测试方案，并分别建立内压 p、扭转外力偶矩 M_e 与应变仪读数应变 ε_R 之间的关系。

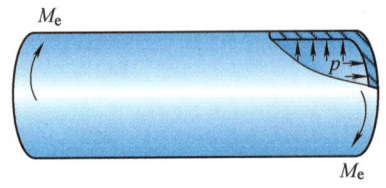

习题14-9图

14-10 如习题14-10图所示，某工字钢结构承受复杂载荷，在其横截面上，同时存在着轴力 F_x、剪力 F_y、扭矩 M_x 和弯矩 M_z。已知材料的弹性模量为 E、泊松比为 ν，试用电测法分别测出这四个内力分量各自引起的最大应力（不计扭矩 M_x 引起的扭转约束正应力）。要求给出测试方案，并建立各个应力分量与应变仪读数应变 ε_R 之间的关系。

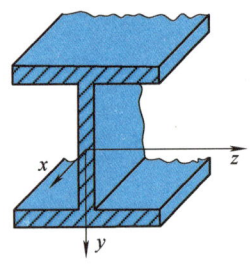

习题14-10图

附　录

附录 A　常用材料的力学性能

表 A-1　常用材料的弹性常数

材料名称	E/GPa	ν
碳钢	196～216	0.24～0.28
合金钢	186～206	0.25～0.30
灰口铸铁	78.5～157	0.23～0.27
铜及铜合金	72.6～128	0.31～0.42
铝合金	70～72	0.26～0.34
混凝土	15.2～36	0.16～0.18
木材（顺纹）	9～12	

表 A-2　常用材料的主要力学性能

材料名称	牌号	σ_s/MPa	σ_b[1]/MPa	δ_5[2](%)
普通碳素钢	Q215	215	335～450	26～31
	Q235	235	375～500	21～26
	Q255	255	410～550	19～24
	Q275	275	490～630	15～20
优质碳素钢	25	275	450	23
	35	315	530	20
	45	355	600	16
	55	380	645	13
低合金钢	15MnV	390	530～680	18
	16Mn	345	510～660	22
合金钢	20Cr	540	835	10
	40Cr	785	980	9
	30CrMnSi	885	1080	10
铸钢	ZG200-400	200	400	25
	ZG270-500	270	500	18
灰口铸铁	HT150	—	150	—
	HT250	—	250	—
铝合金	LY12（2A12）	274	412	19

[1] σ_b 为拉伸强度极限。

[2] δ_5 表示标距 $l = 5d$ 的标准试样的伸长率。

附录 B 型钢表

表 B-1 热轧等边角钢（GB/T 706—2008）

符号意义：
- b——边宽
- d——边厚
- r——内圆弧半径
- r_1——边端内弧半径
- I——惯性矩
- i——惯性半径
- W——抗弯截面系数
- Z_0——重心距离

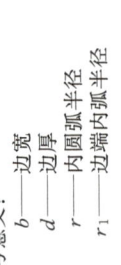

型号	截面尺寸/mm			截面面积/cm²	理论重量/(kg·m⁻¹)	外表面积/(m²·m⁻¹)	惯性矩/cm⁴				惯性半径/cm			抗弯截面系数/cm³			重心距离/cm
	b	d	r				I_x	I_{x1}	I_{x0}	I_{y0}	i_x	i_{x0}	i_{y0}	W_x	W_{x0}	W_{y0}	Z_0
2	20	3	3.5	1.132	0.889	0.078	0.40	0.81	0.63	0.17	0.59	0.75	0.39	0.29	0.45	0.20	0.60
		4		1.459	1.145	0.077	0.50	1.09	0.78	0.22	0.58	0.73	0.38	0.36	0.55	0.24	0.64
2.5	25	3		1.432	1.124	0.098	0.82	1.57	1.29	0.34	0.76	0.95	0.49	0.46	0.73	0.33	0.73
		4		1.859	1.459	0.097	1.03	2.11	1.62	0.43	0.74	0.93	0.48	0.59	0.92	0.40	0.76
3.0	30	3		1.749	1.373	0.117	1.46	2.71	2.31	0.61	0.91	1.15	0.59	0.68	1.09	0.51	0.85
		4		2.276	1.786	0.117	1.84	3.63	2.92	0.77	0.90	1.13	0.58	0.87	1.37	0.62	0.89
3.6	36	3	4.5	2.109	1.656	0.141	2.58	4.68	4.09	1.07	1.11	1.39	0.71	0.99	1.61	0.76	1.00
		4		2.756	2.163	0.141	3.29	6.25	5.22	1.37	1.09	1.38	0.70	1.28	2.05	0.93	1.04
		5		3.382	2.654	0.141	3.95	7.84	6.24	1.65	1.08	1.36	0.70	1.56	2.45	1.00	1.07

4	40	3		2.359	1.852	0.157	3.59	6.41	5.69	1.49	1.23	1.55	0.79	1.23	2.01	0.96	1.09
		4		3.086	2.422	0.157	4.60	8.56	7.29	1.91	1.22	1.54	0.79	1.60	2.58	1.19	1.13
4.5	45	5		3.791	2.976	0.156	5.53	10.74	8.76	2.30	1.21	1.52	0.78	1.96	3.10	1.39	1.17
		3	5	2.659	2.088	0.177	5.17	9.12	8.20	2.14	1.40	1.76	0.89	1.58	2.58	1.24	1.22
		4		3.486	2.736	0.177	6.65	12.18	10.56	2.75	1.38	1.74	0.89	2.05	3.32	1.54	1.26
		5		4.292	3.369	0.176	8.04	15.2	12.74	3.33	1.37	1.72	0.88	2.51	4.00	1.81	1.30
		6		5.076	3.985	0.176	9.33	18.36	14.76	3.89	1.36	1.70	0.8	2.95	4.64	2.06	1.33
5	50	3	5.5	2.971	2.332	0.197	7.18	12.5	11.37	2.98	1.55	1.96	1.00	1.96	3.22	1.57	1.34
		4		3.897	3.059	0.197	9.26	16.69	14.70	3.82	1.54	1.94	0.99	2.56	4.16	1.96	1.38
		5		4.803	3.770	0.196	11.21	20.90	17.79	4.64	1.53	1.92	0.98	3.13	5.03	2.31	1.42
		6		5.688	4.465	0.196	13.05	25.14	20.68	5.42	1.52	1.91	0.98	3.68	5.85	2.63	1.46
5.6	56	3	6	3.343	2.624	0.221	10.19	17.56	16.14	4.24	1.75	2.20	1.13	2.48	4.08	2.02	1.48
		4		4.390	3.446	0.220	13.18	23.43	20.92	5.46	1.73	2.18	1.11	3.24	5.28	2.52	1.53
		5		5.415	4.251	0.220	16.02	29.33	25.42	6.61	1.72	2.17	1.10	3.97	6.42	2.98	1.57
		6		6.420	5.040	0.220	18.69	35.26	29.66	7.73	1.71	2.15	1.10	4.68	7.49	3.40	1.61
		7		7.404	5.812	0.219	21.23	41.23	33.63	8.82	1.69	2.13	1.09	5.36	8.49	3.80	1.64
		8		8.367	6.568	0.219	23.63	47.24	37.37	9.89	1.68	2.11	1.09	6.03	9.44	4.16	1.68
6	60	5	6.5	5.829	4.576	0.236	19.89	36.05	31.57	8.21	1.85	2.33	1.19	4.59	7.44	3.48	1.67
		6		6.914	5.427	0.235	23.25	43.33	36.89	9.60	1.83	2.31	1.18	5.41	8.70	3.98	1.70
		7		7.977	6.262	0.235	26.44	50.65	41.92	10.96	1.82	2.29	1.17	6.21	9.88	4.45	1.74
		8		9.020	7.081	0.235	29.47	58.02	46.66	12.28	1.81	2.27	1.17	6.98	11.00	4.88	1.78

(续)

型号	截面尺寸/mm				截面面积/cm²	理论重量/(kg·m⁻¹)	外表面积/(m²·m⁻¹)	惯性矩/cm⁴				惯性半径/cm			抗弯截面系数/cm³			重心距离/cm
	b	d		r				I_x	I_{x1}	I_{x0}	I_{y0}	i_x	i_{x0}	i_{y0}	W_x	W_{x0}	W_{y0}	Z_0
6.3	63	4		7	4.978	3.907	0.248	19.03	33.35	30.17	7.89	1.96	2.46	1.26	4.13	6.78	3.29	1.70
		5			6.143	4.822	0.248	23.17	41.73	36.77	9.57	1.94	2.45	1.25	5.08	8.25	3.90	1.74
		6			7.288	5.721	0.247	27.12	50.14	43.03	11.20	1.93	2.43	1.24	6.00	9.66	4.46	1.78
		8			9.515	7.469	0.247	34.46	67.11	54.56	14.33	1.90	2.40	1.23	7.75	12.25	5.47	1.85
		10			11.657	9.151	0.246	41.09	84.31	64.85	17.33	1.88	2.36	1.22	9.39	14.56	6.36	1.93
7	70	4		8	5.570	4.372	0.275	26.39	45.74	41.80	10.99	2.18	2.74	1.40	5.14	8.44	4.17	1.86
		5			6.875	5.397	0.275	32.21	57.21	51.08	13.31	2.16	2.73	1.39	6.32	10.32	4.95	1.91
		6			8.160	6.406	0.275	37.77	68.73	59.93	15.61	2.15	2.71	1.38	7.48	12.11	5.67	1.95
		7			9.424	7.398	0.275	43.09	80.29	68.35	17.82	2.14	2.69	1.38	8.59	13.81	6.34	1.99
		8			10.667	8.373	0.274	48.17	91.92	76.37	19.98	2.12	2.68	1.37	9.68	15.43	6.98	2.03
7.5	75	5		9	7.412	5.818	0.295	39.97	70.56	63.30	16.63	2.33	2.92	1.50	7.32	11.94	5.77	2.04
		6			8.797	6.905	0.294	46.95	84.55	74.38	19.51	2.31	2.90	1.49	8.64	14.02	6.67	2.07
		7			10.160	7.976	0.294	53.57	98.71	84.96	22.18	2.30	2.89	1.48	9.93	16.02	7.44	2.11
		8			11.503	9.030	0.294	59.96	112.97	95.07	24.86	2.28	2.88	1.47	11.20	17.93	8.19	2.15
		9			12.825	10.068	0.294	66.10	127.30	104.71	27.48	2.27	2.86	1.46	12.43	19.75	8.89	2.18
		10			14.126	11.089	0.293	71.98	141.71	113.92	30.05	2.26	2.84	1.46	13.64	21.48	9.56	2.22
8	80	5		9	7.912	6.211	0.315	48.79	85.36	77.33	20.25	2.48	3.13	1.60	8.34	13.67	6.66	2.15
		6			9.397	7.376	0.314	57.35	102.50	90.98	23.72	2.47	3.11	1.59	9.87	16.08	7.65	2.19
		7			10.860	8.525	0.314	65.58	119.70	104.07	27.09	2.46	3.10	1.58	11.37	18.40	8.58	2.23
		8			12.303	9.658	0.314	73.49	136.97	116.60	30.39	2.44	3.08	1.57	12.83	20.61	9.46	2.27
		9			13.725	10.774	0.314	81.11	154.31	128.60	33.61	2.43	3.06	1.56	14.25	22.73	10.29	2.31
		10			15.126	11.874	0.313	88.43	171.74	140.09	36.77	2.42	3.04	1.56	15.64	24.76	11.08	2.35

9	90	6		10.637	8.350	0.354	82.77	145.87	34.28	2.79	3.51	1.80	12.61	20.63	9.95	2.44
9	90	7		12.301	9.656	0.354	94.83	170.30	39.18	2.78	3.50	1.78	14.54	23.64	11.19	2.48
9	90	8	10	13.944	10.946	0.353	106.47	194.80	43.97	2.76	3.48	1.78	16.42	26.55	12.35	2.52
9	90	9		15.566	12.219	0.353	117.72	219.39	48.66	2.75	3.46	1.77	18.27	29.35	13.46	2.56
9	90	10		17.167	13.476	0.353	128.58	244.07	53.26	2.74	3.45	1.76	20.07	32.04	14.52	2.59
9	90	12		20.306	15.940	0.352	149.22	293.76	62.22	2.71	3.41	1.75	23.57	37.12	16.49	2.67
10	100	6		11.932	9.366	0.393	114.95	200.07	47.92	3.10	3.90	2.00	15.68	25.74	12.69	2.67
10	100	7		13.796	10.830	0.393	131.86	233.54	54.74	3.09	3.89	1.99	18.10	29.55	14.26	2.71
10	100	8		15.638	12.276	0.393	148.24	267.09	61.41	3.08	3.88	1.98	20.47	33.24	15.75	2.76
10	100	9	12	17.462	13.708	0.392	164.12	300.73	67.95	3.07	3.86	1.97	22.79	36.81	17.18	2.80
10	100	10		19.261	15.120	0.392	179.51	334.48	74.35	3.05	3.84	1.96	25.06	40.26	18.54	2.84
10	100	12		22.800	17.898	0.391	208.90	402.34	86.84	3.03	3.81	1.95	29.48	46.80	21.08	2.91
10	100	14		26.256	20.611	0.391	236.53	470.75	99.00	3.00	3.77	1.94	33.73	52.90	23.44	2.99
10	100	16		29.627	23.257	0.390	262.53	539.80	110.89	2.98	3.74	1.94	37.82	58.57	25.63	3.06
11	110	7		15.196	11.928	0.433	177.16	310.64	73.38	3.41	4.30	2.20	22.05	36.12	17.51	2.96
11	110	8	14	17.238	13.535	0.433	199.46	355.20	82.42	3.40	4.28	2.19	24.95	40.69	19.39	3.01
11	110	10		21.261	16.690	0.432	242.19	444.65	99.98	3.38	4.25	2.17	30.68	49.42	22.91	3.09
11	110	12		25.200	19.782	0.431	282.55	534.60	116.93	3.35	4.22	2.15	36.05	57.62	26.15	3.16
11	110	14		29.056	22.809	0.431	320.71	625.16	133.40	3.32	4.18	2.14	41.31	65.31	29.14	3.24
12.5	125	8		19.750	15.504	0.492	297.03	521.01	123.16	3.88	4.88	2.50	32.52	53.28	25.86	3.37
12.5	125	10		24.373	19.133	0.491	361.67	651.93	149.46	3.85	4.85	2.48	39.97	64.93	30.62	3.45
12.5	125	12		28.912	22.696	0.491	423.16	783.42	174.88	3.83	4.82	2.46	41.17	75.96	35.03	3.53
12.5	125	14		33.367	26.193	0.490	481.65	915.61	199.57	3.80	4.78	2.45	54.16	86.41	39.13	3.61
12.5	125	16		37.739	29.625	0.489	537.31	1048.62	223.65	3.77	4.75	2.43	60.93	96.28	42.96	3.68

(续)

型号	截面尺寸/mm			截面面积/cm²	理论重量/(kg·m⁻¹)	外表面积/(m²·m⁻¹)	惯性矩/cm⁴				惯性半径/cm			抗弯截面系数/cm³			重心距离/cm
	b	d	r				I_x	I_{x1}	I_{x0}	I_{y0}	i_x	i_{x0}	i_{y0}	W_x	W_{x0}	W_{y0}	Z_0
14	140	10	14	27.373	21.488	0.551	514.65	915.11	817.27	212.04	4.34	5.46	2.78	50.58	82.56	39.20	3.82
		12		32.512	25.522	0.551	603.68	1099.28	958.79	248.57	4.31	5.43	2.76	59.80	96.85	45.02	3.90
		14		37.567	29.490	0.550	688.81	1284.22	1093.56	284.06	4.28	5.40	2.75	68.75	110.47	50.45	3.98
		16		42.539	33.393	0.549	770.24	1470.07	1221.81	318.67	4.26	5.36	2.74	77.46	123.42	55.55	4.06
15	150	8	14	23.750	18.644	0.592	521.37	899.55	827.49	215.25	4.69	5.90	3.01	47.36	78.02	38.14	3.99
		10		29.373	23.058	0.591	637.50	1125.09	1012.79	262.21	4.66	5.87	2.99	58.35	95.49	45.51	4.08
		12		34.912	27.406	0.591	748.85	1351.26	1189.97	307.73	4.63	5.84	2.97	69.04	112.19	52.38	4.15
		14		40.367	31.688	0.590	855.64	1578.25	1359.30	351.98	4.60	5.80	2.95	79.45	128.16	58.83	4.23
		15		43.063	33.804	0.590	907.39	1692.10	1441.09	373.69	4.59	5.78	2.95	84.56	135.87	61.90	4.27
		16		45.739	35.905	0.589	958.08	1806.21	1521.02	395.14	4.58	5.77	2.94	89.59	143.40	64.89	4.31
16	160	10	16	31.502	24.729	0.630	779.53	1365.33	1237.30	321.76	4.98	6.27	3.20	66.70	109.36	52.76	4.31
		12		37.441	29.391	0.630	916.58	1639.57	1455.68	377.49	4.95	6.24	3.18	78.98	128.67	60.74	4.39
		14		43.296	33.987	0.629	1048.36	1914.68	1665.02	431.70	4.92	6.20	3.16	90.95	147.17	68.24	4.47
		16		49.067	38.518	0.629	1175.08	2190.82	1865.57	484.59	4.89	6.17	3.14	102.63	164.89	75.31	4.55
18	180	12	16	42.241	33.159	0.710	1321.35	2332.80	2100.10	542.61	5.59	7.05	3.58	100.82	165.00	78.41	4.89
		14		48.896	38.383	0.709	1514.48	2723.48	2407.42	621.53	5.56	7.02	3.56	116.25	189.14	88.38	4.97
		16		55.467	43.542	0.709	1700.99	3115.29	2703.37	698.60	5.54	6.98	3.55	131.13	212.40	97.83	5.05
		18		61.055	48.634	0.708	1875.12	3502.43	2988.24	762.01	5.50	6.94	3.51	145.64	234.78	105.14	5.13

尺寸 (mm)				截面面积 (cm²)	理论重量 (kg/m)	外表面积 (m²/m)	I_x (cm⁴)	I_{x1} (cm⁴)	I_{x0} (cm⁴)	I_{y0} (cm⁴)	i_x (cm)	i_{x0} (cm)	i_{y0} (cm)	W_x (cm³)	W_{x0} (cm³)	W_{y0} (cm³)	z_0 (cm)
b	d	r	r_1														
200	14	18		54.642	42.894	0.788	2103.55	3734.10	3343.26	863.83	6.20	7.82	3.98	144.70	236.40	111.82	5.46
200	16	18		62.013	48.680	0.788	2366.15	4270.39	3760.89	971.41	6.18	7.79	3.96	163.65	265.93	123.96	5.54
200	18	18		69.301	54.401	0.787	2620.64	4808.13	4164.54	1076.74	6.15	7.75	3.94	182.22	294.48	135.52	5.62
200	20	18		76.505	60.056	0.787	2867.30	5347.51	4554.55	1180.04	6.12	7.72	3.93	200.42	322.06	146.55	5.69
200	24	18		90.661	71.168	0.785	3338.25	6457.16	5294.97	1381.53	6.07	7.64	3.90	236.17	374.41	166.65	5.87
220	16	21		68.664	53.901	0.866	3187.36	5681.62	5063.73	1310.99	6.81	8.59	4.37	199.55	325.51	153.81	6.03
220	18	21		76.752	60.250	0.866	3534.30	6395.93	5615.32	1453.27	6.79	8.55	4.35	222.37	360.97	168.29	6.11
220	20	21		84.756	66.533	0.865	3871.49	7112.04	6150.08	1592.90	6.76	8.52	4.34	244.77	395.34	182.16	6.18
220	22	21		92.676	72.751	0.865	4199.23	7830.19	6668.37	1730.10	6.78	8.48	4.32	266.78	428.66	195.45	6.26
220	24	21		100.512	78.902	0.864	4517.83	8550.57	7170.55	1865.11	6.70	8.45	4.31	288.39	460.94	208.21	6.33
220	26	21		108.264	84.987	0.864	4827.58	9273.39	7656.98	1998.17	6.68	8.41	4.30	309.62	492.21	220.49	6.41
250	18	24		87.842	68.956	0.985	5268.22	9379.11	8369.04	2167.41	7.74	9.76	4.97	290.12	473.42	224.03	6.84
250	20	24		97.045	76.180	0.984	5779.34	10426.97	9181.94	2376.74	7.72	9.73	4.95	319.66	519.41	242.85	6.92
250	24	24		115.201	90.433	0.983	6763.93	12329.74	10742.67	2785.19	7.66	9.66	4.92	377.34	607.70	278.38	7.07
250	26	24		124.154	97.461	0.982	7238.08	13585.18	11491.33	2984.84	7.63	9.62	4.90	405.50	650.05	295.19	7.15
250	28	24		133.022	104.422	0.982	7709.60	14643.62	12219.39	3181.81	7.61	9.58	4.89	433.22	691.23	311.42	7.22
250	30	24		141.807	111.318	0.981	8151.80	15705.30	12927.26	3376.34	7.58	9.55	4.88	460.51	731.28	327.12	7.30
250	32	24		150.508	118.149	0.981	8592.01	16770.41	13615.32	3568.71	7.56	9.51	4.87	487.39	770.20	342.33	7.37
250	35	24		163.402	128.271	0.980	9232.44	18374.95	14611.16	3853.72	7.52	9.46	4.86	526.97	826.53	364.30	7.48

注：截面图中的 $r_1=1/3d$ 及表中 r 的数据用于孔型设计，不做交货条件。

表 B-2 热轧不等边角钢（GB/T 706—2008）

符号意义：
- B —— 长边宽度
- b —— 短边宽度
- d —— 边厚
- r —— 内圆弧半径
- r_1 —— 边端内弧半径
- I —— 惯性矩
- i —— 惯性半径
- W —— 抗弯截面系数
- X_0 —— 重心距离
- Y_0 —— 重心距离

型号	截面尺寸/mm				截面面积/cm²	理论重量/(kg·m⁻¹)	外表面积/(m²·m⁻¹)	惯性矩/cm⁴					惯性半径/cm			抗弯截面系数/cm³			$\tan\alpha$	重心距离/cm	
	B	b	d	r				I_x	I_{x1}	I_y	I_{y1}	I_u	i_x	i_y	i_u	W_x	W_y	W_u		X_0	Y_0
2.5/1.6	25	16	3	3.5	1.162	0.912	0.080	0.70	1.56	0.22	0.43	0.14	0.78	0.44	0.34	0.43	0.19	0.16	0.392	0.42	0.86
			4		1.499	1.176	0.079	0.88	2.09	0.27	0.59	0.17	0.77	0.43	0.34	0.55	0.24	0.20	0.381	0.46	1.86
3.2/2	32	20	3		1.492	1.171	0.102	1.53	3.27	0.46	0.82	0.28	1.01	0.55	0.43	0.72	0.30	0.25	0.382	0.49	0.90
			4		1.939	1.522	0.101	1.93	4.37	0.57	1.12	0.35	1.00	0.54	0.42	0.93	0.39	0.32	0.374	0.53	1.08
4/2.5	40	25	3	4	1.890	1.484	0.127	3.08	5.39	0.93	1.59	0.56	1.28	0.70	0.54	1.15	0.49	0.40	0.385	0.59	1.12
			4		2.467	1.936	0.127	3.93	8.53	1.18	2.14	0.71	1.36	0.69	0.54	1.49	0.63	0.52	0.381	0.63	1.32
4.5/2.8	45	28	3	5	2.149	1.687	0.143	4.45	9.10	1.34	2.23	0.80	1.44	0.79	0.61	1.47	0.62	0.51	0.383	0.64	1.37
			4		2.806	2.203	0.143	5.69	12.13	1.70	3.00	1.02	1.42	0.78	0.60	1.91	0.80	0.66	0.380	0.68	1.47
5/3.2	50	32	3	5.5	2.431	1.908	0.161	6.24	12.49	2.02	3.31	1.20	1.60	0.91	0.70	1.84	0.82	0.68	0.404	0.73	1.51
			4		3.177	2.494	0.160	8.02	16.65	2.58	4.45	1.53	1.59	0.90	0.69	2.39	1.06	0.87	0.402	0.77	1.60
5.6/3.6	56	36	3	6	2.743	2.153	0.181	8.88	17.54	2.92	4.70	1.73	1.80	1.03	0.79	2.32	1.05	0.87	0.408	0.80	1.65
			4		3.590	2.818	0.180	11.45	23.39	3.76	6.33	2.23	1.79	1.02	0.79	3.03	1.37	1.13	0.408	0.85	1.78
			5		4.415	3.466	0.180	13.86	29.25	4.49	7.94	2.67	1.77	1.01	0.78	3.71	1.65	1.36	0.404	0.88	1.82

附　录　385

型号	B	b	d		A	重量	外表面积													
6.3/4	63	40	4		4.058	3.185	0.202	16.49	5.23	8.63	3.12	2.20	1.14	0.88	3.87	1.70	1.40	0.398	0.92	1.87
			5		4.993	3.920	0.202	20.02	6.31	10.86	3.76	2.00	1.12	0.87	4.74	2.07	1.71	0.396	0.95	2.04
			6		5.908	4.638	0.201	23.36	7.29	13.12	4.34	1.96	1.11	0.86	5.59	2.43	1.99	0.393	0.99	2.08
			7		6.802	5.339	0.201	26.53	8.24	15.47	4.97	1.98	1.10	0.86	6.40	2.78	2.29	0.389	1.03	2.12
7/4.5	70	45	4		4.547	3.570	0.226	23.17	7.55	12.26	4.40	2.26	1.29	0.98	4.86	2.17	1.77	0.410	1.02	2.15
			5		5.609	4.403	0.225	27.95	9.13	15.39	5.40	2.23	1.28	0.98	5.92	2.65	2.19	0.407	1.06	2.24
			6		6.647	5.218	0.225	32.54	10.62	18.58	6.35	2.21	1.26	0.98	6.95	3.12	2.59	0.404	1.09	2.28
			7		7.657	6.011	0.225	37.22	12.01	21.84	7.16	2.20	1.25	0.97	8.03	3.57	2.94	0.402	1.13	2.32
7.5/5	75	50	5		6.125	4.808	0.245	34.86	12.61	21.04	7.41	2.39	1.44	1.10	6.83	3.30	2.74	0.435	1.17	2.36
			6		7.260	5.699	0.245	41.12	14.70	25.87	8.54	2.38	1.42	1.08	8.12	3.88	3.19	0.435	1.21	2.40
			8		9.467	7.431	0.244	52.39	18.53	34.23	10.87	2.35	1.40	1.07	10.52	4.99	4.10	0.429	1.29	2.44
			10		11.590	9.098	0.244	62.71	21.96	43.43	13.10	2.33	1.38	1.06	12.79	6.04	4.99	0.423	1.36	2.52
8/5	80	50	5		6.375	5.005	0.255	41.96	12.82	21.06	7.66	2.56	1.42	1.10	7.78	3.32	2.74	0.388	1.14	2.60
			6		7.560	5.935	0.255	49.49	14.95	25.41	8.85	2.56	1.41	1.08	9.25	3.91	3.20	0.387	1.18	2.65
			7		8.724	6.848	0.255	56.46	16.96	29.82	10.18	2.54	1.39	1.08	10.58	4.48	3.70	0.384	1.21	2.69
			8		9.867	7.745	0.254	62.83	18.85	34.32	11.38	2.52	1.38	1.07	11.92	5.03	4.16	0.381	1.25	2.73
9/5.6	90	56	5		7.212	5.661	0.287	60.45	18.32	29.53	10.98	2.90	1.59	1.23	9.92	4.21	3.49	0.385	1.25	2.91
			6		8.557	6.717	0.286	71.03	21.42	35.58	12.90	2.88	1.58	1.23	11.74	4.96	4.13	0.384	1.29	2.95
			7		9.880	7.756	0.286	81.01	24.36	41.71	14.67	2.86	1.57	1.22	13.49	5.70	4.72	0.382	1.33	3.00
			8		11.183	8.779	0.286	91.03	27.15	47.98	16.34	2.85	1.56	1.21	15.27	6.41	5.29	0.380	1.36	3.04

(续)

型号	截面尺寸/mm				截面面积 /cm²	理论重量 /(kg·m⁻¹)	外表面积 /(m²·m⁻¹)	惯性矩/cm⁴					惯性半径/cm			抗弯截面系数/cm³			$\tan\alpha$	重心距离/cm	
	B	b	d	r				I_x	I_{x1}	I_y	I_{y1}	I_u	i_x	i_y	i_u	W_x	W_y	W_u		X_0	Y_0
10/6.3	100	63	6	10	9.617	7.550	0.320	99.06	199.71	30.94	50.50	18.42	3.21	1.79	1.38	14.64	6.35	5.25	0.394	1.43	3.24
			7		11.111	8.722	0.320	113.45	233.00	35.26	59.14	21.00	3.20	1.78	1.38	16.88	7.29	6.02	0.394	1.47	3.28
			8		12.534	9.878	0.319	127.37	266.32	39.39	67.88	23.50	3.18	1.77	1.37	19.08	8.21	6.78	0.391	1.50	3.32
			10		15.467	12.142	0.319	153.81	333.06	47.12	85.73	28.33	3.15	1.74	1.35	23.32	9.98	8.24	0.387	1.58	3.40
10/8	100	80	6	10	10.637	8.350	0.354	107.04	199.83	61.24	102.68	31.65	3.17	2.40	1.72	15.19	10.16	8.37	0.627	1.97	2.95
			7		12.301	9.656	0.354	122.73	233.20	70.08	119.98	36.17	3.16	2.39	1.72	17.52	11.71	9.60	0.626	2.01	3.0
			8		13.944	10.946	0.353	137.92	266.61	78.58	137.37	40.58	3.14	2.37	1.71	19.81	13.21	10.80	0.625	2.05	3.04
			10		17.167	13.476	0.353	166.87	333.63	94.65	172.48	49.10	3.12	2.35	1.69	24.24	16.12	13.12	0.622	2.13	3.12
11/7	110	70	6	10	10.637	8.350	0.354	133.37	265.78	42.92	69.08	25.36	3.54	2.01	1.54	17.85	7.90	6.53	0.403	1.57	3.53
			7		12.301	9.656	0.354	153.00	310.07	49.01	80.82	28.95	3.53	2.00	1.53	20.60	9.09	7.50	0.402	1.61	3.57
			8		13.944	10.946	0.353	172.04	354.39	54.87	92.70	32.45	3.51	1.98	1.53	23.30	10.25	8.45	0.401	1.65	3.62
			10		17.167	13.476	0.353	208.39	443.13	65.88	116.83	39.20	3.48	1.96	1.51	28.54	12.48	10.29	0.397	1.72	3.70
12.5/8	125	80	7	11	14.096	11.066	0.403	227.98	454.99	74.42	120.32	43.81	4.02	2.30	1.76	26.86	12.01	9.92	0.408	1.80	4.01
			8		15.989	12.551	0.403	256.77	519.99	83.49	137.85	49.15	4.01	2.28	1.75	30.41	13.56	11.18	0.407	1.84	4.06
			10		19.712	15.474	0.402	312.04	650.09	100.67	173.40	59.45	3.98	2.26	1.47	37.33	16.56	13.64	0.404	1.92	4.14
			12		23.351	18.330	0.402	364.41	780.39	116.67	209.67	69.35	3.95	2.24	1.72	44.01	19.43	16.01	0.400	2.00	4.22
14/9	140	90	8	12	18.038	14.160	0.453	365.64	730.53	120.69	195.79	70.83	4.50	2.59	1.98	38.48	17.34	14.31	0.411	2.04	4.50
			10		22.261	17.475	0.452	445.50	913.20	140.03	245.92	85.82	4.47	2.56	1.96	47.31	21.22	17.48	0.409	2.12	4.58
			12		26.400	20.724	0.451	521.59	1096.09	169.79	296.89	100.21	4.44	2.54	1.95	55.87	24.95	20.54	0.406	2.19	4.66
			14		30.456	23.908	0.451	594.10	1279.26	192.10	348.82	114.13	4.42	2.51	1.94	64.18	28.54	23.52	0.403	2.27	4.74

附　录

型号	长边	短边	d	(1)	(2)	(3)	(4)	(5)	(6)	(7)	(8)	(9)	(10)	(11)	(12)	(13)	(14)	(15)	(16)	(17)
15/9	150	90	8	18.839	14.788	0.473	442.05	898.35	122.80	195.96	74.14	4.84	2.55	1.98	43.86	17.47	14.48	0.364	1.97	4.92
			10	23.261	18.260	0.472	539.24	1122.85	148.62	246.26	89.86	4.81	2.53	1.97	53.97	21.38	17.69	0.362	2.05	5.01
			12	27.600	21.666	0.471	632.08	1347.50	172.85	297.46	104.95	4.79	2.50	1.95	63.79	25.14	20.80	0.359	2.12	5.09
			14	31.856	25.007	0.471	720.77	1572.38	195.62	349.74	119.53	4.76	2.48	1.94	73.33	28.77	23.84	0.356	2.20	5.17
			15	33.952	26.652	0.471	763.62	1684.93	206.50	376.33	126.67	4.74	2.47	1.93	77.99	30.53	25.33	0.354	2.24	5.21
			16	36.027	28.281	0.470	805.51	1797.55	217.07	403.24	133.72	4.73	2.45	1.93	82.60	32.27	26.82	0.352	2.27	5.25
16/10	160	100	10	23.315	19.872	0.512	668.69	1362.89	205.03	336.59	121.74	5.14	2.85	2.19	62.13	26.56	21.92	0.390	2.28	5.24
			12	30.054	23.592	0.511	784.91	1635.56	239.06	405.94	142.33	5.11	2.82	2.17	73.49	31.28	25.79	0.388	2.36	5.32
			14	34.709	27.247	0.510	896.30	1908.50	271.20	476.42	162.23	5.08	2.80	2.16	84.56	35.83	29.56	0.385	2.43	5.40
			16	29.281	30.835	0.510	1003.04	2181.79	301.60	548.22	182.57	5.05	2.77	2.16	95.33	40.24	33.44	0.382	2.51	5.48
18/11	180	110	10	28.373	22.273	0.571	956.25	1940.40	278.11	447.22	166.50	5.80	3.13	2.42	78.96	32.49	26.88	0.376	2.44	5.89
			12	33.712	26.440	0.571	1124.72	2328.38	325.03	538.94	194.87	5.78	3.10	2.40	93.53	38.32	31.66	0.374	2.52	5.98
			14	38.967	30.589	0.570	1286.91	2716.60	369.55	631.95	222.30	5.75	3.08	2.39	107.76	43.97	36.32	0.372	2.59	6.06
			16	44.139	34.649	0.569	1443.06	3105.15	411.85	726.46	248.94	5.72	3.06	2.38	121.64	49.44	40.87	0.369	2.67	6.14
20/12.5	200	125	12	37.912	29.761	0.641	1570.90	3193.85	483.16	787.74	285.79	6.44	3.57	2.74	116.73	49.99	41.23	0.392	2.83	6.54
			14	43.687	34.436	0.640	1800.97	3726.17	550.83	922.47	326.58	6.41	3.54	2.73	134.65	57.44	47.34	0.390	2.91	6.62
			16	49.739	39.045	0.639	2023.35	4258.86	615.44	1058.86	366.21	6.38	3.52	2.71	152.18	64.89	53.32	0.388	2.99	6.70
			18	55.526	43.588	0.639	2238.30	4792.00	677.19	1197.13	404.83	6.35	3.49	2.70	169.33	71.74	59.18	0.385	3.06	6.78

注：截面图中的 $r_1=1/3d$ 及表中 r 的数据用于孔型设计，不做交货条件。

表 B-3 热轧普通槽钢（GB/T 706—2008）

符号意义：
- h —— 高度
- b —— 腿宽
- d —— 腰厚
- t —— 平均腿厚
- r —— 内圆弧半径
- r_1 —— 腿端圆弧半径
- I —— 惯性矩
- W —— 抗弯截面系数
- i —— 惯性半径
- Z_0 —— Y-Y 与 Y_1-Y_1 轴线间距离

型号	截面尺寸/mm						截面面积 /cm²	理论重量 /(kg·m⁻¹)	惯性矩 /cm⁴			惯性半径 /cm		抗弯截面系数 /cm³		重心距离 /cm
	h	b	d	t	r	r_1			I_x	I_y	I_{y1}	i_x	i_y	W_x	W_y	Z_0
5	50	37	4.5	7.0	7.0	3.5	6.928	5.438	26.0	8.30	20.9	1.94	1.10	10.4	3.55	1.35
6.3	63	40	4.8	7.5	7.5	3.8	8.451	6.634	50.8	11.9	28.4	2.45	1.19	16.1	4.50	1.36
6.5	65	40	4.3	7.5	7.5	3.8	8.547	6.709	55.2	12.0	28.3	2.54	1.19	17.0	4.59	1.38
8	80	43	5.0	8.0	8.0	4.0	10.248	8.045	101	16.6	37.4	3.15	1.27	25.3	5.79	1.43
10	100	48	5.3	8.5	8.5	4.2	12.748	10.007	198	25.6	54.9	3.95	1.41	39.7	7.80	1.52
12	120	53	5.5	9.0	9.0	4.5	15.362	12.059	346	37.4	77.7	4.75	1.56	57.7	10.2	1.62
12.6	126	53	5.5	9.0	9.0	4.5	15.692	12.318	391	38.0	77.1	4.95	1.57	62.1	10.2	1.59
14a	140	58	6.0	9.5	9.5	4.8	18.516	14.535	564	53.2	107	5.52	1.70	80.5	13.0	1.71
14b	140	60	8.0	9.5	9.5	4.8	21.316	16.733	609	61.1	121	5.35	1.69	87.1	14.1	1.67
16a	160	63	6.5	10.0	10.0	5.0	21.962	17.24	866	73.3	144	6.28	1.83	108	16.3	1.80
16b	160	65	8.5	10.0	10.0	5.0	25.162	19.752	935	83.4	161	6.10	1.82	117	17.6	1.75
18a	180	68	7.0	10.5	10.5	5.2	25.699	20.174	1270	98.6	190	7.04	1.96	141	20.0	1.88
18b	180	70	9.0	10.5	10.5	5.2	29.299	23.000	1370	111	210	6.84	1.95	152	21.5	1.84

附　录　389

型号	h	b	d	t	r	r₁	截面面积	理论重量	I_x	I_y	I_{y1}	i_x	i_y	W_x	W_y	z_0
20a	200	73	7.0	11.0	11.0	5.5	28.837	22.637	1780	128	244	7.86	2.11	178	24.2	2.01
20b	200	75	9.0	11.0	11.0	5.5	32.837	25.777	1910	144	268	7.64	2.09	191	25.9	1.95
22a	220	77	7.0	11.5	11.5	5.8	31.846	24.999	2390	158	298	8.67	2.23	218	28.2	2.10
22b	220	79	9.0	11.5	11.5	5.8	36.246	28.453	2570	176	326	8.42	2.21	234	30.1	2.03
24a	240	78	7.0	12.0	12.0	6.0	34.217	26.860	3050	174	325	9.45	2.25	254	30.5	2.10
24b	240	80	9.0	12.0	12.0	6.0	39.017	30.628	3280	194	355	9.17	2.23	274	32.5	2.03
24c	240	82	11.0	12.0	12.0	6.0	43.817	34.396	3510	213	388	8.96	2.21	293	34.4	2.00
25a	250	78	7.0	12.0	12.0	6.0	34.917	27.410	3370	176	322	9.82	2.24	270	30.6	2.07
25b	250	80	9.0	12.0	12.0	6.0	39.917	31.335	3530	196	353	9.41	2.22	282	32.7	1.98
25c	250	82	11.0	12.0	12.0	6.0	44.917	35.260	3690	218	384	9.07	2.21	295	35.9	1.92
27a	270	82	7.5	12.5	12.5	6.2	39.284	30.838	4360	216	393	10.5	2.34	323	35.5	2.13
27b	270	84	9.5	12.5	12.5	6.2	44.684	35.077	4690	239	428	10.3	2.31	347	37.7	2.06
27c	270	86	11.5	12.5	12.5	6.2	50.084	39.316	5020	261	467	10.1	2.28	372	39.8	2.03
28a	280	82	7.5	13.5	13.5	6.8	40.034	31.427	4760	218	388	10.9	2.33	340	35.7	2.10
28b	280	84	9.5	13.5	13.5	6.8	45.634	35.823	5130	242	428	10.6	2.30	366	37.9	2.02
28c	280	86	11.5	13.5	13.5	6.8	51.234	40.219	5500	268	463	10.4	2.29	393	40.3	1.95
30a	300	85	7.5	13.5	13.5	6.8	43.902	34.463	6050	260	467	11.7	2.43	403	41.1	2.17
30b	300	87	9.5	13.5	13.5	6.8	49.902	39.173	6500	289	515	11.4	2.41	433	44.0	2.13
30c	300	89	11.5	13.5	13.5	6.8	55.902	43.883	6950	316	560	11.2	2.38	463	46.4	2.09
32a	320	88	8.0	14.0	14.0	7.0	48.513	38.083	7600	305	552	12.5	2.50	475	46.5	2.24
32b	320	90	10.0	14.0	14.0	7.0	54.913	43.107	8140	336	593	12.2	2.47	509	49.2	2.16
32c	320	92	12.0	14.0	14.0	7.0	61.313	48.131	8690	374	643	11.9	2.47	543	52.6	2.09

(续)

表 B-4 热轧工字钢（GB 707—1988）

符号意义：
h —— 高度
b —— 腿宽度
d —— 腰厚度
t —— 平均腿厚度
r —— 内圆弧半径
r_1 —— 腿端圆弧半径
I —— 惯性矩
W —— 抗弯截面系数
i —— 惯性半径
S —— 半截面的静力矩

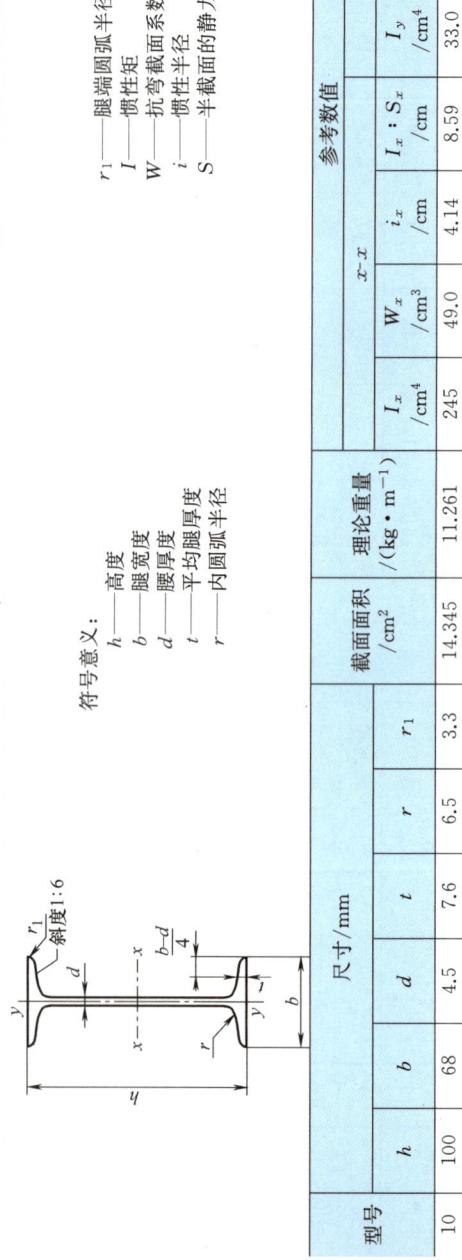

型号	截面尺寸 /mm						截面面积 /cm²	理论重量 /(kg·m⁻¹)	惯性矩 /cm⁴			惯性半径 /cm		抗弯截面系数 /cm³		重心距离 /cm
	h	b	d	t	r	r_1			I_x	I_y	I_{y1}	i_x	i_y	W_x	W_y	Z_0
36a	360	96	9.0	16.0	6.5	3.3	60.910	47.814	11900	455	818	14.0	2.73	660	63.5	2.44
36b		98	11.0	16.0	6.5	3.3	68.110	53.466	12700	497	880	13.6	2.70	703	66.9	2.37
36c		100	13.0	16.0	6.5	3.3	75.310	59.118	13400	536	948	13.4	2.67	746	70.0	2.34
40a	400	100	10.5	18.0	7.0	3.5	75.068	58.928	17600	592	1070	15.3	2.81	879	78.8	2.49
40b		102	12.5	18.0	7.0	3.5	83.068	65.208	18600	640	114	15.0	2.78	932	82.5	2.44
40c		104	14.5	18.0	7.0	3.5	91.068	71.488	19700	688	1220	14.7	2.75	986	86.2	2.42

注：表中 r、r_1 的数据用于孔型设计，不做交货条件。

型号	尺寸/mm					截面面积 /cm²	理论重量 /(kg·m⁻¹)	参考数值						
								x-x				y-y		
	h	b	d	t	r			I_x /cm⁴	W_x /cm³	i_x /cm	$I_x:S_x$	I_y /cm⁴	W_y /cm³	i_y /cm
10	100	68	4.5	7.6	6.5	14.345	11.261	245	49.0	4.14	8.59	33.0	9.72	1.52
12.6	126	74	5.0	8.4	7.0	18.118	14.223	488	77.5	5.20	10.8	46.9	12.7	1.61

附　录

型号															
14	140	80	5.5	9.1	7.5	3.8	21.516	16.890	712	102	5.76	64.4	16.1	1.73
16	160	88	6.0	9.9	8.0	4.0	26.131	20.513	1130	141	6.58	93.1	21.2	1.89
18	180	94	6.5	10.7	8.5	4.3	30.756	24.143	1660	185	7.36	122	26.0	2.00
20a	200	100	7.0	11.4	9.0	4.5	35.578	27.929	2370	237	8.15	158	31.5	2.12
20b	200	102	9.0	11.4	9.0	4.5	39.578	31.069	2500	250	7.96	169	33.1	2.06
22a	220	110	7.5	12.3	9.5	4.8	42.128	33.070	3400	309	8.99	225	40.9	2.31
22b	220	112	9.5	12.3	9.5	4.8	46.528	36.524	3570	325	8.78	239	42.7	2.27
25a	250	116	8.0	13.0	10.0	5.0	48.541	38.105	5020	402	10.2	280	48.3	2.40
25b	250	118	10.0	13.0	10.0	5.0	53.541	42.030	5280	423	9.94	309	52.4	2.40
28a	280	122	8.5	13.7	10.5	5.3	55.404	43.492	7110	508	11.3	345	56.6	2.50
28b	280	124	10.5	13.7	10.5	5.3	61.004	47.888	7480	534	11.1	379	61.2	2.49
32a	320	130	9.5	15.0	11.5	5.8	67.156	52.717	11100	692	12.8	460	70.8	2.62
32b	320	132	11.5	15.0	11.5	5.8	73.556	57.741	11600	726	12.6	502	76.0	2.61
32c	320	134	13.5	15.0	11.5	5.8	79.956	62.765	12200	760	12.3	544	81.2	2.61
36a	360	136	10.0	15.8	12.0	6.0	76.480	60.037	15800	875	14.4	552	81.2	2.69
36b	360	138	12.0	15.8	12.0	6.0	83.680	65.689	16500	919	14.1	582	84.3	2.64
36c	360	140	14.0	15.8	12.0	6.0	90.880	71.341	17300	962	13.8	612	87.4	2.60
40a	400	142	10.5	16.5	12.5	6.3	86.112	67.598	21700	1090	15.9	660	93.2	2.77
40b	400	144	12.5	16.5	12.5	6.3	94.112	73.878	22800	1140	16.5	692	96.2	2.71
40c	400	146	14.5	16.5	12.5	6.3	102.112	80.158	23900	1190	15.2	727	99.6	2.65
45a	450	150	11.5	18.0	13.5	6.8	102.446	80.420	32200	1430	17.7	855	114	2.89
45b	450	152	13.5	18.0	13.5	6.8	111.446	87.485	33800	1500	17.4	894	118	2.84
45c	450	154	15.5	18.0	13.5	6.8	120.446	94.550	35300	1570	17.1	938	122	2.79
50a	500	158	12.0	20.0	14.0	7.0	119.304	93.654	46500	1860	19.7	1120	142	3.07
50b	500	160	14.0	20.0	14.0	7.0	129.304	101.504	48600	1940	19.4	1170	146	3.01
50c	500	162	16.0	20.0	14.0	7.0	139.304	109.354	50600	2080	19.0	1220	151	2.96
56a	560	166	12.5	21.0	14.5	7.3	135.435	106.316	65600	2340	22.0	1370	165	3.18
56b	560	168	14.5	21.0	14.5	7.3	146.635	115.108	68500	2450	21.6	1490	174	3.16
56c	560	170	16.5	21.0	14.5	7.3	157.835	123.900	71400	2550	21.3	1560	183	3.16
63a	630	176	13.0	22.0	15.0	7.5	154.658	121.407	93900	2980	24.5	1700	193	3.31
63b	630	178	15.0	22.0	15.0	7.5	167.258	131.298	98100	3160	24.2	1810	204	3.29
63c	630	180	17.0	22.0	15.0	7.5	179.858	141.189	102000	3300	23.8	1920	214	3.27

注：截面图和表中标注的圆弧半径 r 和 r_1 值，用于孔型设计，不作为交货条件。

附录 C 习题参考答案

第二章 轴向拉伸与压缩

2-1 （略）

2-2 a) $F_N = 25$ kN；b) $F_N = 20$ kN

2-3 $\sigma = 124.3$ MPa

2-4 $\sigma = 68.5$ MPa

2-5 $\sigma = 10$ MPa

2-6 $\sigma_{45°} = 5$ MPa、$\tau_{45°} = 5$ MPa

2-7 $\theta = 26.6°$

2-8 $\sigma_{\max} = 50$ MPa（压应力）、$\Delta l = 0$

2-9 $\Delta l = 0.105$ mm（伸长）

2-10 (1) $\varepsilon_c = 7.14\varepsilon_s$；(2) $\sigma_s = 7.14\sigma_c$；(3) $\sigma_s = -100$ MPa、$\sigma_c = -14$ MPa

2-11 $x = \dfrac{E_2 A_2}{E_1 A_1 + E_2 A_2} l$

2-12 $E = 70$ GPa、$\nu = 0.33$

2-13 $\Delta D = -0.0179$ mm

2-14 $\delta = 26.4\%$、$\psi = 65.2\%$、塑性材料

2-15 (1) $d \geqslant 17.8$ mm；(2) $d \geqslant 32.9$ mm；(3) $d \geqslant 25.2$ mm

2-16 $[F] = 14$ kN

2-17 $\sigma_{AB} = 121.1$ MPa $< [\sigma]$、$\sigma_{BC} = 95.5$ MPa $< [\sigma]$

2-18 $d \geqslant 51$ mm

2-19 $a \geqslant 228$ mm、$b \geqslant 398$ mm

2-20 $[P] = 21.2$ kN

2-21 $\sigma = 200$ MPa $< [\sigma]$

2-22 $F_{NAD} = F_{NCD} = 20$ kN、$\sigma = 100$ MPa $< [\sigma]$

2-23 $d \geqslant 22.6$ mm

2-24 $\sigma = 37.1$ MPa $< [\sigma]$

2-25 $\sigma = 59.7$ MPa $< [\sigma]$

2-26 45 mm $\times 45$ mm $\times 3$ mm

2-27 $[F] = 112$ kN

2-28 $[P] = 38.6$ kN

2-29 $d = 17$ mm

2-30 AB 杆：100 mm $\times 100$ mm $\times 10$ mm

AD 杆：80 mm×80 mm×6 mm

2-31　$\theta = 45°$

2-32　$F_{N1} = 20$ kN（拉力）、$F_{N2} = -10$ kN（压力）

2-33　$F_{N1} = -17.5$ kN、$F_{N2} = 12.5$ kN、$F_{N3} = 2.5$ kN、$\sigma_{max} = -43.75$ MPa

2-34　$\sigma_1 = -\dfrac{E_1}{E_1 A_1 + E_2 A_2} F$、$\sigma_2 = -\dfrac{E_2}{E_1 A_1 + E_2 A_2} F$

2-35　$\sigma_1 = 66.6$ MPa $< [\sigma]$、$\sigma_2 = 133.2$ MPa $< [\sigma]$

2-36　(1) $F_{N1} = F_{N2} = F_{N3} = -\dfrac{F}{3}$；(2) $F_{N1} = F_{N3} = -\dfrac{F}{4}$、$F_{N2} = -\dfrac{F}{2}$

2-37　$F_{N1} = \dfrac{5}{6} F$、$F_{N2} = \dfrac{1}{3} F$、$F_{N3} = -\dfrac{1}{6} F$

2-38　$F_{N1} = \dfrac{3}{1 + 4\cos^3\alpha} F$、$F_{N2} = \dfrac{6\cos^2\alpha}{1 + 4\cos^3\alpha} F$

2-39　$\sigma_{max} = -64$ MPa

2-40　$F_{NAC} = 28$ kN、$F_{NBC} = -22$ kN

2-41　$F_{N1} = -\dfrac{9EA\alpha\Delta T}{10}$、$F_{N2} = -\dfrac{3EA\alpha\Delta T}{10}$

2-42　$\sigma_1 = \sigma_3 = -8$ MPa、$\sigma_2 = -2$ MPa

2-43　$F_{N1} = F_{N3} = 5.33$ kN、$F_{N2} = -10.67$ kN

2-44　$l_{min} = 4998$ mm

第三章　剪切与挤压

3-1　$\tau = 0.952$ MPa、$\sigma_{bs} = 7.41$ MPa

3-2　$\tau = 88.5$ MPa $> [\tau]$、$\sigma_{bs} = 41.7$ MPa $< [\sigma_{bs}]$

3-3　$t_{max} = 7.9$ mm

3-4　$b \geqslant 100$ mm、$d \geqslant 50$ mm

3-5　$d \geqslant 15$ mm

3-6　$[F] = 90$ kN

3-7　$d \geqslant 10.8$ mm、$D \geqslant 13.82$ mm、$h \geqslant 3.54$ mm

3-8　$\tau = 99.5$ MPa $< [\tau]$、$\sigma_{bs} = 125$ MPa $< [\sigma_{bs}]$、$\sigma_{max} = 125$ MPa $< [\sigma]$

3-9　$h \geqslant 48$ mm、$\delta \geqslant 9$ mm、$l \geqslant 90$ mm

3-10　$F \leqslant 1100$ kN

3-11　由剪切：$l \geqslant 78$ mm；由挤压：$l \geqslant 119$ mm

3-12　由剪切：$F \leqslant 58.8$ kN；由挤压：$F \leqslant 96$ kN；由拉伸：$F \leqslant 120$ kN

3-13　$\tau = 31.8$ MPa $< [\tau]$、$\sigma_{bs} = 41.7$ MPa $< [\sigma_{bs}]$

3-14　$d \geqslant 19.9$ mm

3-15　$\tau = 63.7$ MPa $< [\tau]$、$\sigma_{bs} = 133$ MPa $< [\sigma_{bs}]$、$\sigma_{max} = 88.9$ MPa $< [\sigma]$

3-16　$[F] = 157.4$ kN

3-17　$t_{min} = 80$ mm

3-18　$l = 190$ mm

3-19　$\sigma_{bs} = 148.2$ MPa $< [\sigma_{bs}]$、$\tau = 31.5$ MPa $< [\tau]$

第四章　扭　　转

4-1　a) $|T_{max}| = M_e$；b) $|T_{max}| = 4M_e$；c) $|T_{max}| = 30$ N·m；d) $|T_{max}| = 24$ N·m

4-2　$|T|_{max} = 2006$ N·m

4-3　$\tau_{max} = 135.3$ MPa

4-4　$\tau_\rho = 35$ MPa、$\tau_{max} = 87.6$ MPa

4-5　18.5 kW

4-6　$\tau_A = 63.7$ MPa、$\tau_{max} = 84.9$ MPa、$\tau_{min} = 42.4$ MPa

4-7　$d = 33$ mm

4-8　$d \leqslant 90.85$ mm

4-9　$\tau_A = 44.6$ MPa、$\tau_B = 27.9$ MPa

4-10　$D = 420$ mm、空心轴的重量为实心轴的 71%

4-11　$\tau_1 = 64.8$ MPa、$\tau_2 = 71.3$ MPa

4-12　(1) $|T|_{max} = 700$ N·m；(2) $d \geqslant 35.5$ mm；(3) 不合理

4-13　(1) 略；(2) $d = 80$ mm；(3) 略

4-14　$\varphi_{AC} = -7.55 \times 10^{-4}$ rad $= -0.0432°$

4-15　$D_1 \geqslant 42.2$ mm、$D_2 \geqslant 43.1$ mm

4-16　$G = 84.2$ GPa

4-17　(1) 略；(2) $\tau_{max} = 45.6$ MPa $< [\tau]$；(3) $\varphi_{BC} = -0.0031$ rad $= -0.178°$

4-18　$D = 116$ mm、$d = 58$ mm

4-19　(1) $\tau_{max} = 46.6$ MPa；(2) $P = 71.8$ kW

4-20　$d = 103$ mm

4-21　$\tau_{max} = 71.3$ MPa $\leqslant [\tau]$、$|\varphi'|_{max} = 2.05°/$m $> [\varphi']$

4-22　由强度条件：$d_1 \geqslant 63.3$ mm；由刚度条件：$d_2 \geqslant 68.4$ mm；$\varphi_{AD} = 7.9 \times 10^{-3}$ rad

4-23　$E = 216$ GPa、$G = 81.8$ GPa、$\nu = 0.32$

4-24　AE 段：$\tau_{max} = 45.2$ MPa、$\varphi' = 0.462°/$m；BC 段：$\tau_{max} = 71.3$ MPa、$\varphi' = 1.02°/$m

4-25　$\tau_{max} = 50.8$ MPa、$\varphi' = 1.9°/$m

4-26　$\tau_{max} = 46.8$ MPa、$\tau'_{max} = 31.2$ MPa

4-27　$\tau_{max} = 64.9\text{ MPa}$、$\varphi' = 1.0°/\text{m}$

4-28　(1) $\tau_{max} = 40.1\text{ MPa}$；(2) $\tau'_{max} = 34.4\text{ MPa}$；(3) $\varphi' = 0.565°/\text{m}$

第五章　弯曲内力

5-1　a) $F_{SC_-} = -2F$、$M_{C_-} = -2Fl$、$F_{SC_+} = -2F$、$M_{C_+} = -Fl$

　　b) $F_{SC_-} = -4\text{ kN}$、$M_{C_-} = -4\text{ kN·m}$、$F_{SC_+} = -4\text{ kN}$、$M_{C_+} = 4\text{ kN·m}$

　　c) $F_{SA_+} = -6\text{ kN}$、$M_{A_+} = 0$、$F_{SB_-} = -2\text{ kN}$、$M_{B_-} = -20\text{ kN·m}$

　　d) $F_{SC_-} = 0$、$M_{C_-} = -2ql^2$、$F_{SC_+} = 0$、$M_{C_+} = -ql^2$

　　e) $F_{SA_+} = -5F$、$M_{A_+} = 2Fl$、$F_{SB_-} = -5F$、$M_{B_-} = -\dfrac{Fl}{2}$、$F_{SB_+} = F$、$M_{B_-} = -\dfrac{Fl}{2}$

　　f) $F_{SC_+} = \dfrac{ql}{4}$、$M_{C_+} = \dfrac{3ql^2}{4}$、$F_{SB_-} = \dfrac{ql}{4}$、$M_{B_-} = ql^2$

　　g) $F_{SB_-} = -\dfrac{ql}{4}$、$M_{B_-} = 0$、$F_{SC_+} = -\dfrac{ql}{4}$、$M_{C_+} = \dfrac{ql^2}{4}$

　　h) $F_{SA_+} = 0$、$M_{A_+} = 6\text{ kN·m}$、$F_{SC_-} = 0$、$M_{C_-} = 6\text{ kN·m}$
　　　$F_{SB_-} = -8\text{ kN}$、$M_{B_-} = -2\text{ kN·m}$

5-2　a) $|F_S|_{max} = \dfrac{M_e}{l}$、$|M|_{max} = M_e$

　　b) $|F_S|_{max} = \dfrac{3ql}{4}$、$|M|_{max} = \dfrac{9ql^2}{32}$

　　c) $|F_S|_{max} = \dfrac{3ql}{2}$、$|M|_{max} = ql^2$

　　d) $|F_S|_{max} = \dfrac{3ql}{4}$、$|M|_{max} = \dfrac{ql^2}{4}$

　　e) $|F_S|_{max} = F$、$|M|_{max} = \dfrac{Fl}{2}$

　　f) $|F_S|_{max} = \dfrac{5ql}{4}$、$|M|_{max} = ql^2$

　　g) $|F_S|_{max} = F$、$|M|_{max} = M_e + 2Fl$

　　h) $|F_S|_{max} = \dfrac{3ql}{2}$、$|M|_{max} = \dfrac{3ql^2}{2}$

5-3　a) $|F_S|_{max} = F$、$|M|_{max} = 2Fl$

　　b) $|F_S|_{max} = 4\text{ kN}$、$|M|_{max} = 6\text{ kN·m}$

　　c) $|F_S|_{max} = 10\text{ kN}$、$|M|_{max} = 22\text{ kN·m}$

　　d) $|F_S|_{max} = 0$、$|M|_{max} = 2ql^2$

e) $|F_S|_{max} = 2F$、$|M|_{max} = 2Fl$

f) $|F_S|_{max} = \dfrac{3ql}{4}$、$|M|_{max} = ql^2$

g) $|F_S|_{max} = 10$ kN、$|M|_{max} = 63$ kN·m

h) $|F_S|_{max} = 8$ kN、$|M|_{max} = 6$ kN·m

i) $|F_S|_{max} = \dfrac{3ql}{2}$、$|M|_{max} = ql^2$

j) $|F_S|_{max} = \dfrac{3ql}{4}$、$|M|_{max} = \dfrac{3ql^2}{4}$

5-4 $a = 0.354l$

5-5 a) $M_{max} = \dfrac{Fl}{4}$；b) $M_{max} = \dfrac{Fl}{6}$；c) $M_{max} = \dfrac{Fl}{6}$；d) $M_{max} = \dfrac{Fl}{8}$

5-6 a) BC 段：$|M|_{max} = 20$ kN·m；AB 段：$|M|_{max} = 80$ kN·m

b) BC 段：$|M|_{max} = 45$ kN·m；AB 段：$|M|_{max} = 45$ kN·m

c) AB 段：$|M|_{max} = 7.5$ kN·m；BC 段：$|M|_{max} = 7.5$ kN·m；CD 段：$M = 0$

5-7 （略）

5-8 a) $|F_S|_{max} = 26$ kN、$|M|_{max} = 36$ kN·m

b) $|F_S|_{max} = 15$ kN、$|M|_{max} = 10$ kN·m

第六章　弯 曲 应 力

6-1 (1) $y_C = 0.275$ m，$S_{z_0} = -0.02$ m³；(2) 大小相等，正负相反

6-2 a) $I_{z_0} = 0.468 \times 10^{-3}$ m⁴

b) $y_C = 157.5$ mm、$I_{z_0} = 60.1 \times 10^{-6}$ m⁴

c) $y_C = 125$ mm、$I_{z_0} = 25521$ cm⁴

6-3 实心截面：$\sigma_{max} = 159$ MPa；空心截面：$\sigma_{max} = 93.6$ MPa

6-4 1) $\sigma_K = -61.7$ MPa

2) $\sigma_{1max} = 92.6$ MPa，1—1 截面的上（下）边缘处

3) $\sigma_{max} = 104.2$ MPa，跨中截面的上（下）边缘处

6-5 $[F] = 56.8$ kN

6-6 $D = 67$ mm

6-7 $\sigma_{max} = 119.2$ MPa $< [\sigma] = 140$ MPa

6-8 $\sigma_{t\,max} = 45$ MPa $< [\sigma_t]$，$\sigma_{c\,max} = 105$ MPa $< [\sigma_c]$

6-9 $[F] = 44.3$ kN

6-10 $\sigma_{max} = 108.6$ MPa $< [\sigma] = 160$ MPa

6-11 $|M|_{max} = 30$ kN·m、$b = 66$ mm、$h = 132$ mm

6-12 $\sigma_{t\,max} = 26.4$ MPa $< [\sigma_t] = 40$ MPa、$\sigma_{c\,max} = 52.8$ MPa $< [\sigma_c] = 160$ MPa

6-13 $[F] = 20$ kN

6-14 $\sigma_{max} = 102$ MPa、$\tau_{max} = 3.39$ MPa

6-15 $[F] = 3.825$ kN

6-16 $[F] = 8.1$ kN

6-17 $d = 124$ mm

6-18 $a = 3l/13$

6-19 No. 22b

6-20 $b = 86$ mm、$h = 129$ mm

6-21 AB 段中点；$b = 139$ mm、$h = 209$ mm

6-22 (1) $\dfrac{\sigma_{1max}}{\sigma_{2max}} = \dfrac{3}{52} \times \dfrac{13}{9} \left(\dfrac{h_2}{h_1}\right)^2 = \dfrac{1}{3}$；(2) $\dfrac{\sigma'_{2max}}{\sigma_{2max}} = \dfrac{99}{266} \times \dfrac{13}{9} = \dfrac{143}{266} \approx 0.538$

6-23 $F_S = \dfrac{3ql^2}{4h}$

第七章 弯曲变形

7-1 a) $w\mid_{x=a} = 0$、$w\mid_{x=a+l} = 0$
b) $w\mid_{x=a} = 0$、$w\mid_{x=a+l} = 0$
c) $w\mid_{x=0} = 0$、$w\mid_{x=l} = -\dfrac{F_B l_1}{EA_1}$
d) $w\mid_{x=l} = 0$、$\theta\mid_{x=l} = 0$

7-2 $(0 \leqslant x < a)$:
$\left.\begin{array}{l}\theta_1 = \dfrac{M_e}{6EIl}(l^2 - 3b^2 - 3x^2) \\ w_1 = \dfrac{M_e}{6EIl}(l^2 x - 3b^2 x - x^3)\end{array}\right\}$

$(a < x \leqslant a+b)$:
$\left.\begin{array}{l}\theta_2 = \dfrac{M_e}{6EIl}[-3x^2 + 6l(x-a) + (l^2 - 3b^2)] \\ w_2 = \dfrac{M_e}{6EIl}[-x^3 + 3l(x-a)^2 + (l^2 - 3b^2)x]\end{array}\right\}$

7-3 $\theta_{max} = -\dfrac{ql^3}{6EI}$、$w_{max} = -\dfrac{ql^4}{8EI}$

7-4 $\theta_A = -\dfrac{3ql^3}{128EI}$、$\theta_B = \dfrac{7ql^3}{384EI}$、$w_C = -\dfrac{5ql^4}{768EI}$

7-5 $\theta_A = \dfrac{5ql^3}{48EI}$、$\theta_B = \dfrac{ql^3}{24EI}$、$w_A = -\dfrac{ql^4}{24EI}$

7-6 $\theta_B = -\dfrac{Fa^2}{2EI}$、$w_B = -\dfrac{Fa^2}{6EI}(3l - a)$

7-7 $\theta_B = \dfrac{ql^3}{12EI}$、$w_B = \dfrac{ql^4}{16EI}$

7-8 $w_C = -\dfrac{Fl^3}{48EI} - \dfrac{M_e l^2}{16EI}$、$\theta_B = \dfrac{Fl^2}{16EI} + \dfrac{M_e l}{3EI}$

7-9 $\theta_C = \dfrac{Fl^2}{4EI}$、$w_B = \dfrac{11Fl^3}{48EI}$

7-10 $\theta_A = -\dfrac{qa^3}{6EI}$、$w_C = -\dfrac{qa^4}{8EI}$

7-11 $w_C = -\dfrac{5ql^4}{768EI}$

7-12 $w_C = \dfrac{Fa}{48EI}(3l^2 - 16al - 16a^2)$、$\theta_C = \dfrac{F}{48EI}(24a^2 + 16al - 3l^2)$

7-13 $F = 654.5 \text{ N}$

7-14 $w_A = \dfrac{2qa^4}{3EI}(\uparrow)$

7-15 $q \leqslant 8.655 \text{ kN/m}$

7-16 $I_z \geqslant 6.7 \times 10^4 \text{ cm}^4$

7-17 $w_C = 0.0245 \text{ mm} < [w]$

7-18 $E = 11.57 \text{ GPa}$

7-19 No. 18 工字钢

7-20 $F_C = \dfrac{7}{4}F$、$F_A = \dfrac{3}{4}F$、$M_A = \dfrac{1}{4}Fl$、$|M|_{\max} = \dfrac{1}{2}Fl$

7-21 $F_B = \dfrac{3M_e}{2l}$、$F_A = \dfrac{3M_e}{2l}$、$M_A = \dfrac{M_e}{2}$、$|M|_{\max} = M_e$

7-22 $|M|_{\max} = 0.125ql^2$

7-23 $F_A = 0.488F$、$F_B = 0.224F$、$F_C = 0.736F$、$|M|_{\max} = 0.1952Fl$

7-24 $F_{NBC} = \dfrac{3Aql^4}{8(Al^3 + 3hI)}$

7-25 $w_O = -\dfrac{Fa^3}{3EI}$

7-26 $\rho = 694.4\,h$

第八章 应力状态分析与强度理论

8-1 （略）

8-2 $\sigma_1 = 10.66 \text{ MPa}$、$\sigma_2 = 0$、$\sigma_3 = -0.06 \text{ MPa}$、$\alpha_0 = 4.73°$

8-3 a) $\sigma_\alpha = -27.3 \text{ MPa}$、$\tau_\alpha = -27.3 \text{ MPa}$
　　b) $\sigma_\alpha = 52.3 \text{ MPa}$、$\tau_\alpha = -18.7 \text{ MPa}$

8-4 a) $\sigma_1 = 52.426 \text{ MPa}$、$\sigma_2 = 0$、$\sigma_3 = -32.426 \text{ MPa}$、$\alpha = 22.5°$
　　b) $\sigma_1 = 37 \text{ MPa}$、$\sigma_2 = 0$、$\sigma_3 = -27 \text{ MPa}$、$\alpha = -70°14'$

8-5 a) $\sigma_\alpha = 0.49$ MPa、$\tau_\alpha = -20.5$ MPa
   b) $\sigma_\alpha = 35$ MPa、$\tau_\alpha = -8.66$ MPa

8-6 a) $\sigma_1 = 62.4$ MPa、$\sigma_2 = 17.6$ MPa、$\sigma_3 = 0$、$\alpha = 58°17'$
   b) $\sigma_1 = 120.7$ MPa、$\sigma_2 = 0$、$\sigma_3 = -20.7$ MPa、$\alpha = -22.5°$

8-7 (1) $\sigma_1 = 150$ MPa、$\sigma_2 = 75$ MPa、$\sigma_3 = 0$、$\tau_{max} = 75$ MPa
   (2) $\sigma_\alpha = 131$ MPa、$\tau_\alpha = -32.5$ MPa

8-8 1 点：$\sigma_1 = \sigma_2 = 0$、$\sigma_3 = -120$ MPa
   2 点：$\sigma_1 = 36$ MPa、$\sigma_2 = 0$、$\sigma_3 = -36$ MPa
   3 点：$\sigma_1 = 70.3$ MPa、$\sigma_2 = 0$、$\sigma_3 = -10.3$ MPa
   4 点：$\sigma_1 = 120$ MPa、$\sigma_2 = \sigma_3 = 0$

8-9 (1) $\sigma_\alpha = -45.8$ MPa、$\tau_\alpha = 8.79$ MPa
   (2) $\sigma_1 = 108$ MPa、$\sigma_2 = 0$、$\sigma_3 = -46.3$ MPa、$\alpha_0 = 33°17'$

8-10 （略）

8-11 $\sigma_1 = 70$ MPa、$\sigma_2 = 10$ MPa、$\sigma_3 = 0$、$\alpha_0 = -24°$、$\theta = 144°$

8-12 $\tau_{max} = 25.1$ MPa

8-13 $\sigma_{30°} = 114$ MPa、$\sigma_{120°} = -50.3$ MPa、$\tau_{30°} = -10.6$ MPa

8-14 $\sigma_x = 120$ MPa、$\tau_{xy} = 69.3$ MPa

8-15 a) $\sigma_1 = 50$ MPa、$\sigma_2 = 50$ MPa、$\sigma_3 = -50$ MPa、$\tau_{max} = 50$ MPa
   b) $\sigma_1 = 52.5$ MPa、$\sigma_2 = 50$ MPa、$\sigma_3 = -42.2$ MPa、$\tau_{max} = 47.2$ MPa
   c) $\sigma_1 = 130$ MPa、$\sigma_2 = 30$ MPa、$\sigma_3 = -30$ MPa、$\tau_{max} = 80$ MPa

8-16 $\varepsilon_x = 380 \times 10^{-6}$、$\varepsilon_y = 250 \times 10^{-6}$、$\gamma_{xy} = 650 \times 10^{-6}$、$\varepsilon_{30°} = 66 \times 10^{-6}$

8-17 $\sigma_x = 80$ MPa、$\sigma_y = 0$

8-18 $\sigma_1 = \sigma_2 = -35.7$ MPa、$\sigma_3 = -150$ MPa

8-19 $F = 125.6$ kN

8-20 $T = 2997$ N·m

8-21 $\Delta h = -1.46 \times 10^{-3}$ mm

8-22 $\Delta l = 9.29 \times 10^{-3}$ mm

8-23 $p = 3.2$ MPa、$\sigma_{r4} = 72.1$ MPa $< [\sigma]$

8-24 a) $\sigma_{r1} = 57$ MPa、$\sigma_{r2} = 58.75$ MPa
   b) $\sigma_{r1} = 25$ MPa、$\sigma_{r2} = 31.25$ MPa

8-25 $\sigma_{r3} = 900$ MPa $< [\sigma]$、$\sigma_{r4} = 843$ MPa $< [\sigma]$

8-26 $\sigma_{r3} = 122.07$ MPa、$\sigma_{r4} = 111.36$ MPa

8-27 $\sigma_{r3} = 300$ MPa $= [\sigma]$、$\sigma_{r4} = 265$ MPa $< [\sigma]$

8-28 a) $\sigma_{r3} = 82.4$ MPa、$\sigma_{r4} = 77.41$ MPa
   b) $\sigma_{r3} = 64$ MPa、$\sigma_{r4} = 55.65$ MPa

8-29 $\sigma_{r1} = 32.36$ MPa $< [\sigma_t]$·

8-30 $\sigma_{r2} = 26.8$ MPa $< [\sigma_t]$

8-31 $\sigma_1 = 750$ MPa、$\sigma_2 = 150$ MPa、$\sigma_3 = 0$、$\tau_{max} = 375$ MPa

第九章 组合变形

9-1 $\sigma_{max} = 79.1$ MPa

9-2 (1) $h = 2b \geqslant 81.4$ mm；(2) $d \geqslant 59.4$ mm

9-3 $\sigma_{max} = 12$ MPa $= [\sigma]$

9-4 No.16 工字钢

9-5 $\sigma_{tmax} = 140$ MPa，$\sigma_{cmax} = 148$ MPa

9-6 $\sigma_{max} = 14.26$ MPa、$\sigma_{max} = -18.3$ MPa

9-7 8 倍

9-8 $\sigma_{max} = 121$ MPa（超过许用应力 0.75%，仍可使用）

9-9 $b = 68$ mm

9-10 $[F] = 1359$ N

9-11 $\sigma_{max} = 55.7$ MPa $< [\sigma]$

9-12 $\sigma_{max} = 128$ MPa $< [\sigma]$

9-13 $P = 788$ N

9-14 $\sigma_{r3} = 58.3$ MPa $< [\sigma]$

9-15 $d = 60$ mm

9-16 $d \geqslant 67.9$ mm

9-17 $d \leqslant 55.6$ mm

9-18 (1) $\sigma_1 = 3.11$ MPa、$\sigma_2 = 0$、$\sigma_3 = -0.22$ MPa、$\tau_{max} = 1.67$ MPa
(2) $\sigma_{r3} = 3.33$ MPa $< [\sigma]$

9-19 忽略带轮重量 $d \geqslant 48$ mm
考虑带轮重量 $d \geqslant 49.3$ mm

9-20 $\sigma_{r3} = 176$ MPa $< [\sigma]$

9-21 $d \geqslant 23.6$ mm

9-22 $\sqrt{\left(\dfrac{4F}{\pi d^2}\right)^2 + 3 \times \left(\dfrac{16M}{\pi d^3}\right)^2} \leqslant [\sigma]$

9-23 $\sigma_{r3} = 107.4$ MPa $< [\sigma]$

9-24 $T = 100.5$ N·m、$M = 94.2$ N·m、$\sigma_{r4} = 163.3$ MPa

9-25 $d \geqslant 95.6$ mm

9-26 $\sigma_{r3} = 84.2$ MPa $< [\sigma]$

9-27 $d = 136$ mm

第十章 压杆稳定

10-1 a) $F_{cr} = 2536$ kN；b) $F_{cr} = 2641$ kN；c) $F_{cr} = 3131$ kN

10-2　(1) $F_{cr} = 37.8$ kN；(2) $F_{cr} = 13.1$ kN；(3) $F_{cr} = 459$ kN

10-3　$\sigma_{cr} = 7.41$ MPa

10-4　$F_{cr} = 159.5$ kN；$F_{cr} = 423.4$ kN

10-5　(1) $\lambda_p = 95.9$；(2) $\lambda_p = 73.6$

10-6　$F_{cr} = 400$ kN、$\sigma_{cr} = 665$ MPa

10-7　$F_{cr} = 249.5$ kN

10-8　$F_{cr} = 412.0$ kN

10-9　$n = 3.57 > n_{st}$

10-10　$[F] = 7.49$ kN

10-11　$n = 2.88 > n_{st}$

10-12　$[F] = 118.3$ kN

10-13　$n = 3.85$

10-14　$n = 6.5 > n_{st}$

10-15　(1) $F_{max} = 59.3$ kN；(2) 没有变化

10-16　$T = 66.4$℃

10-17　$a = 44$ mm、$F_{cr} = 458.7$ kN

10-18　$[F] = 51.5$ kN

10-19　$n = 3.27 > n_{st} = 3$

10-20　$d = 97$ mm

10-21　$n = 1.71 > n_{st}$

10-22　$d = 37$ mm

10-23　$[F] = 208$ kN

10-24　$F = \dfrac{3\pi^2 EI}{4h^2}$

第十一章　动　载　荷

11-1　$\sigma_d = 47.9$ MPa

11-2　吊索：$\sigma_d = 27.9$ MPa；工字钢：$\sigma_{d\,max} = 19.67$ MPa

11-3　$M_{d\,max} = \dfrac{1}{2}\left(1 + \dfrac{\omega^2 h}{g}\right) Pl$

11-4　$\Delta l_d = \dfrac{\omega^2 l^2}{3EAg}(3P + P_1)$

11-5　$\sigma_{d\,max} = 12.5$ MPa

11-6　(1) $\sigma_{st} = 0.0707$ MPa；(2) $\sigma_d = 15.4$ MPa；(3) $\sigma_d = 3.72$ MPa

11-7　有弹簧：$[h] = 389.0$ mm；无弹簧：$[h] = 9.67$ mm

11-8　$\sigma_{d\,max} = \left(1 + \sqrt{1 + \dfrac{180hEI}{Pl^3}}\right)\dfrac{Pl}{5W_z}$、$\Delta_{Cd} = \left(1 + \sqrt{1 + \dfrac{180hEI}{Pl^3}}\right)\dfrac{59Pl^3}{5184EI}$

11-9 $\Delta_{Cd} = \left(1+\sqrt{1+\dfrac{3hEI}{Pl^3}}\right)\dfrac{Pl^3}{16EI}$

11-10 $\Delta l_d = 4.1 \text{ mm}$

11-11 $\sigma_d = 65.8 \text{ MPa}$

11-12 $\sigma_{d\max} = 16.9 \text{ MPa}$

11-13 $\Delta_{d\max} = \left[1+\sqrt{1+\dfrac{48EI(v^2+gl)}{gPl^3}}\right]\dfrac{Pl^3}{48EI}$

11-14 $\Delta_{d\max} = \sqrt{\dfrac{48EI(v^2+gl)}{gPl^3}}\dfrac{Pl^3}{48EI}$

11-15 $H = 0.064 \text{ m}$、$\sigma_{d\max} = 9.6 \text{ MPa}$

11-16 $\sigma_{d\max} = \left[1+\sqrt{1+\dfrac{2H(Ebh^3+4kl^3)}{4Pl^3}}\right]\dfrac{6ElhP}{Ebh^3+4kl^3}$

11-17 a) $r = -\dfrac{1}{3}$、$\sigma_m = 20 \text{ MPa}$、$\sigma_a = 40 \text{ MPa}$

b) $r = -3$、$\sigma_m = -20 \text{ MPa}$、$\sigma_a = 40 \text{ MPa}$

c) $r = 2$、$\sigma_m = -45 \text{ MPa}$、$\sigma_a = 15 \text{ MPa}$

d) $r = -\infty$、$\sigma_m = -30 \text{ MPa}$、$\sigma_a = 30 \text{ MPa}$

11-18 $\sigma_{\max} = 122.2 \text{ MPa} < [\sigma_{-1}] = 129.9 \text{ MPa}$

11-19 $\sigma_{d\max} = \dfrac{6Pa}{bh^2}\left(1+\sqrt{1+\dfrac{32EIH}{11Pa^3}}\right)$

11-20 $\sigma_{d\max} = \dfrac{1}{W_z}\sqrt{\dfrac{3mv^2EI}{l}}$

第十二章 能 量 法

12-1 $V_\varepsilon = \dfrac{F^2}{2E}\left(\dfrac{l_1}{A_1}+\dfrac{l_2}{A_2}\right)$

12-2 $V_\varepsilon = \dfrac{16m_e^2 l^3}{3\pi Gd^4}$

12-3 a) $V_\varepsilon = \dfrac{q^2 l^5}{40EI}$; b) $V_\varepsilon = \dfrac{F^2 a^3}{2EI}$

12-4 a) $V_\varepsilon = \dfrac{2F^2 l^3}{3EI}$、$\Delta_{BV} = \dfrac{4Fl^3}{3EI}$ ($\downarrow$);

b) $V_\varepsilon = \dfrac{F^2 a^3}{2EI}$、$\Delta_{BV} = \dfrac{Fa^3}{EI}$ ($\downarrow$)

12-5 $V_\varepsilon = \dfrac{27F^2 a}{4EA}$、$\Delta_{BV} = \dfrac{27Fa}{2EA}$ ($\downarrow$)

12-6 $w_A = -\dfrac{ql^4}{24EI}$ ($\uparrow$)

12-7 $\Delta_{BV} = \dfrac{140}{3EI}$ ($\downarrow$)

12-8 $\Delta_{DV} = \dfrac{2(1+\sqrt{2})Fa}{EA}$ ($\downarrow$)

12-9 $\Delta_{BV} = \dfrac{Fl^3}{12EI}$ ($\downarrow$)

12-10 $\Delta_{DV} = \dfrac{130\times 10^3}{EI}$ ($\downarrow$)、$\Delta_{DH} = \dfrac{110\times 10^3}{3EI}$ ($\leftarrow$)

12-11 $\Delta_{CV} = \dfrac{120}{EA}(3+2\sqrt{2})\times 10^3 = \dfrac{699.4}{EA}\times 10^3$ ($\downarrow$)

12-12 $\Delta_{AV} = \dfrac{ql^4}{128EI}$ ($\downarrow$)、$\theta_A = \dfrac{ql^3}{48EI}$

12-13 $\Delta_{BV} = -\dfrac{7Fl^3}{6EI}$ ($\uparrow$)、$\theta_B = -\dfrac{3Fl^2}{2EI}$

12-14 a) $\Delta_{AV} = \dfrac{18+20\sqrt{3}}{3}\dfrac{Fl}{EA}$ ($\downarrow$)

b) $\Delta_{AV} = \dfrac{5+8\sqrt{2}}{2}\dfrac{Fl}{EA}$ ($\downarrow$)

12-15 $\Delta_{AV} = \dfrac{5ql^4}{8EI}$ ($\downarrow$)、$\Delta_{BH} = \dfrac{ql^4}{4EI}$ ($\rightarrow$)

12-16 $\Delta_{BV} = \dfrac{Fl^3}{8EI} + \dfrac{3Fl}{2EA}$ ($\downarrow$)

12-17 $\Delta_{CV} = \dfrac{M_e l^2}{16EI}$ ($\downarrow$)

12-18 $\Delta l = \dfrac{\nu F}{Eb}$

12-19 $w_B = \dfrac{qa^3}{24EI}(4l-a)$ ($\downarrow$)、$\theta_B = \dfrac{qa^3}{6EI}$

12-20 $w_C = -\dfrac{Fl^3}{48EI} - \dfrac{M_e l^2}{16EI}$、$\theta_B = \dfrac{Fl^2}{16EI} + \dfrac{M_e l}{3EI}$

12-21 $\Delta_{CV} = \dfrac{32F}{3EI}$ ($\downarrow$)、$\Delta_{CH} = \dfrac{4F}{EI}$ ($\rightarrow$)、$\varphi_C = \dfrac{6F}{EI}$ （顺时针）

12-22 $\Delta_{AV} = \dfrac{7ql^4}{48EI}$ ($\downarrow$)、$\Delta_{BH} = \dfrac{15ql^4}{48EI}$ ($\rightarrow$)

12-23 $\theta_{C-C} = \dfrac{1}{EI}\left(-\dfrac{1}{16}ql^3 + \dfrac{7}{48}Fl^2\right)$

第十三章　超静定结构与力法

13-1　$F_B = \dfrac{2l+3a}{2l}F$（↑）

13-2　$F_B = \dfrac{5}{4}ql$（↑）

13-3　$F_C = \dfrac{45M_e}{128a}$（↑）、$F_A = \dfrac{45M_e}{128a}$（↓）、$M_A = \dfrac{13M_e}{32}$（顺时针）

13-4　$F_B = \dfrac{17}{16}ql$（↑）

13-5　$|M|_{max} = \dfrac{1}{2}M_e$

13-6　$|M|_{max} = \dfrac{3}{8}ql^2$

13-7　$|M|_{max} = M_C = 29.8\ \text{kN}\cdot\text{m}$

13-8　$F_{N1} = \dfrac{1+\cos^3\alpha}{1+\cos^3\alpha+\sin^3\alpha}F$

　　　$F_{N2} = \dfrac{\sin^2\alpha}{1+\cos^3\alpha+\sin^3\alpha}F$

　　　$F_{N3} = -\dfrac{\sin^2\alpha\cos\alpha}{1+\cos^3\alpha+\sin^3\alpha}F$

13-9　$F_{NAB} = -82.8\ \text{kN}$

13-10　$F_{N1} = -F_{N3} = -\dfrac{F}{2\sin\theta}$、$F_{N2} = 0$

13-11　$M_A = M_B = -\dfrac{1}{12}ql^2$

13-12　$M_{max} = \dfrac{Fa}{2}$

13-13　$F_{Ax} = F$（←）、$F_{Ay} = \dfrac{6}{7}F$（↓）、$M_A = \dfrac{16}{7}F$（逆时针）

13-14　$F_{Cx} = 7.5\ \text{kN}$（←）、$F_{Cy} = 0$

13-15　$F_C = \dfrac{3}{2}q$（←）

13-16　$X_1 = \dfrac{6}{7}F$、$X_2 = \dfrac{3}{7}F$

13-17　$F_{Ax} = \dfrac{3}{8}F$（←）、$F_{Ay} = \dfrac{171}{112}F$（↑）、$F_{Bx} = \dfrac{3}{8}F$（→）、$F_{By} = \dfrac{53}{112}F$（↑）

　　　$M_A = \dfrac{31}{56}Fa$（逆时针）、$M_B = \dfrac{25}{56}Fa$（顺时针）

第十四章　电测法简介（略）

参 考 文 献

[1] 刘鸿文. 材料力学 [M]. 6 版. 北京：高等教育出版社，2017.
[2] 单辉祖. 材料力学 [M]. 北京：高等教育出版社，2004.
[3] 孙训方，方孝淑，关来泰. 材料力学 [M]. 北京：高等教育出版社，2002.
[4] 聂毓琴，孟广伟. 材料力学 [M]. 2 版. 北京：机械工业出版社，2009.
[5] 刘耀乙. 工程力学基础Ⅱ：材料力学 [M]. 北京：北京理工大学出版社，2004.
[6] 张新占. 工程力学 [M]. 西安：西北工业大学出版社，2004.
[7] 沈养中，董平. 材料力学 [M]. 北京：科学出版社，2005.
[8] 蔡怀崇，闵行. 材料力学 [M]. 西安：西安交通大学出版社，2004.
[9] 戴葆青，王崇革，付彦坤. 材料力学教程 [M]. 北京：北京航空航天大学出版社，2004.
[10] 田健，邱国俊，李成植. 材料力学 [M]. 北京：中国石化出版社，2006.
[11] 张力，孟春玲，张媛. 工程力学 [M]. 北京：清华大学出版社，2006.
[12] 邱棣华，胡性侃，陈忠安，等. 材料力学 [M]. 北京：高等教育出版社，2004.
[13] 王振发. 工程力学 [M]. 北京：科学出版社，2003.

教学支持申请表

本书配有多媒体课件、教学设计（教案）、备课笔记、教师手册、教学及考核大纲、期中及期末试卷、动画视频等，为了确保您及时有效地申请，请您务必完整填写如下表格，加盖系/院公章后扫描或拍照发送至下方邮箱，我们将会在 2～3 个工作日内为您处理。

请填写所需教学资源的开课信息：

采用教材				□中文版 □英文版 □双语版
作　者			出版社	
版　次			ISBN	
课程时间	始于　年　月　日	学生专业及人数	专业：_____； 人数：_____。	
	止于　年　月　日	学生层次及学期	□专科　□本科　□研究生 第____学期	

请填写您的个人信息：

学　校	
院　系	
姓　名	
职　称	□助教　□讲师　□副教授　□教授
职　务	
手　机	
电　话	
邮　箱	

系/院主任：_____（签字）

（系/院办公室章）

____年____月____日

100037　北京市西城区百万庄大街 22 号 机械工业出版社高教分社　张金奎
电话：(010) 88379722
邮箱：jinkuizhang@buaa.edu.cn
网址：www.cmpedu.com